AF302360

Eisenbahnanlagen
und
Fahrdynamik

Von

Dr.-Ing. Wilhelm Müller

ord. Professor und Direktor des Verkehrswissenschaftlichen Instituts
der Technischen Hochschule Aachen

Erster Band

Bahnhöfe und Fahrdynamik
der Zugbildung

Mit 186 Abbildungen

Springer-Verlag Berlin Heidelberg GmbH

ISBN 978-3-642-47339-5   ISBN 978-3-642-47337-1 (eBook)
DOI 10.1007/978-3-642-47337-1

Alle Rechte, insbesondere das der Übersetzung
in fremde Sprachen, vorbehalten.

Copyright 1950 by Springer-Verlag Berlin Heidelberg
Ursprünglich erschienen bei Springer-Verlag OHG, Berlin-Göttingen-Heidelberg 1950
Softcover reprint of the hardcover 1st edition 1950

Vorwort zum Gesamtwerk.

Die mit dem Boden verbundenen Eisenbahnanlagen und die Fahrdynamik sind der Gegenstand des vorliegenden Werkes.

Die Fahrdynamik befaßt sich mit dem Zusammenspiel der Bahnanlagen und der Fahrzeuge für einen sicheren, leistungsfähigen und wirtschaftlichen Betrieb. Zu den Eisenbahnanlagen gehören die Bahnhöfe, die freie Strecke und die Sicherungseinrichtungen. Da die Eisenbahn die Personen und Güter in Zügen befördert, die auf den Bahnhöfen gebildet werden, so sind ihre betriebstechnischen Aufgaben die Zugbildung und die Zugförderung. Daher hat das Werk die folgenden zwei Bände:

Erster Band: Bahnhöfe und Fahrdynamik der Zugbildung.

Zweiter Band: Bahnlinie und Fahrdynamik der Zugförderung.

Im ersten Band wird das Entwerfen der Bahnhöfe von den einfachsten Bahnanlagen bis zu denen großer Städte entwickelt, die in Personen-, Güter-, Rangier- und Abstellbahnhöfe aufgeteilt sind. Die Personen- und Güterbahnhöfe sind die Verkehrsanlagen, die Rangier- und Abstellbahnhöfe die Betriebsanlagen für die Zugbildung der Güter- und Personenzüge. Die Zugbildungsbahnhöfe werden mit Lokomotiv- oder Schwerkraft betrieben. Ihre Leistungsfähigkeit muß dem zu erwartenden Verkehr entsprechen. Die Ermittlung der Leistungsfähigkeit und das Veranschlagen der Kosten für das Zerlegen und Bilden der Züge, d. i. die Fahrdynamik der Zugbildung, wird im Anschluß an das Entwerfen der Bahnhöfe gezeigt. An Hand des ersten Bandes kann man also einen wirtschaftlich arbeitenden Zugbildungsbahnhof für eine geforderte Leistung bauen.

Im zweiten Band werden zunächst der Bahnkörper der freien Strecke und die Grundlagen der Fahrdynamik behandelt. Gegenstand der Fahrdynamik ist die Ermittlung der Fahrzeiten, des Energieverbrauchs sowie der Zugkrafts- und Widerstandsarbeit, die in der „Dienstvorschrift für die Berechnung der Kosten einer Zugfahrt (Zuko)" als Verbrauchswerte bezeichnet sind. Auf die Bedienungszeiten der Sicherungseinrichtungen, die man durch Auswertung der Verschlußtafeln erhält, und auf die Fahrzeiten baut sich das Verfahren zur Ermittlung der Leistungsfähigkeit der Bahnlinien auf. Mit Hilfe des Verfahrens zur Veranschlagung der Zugförderkosten durch funktionelle Zusammenfassung der Kostenformeln der „Zuko" in Lokomotiv- bzw. Fahrwegkostenmaßstäben werden die bereits ermittelten Verbrauchswerte zuverlässig und schnell kostenmäßig ausgewertet. Im letzten Abschnitt wird ein Verfahren bekanntgegeben, die wirtschaftlichste maßgebende Steigung einer Neubaulinie aus dem Kostenkleinstwert für die Beförderung einer Tonne Zuglast zu bestimmen.

In den beiden Bänden wird somit das Rüstzeug nicht nur für die Planung betriebssicherer, leistungsfähiger und wirtschaftlicher Bahnhöfe, sondern darüber hinaus einer Bahnlinie in ihrer Gesamtheit gegeben. Auf dieser Grundlage kann durch Studienarbeiten sowie durch Bau- und Betriebserfahrung die Kunst erlernt werden, angepaßt an die Gelände-, Siedlungs- und Wirtschaftsstruktur die Bahnanlagen so zu entwerfen, daß sie für den gegebenen Verkehr in allen ihren Teilen harmonisch aufeinander abgestimmt sind. Hierbei gilt in heutiger Zeit mehr denn je der Grundsatz, das Nützliche in einfachster Form zu ermöglichen. Nützlich ist, was dauernd Zeit erspart.

Die Ausstattung des Buches macht dem Springer-Verlag alle Ehre. Zum Schluß möchte ich noch meinem Assistenten, Herrn Dr.-Ing. Richard Grassmann, sowie den Herren Dr.-Ing. Oskar Happel und Dipl.-Ing. Albert Delpy für ihre wertvolle Mitarbeit und meinem Assistenten, Herrn Dipl.-Ing. Heinrich Verhasselt, für das Korrekturlesen meinen herzlichen Dank aussprechen.

Aachen, Juli 1950.   **Wilhelm Müller.**

Vorwort zum ersten Band.

Im ersten Band wird im Gegensatz zu den in den letzten 30 Jahren erschienenen Werken der Bahnhofsliteratur zum erstenmal das Gesamtgebiet in einem Buch behandelt. In diesem Zeitabschnitt sind auf dem Gebiete der Rangierbahnhöfe die ablaufdynamische Gestaltung sowie die Verfahren zur Ermittlung ihrer Leistungsfähigkeit auf Grund von Bewegungs- und Arbeitsstudien entwickelt worden. Somit besteht ein Bedürfnis für ein Buch über Bahnhöfe nach dem neuesten Stande der Wissenschaft.

In dem vorliegenden Band werden vom einfachen Haltepunkt bis zu den Bahnanlagen großer Städte, die mit ihren Personen-, Güter-, Abstell- und Rangierbahnhöfen eine harmonische Einheit bilden sollen, nicht nur die Gleispläne entwickelt, sondern es werden auch die Hoch- und Ingenieurbauten der Bahnhöfe sowie die Lokomotivbehandlungsanlagen beschrieben. Anschließend daran werden die Beziehungen der Zugübergangsbahnhöfe in Durchgangs- und Kopfform mit Hilfe der Topologie geklärt. Aus den topologischen Erkenntnissen wird ein neues Verfahren entwickelt, nach dem die städtebaulich günstigeren Kopfbahnhöfe für die gleichen Zugübergangsleistungen wie die Durchgangsbahnhöfe entworfen werden können.

Im Gegensatz zu den früheren Werken der Bahnhofsliteratur wird jedoch auf die Beschreibung ausgeführter Beispiele verzichtet, da wohl kaum der gleiche Bahnhof noch einmal gebaut werden dürfte. Vielmehr wird das ganze Wissensgebiet aus dem Gedanken heraus systematisch aufgebaut, Bahnanlagen für eine vom Verkehr geforderte Leistungsfähigkeit wirtschaftlich zu entwerfen. Es werden daher auch eingehender die Methoden der Verkehrsermittlung und die Fahrdynamik der Zugbildung behandelt. Letztere dient der Ermittlung der Leistungsfähigkeit und der Wirtschaftlichkeit der Zugbildungsbahnhöfe, also der Rangier- und Abstellbahnhöfe mit ihren Fahrbewegungen ohne Signal- und Blockbedienung. Die Verfahren zur Ermittlung der Leistungsfähigkeit der Zugzerlegungs- und Zugbildungsanlage der Rangierbahnhöfe aus dem Bewegungsbild wurde zum erstenmal im Zusammenhang in meiner zur Zeit vergriffenen „Fahrdynamik der Verkehrsmittel" des gleichen Verlages entwickelt. Die Ausführungen wurden durch ein Verfahren für das Veranschlagen der Zerlege- und Zugbildungskosten eines Güterzuges erweitert. Diese Verfahren finden auch auf die Abstellbahnhöfe in entsprechender Weise Anwendung.

Aachen, Juli 1950.   **Wilhelm Müller.**

Inhaltsverzeichnis.

Dritter Abschnitt.

Verkehrsermittlung und Gesamtanordnung der Bahnhofsanlagen großer Städte.

Vierter Abschnitt.

Personen- und Güterbahnhöfe.

I. Personenbahnhöfe

Haltepunkte und einfache Zwischenbahnhöfe.

A. Begriff, Zweck und Einteilung der Bahnhöfe.

Die Eisenbahn-Bau- und Betriebsordnung (B. O.) ist die gesetzliche Grundlage, nach der in Deutschland die Bahnanlagen und die Fahrzeuge gebaut und der Betrieb mit Rücksicht auf die Sicherheit geführt wird. Nach der B. O. sind die Bahnhöfe Bahnanlagen mit mindestens einer Weiche, auf denen Züge beginnen, enden, kreuzen, überholen oder mit Gleiswechsel wenden dürfen. Haltepunkte sind Bahnanlagen der freien Strecke ohne Weichen. Als Grenze zwischen der freien Strecke und dem Bahnhof gelten die Einfahrtsignale oder, wo diese wie auf Nebenbahnen fehlen, die Einfahrweichen. Die Fortsetzung der Gleise der freien Strecke durch die Bahnhöfe heißen durchgehende Hauptgleise zum Unterschied von den anderen Hauptgleisen des Bahnhofs, die von geschlossenen Zügen im regelmäßigen Betriebe befahren werden (Überholungsgleise). Alle sonstigen Gleise sind Nebengleise.

Die Bahnhöfe sind die Vermittlungsstellen zwischen dem Eisenbahnunternehmen und der Verkehrsbevölkerung

a) zum Aufnehmen und Absetzen der Reisenden,

b) zum Aufliefern und Ausgeben des Gepäcks, des Expreß-, des Eilgutes und des Stückgutes,

c) zum Be- und Entladen der Güterwagen mit Rohgut,

d) zum Durchführen des Abfertigungs- und des Kassendienstes.

Diese Aufgaben umfaßt der Verkehrsdienst.

Ferner sind die Bahnhöfe die Ausgangsstellen für die Handhabung des Betriebsdienstes. Dessen Aufgaben sind:

a) der planmäßige und gesicherte Transport der Züge auf den Bahnhöfen und der freien Strecke zur Beförderung von Nutzlasten

b) das Rangieren der Wagen auf den Bahnhöfen zum Bilden und Auflösen der Züge, zum Verändern ihrer Zusammensetzung sowie zum Laderechtstellen und Abholen der Wagen.

Auf den Bahnhöfen sind daher Einrichtungen für den Verkehrsdienst und den Betriebsdienst vorzusehen.

1. Die Einrichtungen des Verkehrsdienstes sind:

α) für den Personenverkehr: das Empfangsgebäude mit Fahrkartenausgabe, Gepäckabfertigung und Warteräumen, die Bahnsteige nebst ihrer Verbindung mit dem Empfangsgebäude durch Treppen, Aufzüge und Rampen. Auch die Anlagen für die Eilgut- und die Postbeförderung gehören zu den Personenbahnhöfen, da Eilgut und Post mit Reisezügen befördert werden.

β) für den Güterverkehr: die Güterabfertigung, der Güterschuppen, Rampen, Ladegleise an den Freiladestraßen, Krane usw.

2. Die Einrichtungen für den Betriebsdienst sind die Gleis- und die Stellwerksanlagen

α) zur Veränderung der Reihenfolge der Züge auf der Strecke (Überholungsgleise) und

β) zur Veränderung der Zusammensetzung der Züge durch Zu- und Absetzen sowie zum Laderechtstellen von Wagen (Rangierdienst).

Die Gleise werden zweckmäßig durch Weichen verbunden, da diese im Gegensatz zu den Drehscheiben und Schiebebühnen ohne Halt durchfahren werden können. Ferner gehören zu den Anlagen des Betriebsdienstes die Lokomotivbehandlungsanlagen, in denen die Maschinen für den Zug- und Rangierdienst hergerichtet werden.

Bei geringem und mittlerem Verkehr erhalten die Bahnhöfe Einrichtungen sowohl für den Verkehrs- als auch für den Betriebsdienst der Reise- und der Güterzüge. Bei starkem Verkehr sind jedoch besondere Bahnhöfe getrennt nach Personen und Gütern sowie nach dem Verkehrs- und Betriebsdienst anzulegen. Für den Verkehrsdienst gibt es besondere Personen- und besondere Güterbahnhöfe.

Im Betriebsdienst dienen die Abstellbahnhöfe der Zugbildung der Reisezüge und die Rangierbahnhöfe der Zugbildung der Güterzüge. Für den Lokomotivdienst sind Lokomotivbahnhöfe vorgesehen. Die Ausbesserung der Lokomotiven und der Wagen erfolgt in Betriebswerken in der Nähe der Lok- und Wagenschuppen oder in besonderen Lok- und Wagenausbesserungswerken.

Die Güterbahnhöfe haben je nach ihrer Zweckbestimmung verschiedene Verkehrseinrichtungen. Man unterscheidet

α) Ortsgüterbahnhöfe mit ihren Güterschuppen für Stückgüter, Ladestraßen, Laderampen, Krane, Rutschen und Trichtern für Wagenladungen

β) Hafenbahnhöfe mit Schuppen, Speichern, Hebewerken, Sturzvorrichtungen und Krananlagen

γ) Industriebahnhöfe z. B. Zechenbahnhöfe und Anschlüsse an andere industrielle Werke (Werkbahnhöfe).

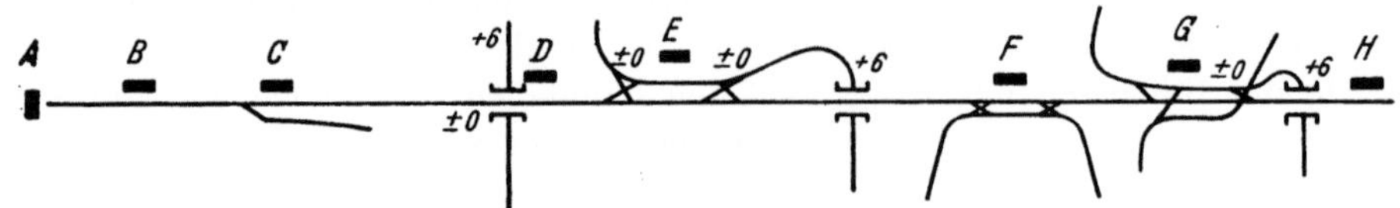

Abb. 1. Lage der Bahnhöfe zum Bahnnetz.

Außer nach ihrem Zweck kann man die Bahnhöfe auch nach ihrer Lage zum Bahnnetz, wie Abb. 1 zeigt, einteilen. Hiernach sind: A und H Endbahnhöfe, und zwar A in Kopfform, H in Durchgangsform, B bis G sind Zwischenbahnhöfe, und zwar ist B ein einfacher Zwischenbahnhof, C ein Anschluß- oder Trennungsbahnhof, D, E und G sind Kreuzungsbahnhöfe. Von diesen ist D ein Turmbahnhof, der jedoch nur für Personenverkehr (Umsteigen) zweckmäßig ist, E ein einfacher und G ein mehrfacher Kreuzungsbahnhof. An den Kreuzungsstellen muß bei schienenfreier Kreuzung der Höhenunterschied mindestens 6 m betragen.

F ist ein Berührungsbahnhof. Trennungs-, Kreuzungs- und Berührungsbahnhöfe nennt man auch Zugübergangsbahnhöfe, weil auf ihnen Züge von der einen Linie auf die andere übergehen können.

Auf einem einfachen Zwischenbahnhof lassen sich die Verkehrs- und Betriebsanlagen für Güter- und Reisezüge ohne Schwierigkeit vereinigen. Das ist auch der Fall bei Einführung einer eingleisigen Bahn in einen Zwischenbahnhof einer zweigleisigen Bahn bei Verzicht auf schienenfreie Kreuzungen der durchgehenden Hauptgleise. Schwieriger ist schon ein Trennungsbahnhof oder ein Kreuzungsbahnhof mit schienenfreier Kreuzung, auf dem die Verkehrs- und Betriebsanlagen für Reise- und Güterzüge vereinigt werden, ohne daß er zu weiträumig und unübersichtlich wird. Bei starkem Verkehr mehrerer zweigleisiger Bahnen trennt man daher meist die Anlagen des Personenverkehrs von denen des Güterverkehrs, indem man die Gütergleise vor der Siedlung abzweigt und dahinter wieder einführt. Neben den Gütergleisen legt man den großflächigen Rangierbahnhof außerhalb der Siedlung an. Mit dem Rangierbahnhof steht der Ortsgüterbahnhof in Verbindung, dessen Lage durch die industrielle Entwicklung der Siedlung bestimmt wird.

Wie aus Abb. 1 hervorgeht, unterscheidet man auch bei den Bahnhöfen nach ihrer Form Durchgangsbahnhöfe und Kopfbahnhöfe. Auf dem Durchgangsbahnhof können die Züge an beiden Bahnhofsenden, auf dem Kopfbahnhof nur an einem Ende ein- und ausfahren. An dem anderen Ende des Kopfbahnhofs schließen die Gleise stumpf ab. Die Durchgangsform ist für die Zwischenbahnhöfe und die Kopfform für die Endbahnhöfe die natürlichste. Jedoch gibt es Fälle, wo von diesen Lösungen abgewichen wird. Wenn z. B. eine einmündende Linie in absehbarer Zeit fortgesetzt werden soll, so wird man nach Abb. 1 den Endbahnhof H der Linie als Durchgangsbahnhof ausbilden. Andererseits kann der überragende Endverkehr, den eine große Stadt bei den sie berührenden Bahnlinien hervorruft, trotz des Durchgangsverkehrs die Anlage eines Kopfbahnhofs angezeigt erscheinen lassen. Dies ist vor allem dann gerechtfertigt, wenn 1. aus den Zügen des Durchgangsverkehrs ein bedeutender Teil der Reisenden ein- bzw. aussteigt und das Ein- und Ausladen von Gepäck- und Expreßgut sowie das Auswechseln der Eilgut- und Postwagen länger dauert als der Lokomotivwechsel des weiterfahrenden Zuges und wenn 2. der Vorort- und Nachbarverkehr durch Triebwagenzüge bedient wird, die ohne Lokwechsel spitzkehren können.

Die Bahnhofsanlagen sollen aus ihrer einfachsten Art heraus entwickelt werden.

B. Haltepunkte.

1. Haltepunkt an einer eingleisigen Bahn. (Abb. 2)

Die eingleisige Bahn sei eine Nebenbahn. An sie ist auf die Länge des größten Personenzuges der Strecke neben dem Schnittpunkt mit einer Straße ein Bahnsteig anzulegen. Seine Breite ist 3—6 m, seine Kante liegt 1,6 m

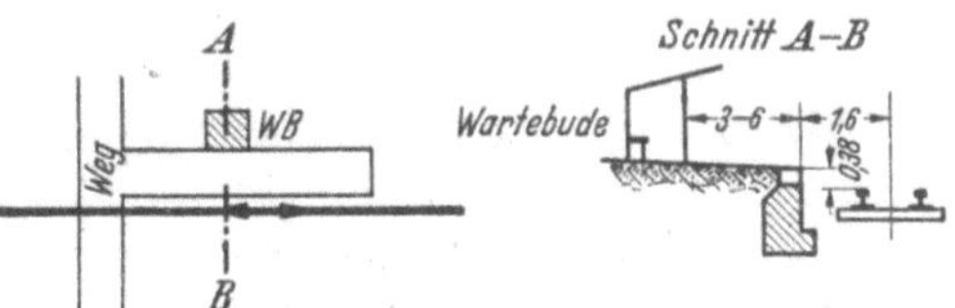

Abb. 2. Haltepunkt an einer eingleisigen Bahn.

von der Gleisachse und 0,25 oder 0,38 m über der Schienenoberkante (S.O.).

Der Bahnsteig hat von der Straße einen Zugang. Zum Gleis hin hat er etwas Gefälle. An dem dem Gleis abgewandten Rand des Bahnsteiges ist eine Wartebude zu errichten zum Schutz der Reisenden gegen Wind und Wetter. Die Fahrkarten werden im Zuge gelöst.

2. Haltepunkte an einer zweigleisigen Bahn. (Abb.3a, b, c)

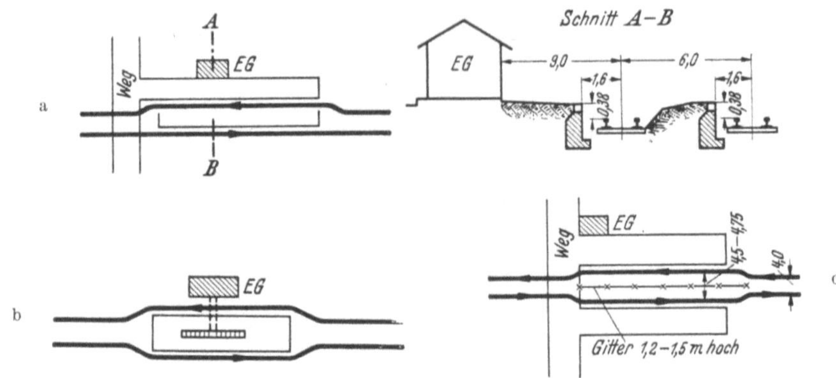

Abb. 3a, b, c. Haltepunkte an zweigleisigen Bahnen.

Für die Anlage der Bahnsteige bestehen nach Abb. 3a, b, c drei verschiedene Möglichkeiten, und zwar

a) ein Hauptbahnsteig außen und ein **Zwischenbahnsteig,** der durch Gleisüberschreitung erreicht wird. Am Hauptbahnsteig steht auch das Empfangsgebäude

b) ein Inselbahnsteig zwischen den auseinandergezogenen Gleisen, der durch einen Personentunnel oder eine Brücke vom Empfangsgebäude aus zugänglich gemacht ist

c) zwei Außenbahnsteige.

Die Abb. 3a zeigt einen Querschnitt durch einen Haltepunkt mit Haupt- und Zwischenbahnsteig. Die Länge der Bahnsteige ist gleich der doppelten Zuglänge. Fährt der Zug in das am Hauptbahnsteig gelegene Gleis zuerst ein (Abb 4a) und kommt er mit seinem Schluß in der Mitte des Hauptbahnsteigs

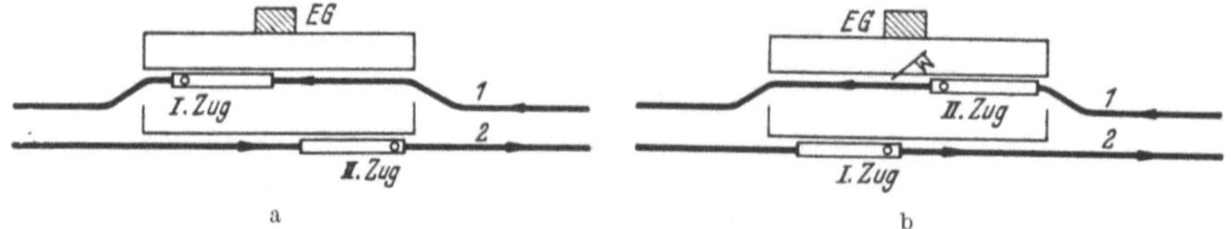

Abb. 4a, b. Bahnsteiglängen und Zugaufstellung.

zum Halten, dann verdeckt er nicht den in das andere Gleis später eingefahrenen Gegenzug, der soweit durchfahren muß, bis sein Schluß ebenfalls in der Mitte des Zwischenbahnsteigs zum Halten gekommen ist. Beide Züge können dann vom Empfangsgebäude (EG) aus ganz übersehen werden.

Die am Gegenzuge ein- und aussteigenden Reisenden überschreiten das Gleis hinter dem Schluß des zuerst einfahrenden Zuges gefahrlos. Fährt dagegen

(Abb 4b) der Personenzug in das z w e i t e Gleis am Zwischenbahnsteig z u e r s t ein, so hält seine Spitze in der Mitte des Gleises. Der später in Gleis 1 einfahrende Zug fährt bis zur Mitte des Hauptbahnsteiges. Dann stehen auch hier wieder beide Züge versetzt und können vom EG aus übersehen werden. Die Reisenden müssen aber das Gleis 1 unter dem Schutz eines Haltesignals überschreiten, das der Aufsichtsbeamte an der Spitze des in Gleis 1 stehenden Zuges gibt.

Zweckmäßig wird das Gleis, das zum EG gelegen ist, für die Anlage des Zwischenbahnsteiges gekrümmt (Abb. 4). Dann bleiben beim Ausbauen des Haltepunktes zu einem Bahnhof auf der Gegenseite die anderen Gleise gerade.

Ein Inselbahnsteig ist bei einem Haltepunkt das Gegebene, wenn die Gleise in dichter Zugfolge mit nicht zu hoher Geschwindigkeit befahren werden. Denn die weit auseinandergezogenen Gleise beunruhigen den Zuglauf, und die Beunruhigung wächst mit der Geschwindigkeit des Zuges.

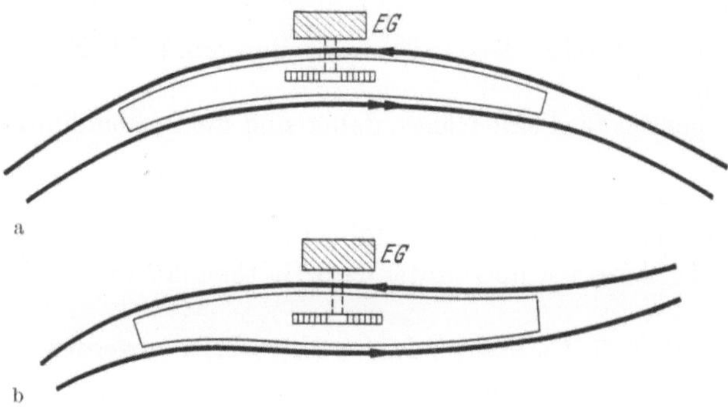

Abb. 5a, b. Haltepunkte in Bögen.

Die Linienführung wird aber nicht verschlechtert, wenn der Bahnsteig nach Abb. 5a in einer Krümmung oder nach Abb. 5b in einer Gegenkrümmung liegt.

Die Ausgestaltung eines Haltepunktes mit einem Inselbahnsteig kommt vielfach bei städtischen Schnellbahnen in Frage, sei es, daß diese auf einem Damm (Abb.7) oder in einem Einschnitt (Abb. 6a, b) liegt oder als Unterpflasterbahn ausgebildet ist.

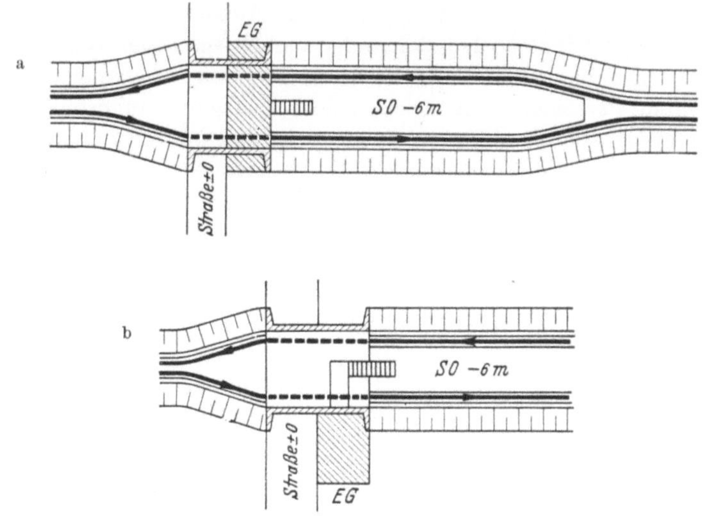

Abb. 6a, b. Haltepunkte im Einschnitt.

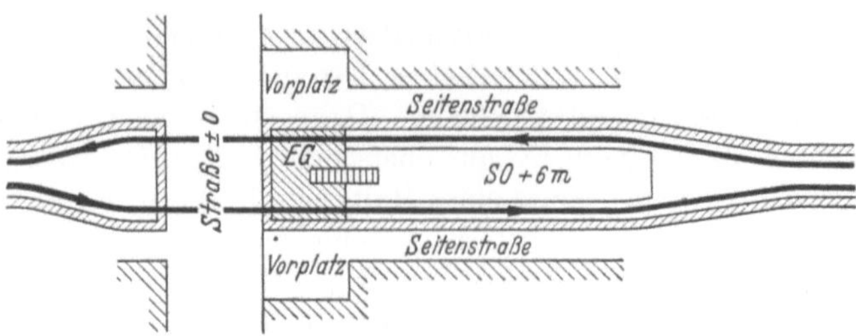

Abb. 7. Haltepunkt auf einem Damm.

Die Vorteile der Haltepunkte mit Inselbahnsteig sind folgende:

1. die Reisenden erreichen beide Bahnsteiggleise mit einem Zugang und können daher nicht fehlgehen,

2. der Aufsichtsbeamte braucht kein Gleis zu überschreiten, um beide Züge zu übersehen und abzufertigen.

3. eine Bahnsteigsperre genügt für beide Gleise, daher sind die Personalkosten gering.

Die Nachteile sind:

1. Die Kosten für Grunderwerb und Bauausführung sind hoch, weil die Gleise schon mehrere hundert Meter vor und hinter dem Haltepunkt auseinander gezogen werden müssen.

2. Bei Unterpflasterbahnen muß der Straßendamm überschritten werden, um zum Haltepunkt mit Inselbahnsteig zu gelangen.

Bei den Haltepunkten mit zwei Außenbahnsteigen behalten die Gleise ihren Abstand. Die Fahrt der Züge wird daher nicht beunruhigt. Man unterscheidet Haltepunkte städtischer Schnellbahnen und ländlicher Bahnen. Haben bei ersteren die Haltestellen Außenbahnsteige, so können die Zugänge zu diesen auf die Bürgersteige gelegt werden und die gefährliche Überquerung des Straßendammes bei starkem Kraftwagenverkehr fällt fort (Ostende des U-Bahnhofs Zoo in Berlin). Um den Zeitverlust zu mildern, der durch das Betreten des falschen Bahnsteiges entsteht, kann man die Außenbahnsteige durch einen Tunnel unter den Gleisen noch miteinander verbinden. Jeder Bahnsteig erhält Bahnsteigsperren und je einen Aufsichtsbeamten zum Abfertigen der Züge. Diesen erhöhten Personalkosten stehen jedoch billigere Baukosten gegenüber, da der Grunderwerb nur für die eigentlichen Bahnsteiganlagen zu machen ist und die Mehrkosten für die Verbreiterung des Gleisabstandes fortfallen.

Bei Fernbahnen mit starkem Verkehr werden die Außenbahnsteige durch einen Personentunnel oder eine Fußgängerbrücke miteinander verbunden. Bei Bahnen mit schwachem Verkehr werden die Außenbahnsteige nach Abb. 3c gegenüberliegend oder nach Abb. 8 versetzt angeordnet. In ersterem Fall steht zwischen den Gleisen auf die Bahnsteiglänge ein 1,5 m hohes Gitter, um ein Aussteigen auf der falschen Seite zu verhüten. Die Gleise werden nach Abb 3c hierfür

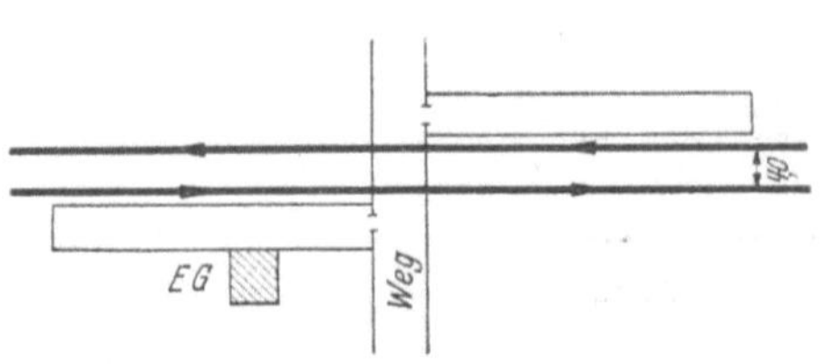

Abb. 8. Haltepunkt mit versetztem Außenbahnsteig.

auf 4,5 bis 4,75 m auseinander gezogen. Werden die Außenbahnsteige versetzt angeordnet, so fällt das Schutzgitter und die Vergrößerung des Gleisabstandes fort.

Die Gegenkrümmung bei Vergrößerung des Gleisabstandes (Abb. 9a, b) ist möglichst schlank zu gestalten. Man legt daher Bögen mit dem Halbmesser $R = 2000$—5000 m ein. Die Vergrößerung des Gleisabstandes sei e [m]. Legt

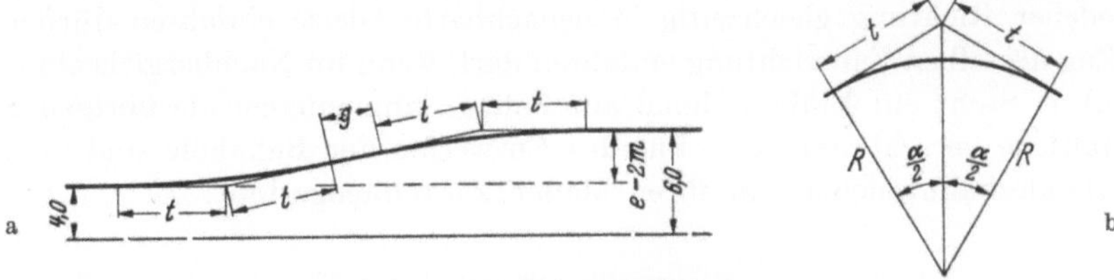

Abb. 9a, b. Längen der Gegenkrümmung.

man zwischen der Krümmung und der Gegenkrümmung eine Zwischengerade g [m] ein und an jeden Bogen die beiden Tangenten von der Länge t [m], dann ist die Neigung, die die schräge Gerade von der Länge $2t + g$ mit der Gleisabstandserweiterung e bildet, $\sin \alpha = e : (2t + g)$. Da bei flachen Winkeln

$$\sin \alpha \cong tg\,\alpha \cong 2\,tg\,\frac{\alpha}{2} \cong e : (2t+g) \quad \text{und daher} \quad tg\,\frac{\alpha}{2} = e : 2\,(2t+g)$$

und die Beziehung zwischen Tangentenlänge und Halbmesser (Abb. 9b)

$$t = R \cdot tg\,\frac{\alpha}{2}$$

ist, so ist $t = R \cdot e : 2\,(2t + g)$ oder $4t^2 + 2t \cdot g = R \cdot e$. Dann ist

$$t = -\frac{g}{4} + \sqrt{\frac{R \cdot e}{4} + \left(\frac{g}{4}\right)^2}$$

und die Tangentenlänge ist $t = \frac{1}{4}\left(\sqrt{4 \cdot R \cdot e + g^2} - g\right)$ [m]

Bei Fortfall der Übergangsbögen ist die Länge vom Beginn des Bogens bis zum Ende des Gegenbogens $L = 4t + g = \sqrt{4\,R \cdot e + g^2}$ [m]

Die Übergangsbögen kann man nach den Oberbauvorschriften vor und hinter Bogen und Gegenbogen, sowie zwischen beiden noch einfügen.

Beispiel: Es sei $e = 6$—$4 = 2$ m, $R = 2500$ m, $g = 50$ m. Dann ist

$$L = \sqrt{4 \cdot 2500 \cdot 2 + 50^2} = \sqrt{22500} = 150 \text{ [m]}$$

Tangentenlänge $t = (L$—$g) : 4 = (150$—$50) : 4 = 25$ [m]

C. Zwischenbahnhöfe für den Personenverkehr.

1. an eingleisiger Bahn.

Die Abb. 10 zeigt einen Bahnhof auf dem Personenzüge kreuzen können.

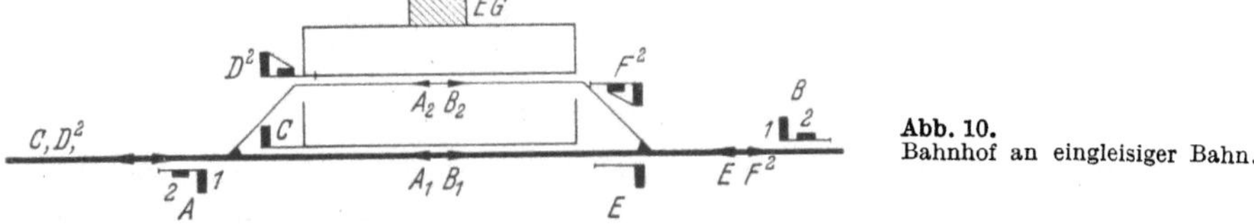

Abb. 10.
Bahnhof an eingleisiger Bahn.

Er hat einen Haupt- und einen Zwischenbahnsteig. Damit der Zuglauf möglichst

wenig durch das Befahren des gekrümmten Weichenstranges beunruhigt wird,
fahren die Züge stets in das gerade Gleis ein und nur, wenn dieses besetzt ist,
in das sogenannte Kreuzungsgleis. Um dem Lokomotivführer anzuzeigen, in
welches Gleis er einfahren und ob er aus diesem ausfahren darf, sind nach Abb. 10
Einfahrt- und Ausfahrtsignale aufzustellen. Diese Signale müssen in gegenseitiger
Abhängigkeit stehen, da wegen der Durchrutschgefahr weder zwei Züge verschiedener Richtung gleichzeitig in benachbarte Gleise einfahren dürfen, noch
ein Zug derselben Fahrrichtung einfahren darf, wenn im Nachbargleis ein anderer
ausfährt. Steht ein Einfahrtsignal auf Fahrt, dann müssen die übrigen Signale
in Haltlage verschlossen sein. Für das Entwerfen der Bahnhöfe sind in Abb. 11
die Bundesbahnweichen mit ihren Maßen zusammengestellt.

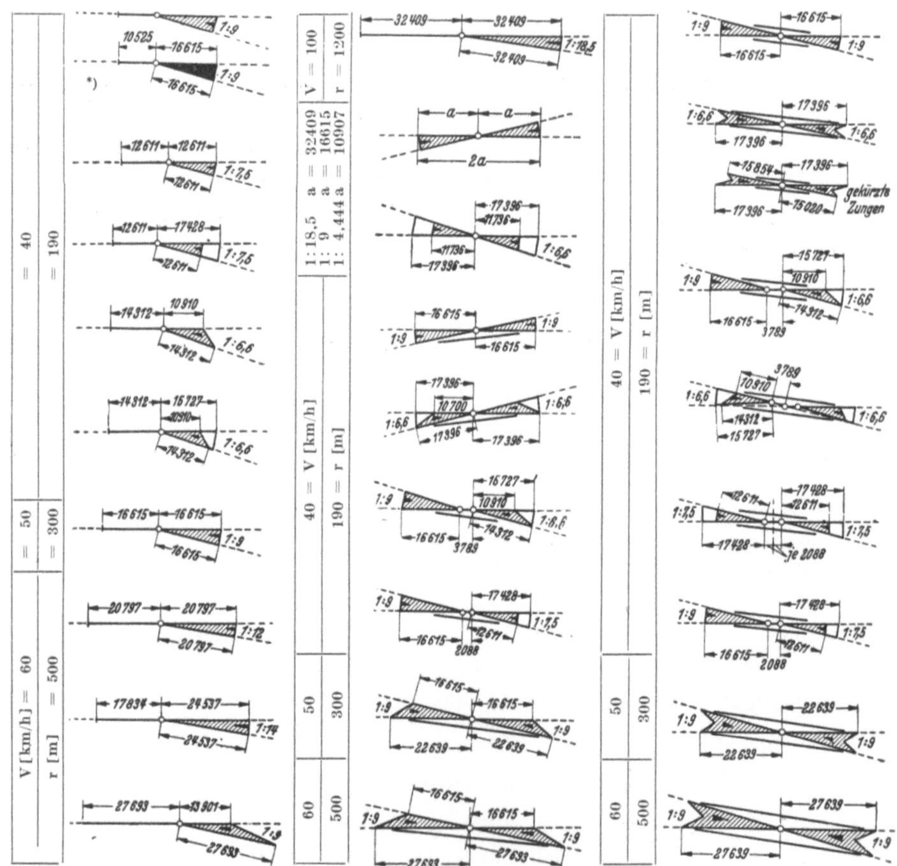

Abb. 11. Weichen und Kreuzungen mit ihren Maßen.
(*) Fernbediente Weichen werden schwarz ausgezogen).

2. an zweigleisiger Bahn.

Soll am Ende des Vorortverkehrs auf einer zweigleisigen Fernbahn eine Anlage
für das Wenden der Vorortzüge und zum Umlauf der Lok vorgesehen werden, so
legt man ein Kehrgleis mit den erforderlichen Weichenverbindungen nach

Abb. 12a oder 12b an. Erstere ist der letzteren betrieblich überlegen, da hier kein Hauptgleis gekreuzt wird. Die Kehrgleisanlage zwischen den Hauptgleisen bedingt

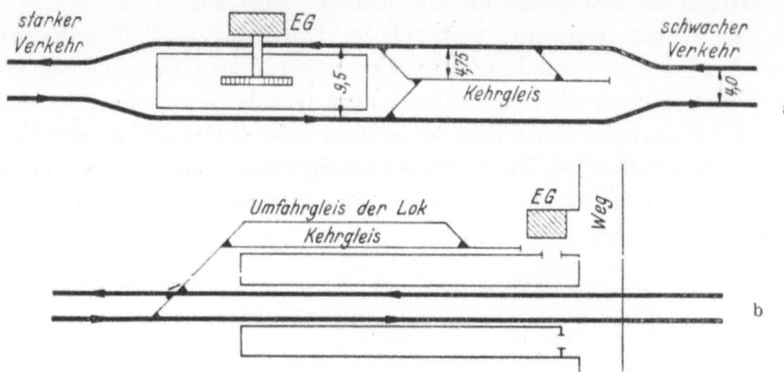

Abb. 12a, b. Bahnhöfe mit Kehrgleisen.

aber deren Auseinanderziehen. Das ist bei einem Umbau im Betriebe umständlich. Die nachträgliche Anlage des Kehrgleises kann nach Abb. 12b ohne merkliche Störung des Betriebes geschehen. Hier ist für die Lok noch ein besonderes Umfahrgleis anzulegen. Letzteres kann bei der Anlage nach Abb. 12a fortfallen.

D. Einfache Zwischenbahnhöfe für Personen- und Güterverkehr. (Abb. 13a, b.)

1. Die Ladegleise.

In Güterzügen werden befördert:

a) Stückgut. Hier wird das Frachtgut in einzelnen Stücken aufgeliefert, gewogen, von der Eisenbahnverwaltung zusammen mit anderen Stückgütern verladen und in festverschlossenen Wagen befördert. Eilstückgut wird in besonderen Eilgüterzügen oder im Packwagen oder in Eilgutwagen der Reisezüge schneller befördert.

b) Wagenladungen. Das Frachtgut füllt hier den Wagen ganz aus. Es wird vom Versender ein und vom Empfänger ausgeladen.

Die Ladestelle für das Stückgut ist der Güterschuppen, dessen Fußboden in gleicher Höhe wie der des Güterwagens (1,10 [m] über S. O.) liegt. Er ist meist einstöckig und hat sowohl auf der Gleisseite als auf der Straßenseite eine schmale Rampe (Abb. 41). Bei geringem Stückgutverkehr liegt der Güterschuppen, der Personalersparnis wegen, neben dem Dienstraum des Empfangsgebäudes. In diesem Fall ist das Güterschuppengleis ein Stumpfgleis (Abb. 13a). In dieses können nur von einem Bahnhofsende aus Güterwagen zugestellt und abgezogen werden. Die Bedienung des Güterschuppens geht daher nur für die Wagen schnell vonstatten, die aus der einen Richtung kommen, während die Zustellung und Abholung der Stückgutwagen der anderen Richtung zeitraubender ist. Bei stärkerem Stückgutverkehr trennt man daher den Güterschuppen vom Empfangsgebäude und legt ihn in die Nähe der anderen Ladestellen. Das Schuppengleis ist dann an beiden Enden angeschlossen.

Für Wagenladungen sind die Freiladegleise bestimmt, die neben der gepflasterten Freiladestraße liegen (Abb. 49b).

Für das Verladen von Fahrzeugen auf Eisenbahnwagen dienen Kopframpen, die am Ende eines Stumpfgleises liegen. Mittels einer Rampenneigung von 1 : 18 gelangen die Fahrzeuge auf die Rampe (Abb. 45a, b).

Um das Heben schwerer Güter beim Umschlag von Eisenbahnwagen auf Straßenfahrzeuge zu vermeiden, legt man neben dem Gleis eine Seitenrampe an, die etwa ebenso hoch über der Straße liegt wie der Fußboden des Straßenfahrzeugs; auf der anderen Seite liegt sie 1,10 m über S.O., also in gleicher Höhe wie der Güterwagenfußboden. Die Seitenrampe ist besonders für den Umschlag von Fässern geeignet. Meist vereinigt man eine Kopframpe mit einer Seitenrampe, wie Abb. 13a, b zeigt.

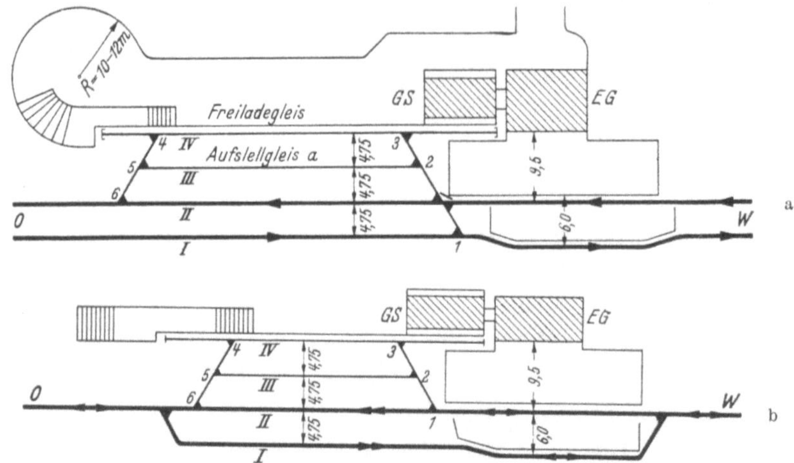

Abb. 13a, b. Bahnhöfe für Personen- und Güterverkehr an zweigleisiger und eingleisiger Bahn.

2. Die Aufstellgleise und das Rangieren. (Abb. 14a—d, Abb. 15a—c)

Die Güter werden in Güterzügen befördert, und zwar unterscheidet man Nahgüterzüge für den Nahverkehr und Durchgangsgüterzüge für den Fernverkehr. Die Güterwagen der Nahgüterzüge werden auf den Ladestellen der Unterwegsbahnhöfe zur Be- und Entladung bereitgestellt. Die Nahgüterzüge werden ebenso wie die ankommenden Durchgangsgüterzüge auf den Rangierbahnhöfen mittels Schwerkraft zerlegt. Sodann werden aus diesen Wagen nach anderen Verkehrsbeziehungen neue Durchgangs- und Nahgüterzüge gebildet. Die Durchgangsgüterzüge setzen sich aus Wagengruppen für Abzweigbahnhöfe und größere Zwischenbahnhöfe zusammen. In den Nahgüterzügen sind die Wagen nach den einzelnen Unterwegsbahnhöfen geordnet, und zwar stehen die Wagen für die dem Rangierbahnhof zunächst liegenden Bahnhöfe hinter der Lok. Die Reisegeschwindigkeit der Nahzüge wird durch die Bedienung der Unterwegsbahnhöfe sehr gering. Um den Bedienungsaufenthalt abzukürzen, stellt die Zuglokomotive die Wagen nur in die sogenannten Aufstellgleise ab und nimmt aus diesen die abgehenden Wagen mit. Die Auswechslung der Wagen zwischen den Aufstellgleisen und den Ladegleisen erfolgt durch besondere Rangierlokomotiven. Diese sind meist Kleinlokomotiven mit Dieselmotoren. Nach dem Gleisplan der Abb. 14 bleiben die Güterzüge während des Rangierens in den durchgehenden Hauptgleisen stehen. Dies ist natürlich nur auf Strecken mit größeren Zugpausen angängig, da sonst die rückliegenden Züge Verspätung erhalten.

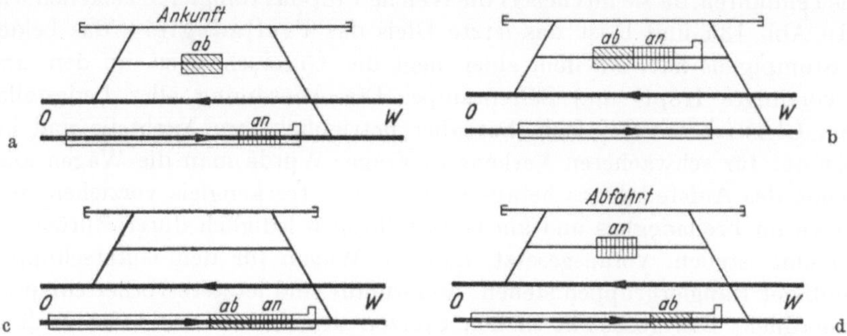

Abb. 14 a—d. Rangieren auf Bahnhöfen mit einem Aufstellgleis.

In Abb. 13a ist ein Zwischenbahnhof für Personen- und Güterverkehr einer zweigleisigen Strecke und in Abb. 13b ein solcher einer eingleisigen Strecke dargestellt. Die Anlagen für den geringen Personenverkehr bestehen aus einem Hauptbahnsteig und einem Zwischenbahnsteig. In Abb. 13a ist nur ein Aufstellgleis vorhanden. Beim Auswechseln einer ankommenden Wagengruppe (Abb. 14a) mit einer abgehenden fährt die Zuglok mit der An-Gruppe ins Aufstellgleis und kuppelt (Abb. 14b) die Ab-Gruppe an. Sodann fährt sie mit beiden Gruppen zum Zuge (Abb. 14c). Dort wird die An-Gruppe abgekuppelt und ins Aufstellgleis zurückgeschoben. Die Zuglok setzt sich sodann wieder vor den Zug, der mit der Ab-Gruppe abfährt (Abb. 14d).

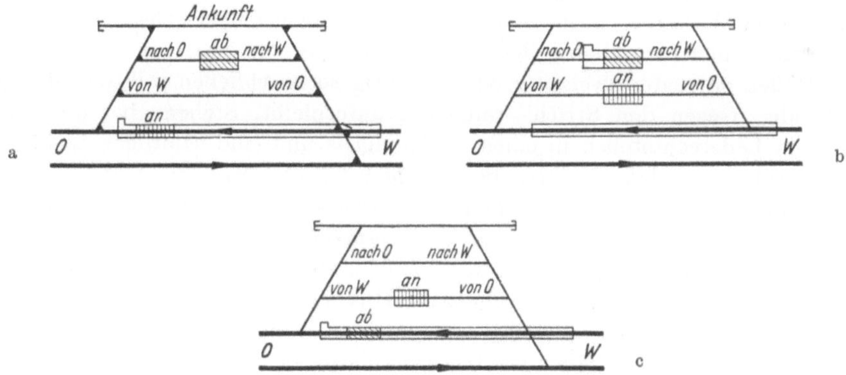

Abb. 15a—c. Rangieren auf Bahnhöfen mit 2 Aufstellgleisen.

In Abb. 15a, b, c sind zwei Aufstellgleise vorgesehen, das eine für die Wagen nach Osten und das andere für die Wagen nach Westen. Hier setzt die Zuglok die An-Gruppe in das eine Aufstellgleis ab, holt dann aus dem anderen die Ab-Gruppe, setzt sich mit dieser wieder vor den Zug und fährt ab. Mit zwei Aufstellgleisen geht also das Auswechseln der Wagengruppen schneller vor sich und die Güterzüge brauchen dann nicht so lange im durchgehenden Hauptgleis zustehen.

In einer anschließenden Zugpause erfolgt dann die Auswechslung der Wagen zwischen Aufstell- und Ladegleisen mittels einer Rangierlok.

In Abb. 13b müssen bei einer eingleisigen Strecke die Güterzüge von Osten in Gleis I einfahren, da sie im Gleis II die Weiche 1 für das Rangieren zustellen würden.

In Abb. 13a und b ist das letzte Gleis das Freiladegleis, das beiderseits ein Stumpfgleis hat. An dem einen liegt der Güterschuppen, an dem anderen die vereinigte Kopf- und Seitenrampe. Die Anordnung aller Ladestellen an einem Gleis ist zwar einfach, hat aber betrieblich ihre Nachteile und kommt daher nur für schwächeren Verkehr in Frage. Würde man die Wagen aus dem Ostende des Aufstellgleises heraus und in das Streckengleis vorziehen, so kann man sie im Freiladegleis und am Güterschuppen lediglich durch Zurückdrücken laderecht stellen, vorausgesetzt, daß die Wagen für den Güterschuppen am Schluß der Rangiergruppen stehen. Andernfalls sind letztere vorher entsprechend umzuordnen. Das geschieht in den Spitzen des Aufstell- und des Ladegleises. Würde aber der Wagen für die Rampe gleich hinter der Rangierlok stehen, so ist es nicht angängig, diesen Wagen mit der Lok an die Rampe zu ziehen, da die Lok dann am Stumpfgleisende von dem Rampenwagen gefangengehalten würde. Es bleibt daher nichts anderes übrig, als den Rampenwagen mit den anderen in das Freiladegleis zu drücken und ihn dann mit der Hand an die Rampe zu schieben. Ist dies wegen Mangel an Arbeitskräften nicht angängig, dann drückt man den Rampenwagen mit der Lok in das leere Aufstellgleis und fährt durch das durchgehende Hauptgleis II vom anderen Ende des Aufstellgleises an den Rampenwagen (Umsetzen der Lok). Sodann drückt man ihn nach Weiche 6, bis Weiche 5 frei ist und zieht ihn über Weiche 4 hinaus, um ihn dann an die Rampe zu drücken. Dieses umständliche Laderechtstellen nennt man „Gegen den Strich" rangieren. Im Gegensatz hierzu nennt man die einfachere Bedienung der Ladestellen „Mit dem Strich" rangieren. Bei Bedienung der Ladestellen vom Westende her müssen die Güterschuppenwagen „Gegen den Strich" rangiert werden. Aus dieser Betrachtung geht hervor, daß man die Gleise der Ladestellen entweder zweiseitig oder einseitig so anschließen soll, daß das zeitraubende „Gegen den Strich" rangieren unterbleibt. Stehen aber die Wagen vor dem Laderechtstellen in einem Aufstellgleis und sind sämtliche Ladestellen so angeschlossen, daß bei ihrer Bedienung lediglich „Mit dem Strich" rangiert wird, dann braucht keines der Ladegleise zweiseitig angeschlossen zu sein, um das Rangieren „Gegen den Strich" zu vermeiden. Damit das Umordnen der Wagen in den Gleisspitzen fortfällt, schließt man die Freiladestraße, den Güterschuppen und die Rampe nach Abb. 20 an. Hierbei ist die Freiladestraße unmittelbar an das Ausziehgleis Z (s. u.) angeschlossen, während die Rampe von dem Durchlaufgleis aus zugänglich ist. Das Durchlaufgleis ist ebenso wie die Weichenstraßen stets von unbespannten Wagen freizuhalten. Es soll ermöglichen, jederzeit mit der Lok von einem Bahnhofsende zum anderen zu gelangen. Daß das Güterschuppengleis nach Abb. 20 beiderseits angeschlossen ist, hat den Vorteil, unmittelbar einen Stückgutwagen von Zügen beider durchgehender Hauptgleise zum Güterschuppen zu bringen und von diesem abzuholen. In neuerer Zeit legt man (Abb. 20) neben das Güterschuppengleis im Abstand von mindestens 6 [m] das sog. Leig-Gleis, in das unmittelbar von der Strecke aus ein sog. leichter Güterzug (Leig) ein- und ausfahren kann. Diese Leigs bestehen meist aus einer Lok und einem Packwagen, in dem sich das Stückgut des sog. Güterschnellverkehrs befindet. Um nun das Ladegeschäft der im Güterschuppengleis aufgestellten Stückgutwagen möglichst wenig zu stören, legt man zwischen Leig- und Güterschuppengleis eine Überladebühne an, die 1,1 [m] über S.O. ragt (Abb. 42). Um von den Wagen des „Güterschnellverkehrs" von der Überladerampe zum Güterschuppen mit einer Stechkarre zu gelangen, benutzt man einen im Schuppengleis stehenden Stückgutwagen als Brücke.

3. Die Überholungsgleise.

Ist die Streckenbelegung dichter, dann dürfen die Nahgüterzüge während des Auswechselns der Wagen nicht in den durchgehenden Hauptgleisen bleiben, sondern müssen in ein danebenliegendes Überholungsgleis fahren.

Bevor jedoch auf die Anordnung der Güterüberholungsgleise in einem Zwischenbahnhof näher eingegangen wird, soll die Anordnung der Überholungsgleise im allgemeinen kurz erläutert werden:

Man unterscheidet Betriebsüberholungen und Verkehrsüberholungen. Erstere haben den Zweck, die Reihenfolge der Züge auf der Strecke zu ändern, z. B. um einen schnellfahrenden Zug so rechtzeitig vor einen langsamfahrenden vorzulassen, daß ersterer durch letzteren nicht zum Halten gezwungen wird. Die Verkehrsüberholungen bezwecken das Auswechseln der Wagen eines Güterzuges zur Bedienung der Ladestellen, ohne daß hierdurch der Zugbetrieb auf der Strecke gestört wird. Die Überholungsgleise für letzteren Zweck müssen daher auf der Seite der Ladeanlagen liegen.

Bei der Anordnung der Überholungsgleise für die Betriebsüberholungen ist man freier. Man legt sie, wie nachstehende Beispiele zeigen so, daß die Gleise der Gegenrichtung nicht gekreuzt werden, um zu verhüten, daß sich die Verspätungen der einen Fahrtrichtung auf die andere übertragen.

a) Betriebsüberholungsgleise. Abb. 16a, b zeigt die Anordnung der Überholungsgleise für Güterzüge bei Außenbahnsteigen bzw. Inselbahnsteig. Erstere

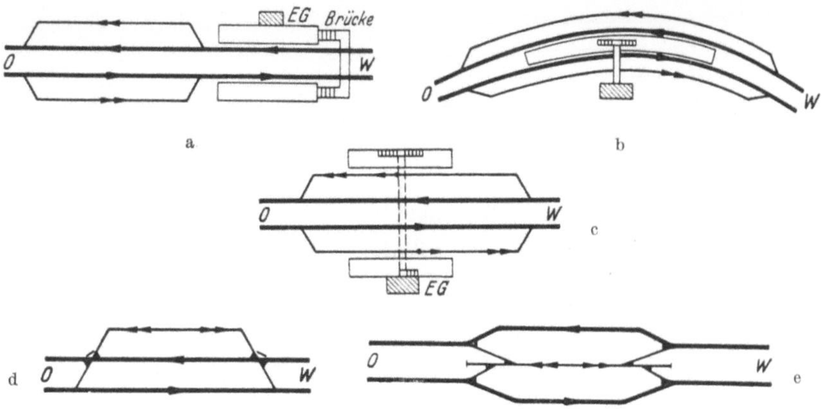

Abb. 16a—e. Gleise für Betriebsüberholung.

eignet sich besonders für eine nachträgliche Anlage der Überholungsgleise, die ohne Betriebsstörung durchgeführt werden kann. Die Ausführung der Überholungsgleise ohne Betriebsstörung der Hauptgleise ist auch nach Abb. 16c möglich, bei der die Überholungsgleise der Personen- und Güterzugüberholung dienen. Bei den Überholungsgleisen nach Abb. 16 b in einem Gleisbogen entsteht durch die Anlage eines Inselbahnsteigs keine Gegenkrümmung.

Für schwachen Verkehr genügt ein Überholungsgleis, das in beiden Richtungen befahren wird. Die Anordung nach Abb. 16d hat als Nachteil die Kreuzung der Gegenrichtung. Das wird vermieden, wenn man das Überholungsgleis zwischen die durchgehenden Hauptgleise legt (Abb. 16e). Hierdurch wird aber deren Linienführung verschlechtert.

b) Verkehrsüberholungsgleise. Bei schwachem Verkehr kann man das Überholungsgleis nach Abb. 16d auch für Verkehrsüberholungen mitbenutzen, wenn an dieses die Aufstell- und Ladegleise angeschlossen sind. Bei stärkerem Verkehr sieht man jedoch für jede Fahrtrichtung ein besonderes Überholungsgleis vor. Sind diese beiden Überholungsgleise an die Hauptgleise an jedem Ende nur mit einer Weichenstraße angeschlossen, so kann bei Überholungen nicht gleichzeitig ein Zug ausfahren, wenn der andere einfährt. Das gilt nicht nur für den ein- und ausfahrenden Zug desselben Bahnhofsendes, sondern wegen der Durchrutschgefahr auch für den einfahrenden Zug an dem einen und für den einfahrenden Zug an dem anderen Ende, sowie für den einfahrenden Zug an dem einen und den ausfahrenden Zug am anderen Bahnhofende. Die gemeinsame Weichenstraße der Überholungsgleise ist nicht nur wenig leistungsfähig, sondern auch für das Einfahrgleis, das dem Überholungsgleis benachbart ist, wie folgende Betrachtung zeigt, betriebsunsicher. Liegt z. B. nach Abb. 17a der Bahnhof so,

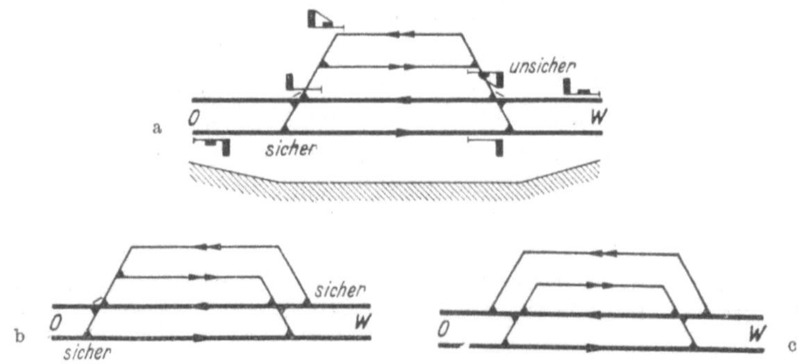

Abb. 17a—c. Gleise für Verkehrsüberholung.

daß von beiden Richtungen her die Züge im Gefälle einfahren, so wird ein von Osten kommender Zug, der an dem auf Halt stehenden Einfahrtsignal durchrutscht, in dem geraden Gleis weiterrollen und den Fahrweg eines nach Westen ausfahrenden Zuges nicht berühren. Gefährlicher ist es, wenn am anderen Bahnhofsende ein Zug auf dem Gefälle an dem auf Halt stehenden Einfahrtsignal durchrutscht, dann stößt er einem aus dem Überholungsgleis nach Westen ausfahrenden Zuge in die Flanke. Diese Betriebsunsicherheit wird dadurch verhütet, daß man nach Abb. 17b an dem Bahnhofsende, an dem das Einfahrgleis unmittelbar neben dem Überholungsgleis liegt, für gleichzeitiges Ein- und Ausfahren 2 Gleisverbindungen anordnet. Am besten ist es aber, wenn man beiden Bahnhofsenden nach Abb. 17c getrennte Ein- und Ausfahrten der Überholungsgleise vorsieht, dann ist der Bahnhof nicht nur betriebssicher, sondern auch leistungsfähiger.

4. Die Ausziehgleise.

Wenn man zwischen den Überholungsgleisen und den Aufstellgleisen Wagen auswechselt, so müßte die Wagengruppe von der Lok in das Hauptgleis vorgezogen und nach Umstellen der Weiche wieder zurückgesetzt werden. Das bedeutet eine Belastung der durchgehenden Hauptgleise, die besonders am Einfahrende auch gefährlich ist. Ein an dem auf Halt zeigenden Einfahrsignal durchrutschender Zug könnte auf die Rangiergruppe aufprallen. Am Ausfahrende ist dies nicht so gefährlich, da der ausfahrende Zug vom Fahrdienstleiter zurückgehalten werden kann bzw. der durchfahrende einen längeren Durchrutschweg zur Verfügung hat, auf dem er zum Halten gebracht wird. Verlängert man dagegen das dem durchgehenden Hauptgleis benachbarte Überholungsgleis stumpfendigend nach der freien Strecke zu, so erhält man nach Abb. 18

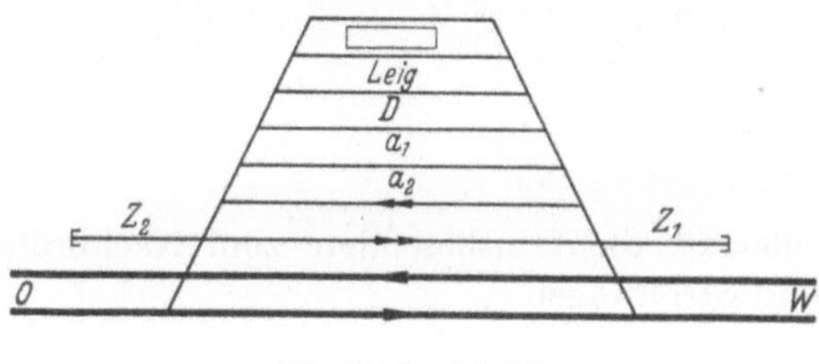

Abb. 18. Ausziehgleise.

die Ausziehgleise, die diesen Übelstand vermeiden. Durch sie wird erreicht, daß alle Rangierbewegungen ohne Berührung der durchgehenden Hauptgleise ausgeführt werden können. Sie ermöglichen auch das Überholen von Güterzügen, für die das eigentliche Überholungsgleis zu kurz ist. Auf alle Fälle ist nach obigem ein Ausziehgleis am Einfahrende anzulegen, auf dasjenige am Ausfahrende kann mit Rücksicht auf die vorherigen Ausführungen eher verzichtet werden. Die Gleisentwicklung nach Abb. 18 gestattet aber nicht gleichzeitig das Bedienen der Ladestellen während der Ein- und Ausfahrt der Güterzüge in die Überholungsgleise. Dies ist erst nach Abb. 19 möglich. Aber die Gleisentwicklung am Ostende macht es

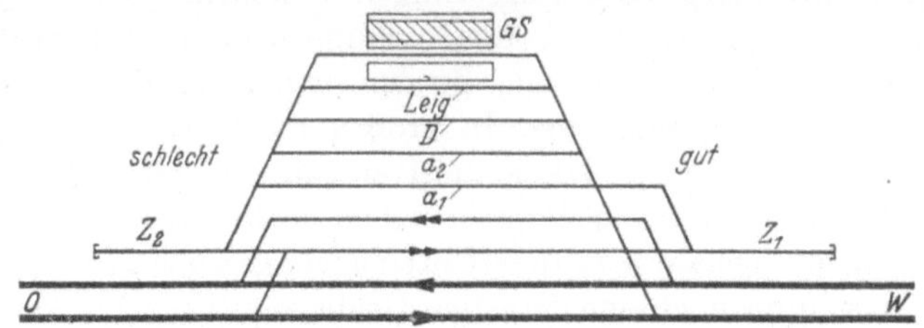

Abb. 19. Ausziehgleise und ihre Gleisverbindungen.

wieder unmöglich, daß ein Leig unmittelbar von der Strecke aus das Leiggleis befahren kann. Wenn man dagegen die Gleisentwicklung nach Abb. 19 (Westende) und nach Abb. 20 (Ostende) ausführt, dann ist es nicht nur möglich, daß die Güterzüge zur Überholung gleichzeitig ein- und ausfahren können, die Rangierbewegungen ohne Berührung der durchgehenden Hauptgleise erfolgen, das Auswechseln der Wagen zwischen Ladestellen und Aufstellgleisen durch Überholungen nicht gestört wird, sondern daß auch die Leigs von der Strecke aus

unmittelbar das Leiggleis befahren können. Neben dem Hauptausziehgleis ist ein
beiderseits angeschlossenes kurzes Gleis zur Aufnahme der Gleiswaage und
des Lademaßes (Abb. 20) anzulegen, damit nur die Wagen, die gewogen werden,

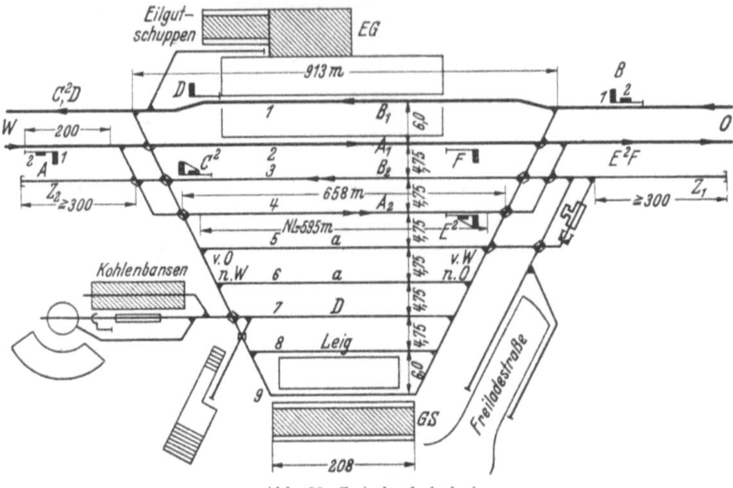

Abb. 20. Zwischenbahnhof.

die Gleiswaage befahren. Das Lademaß dient insbesondere zum Nachprüfen
des Ladeprofils, z. B. der Heu- und Strohwagen.

5. Die Gleise für die Lokomotivbehandlung.

In den Lokomotivbehandlungsanlagen sollen die Loks mit Betriebsstoffen
(Kohle, Wasser, Fette, Öl) versehen, von Asche und Schlacke befreit werden
und in einem Lokomotivschuppen eine gegen Witterung geschützte Unterkunft
bis zur nächsten Dienstbereitschaft erhalten. Sie bestehen aus Anlagen a) für
Bekohlen, b) für Entschlacken, c) für Sand- und Wasserfassen, d) für Drehen
der Lok, e) für die Aufnahme der Lok. Letzteres sind die Lokomotivschuppen,
die entweder rechteckigen oder ringförmigen Grundriß haben. Auf kleineren
Bahnhöfen ist ein rechteckiger Lokomotivschuppen für höchstens 9 Tenderloks
auf 3 Gleisen durch Weichen zugängig. Zu den ringförmigen Lokomotivschuppen
gelangt man über die Drehscheibe. In großen rechteckigen Schuppen stehen
auf durchlaufenden Gleisen je 3 Lokomotiven mit Schlepptender, sonst nur je
2 hintereinander. Ringförmige Schuppen haben höchstens 30 Lokomotivstände.
Unter diesen liegen ungefähr 1 m tiefe Untersuchungsgruben. In einem Gleis vor
dem Lokomotivschuppen ist eine derartige Grube zum Entschlacken vorgesehen.
Während des Entschlackens faßt die Lokomotive gleichzeitig Wasser. Der
Wasserkran befindet sich neben der Entschlackungs- oder Löschgrube. Auf
Zwischenbahnhöfen ist oft neben der Löschgrube auch der sog. Kohlenbansen
angeordnet, durch den ein Gleis zum Ausladen der Kohlenwagen geführt ist.
Am Rande des Kohlenbansens ist auf einem Betonfundament ein fester Drehkran zum Beschicken der Loks mit Kohlen angelegt (Abb. 59). In der Regel
faßt eine Lok täglich 3—4 t Kohle, von denen sie etwa ein Zehntel als Schlacke
zurückläßt. Die Kohlen werden in den Bansen auf sog. Hunde von je 0,5 t geladen und an den Kran gefahren. Neben der Löschgrube liegt auf der dem

Kohlenbansen abgewandten Seite das Ausfahrgleis der Lok. Alle diese Anlagen werden auf Seite 47 eingehender beschrieben. In Abb. 20 ist eine einfache Lokomotivbehandlungsanlage dargestellt. Sie wird entweder mit dem Durchlaufgleis oder mit dem Ausziehgleis verbunden.

6. Zwischenbahnhof mit Güterzugüberholung.

Abb. 20 zeigt einen Zwischenbahnhof einer zweigleisigen Strecke für schwachen Personenzug- und stärkeren Güterzugverkehr. Er hat neben dem Empfangsgebäude einen Eilgutschuppen, an den die von Osten kommenden Personenzüge unmittelbar Eilgutwagen absetzen und abholen können. Die Zugloks der von Westen kommenden Personenzüge müssen die Eilgutwagen jedoch erst in das Aufstellgleis 5 bringen. Von dort werden die Eilgutwagen mit einer Rangierlok zum Eilgutschuppen gebracht. Das Ausziehgleis Z_2 dient lediglich zum Auswechseln der Güterwagen zwischen Überholungsgleisen und Aufstellgleisen, während Z_1 auch für die Bedienung der Ladestellen vorgesehen ist. Für diesen Gleisplan sollen nunmehr die Längen der Überholungsgleise und des Güterschuppengleises berechnet werden. Erstere Länge wird aus dem längsten bespannten Güterzug ermittelt.

Für einen Güterzug von 120 Achsen ist bei einem Achsabstand von 4,5 m

die Länge des Wagenzuges 4,5 · 120 =	540 m
Länge von Lok + Tender	25 „
Spielraum	30 „
Nutzlänge des Gleises 4	595 „
Hierzu kommt noch an beiden Enden der Abstand zwischen Weichenschnittpunkt und Merkzeichen der Weichen 1 : 9 mit 2 · 9 · 3,5	63 „
Gesamtlänge des Gleises 4	658 m
Verkürzung des Gleises 8 gegen Gleis 4. Bei vier Gleisabständen je 4,75 also 2 · 4 · 9 · 4,75 =	342 m
Verkürzung des Gleises 9 gegen 8 bei 6 m Gleisabstand 2 · 9 · 6 =	108 „
	450 m

Nutzbare Länge des Güterschuppensgleises 658 — 450 = 208 [m] muß gleich oder größer sein als die nach S. 40 berechnete Güterschuppenlänge. Die Verlängerung des Gleises 1 gegen Gleis 4 ist 2 · 3 · 9 · 4,75 = 255 m. Dann ist die Länge des Gleises 1 von Weichenmitte zu Weichenmitte 658 + 255 = 913 [m].

7. Zwischenbahnhof mit Personen- und Güterzugüberholung in Gleich- und Gegenlage. (Abb. 21 bis 23)

Bei Gleichlage befinden sich das Empfangsgebäude und die Ladeanlage auf der gleichen Seite und zwar möglichst auf der Ortsseite. Um dies zu erreichen, liegen die Bahnsteiggleise in der Fahrrichtung neben dem Güterbahnhof. Bei der Gegenlage sind die Anlagen für den Personenverkehr in den Güterbahnhof eingeschachtelt. Der Bahnhof wird hierdurch kürzer, aber die Straßenfahrzeuge müssen die Hauptgleise überschreiten, um zu den Ladeanlagen zu kommen. In Abb. 21a sind für den Personenverkehr zwei Überholungsgleise

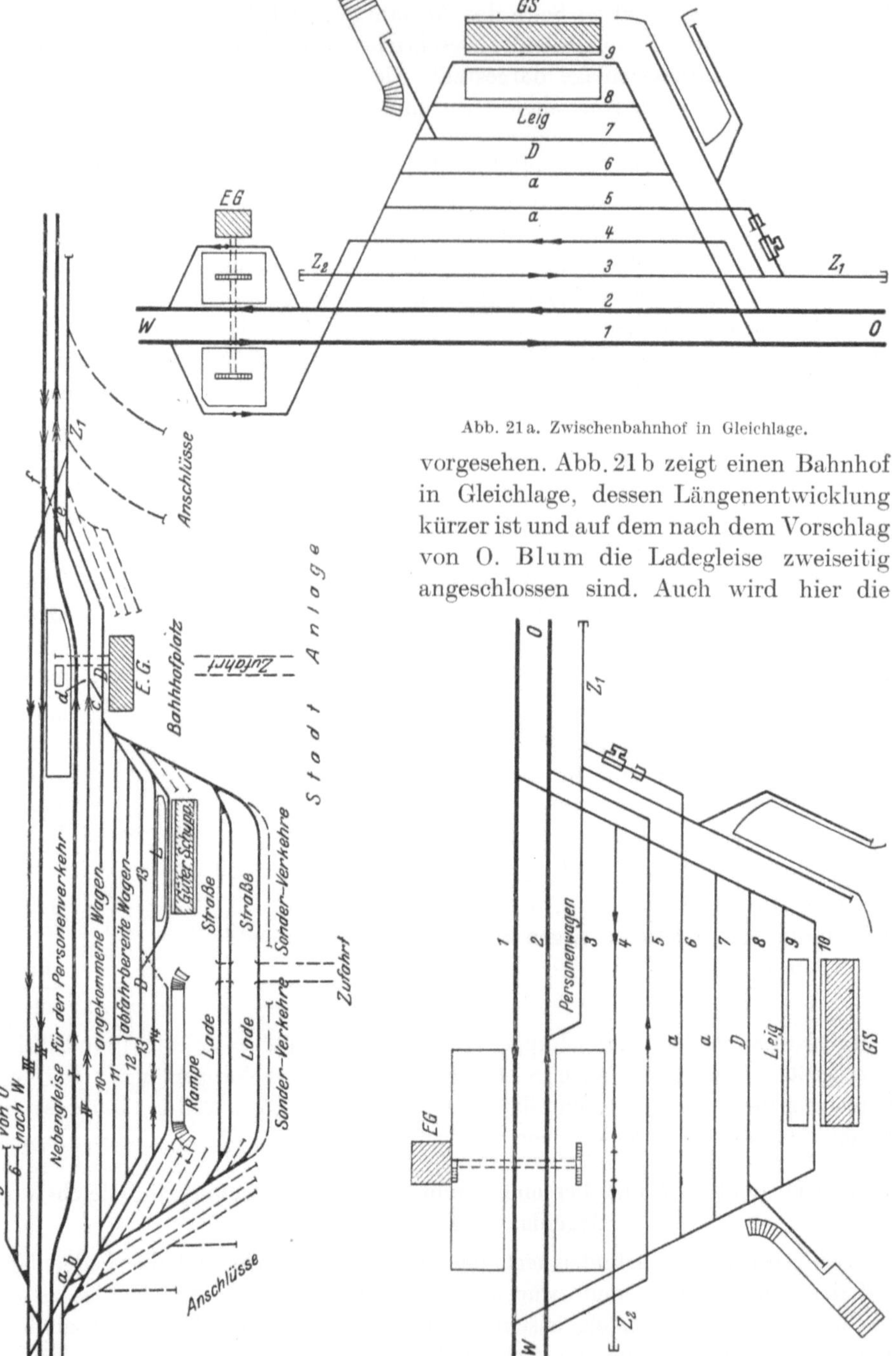

Abb. 21 a. Zwischenbahnhof in Gleichlage.

vorgesehen. Abb. 21 b zeigt einen Bahnhof in Gleichlage, dessen Längenentwicklung kürzer ist und auf dem nach dem Vorschlag von O. Blum die Ladegleise zweiseitig angeschlossen sind. Auch wird hier die

Abb. 21 b.
Zwischenbahnhof in Gleichlage nach Blum.

Abb. 22. Zwischenbahnhof in Gegenlage.

Gegenrichtung nur durch Rangierfahrten gekreuzt. Ferner ist hieraus die Anordnung der Gleisanschlüsse und der Ordnungsgleise zu ersehen. Nach Abb. 22 dient das Überholungsgleis 4 nicht nur für die Güterzüge von Osten nach Westen, sondern auch für die Personenzüge beider Richtungen.

8. Zwischenbahnhöfe mit Personen- und Güterzugüberholung an einer stark belegten Strecke. (Abb. 23a und b.)

Für das unbehinderte Ein- und Ausfahren eines Güterzuges in ein Überholungsgleis bei Kreuzung der Gegenrichtung muß auf deren Gleis eine Zuglücke von mindestens 15 Minuten zur Verfügung stehen. Sind die Zuglücken geringer, dann erhalten nach Band 2 durch diese Ein- und Ausfahrten die Züge der Gegenrichtung Verspätung. Sind die Überholungen nur vereinzelt, dann besteht die Möglichkeit, daß die Verspätungen bald wieder abgebaut werden, ohne daß der Fahrplan ganz in Unordnung gerät. Nun werden aber die Ladestellen der Unterwegsbahnhöfe durch die Nahgüterzüge vor Beginn oder nach Schluß der Arbeitsschicht bedient, bei stärkerem Verkehr auch in einer Zwischenpause. Es verkehren daher in jeder Richtung 2 höchstens 3 Nahgüterzüge. Die Verspätungen, die hierbei durch Kreuzung der Gegenrichtung entstehen, können also bald wieder abgebaut werden. Man legt daher nach Abb. 23a für die Betriebsüberholungen, die von der Zeitlage unabhängig sind, rechts und

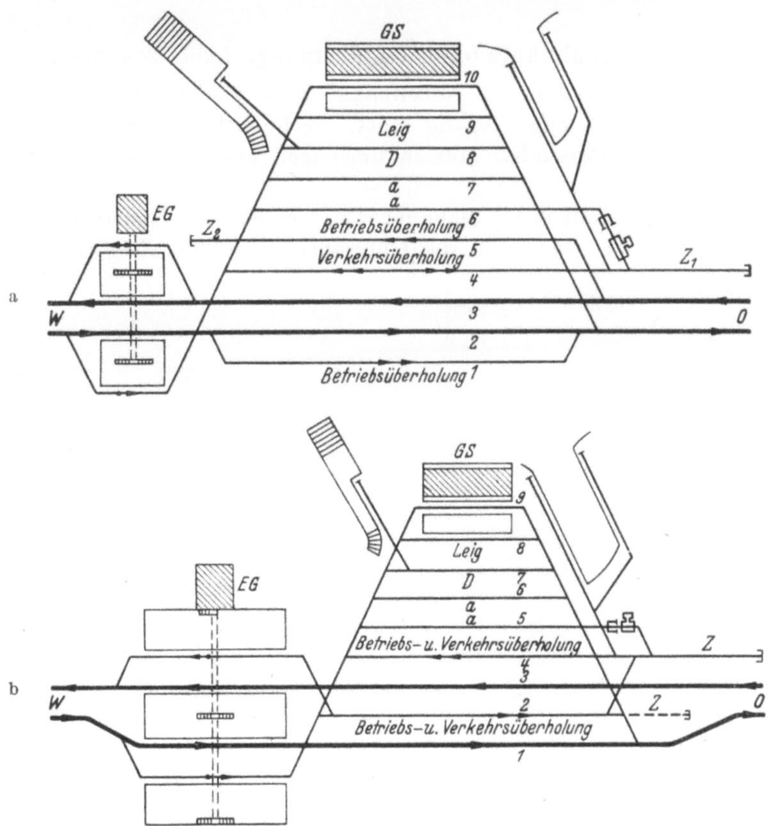

Abb. 23a, b. Zwischenbahnhöfe an stark belegter Strecke.

links von den durchgehenden Hauptgleisen je ein Überholungsgleis an und vermeidet dadurch die Verspätungen. Für die wenigen Nahgüterzüge fügt man auf der Seite der Ladeanlagen ein weiteres Überholungsgleis für beide Fahrrichtungen hinzu. Hier ist das in beiden Richtungen befahrene Gleis 4 der Verkehrsüberholung unmittelbar neben das durchgehende Hauptgleis 3 gelegt und das von Osten nach Westen befahrene Betriebsüberholungsgleis 5 daneben. Dies hat seinen Grund darin, daß ein von Osten über das auf Halt stehende Einfahrgleis durchrutschender Zug in das Gleis 5 gleicher Fahrrichtung abgelenkt wird. Infolgedessen wird ein aus Gleis 4 ausfahrender Zug nicht flankiert.

In Abb. 23b wird die Kreuzung der Gegenrichtung durch Züge vermieden, indem man für Betriebs- und Verkehrsüberholungen ein Überholungsgleis auf der Seite der Ladegleise abzweigt und das der Gegenrichtung zwischen die beiden Hauptgleise legt. Es kreuzen dann das Gleis der Gegenrichtung lediglich die Rangiergruppen der Nahgüterzüge von Westen nach Osten. Da hierbei die Block- und Signalbedienung fortfällt, ist die Belegzeit des Gleises der Gegenrichtung durch die Rangierfahrten so gering, daß kaum Zugverspätungen entstehen. Die Bahnhöfe nach Abb. 23a und b haben beide Gleichlage und daher einen Personenbahnhof, der in der Verlängerung des Güterbahnhofs liegt.

E. Trennungsbahnhöfe ohne Zugübergang. (Abb. 24a, b, c.)

Da die eingleisige Bahn eine Nebenbahn ist, so findet nur Übergang von Güterwagen, also kein Zugübergang statt. Auch entfällt der Übergang von Personenwagen. Die Reisenden müssen umsteigen und das Gepäck wird umgeladen.

a) Die Abb. 24a stellt einen Bahnhof dar, bei dem die Nebenbahn auf der Gegenseite einmündet, weil auch die Güteranlagen auf der Gegenseite liegen.

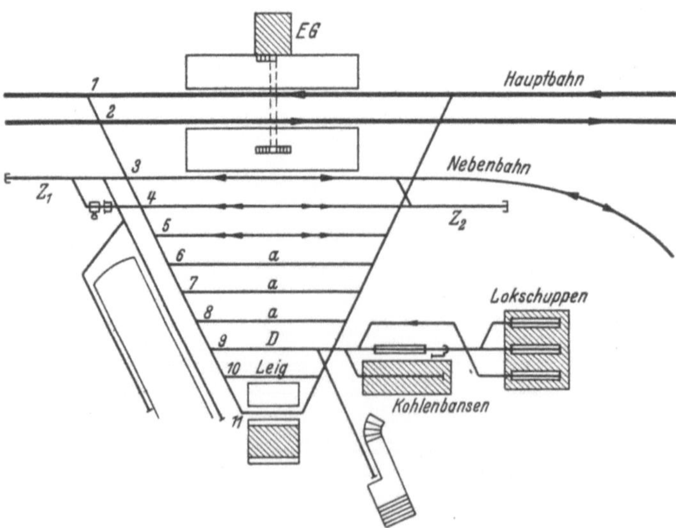

Abb. 24a. Trennungsbahnhöfe ohne Zugübergang.

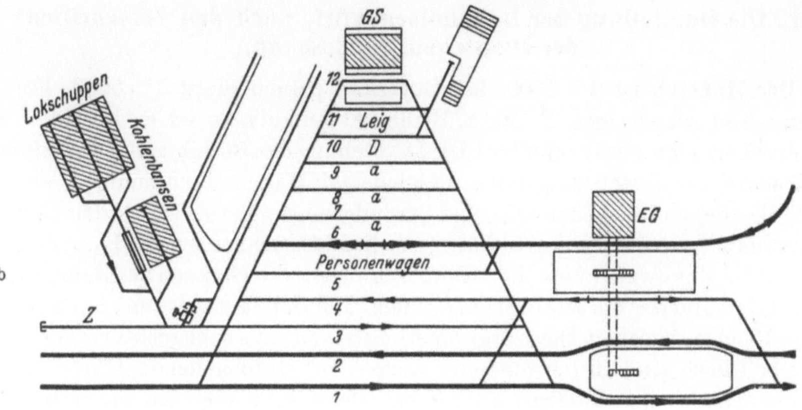

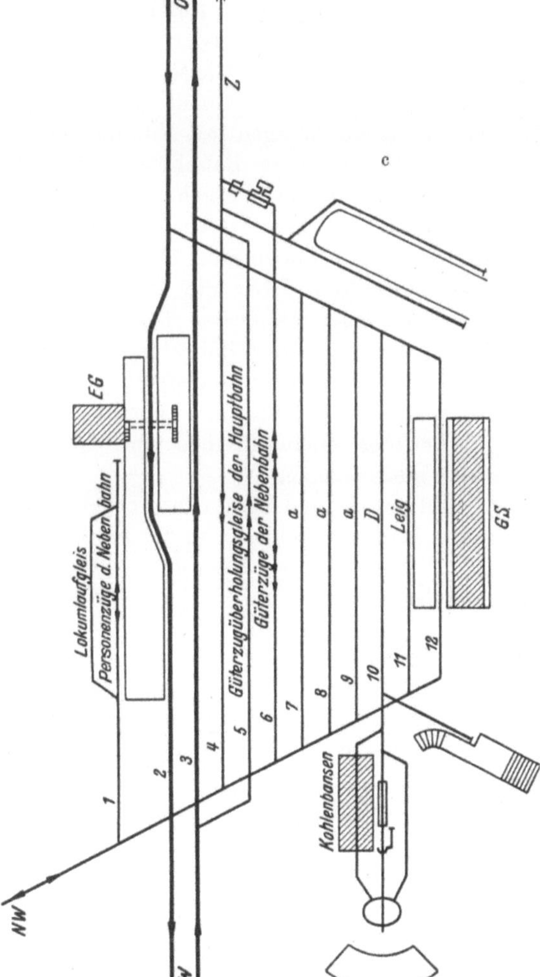

Das Hauptausziehgleis, von dem aus die Ladestellen bedient werden, wird zweckmäßig an dem Bahnhofsende angeordnet, das der Einmündung der Nebenbahn gegenüber liegt.

b) Nach Abb. 24b hat der Bahnhof Gleichlage und die Anlagen des Personen- und Güterverkehrs befinden sich auf der Ortsseite. Die Nebenbahn wird daher auch auf der Ortsseite eingeführt. Das Personenzugüberholungsgleis der Hauptbahn gilt für beide Richtungen.

c) In Abb. 24c hat der Bahnhof Gegenlage. Vor der Einmündung der Nebenbahn wird der Personenzugverkehr auf der Ortsseite abgezweigt. Der geringe Güterzugverkehr überquert in Schienenhöhe die zweigleisige Hauptbahn. Bei stärkerem Verkehr der zweigleisigen Hauptbahn legt man die Kreuzung schienenfrei an.

Abb. 24b—c
Trennungsbahnhöfe ohne Zugübergang.

F. Die Darstellung der Bahnhofsentwürfe nach den Vorschriften der Deutschen Bundesbahn.

a) Der Maßstab ist 1 : 1000, bei Übersichtsplänen meist 1 : 5000. Für Absteckungen in schwierigen Fällen z. B. bei Ablaufanlagen ist er 1 : 500.

b) Der Lageplan muß enthalten: Die Darstellung des Bestehenden im Bahnhofsgelände und der nächsten Umgebung, möglichst mit Höhenschichtenlinien, sowie die Angabe aller geplanten Neuanlagen und Veränderungen. Ferner sind in den Gleisplan die Krümmungs- und Neigungsverhältnisse, die Bahnrichtungen, die Bahnsteige, die Gebäude, die Zufahrtstraßen, die Bahnböschungen, die Grenzen des Bahngebietes, der Nordpfeil und der Maßstab einzuzeichnen. Die Bahnachse ist mit Längeneinteilung alle 100 m zu versehen. Diese Stationierung ist von links nach rechts vorzunehmen.

c) Die Gleise sind durch einfache Linien, für durchgehende Hauptgleise in doppelter Stärke darzustellen. Sämtliche Gleise und Weichen eines Bahnhofs sind mit arabischen Ziffern zu bezeichnen, die Numerierung beginnt mit dem ersten dem Empfangsgebäude oder dem Hauptbahnsteig zunächst liegenden Gleis. Erst später auszubauende Gleise sind mitzuzählen. Auf anschließenden Gleisgruppen findet die Numerierung immer in fortlaufender Richtung vom Empfangsgebäude aus statt. Die Zweckbezeichnung der Gleise, die nutzbaren Gleislängen sowie die Bahnausrüstungsgegenstände sind einzutragen.

d) Die Weichen sind gleichfalls bei einfachen Anlagen mit Nummern in der Richtung der Bahneinteilung zu bezeichnen. Größere Bahnhöfe sind vorher zunächst in Gruppen einzuteilen (Anlage für Personenverkehr, Güterverkehr, Rangiergleise, Lokbehandlungsanlagen usw.), und die Weichen jeder Gruppe sind fortlaufend zu numerieren. Zwischen den Gruppen sind für später einzulegende Weichen Nummerreihen offen zu halten. Über die Darstellung der Weichen siehe Seite 8. Weichenwinkel und Bogenhalbmesser sind einzutragen.

e) An Höhenangaben sind notwendig diejenigen der Bahnsteige, Vorplätze, Ladestraßen, Rampen, Tunnelsohlen, Straßenunterführungen, der höchsten und tiefsten Wegpunkte, der Gräben und Wasserlaufsohlen. Ferner sind die Neigungen und Halbmesser der Straßenzüge einzuschreiben und Neigungszeiger an den Brechpunkten der Gleise einzuzeichnen.

f) Die Hauptsignale sind möglichst auf der rechten Seite oder über der Mitte, Vorsignale stets auf der rechten Seite der Gleise umgeklappt in der Fahrrichtung einzutragen.

g) Farbige Darstellung der Bahnhofsentwürfe.

1. Personenbahnhöfe.

Alte Gleise — schwarz, neue Gleise — blau, Planum — karminrot, neue Gebäude — zinnoberrot; Bahnsteige, Ladebühnen, Rampen, Drehscheiben und Kohlenbansen — gelb; alte Gebäude — dunkelgrau, gepflasterte Straßen — hellgrau, chaussierte Straßen — hellbraun, Signale — schwarz, Dammböschungen — grün, Einschnittböschungen — braun, Wasser — blau, Höhenlinien — sepia (verdünnt).

2. Rangier- und Abstellbahnhöfe.

Farbige Umgrenzung der Gleisgruppen: Einfahrgruppen — blau, Richtungsgruppen — rot, Stationsgruppen der Rangierbahnhöfe sowie Ordnungsgruppen der Abstellbahnhöfe — grün, Ausfahrgruppen — braun.

Zweiter Abschnitt.

Hoch- und Ingenieurbauten der Bahnhöfe.

Die Gestaltung des Empfangsgebäudes, des Güterschuppens nebst Güterabfertigung, der Lokomotivschuppen und Stellwerke, deren Grundrisse der Bauingenieur aus den Anforderungen für Betrieb und Verkehr entwirft, ist Aufgabe des Architekten. Alle anderen baulichen Anlagen eines Bahnhofs werden jedoch in der Regel von Bauingenieuren gestaltet. Da das vorliegende Buch für Bauingenieure bestimmt ist, so sollen lediglich die Grundrisse der Hochbauten entwickelt werden, während die Ingenieurbauten eines Bahnhofs in ihrer Anpassung an den Gleisplan erläutert und dargestellt werden sollen.

A. Die baulichen Anlagen für den Personenverkehr.

1. Die Bahnsteige. (Abb. 25a, b)

a) Zweck und Lage. Die Bahnsteige sollen den Reisenden die Möglichkeit geben, die Ankunft der Züge ohne Gefahr und, wenn angängig, gegen Wind und Wetter geschützt abzuwarten.

Sie haben weiterhin den Zweck, das Ein- und Aussteigen zu erleichtern. Auch werden die Bahnsteige für das Ein- und Ausladen des Gepäcks und der Post benutzt, falls nicht bei starkem Verkehr besondere Bahnsteige hierfür vorgesehen sind. Je nach der Lage zu den Gleisen unterscheidet man, wie schon aus den Abbildungen 3a, b, c zu ersehen, 1. Außenbahnsteige, 2. Inselbahnsteige zwischen den Gleisen, an deren beiden Kanten ein- und ausgestiegen wird, 3. einen Hauptbahnsteig an dem dem Empfangsgebäude benachbarten Gleis, sowie mit schienengleichem Zugang zu dem Gleis der Gegenrichtung einen Zwischenbahnsteig, der nur einseitig benutzt wird.

b) Bahnsteighöhen. Die kleinste zulässige Höhe der Bahnsteige über der Schienenoberkante ist nach den Technischen Vorschriften (TV 46) 21 cm, in der Regel aber ist die Bahnsteighöhe 38 oder 76 cm. Die Bahnsteige mit 76 cm Höhe heißen hohe Bahnsteige (Abb. 25b), alle anderen niedrige Bahnsteige (Abb. 25a). Bei 76 cm Bahnsteighöhe ist der Abstand der Bahnsteigkante von

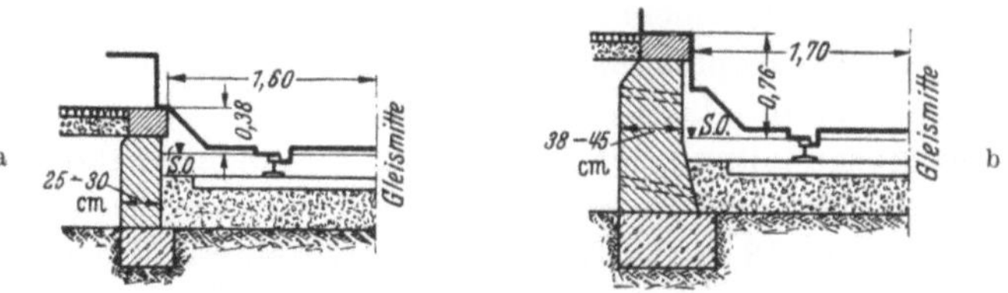

Abb. 25a, b. Niedriger und hoher Bahnsteig.

der Gleismitte 1,7 m, bei der Bahnsteighöhe von 38 cm und weniger ist der Abstand 1,6 m. In Krümmungen ist auf die Spurerweiterung und Gleisüberhöhung Rücksicht zu nehmen. An Gleisen, die an beiden Seiten durch Bahnsteige begrenzt sind, wie z. B. an einem Gleis zwischen einem Personen- und einem Gepäckbahnsteig, darf nur einer höher als 38 cm werden, damit die Räder und Achsen nachgesehen werden können. Die hohen Bahnsteige ermöglichen eine bessere Übersicht in das Wageninnere und ergeben einen geringeren Höhenunterschied zum Wagenfußboden, wodurch das Aus- und Einsteigen beschleunigt wird. Dagegen müssen hohe Bahnsteige schienenfreie Zugänge erhalten. Die niedrigen Bahnsteige erschweren bei der Fußbodenhöhe der Personenwagen von 1,29 m über S.O. das Ein- und Aussteigen, erleichtern aber das Überschreiten der Gleise. Bei Senkung der Bahnsteigkante auf 25 cm über S.O. kann eine Karrenüberfahrt aus einem Bohlenbelag angelegt werden.

Um bei städtischen Schnellbahnen mit ihren kurzen Zugaufenthalten das Ein- und Aussteigen zu beschleunigen, macht man die Bahnsteighöhe hier 0,96 m über S.O. bei einer Fußbodenhöhe der Wagen von 1,1 m über S.O. Auch werden zur Kürzung des Aufenthaltes die Türen der städtischen Schnellbahnwagen (Berliner S-Bahn) vom Triebwagen aus mittels Druckluft vor der Abfahrt geschlossen.

c) Die Bahnsteigbreiten. Die Mindestnutzbreite eines Inselbahnsteiges (zweiseitig benutzt) ist von Bahnsteigkante zu Bahnsteigkante gemessen 7,5 m (TV 46); dem entspricht eine Mindestbreite von Gleismitte zu Gleismitte gemessen bei niedrigen Bahnsteigen von 10,7 m und bei hohen Bahnsteigen von 10,9 m. Letztere erhalten schienenfreien Zugang. Größere Bahnsteigbreiten sollen möglichst ein mehrfaches des Bahnhofgleisabstandes von 4,75 m sein, damit sie sich bequemer in den Gleisplan eingliedern. Die Mindestbreite von Zwischenbahnsteigen, also einseitig benutzten mit niedriger Bahnsteigkante, soll von Gleismitte zu Gleismitte nach TV 38 und BO 12 nicht weniger als 6,0 m betragen.

Die Mindestnutzbreite eines Außenbahnsteigs bis zur Bahnsteigkante gerechnet ist 3,0 m, d. h. die Mindestbreite bis zur Gleismitte ist bei niedrigen Bahnsteigen 4,6 m und bei hohen 4,7 m.

Gepäckbahnsteige haben bei einer Höhe von 25—38 cm über S.O. eine Mindestnutzbreite von 4,0 m, besser von 4,5 m, der ein Abstand von 7,7—7,9 m von Gleismitte zu Gleismitte entspricht. Meist macht man die Gepäckbahnsteige 9—9,5 m breit. Säulen und sonstige feste Gegenstände müssen auf den Bahnsteigen bis zu einer Höhe von 3,05 m über S.O. mindestens 3,0 m von Gleismitte entfernt sein (TV 46, BO 23). Die lichte Höhe von Bahnsteigdächern ist mindestens 3,2 m über S.O.

d) Die Längen der Bahnsteige. Diese hängt von der Länge und der Zusammensetzung der Züge mit Personenbeförderung ab. Ihr Größtmaß ist 350 m, das Mindestmaß 80 m. Bei Kopfbahnhöfen kommen noch 50 m für Lok + Tender + Packwagen infolge des Lokwechsels hinzu.

e) Bauliche Ausgestaltung der Bahnsteige. Die Bahnsteigkanten sind nach Abb. 25a, b auszubilden. Die Befestigung der Bahnsteigoberflächen mit Kies hat ein Quergefälle von 1 : 18 bis 1 : 25, diejenigen mit Mosaikpflaster, Plattenbelag oder Asphalt eine Querneigung von 1 : 40 bis 1 : 60 nach der Bahnsteigmitte zu.

f) Bahnsteigtreppen. Die Breite der Treppen beträgt im Lichten 2,5—4,0 m. Bei zweiseitigem Begang kann letztere u. U. auf 8 m erhöht werden. Stufenhöhe 16 cm, Stufenbreite 32 cm, Breite des Treppenabsatzes 1,25—1,60 m.

Nach Capelle „Verkehrstechnische Woche" 1930 H. 40/42 können auf einer festen Treppe von 6,0 m Höhe auf einem 0,6 m breiten Band

aufwärts 40—50 Personen/Min.

und abwärts 50—60 Personen/Min. gehen.

Bei starkem Verkehr sind Rolltreppen anzulegen. Die Förderleistung einer Treppe, die mit der Geschwindigkeit 0,5 [m/sek] betrieben wird, ist rd. 170 [Personen/Min], wenn die Fahrgäste auf den Treppen stehen bleiben.

g) Bahnsteigbedachungen. Diese kommen bei stärkerem Verkehr in Betracht, und zwar in erster Linie für den Hauptbahnsteig. Sie werden entweder einzeln über den Bahnsteigen oder als Halle über mehreren Bahnsteigen mit einem oder mit mehreren zusammenhängenden Dächern in Bogenform oder als Satteldächer ausgeführt. Die Belichtung geschieht durch stehende Oberlichter oder durch Verglasung der Seitenwände und der Schürzen. Ausgeführt werden die Bahnsteigbedachungen meist in Eisen, aber auch in Holz und Eisenbeton, da die schwefelhaltigen Rauchgase das Eisen stark angreifen. Aus diesen Baustoffen werden als Einzelbedachung der Bahnsteige mit Vorteil die einstieligen Dächer

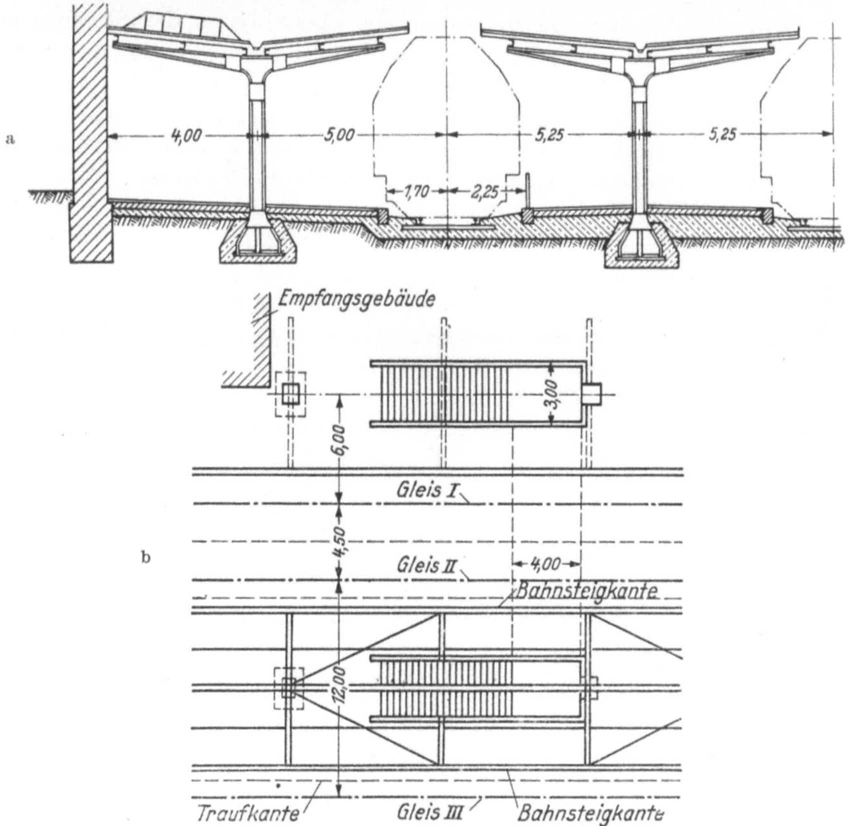

Abb. 26 a, b. Einstielige Bahnsteigdächer.

nach Abb. 26a, b hergestellt. Sie passen sich der Umgrenzung des Lichtraum-
profils an. Zur Wasserabführung ist nur ein Abfallrohr neben den Stielen nötig.
Über den Bahnsteigtreppen sind diese Dächer zweistielig ausgebildet. Die Dächer
schützen die unter ihnen aufgestellten Bänke nur dann genügend gegen Wind
und Schlagregen, wenn diese Bänke mit hohen Rücken- und Seitenlehnen
versehen sind. Vielfach sind aus diesem Grunde auf den einzelnen überdachten
Bahnsteigen besondere Unterkunftshäuschen gebaut, die auch heizbar eingerichtet werden. Die einstieligen Dächer sind in der Anschaffung und Unterhaltung wesentlich billiger als die großen Hallenbauten. Man kann nach Abb. 27

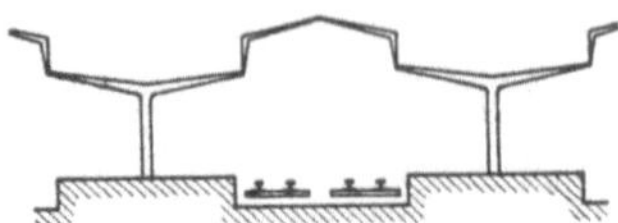

Abb. 27. Bahnsteigüberdachung auf Bahnhof Duisburg.

je zwei einstielige Dächer auch durch eine sogenannte Laterne miteinander
verbinden und erhält so ein zusammenhängendes Hallendach über mehrere
Bahnsteige.

2. Die schienenfreien Zugänge zu den Bahnsteigen.

Ist wegen der starken Gleisbesetzung ein Überschreiten der Schienen ausgeschlossen, so werden unter den Gleisen hinweg Tunnels oder über den Gleisen
hinweg Brücken hergestellt. Bei hohen Bahnsteigen sind stets schienenfreie Verbindungen zwischen Empfangsgebäude und Bahnsteigen notwendig. Liegen die
Bahnsteige gleich hoch über S. O., so kommen nach folgendem Beispiel wegen
der geringeren verlorenen Steigung im allgemeinen Tunnels in Frage.

a) Tunnels: Die lichte Höhe eines Personentunnels ist bei gerader Decke 2,5 m.
Bei Überwölbung beträgt die Höhe bis zum Kämpfer 2,2—2,5 m und bis zum
Scheitel je nach der Weite 3,15—3,50 m. Die lichte Weite eines Tunnels ist
2,5—4,0 m, bei starkem Verkehr 8,0—16,0 m. Für die Berechnung der Breiten
der Personentunnel und der Bahnsteigtreppen wurde von Dr. Ing. Walter
Schmitz in seiner Habilitationsarbeit (Aachen 1947) „Menschengedränge auf
Bahnhöfen" ein anschauliches Verfahren entwickelt. Bei Gepäcktunnels ist die
lichte Höhe ebenfalls 2,5 m und die lichte Weite 4,0—6,0 m. Neben dem Gepäcktunnel ist in der Bahnsteigachse für den Gepäckaufzug ein Schacht von 3,0 m
Länge und 2,5 m Breite anzulegen. Meist besteht der Überbau des Tunnels aus
einbetonierten Trägern, deren Bauhöhe aus nachstehender Tafel zu ersehen ist.

Zahlentafel 1.
Bauhöhe der Überbauten aus einbetonierten Trägern (Abb. 28).

Lichte Weite m	Trägerquer- schnitt	Bauhöhe bis S.O.	
		Eisenschwellen m	Holzschwellen m
2,5	I 24	0,78	0,86
4,0	I 32	0,88	0,96
6,0	I 42	0,98	1,06
8,0	I D 40	0,98	1,06

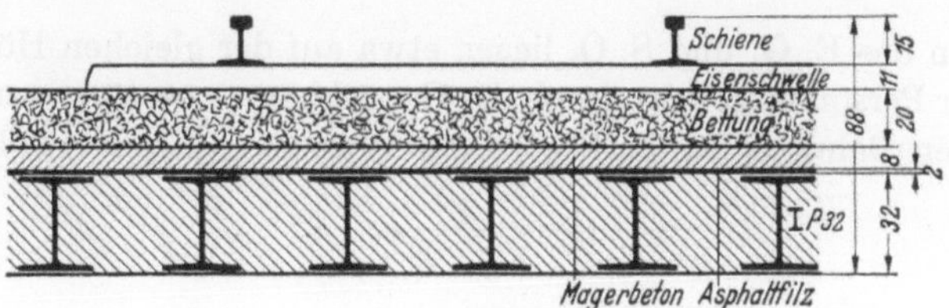

Abb. 28. Überbau über einen Personentunnel

b) Fußgängerbrücken. Diese können aus 2 I-Trägern gebildet werden, auf denen hölzerne Querbalken eingekämmt gelagert sind. Letztere tragen einen Bohlenbelag. Nach Abb. 29 ist die Bauhöhe 50 cm. Der Abstand der Brücken-

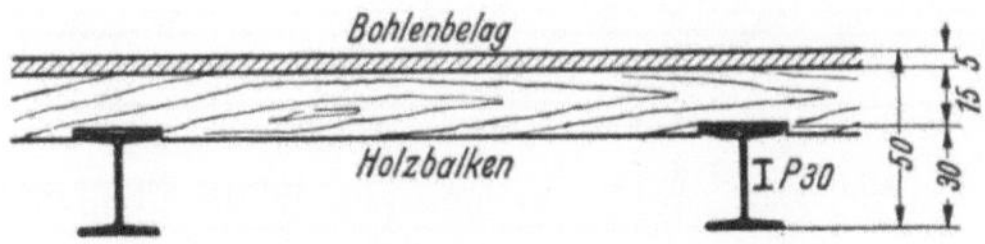

Abb. 29. Überbau einer Fußgängerbrücke.

unterkante von der S.O. ist bei Dampfbahnen mindestens 4,80 m (Lichtraumprofilhöhe).

Vergleich der Steighöhen

α) Tunnel:

	Bahnsteighöhe	0,38 m
	Bauhöhe	0,88 m
	lichte Höhe	2,50 m
Steighöhe bei niedrigem Bahnsteig		3,76 m
Bei Bahnsteighöhe von		0,76 m
	Bauhöhe	0,88 m
	lichte Höhe	2,50 m
Steighöhe bei hohem Bahnsteig		4,14 m

β) Brücke bei niedrigem Bahnsteig

Bauhöhe	0,50 m
Lichtraumhöhe	4,80 m
Steighöhe	5,30 m
Bahnsteighöhe	— 0,38 m
Steighöhe	4,92 m

Brücke bei hohem Bahnsteig 0,5 + 4,8 =	5,30 m
— Bahnsteighöhe	— 0,76 m
	4,54 m

Bei niedrigem Bahnsteig ist der Unterschied der Steighöhe 4,92—3,76 = 1,16, bei hohem Bahnsteig ist der Unterschied 4,54—4,14 = 0,40 m

c) Lage der Personen- und Gepäcktunnels zum Bahnsteig. Der Gepäcktunnel wird von der Gepäckabfertigung quer unter die Bahnsteige gelegt. Der Personentunnel liegt zweckmäßig so, daß er etwa in der Mitte der Bahnsteiglänge liegt. Der Gepäckaufzug muß aber dann mindestens 30 m von der Treppenoberkante entfernt sein, damit der an der Treppe sich stauende Personenverkehr nicht von der Gepäckkarren belästig wird. Abb. 30a zeigt die Anordnung im Grundriß.

Fußboden des E. G. und S. O. liegen etwa auf der gleichen Höhe. Am wenigsten wird der Personenverkehr durch die Gepäckkarren gestört, wenn der Gepäckaufzug an den Bahnsteigenden liegt. Denn dort ist in der Regel kein Gedränge.

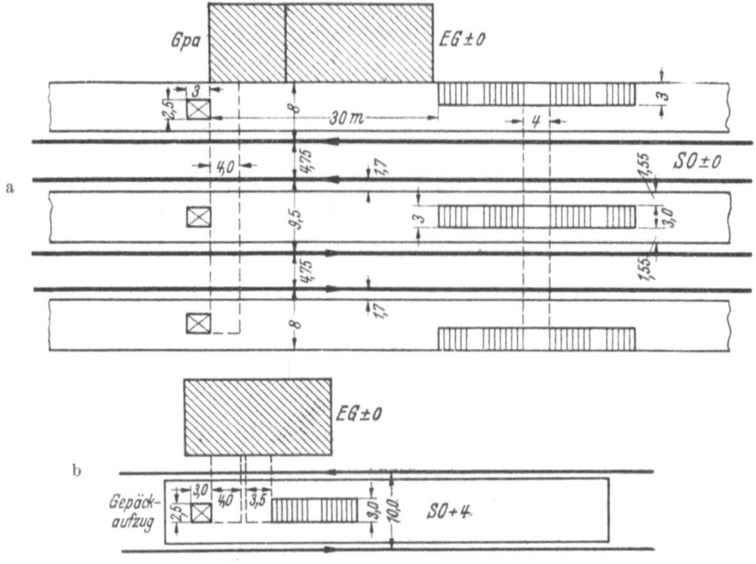

Abb. 30 a, b. Personen- und Gepäcktunnel an Bahnsteigmitte oder -ende.

Liegt das E. G. dem Bahnsteigende gegenüber, dann kann man nach Abb. 30b
Personen- und Gepäcktunnel zusammenlegen. Es muß aber ein Höhenunterschied zwischen S. O. und Fußboden des E. G. von rund 4 m bestehen. Da der
Packwagen in der Regel hinter der Lok steht, so liegt der Gepäcktunnel für die
Züge der einen Fahrrichtung günstig. Für die Züge der Gegenrichtung müssen
aber die Gepäckkarren auf den Bahnsteigen Längsfahrten ausführen, durch die das
Reisepublikum auf dem Bahnsteig belästig werden kann. Bei breiteren Bahnsteigen ist dieser Übelstand nicht so groß. Beseitigt wird er durch die Anlage
besonderer Gepäckbahnsteige nach Abb. 31 oder nach Abb. 32a, b und c durch

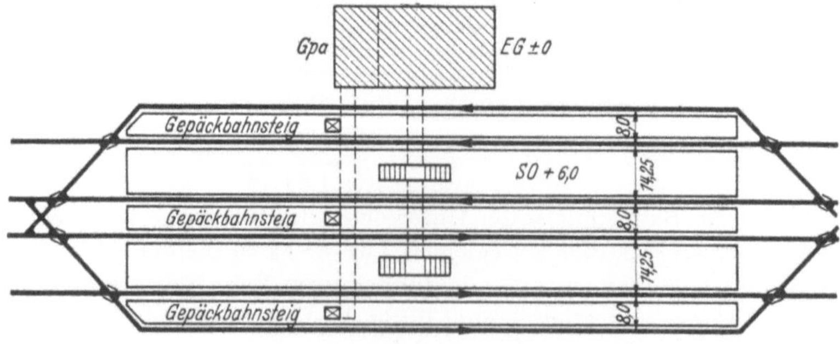

Abb. 31. Personen- und Gepäckbahnsteig.

die Anlage von Gepäckaufzügen an jedem Bahnsteigende. Das setzt voraus, daß
die Schienenoberkante 6,2 m besser 6,5 m höher als der Fußboden des E. G. liegt

und daß letzteres 6 m von der Stützmauer, die die hochgelegenen Bahnsteige begrenzt, abgerückt ist. Auf diesem Zwischenraum können dann die Längsfahrten der Gepäckkarren an der Stützmauer entlang von der Gepäckabfertigung

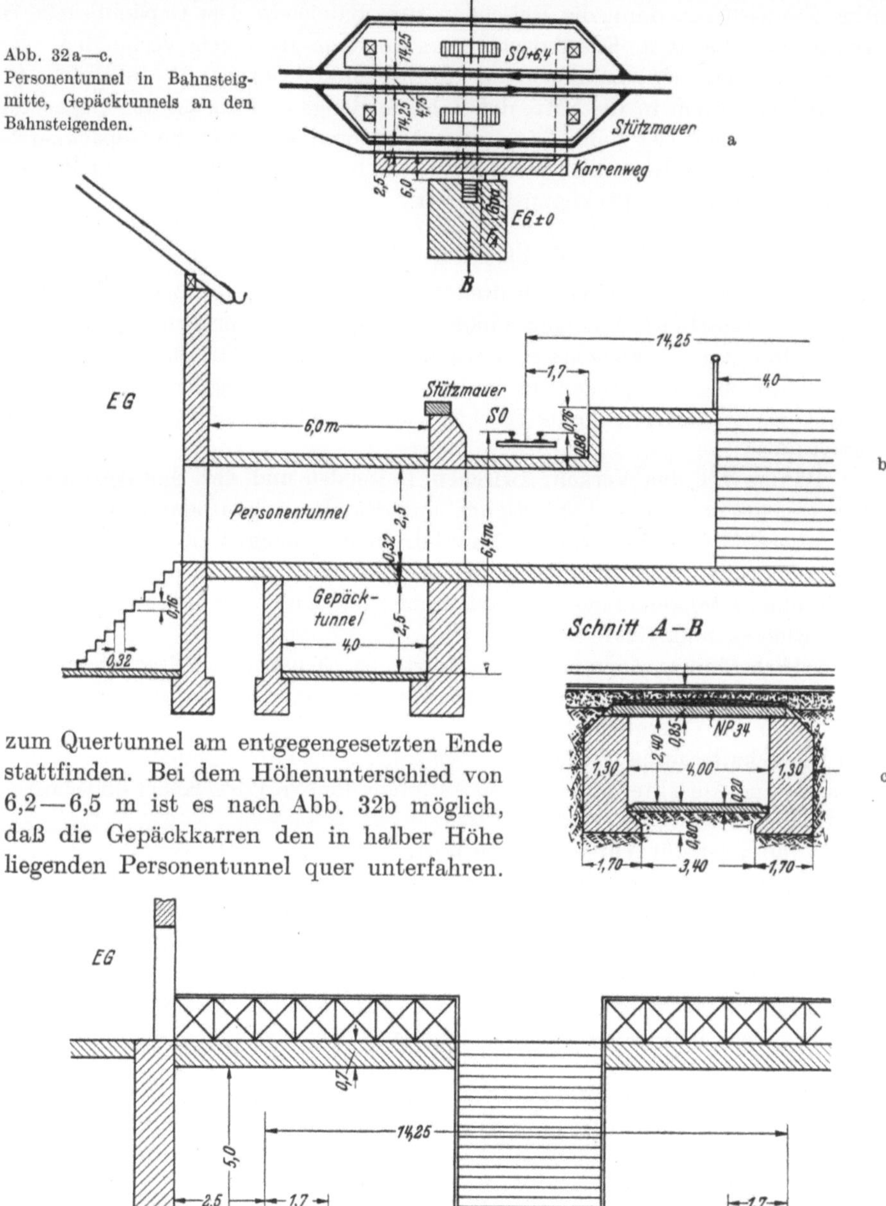

zum Quertunnel am entgegengesetzten Ende stattfinden. Bei dem Höhenunterschied von 6,2—6,5 m ist es nach Abb. 32b möglich, daß die Gepäckkarren den in halber Höhe liegenden Personentunnel quer unterfahren.

Abb. 33. Bahnsteige im Einschnitt bei hochliegendem Empfangsgebäude (EG).

Liegt umgekehrt das E. G. hoch und der Bahnhof im Einschnitt, so sind
E. G. und Bahnsteige nach Abb.33 durch eine Brücke zugängig zu machen. Bei
schwächerem Verkehr kann man, wie im Grundriß nach Abb.30b dargestellt, am
Bahnsteigende die Brücken für Personen und Gepäck zusammenlegen. Eine einseitige Treppe führt dann die Reisenden zum Bahnsteig. Die Gepäckbrücke ist
durch einen Schacht in Eisenkonstruktion mit dem Bahnsteig verbunden. Bei
stärkerem Verkehr legt man, wie auf Hauptbahnhof Darmstadt, die Brücke für
den Personenverkehr in die Mitte der Bahnsteiglänge und die für das Gepäck an
das Bahnsteigende. Der Bahnsteig muß aber so breit sein, daß die Gepäckkarren
an den Treppen die Reisenden nicht allzu sehr belästigen.Bei stärkstem Verkehr
sieht man besondere Gepäckbahnsteige vor.

3. Empfangsgebäude.

Nach den technischen Vorschriften (T. V. 49) ist bei größeren Empfangs-
gebäuden vorzusehen: eine geräumige Vorhalle mit Fahrkartenausgabe und
Gepäckabfertigung, wenigstens zwei Warteräume, ein Dienstraum für den Bahn-
hofsvorsteher und entsprechende Räume für den Stationsdienst. Das Raum-
bedürfnis eines E. G. geht heute erheblich weiter und erstreckt sich auf folgende
Raumgruppen:

a) Räume für den Verkehr zwischen Reisenden und der Bahnverwaltung:
Fahrkartenausgabe, Gepäckabfertigung und Handgepäckaufbewahrung.

b) Aufenthalts- und Gebrauchsräume für die Reisenden: Eintrittshalle, Wartesäle mit und ohne Gastwirtschaft, Aborte, Pförtnerzimmer, Wasch-, Bade- und
Frisierräume, Krankenzimmer, Polizei, Fundbüro, Laden für Zeitungen, Rauch-
waren, Blumen und Geldwechsel.

c) Betriebsräume: Zimmer für den Vorsteher, Dienst- und Telegraphenräume,
Räume für die Bahnsteigschaffner und sonstiges Bahnhofspersonal, Übernach-
tungszimmer im Obergeschoß.

d) Wirtschaftsräume für den Wirt: Schenke, Küche mit Speisekammer, Putz-,
Aufwasch- und Anrichteräume, Geschäftszimmer für den Wirt, Keller und sonstige
Nebenräume.

e) Wohnungen für Vorsteher und Wirt.

Der Grundriß eines E.G. ist derart anzuordnen, daß der Reisende nach
Eintritt in dasselbe die Lage der wichtigsten Räume überblicken kann. Ferner
müssen auf dem Wege zum Fahrkartenschalter und zur Gepäckabfertigung
(in Deutschland in der Regel rechts vom Eingang) und zu den auf der anderen
Seite angeordneten Warteräumen sowie zu den Bahnsteigen Kreuzungen der
Verkehrsströme vermieden werden. Der Weg der Reisenden zum Bahnsteig

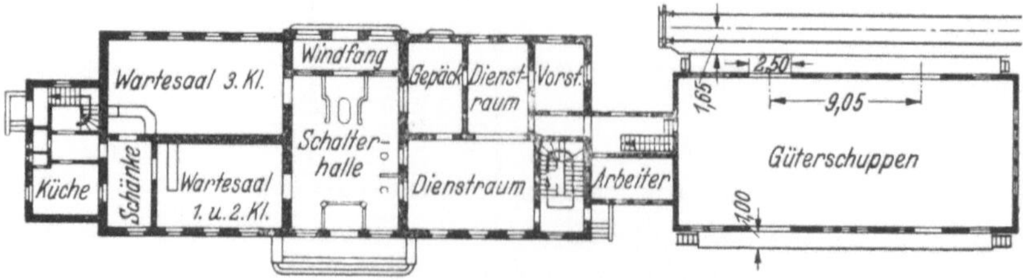

Abb. 34a. Empfangsgebäude mit angebautem Güterschuppen.

muß insbesondere 1. ohne Kreuzung mit den Gepäckfahrten, 2. kurz und möglichst geradlinig, 3. bequem also ohne verlorene Steigung sein. Auf kleinen Bahnhöfen wird der Verkehrs- und Betriebsdienst von wenigen Beamten gemeinsam erledigt. Daher liegen hier Fahrkartenausgabe, Gepäck- und Güterabfertigung sowie die Fahrdienstleitung zusammen (Abb. 34a, b) und auf der anderen Seite der Schalterhalle die Wartesäle nebst Schenke und Küche.

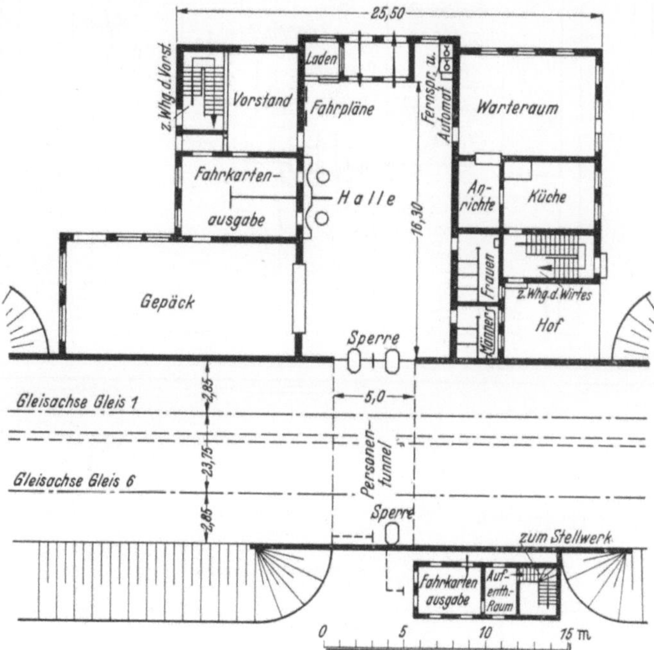

Abb. 34b. Empfangsgebäude eines Vorortbahnhofs.

Auf größeren Bahnhöfen ist der Verkehrsdienst vom Betriebsdienst getrennt. Der Betriebsdienst ist hier meist in den Räumen des Obergeschosses des E. G. untergebracht mit Ausnahme der Fahrdienstleitung. Diese liegt zur besseren Übersicht über die Gleise und Signale in einer erhöhten Befehlsstelle (bzw. Befehlsstellwerk) (s. u.).

Die Anordnung der Räume für den Verkehrsdienst (Fahrkartenausgabe, Gepäckabfertigung, Handgepäckaufbewahrung, Schalterhalle, Warteräume und Abortanlage) ist bei Durchgangs- und Kopfbahnhöfen verschieden. Auch ist die Lage des E. G. zu den Bahnsteiggleisen (hoch, tief oder ebenerdig) von Einfluß hierauf. Die Schalterhalle kann in die Tiefe oder Breite entwickelt werden. Die Abb. 35 zeigt den Grundriß eines E.G. der in die Tiefe und die Abb. 36 einen der in die Breite entwickelt ist. Die Abb. 37a und b geben die Grundrisse des E.G. eines Kopfbahnhofs wieder.

Bei hochgelegenen Bahnsteiggleisen ist, wie gesagt, das E. G. mindestens 6 m von der die Bahnsteigsgleise begrenzenden Stützmauer abzurücken, damit gute Lichtverhältnisse für die Rückseite des E. G. geschaffen werden und eine leichtere Verlegung der Be- und Entwässerungsanlagen möglich ist. Auch wird dadurch, wie erwähnt, eine leichtere Zugänglichkeit der Gepäckkarren zu den Gepäckaufzügen am entgegengesetzten Bahnsteigende erreicht.

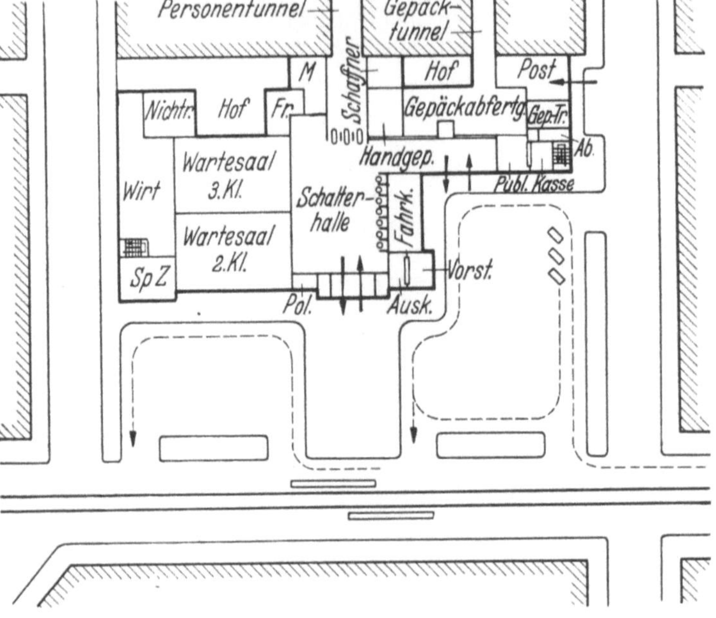

Abb. 35. Empfangsgebäude eines Durchgangsbahnhofs (Tiefenentwicklung).

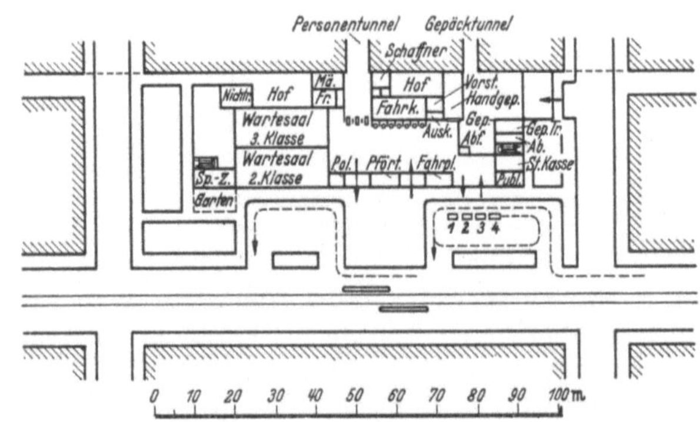

Abb. 36. Empfangsgebäude eines Durchgangsbahnhofs (Breitenentwicklung).

　　　Nach der Grundrißanordnung der Abb. 34b, 35, 36, 37a gelangt das Gepäck
ohne Berührung der Schalterhalle vom Bahnhofsvorplatz zur Gepäckabfertigung
und von da in den Gepäcktunnel.

　　　Die Handgepäckaufbewahrung liegt für die Reisenden zweckmäßig an der
Schalterhalle und für die Bedienung vorteilhaft neben der Gepäckabfertigung.
Dann kann in verkehrsschwachen Zeiten das Personal der Gepäckabfertigung die
Handgepäckaufbewahrung mit übernehmen.

　　　Die Wartesäle und Wirtschaftsräume liegen auf der anderen Seite. Die Postdiensträume (nicht für das Publikum) liegen in Verbindung mit dem Gepäck-

tunnel. Die Schalterhalle befindet sich zwischen den Räumen für den Verkehrsdienst und den Wartesälen. An ihr liegen auch die Aborte. Sie muß so bemessen
sein, daß neben den Hauptverkehrswegen noch ausreichend Platz vor den Fahr-
kartenschaltern und den Wartesaaltüren ist.

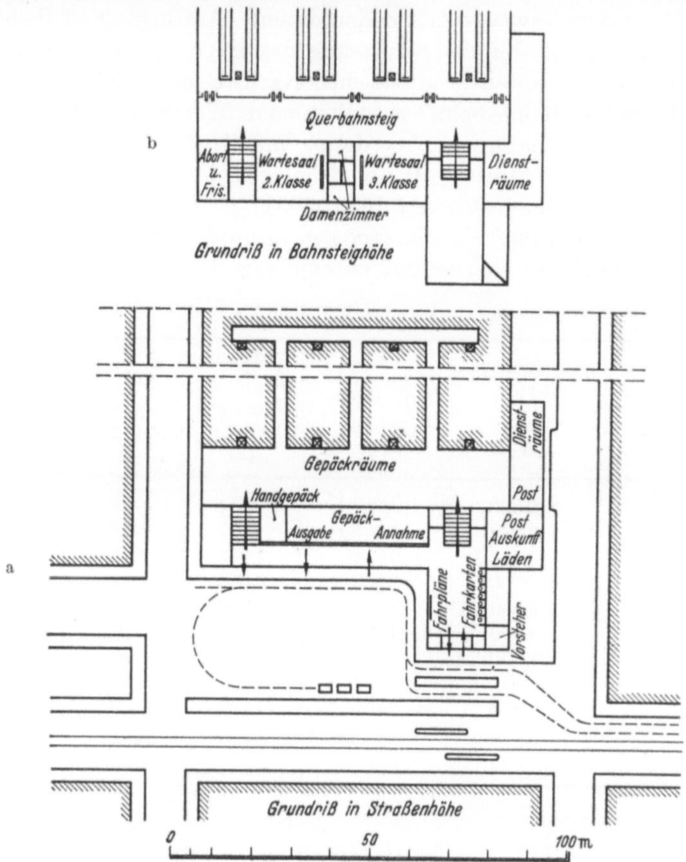

Abb. 37a, b. Empfangsgebäude eines Kopfbahnhofs.

Die Größen der einzelnen Räume sind schwer zu bemessen, da sie nach den
vorhandenen Bedürfnissen stark wechseln. Für mittlere Verhältnisse kann etwa
angenommen werden, daß bei einer Verkehrsbevölkerung E und $2p$ jährlich ankommenden und abfahrenden Reisenden je Kopf dieser Verkehrsbevölkerung
die Gesamtfläche des E. G. $F = \sqrt{2p \cdot E : c}$ [m²] ist.

Der Faktor c ist aus folgender Tabelle zu ersehen:

Zahlentafel 2

	Bei geringem Verkehr	Bei mittlerem Verkehr	Bei starkem Verkehr	Bei sehr starkem Verkehr
$2p$ Reisende/Jahr	2—5	5—10	10—15	15
c =	1/150—1/250	1/250—1/400	1/400—1/500	1/500—1/600

Hierbei ist die Grundfläche der Schalterhalle und der Wartesäle zusammen etwa $0,3 \cdot F$ bis $0,4 \cdot F$ [m²].

In der Verkehrsbevölkerung E ist zu berücksichtigen, ob es sich um eine Industrie- oder eine Landstadt handelt. Es tritt aber noch der Einfluß vom Umsteige-Nahverkehr sowie vom Sonderverkehr (Ausflugs- und Badeverkehr) hinzu. Weiteren Anhalt für die Bemessung des E. G. bieten ausgeführte ähnliche Anlagen, wie sie in den „Statistischen Nachweisungen über neuere Hochbauten der deutschen Reichsbahn" enthalten sind. Wertvoll hierfür ist auch die Zusammenstellung der baulichen Anordnung mittlerer und größerer deutscher Empfangsgebäude in Wegele: „Bahnhofsanlagen II: Hoch- und Tiefbauten der Bahnhöfe", Sammlung Göschen 1036 (1931).

Aus Dr.-Ing. E. Recker „Verkehrsanlagen in großstädtischen Personenbahnhöfen" ist folgende Zusammenstellung entnommen (Dr.-Ing. Diss. Berlin 1941):

Zahlentafel 3

Jetziges Empfangsgebäude des Hauptbahnhofs	Einwohnerzahl der Stadt 1941	Inbetriebnahme	Grundfläche der Eingangshalle in m²	Anzahl der Schalter	Grundfläche der Wartesäle in m²
Dortmund	540 000	1910	614	17	785
Düsseldorf	542 000	1933/35	777	18	736
Duisburg	436 000	1934	1 443	15	1 135
Essen	667 000	1903	650	16	673
Frankfurt/M.	553 000	1912	1 300	16	1 984
Hamburg	1 713 000	1906	1 000	28	736
Hannover	471 000	1910	825	20	1 324
Köln	769 000	1913	1 250	29	1 819
Leipzig	708 000	1915	3 328	32	2 407
München	829 000	1884	1 350	24	1 835
Stuttgart	458 000	1922/27	1 150	30	1 370

Einzelheiten:

Fahrkartenschalter: Die Fahrkarten werden in Schränken beiderseits des Schalters aufbewahrt oder vor dem Verkauf auf Fahrkartendruckmaschinen, die senkrecht zum Schalter stehen, gedruckt. Schalterbreite 2 m, Schaltertiefe 4,5—5,0 m. Das Licht soll möglichst von der Rückseite her einfallen. Schalterfenster 1,0 m breit, Schaltertisch 1,0 m hoch. Drängeltisch 0,4—0,5 m ⌀ .

Man kann damit rechnen, daß 45—50% aller abfahrenden Reisenden eine Fahrkarte lösen wollen. Die Schalterleistung einer modernen Fahrkartendruckmaschine beträgt 2 Fahrkarten pro Min. Hiermit läßt sich die Zahl der Schalter bestimmen.

Gepäckabfertigung und Gepäckaufbewahrung.

Annahmetisch (mit Eisenblech beschlagen) 0,6—0,8 m breit, 0,3—0,4 m hoch. Eine Tonne Gepäck erfordert 20—30 m² Lagerfläche. Abfertigungshäuschen 2,0—2,5 m².

Das Zimmer des Vorstehers soll etwa 20 m², das für den diensttuenden Bahnhofsbeamten 15 m² groß sein. Für Stellwerk und Bahnhofsblock ist gegebenenfalls ein erkerartiger Vorbau von 2,50 m Tiefe vorzusehen.

Wirtschaftsräume: Anrichte und Buffet liegen am besten zwischen den Wartesälen, die Küche und Speisekammer möglichst nach Norden, erstere sollte nie kleiner als 20 m² sein. Bei größeren Anlagen kommen meist im Untergeschoß noch Spülküche, Wäsche-, Putz- und Geschirrkammern in Frage. Neben der Küche ist ein Zimmer nicht unter 16 m² für den Wirt vorzusehen. (Abb. 35).

Aborte (in der Nähe der Wartesäle, Abb. 38). Jede Zelle muß mindestens 1,0 m breit und 1,25 m tief sein. Schlagen die Türen nach innen, dann soll sie 1,6 m tief sein. Abortzellen für Frauen sind um ein Drittel mehr als für Männer anzuordnen. Lage nach Norden erwünscht. Pißstände sind 30—50% mehr als Aborte anzulegen.

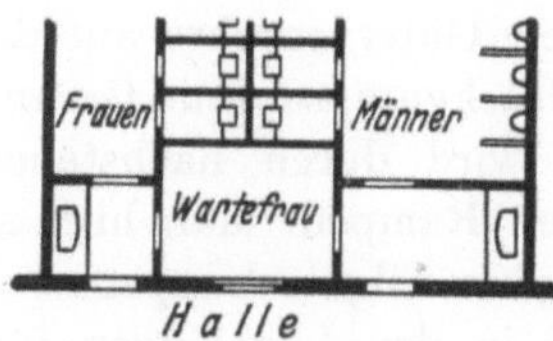

Abb. 38. Abortanlage.

Bahnsteigsperren: Sie haben 65 cm Durchgangsbreite. Das Sperrhäuschen für 2 Beamte ist 80—90 cm breit und 2 m lang. Die Ecken sind abgeschrägt. Die Eingangssperre leistet 8 Personen je Min. und die Ausgangssperre 10 Personen je Min.

4. Anlagen für den Post- und Eilgutverkehr.

An die Anlagen für den Personenverkehr sind die Anlagen für den Postverkehr anzugliedern, weil die Post mit den Personenzügen befördert wird. In den einfachsten Fällen wird das Postgut in die Bahnpostwagen auf den Personen- oder Gepäckbahnsteigen, bei größerem Umfang auf besonderen Postbahnsteigen verladen. Der Gepäcktunnel wird von der Post mitbenutzt. In der Nähe des E.G. sind Schuppen zum Unterstellen der Postkarren vorzusehen. Auf großen Endstationen befinden sich besondere Postbahnhöfe mit Postgebäuden, Gleis- und Ladesteiganlagen zum Be- und Entladen der Postwagen.

Eilgutschuppen sind in möglichster Nähe des E.G. und der Bahnsteiggleise vorzusehen, auch sind dort Rampen zum Verladen von Milch, Obst und Gemüse anzuordnen. Das Eilgut wird entweder in Packwagen oder in besonderen Eilgutwagen der Personenzüge befördert. Nur bei sehr starkem Verkehr werden besondere Eilgüterzüge gefahren. Der Eilgutschuppen muß daher eine gute Verbindung für die Gepäckkarren zu den Bahnsteigen und eine gute Gleisverbindung für die Eilgutwagen zu den Bahnsteiggleisen haben (siehe auch S. 72).

5. Der Bahnhofsvorplatz.

Die Bahnhofsvorplätze sind etwa nach Abb. 35, 36 und 37 anzulegen. Hiernach ist der Durchgangsverkehr auf eine Randstraße zu verweisen, damit er den Bahnhofsverkehr nicht stört. Fußgänger sollen möglichst ohne Kreuzung des Wagenvorfahr- und Abfahrweges von der Durchgangsstraße zum E.G. gelangen. Deshalb ist der Bürgersteig vom Eingang des E.G. bis zur Durchgangsstraße vorzuziehen. Die Wagen halten an den Längsseiten des Bürgersteigs. Mit Bürgersteigen ist das E.G. am Bahnhofsvorplatz insbesondere an der Anfahrt neben der Tür der Gepäckabfertigung zu umsäumen.

B. Die baulichen Anlagen für den Güterverkehr.

Bevor die baulichen Anlagen für den Güterverkehr erläutert werden, sollen erst die Verkehrsschätzung, der Geschäftsgang beim Versand und Empfang der Güter sowie der Wagendienst kurz geschildert werden.

1. Die Schätzung des Güterverkehrs.

Die Anlagen für den Umschlag des Stückguts und der Wagenladungsgüter sind der Güterschuppen, der Eilgutschuppen, die Rampen und die Freilade-straßen. Das Eilgut als Stückgut oder geschlossene Wagenladung wird in Personen-zügen oder in besonderen Eilgüterzügen beschleunigt befördert. Es ist nach der Schätzung des gesamten Güterverkehrs auf die einzelnen Ladeanlagen zu verteilen. Der Anteil des Stückguts an dem Gesamtverkehr sowie der des Eil-guts am Stückgutverkehr wird durch nachstehende Zahl angegeben, nicht dagegen der Verkehr an den Rampen. Man hilft sich deshalb so, daß in dem Eilgutverkehr der Umschlag am Eilgutschuppen sowie an der Rampe ungetrennt enthalten ist. Ebenso wird in den Ladelängen für den Wagenladungsverkehr derjenige an den Rampen und an den Freiladestraßen zusammen angegeben.

Die Ermittlung der Güterschuppengröße und der Ladelängen für den Wagen-ladungsverkehr stützt sich auf die Schätzung der Verkehrsbevölkerung und ihres Verkehrsbedürfnisses. Der Güterverkehr eines Bahnhofs wird nach Pirath (Grundlagen der Verkehrswirtschaft) wie folgt geschätzt: Man legt um den Bahnhof einen Kreis von 1,5 km Halbmesser und um diesen einen von 7 km

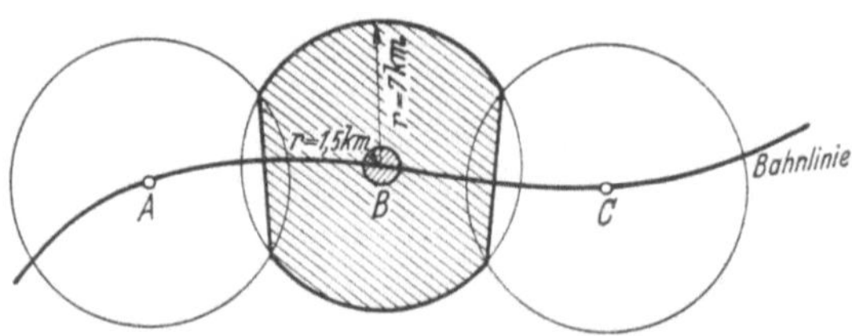

Abb. 39. Einflußzone eines Bahnhofs.

Halbmesser (Abb. 39). Den äußeren Kreis legt man auch um die Nachbarbahnhöfe und verbindet die Schnittpunkte zwischen je zwei Kreise beiderseits der Bahn-achse. Der innere Kreis ist die engere Einflußzone und der Ring um diese die weitere. In diesen Flächen sind die Einwohnerzahlen zu ermitteln. Die Ein-wohnerzahl der engeren Einflußzone ist deren Verkehrsbevölkerung B_e. Die Verkehrsbevölkerung der weiteren Einflußzone ist in vorwiegend Landwirt-schaftsgebieten $a = \frac{1}{6}$ der Einwohnerzahl B_w und in vorwiegend industriellen Gebieten $a = \frac{1}{4}$ der Einwohnerzahl B_w. Dann ist die Verkehrsbevölkerung eines Bahnhofs $B_v = B_e + a \cdot B_w$. Multipliziert man die Verkehrsbevölkerung mit dem spezifischen Verkehrsbedürfnis als durchschnittliche Mengen der an-kommenden und abzusendenden Güter G_j [t im Jahr], die auf den Kopf der Be-völkerung zu rechnen sind, so erhält man den allgemeinen Güterverkehr im Empfang und Versand.

Es ist $G_{j1} = 1\text{—}2$ t in kleinbäuerlichen, landwirtschaftlichen Gebieten,

$G_{j2} = 4\text{—}5$ t in landwirtschaftlichen industriellen Gebieten,

$G_{j3} = 6\text{—}8$ t in vorwiegend industriellen Gebieten,

$G_{j_4} = 10\text{—}18\ \mathrm{t}$ in Rohstoffgebieten, in landwirtschaftlichen Gebieten mit Großgrundbesitz.

Zu diesem allgemeinen Güterverkehr kommt noch der Sonderverkehr G_s aus größeren industriellen Werken sowie aus Bodenschätzen usw. Dieser ist durch örtliche Erhebung zu ermitteln. Der gesamte Güterverkehr im Jahr ist dann

$$G = G_j + G_s\ [\mathrm{t/Jahr}].$$

Der allgemeine Stückgutverkehr in Empfang und Versand ist bei G_{j_1} und G_{j_2} etwa $^1/_{10}$ und bei G_{j_3} und G_{j_4} etwa $^1/_6$ dieser Werte.

Der Eilgutverkehr ist ungefähr $^1/_7$ des Stückgutverkehrs. Dann ist der Wagenladungsverkehr bei G_{j_1} und G_{j_2} etwa $^9/_{10}$ bzw. bei G_{j_3} und G_{j_4} etwa $^5/_6$.

Dieses Verkehrsaufkommen ist nicht gleichmäßig über das ganze Jahr verteilt. Der Stückgutverkehr ist aber gleichmäßiger als der Wagenladungsverkehr. Bei Teilung durch 300 Arbeitstage erhält man den Tagesverkehr, der bei Wagenladungen gegen den Durchschnittsverkehr je nach den örtlichen Verhältnissen um 25—100% anwachsen kann und zwar durch Anschwellen zu Zeiten stärksten Verkehrs und durch allmähliche Verkehrssteigerung. Letztere beträgt bei gleichmäßiger Entwicklung in 5—10 Jahren etwa 2% je Jahr.

2. Der Geschäftsgang bei der Annahme und der Ausgabe der Güter.

Das Stückgut wird bei der Annahme am Güterschuppen wie folgt behandelt: Der Versender fährt das Stückgut an die Luke, d. h. an die Schuppentür und geht dann mit dem Frachtbrief zur Vorprüfstelle der Güterabfertigung. Dort wird die Ausfüllung des Frachtbriefs nachgeprüft und der Leitungsweg in diesen eingetragen. Wird die Fracht vom Empfänger erhoben, dann geht der Versender von der Vorprüfstelle mit dem Frachtbrief zu dem Beamten im Schuppen. Dieser prüft die Verpackung des Stückgutes, wiegt das Gut und versieht den Frachtbrief mit dem Annahmestempel. Dadurch ist der Beförderungsvertrag zwischen Versender und Bahnverwaltung vollzogen. Der Frachtbrief wird dann zur Buchhaltung gebracht und nach erfolgter Verbuchung erhält der Lademeister den Frachtbrief. Die Stückgüter werden nach dem Ladeplan eingeladen und der Stückgutwagen wird plombiert. Die Frachtbriefe eines Stückgutwagens werden gebündelt und dem Zugführer vor der Abfahrt des Zuges übergeben.

Wird die Stückgutfracht vom Versender bezahlt, so wird an der Vorprüfstelle die Fracht ermittelt und der Versender bezahlt sie am Kassenschalter.

Bei Ankunft des Gutes wird der Empfänger von der Güterabfertigung benachrichtigt. Wenn das Stückgut nicht vom Bahnspediteur ins Haus gebracht wird, wird dem Empfänger an der Kasse, gegebenenfalls nach Bezahlung der Fracht, der Frachtbrief ausgehändigt. Auf diesen erhält er an der Luke des Schuppens das Stückgut. Die Abfertigung der Wagenladungen erfolgt in entsprechender Weise.

3. Der Wagendienst.

Außer der Abfertigung des Stückgutes und der Wagenladung liegt den Güterabfertigungen noch der Güterwagendienst ob, d. h. die Bestellung, die Anforderung und die Bereitstellung der für die Beförderung von Gütern und Tieren erforderlichen Güterwagen. Die Wagen werden von den Versendern bei der Güterabfertigung für den folgenden Tag bestellt. Der Bedarf auf Grund der Eintragungen im Wagenbestellbuch wird aus den für diesen Tag leerwerdenden Wagen gedeckt. Die fehlenden Wagen werden vom Wagenbüro der Eisenbahndirektion angefordert, der Überschuß wird zur Verfügung gestellt. Ausgleich erfolgt innerhalb der Unterbezirke des Direktionsbezirks. Die Wagenbüros der verschiedenen Eisenbahndirektionen melden Überschuß und Bedarf nach Wagengattung getrennt dem Hauptwagenamt. Auf Grund dieser Wagenmeldungen werden die Bestände zwischen den einzelnen Direktionsbezirken ausgeglichen, indem die Wagenbüros eine bestimmte Anzahl von Wagen an andere Bezirke abgeben (Abgabeverfügung). Jedes Wagenbüro verteilt diese dann an die Unterbezirke und letztere verteilt sie an die Bahnhöfe. Ohne besondere Anweisung rollt der Überschuß an leeren O-Wagen nach den Kohlenbezirken.

4. Der Güterschuppen nebst der Güterabfertigung.

Nach der beschriebenen Auflieferung und Abholung des Stückguts ist der Grundriß der Güterabfertigung in Verbindung mit dem Güterschuppen in Abb. 40a, b, c entworfen worden (vergl. Ztg. des Vereins mitteleurop. Eisenbahnverwaltung 1933, Seite 205. Dort sind auch derartige Güterabfertigungen für stärkeren und schwächeren Verkehr beschrieben).

In Abb. 41 ist der Querschnitt eines Güterschuppens dargestellt. Als Schuppenbreite wird für kleine Bahnhöfe 6—8 m, für mittlere 8—12 und für große 12—20 m empfohlen. Die Güterschuppenhöhe ist im Lichten 4 m, der Fußboden liegt 1,1 über S. O., die Torabstände sind meist entsprechend der Güterwagenlänge 9—10 m. Die Tore (Schiebetore außen mit oberer Aufhängung)

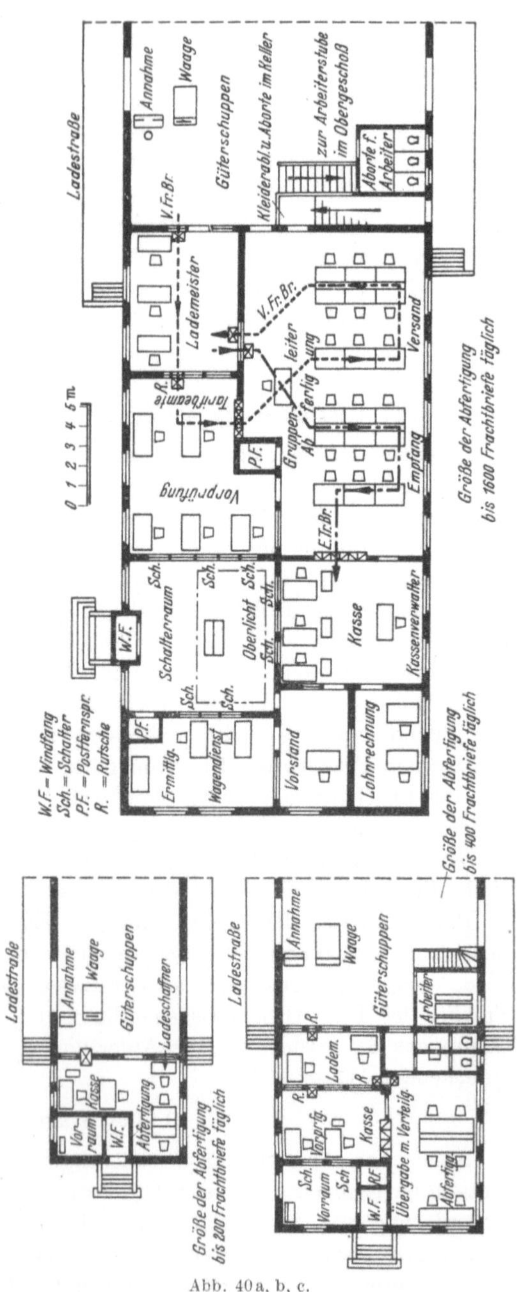

Abb. 40a, b, c.
Grundrisse von Güterschuppen und Güterabfertigungen.

sind 2,5 bis 3 m weit und 2,8—3,5 m hoch. Die Umfassungsmauern werden bis zur Fußbodenhöhe meist aus Bruchsteinen gemauert oder betoniert, darüber aus Bruch- oder Schwemm- oder Ziegelsteinen hergestellt. Die verputzten Wände erhalten bis 1,6 m über Fußboden häufig eine innere Holzverschalung. Die Ausladung der Dächer 1,5—2 m über die Ladesteigkante darf aber nicht in das Lichtraumprofil

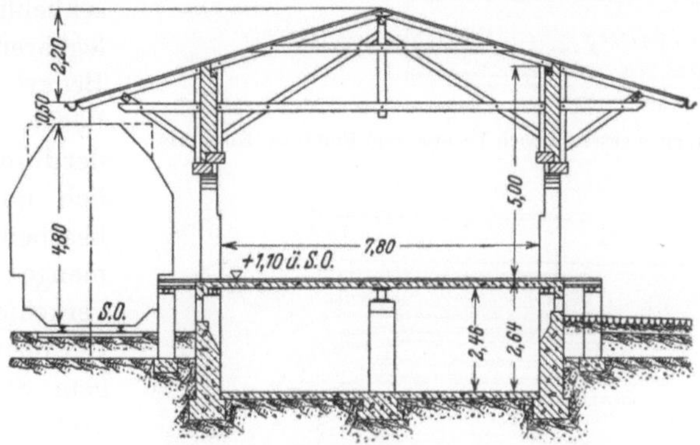

Abb. 41. Querschnitt eines Güterschuppens.

hineinragen. Deshalb ist die Dachneigung möglichst flach. Die Dacheindeckung besteht aus Schiefer, Blech oder Pappe. Die Dachstühle sind bei kleineren oder mittleren Schuppen aus Holz, bei größeren aus Stahl. Sie können durch Säulen gestützt werden und ermöglichen dadurch eine übersichtliche Teilung des Innenraumes. Der Schuppenfußboden und die Ladesteige ruhen bei Hohllage auf Holz- oder Stahlbetonbalken. Die Verkehrslast ist 1000—1500 kg/m². Auf den Balken liegen 6 cm starke Dielen.

Bei mehr als 12 m Schuppenbreite reicht Seitenlicht allein nicht aus. Dann sind steile Oberlichter aufzusetzen, auf denen der Schnee abgleiten kann. Beiderseits des Güterschuppens sind in Fußbodenhöhe Ladesteige von mindestens zwei Meter Breite auf der Gleisseite und mindestens 1 m auf der Straßenseite vorzusehen. Die Höhe über der Straße ist 0,8—1,10 m entsprechend der Höhe des ortsüblichen Wagenfußbodens. Die Kante des Ladesteigs muß 1,7 m von der Gleismitte entfernt sein. Ein Zwischenladesteig bei 6—7 m Gleisabstand zum Durchladen in Zeiten starken Verkehrs für den Leig ist nach Abb. 42 anzulegen.

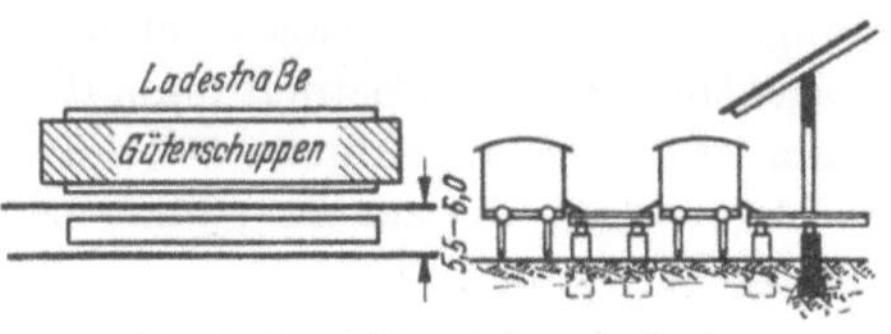

Abb. 42. Grundriß und Querschnitt eines Zwischenladesteigs.

Bei großen Güterschuppen trennt man die Lagerflächen nach Versand und Empfang durch das Abfertigungsgebäude nach Abb. 43 a, b.

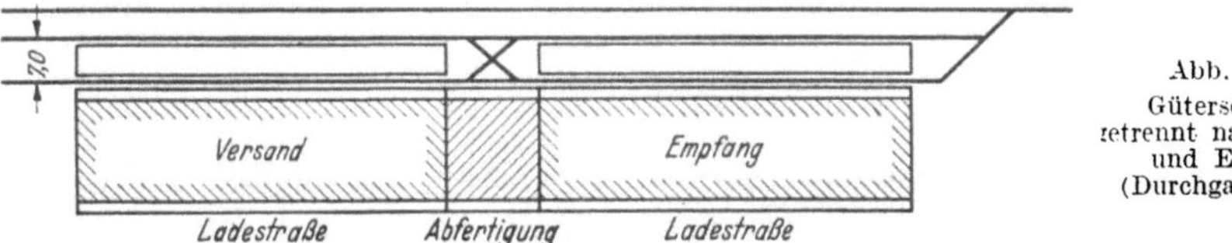

Abb. 43a. Güterschuppen getrennt nach Versand und Empfang (Durchgangsform).

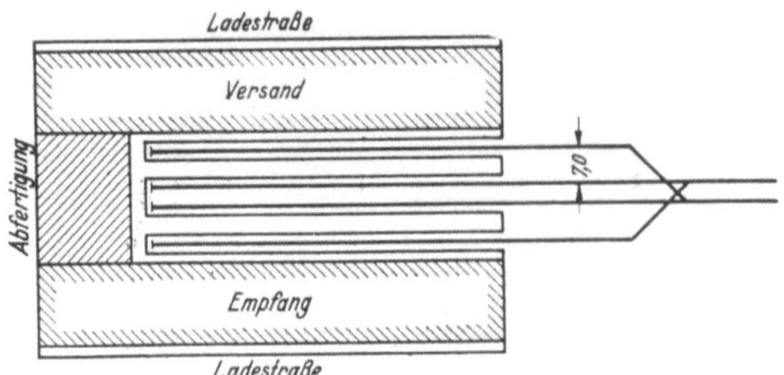

Abb. 43 b. Güterschuppen getrennt nach Versand und Empfang (Kopfform).

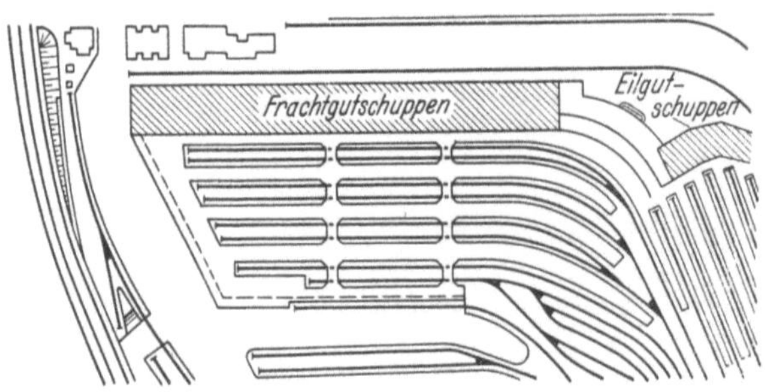

Abb. 44. Güterschuppen mit Ladebühnen zum Umschlag auf Kraftwagen.

Flächengröße des Güterschuppens.

Nach Remy „Die Größenbestimmung reiner Empfang- und Versandschuppen" ist einschließlich der nicht belegbaren Flächen der Bedarf an Güterbodenfläche für eine Tonne der durchschnittlich täglich im Schuppen zu bearbeitenden Gütermenge ($^{1}/_{300}$ des Jahresverkehrs) 10—20 m². Bei überwiegend sperrigem Stückgut ist die größere Zahl zu wählen. Man rechnet durchschnittlich im Jahr je Kopf der Verkehrsbevölkerung 0,3 t Stückgut in Empfang und Versand.

Beispiel für die Berechnung der Güterschuppenfläche.

Bei einer Verkehrsbevölkerung von 33 000 Einwohnern ist der Stückgutverkehr in Empfang und Versand mit 0,3 · 33 000 = 10 000 t/Jahr. In 10 Jahren soll der Verkehr sich um 2 % je Jahr steigern. Dann ist nach 10 Jahren der Gesamtverkehr 10 000 + 10 · 2 · 10 000 : 100 = 12 000 t/Jahr, also 40 t/Tag. Die Nutzlast eines Stückgutwagens ist 2 bis 4 t. Bei einer Nutzlast von 2,9 t je Wagen sind bei 40 t 14 Wagen täglich erforderlich. Nimmt man als Lagerfläche einer Tonne 12,5 m² an, so sind 12,5 · 40 = 500 m² Lagerfläche erforderlich. Bei zweimaliger Zustellung am Tage kommen 7 Wagen je Zustellung in Frage. Bei einer Wagenlänge von 9 m beträgt dann die Schuppenlänge 7 · 9 = 63 m mit 7 Toren. Dann ist die Schuppenbreite 500 : 63 = 8 m. Hierbei ist vorausgesetzt, daß die Stückgutwagen, die zur Entladung bereitgestellt sind, auch zur Wiederbeladung verwendet werden.

5. Rampen.

Rampen werden angelegt für Seiten- und Stirn-(Kopf)-Umschlag sowie für Holz- und Viehverladung. Meist werden bei kleineren und mittleren Bahnhöfen

Abb. 45 a. Grundriß einer Rampe für Kopf- und Seitenverladung.

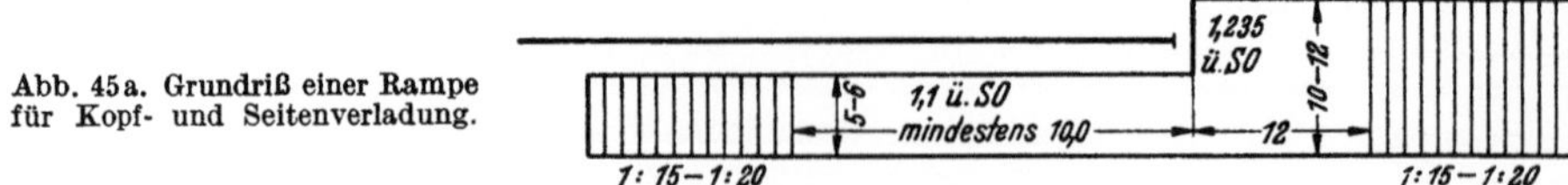

Rampen für Kopf- und Seitenverladung vereinigt. Abb. 45 a zeigt einen Grundriß solcher Rampen und Abb. 45 b gibt einen Schnitt durch die Kopframpe nebst

Einzelheiten. Die Seitenrampe hat eine Breite von mindestens 4 m, besser von 5—6 m. Wenn Güter längere Zeit auf der Seitenrampe gelagert werden sollen, erhalten sie eine Breite von 10 m und mehr. Die Kopframpe hat ebenfalls eine Breite von 4 besser 5—6 m bei einer Mindestlänge von 12 m. Die Längen liegen aber meist zwischen 12 und 20 m. Die Neigungen der Auf- und Abfahrten sind bei schweren Lasten möglichst 1 : 20, bei leichteren mindestens 1 : 15. Die größte zulässige Neigung nach T. V. 55 ist 1 : 12. Die Höhe der Seitenrampe über S.O. ist 1,1 m, die der Kopframpe 1,235 m, da sonst die Puffer über die Kopframpe ragen würden. Für Militärverladung ist nach B.O.24 die Höhe der Seitenrampe höchstens 1,0 m über S.O. Der Abstand von der Gleismitte ist 1,7 m.

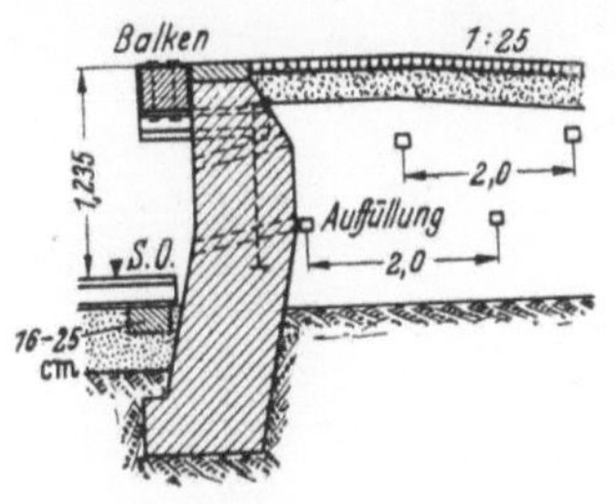

Abb. 45b. Schnitt durch eine Kopframpe.

An der Straßenseite ist die Rampenkante je nach Höhe der ortsüblichen Fahrzeuge 0,9 bis 1,0 m über der Straße. Für den Kraftwagenverkehr kann man die Seitenrampen nach Abb. 46 verzahnen.

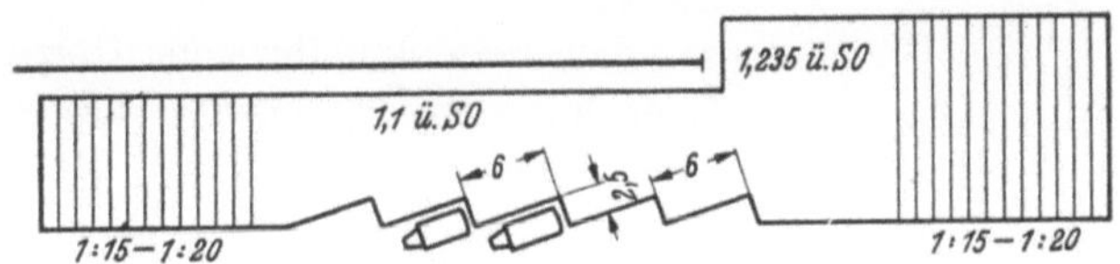

Abb. 46. Laderampe für Kraftwagenverkehr.

Die Befestigung der Rampenfläche für schwere Lasten ist das Steinpflaster. Die vom Vieh benutzten Rampenflächen müssen eine undurchlässige Oberfläche durch Vergießen der Pflasterfugen mit Asphalt erhalten. Die Querneigung der Rampenoberflächen ist 1 : 40 bis 1 : 50. Die Ladekanten der Rampen sind durch Bordsteine oder durch Einfassen mit Winkeleisen oder Schienen haltbar zu säumen. Die senkrechten Mauern bestehen aus Bruchsteinen, Ziegelsteinen oder Beton. Nach der Straße zu hat man in vielen Fällen nur Erdböschungen. Für Viehverladung sind nach Abb. 47a die Kopf- und Seitenrampen mit Buchten von 4,5—7 m Tiefe zu versehen, deren Einzäunung meist aus Stahlrohren besteht. Die Breite der Buchten richtet sich nach der Größe und Anzahl der Tiere. Großvieh ist in den Buchten anzubinden. Der Abstand der Ringe ist 1 m. Kleinvieh läuft in den Buchten frei umher. Die Türen sind in den Ecken anzubringen. In den Buchten sind auch Vorrichtungen zum Füttern und Tränken vorzusehen. Viehrampen für starken Verkehr sind möglichst so anzulegen, daß die Viehherden den Zufuhrweg zum E. G. nicht zu benutzen brauchen. Die erforderliche Beladezeit eines Bahnwagens mit Großvieh dauert ungefähr eine Stunde. Neben den Buchten erfordert eine Viehverladestelle noch Dunggruben, Entseuchungs- und Reinigungsanlagen nebst Nebenanlagen wie Wasserleitungen, Wasserwärmvorrichtungen und dergl. (Abb. 47a). Die Undurchlässigkeit der Oberflächen und die schnelle Abführung der Abwässer ist besonders wichtig. Damit das Wasser auch aus den Wagen besser abfließt, soll auf der

Reinigungsbühne (Abb. 47 b u. c) die eine Schiene jedes Gleises etwas höher liegen als die andere. Die Reinigung eines Viehwagens erfordert eine Stunde Zeit.

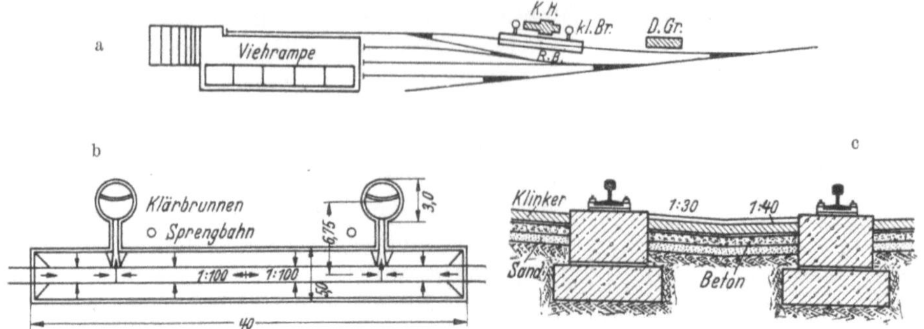

Abb. 47a, b, c. Viehverladerampe und Wagenreinigungsanlage.

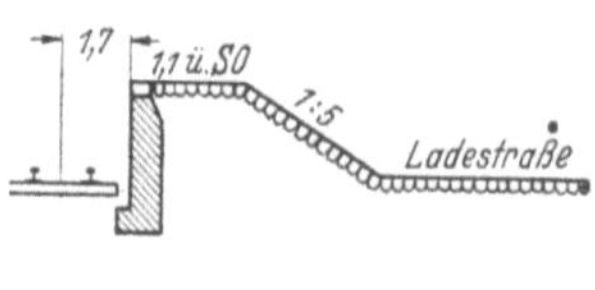

Abb. 48. Holzverladerampe.

Holzrampen sind Seitenrampen, die nach der Straßenseite 1 : 5 geneigt sind. Auf dieser Neigung kann man Rundhölzer hinaufrollen und der Abstand der oberen Böschungskante ist noch so, daß man von ihr zum Holzwagen Balken legen kann, auf denen das Holz hinüber gerollt wird (Abb. 48).

6. Freiladegleise.

Die Gesamtlänge der Ladegleise muß die gleichzeitig aufzustellenden Wagen unterzubringen gestatten. Zweckmäßig wird dabei eine einmalige Zustellung am Tage vorausgesetzt. Dem allmählichen Anwachsen des Verkehrs sowie dem Anschwellen zu Zeiten stärksten Verkehrs ist durch Zuschläge Rechnung zu tragen. Letztere liegen nach den örtlichen Verhältnissen zwischen 20 und 100%. Gegebenenfalls können sie durch mehrmaliges tägliches Zustellen niedriger gehalten werden. Die Länge der Ladegleise an den Freiladestraßen und den Rampen wird wie folgt bestimmt: Der Wagenladungsverkehr ist nach vorigem in kleinbäuerlichen landwirtschaftlichen sowie in landwirtschaftlichen industriellen Gebieten $9/10\ Gj$ [t/Jahr]. In vorwiegend industriellen und in Rohstoffgebieten sowie in landwirtschaftlichen Gebieten mit Großgrundbesitz ist der Wagenladungsverkehr $5/6\ Gj$ [t/Jahr]. Den täglichen Verkehr erhält man bei Teilung durch 300 Tage. Zu diesem kommen noch die nach den örtlichen Verhältnissen ermittelten Zuschläge (s. o.).

Nach dem Geschäftsbericht der Reichsbahn 1936 ist die durchschnittliche Nutzlast eines Eisenbahnwagens 8,7 also rd. 9 t und die Länge eines Wagens durchschnittlich 9 m, so daß bei lauter beladenen Wagen auf 1 m Ladelänge 1 t/m Rohgut zu rechnen ist. Nimmt man nun bei einer einmaligen Zustellung an, daß die Hälfte der Wagen zum Beladen leer und die andere Hälfte zum Entladen voll ist, dann ist durchschnittlich auf 1 m Ladegleis 0,5 t/Tag zu rechnen. Bei starkem Wagenladungsverkehr wird zweimalige Zustellung angenommen. Weiterhin sei angenommen, daß zur Sommerzeit zwischen zwei Zustellungen alle Wagen entweder be- oder entladen werden. Dann werden täglich auf 1 m Ladegleis 1 t/m Tag

Rohgut zur Be- und Entladung gerechnet werden können. Die Schwankungsbreite von 0,5 t/m Tag und 1 t/m Tag kann man noch wie folgt unterteilen: bei dem Verkehrsbedürfnis G_{j_1} und G_{j_2} kann man 0,5—0,6 t/m Tag und bei dem Verkehrsbedürfnis G_{j_3} und G_{j_4} kann man 0,6—1,0 t/m Tag setzen. Teilt man den täglichen Verkehr in Empfang und Versand unter Berücksichtigung der Zuschläge durch die Anzahl der täglichen Tonnen je m Ladelänge, so erhält man die Länge der Ladegleise an den Freiladestraßen und Rampen. Die Länge der Gleise an den Rampen muß man noch nach örtlichen Erhebungen von Fall zu Fall schätzen.

Die Länge der einzelnen Ladegleise soll höchstens 200 m betragen, da sonst das Auswechseln der Wagen zu zeitraubend wird. Die Ladegleise sind durch je einen Prellbock abzuschließen. Bei langen Ladestraßen kann man die Ladegleise in Längen bis zu 200 m nach Abb. 49 unterteilen und setzt zwischen beide ein Aufstellgleis, das man zum Auswechseln und zur Umordnung der Wagen benutzen kann. Bei größeren Freiladeanlagen legt man eine Ordnungsgruppe vor diese. Einseitig angeschlossene Freiladegleise gliedern sich besser in die Zufahrtstraßen ein als zweiseitig angeschlossene.

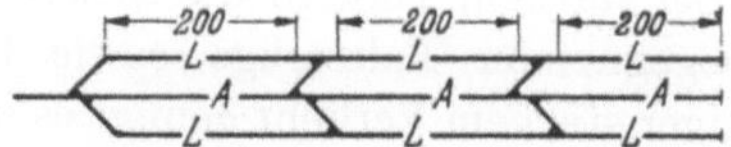

Abb. 49a. Unterteilung der Ladegleise.

Nach O. Blum sollte man aber die Ladegleise, wenn möglich, nicht stumpf endigen lassen sondern zweiseitig anschließen (Abb. 21b). Als geeignete Durchschnittslänge kann man dann 300 m annehmen; hierbei mögen die längsten 400 m werden, während man bei den kürzesten nicht unter 150 m herabgehen sollte, da sich sonst der zweigleisige Anschluß nicht lohnt. Der zweiseitige Anschluß wird sich allerdings oft bei kleinen Bahnhöfen nicht lohnen und bei großen (insbesondere selbständigen) Ortsgüterbahnhöfen wegen des Geländes und der Gesamtanordnung des Bahnhofes nicht ermöglichen lassen. Er ist also der gegebene namentlich für mittlere Bahnhöfe.

Gleisabschlüsse: Die Stumpfgleise sind mit Schutzvorkehrungen aus Schwellen mit Erdschüttung, Mauerkörpern ähnlich wie bei den Stirnmauern der Kopframpe (Abb. 45b) oder mit eisernen Prellböcken, die mit den Gleisen fest verbunden sind, abzuschließen (Rangierprellböcke). An besonders wichtigen Stellen (Kopfgleise für den Einlauf von Personenzügen) sind sogenannte Bremsprellböcke aufzustellen. Sie sind so eingerichtet, daß sie sich auf einer Gleitfläche beim Auflaufen eines Zuges verschieben. Der Bremsprellbock wird beim Auflaufen von Wagen durch die erste Achse belastet und erhöht dadurch seine Bremsfähigkeit. Je nachdem der Prellbock genügend lang ausgebildet ist, stehen mehr oder weniger Achsen des auflaufenden Zuges auf dem Schwellenrost und belasten ihn. Der Schwellenrost ist mit dem Prellbock verbunden und die Schwellen, die mit Scharnieren versehen sind, liegen dicht bei dicht. Bei Verschieben des Prellbocks rücken die Schwellen nach und nach auseinander. Dadurch wird der erste Stoß gering gehalten und die Erschütterung vermieden, weil sich die Reibungskräfte allmählich verstärken (Bauart Rawie). Der Verschiebeweg dieser Prellböcke ist bis zu 14 m lang.

7. Ladestraßen.

Die Ladestraßen sind so hoch zu legen, daß die Böden der Eisenbahnen und der Straßenfahrzeuge möglichst in gleicher Höhe liegen. Die Ladestraßen liegen daher 10—20 cm über S. O. Nach den Gleisen zu sind die Ladestraßen in etwa 1,75 m Abstand von der Gleismitte (Abb. 49b) mit Prellsteinen, Pfählen oder alten Eisenbahnschienen derart abzugrenzen, daß die Achsen der Fuhrwerke nicht hängen bleiben können.

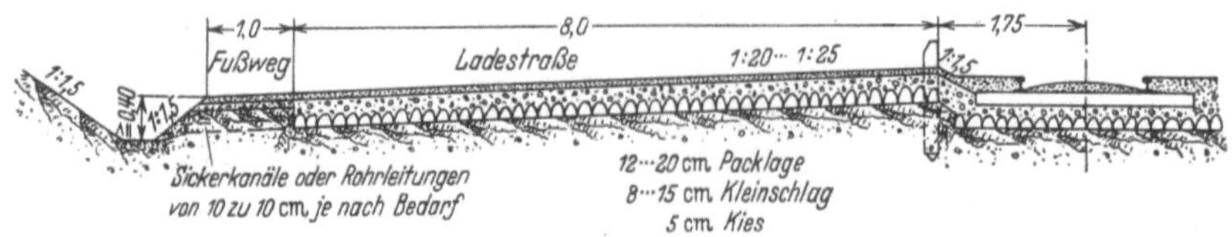

Abb. 49b. Querschnitt durch eine Ladestraße.

Die Breite der Ladestraßen richtet sich nach den Abmessungen der ortsüblichen Fuhrwerke und nach den gebräuchlichen Verladeweisen. Auch bei voller Ladetätigkeit soll bei starkem Verkehr die Straße noch Platz für das Ausweichen zweier sich begegnender Fahrzeuge sowie für die Aufstellung für Laternen bieten. Bei weniger starkem Verkehr genügt es, nur mit einem haltenden und mit einem fahrenden Fuhrwerk zu rechnen. Bei mittleren Werten für die Ladebreite der Wagen soll man die Ladestraße vor einem Güterschuppen mindestens 10 m, eine einseitige Ladestraße nach Abb. 49b mindestens 8 m breit machen. Hierzu kommt noch 1,75 m bis zur Gleismitte. Bei einer zweiseitigen Ladestraße ist der Gleisabstand 21,2 m und die notwendige Mindestbreite der Ladestraße 17,7 m. Zwischen einer Seitenrampe und der Gleismitte eines Ladegleises soll der Abstand 16 m sein. Der Durchmesser etwaiger Wendeplätze ist für landwirtschaftliche Fuhrwerke rund 18 m, für Langholzwagen 20 m und mehr. Die Überkreuzung von Ladegleisen ist nicht ungefährlich und daher zu vermeiden. Die Ladestraßen sind abzupflastern, einseitige nach Abb. 49b und zweiseitige nach der Mitte zu entwässern.

8. Ladekrane.

Feste Brücken- oder Drehkrane haben bis 15 t Tragfähigkeit. Sie sind am Ende einer Ladestraße aufzustellen. Normalspurige fahrbare Drehkrane haben bis zu 7 t Ladefähigkeit. In Abb. 50 sind Rutschen unter Ladebunkern für niedrige und hohe Wagen dargestellt.

9. Gleiswaagen.

Die Gleiswaagen der Eisenbahn, die bisher mit durchgehendem Gleis und inneren Wägeschienen gebaut wurden, werden neuerdings mit Gleisunterbrechung gebaut, ohne Entlastungseinrichtungen zu verwenden. Stoßfänger fangen die Auffahrstöße ab. In den „Technischen Bedingungen für die Zulassung von Gleiswaagen" sind die Vorschriften für die Herstellung von Gleiswaagen mit Gleisunterbrechung enthalten. Heute werden einfache Gleiswaagen für 50 t mit 9 m Brückenlänge und Verbundgleiswaagen für 100 t mit 16 m Brückenlänge gebaut. Die Waagenbrücke ruht auf einem in einer Grube untergebrachten Hebelsystem, das die Last mehrfach übersetzt und auf die seitlich angeordnete Wiegevorrichtung mit Laufgewicht überträgt. Das Ergebnis kann abgelesen und auf eine

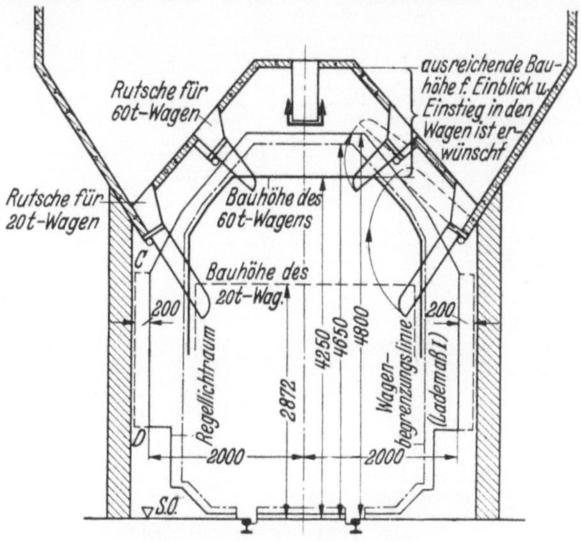

Abb. 50. Rutschen unter Ladebunkern.

Karte gedruckt werden. Vor und hinter der Waage muß das Gleis mindestens 10 m in der Geraden liegen. Vor der Waage ist das Lademaß aufzustellen.

C. Entwässerung der Bahnhofsfläche.

Die Bahnhofsfläche und alle Tiefpunkte der baulichen Anlagen wie Keller, Personen- und Gepäcktunnel, Waage, Drehscheiben, Arbeitsgruben und dergl. sind zu entwässern. Die nötige Vorflut ist herzustellen, womöglich durch Sammelteiche. Im allgemeinen wird die Bahnhofsfläche durch Oberflächenmulden, Schrote und Querschlitze in 20—40 m Abständen entwässert (Abb. 51). Die

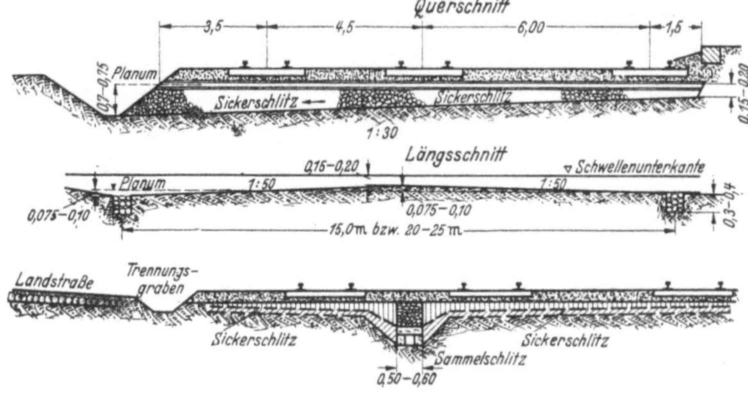

Abb. 51a. Bahnhofsentwässerung.

Querschlitze münden in Bahngräben ein oder geben ihr Wasser in gleichgerichtet mit den Gleisen liegende Sammelschlitze ab. Alle wasserdichten Kanäle müssen frostfrei liegen. Die Längsschlitze befinden sich zwischen, die Querschlitze

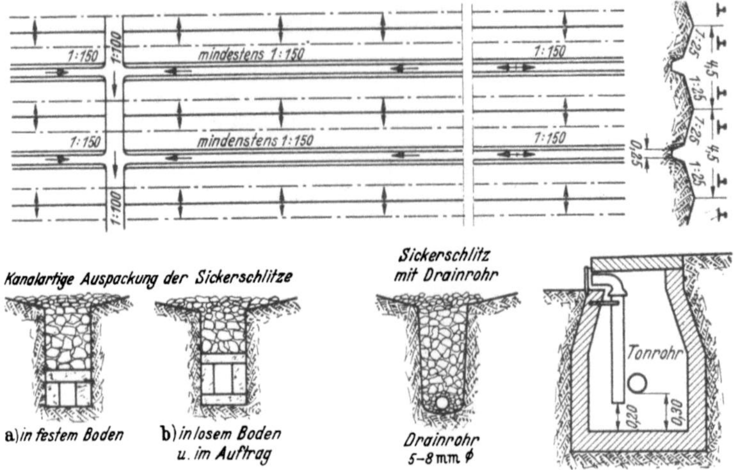

Abb. 51 b. Bahnhofsentwässerung.

senkrecht zu den Gleisen. Besteigbare Schrote zur Reinigung der Rohrleitungen sind vorzusehen. Die Querschnitte der Rohrleitungen werden nach der abzuführenden Wassermenge bestimmt.

D. Bauliche Anlagen für den Zug- und Rangierdienst.

Zu diesen gehören vor allem die Stellwerke.

Die Lage der Stellwerksgebäude und die Anordnung der Fenster ist so zu wählen, daß die angeschlossenen Weichen und Signale gut zu übersehen sind.

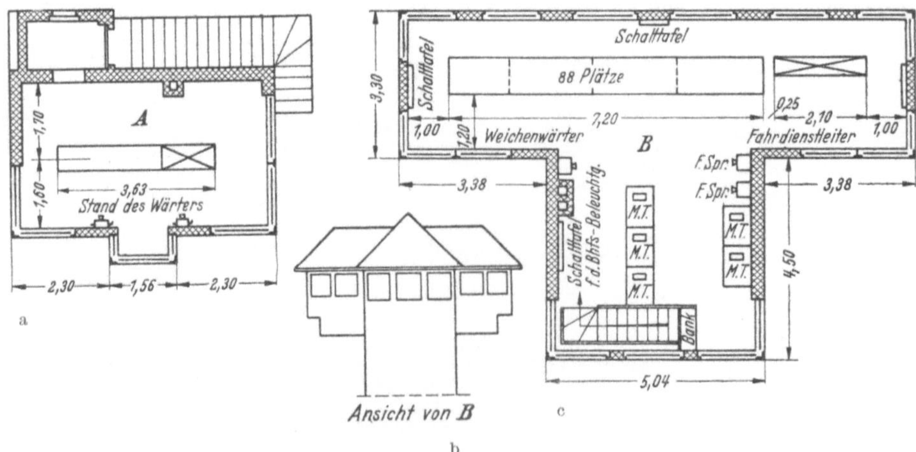

Abb. 52 a, b, c. Stellwerksgebäude.

Bei mechanischen Stellwerken, bei denen die Kraftübertragung zu den Weichen und Signalen in der Regel durch Doppeldrahtzüge erfolgt, ist im Erdgeschoß ein Raum für die Spannwerke der Drahtzüge vorzusehen. Steht das Stellwerk neben den Gleisen (Abb. 52a), dann liegt der Fußboden 4 m über S. O. Größere Stellwerke sind in der Regel elektrische Stellwerke und stehen entweder quer zu den Gleisen als sogenannte Brückenstellwerke, oder sie sind als Kragstellwerke (Abb. 52b, c) mit mindestens 5,5 m lichter Höhe über· S. O. ausgebildet. Ihr Fußboden liegt dann 7,5 m über S. O. Unter dem Fußboden ist ein Kabelraum von etwa 2 m lichter Höhe. Die lichte Höhe des Stellwerkraumes ist 2,5—2,6 m, die Brüstungshöhe der Fenster 0,7—1,1 m und die Höhe des Fenstersturzes etwa 2,0 m über dem Fußboden. Die lichte Breite der Stellwerke soll nie weniger als 3,5 m betragen. Bei 10 m Länge muß sie größer als 4 m sein. Die Länge des Stellwerksraumes richtet sich nach der Länge des Blockuntersatzes und der Länge der Hebelbank. Der Hebelabstand ist bei mechanischen Stellwerken 140 mm, bei elektrischen Stellwerken 90 mm und bei Mehrreihenstellwerken 88 mm. Der Abstand der Reihen ist 90 mm. Derjenige der Blockfelder beträgt 100 mm. Der Abstand zwischen Blockfeld und erstem Hebel ist 350 mm. Der Zwischenraum zwischen Blockuntersatz und Gebäudewand ist 1 m und der zwischen Stellbank und Gebäudewand 1,5 m. Die Treppenbreite ist 80 cm. Für die Abmessungen der neueren Gleisbildstellwerke sind besondere Anweisungen herausgegeben.

E. Lokomotivbehandlungsanlagen.

In den Lokomotivbehandlungsanlagen sollen die Loks mit Betriebsstoffen versehen werden, von Asche und Schlacke befreit werden und im Lokomotivschuppen eine gegen Witterung geschützte Unterkunft bis zur nächsten Dienstbereitschaft erhalten. Nach Abb. 67 bestehen sie 1. aus dem Lokomotivschuppen, 2. aus dem Kohlenbansen nebst Kran zum Bekohlen der Loks, 3. aus der Löschgrube zum Entschlacken, 4. aus dem Wasserkran zur Speisung der Lok.

1. Die Lokomotivschuppen.

Die Lokomotivschuppen dienen den dienstfähigen Lokomotiven während der Nacht und während anderer Dienstpausen geschützt gegen Witterungseinflüsse als Unterkunft. In ihnen werden die Lokomotiven geputzt, geschmiert und die Kessel ausgewaschen. Auch werden dort kleine Ausbesserungen vorgenommen sowie die Lokomotiven nach längerer Ruhe, während der das Feuer nicht unterhalten wird, angeheizt. Der Lokomotivschuppen soll so liegen, daß von ihm aus die Loks nach allen Bahnhofsteilen in möglichst kurzer Zeit und ohne Störung des Verkehrs gelangen können. Insbesondere soll er mit den Bekohlungs- und Entschlackungsanlagen und den Wasserkranen durch Gleisanlagen so verbunden sein, daß ein- und ausfahrende Lokomotiven sich nicht gegenseitig behindern.

a) Anzahl der Lokomotivstände. Bei durchgehendem Dienst sind Stände für 75% der beheimateten Loks vorzusehen. Bei Bahnen ohne Nachtdienst erhalten alle Loks Stände. Außerdem sind Lokomotivstände für Auswaschen und Instandsetzen der Lokomotiven sowie für Achswechsel vorzusehen. Für letzteren sind zwei Lokomotivgruben nach Abb. 53 durch eine Achswechselgrube zu verbinden. Auch außerhalb des Lokomotivschuppens sind Aufstellgleise für die Lokomotiven vorzusehen.

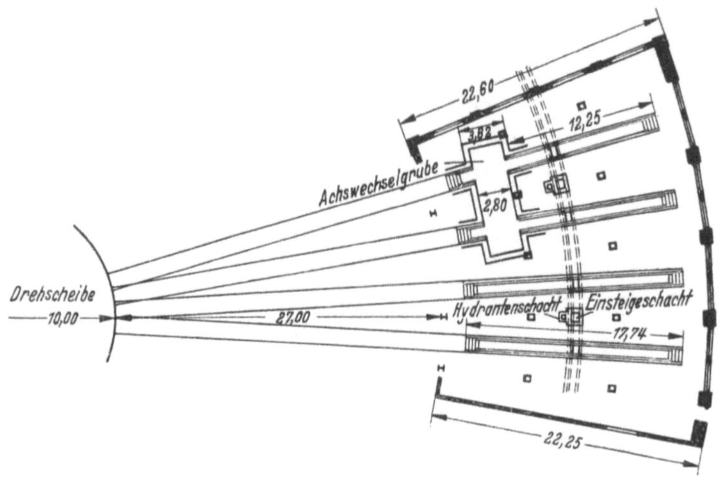

Abb. 53. Lokomotivschuppen mit Achswechselgrube.

b) Hauptabmessungen eines Lokomotivschuppens. In Abb. 54 sind die Innenkanten des Lokomotivschuppens und der Untersuchungsgruben sowie die aufgestellten Loks gezeichnet. Der Abstand der vorderen Puffer vom Tor, der Fensterfläche oder Schiebebühne ist 3—5 m. Der Abstand der hinteren Puffer davon ist 2 m, der Abstand zwischen 2 Loks 1 m. Die Größtlänge der Lokomotive mit Tender beträgt zurzeit 26,5 m (Schnellzuglok). Der Abstand paralleler Gleise im Schuppen ist 5—6 m, der Abstand der Längswände von der Gleismitte ist 4 m bei einer Größtbreite der Loks von 3,15 m. Holzdacheindeckungen müssen mindestens 5,8 m über S. O. liegen. Die Torhöhe beträgt bei Dampfloks 4,8 m, bei E-Loks 6,3 m. Die lichte Weite der Tore ist 4,0 m.

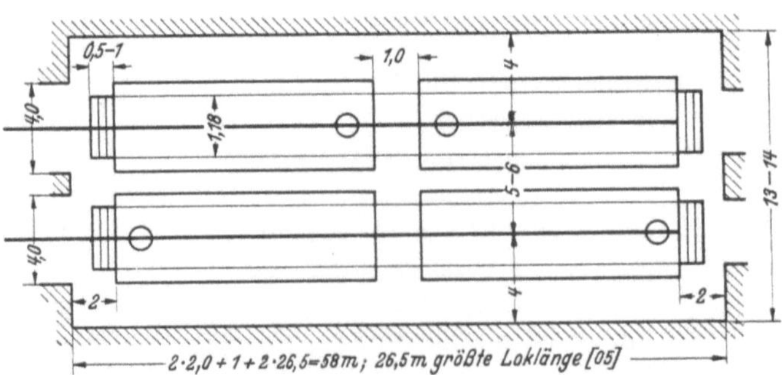

Abb. 54. Hauptabmessungen eines Lokomotivschuppens.

c) Untersuchungsgruben. Sie haben denselben Querschnitt wie die Löschgruben außerhalb der Schuppen. (Abb. 55a, b, c). Die Treppenstufen ragen 0,5 bis 1,0 m beiderseits über die Lokomotivlänge hinaus. Die Grube hat ein

Längsgefälle 1:100. Die Entwässerung erfolgt in einen Kanal. Die Längswände haben 0,6 m unter S.O. einen Absatz zum Auflegen von Bohlen.

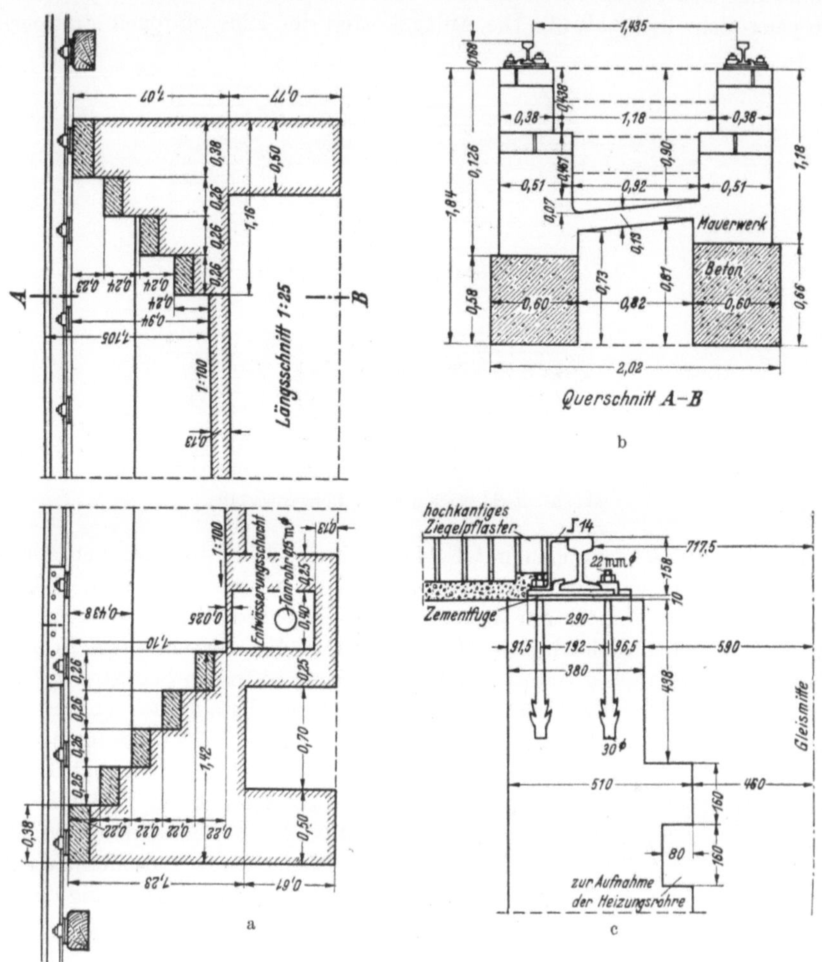

Abb. 55a, b, c. Untersuchungsgrube.

d) Grundrißformen der Lokschuppen. α) Rechteckschuppen: Bei unmittelbarer Zufahrt durch Weichen sind nicht mehr als drei durchlaufende Gleise mit je 3 Lokständen, bei stumpf endenden Gleisen nur je 2 Lokständen hintereinander anzuordnen. Fenster sind an den Längs- und Kopfseiten vorzusehen. Bei Zufahrt über Schiebebühnen, die im Schuppen quer zu den Gleisen liegen, ist die Anzahl der Lokomotivstände beliebig. Hier stehen bis zu drei Lokomotiven hintereinander, wenn Zugänglichkeit von beiden Enden vorhanden ist, sonst nur zwei. Die Rechteckschuppen mit Schiebebühnen können nach Abb. 56 und 57 in Durchgangsform und in Kopfform (Teleskopschuppen) gebaut werden. Meist ist eine besondere Entlüftungsanlage notwendig. Die Rechteckschuppen sind leicht zu erweitern. Auf ihnen sind Oberlichter anzuordnen.

β) **Ringschuppen:** Sie haben meist gebrochene Umrißlinien. In jeder Tor-
einfahrt des Schuppens ist ein Gleis angeordnet. Um nicht eine zu große Lokzahl
auf eine Drehscheibe zu verweisen, ist die Höchstzahl der Lokstände eines Ring-
schuppens nicht mehr als 30. Die Anlagekosten der Ringschuppen sind geringer

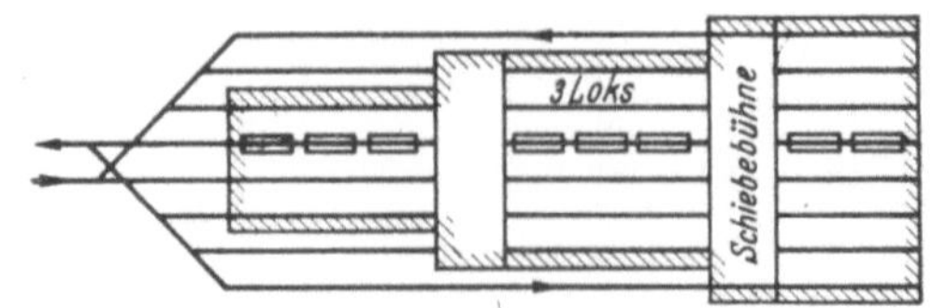

Abb. 56. Rechteckschuppen in Kopfform.

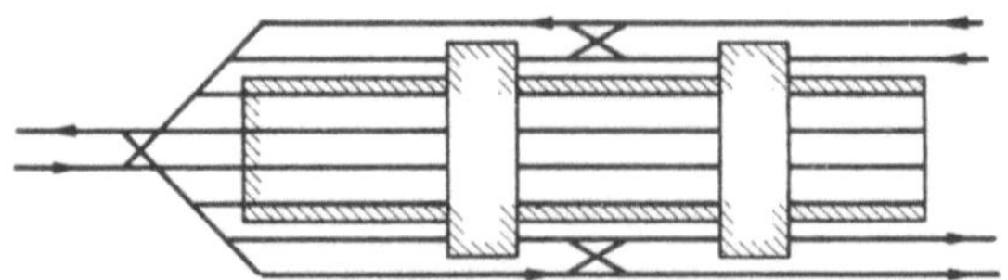

Abb. 57. Rechteckschuppen in Durchgangsform.

als die der Rechteckschuppen mit Schiebebühnen. Die Ringschuppen sind aber
weniger übersichtlich und wegen der vielen Tore schwer zu heizen. Neben der
Belichtung durch Fenster der äußeren Ringwand bedürfen die Ringschuppen
noch einer Belichtung der inneren Ringwand. Die Fensterachse liegt in der Verlängerung der Gleisachse, damit die Heizrohre bei geöffneten Fenstern mit langen
Stangen gereinigt werden können (Abb. 53). Der Abstand der vorderen Lokschuppenwand von der Drehscheibenmitte wird nach Abb. 58 wie folgt berechnet.
Die Torbreite von 4 m muß an jeder Stelle vorhanden sein, also auch bei geöffneten Toren. Das bedingt $4,0 + 0,26 = 4,26$ m als Abstand der Verbindungslinie
der Tormitten bei geöffneten Torflügeln. Es ist $0,26 = 2$ Torwandstärken einschl.
Beschlag $+ 6$ cm Zwischenraum. Bei einer Pfeilerstärke zwischen den Toren
von 0,5 m ist der Gleisabstand in der Tormitte 4,5 m. Die Entfernung der Drehscheibenmitte von der vorderen Torwand ist dann bei einer Gleisbiegung 1 : 9 zu
40,69 m, für 1 : 10 zu 45,17 m, für 1 : 12 zu 54,14 m und für 1 : 14 zu 63,12 m anzuordnen. Bei 1 : 14 kommen nur Drehscheibendurchmesser von 23 m an zur
Anwendung.

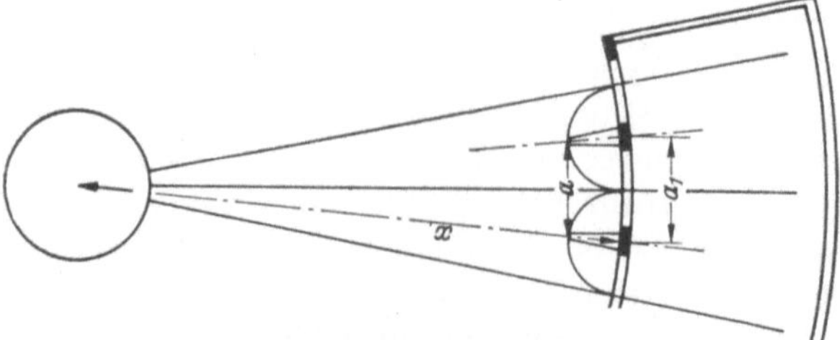

Abb. 58. Abstand der vorderen Lokschuppenwand von Drehscheibenmitte.

e) Bauliche Einzelheiten: Die Torpfeiler sind gut zu gründen. Weitgespannte
freitragende Dächer sind wegen der Übersichtlichkeit anzuwenden. Holz ist über

dem Lokschornstein bis 5,80 über S. O. und in einem Umkreis von 1 m Durchmesser zu vermeiden. Schiefer- und Metalldächer leiden durch die Rauchgase der Loks. Ziegeldächer eignen sich ebenso wenig. Zweckmäßig ist ein doppeltes Pappdach, ein Holzzementdach oder ein Dach aus Bimsbeton mit Stahleinlage.

Als Fußboden ist auf einer Betonunterlage eine Klinkerschicht hochkant in Zementmörtel zu verlegen oder ein 15 cm starker Zementestrich in Höhe der S.O. Dieser muß so widerstandsfähig sein, daß Winden darauf gesetzt werden können. Neben den Fahrschienen sind für die Spurrille Streichschienen aus umgekehrt verlegten Eisenbahnschienen anzulegen. Vor den Werkbänken ist Holzfußboden vorzusehen. Die Rauchgase werden durch eine zentrale Rauchabführung mit natürlichem Zuge abgeführt. Der Schornstein ist bis zu 65 m hoch. Von diesem führen Sammelrohre bis zu den Rauchfangtrichtern über den Lokomotivschornsteinen der Lokstände.

2. Kleinere Anlagen für die Betriebsstoffversorgung und für die Entschlackung.

Die Einrichtungen für die Versorgung der Loks mit Kohle und Wasser sowie für die Entschlackung sind bei kleineren und mittleren Bahnhöfen meist in einer Anlage vereinigt. Diese besteht aus dem Kohlenbansen, sowie aus einem Drehkran zum Umschlag der Kohlen vom Bansen zum Tender.

a) **Der Bansen** ist etwa 12 m breit. Durch ihn führt das Kohlenwagengleis. Er ist mit Betonwänden eingefaßt und hat einen Fußboden aus Betonestrich. Die Kohlenbansenfläche für eine Lok beträgt

$$F = \frac{k \cdot T}{h \cdot \gamma} \ [\mathrm{m^2}].$$

Hier ist k = 3—5 [t] der tägliche Kohlenverbrauch einer Lok. T Tage ist die Vorratszeit, h = 3 [m] ist die Stapelhöhe der Kohle, die durch die Gefahr der Selbstentzündung begrenzt ist. $\gamma = 0{,}8\ [\mathrm{t/m^3}]$ ist das spez. Gewicht der geschichteten Kohle. Bei T = 42 Tagen rechnet man je Lok $F = 4 \cdot 42 : 3 \cdot 0{,}86 = 70\ [\mathrm{m^2}]$ Bansenfläche. Das Fassungsvermögen eines Schlepptenders ist 7—10 Tonnen Kohle und 25—32 [m³] Wasser.

b) **Als Umschlagseinrichtungen** dienen bei kleinen und mittleren Bekohlungsanlagen feststehende elektrisch betriebene Drehkrane nach Abb. 59. Das Bekohlen von einer Tonne erfordert hier 4,25 Minuten, das Füllen von 2 Hunden von je 0,5 Tonnen durch zwei Mann erfordert 4,75 Minuten. Das Bekohlen einer Lok dauert also hier 15 Minuten. Die Leistungsfähigkeit der Bekohlungsanlage wird mit 100 t/Tag angegeben.

c) **Zur Entschlackung** dienen sog. Löschgruben nach Abb. 55. Eine Löschgrube ist in der Regel ein bis zwei Loklängen lang. Die Schlackenrückstände

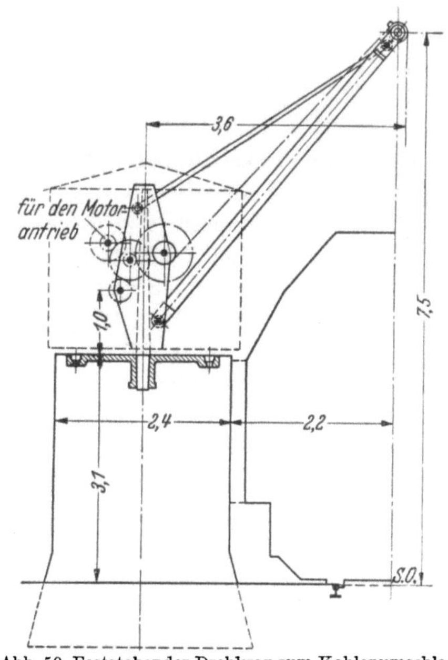

Abb. 59. Feststehender Drehkran zum Kohlenumschlag.

sind etwa 10% der verbrannten Kohle. Für eine Lok rechnet man also etwa 400 [kg] Schlacke. Die Beseitigung der Schlacke aus der Löschgrube erfolgt bei kleineren Lokomotivanlagen durch schaufeln oder Schrägaufzug. Die Dauer der Entschlackung beträgt bei Lokomotiven mit Kipprosten 15 Minuten.

d) **Wasserkrane** (Abb. 60): Nach den T V 59,3 muß ein Wasserkran in der Minute 5 [m³] und mehr Wasser liefern. Der Ausguß des Krans über S.O. ist 3,40 [m]. Die Wasserkrane mit drehbaren Auslegern sind mit einem Signal zu versehen, das die Querstellung des Auslegers bei Dunkelheit anzeigt. Man rechnet in der Regel für das Vorfahren der Lok, das Kranschwenken, sowie für die Abfahrt 1,5 Minuten.

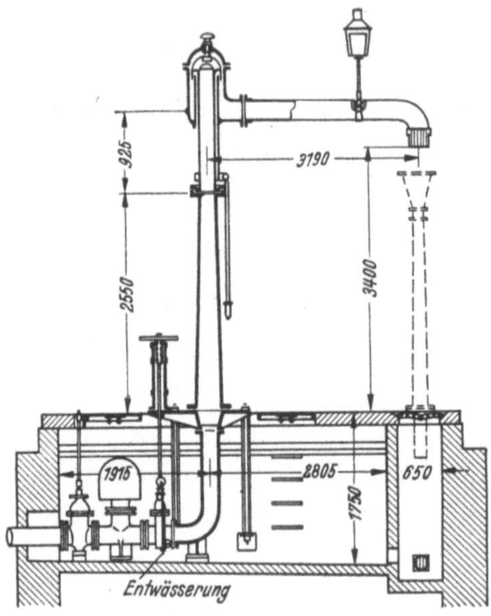

Abb. 60. Wasserkran.

e) **Sand** wurde früher aus den Kästen, die im Lokschuppen aufgestellt waren, entnommen. Da aber dieser bei Zugluft leicht in die offenen Lager und Zylinder der auszubessernden Loks gelangen kann, so stellt man jetzt die Sandbehälter außerhalb erhöht auf und die Loks fassen nach der Ausfahrt aus dem Schuppen Sand. Die Sandversorgung der Loks geschieht pneumatisch. Die Dauer für Sandfassen einschließlich Zu- und Abfahrt beträgt 3—4 Min.

3. Größere Bekohlungs- und Entschlackungsanlage.

Bei größeren Lokomotivbehandlungsanlagen trennt man die Bekohlung von der Entschlackung, und zwar aus zwei Gründen: Zum ersten dauert das Entschlacken beträchtlich länger als das Bekohlen, so daß durch die längere Dauer der Entschlackung die nachfolgenden Loks nicht zur Bekohlung gelangen können. Zum zweiten ist die Behandlung der Loks ungleichmäßig. Die fremden Loks bedürfen im Gegensatz zu den beheimateten gewöhnlich nur einzelner Versorgungen. So ergänzen diese entweder ihre Kohlen oder ihre Wasservorräte, werden aber nicht entschlackt. Der Unterschied in den Behandlungszeiten der einzelnen Loks wird hierdurch noch größer. Daher würde bei dichter Lokomotivfolge der Betrieb noch stärker stocken. Trennt man aber die Bekohlungs- von der Entschlackungsanlage und legt neben jede ein Durchlaufgleis, auf denen die Maschinen ohne Berührung der Behandlungsgleise zur nächsten Anlage gelangen können, so können gleichzeitig verschiedene Loks bekohlt und entschlackt werden und die Reihenfolge der Loks mit ihren verschiedenen Behandlungen kann daher beliebig sein.

a) Die Bekohlungsanlage. Nach vorigem müssen bei der Bekohlung mit feststehendem elektrischen Drehkran (Abb. 59) die Kohlenhunde von zwei Männern gefüllt und an den Drehkran herangefahren werden, bevor letzterer die Hunde hebt und senkt. Die Hunde müssen zum auskippen der Kohle in den Tender von einem Mann noch in schräge Lage gebracht werden. Verwendet man aber Greifer statt der Hunde, so erspart man beim Füllen und Entleeren der Umschlaggefäße drei Mann. Ferner fällt, wenn der Kran fahrbar ist, die Beschaffung der Hunde fort. Deren Zahl ist nicht klein, da nach vorigem die Fülldauer von zwei Hunden (je 0,5 t) durch zwei Mann 4,75 Min. beträgt, also noch größer als das Bekohlen einer Lok mit einer Tonne Kohlen (4,25 Min.) ist. Daher muß das Füllen der Hunde in den Zeiten zwischen den einzelnen Bekohlungen erfolgen. Die Ersparnis an Arbeitern, Umschlaggefäßen und Zeit ist also bei Verwendung von fahrbaren Greiferkranen gegenüber den feststehenden Drehkranen nicht unbeträchtlich.

α) Hat der fahrbare Greiferkran Normalspur (Abb. 61), so ist er im Bahnhof freizügig. Besondere Aufwendungen für seine Fahrbahn sind daher nicht nötig. Auf den bestehenden Gleisanlagen kann der normalspurige Kran außer zum Bekohlen auch zum Entleeren der Schlackengruben sowie zum Umschlag von Schüttgütern und nach Auswechslung des Greifers gegen ein Hakengeschirr zum Überladen schwerer Stücke in den Freiladestraßen verwendet werden. Da seine Auslegerweite 11 [m] betragen kann, so ist auch die Bansenbreite nicht allzu gering, und der Bansen braucht daher nicht außergewöhnlich lang zu werden. Der Greifer kann vom Bansen und auch vom Kohlenwagen aus unmittelbar bekohlen und ermöglicht die Anordnung fahrbarer oder fester Bunker. Aus diesen kann die Lokomotive bekohlt werden, wenn der Greifer nicht verfügbar ist. Damit der fahrbare Greiferkran auch die Kohlen aus offenen Güterwagen auf Bansen und Tender umschlagen kann, darf sein Inhalt nur 0,7 [m^3] sein, da sonst die Güterwagen zu stark beschädigt würden. Eine Lokomotivbehandlungsanlage, bei der ein fahrbarer normalspuriger Kran mit einem Greiferinhalt von 0,7 [m^3] zum Bekohlen und zum Entleeren der Schlackengrube verwendet werden kann, gibt Abb. 61 wieder. Die Benutzung der einzelnen Gleise ist auf S. 57 angegeben. Bei einer solchen Anlage dauert das Bekohlen einer Lok 5—6 Minuten.

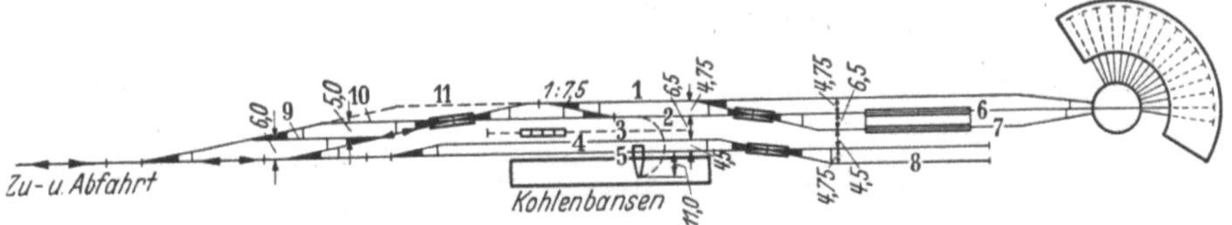

Abb. 61. Bekohlungs- und Entschlackungsanlage mit normalspurigem fahrbaren Greiferkran.

54   Hoch- und Ingenieurbauten der Bahnhöfe.

β) Die Bekohlungszeit kann wesentlich verringert werden, wenn die Kohlen nicht auf gewöhnlichen offenen Güterwagen sondern auf Selbstentladewagen angeliefert werden. Dann fällt die Beschränkung des Greiferinhalts auf 0,7 [m³] fort und der Greifer kann dann für 3—3,5 t konstruiert werden. Das Bekohlen einschließlich Wiegen an dem Greifer selbst beträgt nunmehr nur zwei Minuten. je Lok und die Tagesleistung ist dann 350 t. Jedoch muß man bei der Anfuhr der Kohle mit Selbstentladewagen den fahrbaren Greiferkran auf einer Pfeilerbahn (Abb. 62) laufen lassen. Diese liegt, falls der Bansenfußboden ebenerdig ist, nach Abb. 63 3,1 [m] über S.O. Auf diese werden die Selbstentladewagen in Gruppen von 6—12 Wagen über eine Rampe von 1 : 40—1 : 50 hinaufgeschoben. Ist es nicht angängig, die Pfeilerbahn 3,1 [m] oder überhaupt höher zu legen, so muß man den Bansenfußboden so senken, daß zwischen ihm und der S.O. der Pfeilerbahn ein Höhenunterschied von 3,1 [m] vorhanden ist. Bei einer Pfeilerbahn spart man gegenüber der Abb. 61 ein Gleis, da auf dem Kohlenwagengleis auch der Kran fährt, der während des Entleerens der Kohlenwagen am Ende der Pfeilerbahn steht. Die Zeit für das Entleeren von 7 Selbstentladern mit 135 t Kohle dauert 30 Minuten und von 12 Selbstentladern 50 Minuten. Während dieser Zeit werden die Loks aus den Bunkern bekohlt. Die Pfeilerbahn wird zweckmäßig bis zu den anschließenden Entschlackungs-

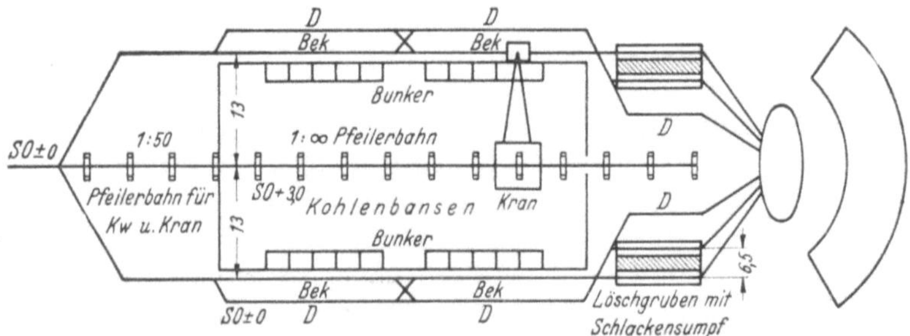

Abb. 62. Bekohlungs- und Entschlackungsanlage mit normalspurigem Greiferkran auf Pfeilerbahn.

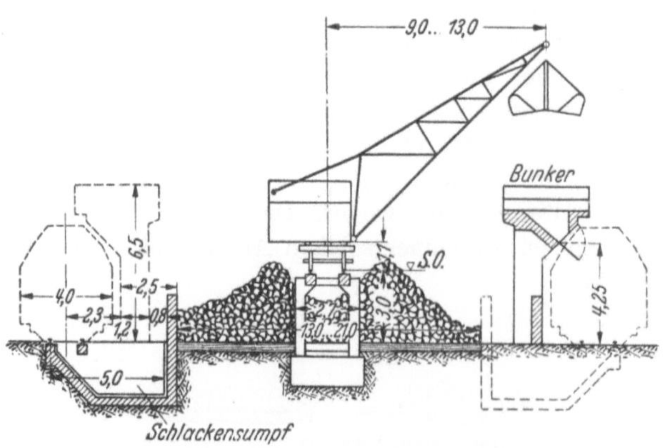

Abb. 63. Querschnitt durch die Bekohlungsanlage nach Abb 62.

gruben durchgeführt, damit der normalspurige Drehkran mit seinen Greifern die Schlacken auch aus dem Schlakkensumpf (Abb. 62 bis 64) herausholen und auf den hinter ihm stehenden Schlackenwagen laden kann.

Die Abb. 62 stellt eine Bekohlungs- und Entschlackungsanlage mit normalspurigem fahrbaren Greiferkran auf Pfeilerbahn dar. Auch sind hier an den Bekohlungsgleisen feste Bunker angeordnet, deren Oberkante 6,5 m über S.O. und deren Trichterunterkante 4,25 m über S.O. liegt. Diese Anlage fügt sich gut in die bestehende Gleisanlage ein. Sie

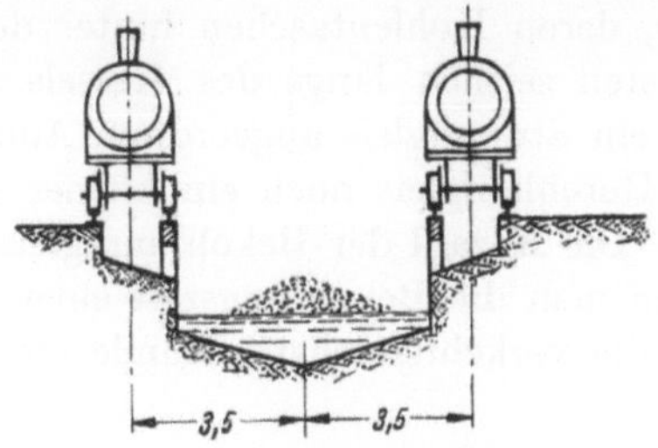

Abb. 64. Schlackensumpf.

ist etwa 30 m breit und die Gleise brauchen nicht gradlinig zu verlaufen, da ja der normalspurige Greiferkran auch durch Bögen fahren kann.

γ) Die doppelte Tagesleistung (700 t/Tag) hat bei gleicher Bekohlungszeit einer Lok der Portalgreifer mit eingebauten Bunkern. Er bedingt aber eine lange gerade Geländeform und läßt sich daher nachträglich schwer in bestehenden Anlagen einbauen. Auch erfordert die Kranbahn besondere Gründungen, die bei einem normalspurigen Greiferkran nicht notwendig sind. Die Abb. 65 zeigt eine derartige Bekohlungsanlage im Querschnitt, jedoch mit festen Bunkern statt mit Bunkern, die in den Portalkran eingebaut sind. Das hohe Eigengewicht der Portale verursacht hohe Betriebskosten bei den Längsfahrten, weil hierbei leicht Hemmungen dadurch eintreten können, daß die Portalstützen sich nicht gleichmäßig vorwärts bewegen. Für Querfahrten (Katze) über breite Bansen sind die Portalkrane besser geeignet.

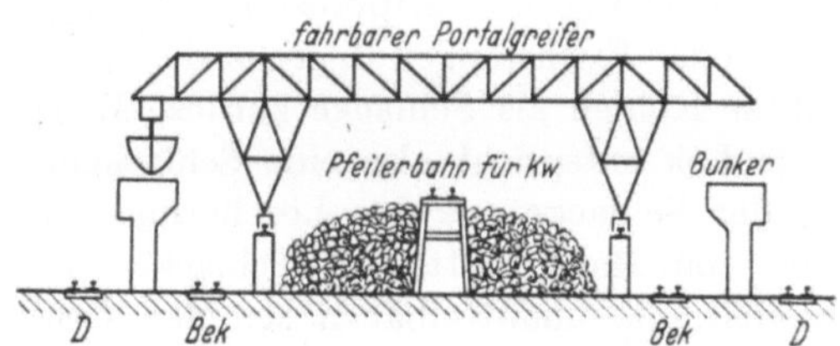

Abb. 65. Bekohlungsanlage mit fahrbarem Portalgreifer.

δ) Hochbehälter mit Schrägaufzug und Becherwerk, wie sie auf Bahnhof Würzburg angelegt worden sind (vgl. M. Gottschalk: Fördermittel zum Bekohlen und Besanden von Lokomotiven, Berlin 1928, Lehrmittel-Gesellschaft der Reichsbahn), haben eine Leistungsfähigkeit von 1000 t/Tag bei einer Bekohlungszeit von 4,5 Min. je Lok.

ε) Eine leistungsfähige Bekohlungsanlage ohne besondere maschinelle Hebe- und Umschlagseinrichtungen stellt die Schüttbühne nach Abb. 66 dar. Hier werden von einer etwa 4,5 m über S.O. angelegten Bühne die Kohlen aus dem Kohlenwagen oder vom Bansen aus in kleine eiserne Wagen (Hunde) gefüllt, die entweder auf Gleisen oder auf dem betonierten Fußboden zu besonderen Schüttstellen (Sturzbühne) fahren. Dort werden sie auf einer Schurre in die

Tender entleert. Bei durchgehender Schüttkante ist die Leistungsfähigkeit höher als bei der Anordnung einzelner Schüttstände. Bei Sturzbühnen ist die Bekohlungszeit einer Lok etwa 15 Min., bei durchgehender Schüttkante etwa 5 Min. Für Tenderloks, deren Kohlentaschen hinter dem Führerstand liegen, während die Wasserkästen seitlich längs des Kessels sich befinden, ist nach Abb. 66 zur Bekohlung ein Stumpfgleis angeordnet. Auch ist zur aushilfsweisen Bekohlung neben dem Durchlaufgleis noch ein kleiner Bansen mit zwei festen Drehkranen vorgesehen. Die Anzahl der Bekohlungsgleise oder der Bekohlungsstellen erhält man, wenn man die Bekohlungszeit einer Lok durch die mittlere Lokomotivfolgezeit für die verkehrsreichste Stunde eines Tages teilt.

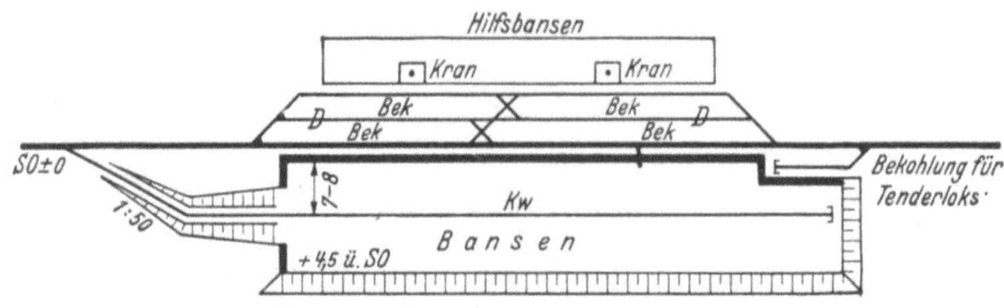

Abb. 66. Bekohlungsanlage mit Schüttbühne.

b) Entschlackungsanlagen. Die Entschlackung der Loks findet auf den Löschgruben statt, an denen auch die Wasserkrane aufgestellt sind. Das Wasser läuft in die Löschgrube ab und löscht dabei die heiße Schlacke. Die Lokomotiven haben Kipproste, die vom Führerstand aus mit einem Hebel schräg gestellt werden können und von denen dann die Schlacke durch den Aschenkasten in die Löschgrube fällt. Das lästige Herausnehmen der Roststäbe wird hierbei vermieden. Die Entschlackung mit Kipprosten erfordert etwa 15 Min., die frühere mit Schaufeln oder Eisenstangen dagegen die doppelte Zeit. Eine Lokomotive läßt 10% ihrer Kohlen als Schlacke zurück. Einem täglichen Kohlenverbrauch von 4 t je Lok entspricht also eine Schlackenmenge von 400 kg.

Die Beseitigung der Schlacke aus der Löschgrube findet auf kleinen und mittleren Bahnhöfen von Hand statt. Die Schlacke wird auf eiserne Bahndienstwagen geschaufelt, die unmittelbar neben den Gruben aufgestellt sind. Zur bequemeren Beladung sind diese Gleise vielfach tiefer als die Grubengleise angeordnet. Auf größeren Bahnhöfen wird die Schlacke mechanisch beseitigt. Sehr gebräuchlich ist in Deutschland eine Anordnung, bei der in die Schlackengrube eiserne Wagen fahren, die durch einen festen Portalkran gehoben und in die Bahndienstwagen entleert werden. Besitzt die Lokomotivbehandlungsanlage eine Bekohlungseinrichtung mit Portalkran, Portaldrehkran oder normalspurigem Greiferkran, so wird die Schlacke vorteilhafter durch diese mitverladen. Zu diesem Zweck ordnet man nach Abb. 64 zwischen zwei Schlackengruben wie gesagt einen Schlackensumpf an. In diesen gelangt die Schlacke unmittelbar aus der Grube, wird im Wasser abgelöscht und dann durch Greifer auf die Schlackenwagen verladen. Vielfach ist auch seitlich neben der Schlackengrube eine Erweiterung wie ein Kellerschrot angeordnet, aus der die Schlacke mit einem Becherwerk im Schrägaufzug in die Bahndienstwagen befördert wird.

Die längere Dauer der Entschlackung verlangt mehr Schlackengrubenstände als Bekohlungsstände. Die erforderliche Anzahl der Schlackenstände, die zweckmäßig als Doppelstände von 50 m Länge angeordnet werden, errechnet man aus dem Verhältnis der mittleren Entschlackungszeit zur mittleren Bekohlungszeit einer Lok. Es empfiehlt sich jedoch, die so gewonnene Ständezahl um einen, bei großen um zwei zu vermehren, damit bei unvermeidlichen längeren Aufenthalten einer Lok auf der Grube keine Störung im Behandlungskreislauf hervorgerufen wird.

Die Entschlackungsanlage liegt vorteilhaft hinter der Bekohlungseinrichtung, weil es für einen möglichst gleichmäßigen Umlauf günstiger ist, wenn die Anlagen mit kürzerer Behandlungsdauer und entsprechend geringeren Unregelmäßigkeiten vor denen mit längeren Störungen liegen. Weiterhin ist es erwünscht, daß der Weg von der Entschlackung bis zum Schuppen kurz ist, da der Rost nach der Entschlackung vom Feuer fast frei ist und die Lok dann meist nur einen geringen Dampfdruck hat. Bei der Entschlackung mit Schaufeln oder eisernen Stangen wird vor der Bekohlung entschlackt, weil bei leeren Tendern dann die Bewegungsfreiheit der Schaufeln und Stangen gewahrt ist. Das Entschlacken mittels Kipprost kann aber bei Tendern, die mit Kohlen vollbeladen sind, ausgeführt werden. Dann ist die Entschlackungsstelle zwischen Bekohlungsanlage und Schuppen zu legen. Weg und Zeit, die die Lok ohne Feuer befährt, sind dann bedeutend kürzer. Daß die Lok wegen Dampfmangel nicht mehr in den Schuppen gelangen kann, ist bei dieser Anordnung nicht mehr zu befürchten.

c) **Gesamtanordnung größerer Lokomotivbehandlungsanlagen.** Ein vollständiger Lokomotivbahnhof soll nach vorstehenden Ausführungen folgende Gleisanlagen enthalten (Abb. 64):

1. Durchlaufgleise, die einen ungehinderten Verkehr durch sämtliche Anlagen gestatten.

2. Bekohlungsgleise zur Aufnahme der Lokomotiven, die mit Kohlen zu versehen sind.

3. Bunkergleis mit festen oder fahrbaren Kohlenbunkern.

4. Kohlenwagengleis für die Zustellung der Kohlen.

5. Krangleis für den fahrbaren normalspurigen Drehkran.

6. u. 7. Schlackengrubengleise mit Löschgruben zur Aufnahme der zu entschlackenden Lokomotiven.

8. Schlackenwagengleis für die Abfuhr der Schlacken.

9. u. 10. Packwagengleise zum Aufstellen und Herrichten der Packwagen.

11. Gleise für den Hilfszug in der Nähe der Lokomotivbehandlungsanlage, die gut vom Lokschuppen und vom Bahnhof aus zugänglich sein müssen. Der Hilfszug besteht a) aus dem Arztwagen, b) dem Gerätewagen, c) dem Mannschaftswagen und d) dem Kranwagen.

Die Gleisausbildung der gesamten Lokomotivbehandlungsanlage muß einen ungehinderten Kreislauf der Behandlungsvorgänge von der Einfahrt der Loks bis zur Ausfahrt aus dem Lokomotivbahnhof gestatten. Dies wird am besten erreicht, wenn die einzelnen Vorgänge örtlich getrennt sind und ihre Gleisanlagen umfahren werden können. In Abb. 180 ist zusammen mit einem

Abstellbahnhof eine Gesamtanordnung für rechteckigen und in Abb. 67 eine solche mit ringförmigem Lokomotivschuppen dargestellt. Die Lokomotivbahnhöfe können in Kopf- und in Durchgangsform entworfen werden.

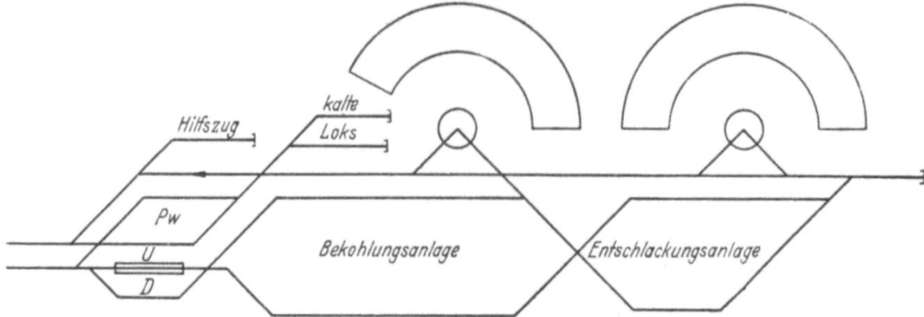

Abb. 67. Lokomotivbehandlungsanlage mit Ringschuppen.

In Verbindung mit dem Lokomotivschuppen sind auf Rangierbahnhöfen, Personen- und Abstellbahnhöfen noch Betriebswerkstätten für kleinere Ausbesserungen der Lokomotiven und Wagen nach Abb. 68 vorzusehen.

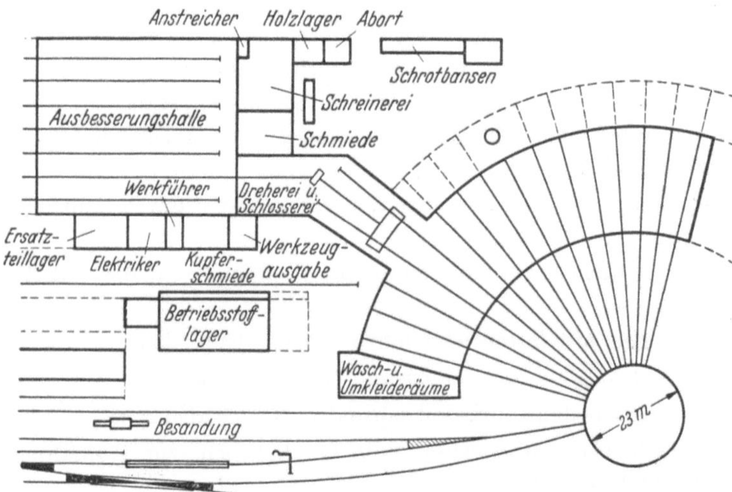

Abb. 68. Lokomotivschuppen mit Ausbesserungswerk.

Dritter Abschnitt.

Verkehrsermittlung und Gesamtanordnung der Bahnhofsanlagen großer Städte.

A. Richtlinien für das Entwerfen größerer Bahnhofsanlagen.

Das Nützliche in einfachster Form zu ermöglichen, ist das Ziel des Bahnhofsentwurfs. Nützlich ist, was dauernd Zeit erspart. Die dauernde Zeitersparnis wird nur gewährleistet, wenn der Betrieb auf den Gleisanlagen sicher und leistungsfähig durchgeführt werden kann. Im besonderen ist bei der Neugestaltung von Bahnanlagen die richtige Größenbemessung und die zweckmäßige Ausbildung der Anlagen für eine sichere, leistungsfähige und wirtschaftliche Betriebsführung anzustreben. Nach der Dienstvorschrift der Bundesbahn „Richtlinien für das Entwerfen von Bahnhofs- und Sicherungsanlagen" sind für die Erreichung der vorgenannten Ziele betriebliche Vorarbeiten erforderlich. Zu diesen gehören a) die Schätzung des Verkehrs, b) die Klärung der Betriebsaufgaben der Bahnhofsanlagen, c) die Aufstellung eines Betriebsplanes.

Zu a) Der Verkehrsumfang ist nicht zu schätzen für die Zeit der Entwurfsbearbeitung, sondern für die Zeit der Inbetriebnahme des Bahnhofes und darüber hinaus für die zukünftige Verkehrsentwicklung. Hierbei sind u. a. zu berücksichtigen die Eröffnung oder Änderung anderer Verkehrswege (Straße, Flüsse, Kanäle) sowie die Entwicklung von Handel, Industrie und der Siedlungen.

Zu b) Die Klärung der Betriebsaufgaben des Bahnhofs ist vor Inangriffnahme der Entwurfsarbeiten durchzuführen, im einzelnen sind alle Umstände zahlenmäßig zu ermitteln, die für die Gestaltung und den Umfang der neuzuschaffenden Anlagen von Bedeutung sind. Die Erweiterung eines Bahnhofs kommt erst in Frage, wenn alle sonstigen Möglichkeiten zu seiner Entlastung erschöpft sind. Um diese Möglichkeiten klar zu erkennen, muß den Entwurfsarbeiten stets eine betriebliche Durchleuchtung vorausgehen. Hierdurch wird Klarheit gewonnen, wie etwa erforderliche Neuanlagen zweckmäßig zu gestalten sind. Für die Durchleuchtung der Bahnanlagen ist eine Dienstvorschrift „Richtlinien für die Durchführung von Arbeits- und Zeitstudien im Betriebsdienst" (D.V. 432) herausgegeben worden, die auch auf den Verkehrsdienst ausgedehnt wurde. Größere Arbeits- und Zeitaufnahmen bleiben aber in der Regel unvollständig, wenn mit ihnen nicht eine Betriebsübersicht verbunden wird, bei der die einzelnen Betriebsvorgänge nach Ort, Zeitlage und Dauer bildlich dargestellt sind. Diese Betriebsübersichten sind von größtem Wert. Kann nämlich der Betriebsvorgang nach Zeit und Ort eingehend erfaßt werden, so läßt sich auch seine Notwendigkeit und Zweckmäßigkeit verfolgen. Aus

einer großen Reihe von Beobachtungen sind für stationäre nicht mehr zu unter-
teilende Arbeiten auf Anregung des Verfassers in Dr.-Ing.-Dissertationen Zeitwerte ermittelt worden, die in den Zusammenstellungen Seite 282 enthalten
sind und die Arbeiten zur Klärung der Betriebsaufgaben erheblich verkürzen.

Zu c) Die Aufstellung eines Betriebsplanes erbringt den Nachweis, daß die
entworfenen Bahnanlagen den betrieblichen Aufgaben entsprechen. Der Betriebsplan ist gleichzeitig mit der Durchbildung des Entwurfs zu bearbeiten,
da Betriebsplan und Gleisplan einander beeinflussen.

B. Die Ermittlung des Verkehrs und der Verkehrsschwankungen.

Die Unterlagen für die Verkehrsermittlungen der Fernbahnen sind für den
Reiseverkehr die verkauften Fahrkarten, für den Gepäckverkehr die abgefertigten Gepäckscheine und für den Güterverkehr die abgefertigten Frachtbriefe. Für die Ermittlung der Betriebsleistungen dienen die Zugmeldebücher
hinsichtlich der Zugbeförderung und die Wagenzettel hinsichtlich der Zugbildung. Es genügt nicht, der Bemessung der Bahnanlagen die landläufigen
Angaben über die Zahl der jährlich verkauften Fahrkarten, der angekommenen
Reisenden, der aufgegebenen Gütertonnen und dgl. zugrunde zu legen. Bei
dem Neubau des Personenbahnhofs einer Stadt wird man auch die Entwicklung
der Bevölkerung und des Wirtschaftslebens des Verkehrsgebietes neben der
Entwicklung des Fremdenverkehrs berücksichtigen. Beim Bau von Ortsgüterbahnhöfen wird man die Entfaltung der als Verfrachter in Frage kommenden
Industrien, ihren Rohstoffbezug und Fertigwarenversand, den Kohlenbezug
für Industrie und Hausbrand, die Versorgung der Bevölkerung mit Verbrauchs-
gütern u. a. zu verfolgen haben.

Für die Größenabmessung der Abstellbahnhöfe wird die Wesensart der
zugehörigen Personenbahnhöfe (Durchgangsverkehr oder Verkehrsbrechpunkt)
neben der allgemeinen Entwicklung des Reiseverkehrs eine Rolle spielen. Bei
Rangierbahnhöfen wird die Entwicklung des Güterverkehrs auf lange Sicht
zu betrachten sein, bei der Bemessung der Gleiszahl einer Strecke ist auch die
Entwicklung des Reiseverkehrs in bevorzugte Reisegebiete für Erholungszwecke
und die etwaige Ausweitung des Güterverkehrs durch Erschließung neuer
Wirtschaftsgebiete in Rechnung zu stellen. Für den großstädtischen Stadt-
und Vorortverkehr sind wieder andere Gesichtspunkte wie Siedlungspolitik,
Bevölkerungszunahme u. a. m. ausschlaggebend.

Da alle Bahnanlagen dem Verkehr dienen, wird man immer zunächst die
Größe des zu bewältigenden Verkehrs und die zeitlichen Schwankungen seines
Anfalls zu klären haben. Hierbei genügt aber nicht die Betrachtung der der-
zeitigen Verkehrsgröße. Bahnanlagen sollen auch der kommenden Verkehrs-
entwicklung Rechnung tragen und auch dem in absehbarer Zeit möglichen
Spitzenverkehr gewachsen sein.

Die Eigenart des Verkehrsstroms kennzeichnet man 1. durch seine täglichen,
2. durch seine jahreszeitlichen Schwankungen sowie 3. durch die Grundrichtung
(Trend) seiner Entwicklung.

1. Die Tagesschwankungen der Verkehrsbelastung.

Zunächst wird man feststellen, wie hoch die tägliche Belastung der Bahnanlagen durch die Verkehrsmengen der einzelnen Verkehrsarten ist, also der Reisenden, des Stückguts, der Wagenladungen, der anfahrenden und der abgehenden Straßenfahrzeuge oder der Betriebsmittel (z. B. Zugfahrten, zu behandelnde Wagen, bereitzustellende Wagen, Rangierfahrten) und ob sich diese Belastungen gleichmäßig oder ungleichmäßig auf die einzelnen Tagesstunden verteilen. Die Belastung eines großstädtischen Bahnhofs für den Personenfernverkehr zeigt Abb. 69. Hier ist der Bahnhof ein ausgesprochener Verkehrs-

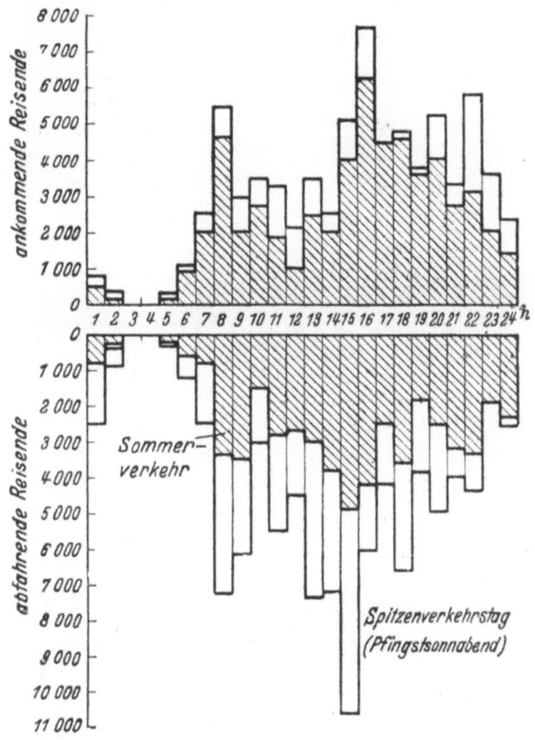

Abb. 69. Ankommende und abfahrende Reisende auf einem großstädtischen Bahnhof für Personen-Fernverkehr.

brechpunkt. Die Zahl der ankommenden und abfahrenden Reisenden erreicht ihre Spitzenwerte zwischen 7 und 8 Uhr morgens und zwischen 14 und 16 Uhr in den frühen Nachmittagsstunden. Erhebliche Teile des Verkehrs wie Berufsverkehr, Schülerverkehr und Ausflugsverkehr wickeln sich ganz überwiegend in den Tagesstunden ab, auf die sie sich zudem stoßweise verteilen. Die großen Schwankungen, die hierbei vorkommen, zeigt auch in der Unterschiedlichkeit des Verkehrs an Werktagen und Sonntagen die Abb. 70 für zwei großstädtische Stadtbahnhöfe mit Orts- und Vorortsverkehr.

Im Wagenladungsverkehr vollzieht sich das Anbringen oder Abholen der Güter durch die Verkehrstreibenden auch fast ausschließlich in den Tagesstunden. Im Stückgutverkehr liegen die Verkehrsspitzen bei der Auflieferung meistens in den Abendstunden. Auf der Schiene hingegen werden die Güter, die tagsüber geladen worden sind, zum großen Teil in den Nachtstunden befördert. Die Belastung des Ortsgüterbahnhofes einer Großstadt (Abb. 71) zeigt,

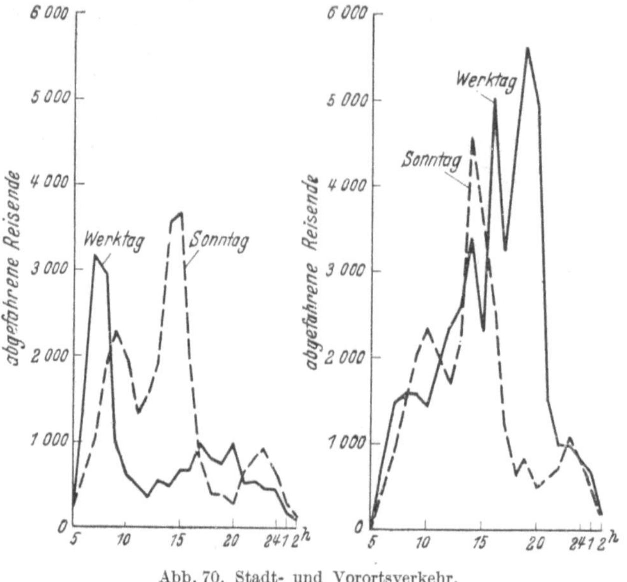

Abb. 70. Stadt- und Vorortsverkehr.

daß die anbringenden und abholenden Straßenfahrzeuge fast durchweg in den Tagesstunden verkehren und zwischen 9 und 16 Uhr am zahlreichsten sind.

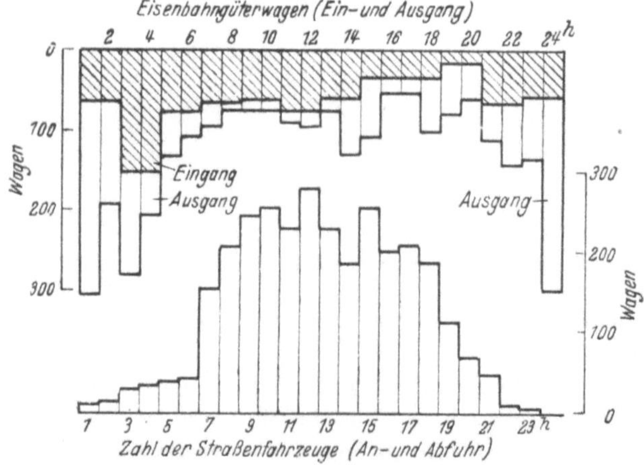

Abb. 71. Zahl der Straßenfahrzeuge auf den Ladestraßen des Ortsgüterbahnhofs einer Großstadt.

Der Ein- und Ausgang der Eisenbahnwagen fällt hauptsächlich in die Nachtstunden. Die Belastungen der Betriebs- und Verkehrsanlagen sind also sehr großen Schwankungen unterworfen, die man in jedem einzelnen Falle zunächst feststellen muß, wenn man die Anlage richtig bemessen will. Die Größenbemessung der Bahnanlage, gleich um welche es sich handelt, muß sich nach der stärksten Stundenbelastung richten, wobei auch die Schichtung des Verkehrs nach seinen maßgeblichen Komponenten berücksichtigt werden muß.

Die Feststellung der Belastungsschwankungen in den Tagesstunden stützt sich auf eine eingehende Beobachtung der Verkehrs- oder Betriebsbelastung und ihrer Komponenten an einer größeren Zahl von Tagen, auf eine bildliche Darstellung der Verkehrs- oder Betriebsbelastung und Aufteilung auf die einzelnen Tagesstunden nach Prozentzahlen, woran sich die Ermittlung des für die Anlagen stärkst belasteten Stundenquerschnitts anschließt.

2. Jahreszeitliche Schwankungen der Verkehrsbelastung.

Vergleicht man die einzelnen Monate des Jahres miteinander, so zeigen sich auch hierbei recht erhebliche Abweichungen in der verkehrlichen Belastung und in den Betriebsleistungen, die jahreszeitliche Schwankungen oder Saisonschwankungen genannt werden. Im Reiseverkehr haben die Sommermonate, die Feste Ostern, Pfingsten und Weihnachten einen starken Einfluß auf den Verkehr. Die Monate Juli und August liegen als stärkste Reisemonate, an der Zahl der gefahrenen Personenkilometer gemessen, um rund 80% über den Monat Februar, der als schwächster Reisemonat gilt (Abb. 72). Die einzelnen Verkehrs-

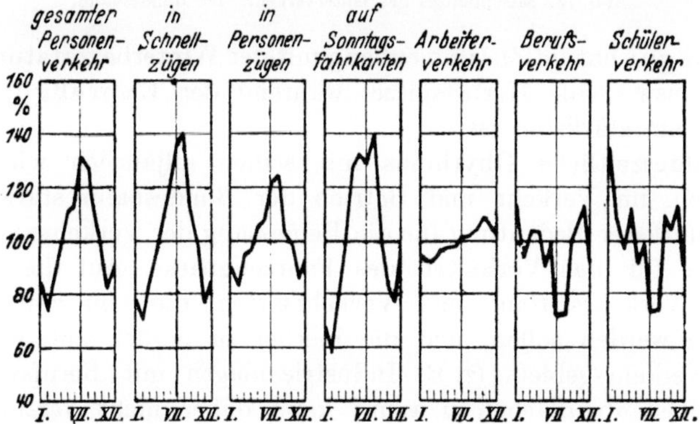

Abb. 72. Saisonindizes des Personenverkehrs der Bundesbahn.

arten des Reiseverkehrs verhalten sich teilweise recht unterschiedlich und sind teils mehr, teils weniger saisonempfindlich. In den Monaten Juli und August, in denen der Ferienreiseverkehr am stärksten ist, erreicht der Berufs- und Schülerverkehr den tiefsten Stand infolge der Ferien- und Erholungszeit. Demgegenüber steigern sich die Reisen in Schnellzügen in den Monaten Juli und August um 100% gegen den Februar.

Der Güterverkehr ist im ganzen an sich nicht so stark saisonempfindlich wie der Reiseverkehr. Er erreicht nach Abb. 73 seine größte Spitze im Herbst. Der Monat Oktober liegt rund 24% über dem Monat Januar. Auch die einzelnen Verkehrsarten des Güterverkehrs sind ganz unterschiedlich saisonempfindlich. Der Brennstoffversand ist durch die Eindeckung des Winterbedarfs im Herbst am stärksten mit ausgesprochenen Spitzen in den Sommermonaten. Der Versand von Düngemitteln ist an die Frühjahrs- und Herbstbestellung in der Landwirtschaft gebunden. Landwirtschaftliche Güter kommen im Anschluß an die

Ernte in den Verkehr. Die mengenmäßig bedeutsamen Zuckerrübentransporte im Herbst kommen zusammen mit der Brennstoffeindeckung und sind das Rückgrat des Herbstverkehrs der Bundesbahn. Sie stellen die größten Anforderungen an die Betriebsmittel, Betriebsbediensteten sowie Bahnanlagen und erfordern jedesmal besondere Vorbereitungen und Anstrengungen.

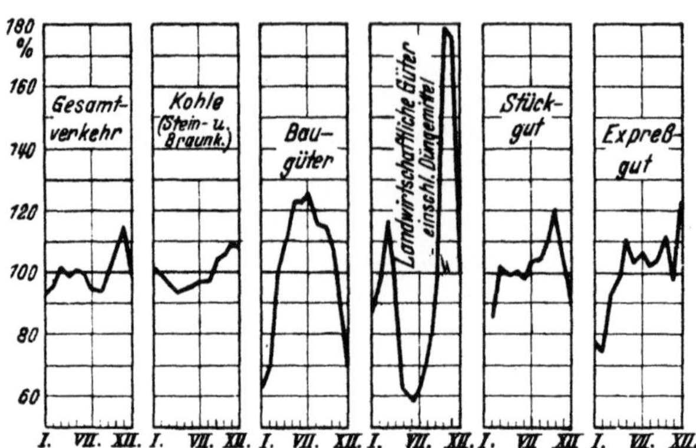

Abb. 73. Saisonindizes des Güterverkehrs der Bundesbahn.

Das Stückgut hat im Zusammenhang mit der Winterbevorratung (Kartoffel, Lebensmittel usw.) eine Herbstspitze, während der Expreßgutverkehr zu Weihnachten am stärksten ist.

Dieser jahreszeitliche Rhythmus mit seinen alljährlich wiederkehrenden Schwankungen, im Verkehr und Betrieb der Bundesbahn stark ausgeprägt, ist von allerstärkster Bedeutung für die Bemessung der Verkehrs- und Betriebsanlagen sowie für das Vorhalten des Fahrzeugparks. Auf die genaue Feststellung der Verkehrsströme und Verkehrsarten, die von den Bahnanlagen aufgenommen werden sollen, und die hierbei zu berücksichtigenden Sonderheiten des Verkehrsgebiets (z. B. Industrieanlagen mit Berufsverkehr, Lage der Zuckerrübenanbauflächen u. a. m.) kann daher nicht verzichtet werden. Für die zahlenmäßige Feststellung der jahreszeitlichen Schwankungen wird auf die Verfahren verwiesen, die in den Aufsätzen von Steuernagel „Saison und Konjunktur" (Reichsbahn 1926, Heft 17) und „Saisonbewegung im Personen- und Güterverkehr" (Reichsbahn 1926, Heft 34) beschrieben sind, sowie auf Wagemanns „Konjunkturlehre" Berlin 1928. Der Ermittlung der Saisonschwankungen ist ein möglichst großer Beobachtungszeitraum, also eine möglichst große Anzahl von Jahren zugrunde zu legen, um hieraus die sogenannten Saison-Indizes zu berechnen (Abb. 72 und 73).

3. Grundrichtung der Entwicklung der Verkehrs- und Betriebsbelastungen.

Soll auch noch die zukünftige Verkehrsentwicklung bei der Größenbemessung der Bahnanlagen berücksichtigt werden, so müssen die Belastungszahlen einer möglichst großen Zahl von rückliegenden Jahren betrachtet werden (Feindler „Konjunkturbewegungen bei den deutschen Eisenbahnen", Reichsbahn 1932, Heft 15). Das ist aber nur möglich, wenn solche Angaben zur Verfügung stehen oder aufgesucht werden können, und wenn das Bezugsgebiet möglichst gleich geblieben ist. Aus der Art der Bahnanlagen ergibt sich, ob man sich mit der Betrachtung des Verkehrs- oder Betriebsstromes in seiner Gesamtheit begnügen kann (z. B. beförderte Personen oder Güter, Zugfahrten oder Achskilometer), oder ob charakteristische Teile davon zu verfolgen sind.

Die über eine große Anzahl von Jahren bildlich dargestellten Zahlen des zu untersuchenden Verkehrs- oder Betriebsstromes zeigen selten eine geradlinige Entwicklung. Die Schwankungen im Wirtschaftsleben, ungewöhnliche Verkehrsziffern durch Kriegszeiten, langanhaltende Kälteperioden bei zugleich vereisten Binnenwasserstraßen wie auch strukturelle Wandlungen (z. B. Verlagerungen in der Gütererzeugung, Erfindungen, neue Verkehrsmittel) gestalten die Werte der einzelnen Jahre recht unterschiedlich. Um so mehr ist es erwünscht, die Grundrichtung der Verkehrsentwicklung (Trend) herauszuschälen, die durch das Wachstum der Bevölkerung, durch Steigerung der industriellen Tätigkeit und grundsätzliche Zunahme des mengenmäßigen Verbrauchs und andere Gründe in steigender oder gegebenenfalls auch in abnehmender Richtung verlaufen kann. Da das freihändige Zeichnen einer Mittellinie meistens ungenau ist, hat man Verfahren entwickelt, um die Gleichung einer Mittellinie der Grundrichtung (Trendlinie) auszurechnen (Abb. 74). Derartige Methoden sind be-

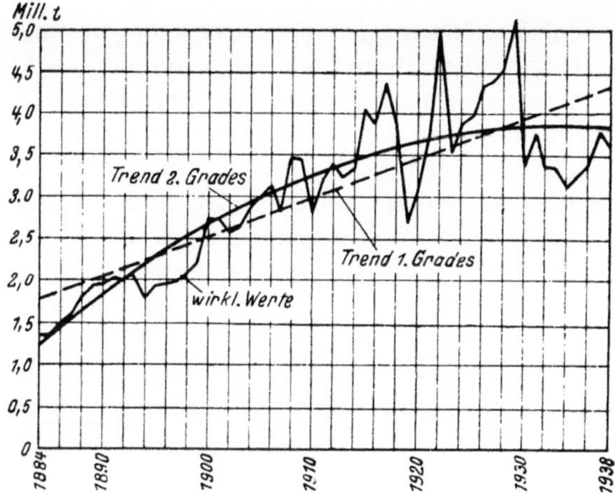

Abb. 74. Trendlinien.

schrieben von Lorenz: „Der Trend, ein Beitrag zur Methode seiner Berechnung und seiner Auswertung für die Untersuchung von Wirtschaftskurven", Sonderheft 9 der Vierteljahrshefte zur Konjunkturforschung, Berlin 1928, sowie von Hans Gebelein „Zahl und Wirklichkeit", Seite 103, Verlag Quelle und Meyer, Leipzig 1943. Aus der Trendlinie der Abb. 74 wäre z. B. zu schließen, daß sich der dort dargestellte Verkehrsstrom eines Verkehrsgebietes in den Jahren 1884—1924 Jahr um Jahr um 2,5%, also in 10 Jahren um rund 25% gesteigert hat. Dies ist ein Ergebnis, das für die Größenbemessung der Anlage sehr wichtig ist. Für die Jahre 1927—1938 zeigt die Trendlinie zweiten Grades ein Nachlassen der jährlichen Steigerung. Es ist dann weiter in solchen Fällen zu untersuchen, wie weit diese Bewegung durch strukturelle Gründe (Ausrichtung der Energiewirtschaft auf andere Kraftstoffe, Übergang von Hausbrandversorgung auf Ferngasheizung, Verlagerung auf andere Verkehrsmittel) oder durch einmalige Ursachen begründet ist und welche weitere Entwicklung der Grund·richtung für den kommenden Zeitabschnitt vermutet werden kann.

C. Die Betriebsaufgaben der Bahnhofsanlagen großer Städte.

Auf den im ersten Abschnitt beschriebenen Bahnhöfen, auf denen eine Nebenbahn an eine Hauptbahn angeschlossen wurde, fand kein Zugübergang statt. Die Reisenden stiegen um und das Gepäck wurde umgeladen. Im Güterverkehr gingen nur die Wagen in Gruppen auf diese über. Die Güterwagen für die Nebenbahn wurden vorher stationsweise geordnet und in Nahgüterzügen weiterbefördert, wenn sie nicht bei schwachem Verkehr den Reisezügen mitgegeben wurden (Gemischte Züge). Die Reisezüge der Nebenbahn werden bei längerem Aufenthalt auf dem Anschlußbahnhof in ein Abstellgleis gezogen, dort gereinigt und für die nächste Fahrt hergerichtet.

Auf den Bahnhofsanlagen einer großen Stadt sind die Betriebsaufgaben nicht nur dem stärkeren Verkehr entsprechend umfangreicher, sondern auch mannigfaltiger.

1. Personenverkehr.

Auf den Personenbahnhöfen steigen die Reisenden nicht nur von den endigenden Zügen der anschließenden Strecke auf die weiterfahrenden der Durchgangslinie, sondern auch von einem weiterfahrenden Personenzug auf einen weiterfahrenden Schnellzug derselben Linie um, wenn sie größere Strecken zurücklegen wollen. Umgekehrt fahren die Reisenden, wenn sie mit einem Schnellzug auf dem größeren Personenbahnhof angekommen sind, mit einem Personenzug auf eine kleinere Unterwegsstation derselben Linie weiter. Zu diesem Zweck müssen die Fahrpläne dieser Züge miteinander verknüpft sein. Das setzt Vorhandensein von Überholungsgleisen voraus. Die Verknüpfung der Fahrpläne zeigt Abb.75. Es ist also der Personenzug P 873 Zubringer zum Schnellzug D 91,

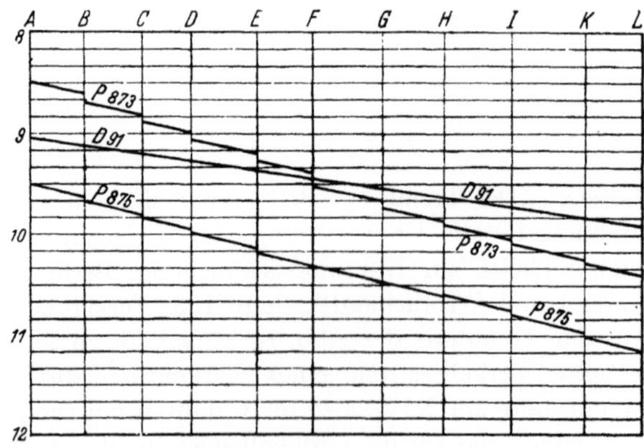

Abb. 75. Verknüpfung zweier Fahrpläne auf einem Bahnhof.

und zwar für die Unterwegsbahnhöfe A—E und Verteiler für die Unterwegsbahnhöfe G—L. Fernerhin ist der P 875 von Bahnhof A—E in der Nähe der einen großen Stadt sein eigener Zubringer und von Bahnhof J bis L in der

Nähe der anderen sein eigener Verteiler. In gleicher Weise werden auch auf Anschluß- und Kreuzungsbahnhöfen die Fahrpläne eines Personenzugs der einen Bahnlinie mit denen der Schnellzüge der anderen verknüpft.

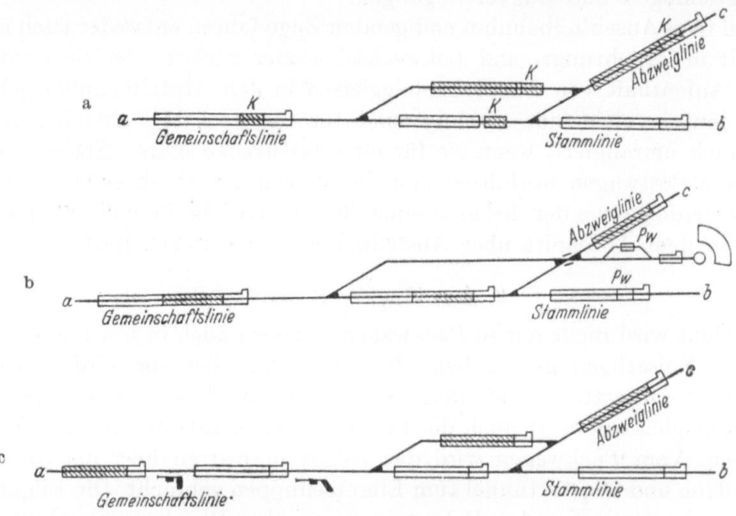

Abb. 76 a, b, c. Wagen- und Zugübergang auf einem Trennungsbahnhof.

Bei stärkerem Verkehr gehen aber die Reisenden ohne umzusteigen von einer Bahnlinie zur anderen über. Das geschieht 1. durch Kurswagen, 2. durch Zugtrennung und Zugvereinigung oder 3. durch gesonderte Züge.

Zu 1. Der Kurswagen nach c (Abb. 76a), der von a aus mitgeführt wird, wird auf dem Trennungsbahnhof oder einem Kreuzungsbahnhof auf den Zug c umgesetzt. Diese Methode ist am billigsten, aber sie ist durch das Rangieren auf dem Bahnhof umständlich. Bei schwachem Verkehr wird sie am häufigsten angewendet. Während des Umsetzens der Kurswagen durch eine Rangierlok wird das Gepäck umgeladen. Das Umsetzen der Kurswagen behindert aber den übrigen Zugverkehr.

Zu 2. Der Schnellzug (Abb. 76b) besteht auf der Gemeinschaftsstrecke von a aus aus zwei gesonderten Zugteilen, die auf dem Zugübergangsbahnhof getrennt werden und als selbständige Züge weiterfahren. In umgekehrter Richtung werden auf dem Übergangsbahnhof die beiden Züge der Stamm- und Abzweigstrecke für die Zugfahrt auf der Gemeinschaftsstrecke vereinigt. Der Betrieb auf dem Übergangsbahnhof ist hier einfacher, besonders wenn jeder Zugteil seinen Packwagen hat. In anderen Fällen fährt die Zuglok der Anschlußlinie mit dem Packwagen an den stehengebliebenen Zugteil heran.

Zu 3. Es werden von a nach b und von a nach c gesonderte Züge gefahren (Abb. 76c). Der Betrieb ist hier am einfachsten, da die Züge auf dem Übergangsbahnhof durchfahren können. Die Gemeinschaftsstrecke wird aber stärker belastet. Das Verfahren verdient dann den Vorzug, wenn die Gemeinschaftsstrecke kurz ist.

Die Rangierbewegungen auf dem Zugübergangsbahnhof sind hiernach folgende:

5*

a) Auswechseln der Lok, bzw. Vorlegen einer Vorspannlok.

b) An- und Absetzen von Kurswagen, Eilgut-, Verstärkungs-, Bereitschafts- und Packwagen.

c) Zugteilungen und Zugvereinigungen.

Die auf dem Anschlußbahnhof endigenden Züge fahren entweder nach kurzem Wendehalt mit Richtungs- und Lokwechsel wieder zurück oder sie werden bei längerem Aufenthalt von den Bahnsteiggleisen in den Abstellbahnhof gebracht. Dort werden sie nicht nur gereinigt und für die nächste Fahrt hergerichtet, sondern auch umrangiert, wenn sie für eine Teilstrecke Kurs-, Speise-, Schlaf-, Eilgut- oder Postwagen mitführen und die Wagen des abfahrenden Zuges eine andere Reihenfolge wie der des ankommenden haben. Die Zugbildung der Reisezüge soll in dem Abschnitt über Abstellbahnhöfe näher erläutert werden.

2. Der Eilgutverkehr.

Das Eilgut wird nicht nur in Packwagen, sondern auch in besonderen Eilgutwagen den Reisezügen mitgegeben. Bei stärkerem Verkehr wird es sogar in besonderen Eilgüterzügen befördert. Entsprechend diesen verschiedenen Beförderungsmöglichkeiten ist auch die Behandlung des Eilgutes auf dem Bahnhof verschieden. Vom Packwagen wird das Eilgut in Karren über den Bahnsteig, Gepäckaufzug und Gepäcktunnel zum Eilgutschuppen gebracht. Die Eilgutwagen gelangen zu letzteren von den Bahnsteiggleisen über Weichenverbindungen und über besondere Verkehrsgleise. Die Eilgüterzüge fahren in der Regel von den neben dem Personenbahnhof liegenden Gütergleisen in ein dem Ladegleis des Eilgutschuppens benachbartes Gleis ein. Von diesem aus gelangt das Eilgut mittels einer Überladebühne zum Schuppen.

3. Postverkehr.

Brief- und Paketpost, die im Postwagen mitgeführt werden, gelangen auf demselben Wege wie Gepäck und Eilgut des Packwagens in die Postpackkammer des Bahnpostamtes. Nur wenn besondere Postwagen für eine Stadt in die Züge eingestellt werden oder aus diesen ausgesetzt werden sollen, legt man ein oder mehrere Stumpfgleise an, die mit einem Ladesteig versehen sind und mit dem Bahnsteiggleis in Verbindung stehen. Auf großen Verkehrsknotenpunkten mit starkem Übergang von Postwagen nehmen die Anlagen für den Postverkehr einen solchen Umfang an, daß man vom Personenbahnhof getrennt einen besonderen Postbahnhof vorsieht.

4. Der Güterverkehr.

Die meisten Güterzüge werden, wie in dem Abschnitt über Rangierbahnhöfe Seite 143 näher erläutert, in einem von dem Personenbahnhof getrennt liegenden Rangierbahnhof aufgelöst. Hierbei werden sie in Wagengruppen für die verschiedenen Verkehrsbeziehungen zerlegt. Aus den Wagengruppen bildet man nun für die einzelnen Bahnlinien neue Durchgangs- und Nahgüterzüge und für die örtlichen Verkehrsanlagen (Ortsgüterbahnhöfe, Vieh- und Hafenbahnhöfe, Eisenbahnwerkstätten und Industrieanschlüsse) die sogenannten Übergabezüge. Ein Teil der Güterzüge wird nicht vollständig aufgelöst. Diese Güterzüge fahren nach Umspannung der Lok oder nachdem sie die an der Spitze befindliche Wagengruppe abgesetzt und dafür eine neue aufgenommen haben, möglichst ausgelastet weiter.

Der Ortsgutverkehr ist in großen Städten so umfangreich, daß sowohl vom Personen- als auch vom Rangierbahnhof getrennt ein selbstständiger Ortsgüterbahnhof an einer Stelle oder in verschiedenen Stadtteilen anzulegen ist. Er wird vom Rangierbahnhof aus bedient und seine Anlagen mit Güterschuppen, Rampen und Freiladestraßen ähneln denen für kleinere Bahnhöfe (Seite 74 u. 141).

5. Lokomotivverkehr.

Die Lokomotivbehandlungsanlagen, auf denen die Loks für die nächste Zugfahrt mit Betriebsstoff versehen, entschlackt, richtig gedreht und instandgesetzt werden, sind für den Personenzugbetrieb im Personen- bzw. dem Abstellbahnhof, für den Güterzugbetrieb im Rangierbahnhof anzuordnen.

D. Die Trennung der einzelnen Bahnhofsteile sowie ihre Lage zur Stadt und zueinander.

Nach den vorigen Ausführungen unterscheidet man

1. Anlagen für den Personen- und den Gepäckverkehr, mit denen auch diejenigen für Eilgut- und Postverkehr in der Regel verbunden sind (Personenbahnhof nebst Empfangsgebäude).

2. Anlagen für den Ortsgüterverkehr (Ortsgüterbahnhof)

3. Anlagen für die Personenzugbildung (Abstellbahnhof)

4. Anlagen für die Güterzugbildung (Rangierbahnhof).

Die Trennung dieser Bahnhofsteile ist bei starkem Verkehr deshalb notwendig, damit die Abwicklung ihrer Aufgaben gleichzeitig und ohne gegenseitige Behinderung durchgeführt werden kann. Bei der getrennten Lage ist es auch möglich, den für die besondere Aufgabe jedes Bahnhofsteils bestgeeigneten Gleisplan zu entwerfen, um so mit einem möglichst kleinen Bauaufwand eine hohe Leistung zu erzielen. Die unabhängige Lage des Rangierbahnhofs kommt selbstverständlich nur dann in Frage, wenn der Güterverkehr hervorragende Bedeutung hat. Werden aber lediglich die Güterzüge einer abzweigenden Linie zerlegt und neugebildet, so kann man bei geringerem Verkehr von dem Bau eines selbstständigen Rangierbahnhofs absehen, und die Bahnanlagen für den Güterzugbetrieb und den Ortsgüterverkehr können mit dem Personenbahnhof vereinigt werden. Die von der Verkehrsbevölkerung benutzten Bahnanlagen, also der Personenbahnhof und der Ortsgüterbahnhof, müssen so gelegen sein, daß man zu ihnen mit wenig Zeit und Mühe auf leistungsfähigen Zufahrtsstraßen gelangen kann. Dagegen sind die Betriebsanlagen für Personen- und Güterzüge, also die Abstellbahnhöfe und Rangierbahnhöfe, so zu legen, daß sie im Bau billig, erweiterungsfähig und mit anderen Bahnhofsteilen leistungsfähig verbunden sind.

1. Lage und Form des Personenbahnhofs.

Der Personenbahnhof hat dann die beste Lage, wenn er mit der Stadt verwächst. Der Bahnhof allein hat aber nicht die Kraft, die Entwicklung der Stadt zu sich hinzuziehen. Um dies zu erreichen, muß man den Bahnhof so legen, daß von der äußeren Bebauung ein lebhafter Verkehr nach der Innenstadt an dem Personenbahnhof vorbeiflutet und ihn eine große Anzahl durchgehender städtischer Verkehrswege ohne Umwege berührt. Dies läßt sich schwieriger bei einem

Durchgangsbahnhof als bei einem Kopfbahnhof verwirklichen, weil man ersteren nur an den Rand der Stadt legen, letzteren aber näher an den Verkehrsmittelpunkt heranführen kann, an dem sich das geschäftliche Leben zusammendrängt. Dadurch werden die Wege von und zum Bahnhof kürzer. Die Reisenden ziehen nicht nur aus diesem Grunde den Kopfbahnhof dem Durchgangsbahnhof vor, sondern auch deshalb, weil er vom Querbahnsteig aus eine gute Übersicht über die ganzen Bahnsteiganlagen bietet. Diese wird aber auf einem Durchgangsbahnhof nur dann geboten, wenn er in einem Einschnitt liegt und die Bahnsteige von einer Brücke aus zugängig sind (Hamburg). Ist der Bahnhof ebenerdig angelegt, so fällt das Treppensteigen beim Zu- und Abgehen zu den Zügen sowie beim Umsteigen fort. Doch lassen sich bei ebenerdigen Kopfbahnhöfen die Wege des Gepäcks nicht in einwandfreier Weise von denen der Reisenden trennen. Aber auch bei hoch gelegenen Kopfbahnhöfen fällt wegen des Querbahnsteiges das Klettern von einem Bahnsteig zum anderen fort. Jedoch werden die Wege hierbei länger als bei Durchgangsbahnhöfen, auf denen das Empfangsgebäude meist in der Mitte der Bahnsteige liegt. Auch werden wegen der wechselnden Lokomotiven und wegen des Prellbockabschlusses auf Kopfbahnhöfen die Bahnsteiggleise wesentlich länger als auf Durchgangsbahnhöfen. Aber auch auf Kopfbahnhöfen legt man zur Abkürzung der Wege in der Bahnsteigmitte für das Umsteigen einen Tunnel an.

Betrieblich hat aber der Kopfbahnhof gegenüber dem Durchgangsbahnhof Nachteile. Der durch das Kopfmachen der Züge bedingte Lokomotivwechsel verursacht längere Aufenthalte auf den Bahnsteigen. Ferner geben die Ein- und Ausfahrten am gleichen Bahnhofsende mehr Anlaß zu Verspätungen als auf einem Durchgangsbahnhof, auf dem sich die Ein- und Ausfahrten auf beide Bahnhofsenden verteilen. Betrieblich ist der Kopfbahnhof auch dadurch im Nachteil, daß die Züge auf ihm, bedingt durch die stumpfendigenden Bahnsteiggleise, langsam und vorsichtig einfahren müssen, wobei gleichwohl durch Überfahren des Prellbocks Unfälle nicht zu vermeiden sind. Auch das vorsichtige Einsetzen eines Zuges vom Abstellbahnhof her in das Abfahrgleis bedingt einen verhältnismäßig größeren Zeitaufwand, der auch bei der umgekehrten Bewegung dann entsteht, wenn der Zug rückwärts zum Abstellbahnhof gedrückt wird. In diesem Falle kann das Bahnsteiggleis nicht so schnell geräumt werden, als wenn der Zug auf einem Durchgangsbahnhof in den vorgelegenen Abstellbahnhof schnell in der Fahrtrichtung gezogen werden kann. Die Bahnsteige sind bei vorgelegenem Abstellbahnhof die letzte Haltestelle und der Abstellbahnhof ist der eigentliche Endbahnhof. Die Veränderungen des auf den Bahnsteiggleisen stehenden Zuges durch Zu- und Absetzen von Kurs-, Verstärkungs-, Eilgut- und Postwagen können in einem Kopfbahnhof nur am vorderen Zugende vorgenommen werden und sind daher zeitraubender als in einem Durchgangsbahnhof. Stellt man, um Zeit zu ersparen, diese Wagen vorher am Kopfende des Bahnsteiggleises bereit, um sie im Bedarfsfalle von hinten anzusetzen, so nehmen diese Wagen einen Teil der Länge des Bahnsteiggleises in Anspruch und die Wege der Reisenden werden dadurch länger.

Wird ein Zugübergangsbahnhof in Kopfform angelegt, so hat er außer den für den Endverkehr geschilderten Nachteilen auch noch die, daß die weiterfahrenden Züge Zeitverluste nicht nur durch das vorsichtige Einfahren, sondern auch noch durch die bedeutenden Umwege erhalten, die durch die Führung der Einfahr- und Ausfahrgleise gegenüber dem Bahnhof in Durchgangsform notwendig werden. Je größer bei einem Kopfbahnhof mit Zugübergängen die Zahl der einlaufenden Linien und ihre Übergangsbedingungen sind, desto schwieriger wird es, Kreuzungen der Zufahrtwege durch Gleisüberwerfungen zu vermeiden. Je vollkommener dies verwirklicht wird, desto mehr müssen die Züge sonst entbehrliche Steigungen überwinden. Zudem wird durch den Einbau von Gleisüberwerfungen die ganze Anlage in hohem Grade festgelegt, so daß künftige Erweiterungen oder Abänderungen der Übergänge zwischen den vorhandenen und etwa neu einzuführenden Bahnlinien nur schwer verwirklicht werden können. Bei Sperrung eines Streckengleises ist es bei Kopfbetrieb schwieriger als in einem Durchgangsbahnhof einen zweckmäßigen Störungsbetrieb einzurichten.

Jedoch sei auch auf einen Vorteil der Kopfbahnhöfe hingewiesen. Auf ihnen gelingt es meist, die Gleise kurz vor den Bahnsteigen miteinander zu verknüpfen. Man kommt dann in der Regel mit einem Stellwerk aus. Dadurch werden nicht nur die Sicherungsanlagen billiger, sondern es geht auch das Auswechseln der Züge zwischen Bahnsteig- und Abstellgleisen schneller vor sich, als wenn mehrere Stellwerke dabei mitwirken. Das verkürzt wieder die Bahnsteigaufenthalte und erhöht die Leistungsfähigkeit des Kopfbahnhofs.

Die Form des Personenbahnhofs wird aber durch die geographische Lage einer Stadt wesentlich beeinflußt. In langgestreckten Städten, die am Fluß oder am Hang liegen, ist der Verkehrsmittelpunkt von der längeren Außenseite der Stadt im allgemeinen nicht so weit entfernt, und ein Bahnhof in Durchgangsform an dieser Stelle ist das Gegebene. Das trifft insbesondere zu, wenn die Hauptgeschäftsstraße senkrecht zum Fluß liegt.

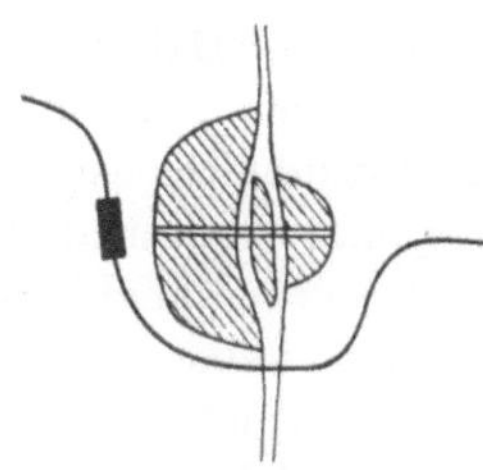

Abb. 77. Lage des Bahnhofs in einer Flußstadt.

Bei Brückenstädten, z. B. Köln, Mainz, Magdeburg, muß die Eisenbahn senkrecht zum Hang unterhalb oder oberhalb des Stadtkerns liegen. Auch hier kommt ein Bahnhof in Durchgangsform in Betracht, weil der Durchgangsverkehr an der Brückenstadt zusammengedrängt von überwiegender Bedeutung ist. Ob man den Personenbahnhof senkrecht oder parallel zum Fluß legt, hängt von seiner günstigeren Lage zu dem Stadtteil ab, in dem sich der Geschäftsverkehr zusammendrängt (Abb. 77).

Bei Muldenstädten (Gebirgsrandstädte) wird bei einer ansteigenden Querlinie senkrecht zum Gebirge ein Kopfbahnhof, bei einer Randlinie ein Durchgangsbahnhof am Platze sein. Dieser wird bei wichtigem Durchgangsverkehr zu einem Anschlußbahnhof für die abliegende Muldenstadt, die dann einen

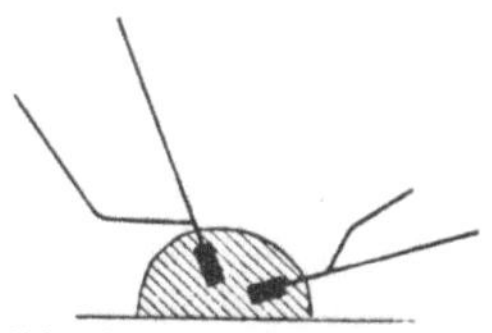

Abb. 78. Lage des Bahnhofs in einer Küstenstadt.

End- oder Kopfbahnhof erhält (z. B. Baden-Baden). Den wichtigeren Durchgangsverkehr aus örtlichen Rücksichten über die Muldenstadt und zwar über einen Kopfbahnhof (Spitzkehre) zu führen, ist betriebshindernd und teuer (vgl. Wiesbaden). Bei Hauptverkehrspunkten an der Küste (Abb. 78) erscheint der Kopfbahnhof als wirklicher Endbahnhof berechtigt.

Nicht so einfach ist diese Frage bei den **Mittelpunkten eines Landesgebietes** zu beantworten. Wenn diese sich nach allen Seiten unbehindert ausdehnen können, dann liegt der Verkehrsmittelpunkt im allgemeinen zum Stadtrand nicht besonders nahe, und ein Durchgangsbahnhof am Stadtrand würde wohl schwerlich mit der Stadt verwachsen. Ist aber der von allen Seiten dem Hauptverkehrspunkt eines Landesgebietes zuströmende Verkehr sehr stark, dann dürfte ein **Kopfbahnhof** in Frage kommen, der besser mit der Stadt verwächst und an den Stadtteil am nächsten herangeführt werden kann, in dem sich das Geschäftsleben zusammendrängt. Dann werden die Wege der an- und abfahrenden Reisenden am kleinsten. Das hat aber zur Voraussetzung, daß der Kopfbahnhof nach unten angegebenen Maßnahmen in Bau und Betrieb so gestaltet wird, daß betriebliche Nachteile gegenüber dem Bahnhof in Durchgangsform stark verringert werden. Denn letzten Endes sind die Bahnhöfe des Verkehrs wegen und nicht des Betriebs wegen da. Bisher haben daher viele Hauptverkehrsmittelpunkte von Landesteilen, wie Frankfurt am Main und Leipzig als Mittelpunkt von Buchten, München als Sammelpunkt des Alpenverkehrs, Stuttgart, Mailand und auch Zürich als Sammelpunkt einer größeren Landschaft **Kopfbahnhöfe** erhalten und die Kopfbahnhöfe der drei letzteren Städte sind in neuerer Zeit gebaut worden.

Für Leipzig und Zürich bestanden Pläne betrieblich besserer Bahnhöfe in Durchgangsform. Wenn trotzdem die Ausführung in Kopfform verwirklicht wurde, so bot dieser Umstand einen Anreiz, den Kopfbahnhof nach den Ausführungen S. 118 f. f. in seiner Gleisentwicklung und seinem Betrieb so zu verbessern, daß seine Nachteile stark gemildert werden.

2. Das Empfangsgebäude, Eilgut- und Postanlagen.

Das Empfangsgebäude ordnet man selbstverständlich auf der dem stärksten Verkehr zugewandten Stadtseite an. Über die Ausgestaltung des Bahnhofes und des Bahnhofsvorplatzes ist auf Seite 35 Näheres geschrieben. Da der Bahnhofsvorplatz vom Durchgangsstraßenverkehr möglichst freizuhalten ist, so wird man die Eilgutanlage mit ihren Schuppen, Rampen und Ladestraßen zweckmäßig auf die Gegenseite legen, damit die Frachtfuhrwerke möglichst von den Personenfahrzeugen getrennt werden und durch erstere keine weitere Belastung des Bahnhofsvorplatzes eintritt. Der Eilgutschuppen ist an den Gepäcktunnel anzuschließen, um ihn für Karrenfahrten vom Bahnsteig zugängig zu machen. Durch Weichen- und Verkehrsgleise ist er außerdem für die Überführung der Eilgutwagen mit den Bahnsteiggleisen zu verbinden. Die Eilgutanlage muß auch mit dem Abstellbahnhof in Verbindung stehen, damit Eilgutwagen den endigenden Zügen entnommen und an die entspringenden angesetzt werden können.

Liegen die Güterumfahrgleise auf der Gegenseite des Empfangsgebäudes neben dem Personenbahnhof, so schließt man an diese die Eilgutanlage beiderseits für die Eilgüterzüge an. Das geht allerdings nicht auf den Kopfbahnhöfen. Dieselben Verbindungen wie für das Eilgut mit Bahnsteigen, Bahnsteiggleisen und Abstellbahnhof müssen auch für die Post zugängig gemacht werden. Die Postladeanlagen können aber auch auf der Seite des Empfangsgebäudes liegen.

3. Der Abstellbahnhof.

Den Abstellbahnhof legt man in Verlängerung der Bahnsteiggleise an, entweder möglichst nahe an die endigenden Linien herangeschoben, oder weiter nach außen unter Zwischenschaltung von Wartegleisen und zwar mit schienenfreier Kreuzung der Hauptgleise. Dadurch daß der Abstellbahnhof in Verlängerung der Bahnsteiggleise des Endverkehrs angeordnet wird, brauchen die kurzwendenden Züge nicht am Bahnsteig Kopf zu machen. Dagegen wird zweckmäßig für die von der entgegengesetzten Richtung einfahrenden Züge des Endverkehrs in Verlängerung ihrer Einfahrrichtung eine kleine Wendegruppe angelegt, damit auch für die kurzwendenden Züge das Kopfmachen am Bahnsteig vermieden wird. Der Abstellbahnhof muß zur Übergabe von Dienstgut (Kohle usw.) auch mit dem Rangierbahnhof kreuzungsfrei in Verbindung stehen. Jedoch kann dieses Gleis an einer Seite des Abstellbahnhofs einmünden und nicht an dessen Ende.

4. Der Rangierbahnhof.

Der Rangierbahnhof ist in der Regel 3—4 km lang und bis zu 0,5 km breit. Sein Geländebedarf ist also recht erheblich und man wird ihn möglichst in freiem Felde anlegen, da dort die Grunderwerbspreise erschwinglicher sind. In seiner Längsrichtung soll er möglichst radial zur Stadt liegen, denn dann durchschneidet er am wenigsten die Ausfallstraßen und die Brückenbauwerke für bestehende Straßen sind weniger zahlreich und kostspielig. Läge der Rangierbahnhof parallel zum Personenbahnhof, wenn auch von diesem seitlich abgerückt, so würde er die Ausfallstraßen durchschneiden und die Erweiterung der Stadt einengen. Auch würde bei dieser Lage die Verbindung mit dem Abstellbahnhof schwieriger sein. Am besten wird der Rangierbahnhof in den Zwickel zweier Bahnlinien oder seitlich außen neben einer dieser Strecken angeordnet. Wenn der Rangierbahnhof in den Zwickel zweier Bahnlinien kommen soll, dann legt man ihn in die Längsrichtung einer der beiden Linien. Das ist umso günstiger, je weniger stark die beiden Linien auseinander gehen. Am günstigsten ist die Lage des Rangierbahnhofs außen neben einer einmündenden Linie und zwar auf der Seite, die dem Empfangsgebäude des Personenbahnhofs abgelegen ist. Dies hat den Vorteil, daß dann auch die Güterumfahrgleise auf der Gegenseite des Empfangsgebäudes neben dem Personenbahnhof leichter vorbeigeführt werden können, an die zweckmäßig die Eilgutanlage beiderseits angeschlossen wird. Die Lage des Rangierbahnhofs quer zwischen zwei Bahnlinien kommt nur in Betracht, wenn der Rangierbahnhof weiter von der Stadt abgerückt liegt, da sonst, abgesehen von den störenden Durchschneidungen der Ausfallstraßen, eine geeignete Einführung der Güterumfahrgleise von der anderen Seite her und ihre Weiterführung neben den Personenbahnhof in Durchgangsform sehr erschwert wird. Bei einem Personenbahnhof in Kopfform fällt natürlich die Weiterführung der Güterumfahrgleise am Personenbahnhof entlang fort. Dort muß auch der Rangierbahnhof wegen der umfangreichen Gleisentwicklung weiter hinausgeschoben werden. Hier legt man, wenn die Bahnlinien weit auseinander gehen, den Rangierbahnhof quer zu den Bahnlinien. Die Ausfallstraßen werden dann bei der entfernteren Lage des Rangierbahnhofs von der Stadt nicht mehr so stark gestört. Wenn aber zwei Bahnlinien auf eine größere Länge nebeneinander herlaufen, dann ist die Lage des Rangierbahnhofs parallel zu diesen das Gegebene.

5. Der Ortsgüterbahnhof.

Der Ortsgüterbahnhof wird vom Rangierbahnhof aus bedient und ist mit diesem daher kreuzungsfrei verbunden. Bei größerer Entfernung soll diese Verbindung zweigleisig sein und dann sollen auch auf ihm Gleisanlagen zur vorübergehenden Aufstellung der überführten und der abzuholenden Wagen und zu ihrer Umrangierung nach Ladestellen angelegt werden. In der Richtung dieser Verbindungsgleise können die einzelnen Bestandteile des Ortsgüterbahnhofs, wie Güterschuppen, Rampen und Ladestraßen, entweder hintereinander oder nebeneinander angeordnet werden. Die Breitenentwicklung ist entschieden vorteilhafter, da der Ortsgüterbahnhof dann nicht nur übersichtlicher ist, sondern die Rangierwege auch kürzer werden. Der Personenbahnhof darf jedoch durch den Ortsgüterbahnhof in seiner Entwicklungsfähigkeit nicht eingeengt werden. Vor allem muß der Ortsgüterbahnhof so liegen, daß seine Zufahrtstraßen nicht unmittelbar am Bahnhofsvorplatz vorbeiführen oder mit den Zufahrtstraßen zum Personenbahnhof auf eine größere Strecke zusammenfallen. Dem wird am besten vorgebeugt, wenn der Ortsgüterbahnhof auf der dem Empfangsgebäude abgewandten Seite liegt und nicht allzu weit in die Stadt vorgeschoben wird. Dadurch wird eine Trennung der Frachtfuhrwerke und der Personenfahrzeuge am besten gefördert. Weiter in die Stadt hinein kann selbstredend nicht verhindert werden, daß sich diese Wege wieder vermischen. Dort hat aber dann schon für beide Verkehrsarten eine Verteilung stattgefunden. Letztere strahlenförmig zu gestalten, und dabei im Hinblick auf den Wohn-, Geschäfts- und Fabrikcharakter der Stadtteile auch für eine mögliche Gliederung nach Verkehrsarten zu sorgen, erfordert große Sachkenntnis und Umsicht beim Entwerfen.

Die Frage, ob man für die einzelnen Stadtteile getrennte selbständige Ortsgüterbahnhöfe oder einen großen gemeinsamen Ortsgüterbahnhof anlegt, bedarf in großen Städten einer eingehenden Untersuchung. Bei mehreren nach Stadtteilen getrennten Ortsgüterbahnhöfen sind die Anfahrwege kürzer und die städtischen Straßen werden weniger stark belastet. Aber die Bedienung all dieser Ortsgüterbahnhöfe von einem Rangierbahnhof aus ist teurer und zeitraubender als bei einem gemeinsamen Ortsgüterbahnhof. Beim Vorhandensein eines gemeinsamen Ortsgüterbahnhofes gelangen die nach Arbeitsschluß abgeholten Wagen noch so zeitig in den Rangierbahnhof, daß sie während der Nacht, in der die Güterzüge zahlreicher sind als am Tage, weiterbefördert werden, was bei der Bedienung mehrerer Ortsgüterbahnhöfe vielfach nicht so schnell möglich ist. Ein gemeinsamer Ortsgüterbahnhof beschleunigt also den Güterumlauf, während mehrere getrennte die städtischen Straßen entlasten und für die Gewerbetreibenden bequemer sind.

6. Die Hauptgleise der Personen- und Rangierbahnhöfe.

Nach den Schlußfolgerungen des internationalen Eisenbahnkongreßverbandes (Bulletin des I.E.KV., deutsche Ausgabe 1911, Seite 1287) ist es angezeigt, die Dienstgeschäfte des Ortsgüterverkehrs von denen des Personenverkehrs zu trennen, um die größtmöglichste Leistungsfähigkeit und zugleich die größte Betriebssicherheit des Personenbahnhofs zu erzielen. Um die Personenbahnhöfe in Anbetracht der immer mehr wachsenden Geschwindigkeiten der Schnellzüge und der Durchführung eines stabilen Fahrplans auf starkbelegten Strecken möglichst leistungsfähig und betriebssicher zu gestalten, besteht in Deutschland für den Bau der Personenbahnhöfe folgender Grundsatz:

Abgesehen von den für die Kreuzungen, Überholungen und Zugübergänge usw. zu treffenden Einrichtungen, führt man in der Regel jede zu einem Bahnhof hinführende, dem Personenverkehr dienende Bahn mit ihren sämtlichen Hauptgleisen (meist zwei oder nur eines) selbständig und möglichst kreuzungsfrei in den Personenbahnhof ein. Jedes dieser Hauptgleise ist mit einer Bahnsteigkante ausgerüstet. Sofern der Bahnhof kein Endbahnhof ist, führt man die Hauptgleise ebenso wieder aus dem Bahnhof hinaus und weiter. Diesen Grundsatz kann man schon mittelbar aus der deutschen Eisenbahn-Bau- und Betriebsordnung entnehmen, da diese in § 6, 4 die Hauptgleise der freien Strecke und ihre Fortsetzung durch die Bahnhöfe durchgehende Hauptgleise nennt.

Der Grundsatz ist aber nicht so aufzufassen, daß man zwei oder mehrere von weither nach einem großen Bahnhof hinlaufende Eisenbahnlinien unter allen Umständen selbständig bis in den großen Bahnhof durchführen soll. Vielmehr verzweigen sich die von einem Hauptverkehrspunkt ausgehenden Bahnen im allgemeinen in ihrem weiteren Verlauf mehr und mehr. Auch beschränkt man mitunter in der Nähe des Hauptverkehrspunktes die Zahl der zu ihm hinlaufenden Bahnlinien, da die selbständige Einführung sämtlicher Linien im Gelände zu schwierig oder wegen der Führung durch Tunnels oder über große Brücken und auch wegen des Grunderwerbs zu teuer ist. Der Zusammenschluß der Bahnen soll aber nicht kurz vor dem Hauptverkehrsknotenpunkt auf der freien Strecke, sondern in gewisser Entfernung auf einem sogenannten Vorbahnhof erfolgen. Auf dem Vorbahnhof kann man dann die Linien für den Richtungsbetrieb schalten und verknüpfen, der für die Zugübergangsmöglichkeiten am geeignetsten ist. Die Verwandlung des Linienbetriebes der Streckengleise auf den Richtungsbetrieb in dem Vorbahnhof erfolgt bei der immer mehr wachsenden Geschwindigkeit der Schnellzüge stets mit schienenfreier Kreuzung. Auf dem Vorbahnhof können auch zur Entlastung des Personenbahnhofs Zugüberholungen sowie Zugvereinigungen und -trennungen und weiterhin Kurswagenübergang und Lokwechsel stattfinden. Wenn die Abzweigung der Gütergleise zum Rangierbahnhof nicht unmittelbar vor diesem erfolgt, kann sie auch auf den Vorbahnhof verlegt werden. Dadurch wird die Gemeinschaftsstrecke von den Güterzügen entlastet. Jedoch entsteht dadurch, daß die Bahnlinien durch Vermittlung einer Gemeinschaftsstrecke in den Personenbahnhof einlaufen, ein vermehrter Bedarf an Bahnsteiggleisen, weil wegen des Überganges von Kurswagen oder Reisenden ein längerer gleichzeitiger Aufenthalt einer größeren Anzahl von Zügen der verschiedenen Bahnlinien erforderlich wird, als wenn die Hauptgleise in den Personenbahnhof eingeführt werden. Man muß daher bei den für die Zugaufenthalte zu machenden Annahmen die durch solche Zuganhäufungen bedingten Aufenthaltsverlängerungen mit berücksichtigen. Eine Vermehrung der Hauptgleise des Personenbahnhofs tritt dann ein, wenn Personenzüge von schneller fahrenden Zügen zu überholen sind oder wenn zwei oder mehrere dicht aufeinanderfolgende Züge längeren Aufenthalts bedürfen als der Zugfolgezeit entspricht. Weiterhin sind die Hauptgleise zu vermehren, wenn ein die Ferngleise mitbenutzender Nahverkehr im Bahnhof auf besondere Bahnsteiggleise geleitet wird, wenn Züge im Personenbahnhof enden, entspringen, kehren oder wenn eine Bahnlinie sich in mehrere Bahnlinien teilt. Endlich tritt auf Kopfbahnhöfen eine Vermehrung der Hauptgleise dadurch ein, daß man auf deutschen Bahnen grundsätzlich die einzelnen Bahnlinien unabhängig voneinander in den Bahnhof einführt und die Bahnsteiggleise getrennt für die einzelnen Bahnlinien und Fahrrichtungen benutzt. Dadurch ist notwendig eine geringere durchschnittliche Ausnützung der Bahnsteiggleise bedingt, weil der Zugverkehr auf den verschiedenen Bahnlinien in der Regel zeitlich mehr oder weniger gegenseitig übergreift. Die einzelnen Bahnsteiggleise liegen also bei getrennter Benutzung zeitweise brach. Bei bunter Benutzung von Zügen anderer Linien werden die Bahnsteiggleise stärker in Anspruch genommen. Die Gesamtanlage wird billiger, aber die hierdurch bedingten Fahrtausschlüsse beeinflussen doch die Durchführung des Fahrplans recht ungünstig. Jedoch ist nichts dagegen einzuwenden, daß sich zwei benachbarte Bahnsteiggleise in ihren Verkehrszwecken gegenseitig vertreten können. Auch ist es zulässig, daß ein zwischen zwei je einer bestimmten Zugrichtung dienenden Bahnsteiggleisen liegendes zusätzliches Gleis abwechselnd für beide Richtungen als Überholungsgleis oder auf Kopfbahnhöfen als Zusatzgleis benutzt wird. Vor allem, wenn die Bahnsteiggleise im Richtungsbetrieb geschaltet sind, ist die gegenseitige Vertretbarkeit zur Verminderung der Gleiszahl sehr willkommen.

Bei größeren Personenbahnhöfen werden die Güterzüge grundsätzlich abgelenkt und seitlich an diesen vorbeigeführt. In der Nähe der Bahnsteiggleise werden an die Güterumfahrgleise die Eilgutanlagen beiderseits angeschlossen. Hinter dem Personenbahnhof oder auf dem weiter vorgelegenen Vorbahnhof werden die Güterumfahrgleise wieder mit den durchgehenden Hauptgleisen vereinigt.

Auf dem Rangierbahnhof werden die für die verschiedenen Linien zusammengefaßten Einfahr- bzw. Ausfahrgleise wieder getrennt, damit der größere Teil der Güterzüge in den Rangierbahnhof gelangen kann, um dort aufgelöst zu werden. Aus ihm fahren dann die neugebildeten Güterzüge wieder aus. Der geringere Teil der Güterzüge wird in die neben dem Rangierbahnhof gelegenen aber mit diesem verbundenen Überholungsgleise gelangen. Dort können die Lokomotiven wechseln und die Spitzengruppe der Güterzüge gegen eine neue zur Auswechslung ausgetauscht werden. Am Ende des Rangierbahnhofes werden die Güterumfahrgleise wieder mit den Ausfahrgleisen vereinigt.

Bei Abzweigung der Güterhauptgleise von einer Schnellzugstrecke ist diese als schienenfreie Kreuzung zu gestalten. Von dieser Regel kann nur abgewichen werden, wenn die örtlichen Verhältnisse eine kreuzungsfreie Abzweigung nicht gestatten. Die betriebliche Zulässigkeit einzelner schienengleicher Kreuzungen ist nach dem im zweiten Band bekanntgegebenen Verfahren zu untersuchen.

E. Gleisüberwerfungen und Abzweigstellen.

Die Gleisüberwerfungen zur Vermeidung von Fahrtkreuzungen können nach Abb. 79a, b, c in verschiedener Weise durchgebildet werden. Falls keine anderen Gründe dagegen sprechen, soll man stets die Lösung nach der kleinsten

Zahl der Gleisüberwerfungen wählen. Bei einer geringeren Zahl von Gleisen ergibt sich diese für ein technisch geschultes Auge ohne weiteres aus dem Lageplan. In schwierigeren Fällen kann man die Anordnung für die Mindestzahl der Gleisüberwerfungen nach dem von Potthoff (Organ 1943, Seite 243) entwickelten Verfahren bestimmen.

Die Anforderungen, die an Gleisüberwerfungen gestellt werden, sind mannigfaltig und widersprechen sich auch mitunter. So sollen bei den Gleisüberwerfungen

1. die Krümmungen nach Zahl und Schärfe möglichst erträglich sein,
2. Gegenkrümmungen möglichst vermieden werden,
3. die Steigungen und Gefälle nicht zu stark sein,
4. Brückenwinkel nicht zu spitz gewählt werden, da sonst die Brückenkosten zu teuer werden,
5. die Gleisentwicklungen nicht zu sehr in die Länge gezogen werden,
6. die Weichen möglichst zusammengefaßt werden, damit die Zahl der Stellwerke gering bleibt.

Zu 1. Der kleinste Halbmesser ist für Güterzuglinien 300 m, für Reisezuglinien 500 m.

Zu 2. Lösungen für Gleisüberwerfung, bei der die Gegenkrümmung vermieden wird, zeigt Abb. 79 c.

Zu 3. Ist ausreichende Länge für die Höhenentwicklung vorhanden, so wird man die Steigung des Dammes gleich der maßgebenden Steigung der Strecke machen. Bei Dampfbahnen genügt ein Höhenunterschied von etwa 6 m, bei elektrischen Bahnen sind 6,7 m zu wählen. Rampen, die nur im Gefälle befahren werden, können eine Neigung von $12,5^0/_{00}$ (1 : 80), ja sogar $16,7^0/_{00}$ (1 : 60) haben. Ist die für die Höhenentwicklung verfügbare Länge zweier gegenseitig zu überwerfender Gleise so gering, daß sich die maßgebende Steigung der Strecke nicht verwirklichen läßt, dann kann man eine Anlaufsteigung einlegen, die in flacheren Strecken bis zu $25^0/_{00}$ und sonst gelegentlich bis zu $33^0/_{00}$ stark sein kann. Es muß dann aber nach dem Verfahren des Verfassers (Band II) untersucht werden, ob die auf der Strecke fahrende Lokgattung den Güterzug mit der nach der maßgebenden Steigung bestimmten Zuglast über den Höhenunterschied ziehen kann, falls der Zug am Fuße der Anlaufsteigung zum Halten gekommen ist und wieder anfährt.

Zu 4. Bei der von Bäseler vorgeschlagenen Gleisüberwerfung (Abb. 79 c) ohne Gegenkrümmung werden in vielen Fällen die Bauwerke durch die langen Widerlager und Flügelmauern teurer als bei der üblichen Lösung.

Zu 5. Schmiegt sich das zu überwerfende Gleis zu sehr an das andere an, dann zieht sich die Gleisentwicklung mehr in die Länge, als wenn man mit dem Bogen weiter ausholt. Im ersteren Falle wird weniger schwer zugängiges Gelände unbenutzt liegen bleiben, andererseits kann bei weiter ausholendem Bogen wieder die zwischenliegende Fläche so groß werden, daß sie zur Bebauung, ja zur Besiedlung erschlossen werden kann. Damit die Gleisentwicklung nicht so sehr in die Länge gezogen wird, ist bei Neubau der sich kreuzenden Linien nach Abb. 80 die eine Linie zu senken, die andere zu heben.

Bei der kreuzungsfreien zweigleisigen Abzweigung von einer zweigleisigen Bahn, genügt nach Abb. 79 b eine Gleisüberwerfung. Bei dieser müssen aber die Hauptgleise, von denen abgezweigt wird, auseinandergezogen werden. Das ist wegen der dadurch entstehenden Gegenkrümmung nicht erwünscht. Deshalb wird auch die Lösung nach Abb. 79a vorgezogen, bei der ein Abzweig-

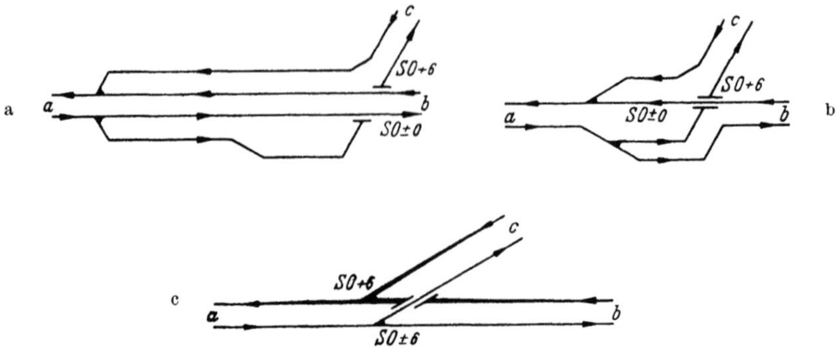

Abb. 79a, b, c. Einfache Gleisüberwerfungen.

gleis beide Gleise der Stammlinie überschreitet. Diese Lösung braucht nicht teurer zu werden als die nach Abb. 79c; denn dem Mehraufwand für die Überwerfung über zwei Gleise statt über eines wird in der Regel ein Minderaufwand wegen der durch den stumpferen Winkel bedingten geringeren Länge des Überbaues und der Auflager- und Flügelmauern gegenüberstehen. Hierzu kommt noch eine Ersparnis an Erdarbeiten und gegebenenfalls an Grunderwerb. In manchen Fällen wird die beschränkte Geländebreite auch nur diese Lösung zulassen.

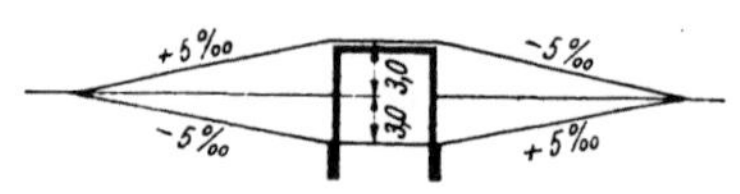

Abb. 80. Neigungen sich kreuzender Bahnlinien.

Wo die beiden Stammgleise wegen ihrer allgemeinen Führung Raum für die Entwicklung ohne Gegenkrümmung des abzweigenden Gleises bieten, wird man die Lösung nach Abb. 79c vorziehen. Von Bäseler wurde die Gleisentwicklung nach Abb. 79c in der Zeitung des Vereins Deutscher Eisenbahnverwaltungen 1918, S. 897 bekanntgegeben, die die Gegenkrümmung vermeidet. Während in Abb. 79a die Gleise der einen Linie in ihrer bisherigen Lage bleiben, trifft dies nach Abb. 79b, c nur für die Gleise der einen Richtung zu. Die Lösung nach Abb. 79a eignet sich daher besser, wenn die abzweigende Linie an die bestehende Linie hinzugefügt werden soll, da dann durch den Neubau der Betrieb auf der zweigleisigen Stammlinie nicht gestört wird. Die Ausführung der Gleisüberwerfung nach Abb. 79c kommt nur in Frage, wenn beide Linien neu gebaut werden sollen, da es zu störend und auch zu teuer ist, das Gleis einer bestehenden Linie im Betriebe zu heben sowie das Kreuzungsbauwerk auszuführen. Hier müßte erst das Gleis vorher zur Seite geschoben werden, um Erdarbeiten und Brückenbau ungestört ausführen zu können. Der Vorteil der Lösung nach Bäseler ist, daß der Zuglauf durch den Fortfall der Gegenkrümmung nicht beunruhigt wird. Der an den krummen Strang der Weiche anschließende Gleisbogen hat denselben Halbmesser wie die Weiche. Auch fallen bei dieser Lösung die schlechtausnutzbaren Zwickel fort. Nachteilig sind jedoch wegen des spitzen Kreuzungswinkels die langen Flügel- und Auflagerbauwerke.

Abb. 81a und b zeigt den Anschluß zweier Linien an die Stammlinie nach beiden Lösungen.

Führt man in Abb. 82 je zwei Gleise nicht durch eine Weiche zusammen, sondern parallel nebeneinander weiter, so erhält man eine Schar hochliegender

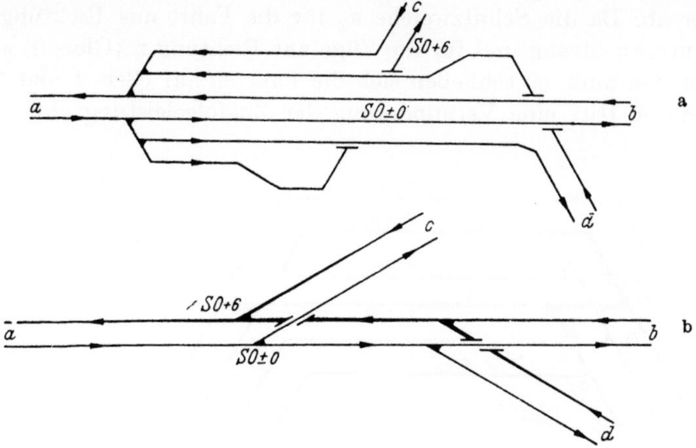

Abb. 81a, b. Doppelte Gleisüberwerfungen.

Gleise der einen Richtung und eine Schar tiefliegender Gleise der anderen Richtung. Die eine Schar kann dann als Einfahrgleise in die hochliegende Einfahrgruppe eines Rangierbahnhofs dienen, während die andere die Ausfahrgleise aus der tiefliegenden Ausfahrgruppe sind.

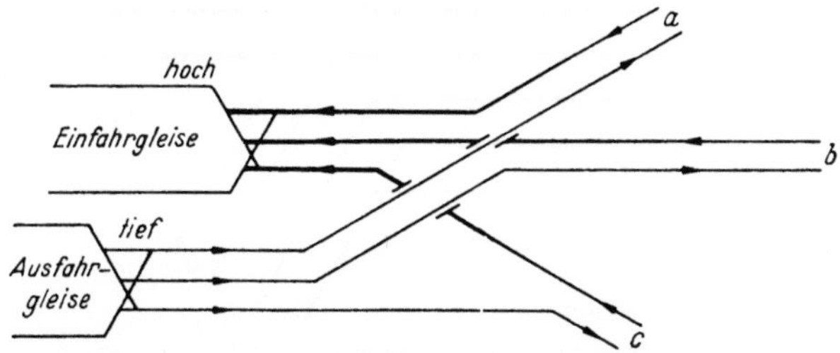

Abb. 82. Einfahr- und Ausfahrgleise eines Rangierbahnhofes.

Als Beispiel einer größeren Gleisüberwerfung ist in Abb. 83a, b die vollständige schienenfreie Abzweigung einer zweigleisigen Güterzuglinie von zwei zusammengelegten zweigleisigen Linien für Personen- und Güterzüge nach beiden Lösungsarten gezeigt. Bei der Lösung nach Abb. 83a ist der Gleis- und Geländebedarf zwar geringer als bei der nach Abb. 83b. Aber für die Sicherung der Fahrten sind bei Abb. 83a die Weichen der einzelnen Fahrstraßen innerhalb des einen Stellwerks in gegenseitige Abhängigkeit zu bringen. Hier sind die Anschlußweichen I, II und III Gefahrenpunkte, die aber durch die Stellung der Schutzweichen a_1, a_2, a_3 beseitigt werden können. So sind für den Gefahrenpunkt I (Zusammenstoß der Züge aus Richtung m und 1) die Weichen a_1 und a_3 Schutzweichen, da beide gegen die Spitze befahren werden. Für einen aus Richtung 1 kommenden Zug steht die Weiche a_1 auf geraden Strang, um einen Zug aus Richtung m abzulenken. Umgekehrt lenkt die Weiche a_3 einen Zug aus 1 ab, wenn ein Zug aus m durchfahren soll. Für den Gefahrenpunkt II

lenkt für die Fahrt aus Richtung q (Gleis 1) die Schutzweiche a_2 die Züge aus
o (Gleis 3) vorher ab. Für den Gefahrenpunkt III lenkt die Schutzweiche a_2
die Züge aus Richtung o (Gleis 3) bei der Fahrt der Züge aus Richtung n (Gleis
5) vorher ab. Da die Schutzweiche a_2 für die Fahrt aus Richtung q (Gleis 1)
auf krummen Strang und für die Züge aus Richtung n (Gleis 5) auf geraden
Strang stehen muß, so schließen sich die Fahrten auf Gleis 1 und 5 gegenseitig
aus. Dadurch tritt eine Verminderung der Zugfolgeleistung ein.

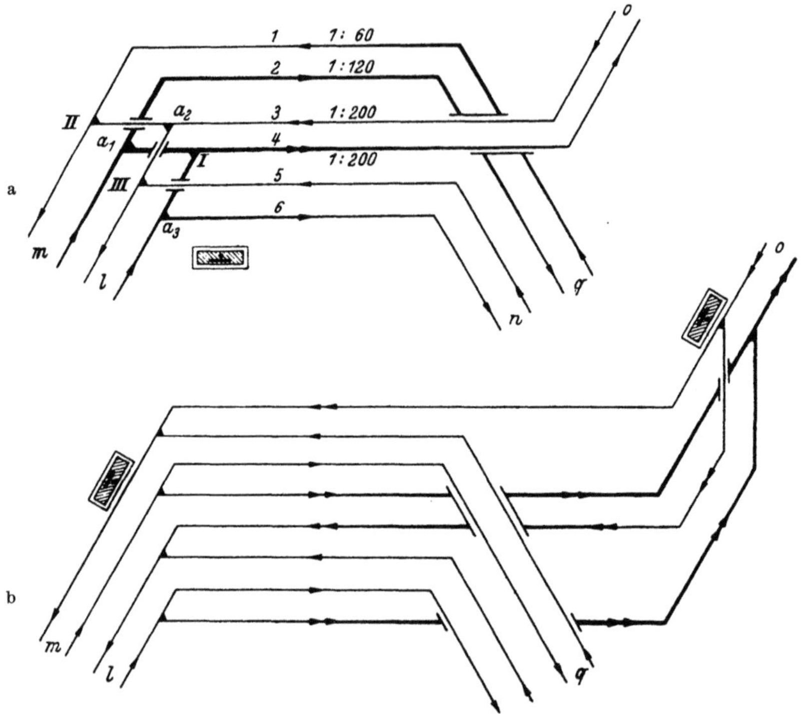

Abb. 83 a, b. Schienenfreie Abzweigung einer zweigleisigen Güterlinie von zwei zweigleisigen Linien.

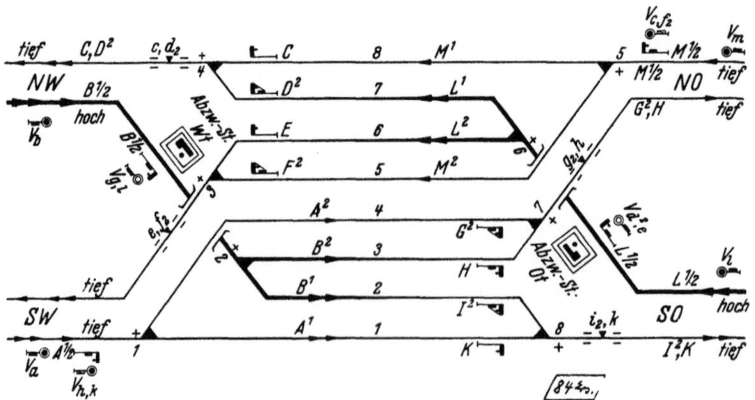

Abb. 84. Übergang von zwei zweigleisigen Bahnen mit gemischter Zugfolge auf eine zweigleisige Bahn für Personen-
und eine zweigleisige für Güterverkehr.

Nach einem Vorschlag meines Assistenten Dr.-Ing. R. Graßmann zeigt Abb. 84 den Übergang von 2 zweigleisigen Bahnen für gemischten Verkehr auf eine zweigleisige Bahn für Personenzugverkehr und eine für Güterzugverkehr. Die Abb. 85 stellt die Gleisentwicklung dar von 2 zweigleisigen Bahnen

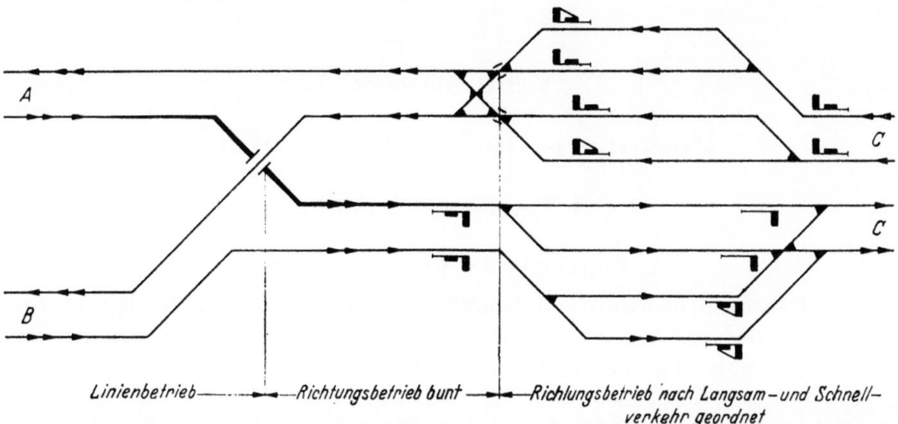

Abb. 85. Betriebsbahnhof beim Übergang von zwei zweigleisigen Bahnen auf eine viergleisige mit Richtungsbetrieb.

zu einer viergleisigen mit Richtungsbetrieb. Auf den äußeren Gleisen nach C liegt der Langsamverkehr und auf den Innengleisen der Schnellverkehr. Zunächst wird der Linienbetrieb in Richtungsbetrieb mit bunter Reihenfolge der Züge verwandelt. Erst dann erfolgt auf einem Betriebsbahnhof die Trennung bzw. die Zusammenführung der Züge für Schnell- und Langsamverkehr.

Zum Schluß sei noch auf die vom Verfasser in Abb. 107 vorgeschlagene Gleisüberwerfung hingewiesen, bei der auf einer Abzweigstelle noch eine Anschlußlinie zu einer Durchgangslinie hinzutritt und zugleich zur Entlastung letzterer von dieser der Endverkehr abgezweigt wird. Die Leistungsfähigkeit der Abzweigstellen wird im 2. Band ermittelt.

Vierter Abschnitt.

Personen- und Güterbahnhöfe.

I. Personenbahnhöfe.

A. Einteilung der Personenbahnhöfe.

Die Personenbahnhöfe unterteilt man in Endbahnhöfe und in Zugübergangsbahnhöfe. Auf den Endbahnhöfen verlassen die Züge nach ihrem
Richtungswechsel den Bahnhof wieder auf der gleichen Linie, auf den Zugübergangsbahnhöfen gehen die Züge auf eine andere Bahnlinie über. Auch
ein Bahnhof mit einer durchgehenden Linie ist insofern ein Zugübergangsbahnhof, als die Züge von der Linie, die in den Bahnhof einmündet, bei der
Ausfahrt auf die Fortsetzung der Linie übergehen. Jedoch pflegt man die Bahnhöfe mit einer Durchgangslinie nicht als Zugübergangsbahnhöfe sondern als
einfache Zwischenbahnhöfe zu bezeichnen. Auch die auf Seite 20 beschriebenen
Bahnhöfe, in denen eine Nebenbahn eingeführt wird, sind keine Zugübergangsbahnhöfe, weil hier die Reisenden umsteigen und nur einzelne Güterwagen
und keine geschlossenen Güterzüge von einer Bahnlinie zur anderen übergehen.
Diese Betriebsunterschiede ergeben sich aus den nach der Bau- und Betriebsordnung festgelegten Begriffen Haupt- und Nebenbahnen. Zugübergangsbahnhöfe entstehen erst dann, wenn auf einem Bahnhof zu einer
Hauptbahn mindestens eine andere Hauptbahn hinzutritt, auf die
geschlossene Züge übergehen können. So erhält man aus einem einfachen Zugübergangsbahnhof einen Anschlußbahnhof dadurch, daß zu einer
durchgehenden Linie eine endigende Linie hinzutritt, bzw. einen Kreuzungs-
und einen Berührungsbahnhof, wenn in einem Bahnhof zwei Durchgangslinien
miteinander verknüpft werden, daß Züge von einer Linie auf die andere übergehen können. Bei einem Berührungsbahnhof kreuzen sich die beiden durchgehenden Bahnlinien nicht. Bahnhöfe mit mehr als zwei Hauptbahnen
sind mehrfache Zugübergangsbahnhöfe.

Nun können auf einem Zugübergangsbahnhof außer dem Durchgangsverkehr auch Züge endigen und wieder eingesetzt werden. Wenn ferner Züge
von einer Bahnlinie nicht auf die Fortsetzung einer anderen Linie übergehen,
sondern mit Richtungswechsel auf den einmündenden Teil einer anderen
Durchgangslinie oder auf eine am gleichen Bahnhofsende eingeführte Endlinie
gelangen, dann entsteht als Zugübergang der Eckverkehr. Bei schwachem
Verkehr können dieselben Bahnsteiggleise für Durchgangs-, End- und Eckverkehr benutzt werden. Hat jedoch der Zugübergangsverkehr eine gewisse
Stärke erreicht, dann muß man für den End- und Eckverkehr besondere

Bahnsteiggleise vorsehen, damit die Leistungsfähigkeit der Bahnsteiggleise für den Durchgangsverkehr nicht allzusehr durch das Spitzkehren der Züge des End- und Eckverkehrs herabgemindert wird. Hiernach kann man, abgesehen vom Endverkehr, die Zugübergangsbahnhöfe in solche ohne Trennung der Zugübergangsarten und in solche mit Trennung der Zugübergangsarten einteilen.

In vorliegendem Abschnitt werden demnach behandelt: Zunächst die einfachen Zugübergangsbahnhöfe in Durchgangsform ohne Trennung der endigenden Züge und der Zugübergangsarten und sodann Zugübergangsbahnhöfe für Hochleistung in Durchgangs- und Kopfform, und zwar

a) einfache Zugübergangsbahnhöfe,

b) mehrfache Zugübergangsbahnhöfe.

Die Zugübergangsbahnhöfe für Hochleistung sind dadurch gekennzeichnet, daß 1. durchgehende Hauptgleise sich außerhalb des Bahnhofs schienenfrei kreuzen und im Bahnhof richtungsweise geschaltet sind und daß 2. die Bahnsteiggleise des End- und Eckverkehrs von denen des Durchgangsverkehrs getrennt sind. Die Hochleistungsbahnhöfe sollen in Durchgangsform und in Kopfform entwickelt werden. Damit jedoch betrieblich ein Zugübergangsbahnhof in Kopfform einem solchen in Durchgangsform genau entspricht, soll ersterer aus letzterem nach den Lehren der Topologie entwickelt werden. Erleichtert werden die Konstruktionen dieser Bahnhöfe durch die vom Verfasser eingeführten Zugübergangsbilder. Deshalb soll vor der Beschreibung der Zugübergangsbahnhöfe für Hochleistung auf die Topologie der Bahnhöfe und auf die Zugübergangsbilder eingegangen werden. Die Endbahnhöfe werden unmittelbar vor den Zugübergangsbahnhöfen in Kopfform beschrieben.

B. Einfache Zugübergangsbahnhöfe in Durchgangsform ohne Trennung der Zugübergangsarten.

1. Anschlußbahnhöfe.

a) Anschlußbahnhöfe nur für Durchgangsverkehr. Mündet in einen einfachen Zwischenbahnhof eine andere Linie ein, so entsteht ein Anschlußbahnhof. Bei der Einmündung einer Nebenbahn in den Bahnhof einer Hauptbahn steigen nach S. 20 die Reisenden um, Gepäck, Eilgut und Post werden umgeladen. Nur die Güterwagen gehen von einer Bahn auf die andere über. Zweigt aber eine Hauptbahn ab, so ist der Anschlußbahnhof auch für den Übergang von Personen- und Güterzügen von einer Bahn auf die andere zu entwerfen. Zu diesem Zweck können auf dem Bahnhof z. B. zwei zweigleisige Bahnen auf verschiedene Weise miteinander verknüpft werden. Diese Verknüpfungen sollen nachstehend vom Standpunkt der Sicherheit und der Leistungsfähigkeit erörtert werden.

α) Am einfachsten ist der Anschlußbahnhof nach Abb. 86a. Die Anschlußweiche A liegt am Einfahrende des einen Bahnsteigs und die Trennungsweiche T am Ausfahrende des anderen Bahnsteigs. In der schienengleichen Gleiskreuzung

6*

K_o schneidet sich die Einfahrstraße von b mit der Ausfahrstraße nach c. In der Anschlußweiche A können die einfahrenden Züge von b und von c und in der Gleiskreuzung K_o kann ein einfahrender Zug von b mit einem ausfahrenden nach c zusammenstoßen. Die Gleiskreuzung ist nicht so gefährlich wie die Anschlußweiche, weil der ausfahrende Zug nach c vom Fahrdienstleiter zurückgehalten werden kann, bis der von b einfahrende die Gleiskreuzung K_o passiert hat. Auf die einfahrenden Züge dagegen hat der Fahrdienstleiter keinen Einfluß. Hier kann ein Zug beim Versagen der Bremse am Einfahrtsignal vorbeifahren und in der Anschlußweiche A mit dem anderen Zuge zusammenstoßen. Die Anschlußweiche ist daher ein Gefahrenpunkt erster Ordnung, während die Gleiskreuzung K_o ein Gefahrenpunkt zweiter Ordnung ist. Aber auch wenn die Bremse nicht versagt, erhält der einfahrende Zug durch das Warten vor dem Einfahrsignal von b ebenso wie der nach c ausfahrende durch das Warten auf den Abfahrbefehl des Fahrdienstleiters Verspätung. Die Anschlußweiche A und die Gleiskreuzung K_o vermindern also auch die Leistungsfähigkeit der Strecke und des Bahnhofs.

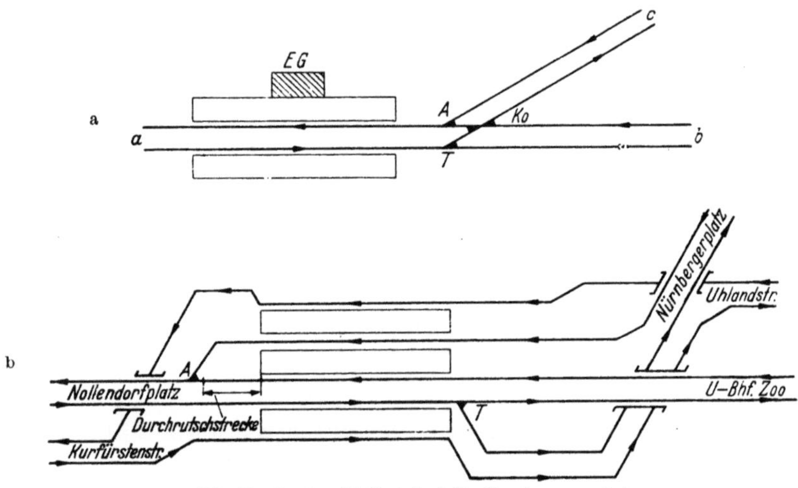

Abb. 86 a, b. Anschlußbahnhof für Durchgangsverkehr.

β) Legt man die Anschlußweiche A an das Ausfahrende des Bahnsteigs und beseitigt die Gleiskreuzung durch ein Überführungsbauwerk, dann sind die Gefahrenpunkte und auch die Behinderungen der Zugfahrten nicht mehr vorhanden (Abb. 86b). Denn ein durchrutschender Zug wird dann auch vor der Anschlußweiche zum Stehen kommen, wenn letztere um die Durchrutschstrecke in der Fahrrichtung vom Bahnsteigende vorgeschoben worden ist. Für den Endverkehr ist dieser Bahnhof nicht geeignet. Nach Abb. 86b ist der Untergrundbahnhof Wittenbergplatz in Berlin gebaut. Die Linie Kurfürstenstraße—Uhlandstraße hat mit dem Anschlußbahnhof nichts zu tun und ist nur daneben gelegt, damit zwischen den einzelnen Linien umgestiegen werden kann.

b) Anschlußbahnhöfe für Durchgangs- und Endverkehr (Abb. 87a). α) Bei dichter Zugfolge genügt in der Trennungsrichtung ein Bahnsteiggleis. Folgen aber die Züge in größeren Abständen, so daß die umsteigenden Reisenden von der Stammlinie zur Abzweiglinie ungünstige Anschlußmöglichkeiten haben, muß man die Fahrpläne der Züge nach den beiden Richtungen miteinander verknüpfen. Das zweite Bahnsteiggleis in der Trennungsrichtung ist insbesondere dann notwendig, wenn der Bahnhof außer dem Durchgangsverkehr a—b und a—c auch noch den Endverkehr der Richtung der Anschlußlinie c bedienen soll. In diesem Falle muß auch die Trennungsweiche T am Einfahrende des Bahnhofs liegen und der Bahnhof erhält dann vier Bahnsteigkanten. Man führt hierbei zweckmäßig die abzweigende Linie c kreuzungsfrei zwischen die Stammlinie a—b und verknüpft sie mit dieser an der Anschluß- und der Trennungsweiche. Erstere ist rd. 300 m weit gegen letztere vorgeschoben, um eine ausreichende Durchrutschstrecke zu erhalten. Der Zugübergangsbetrieb ist dann sicher. Die Trennungsweiche wird stets vor dem Halten durchfahren. Damit der Zug durch den krummen Strang möglichst ruhig fährt, ist die Trennungsweiche mit möglichst spitzem Weichenwinkel und möglichst großem Krümmungshalbmesser auszuführen. Man wird die Bahnhofsfahrordnung so entwerfen, daß möglichst viele Züge auf dem geraden Strang der Trennungsweiche einfahren. Die abzweigenden Züge gehen dann erst bei der Ausfahrt mittels der in Abb. 87a eingetragenen Weichenverbindungen auf ihr eigentliches Gleis über. Nur wenn zwei Züge im Bahnhof sein sollen, dann läßt man den einen bei der Einfahrt abzweigen. Durch die Weichenverbindungen am anderen Bahnsteigende ist die Möglichkeit gegeben, daß bei den im Richtungsbetrieb geschalteten Gleisen das Nachbargleis als Überholungsgleis dienen kann, ohne daß dadurch eine Gegenrichtung gekreuzt wird. Soll aber an einem Bahnsteig ein endender oder entspringender Zug halten, während gleichzeitig auf beiden Gleisen der Zweiglinie Züge verkehren oder eine Überholung auf der Stammlinie in Frage kommt, so braucht man nach Abb. 90b drei Bahnsteiggleise.

Eine wesentliche Entlastung der Bahnsteiggleise tritt dadurch ein, daß man in Abb. 87a in Verlängerung der Bahnsteiggleise der innenliegenden Abzweiglinie eine Abstellgleisgruppe anlegt. Diese ist der eigentliche Endbahnhof des Endverkehrs. An den Bahnsteiggleisen halten dann die Züge nur zum Ein- und Aussteigen und zum Ein- und Ausladen von Gepäck und Post. Die Bahnsteiggleise sind dann bald wieder für Überholungen aufnahmefähig. Hierdurch ist es möglich, bei nicht allzu dichtem Verkehr für jede Fahrrichtung mit zwei Bahnsteiggleisen auszukommen.

β) Beim Richtungsbetrieb liegen die durchgehenden Hauptgleise gleicher Fahrrichtung nebeneinander. Ist der Zugübergangsverkehr jedoch schwach und der Endverkehr stark, dann führt man beide Linien nebeneinander in den Bahnhof ein und verknüpft sie durch die Anschlußweiche A und die Trennungsweiche T, sowie durch die Gleiskreuzung K_o am Bahnsteigende miteinander (Abb. 87b). Die Bahnsteiggleise haben hier Linienbetrieb. In Verlängerung der Bahnsteiggleise der Richtung c legt man dann die Abstellgleisgruppe an.

Von den beiden Anschlußbahnhöfen mit schienengleicher Kreuzung ist sicherungstechnisch die Gleisanordnung nach Abb. 87b besser als die nach Abb. 86a, da die Anschlußweiche nur von ausfahrenden Zügen nach a befahren wird, die vom Fahrdienstleiter zurückgehalten werden können. Die Anschlußweiche A der Abb. 87b ist wegen der ausfahrenden Züge von b und von c ein Gefahrenpunkt dritter Ordnung. An der Gleiskreuzung K_o hat sich hinsichtlich ihrer

Gefährlichkeit gegen die Anordnung nach Abb. 86a nichts geändert. Sie ist auch hier für die Kreuzung eines einfahrenden mit einem ausfahrenden Zug ein Gefahrenpunkt zweiter Ordnung. Für die Leistungsfähigkeit der Zugfolge auf der freien Strecke ist sie nach Abb. 87b günstiger gelegen. Hier warten die

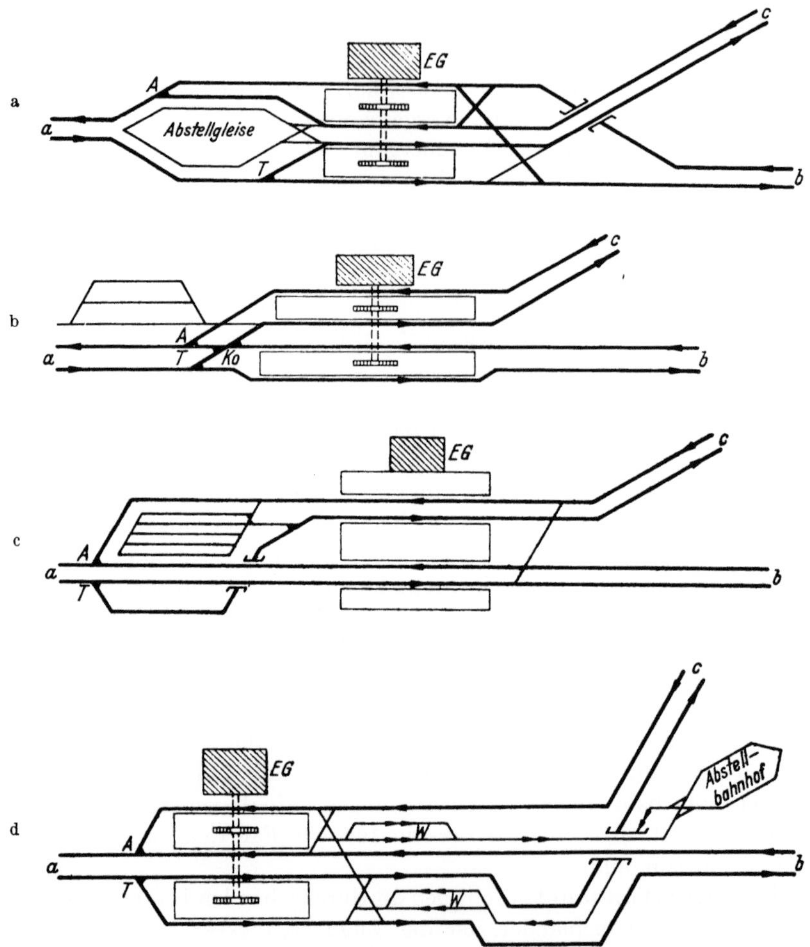

Abb. 87a—d. Anschlußbahnhof für Durchgangsverkehr und Endverkehr der Anschlußlinie.

Züge nach a das Freisein der Kreuzung K_o im Bahnhof ab, wenn diese durch die nach c abzweigenden Züge der Richtung a belegt ist. Die Züge von a nach c sind aber der Zahl nach, wie gesagt, gering. Nach Abb. 86a müßte ein von b kommender Zug vor dem Bahnhof gestellt werden, falls ein Zug nach c zuerst ausfahren soll. Der vor dem Bahnhof gestellte Zug belastet aber die Strecke länger. Ist aber nach Abb. 87b der Zug von b im Bahnhof, dann kann, während ersterer abgefertigt wird, der Zug nach c die Kreuzung K_o durchfahren. Auch kann währenddessen ein weiterer Zug von b folgen. Dieser Zug fährt dann ohne gestellt zu werden in den Bahnhof ein, wenn der erstere (nach a) den Bahnhof verlassen hat. Der Betrieb ist also nach Abb. 87b flüssiger. Die Verbindung mit dem Abstellbahnhof kreuzt beim Aus- und Einsetzen der Züge nach c die Ausfahrt der nach a übergehenden Züge.

γ) Ist der Übergangsverkehr stärker, dann müßte die Gleiskreuzung K_o durch eine schienenfreie Kreuzung etwa nach Abb. 87c ersetzt werden. Für den Zugübergang ist die Anordnung im Linienbetrieb ebenso sicher und leistungsfähig wie die nach Abb. 87a im Richtungsbetrieb. Auch die Verbindung der Abstellgleisgruppe stört den Durchgangsverkehr nicht und kreuzt auch den Übergangsverkehr nicht. Die Abstellgleisgruppe muß wegen der Rampe für die Gleisüberwerfung (Abb. 87c) zu weit hinausgeschoben werden, so daß die Abstellgruppe, die ein schnelles Auswechseln der endigenden und entspringenden Züge gestatten soll, zu unübersichtlich und zu entfernt liegt. Die Lösung nach Abb. 87c hat aber gegenüber derjenigen nach Abb. 87a den Vorteil, daß die durchgehenden Hauptgleise gerade durchgeführt werden. Man kann nun die Bahnsteiggleise im Richtungsbetrieb nach Abb. 87d auch so schalten, daß ein Gleis der Abzweiglinie kreuzungsfrei zwischen den beiden Gleisen der durchgehenden Linie a—b liegt. So erhält man den verschränkten Richtungsbetrieb, während die Bahnsteiggleise nach Abb. 87a im symmetrischen Richtungsbetrieb geschaltet sind. Nach Sicherheit und Leistungsfähigkeit ist dieser dem nach Abb. 87a gleichzusetzen. Aber in Abb. 87d liegt der Abstellbahnhof nicht unmittelbar im Anschluß an die Bahnsteiggleise, sondern nach dem entgegengesetzten Bahnhofsende im Zwickel zwischen den beiden Bahnlinien. Die Verbindung zwischen den Bahnsteiggleisen und dem Abstellbahnhof ist zweigleisig bei schienenfreier Kreuzung mit Gleisüberwerfung. In der Nähe des Bahnsteigs befindet sich an jedem der Verbindungsgleise ein Wartegleis W. In das eine können zur schnellen Räumung der Bahnsteiggleise die endigenden Züge hingeschoben werden, um später zum Abstellbahnhof weiterzufahren. In das andere Wartegleis werden die entspringenden Züge vom Abstellbahnhof vorgeschoben, um später am Bahnsteig abfahrbereit gestellt zu werden. Bei der Lage des Abstellbahnhofs im Zwickel ist dieser unbegrenzt erweiterungsfähig, während die Erweiterungsfähigkeit des Abstellbahnhofs nach Abb. 87a durch die ihn einschließenden durchlaufenden Hauptgleise begrenzt ist. Ein unmittelbares Kehren der Züge unter Vermeidung des Abstellbahnhofs ist hier ohne Kreuzung der Hauptgleise nicht möglich. In diesem Falle ist ein Anschlußbahnhof mit verschränktem Richtungsbetrieb und schienengleicher Kreuzung auch bei schwachem Verkehr ungünstig.

c) Die Vorteile des Richtungsbetriebes und die Anlage der Überholungsgleise. Vergleicht man die Bahnhöfe für Richtungsbetrieb (Abb. 87a) mit denjenigen, deren Bahnsteiggleise nach dem Linienbetrieb geschaltet sind (Abb. 87b), so ist festzustellen:

α) Der Übergang von Personen- und Schnellzügen der gleichen Fahrrichtung ist für die Reisenden beim Richtungsbetrieb bequemer, da das Umsteigen hier auf demselben Bahnsteig geschieht.

β) Die Abfertigung der Züge beim Richtungsbetrieb ist leichter, da Lokomotive und Packwagen beider Züge auf dem gleichen Bahnsteig gegenüberstehen.

γ) Das Vereinigen und Trennen der Züge, sowie das Umsetzen von Kurswagen geschieht auf Bahnhöfen mit Richtungsbetrieb bei Zügen gleicher Fahrrichtung ohne Kreuzung der Hauptgleise der Gegenrichtung.

δ) Der Hauptvorteil des Richtungsbetriebes ist die starke Vertretbarkeit der Bahnsteiggleise. Dadurch erspart man in vielen Fällen die Überholungsgleise. Mit den Überholungsgleisen wird auch die Zahl der Bahnsteige geringer. Bei einer Bahnsteigbreite von 15 m und bei der Weichenneigung 1 : 9 wird dadurch ein Durchgangsbahnhof um $2 \cdot 15 \cdot 9 = 270$ m kürzer. Bei stärkerem Zugübergang und Überholung sowie Endverkehr der Abzweiglinie genügt nach Cauer beim Richtungsbetrieb wegen der Vertretbarkeit der Bahnsteiggleise für jede Fahrrichtung ein Überholungsgleis. Dadurch erspart man auf jeder Bahnhofsseite eine halbe Bahnsteigbreite und die Anschluß- bzw. Trennungsweiche wird dadurch näher an den Bahnsteig herangerückt. Um dasselbe Maß nähert sich dem anderen Bahnsteigende die die Hauptgleise verbindende Weichenstraße.

Um den Bahnhof nicht zu breit werden zu lassen, kann man, falls ausreichende Länge vorhanden ist, auch die Bahnsteige so lang machen, daß an jeder Kante zwei Züge stehen können. In der Bahnsteigmitte sind dann Weichenkreuze anzulegen, die die beiderseitigen Umfahrgleise mit den Bahnsteiggleisen verbinden (Abb. 88). Bei dieser Gleisanordnung können die beiden zum Halten gekommenen Züge derselben Richtung in beliebiger Reihenfolge abfahren. Nur müssen einige Züge Weichenkrümmungen durchfahren. Das Umfahrgleis kann auch als Durchlaufgleis benutzt werden und macht daher die Anlage eines besonderen Verkehrsgleises entbehrlich. Diese Anordnung der Bahnsteige ist für die Reisenden sehr bequem, da diese beim Umsteigen in Züge gleicher Richtung den Bahnsteig nicht zu verlassen brauchen und weiterhin ein Zweifel, welcher Bahnsteig in Frage kommt, ausgeschlossen ist.

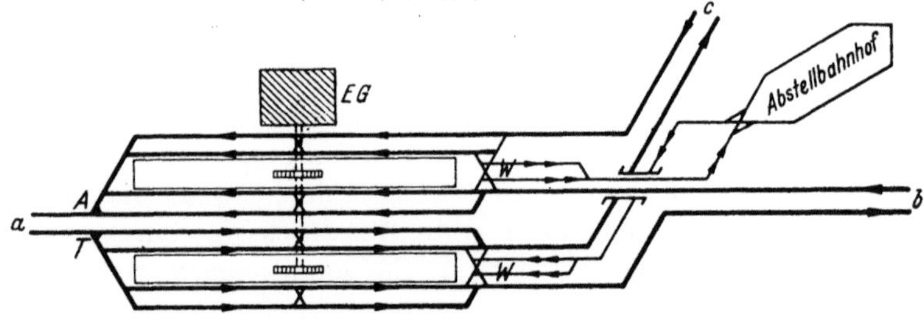

Abb. 88. Anschlußbahnhof mit Bahnsteiggleisen für doppelte Zuglänge.

d) Anschlußbahnhof mit Durchgangs-, Eck- und Endverkehr auf allen Linien.
In einem Anschlußbahnhof ist der Zugverkehr auf der Gemeinschaftsstrecke am stärksten. Für diese kommt eine Ergänzung durch Einrichtung eines Endverkehrs in der Regel weniger in Betracht, es sei denn, daß auf ihr außer dem durchgehenden Fernverkehr noch stärkerer Vorortsverkehr insbesondere bei Arbeitsbeginn und -schluß auftritt. Am ehesten kommt Endverkehr auf der Anschlußstrecke in Frage, denn auf dieser ist der Durchgangsverkehr meist schwächer als auf der Stammlinie. Entwirft man den Anschlußbahnhof so, daß Eckverkehr zwischen Stamm- und Anschlußlinie möglich ist, dann kann man gegebenenfalls bei gleich starkem Verkehr einen Zugpark über die Stamm- und Abzweiglinie laufen lassen, der auf dem Anschlußbahnhof Kopf macht. Die Anschlußbahnhöfe für Durchgangs- und Eckverkehr sind in Abb. 89 a, b so entworfen, daß auf jedem Bahnsteig nur Züge für dieselbe Bahnlinie abfahren.

Allerdings ist hierbei mindestens eine Gleisverbindung des Eckverkehrs —
meist sind es aber zwei — außerhalb des Bahnhofs abzuzweigen und kreuzungsfrei an den Bahnsteig heranzuführen. Dadurch tritt eine Vermehrung der Stellwerke ein. Es ist in der Abb. 89a, b ein Anschlußbahnhof für die Einmündung
der Abzweiglinie von NW und NO in symmetrischem und in verschränktem
Richtungsbetrieb gezeichnet. Wenn auch in der Regel für den Eckverkehr
Abstellanlagen an einem der äußeren Enden der beiden Linien vorgesehen
werden, so ist doch außerdem noch eine kleine Abstellgruppe auf dem Anschlußbahnhof anzulegen für den Fall, daß der Eckverkehr noch durch Züge
des Endverkehrs ergänzt werden muß. Für Triebwagenzüge werden diese Anlagen einfacher als für Züge, die mit Lokomotiven bespannt sind.

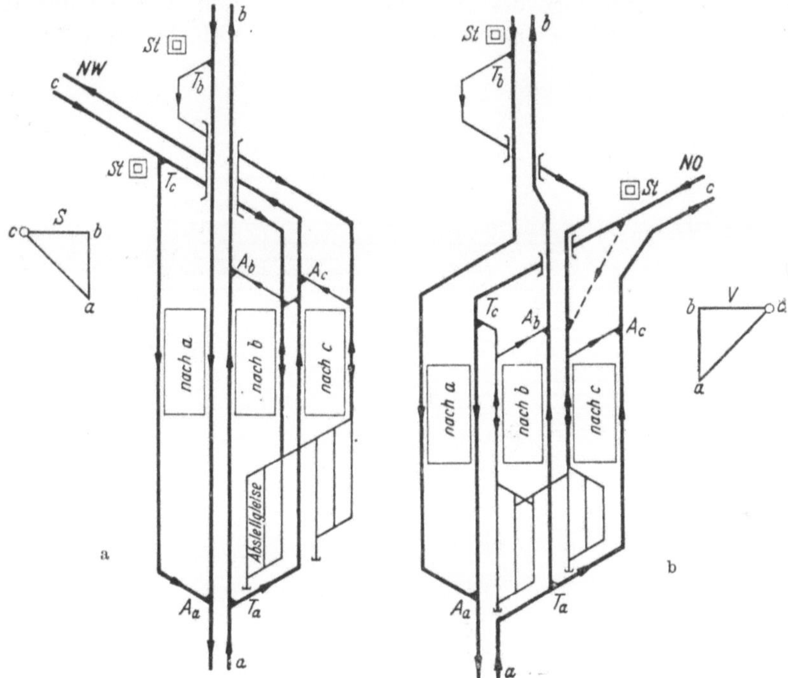

Abb. 89a, b. Anschlußbahnhof mit Durchgangs-, Eck- und Endverkehr.

In Abb. 89a kann in einfacher Weise der Endverkehr noch für die Anschlußlinie c eingerichtet werden, in Abb. 89b kommt durch die Einrichtung des Endverkehrs nach c noch ein Stellwerk hinzu.

Ist auf der Anschluß- und Stammlinie Eck- und Endverkehr zu bedienen,
dann zweigt man hierfür außerhalb des Bahnhofs von erstgenannter Bahnlinie
je zwei Verbindungen zu einem Kopfbahnsteig ab. Abb. 91 stellt einen Anschlußbahnhof dar, der den Durchgangs-, End- und Eckverkehr auf allen Linien
bedienen kann. Dieser totale Anschlußbahnhof wird später beschrieben.

 e) **Anschlußbahnhöfe mit Zugübergang für Personen- und Güterverkehr.**
Mündet eine ein- oder zweigleisige Hauptbahn in eine andere Hauptbahn ein,
dann können sowohl die Personen- als auch die Güterzüge von einer Bahnlinie
zur anderen übergehen. Für kleinere Städte vereinigt man den Personen- und

Güterverkehr in einem Bahnhof. Nachstehend sind einige Beispiele für derartige Anschlußbahnhöfe mit Zugübergang angegeben. Die Abb. 90a stellt einen Anschlußbahnhof mit Linienbetrieb für geringen Zugübergangsverkehr dar. Bleiben die Züge auf derselben Bahnlinie und gehen nur wenige auf eine andere über, so ist der Linienbetrieb das Gegebene; der Richtungsbetrieb ist, wie unten näher auseinandergesetzt wird, für Bahnhöfe mit stärkerem Zugübergang vorteilhaft.

In Abb. 90a sind in Verlängerung der Bahnsteige Betriebsüberholungsgleise zwischen den durchgehenden Hauptgleisen angelegt. Sie dienen lediglich zur Veränderung der Reihenfolge der Züge, um schnellere Züge vorzulassen. Die Güterzüge der abzweigenden Linie c kreuzen die Stammlinie schienenfrei. Eine Gruppe stumpfendigender Ordnungsgleise mit kleinem Ablaufberg dient zur Neubildung der Güterzüge der Abzweiglinie sowie zum Zerlegen der Wagengruppen von der Bahnlinie c nach den Richtungen a und b. Der Personenbahnhof

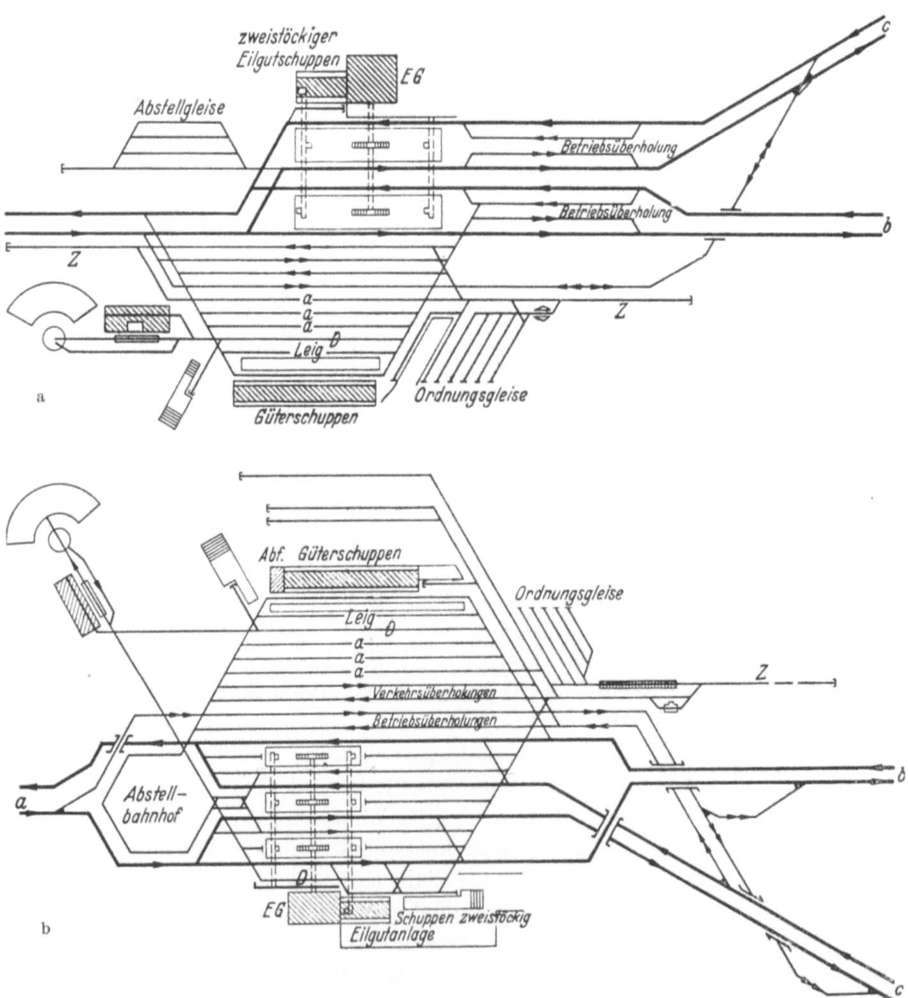

Abb. 90a, b. Anschlußbahnhof für Personen- und Güterverkehr mit Linien- und Richtungsbetrieb.

nach Abb. 90b dient dem Durchgangsverkehr a—b und a—c, sowie dem Endverkehr c. Deshalb ist die Linie c mit Richtungsbetrieb innen zwischen die Gleise der Linien a—b eingeführt und in ihrer Verlängerung ein Abstellbahnhof angelegt. Damit außer dem Endverkehr noch Züge des Durchgangsverkehrs überholen können, sind drei Bahnsteige angelegt. Der Güterbahnhof ist kreuzungsfrei sowohl an die Stammlinie als auch an die Abzweiglinie angeschlossen und zwar im Linksbetrieb. Dadurch kommt man für die Richtung a nur mit einer Gleisüberwerfung aus, und die Güterzugausfahrten nach b und c benutzen bis hinter die Gleisüberwerfung die Linie b. Der Anschlußbahnhof für Personen- und Güterverkehr mit Richtungsbetrieb (Abb. 91) dient dem Durchgangsverkehr a—b und a—c, dem Eckverkehr b—c sowie dem Endverkehr aller drei Linien. Im Personenbahnhof sind für den starken End- und Eckverkehr der Linien c und b besondere Kopfbahnsteige vorgesehen, ferner ein schmaler Bahnsteig für den Endverkehr der Gemeinschaftslinie a. Dessen Abstellgleise stehen aber mit dem Abstellbahnhof

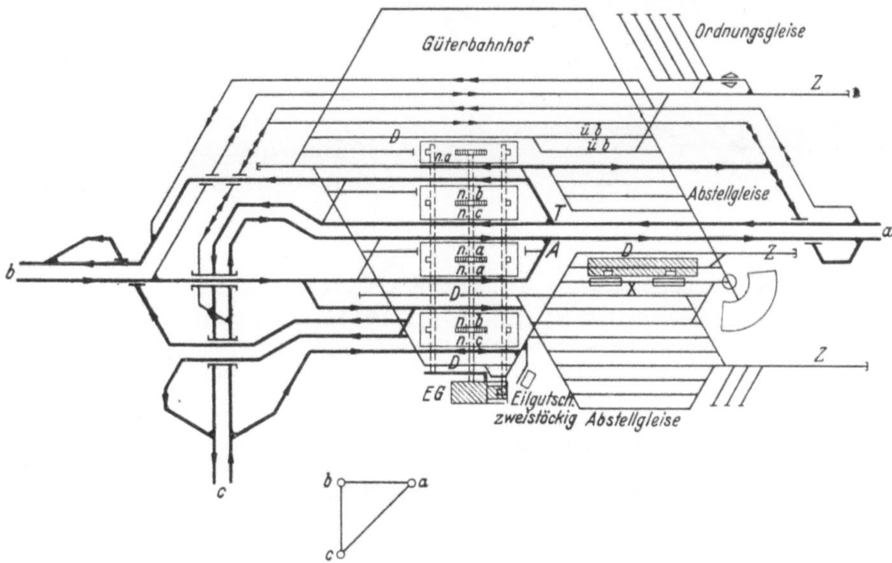

Abb. 91. Totaler Anschlußbahnhof für Personen- und Güterverkehr.

der Linien b und c in Verbindung. Die Kreuzung dieses Verbindungsgleises mit dem durchgehenden Hauptgleis der Gemeinschaftslinie a ist für Rangierfahrten vertretbar, da die durchgehenden Hauptgleise von dem Güterverkehr und von dem Endverkehr befreit sind. Das Ausfahrgleis des Endverkehrs nach a mündet in das kreuzungsfreie Güterausfahrgleis nach a ein. Die Verbindung mit dem Güterbahnhof ist kreuzungsfrei. Die Verbindung mit der Abzweigstrecke ist eingleisig. Die Gegenrichtung des durchgehenden Hauptgleises nach c wird schienengleich gekreuzt. Dies ist aber vertretbar, weil der End- und Eckverkehr von dieser Linie c vorher abgezweigt ist. Ein Durchfahrgleis zwischen den Bahnsteigen I und II ermöglicht die schnelle Auswechslung der Loks für den End- und Eckverkehr der Linien b und c. Ebenso können die Loks für die Züge des Endverkehrs der Linie a auf kurzen Wegen vom Lokschuppen zu den Zügen an dem schmalen Bahnsteig gelangen.

2. Kreuzungs- und Berührungsbahnhöfe.

Schneiden sich zwei Bahnlinien und sind ihre Gleise innerhalb eines Bahnhofs eine Strecke weit in gleicher Höhe nebeneinander hergeführt, so entsteht ein Kreuzungsbahnhof. Geht die Linie auf derselben Seite, auf der sie sich der anderen genähert hat, weiter, so ist der Bahnhof ein Berührungsbahnhof.

a) Die verschiedenen Verknüpfungen der beiden Bahnlinien zu einem Kreuzungsbahnhof. α) Kreuzung in Schienenhöhe. Wird auf dem Bahnhof die Linie c—d an die Bahnlinie a—b in gleicher Höhe herangelegt und schneiden sich nach Abb. 92a beide Linien schienengleich hinter dem einen Bahnsteigende, so erhält man einen Kreuzungsbahnhof mit Linienbetrieb. Die Gleise schneiden sich in vier Punkten und zwar sind die Schnittpunkte 1 und 3 Gleiskreuzungen und die Schnittpunkte 2 und 4 doppelte Kreuzungsweichen. Dadurch werden in beiden Fahrrichtungen je 4 Zugübergänge, also im ganzen acht ermöglicht: a⟷b, c⟷d, a⟷d und c⟷d.

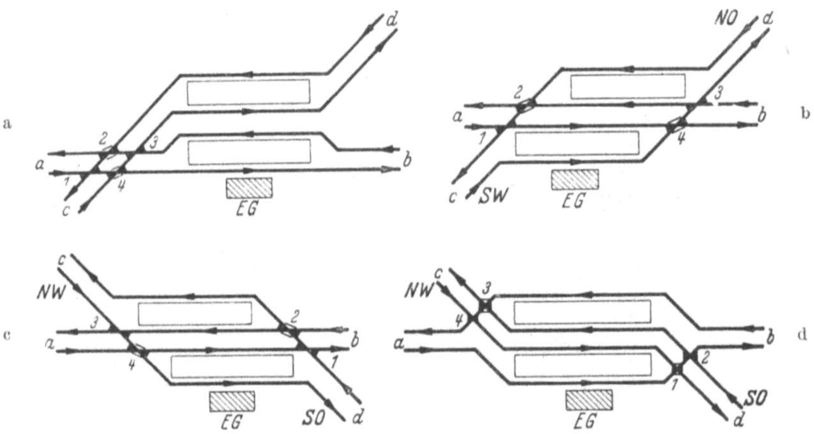

Abb. 92a—d. Kreuzungsbahnhof mit schienengleicher Kreuzung.

In den Punkten 1 und 3 kreuzt eine Einfahrt eine Ausfahrt (EA), im Punkte 2 kreuzen sich zwei Ausfahrten (AA) und im Punkte 4 zwei Einfahrten (EE). Letztere Kreuzung ist ein Gefahrenpunkt erster Ordnung, weil die in Fahrt befindlichen Züge nicht wie die abfahrenden vom Fahrdienstleiter zurückgehalten werden können und beim Versagen der Bremse ein Zug am Einfahrtsignal vorbeifahren und im Kreuzungspunkte auf einen anderen einfahrenden Zug stoßen kann. Den Gefahrenpunkt erster Ordnung kann man dadurch beseitigen, daß man den Linienbetrieb nach Abb. 92b in Richtungsbetrieb, ebenfalls schienengleich kreuzend, verwandelt. Auch hier sind wieder die Kreuzungspunkte 1 und 3 Gleiskreuzungen und die Punkte 2 und 4 doppelte Kreuzungsweichen. Es können sich dann auch wieder in den Gleiskreuzungen je eine Einfahrt mit einer Ausfahrt (EA), dagegen in den beiden doppelten Kreuzungsweichen je zwei Ausfahrten kreuzen (AA). Das sind aber nur Gefahrenpunkte zweiter und dritter Ordnung, die vertretbar sind.

Verläuft die kreuzende Linie nicht von NO nach SW, sondern nach Abb.92c von NW nach SO, dann sind auch wieder die Punkte 1 und 3 Gleiskreuzungen und die Punkte 2 und 4 doppelte Kreuzungsweichen. In jeder der beiden

Gleiskreuzungen kann wieder ein einfahrender Zug mit einem ausfahrenden zusammenstoßen (EA), dagegen in den beiden doppelten Kreuzungsweichen eine Einfahrt der einen Linie mit der Einfahrt der anderen (EE). Im Gegensatz zum Bahnhof der Abb. 92b erhält man hier zwei Gefahrenpunkte erster Ordnung. Diese kann man dadurch in zwei Gefahrenpunkte dritter Ordnung verwandeln, daß man die von NW nach SO verlaufende Linie zwischen die WO-Linie legt. (Abb. 92d). Bei Linksbetrieb kehren sich die Fahrrichtungen um; dann wird die Gleisanordnung nach Abb. 92c die betriebssicherere sein. Ohne Beseitigung der schienengleichen Kreuzung erhält man also durch die Verwandlung des Linienbetriebes in symmetrischen Richtungsbetrieb nach Abb. 92b und d einen betriebssicheren Bahnhof, wenn auch die Leistungsfähigkeit sich nicht ändert.

β) **Schienenfreie Kreuzung.** Leistungsfähiger und betriebssicherer wird der Kreuzungsbahnhof, wenn man die durchgehenden Hauptgleise der einen Linie mit Kreuzungsbauwerken über die der anderen Bahnlinie hinwegführt. Nach Abb. 93a, b, c sind die schienengleichen Kreuzungen der Abb. 92 durch ein Kreuzungsbauwerk beseitigt. Die durchgehenden Hauptgleise nach Abb. 93a

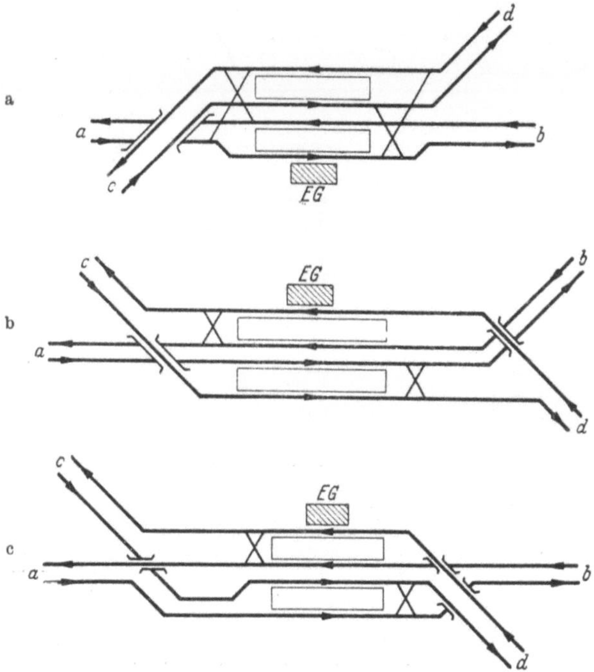

Abb. 93a, b, c. Kreuzungsbahnhof mit schienenfreier Kreuzung.

sind beim Linienbetrieb so verknüpft, daß beim Zugübergang stets die Einfahrt der Gegenrichtung die Ausfahrt kreuzt. Alle Kreuzungspunkte sind also hier Gefahrenpunkte zweiter Ordnung. Der Übergang der Züge von einer Linie zur anderen erfolgt also stets bei der **Ausfahrt**. Die Zugfahrt wird dabei nicht so beunruhigt, wie wenn die Ablenkung des Zuges auf die andere Linie bei der Einfahrt erfolgt, weil die Anfahrbeschleunigung bedeutend kleiner als die Bremsverzögerung ist.

Die Kreuzungen der Gegenrichtungen, also alle AE-Kreuzungen fallen fort, wenn man die durchgehenden Hauptgleise in **Richtungsbetrieb** schaltet und die Gleise gleicher Fahrrichtungen am Ausfahrende der Bahnsteige durch ein Weichenkreuz, bestehend aus vier Weichen und einer Gleiskreuzung, miteinander verknüpft. Dann können sich in letzterer nur je zwei Ausfahrten kreuzen. Dies sind aber Gefahrenpunkte dritter Ordnung. In Abb.93b sind die Hauptgleise in symmetrischem Richtungsbetrieb, in Abb.93c in verschränktem Richtungsbetrieb geschaltet.

b) Die Überholungsgleise. Sollen Personenzüge durch Schnellzüge überholt werden, dann kann man bei Richtungsbetrieb das Bahnsteiggleis der gleichen Fahrrichtung, das in der Regel am selben Bahnsteig liegt, als Überholungsgleis benutzen. Bei der Vertretbarkeit der Bahnsteiggleise ist dann für schwächeren Verkehr die Anlage eines besonderen Überholungsgleises nicht erforderlich. Wenn aber außer diesen Überholungen auf dem Bahnhof die Fahrpläne der sich kreuzenden oder berührenden Bahnlinien noch verknüpft werden sollen,

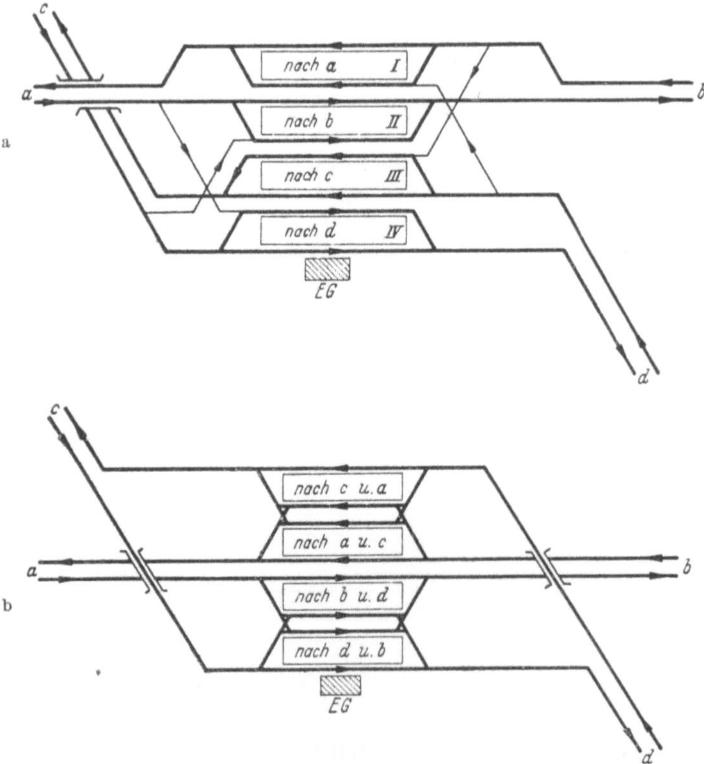

Abb. 94a, b. Kreuzungsbahnhof mit Überholungsgleisen.

damit die Reisenden umsteigen können, dann muß für den gleichzeitig haltenden Zug in jeder Fahrrichtung mindestens noch ein Bahnsteiggleis hinzugefügt werden, so daß man nach Abb.96a,b für den Durchgangsverkehr drei Bahnsteige erhält. Bei **Linienbetrieb** legt man zweckmäßig wegen der gegenseitigen

Behinderung infolge Kreuzung der Gegenrichtung nach 94a vier Bahnsteige an. Hier ist für jede Abfahrrichtung ein besonderer Bahnsteig vorgesehen. Das ist für die Reisenden recht übersichtlich. Bei drei Bahnsteigen des Richtungsbetriebes ist die Übersichtlichkeit geringer, da ein Zug der gleichen Ankunftrichtung mitunter auch an einem anderen Bahnsteig abfährt. Aber bei dem heutigen Stand der Technik, bei dem die Zugabfahrten mit Lautsprechern und Transparenten angezeigt werden, dürfte dieser Nachteil nicht allzu schwer ins Gewicht fallen. Nach Abb. 94b sind für Richtungsbetrieb vier Bahnsteige angelegt, von denen jeder für zwei Abfahrrichtungen vorgesehen ist. Steht aber für die Anlage von vier Bahnsteigen nicht die erforderliche Fläche zur Verfügung, dann kann man auch Bahnsteige von doppelter Zuglänge mit einem Umfahrgleis anlegen. Bahnsteiggleis und Umfahrgleis sind dann in der Bahnsteigmitte durch ein Weichenkreuz verbunden. Man erhält dann einen Kreuzungs- oder Berührungsbahnhof, der dem Anschlußbahnhof nach Abb. 88 entsprechend nachgebildet ist. Dieser ist für das Umsteigen der Reisenden, die in gleicher Richtung weiterfahren, bequem und auch recht übersichtlich, jedoch fahren die Züge auf gekrümmten Gleisen an den Bahnsteigen ein und aus.

c) **Kreuzungs- und Berührungsbahnhöfe mit Zugübergang nach allen Richtungen.** Tritt zu dem Durchgangsverkehr in der gleichen Fahrrichtung noch Eckverkehr hinzu, dann legt man einen Kreuzungs- bzw. einen Berührungsbahnhof nach Abb. 95a an. Hier sind die Bahnsteiggleise in symmetrischem Richtungsbetrieb geschaltet und jede Verkehrsrichtung erhält einen besonderen Bahnsteig. Der Bahnhof ist also für die Reisenden recht übersichtlich. Das am gleichen Bahnsteig gelegene Überholungsgleis dient auch dem Eckverkehr. Verkehrsgleise für den Lokwechsel sind vorzusehen und zwar auf der innen gelegenen Linie A—B. Tritt aber noch Endverkehr hinzu, so ist dieser Bahnhof noch durch eine Abstellanlage zu ergänzen. Der Abstellbahnhof liegt außerhalb zwischen zwei Bahnlinien und ist zweigleisig mit dem Personenbahnhof unter

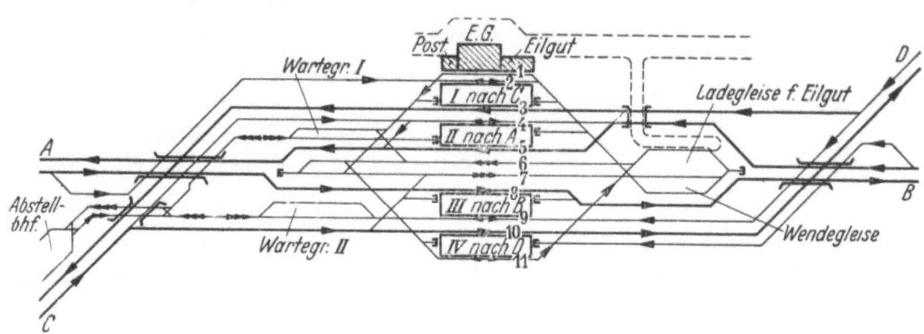

Abb. 95a. Kreuzungsbahnhof mit Durchgangs- und Eckverkehr.

Zwischenschaltung von Wartegleisen verbunden. Für die kurzwendenden von A und C kommenden Züge ist eine kleine Wendegruppe unmittelbar im Anschluß an die Bahnsteiggleise angelegt, damit diese Züge nicht in den entfernt liegenden Abstellbahnhof zu fahren brauchen. An der Wendegruppe, die gut mit allen Bahnsteiggleisen verbunden ist, befindet sich auch die Ladeanlage für das Eilgut, während der Eilgutschuppen und ebenso die Ladeanlagen für die Post mit dem Empfangsgebäude verbunden sind. In Abb. 95b ist ein Kreuzungsbahnhof mit Zugübergang nach allen Richtungen in verschränktem Richtungsbetrieb entworfen. Hier ist Eckverkehr auf den Linien nach c und a vorgesehen. Wenn aber außer dem Eckverkehr auch noch Endverkehr auf allen Linien zu bedienen ist, dann sind beide Verkehre von dem Durchgangsverkehr vollständig zu trennen. Diese Gleis-Bahnsteiganlagen sind nach Abb. 96c neben die des Durchgangsverkehrs zu legen und zwar in ähnlicher Weise wie es schon für den Anschlußbahnhof nach Abb. 91 vorgeschlagen worden ist.

3. Kreuzungs- und Berührungsbahnhöfe für Personen- und Güterverkehr.

a) Die Stärke des Personen- und des Güterverkehrs gestattet es, den Personen- und Güterbahnhof zu vereinigen. Dieser Fall kommt z. B. in Frage, wenn der Ortsverkehr gering ist, dagegen der Übergang der Reise- und der Güterzüge von einer Bahnlinie zur anderen häufig ist. Dann ist der Zugübergangsbetrieb des Bahnhofs leistungsfähig zu machen dadurch, daß man die Hauptgleise im Richtungsbetrieb einführt und schienengleiche Kreuzung vermeidet. Bei den Ausfahrten der Güterzüge aus den Überholungsgleisen (Abb. 96a, b) können die Züge gleicher Fahrrichtung dasselbe Abzweiggleis benutzen. Für die einfahrenden Güterzüge sind jedoch getrennte Fahrwege vorzusehen, um das Stellen der Güterzüge vor den Einfahrsignalen möglichst zu vermeiden. Für die Nahgüterzüge beider Richtungen ist ein besonderes Überholungsgleis vorgesehen. In Abb. 96a sind die Abzweigungen in die Güterüberholungsgleise im Linksbetrieb, in Abb. 96b im Rechtsbetrieb angeordnet, und die Trennungs-

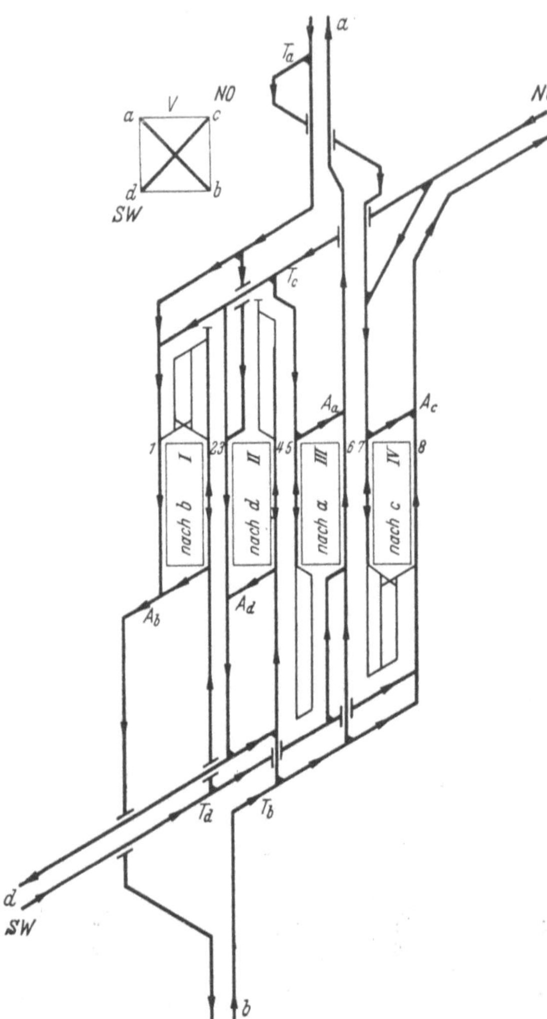

Abb. 95b. Kreuzungsbahnhof mit Durchgangs- und Eckverkehr.

und Anschlußweichen sind vor jedem Bahnhofsende so nebeneinander gelegt,
daß nur je ein Stellwerk erforderlich wird. Der Umsteigeverkehr und der Güter-
wagenaustausch sind sehr lebhaft. Für die Reisezüge ist in jeder Fahrrichtung

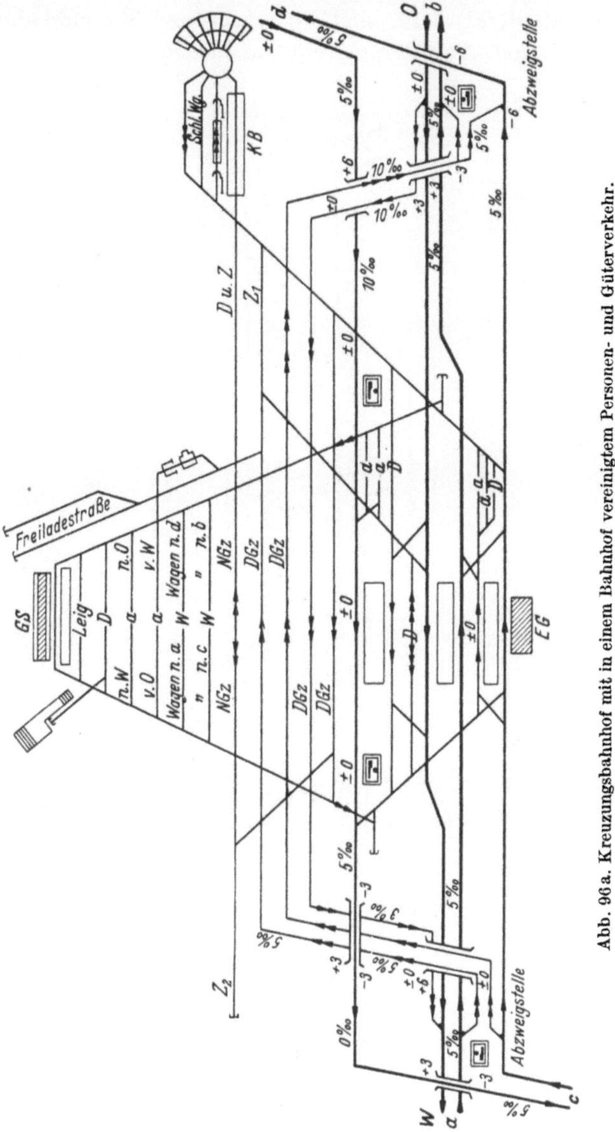

Abb. 96a. Kreuzungsbahnhof mit in einem Bahnhof vereinigtem Personen- und Güterverkehr.

ein Überholungsgleis für beide Linien vorgesehen, das ohne Kreuzung der Gegenrichtung befahren werden kann. Gleise für Verstärkungs- und Bereitschaftswagen sind zwischen den Bahnsteigen und dem einen Bahnhofsende
bequem zur Lokomotivbehandlungsanlage angeordnet. Für die auszuwechselnden
Güterwagen, die an der Spitze der Güterzüge ankommen und weiterfahren, sind
zwei Wechselgleise W, sowie für den Ortsgüterverkehr zwei Aufstellgleise a

vorgesehen, die so an je ein Ausziehgleis angeschlossen sind, daß der Zugverkehr möglichst wenig durch das Rangieren gestört wird.

b) Getrennter Personen- und Rangierbahnhof. Ist jedoch außer dem Übergang der Reise- und Güterzüge auch der Ortsgüterverkehr stark sowie der Endverkehr der Personenzüge bedeutend, dann sind Personen- und Rangierbahnhof sowie der Ortsgüterbahnhof nach Abb. 96c getrennt anzulegen.

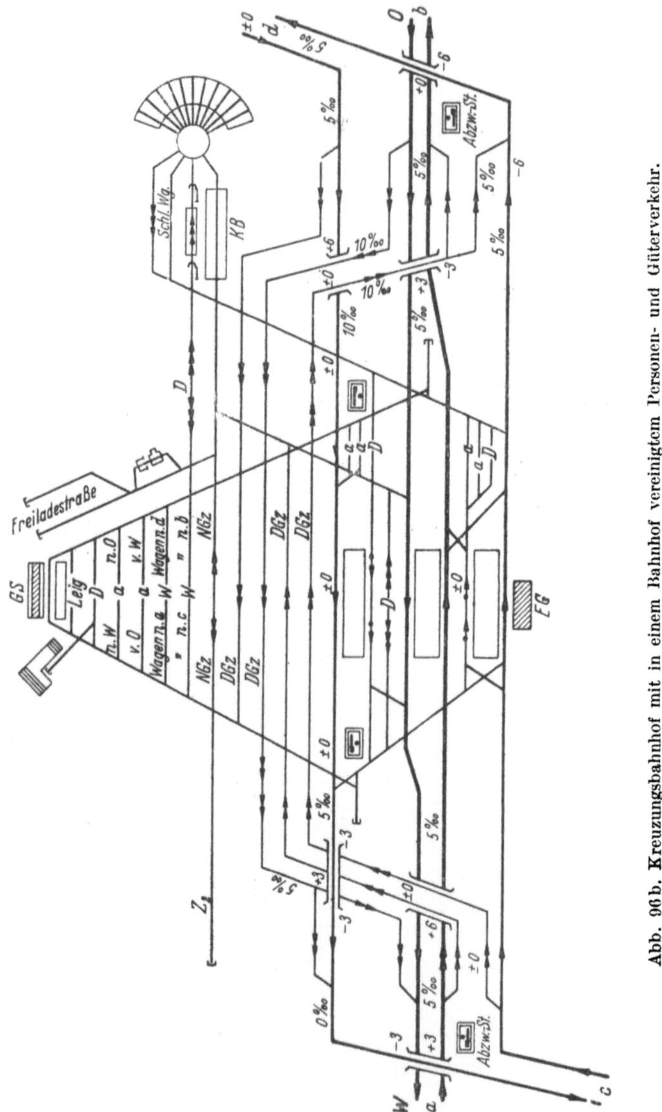

Abb. 96b. Kreuzungsbahnhof mit in einem Bahnhof vereinigtem Personen- und Güterverkehr.

Für die endigenden Züge ist unmittelbar an die Gleise des einen Bahnsteigs ein größerer Abstellbahnhof mit einer Lokomotivbehandlungsanlage angelegt, während an dem entgegengesetzten Ende des anderen Bahnsteiges eine kleine

Wendegruppe vorgesehen ist, die aber mit dem Abstellbahnhof durch ein Verkehrsgleis gut verbunden ist. Weichenstraßen und Verkehrsgleise für den Rangierbetrieb, also für den Lokwechsel und das Umsetzen der Kurs-, Verstärkungs-, Eilgut- und Postwagen sind vorgesehen. Der Rangierbahnhof ist zwischen den Linien b und d angelegt. Die Verbindungen des Rangierbahnhofs mit den Stammlinien sind kreuzungsfrei. Der Rangierbahnhof, dessen Entwurf im folgenden Abschnitt gezeigt werden soll, hat Verbindung mit dem Ortsgüter- und dem Abstellbahnhof, bei schienenfreier Kreuzung der Stamm- und der Güterumfahrgleise. Letztere verlaufen neben dem Personenbahnhof auf der dem Empfangsgebäude abgewandten Seite.

C. Grundriß der Bahnhofstopologie.

Im Vorhergehenden sind für die gleichen Fahrwege verschiedenartige Hauptgleisskizzen der Anschluß- und Kreuzungsbahnhöfe entworfen worden. Es soll nun gezeigt werden, wie die Hauptgleisskizzen dieser Zugübergangsbahnhöfe sich sämtlich aus der Verbindung zweier Gleise, die entweder aus einer Weiche oder einem Weichenkreuz besteht, entwickeln lassen. Dies geschieht mit Hilfe der Bahnhofstopologie, die ein anschauliches Beispiel dafür ist, daß der Gegenstand der Mathematik das Viele ist, das sich als Eines denken läßt. Nach der Bahnhofstopologie zeichnet man für jede Fahrrichtung diese

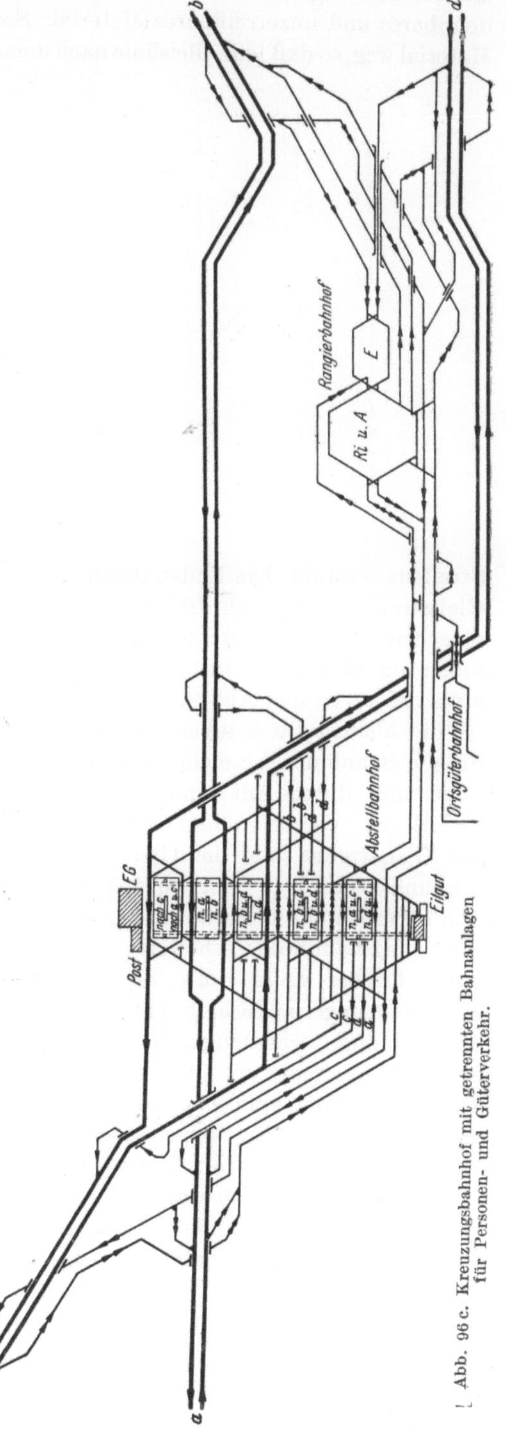

Abb. 96 c. Kreuzungsbahnhof mit getrennten Bahnanlagen für Personen- und Güterverkehr.

Gleisverbindungen mit ihren anschließenden Hauptgleisen auf durchsichtiges, völlig
dehnbares und unzerreißbares Material. Sodann schneidet man das überflüssige
Material weg, so daß jede Gleislinie nach den Abb. 97a,b in der Mitte eines schmalen

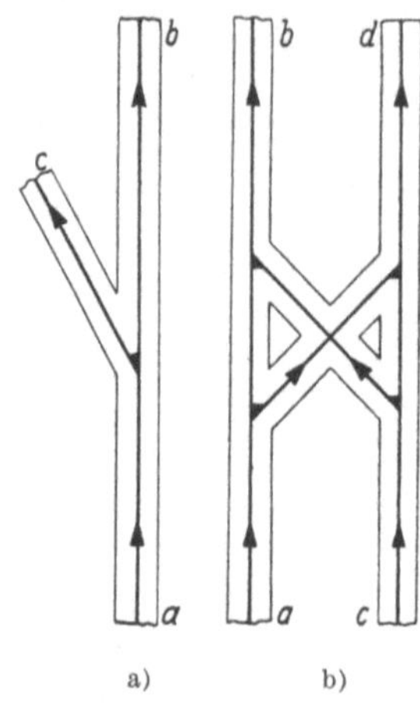

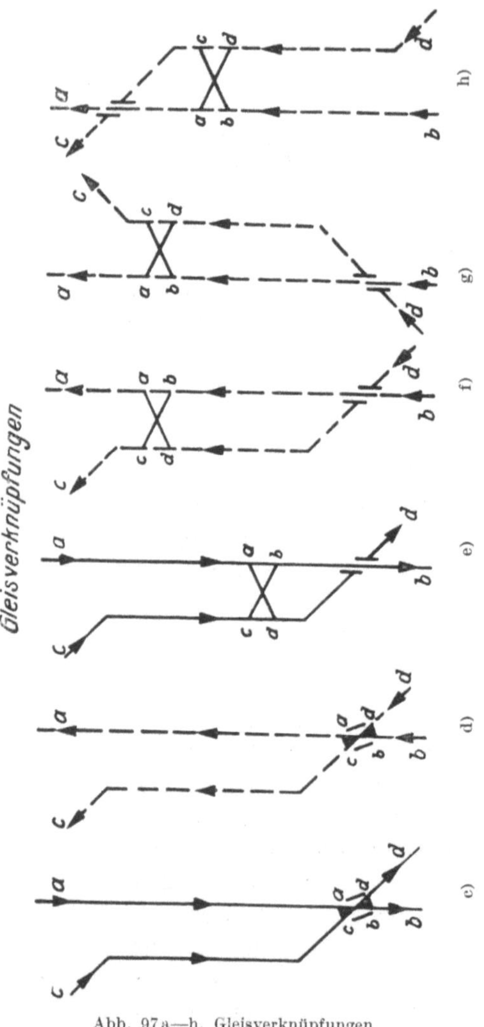

Abb. 97a—h. Gleisverknüpfungen.

Streifens verläuft. Die Enden dieser
Gleisstreifen sind nach der geographischen Lage der einzelnen Bahnlinien am Blattrande zu befestigen,
etwa da, wo in den Abb. 86, 87, 92,
93 die kleinen Buchstaben stehen,
die die Bahnlinien bezeichnen. Man
kann nun durch Auf- und Anein-
anderlegen, Verzerren und Dehnen
der Gleisstreifen und der Gleisverbindungen beider Fahrrichtungen
alle vorgenannten Anschluß- und
Kreuzungsbahnhöfe erhalten. Es
spielt hierbei keine Rolle, ob die
Gleiskreuzungen außerhalb der Gleisverknüpfung schienengleich oder
schienenfrei sind, da ja in den
Gleiskreuzungen kein Zugübergang
stattfindet. In einer doppelten Kreuzungsweiche kreuzen sich die Fahrwege
beider durchgehenden Linien, in einem Weichenkreuz dagegen nicht. In
letzterem kreuzen sich die Fahrwege der Züge nur beim Übergang von einer
durchgehenden Bahnlinie zur andern. In einer doppelten Kreuzungsweiche
kreuzen sich beim Übergang der Züge von einer Bahnlinie zur andern die Fahrwege nicht, sondern sie berühren sich. Da aber die Lichtraumprofile der beiden
Fahrwege in einer doppelten Kreuzungsweiche ineinander übergreifen, so schließen
sie sich aus. Bei dem Weichenkreuz findet die schienenfreie Kreuzung der
Fahrwege auf den beiden durchgehenden Hauptgleisen außerhalb des Kreuzungsbahnhofes statt. Auf Kreuzungsbahnhöfen mit schienengleicher Kreuzung

kreuzen sich die Fahrwege der durchgehenden Hauptgleise i n der d o p p e l t e n Kreuzungsweiche, also innerhalb des Bahnhofes.

Um nachzuweisen, daß die Gleisbänder für die Fahrwege auf den beiden durchgehenden Hauptgleisen des Weichenkreuzes mit der schienenfreien Kreuzung einerseits, und die Fahrwege der durchgehenden Hauptgleise in der doppelten Kreuzungsweiche andererseits topologisch gleich sind, hält man die untere Hälfte der Gleisbänder nach Abb. 97b im Weichenkreuz fest und verdreht die obere Hälfte um 180° um die Längsachse. Letztere Hälfte zeigt dann die Rückseite und die Gleisachsen mit ihren Pfeilen scheinen durch. Es kreuzen sich dann in dem Weichenkreuz die vorher parallelen Fahrwege a—b und c—d der durchgehenden Hauptgleise. Die Kreuzung der durchgehenden Gleise ist durch diese Drehung um die Längsachse in den Mittelpunkt des Weichenkreuzes gerückt und ist hierbei von einer schienenfreien Kreuzung außerhalb des Bahnhofs zu einer schienengleichen in der doppelten Kreuzungsweiche geworden. Die im Weichenkreuz sich kreuzenden Fahrstraßen a—d und b—c berühren sich nach der Verdrehung wie in der doppelten Kreuzungsweiche. Nach dieser Verdrehung des Weichenkreuzes sind also die Fahrwege auf den durchgehenden Hauptgleisen topologisch dieselben wie in der doppelten Kreuzungsweiche.

In Abb. 97c und d sind für jede Fahrrichtung, die außer durch die Pfeile noch durch die Strichart gekennzeichnet sind, die Fahrwege a—b und c—d durch eine doppelte Kreuzungsweiche verknüpft. Geometrisch sind die Gleisbänder die gleichen und unterscheiden sich nur durch die Richtung, in der sie von den Zügen benutzt werden. In Abb. 97 e—f und 97 g—h sind diese beiden Fahrwege durch ein W e i c h e n k r e u z verknüpft. Auch hier sind die Gleisbänder geometrisch die gleichen. Alle Abb. 97 c—f sind auch t o p o l o g i s c h die gleichen. Zum Beweise sind in Abb. 97c—d an die doppelte Kreuzungsweiche die Buchstaben der vier Bahnlinien eingetragen. In Abb. 97 e, f, g, h sind

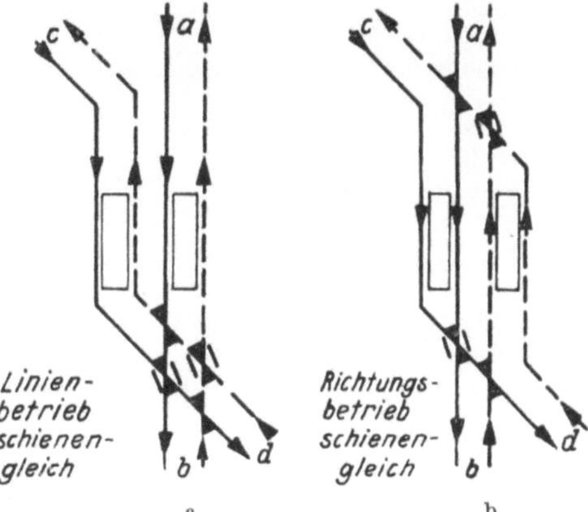

Abb. 98 a, b. Bildung schienengleicher Kreuzungsbahnhöfe für Linien- und Richtungsbetrieb aus Abb. 97c, d.

die vier Buchstaben an die gegenseitig abgewandten Enden des Weichenkreuzes einerseits und der schienenfreien Kreuzung andererseits angebracht. In allen sechs Fällen ist die Anordnung dieser vier Buchstaben dieselbe und sie entspricht der geographischen Lage der vier einmündenden Bahnlinien.

Es soll nun gezeigt werden, wie man mit Abb. 97 c und 97 d die Kreuzungsbahnhöfe der Abb. 98a und 98b für schienengleichen Linienbetrieb und schienengleichen Richtungsbetrieb durch Aufeinanderlegen bzw. Aneinanderfügen der
beiden Gleisbänder erhält. Abb. 98a entsteht dadurch, daß man die Abb. 97 d
so auf die Abb. 97 c legt, daß die beiden Gleise einer Strecke paarweise nebeneinander liegen. Abb. 98b ist so entstanden, daß man zunächst die Abb. 97 c
hinlegt und die Abb. 97 d rechts daneben setzt, aber so in der Längsrichtung
verschoben, daß die doppelte Kreuzungsweiche nunmehr am Ausfahrende der
Bahnsteige liegt, sie also nur von ausfahrenden Zügen befahren wird. In den
schienengleichen Kreuzungen sind die beiden Gleise im Weichenkreuz nicht
verknüpft, sondern sie liegen nur aufeinander. Den Kreuzungsbahnhof im
Richtungsbetrieb mit schienenfreier Kreuzung nach Abb. 98 c erhält man lediglich
dadurch, daß man rechts neben die Abb. 97 e die Abb. 97 f schiebt. Dadurch
entsteht der verschränkte Richtungsbetrieb. Die Kreuzungen der Bahnlinien
außerhalb des Bahnhofs sind schienenfrei.

Legt man die gestrichelten Gleisbänder der Abb. 97 f auf die Rückseite, so
erhält man bei dem durchsichtigen Material die Abb. 97 g mit denselben Richtungspfeilen. Jedoch haben die Abzweigungen der Linien c—d andere Richtungen. Verformt man aber die Enden c und d nach Abb. 97 f, so daß sie wieder
der geographischen Lage der Bahnlinien entsprechen, und dreht die Enden

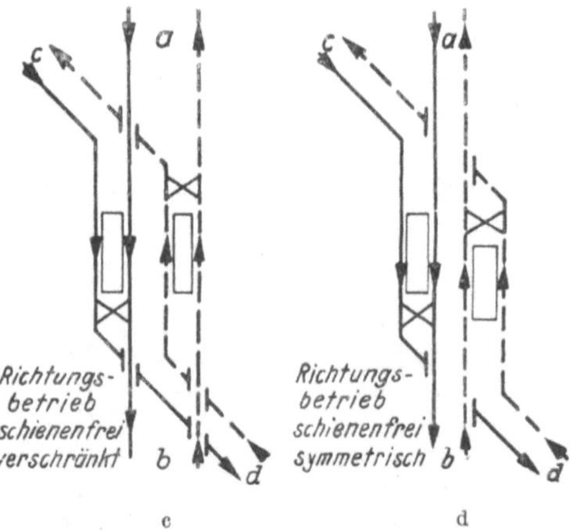

Abb. 98 c, d. Kreuzungsbahnhöfe mit schienenfreier Kreuzung aus Abb. 97 e, f.

der Gleisbänder a—b und c—d um 180° in ihrer Längsachse, so daß sie mit
der Vorderseite wieder oben liegen, so ist der Anschluß an die einmündenden
Bahnlinien wieder hergestellt. Rückt man nun die Abb. 97 h rechts neben die
Abb. 97 e, so erhält man den Kreuzungsbahnhof mit symmetrischem Richtungsbetrieb und schienenfreier Kreuzung nach Abb. 98d. Es umfassen dann die
beiden Hauptgleise der Bahnlinien c—d das Gleispaar der Bahnlinie a—b.
Die Buchstabenanordnung des einen Weichenkreuzes an dem einen Bahnsteigende ist die Spiegelung des Weichenkreuzes an dem anderen Bahnsteigende
um die senkrechte Achse.

Abb. 98e ist ein Kreuzungsbahnhof in Linienbetrieb mit schienenfreier Gleiskreuzung. Diesen erhält man dadurch, daß man die Weichenkreuze der

Gleisbänder nach Abb. 97 e und 97 f in der Breite dehnt und Abb. 97 f so auf Abb. 97 e schiebt, daß die zugehörigen Gleise einer Linie paarweise nebeneinander liegen. In ähnlicher Weise lassen sich auch durch Aufeinanderlegen und Aneinander-fügen der Gleisbänder beider Fahrrichtungen einer Durchgangslinie und einer Anschlußlinie Anschluß-bahnhöfe und Abzweigstellen (Abb. 79 b, 86 a, 87 a bis d) in Linienbetrieb und verschränktem und symme-trischem Richtungsbetrieb ohne und mit schienenfreier Kreuzung entwickeln.

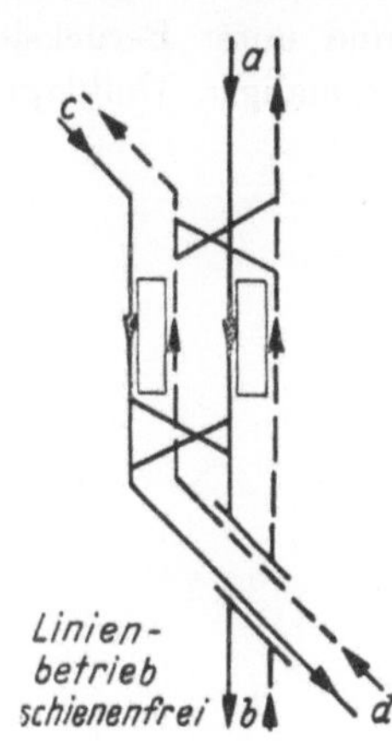

Abb. 98 e.
Kreuzungsbahnhof
mit schienenfreier Kreuzung
aus Abb. 97 e, f

Dies sind die Grundlagen der Bahnhofstopologie der Bahnhöfe in Durchgangsform. Die Bahnhofs-topologie vermittelt noch eine weitere Erkenntnis. Wie ich im „Organ" 1942, Heft 20 gezeigt habe, erhält man einen Zugübergangsbahnhof in Kopfform mit den gleichen Zugübergängen dadurch, daß man einen Zugübergangsbahnhof im Richtungsbetrieb in Durch-gangsform um eine quer durch die Bahnsteige gelegte Achse umklappt. Die Gleisbänder außerhalb des Bahnhofes werden um die Querachse wieder zurück-geklappt, so daß sie wieder die Vorderseite zeigen. Dadurch ist die Verbindung mit den Streckengleisen wieder hergestellt. Im meinem Aufsatz „Kopfbahnhöfe für den totalen Zugübergangsverkehr" in der Zeitschrift „Der Verkehr" 1947, Heft 4/5, habe ich eine wesentliche Vereinfachung dieses Umklappverfahrens bekanntgegeben, durch die der vorherige Entwurf des Zugübergangsbahnhofes in Durchgangsform für die Konstruktion des topologisch gleichen in Kopf-form überflüssig wird.

Allgemein handelt es sich in der Topologie um geometrische Tatsachen, zu deren Erfassung nicht einmal der Begriff der Geraden und der Ebene heran-gezogen wird, sondern allein die Zusammenhänge zwischen den Punkten einer Figur. Die topologischen Eigenschaften, die man an der Figur kennengelernt hat, bleiben also erhalten, wenn man die aus völlig dehnbarem und unzerreiß-barem Material hergestellte Figur beliebig verzerrt. Z. B. kommen nach dem Buch „Anschauliche Geometrie" von D. Hilbert und S. Cohn-Vossen, Springer-Verlag, Berlin 1932, alle topologischen Eigenschaften der Kugel in gleicher Weise auch dem Ellipsoid und dem Würfel oder dem Tetraeder zu. Im Gegensatz zu diesen unberandeten Flächen handelt es sich in der Bahnhofs-topologie um berandete Flächengebilde. Hier sind die eingezeichneten Gleis-achsen mit Pfeilen für die Fahrrichtung versehen. Die beiden Gleise einer zwei-gleisigen Bahn liegen z. B. so nebeneinander, daß die Richtungspfeile den Rechtsbetrieb anzeigen. Klappt man dieses Gleisbänderpaar um eine Quer-achse, so erscheint die Rückseite oben und bei durchsichtigem Material sieht man dann die beiden Gleise der Bahnlinie mit ihren Pfeilen im Linksbetrieb.

Will man z. B. einen Zwischenbahnhof als Durchgangsbahnhof in einen Kopfbahnhof verwandeln, so klappt man die nach Süden weiterlaufende Strecke etwa in der Bahnsteigmitte um die waagerechte Achse um 180° nach oben um und legt in den Umklappungsknicken Spitzkehrweichen ein, damit die

Züge Kopf machen können. Nach dem Umklappen zeigen die Fahrrichtungspfeile auf den durchsichtigen Gleisbändern Linksbetrieb an. Dieser ist nach
Abb. 99b, c durch Gleisüberwerfung wieder in den Rechtsbetrieb der Strecke
zu verwandeln. Hierbei sind die umgeklappten Gleisbänder in stetiger Krümmung, also ohne Verwendung von Spitzkehrweichen, und unter Berücksichtigung der zulässigen Halbmesser wieder nach einer abermaligen Umklappung

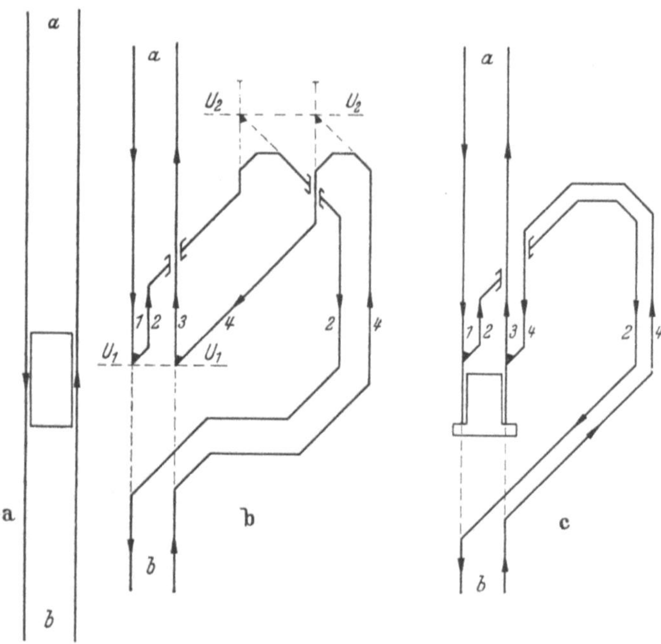

Abb. 99. Konstruktion eines Kopfbahnhofs durch Umklappen eines einfachen Zwischenbahnhofs
in Durchgangsform.

um eine waagerechte Achse nach Süden abzubiegen, damit der Zusammenhang mit der liegengebliebenen Strecke wiederhergestellt wird. Durch die
zweite Umklappung wird der Linksbetrieb wieder in Rechtsbetrieb verwandelt.

Für einen leistungsfähigen Zugübergang von einer Bahnlinie auf eine andere
sind die Gleise für den Richtungsbetrieb zu schalten, bei dem die Gleisbänder gleicher Fahrrichtung nebeneinander liegen. In den Zugübergangsbahnhöfen hängen die Gleisbänder in den Trennungs- und Anschlußweichen
der Zugübergangsstellen miteinander zusammen. In einem Anschlußbahnhof
ist nur je eine Anschluß- und eine Trennungsweiche, in einem Kreuzungs-
bzw. Berührungsbahnhof sind je zwei Trennungs- und Anschlußweichen vorhanden, die zu einem Weichenkreuz vereinigt werden, in dessen Mitte sich
eine schienengleiche Gleiskreuzung befindet. Die letztere kann in Schienenhöhe liegen, wenn sie nur von ausfahrenden Zügen benutzt wird, die vorher
hielten und daher in der Gewalt des Fahrdienstleiters standen. Auch schienengleiche Kreuzungen der Fahrwege eines ausfahrenden und eines einfahrenden
Zuges können noch zugelassen werden, wenn erstere in geringem Abstand von
der Kreuzungsstelle gehalten haben. Gänzlich ausgeschlossen aber ist die

schienengleiche Kreuzung der Fahrwege zweier einfahrender Züge. Diese Grundsätze, die sinngemäß auch für Kreuzungsweichen und Anschlußweichen gelten, müssen bei Zugübergangsbahnhöfen sowohl in Durchgangsform als auch in Kopfform gewahrt bleiben, ebenso die Forderung, daß die Züge möglichst auf dem geraden Strang· einer Weiche einfahren. Die Verwirklichung dieser Grundsätze ist bei Kopfbahnhöfen schwieriger, da hier an demselben Bahnhofsende die Züge ein- und ausfahren, während sich beim Durchgangsbahnhof die Ein- und Ausfahrten auf beide Bahnhofsenden verteilen und daher hier Zugkreuzungen weniger häufig auftreten. Soll ein Zugübergangsbahnhof in Kopfform aus dem in Durchgangsform durch Umklappung des letzteren um eine Querachse entwickelt werden, so ist diese Umklappung an dem leistungsfähigsten Zugübergangsbahnhof in Durchgangsform vorzunehmen. In einem Zugübergangsbahnhof in Durchgangsform muß das Weichenkreuz wegen der Durchrutschgefahr der einfahrenden Züge vom Bahnsteigende um den Durchrutschweg abgerückt werden.

In einem Kopfbahnhof fällt die Durchrutschgefahr und somit auch die Durchrutschstrecke fort. Hier kann man daher das Weichenkreuz möglichst dicht an das Ausfahrende des Bahnsteiges heranschieben. Infolgedessen werden auch die Gleisverbindungen zwischen Bahnsteig und Abstellbahnhof bzw. den Wartegleisen gedrungener und übersichtlicher, so daß der Fahrdienstleiter die Räumung und Besetzung der Bahnsteiggleise schneller durchführen lassen kann, da beide Anlagen in seinen Stellwerksbezirk einbezogen sind.

Für alle Typen von Zugübergangsbahnhöfen sind Hauptgleisskizzen entworfen unter Ausnutzung aller Möglichkeiten des Zugübergangs- und Endverkehrs. Diese Hauptgleisskizzen für totalen Zugübergangsverkehr bilden dann die Grundlage für die Entwürfe der Bahnhöfe, bei denen eine geringere Anzahl von Zugübergangsmöglichkeiten verlangt wird. Man braucht in diesem Falle nur die Gleisverbindungen für die nicht geforderten Zugübergänge fortzulassen. Das ist einfacher, als in jedem einzelnen Falle neue Hauptgleisskizzen zu konstruieren. Aus den auf den tatsächlichen Verkehr abgestimmten Hauptgleisskizzen entwickelt man nunmehr die Bahnhofsskizzen, indem man erstere durch die Überholungsgleise sowie die Lok-, Abstell-, Eilgut- und Postanlagen nebst den Warte- und Verkehrgleisen erweitert. Aus diesen Bahnhofsskizzen werden sodann an das Gelände und die Besiedlung angepaßt die Bahnhofspläne maßstäblich entworfen.

D. Zugübergangsbilder.

1. Aufbau.

Die Zugübergangsbilder, mit deren Hilfe die Zugübergangsbahnhöfe in Kopfform ohne vorherige Konstruktion des topologisch gleichen Durchgangsbahnhofs entworfen werden können, charakterisieren den Bahnhof hinsichtlich seiner Zugübergangsmöglichkeiten in gleicher Weise für die Durchgangs- wie für die Kopfform. Bei dieser Kennzeichnung bedienen sich die Zugübergangsbilder der Form der Gleisverbindungen für den Zugübergang des Durchgangsverkehrs. Das ist bei den Anschlußbahnhöfen die einfache Weiche (Abb. 100a, 7), bei den Berührungs- und Kreuzungsbahnhöfen das Weichenkreuz (Abb. 100a,

9 + 10). Diese Gleisverbindungen werden als Zugübergangsbild für beide Fahrrichtungen nur einmal gezeichnet. Die Durchgangslinien werden durch stark

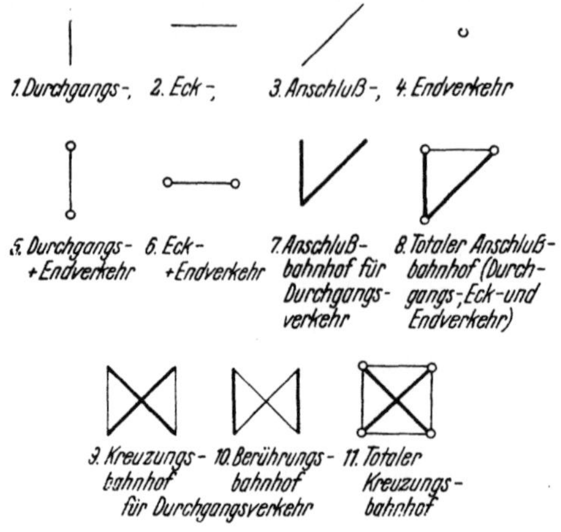

Abb. 100a. Zugübergangsbilder.

ausgezogene Striche gekennzeichnet. Eine Anschlußlinie, die also auf dem Bahnhof nicht weiter durchgeht, wird nach Abb. 100a, 7 durch einen schrägen Strich
an den Außenseiten der Zugübergangsbilder gekennzeichnet. Innerhalb der
Zugübergangsbilder stellen die schrägen Striche (Diagonalen), wenn sie schwächer
ausgezogen sind, Gleisverbindungen für den Zugübergang dar. Sind diese Diagonalen stark ausgezogen (Abb. 100a, 9 + 11), so erhält man das Zugübergangsbild eines Kreuzungsbahnhofs im Gegensatz zu dem eines Berührungsbahnhofs, bei dem die senkrechten Striche stark ausgezogen sind. Die Gleisverbindungen für den Zugübergang im Eckverkehr werden durch waagerechte
Striche (Abb. 100a, 2, 8, 11) und für den Endverkehr, bei dem also die Züge
auf derselben Linie zurückfahren, durch kleine Kreise an den Enden der senkrechten und schrägen Striche angedeutet (Abb. 100a, 4, 5, 6, 8, 11).

Die Zugübergangsbilder sind an ihren Enden und Spitzen durch die gleichen
Buchstaben wie die Bahnlinien gekennzeichnet. Durchgangslinien haben am
Anfang und Ende der Senkrechten bzw. der Diagonalen im Alphabet aufeinanderfolgende Buchstaben. Es werden die Zugübergangsbilder nach S. 116 der
geographischen Lage der Bahnlinien zugeordnet.

Die Zugübergangsbilder kennzeichnen die Zugübergangsbahnhöfe:

1. Als einfache oder mehrfache Anschluß-, Kreuzungs- bzw. Berührungsbahnhöfe, also nach ihrer Lage zum Bahnnetz.
2. Durch die Bezeichnungen Sr, Sl, Vo und V2 hinsichtlich der richtungsweisen Schaltung der Hauptgleise, also topologisch.
3. Durch die gleichen Buchstaben wie die Bahnlinien geographisch.
4. Hinsichtlich des Verkehrs, und zwar deuten die senkrechten und schrägen
   Striche der Zugübergangsbilder den Durchgangsverkehr, die waagerechten
   den Eckverkehr und die kleinen Kreise den Endverkehr an.

Das Zugübergangsbild präzisiert also die Entwurfsaufgabe eines Bahnhofs
prägnant in vierfacher Weise. Es kürzt also den umfangreichen Aufgabentext
erheblich ab.

2. Kennzeichnung der richtungsweisen Schaltung der Hauptgleise.

Die durchgehenden Hauptgleise sind bei leistungsfähigen Zugübergangsbahnhöfen (Anschluß-, Berührungs- oder Kreuzungsbahnhöfe) im Richtungsbetrieb zu schalten. Hier liegen die durchgehenden Hauptgleise, die in gleicher

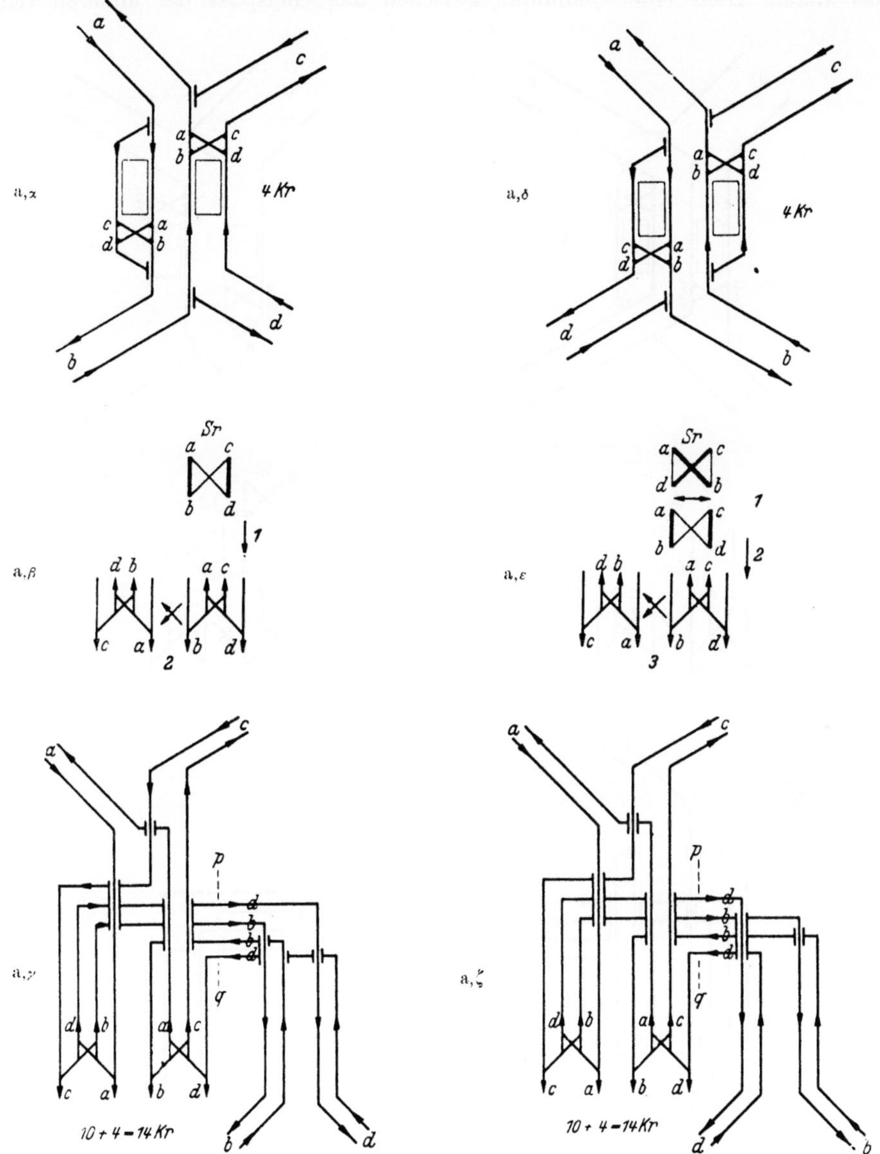

Abb. 101 a. Einfache Berührungs- und Kreuzungsbahnhöfe in Durchgangs- und Kopfform.

Richtung befahren werden, nebeneinander. Es treten dabei für den Richtungsbetrieb entweder beide Gleise oder nur ein Gleis der einen Bahnlinie zwischen die beiden Gleise der anderen Bahn. In ersterem Falle hat man symmetrischen (Abb. 101 a, b), im letzteren verschränkten Richtungsbetrieb

(Abb. 101 c, d). Bei symmetrischem als auch bei verschränktem Richtungsbetrieb
gibt es wieder **zwei Spielarten**, je nachdem beim symmetrischem Richtungsbetrieb die Gleise der einen Bahnlinie die der anderen umfassen oder von diesen
umfaßt werden, bzw. je nachdem bei verschränkter Schaltung das eine oder
das andere Gleis einer Bahnlinie zwischen das Gleispaar der anderen tritt.

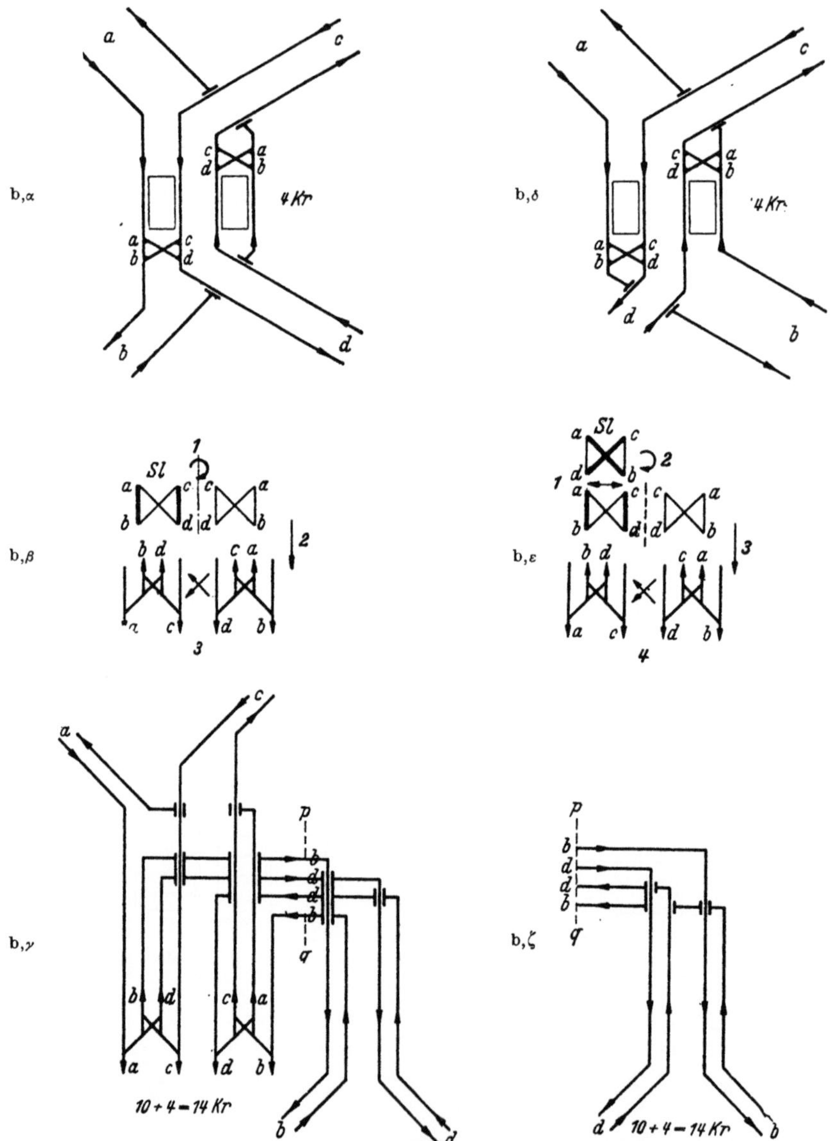

Abb. 101 b. Einfache Berührungs- und Kreuzungsbahnhöfe in Durchgangs- und Kopfform.

Das Zugübergangsbild ist aber das gleiche für diese vier verschiedenen Schaltungen. Es sind daher die Zugübergangsbilder für die Anschluß-, Berührungs-
oder Kreuzungsbahnhöfe für jede Schaltung noch besonders zu kennzeichnen.

α) **Anschlußbahnhof in Durchgangsform. Fall 1:** Bei symmetrischem Richtungsbetrieb gelangt nach Abb.102a, α das äußere rechte Gleis ohne Kreuzung neben dasjenige der gleichen Fahrrichtung der anderen Bahnlinie. Die rechte Weiche stimmt daher mit dem Zugübergangsbild hinsichtlich der Buch-

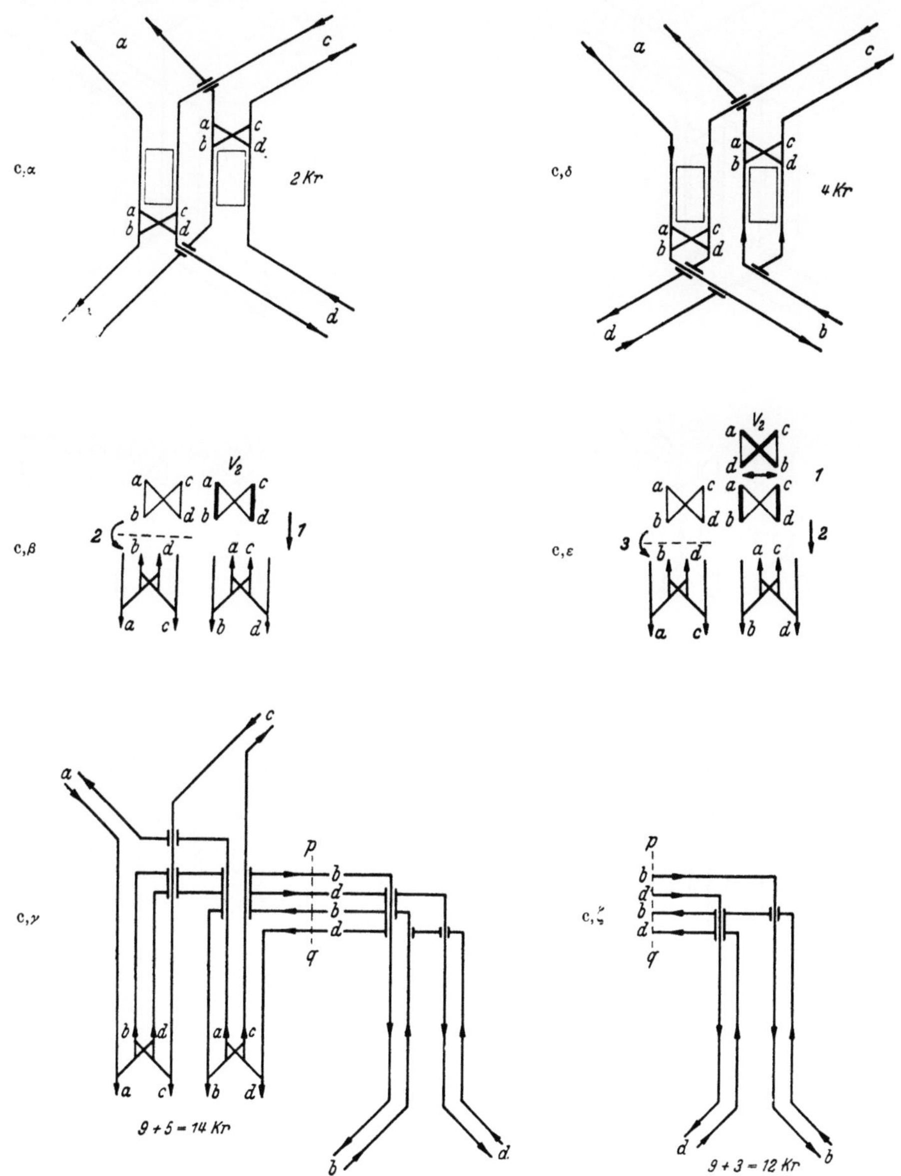

Abb. 101c. Einfache Berührungs- und Kreuzungsbahnhöfe in Durchgangs- und Kopfform.

stabenanordnung und der Form überein. Beide sind daher identisch. Zur Kennzeichnung schreibt man S_r über das Zugübergangsbild. Im Falle 2 gelangt nach Abb.102b, α von oben links das äußere Hauptgleis ohne Kreuzung neben

das Gleis gleicher Fahrrichtung der anderen Bahnlinie. Hier ist die Buchstabenanordnung der linken Weiche des symmetrisch geschalteten Anschlußbahnhofs
mit dem Zugübergangsbild identisch, über das ein Sl zu schreiben ist.

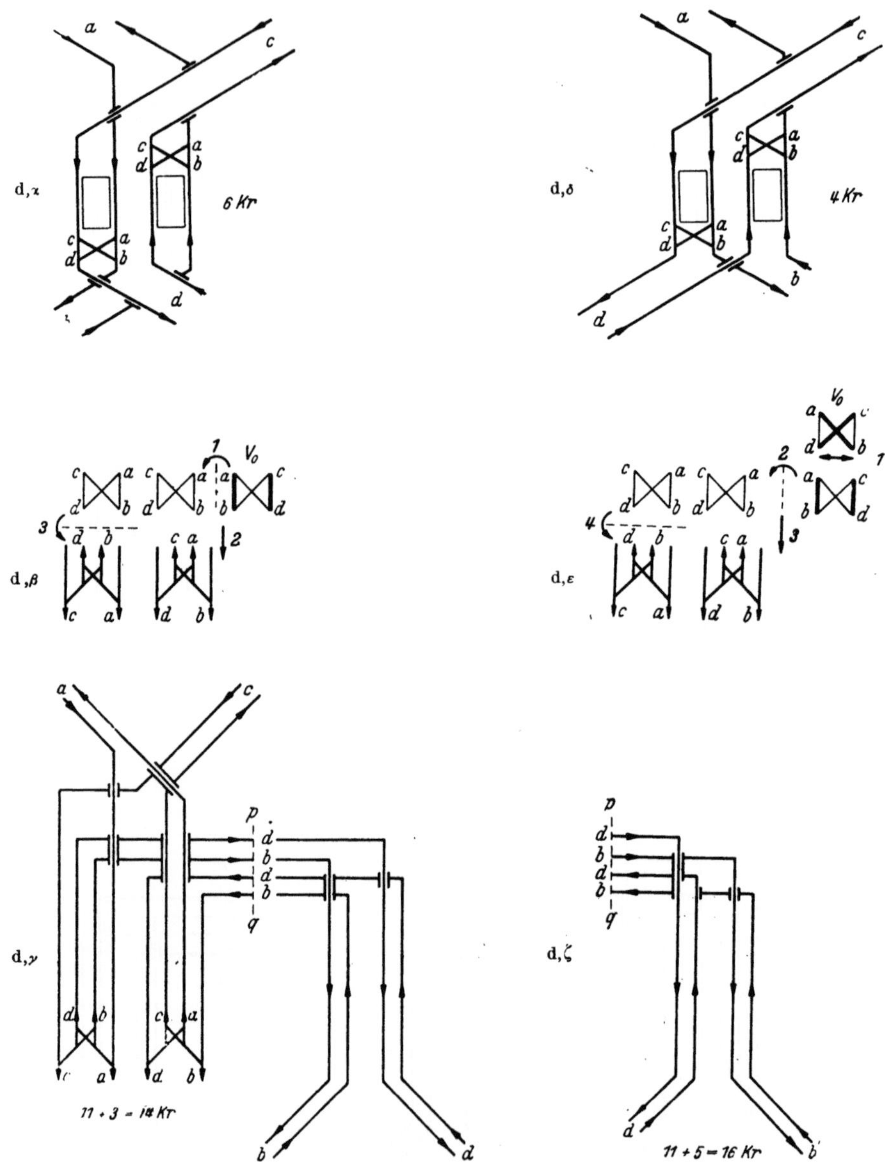

Abb. 101 d. Einfache Berührungs- und Kreuzungsbahnhöfe in Durchgangs- und Kopfform.

Im Falle 3 sind die Hauptgleise im verschränkten Richtungsbetrieb geschaltet. Das rechte Gleis der einen sowie das linke Gleis der anderen gelangt
von oben her ohne Kreuzung neben das in gleicher Richtung befahrene Gleis

(Abb. 102c, α). Hier stimmt die Buchstabenfolge beider Weichen mit dem Zugübergangsbild überein. Zur Kennzeichnung erhält dieses dann ein V2. Im Falle 4 gelangt kein Gleis von oben ohne Kreuzung neben das Gleis gleicher Fahrrichtung der anderen Bahnlinie. Nach der Buchstabenfolge sind beide Weichen dem Zugübergangsbild entgegengesetzt, das zur Kennzeichnung daher ein V_o erhält. (Abb. 102d, α.)

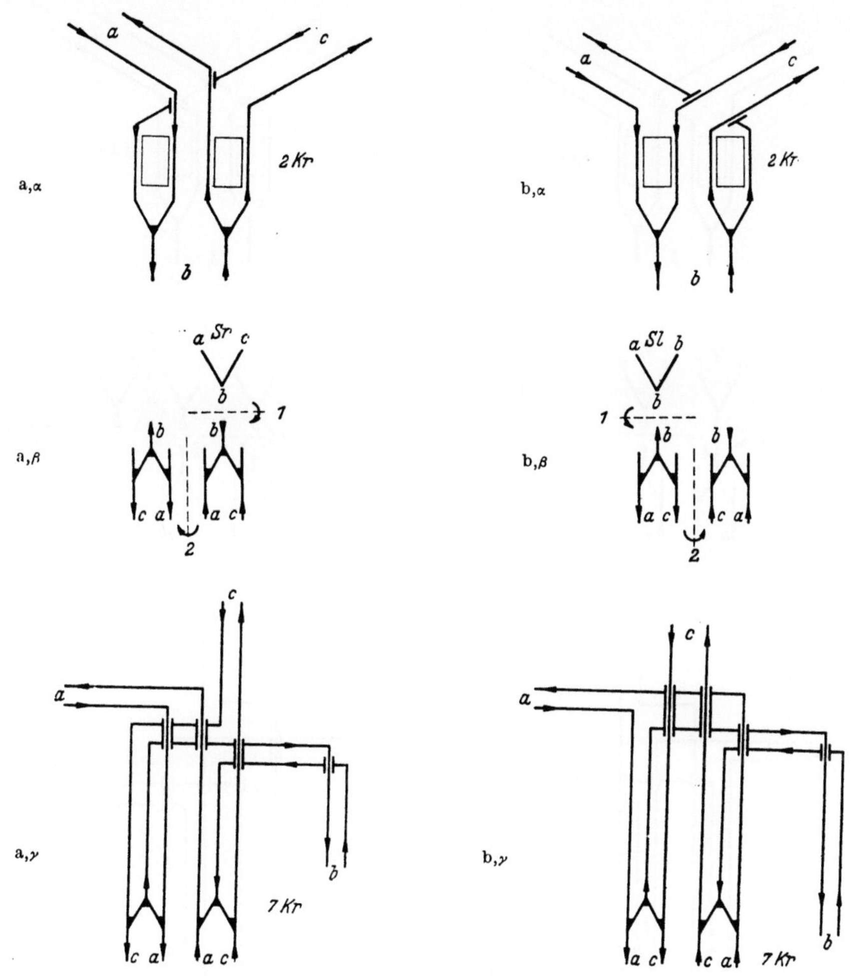

Abb. 102a—b. Anschlußbahnhöfe in Durchgangs- und Kopfform.

β) **Berührungsbahnhof in Durchgangsform.** Auf Berührungsbahnhöfen mündet die berührende Bahnlinie auf der gleichen Seite ein, auf der sie den Bahnhof wieder verläßt. Hier legt sich daher bei symmetrischem Richtungsbetrieb (Abb. 101a, α) rechts außen das rechte Gleis der einen Bahnlinie ohne Kreuzung sowohl von oben als auch von unten her neben das Gleis gleicher Fahrrichtung der anderen Bahnlinie. Das Zugübergangsbild wird durch Sr gekennzeichnet. Seine Buchstabenanordnung stimmt mit der des oberen und des unteren Endes des rechten Weichenkreuzes überein. In Abb. 101b. α ist die

Buchstabenanordnung des mit S_l gekennzeichneten Zugübergangsbildes demjenigen des linken Weichenkreuzes identisch.

Gelangen bei verschränktem Richtungsbetrieb des Berührungsbahnhofs sowohl von oben als auch von unten ein Gleis der einen Bahnlinie als auch eines der andern Bahnlinie ohne Kreuzung neben die Gleise gleicher Fahrrichtung, so haben beide Weichenkreuze dieselbe Buchstabenanordnung wie das

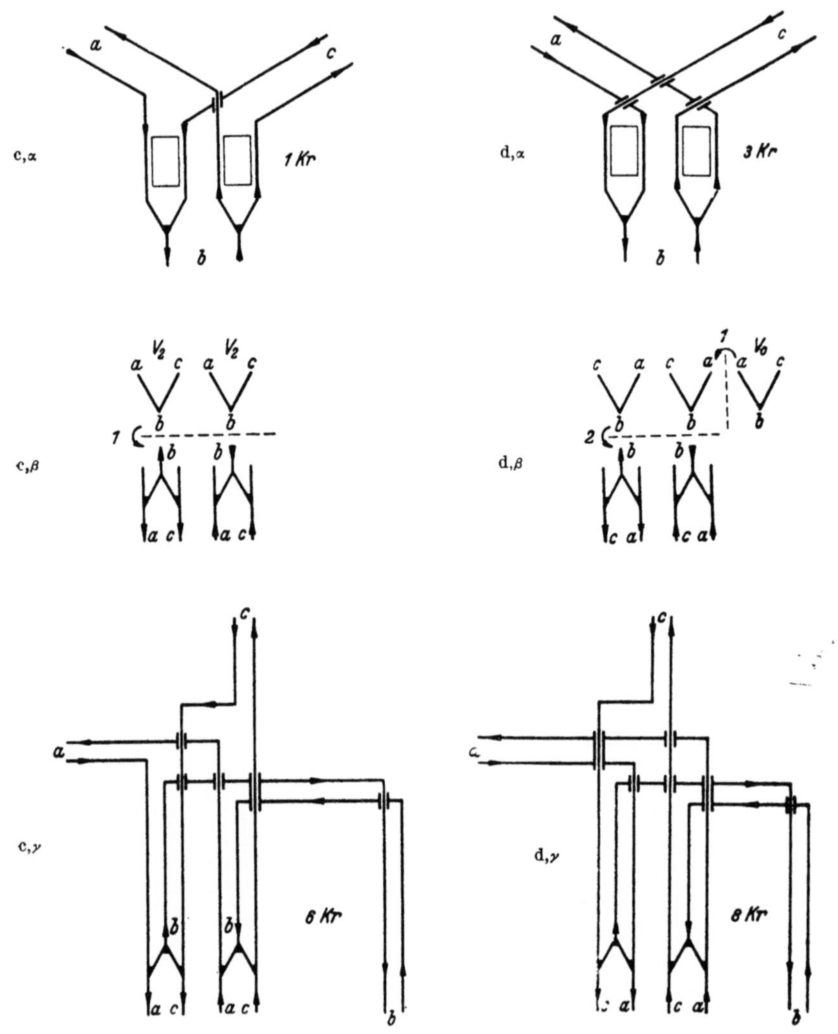

Abb. 102c—d. Anschlußbahnhöfe in Durchgangs- und Kopfform.

Zugübergangsbild (Abb. 101 c, α). Sie werden daher mit V 2 gekennzeichnet. Entsprechend wird das Zugübergangsbild eines Berührungsbahnhofes mit V_0 bezeichnet (Abb. 101 d, α), wenn beide Gleise der einen Linie die der anderen oben und unten kreuzen, also ohne Kreuzung kein Gleis der einen Linie neben das der gleichen Richtung der anderen Linie gelangt.

γ) **Kreuzungsbahnhof in Durchgangsform.** Bei einem Kreuzungsbahnhof in Durchgangsform ist nur für eine Hälfte das Zugübergangsbild (Abb. 101 a, ε) mit dem Weichenkreuz identisch, bei der anderen Hälfte ist die Buchstabenfolge in der Querrichtung umgekehrt. Zu beachten ist hierbei, daß bei Kreuzungsbahnhöfen zwei aufeinanderfolgende Buchstaben des Alphabets, die im Zugübergangsbild an den Diagonalen stehen, in den Weichenkreuzen an den Senkrechten zu finden sind.

Im Falle 1, Abb. 101 a, α gelangt ein Gleis von oben her ohne Kreuzung rechts neben das in gleicher Richtung befahrene Gleis der anderen Bahnlinie. Hier hat die obere Hälfte des rechten Weichenkreuzes die gleiche Buchstabenanordnung wie die obere Hälfte des Zugübergangsbildes (Abb. 101 a, ε). Im linken Weichenkreuz ist dann die Buchstabenfolge gegenüber dem rechten Weichenkreuz um die senkrechte Achse gespiegelt. Bei der symmetrischen Schaltung erhält das Zugübergangsbild ein Sr.

Den Schaltungen Sr, S_l, V2 und V_o der Berührungsbahnhöfe (Abb. 101 a α, b α, c α, d α) entsprechen die der Kreuzungsbahnhöfe (Abb. 101 a δ, b δ, c δ, d δ). Es haben also die beiden Weichenkreuze eines Berührungsbahnhofes und die eines Kreuzungsbahnhofes bei Sr, S_l, V2 und V_o die gleiche Buchstabenanordnung, so daß beim eigentlichen Bahnhof kein Unterschied besteht. Dieser liegt nur außerhalb des Bahnhofes, dort besteht eine Kreuzung zweier Linien, der beim Berührungsbahnhof nicht vorhanden ist.

E. Die Zugübergangsbahnhöfe für Hochleistung in Durchgangsform und die geographische Zuordnung der Bahnlinien.

1. Das Verfahren für die Hauptgleisskizze.

Nach Erklärung der Schaltungen der Hauptgleise der Anschluß-, der Berührungs- und der Kreuzungsbahnhöfe sollen diese an einigen Beispielen von Zugübergangsbahnhöfen für Hochleistung in Durchgangsform bekannt gegeben werden. Die Zugübergangsbahnhöfe für Hochleistung sind zu Beginn des vorliegenden vierten Abschnitts gekennzeichnet. Die Abb. 91 und 96 c zeigen einen Anschlußbahnhof und einen Kreuzungsbahnhof für Hochleistung in Durchgangsform. Der End- und Eckverkehr ist hier vor dem Bahnhof vom Durchgangsverkehr abgezweigt und an besondere Kopfbahnsteige neben den Bahnsteigen für den Durchgangsverkehr herangeführt. Auf die Verknüpfung der Bahnsteiggleise für den End- und Eckverkehr wird im nachstehenden Kapitel eingegangen.

In Abb. 103a ist ein dreifacher totaler Zugübergangsbahnhof für Hochleistung in Durchgangsform nach den gleichen Grundsätzen entworfen. Die durchgehenden Hauptgleise für den Richtungsbetrieb haben Sr-Schaltung.

Das Verfahren zum Entwurf der Hauptgleisskizze eines mehrfachen Zugübergangsbahnhofs ist das folgende: Es werden zunächst für die gewählte Schaltung die Bahnsteiggleise des Durchgangsverkehrs nach Abb. 103 c herausgezeichnet. Für den Zugübergang des Durchgangsverkehrs a—h und c—h sowie b—g und d—g werden die rechten Randbahnsteiggleise b und h sowie a und g

am Rande der Bahnsteiggleise der anderen Fahrrichtung noch einmal angeordnet. Das entsprechende ist in Abb.103d beim zweifachen Zugübergangs-

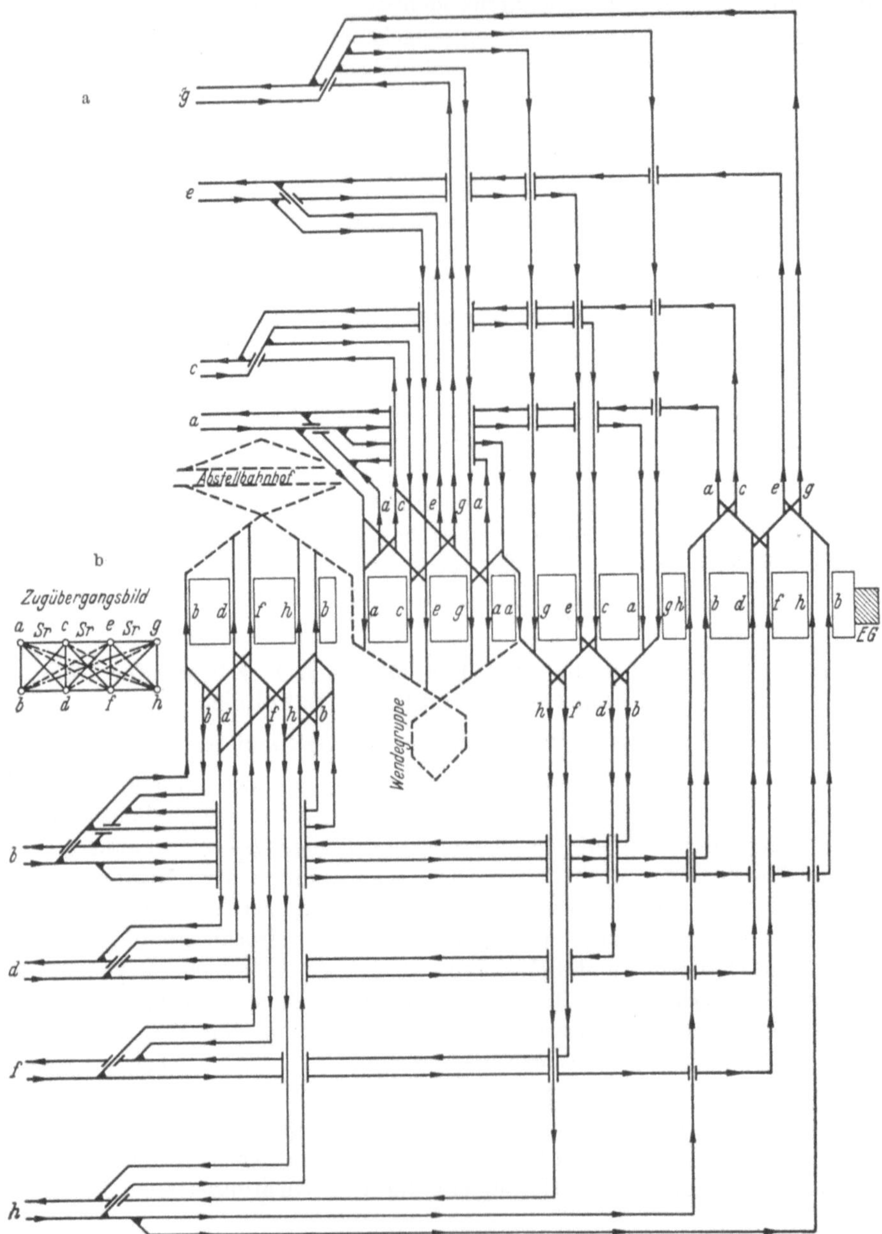

Abb. 103a, b. Dreifacher Berührungsbahnhof für totalen Zugübergang in Durchgangsform.

bahnhof für die Randbahnsteiggleise a und b zur Ermöglichung der Zugübergänge a—f und b—e geschehen.

Da der Zugübergang bei Durchgangslinien am Ausfahrende der Bahnsteige erfolgt, so sind nach Abb. 103 c und d die Weichenkreuze an den Ausfahrenden zu zeichnen. Die in diese Weichenkreuze einmündenden und von diesem ausgehenden Hauptgleise sind mit Pfeilen und mit den Buchstaben der Bahnlinien zu versehen. Ist das Zugübergangsbild mit Sr bezeichnet (Abb. 103b), dann

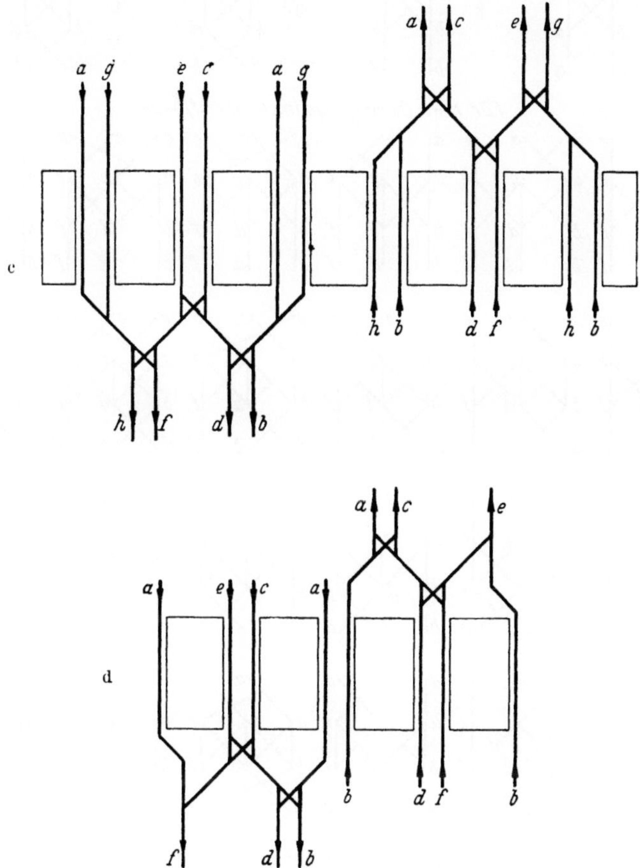

Abb. 103 c, d. Bahnsteiggleise und ihre Verknüpfung bei einem zwei- und einem dreifachen Zugübergangsbahnhof.

sind die Hauptgleise vor und hinter den Weichenkreuzen der rechten Bahnsteiggleise in der Anordnung des Zugübergangsbildes mit den Buchstaben der Bahnlinien zu versehen. Sodann spiegelt man bei Sr-Betrieb die Buchstabenfolge um die senkrechte Symmetrieachse der Bahnsteiggleise, mit Ausnahme der verdoppelten, und schreibt diese an die Bahnsteig- und Ausfahrgleise der Gegenrichtung. Bei verschränktem Richtungsbetrieb unterbleibt die Spiegelung um die senkrechte Achse. Sodann zeichnet man am Rande des Blattes Stücke der Bahnlinien ein und versieht diese mit den Buchstaben und den Richtungspfeilen. Die Gleise dieser Linienstücke verbindet man mit den Ein- und Ausfahrgleisen der Weichenkreuze gleicher Fahrrichtung und Buchstaben, unter Vermeidung schienengleicher Kreuzungen (Abb. 103 a). Zum Schluß ergänzt man den Bahnhof

8*

des Durchgangsverkehrs durch die Kopfbahnsteiganlage des End- und Eckverkehrs, wie im folgenden Abschnitt beschrieben wird.

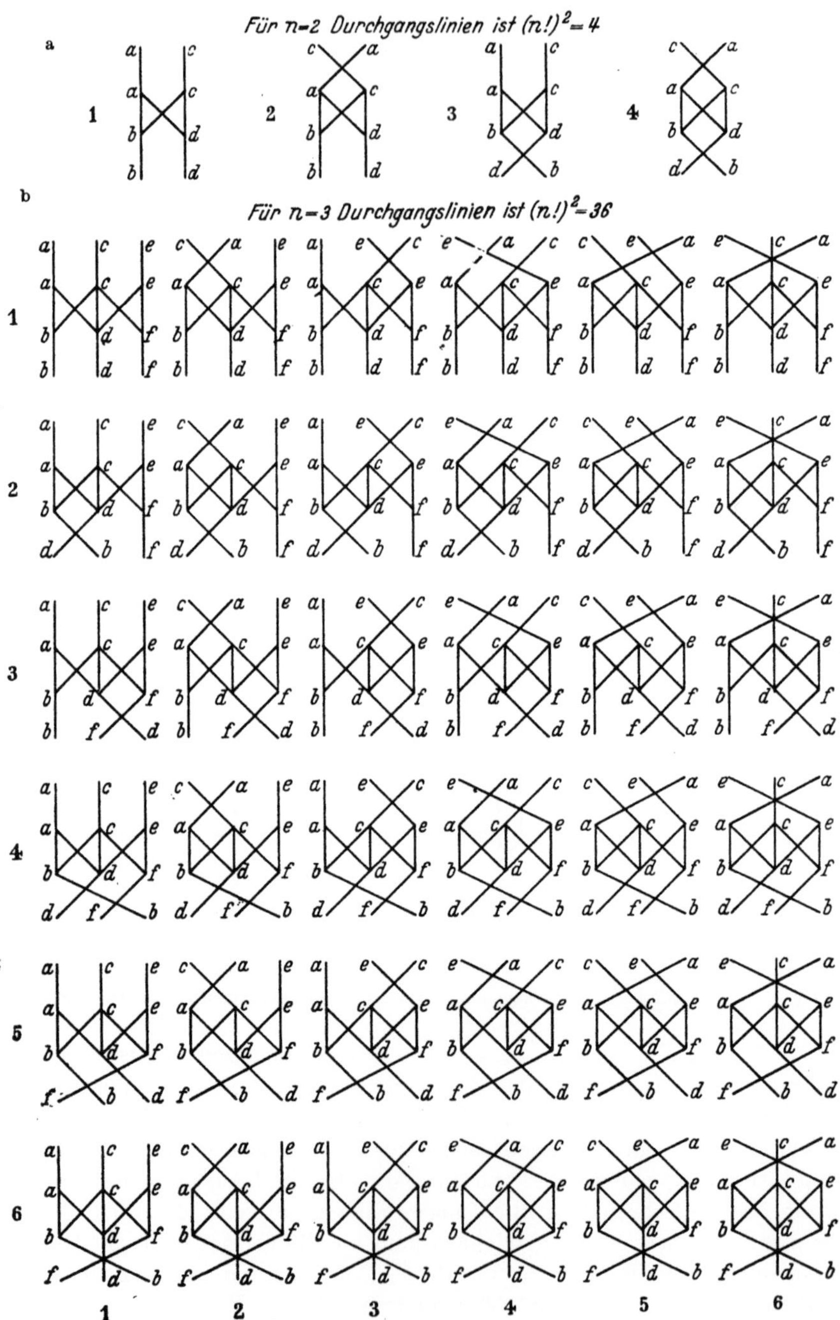

Abb. 100 b, c, d. Geographische Zuordnung der Bahnlinien zum Zugübergangsbild.

2. Die geographische Zuordnung der Bahnlinie zum Zugübergangsbahnhof.

In dem mehrfachen Zugübergangsbahnhof Abb. 103a liegen die Durchgangslinien a—b, c—d, e—f, h—g im Bahnhof ohne Kreuzung nebeneinander. Auch
außerhalb des Bahnhofs kreuzt keine Linie die andere, so daß nicht mehr Kreuzungsbauwerke erforderlich sind, als die Abb. 103a zeigt. Anders ist es dagegen,
wenn die Bahnlinien geographisch in anderer Reihenfolge zu den Durchgangslinien des Zugübergangsbahnhofes liegen. Dann ist das eigentliche Zugübergangsbild des Bahnhofes wie bei den einfachen Zugübergangsbahnhöfen nicht
mehr ausreichend, um die Lage des Bahnhofs zum Bahnnetz eindeutig zu kennzeichnen. Es sind dann über und unter dem eigentlichen Zugübergangsbild
nach Abb. 100b, c die Bahnlinien in ihrer geographischen Reihenfolge durch
Punkte und Buchstaben zu kennzeichnen, die dann gradlinig mit den Punkten
gleicher Buchstaben des eigentlichen Zugübergangsbildes verbunden werden.
Aus den Schnittpunkten dieser Linien erkennt man, wo Kreuzungsbauwerke zu
errichten sind. Die geographische Zuordnung der Bahnlinie zum Zugübergangsbahnhof ist so anzuordnen, daß für die wichtigsten Linien der Zugübergang

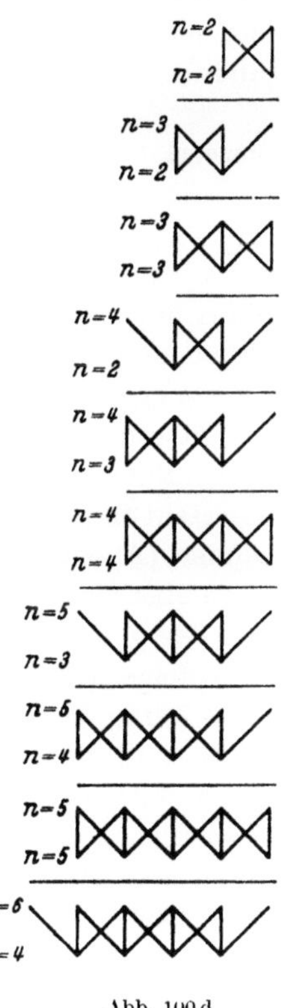

Abb. 100d

am leistungsfähigsten wird, er also höchstens mit einer
schienengleichen Kreuzung der Ausfahrten möglich
wird. Bei den weniger wichtigen Zugübergängen können
zwei und mehr schienengleiche Ausfahrkreuzungen
stattfinden, und bei Zugkreuzungen von noch geringerer Bedeutung kann man auch eine schienengleiche
Kreuzung einer Einfahrt mit einer oder mehreren
Ausfahrten zulassen. Ausgeschlossen bleibt jedoch die
schienengleiche Kreuzung zweier Einfahrten. Die
Wichtigkeit der Zugübergänge hängt von der Belegung
der Bahnlinien und der Rangordnung ihrer Züge ab.
Die Zuordnung der Bahnlinien zu den Durchgangs-
und den Anschlußlinien eines Zugübergangsbahnhofs
für Hochleistung ist also von Fall zu Fall so zu gestalten,
daß der Wirkungsgrad möglichst groß ist, also der Durch-
fluß beim Zugübergang möglichst wenig gestört wird.

Die Möglichkeiten der geographischen Zuordnung
an beiden Bahnhofsenden zu einem Zugübergangsbahnhof für Hochleistung mit Durchgangslinien ist n!.
Nach Abb. 100b ist für einen einfachen Zugübergangsbahnhof mit n = 2 die Anzahl der geographischen
Zuordnung $(2!)^2 = 4$.
Entsprechend ist nach Abb. 100c bei n = 3 Durchgangslinie die Anzahl der geographischen Zuordnung
$$(3!)^2 = (3 \cdot 2)^2 = 36.$$
Werden die Anschlußlinien an der einen oder anderen
oder an beiden Bahnhofsseiten in den Bahnhof als
selbständige Linie eingeführt, so sind an dem einen Bahnhofsende 'eine oder
zwei Strecken weniger als auf der anderen. Die Anzahl der geographischen
Möglichkeiten ist dann n! · (n—1)! bzw. n! (n—2)! Nach der Zahl geordnet,
ergeben sich dann die geographischen Zuordnungen nach Abb. 100d.

F. Konstruktion der Kopfbahnhöfe aus dem Weichenkreuz.

1. Grundsätzliches

Auf Zugübergangsbahnhöfen in Kopfform sollen in erster Linie schienengleiche Kreuzungen nur von ausfahrenden Zügen befahren werden, die kurz vorher hielten und daher in der Gewalt des Fahrdienstleiters standen. Auch schienengleiche Kreuzungen der Fahrwege eines ausfahrenden und eines einfahrenden Zuges können zugelassen werden, wenn die ausfahrenden Züge in geringem Abstand von der Kreuzungsstelle gehalten haben und die Zugzahl verhältnismäßig gering ist. Gänzlich ausgeschlossen aber ist die schienengleiche Kreuzung der Fahrwege zweier einfahrender Züge.

Ferner sollen, um ein ruhiges Fahren zu gewährleisten, die Einfahrten der an dem Bahnsteig haltenden Züge mit ihren starken Bremsverzögerungen möglichst auf dem geraden Strang der Weichen erfolgen, während bei der Ausfahrt die Züge mit ihren bedeutend geringeren Anfahrbeschleunigungen die gekrümmten Weichenstraßen benutzen können.

Ist die Gleiskreuzung als Mittelpunkt eines Weichenkreuzes von zwei Anschluß- und zwei Trennungsweichen umgeben und liegt das Weichenkreuz am Ausfahrende eines Bahnsteigs, dann wird nach obigen Grundsätzen die Gleiskreuzung nur von ausfahrenden Zügen benutzt.

Die Verwirklichung dieser Grundsätze sei nachstehend gezeigt.

2. Endbahnhöfe.

a) **mit einer Linie.** Am einfachsten ist der Kopfbahnhof einer endigenden Linie (Abb. 104a). Hier wird das Einfahrgleis gradlinig, also das linke Gleis einer zweigleisigen Bahn an die linke Bahnsteigkante herangeführt. Am freien Bahnsteigende zweigt von dem Bahnsteiggleis aus der Spitzkehrweiche das Ausfahrgleis ab. Das Zugübergangsbild ist ein kleiner Kreis mit dem Buchstaben der Bahnlinie z. B. o a.

Das Empfangsgebäude der Kopfbahnhöfe steht in der Regel quer zu den Gleisen der endigenden Bahnlinien (Abb. 104b, c). Der Verkehr bewegt sich vom Empfangsgebäude über einen Querbahnsteig hinweg zu den Zungenbahnsteigen. Diese sind in der Regel abwechselnd Personen- und Gepäckbahnsteige. Um Kreuzungen zu vermeiden, ergibt sich für die Anordnung der Bahnsteiggleise eine Gliederung in Abfahrt und Ankunft nach dem Grundsatz des Rechtsfahrens. Dieser kann sich statt auf je ein Abfahr- und ein Ankunftsgleis auch auf Gruppen von Gleisen für Abfahrt und Ankunft erstrecken. Die Gesamtzahl der Abfahrgleise bemißt man stärker als die der Ankunftgleise, weil die abfahrenden Züge in der Regel länger ihr Bahnsteiggleis in Anspruch nehmen als die ankommenden.

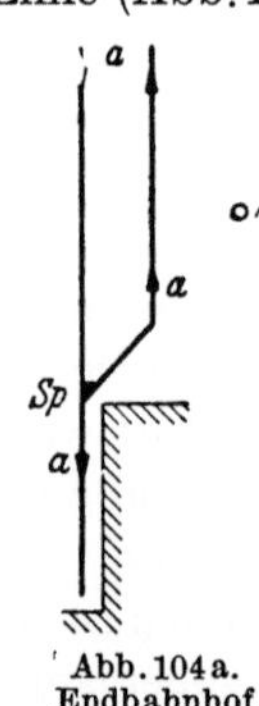

Abb. 104a.
Endbahnhof
einer Linie.

In Abb. 104b sind zwei Gleise für die Abfahrt und eins für die Ankunft vorgesehen. Bei dieser Anordnung werden die Gegenströme der Ankommenden und der Abreisenden vermieden, durch die der Strom der letzteren so gehemmt werden kann, daß sie den Zug versäumen.

Man wird aber, wie in Abb. 104b u. c durch eingeklammerte Pfeile angedeutet, zweckmäßig die Gleisverbindungen für Ein- und Ausfahrt wenigstens so weit durchführen, daß je ein Abfahrgleis auch für Ankunft und je ein Ankunftsgleis auch für die Abfahrt benutzt werden kann. So wird erreicht, daß aus dem doppelt angeschlossenen Bahnsteiggleis sowohl die ankommenden Züge mit sofortigem Kehren wieder ausfahren können, als daß auch bei besonderen Zeitverhältnissen

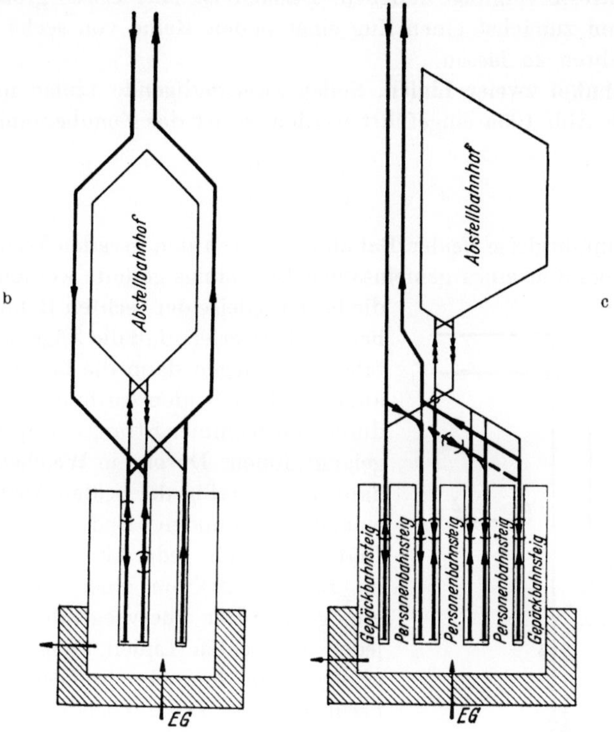

Abb. 104b, c. Endbahnhöfe mit einer Linie.

eine größere Anzahl von Bahnsteiggleisen für Abfahrt und Ankunft zur Verfügung stehen. Ein solcher Mehrbedarf an Abfahrgleisen (Abb. 104c) tritt in der Regel bei Ferienanfang und vor großen Festen auf. Bei dieser abweichenden Bahnsteigbenutzung lassen sich aber Gegenströmungen nicht vermeiden.

Der Abstellbahnhof liegt am günstigsten zwischen den beiden Hauptgleisen (Abb. 104b). Die Zufahrtgleise zwischen Bahnsteigen und Abstellbahnhof werden links befahren. Bei dieser Lage und Anordnung werden beim Vorhandensein nur je eines Bahnsteiggleises für Ankunft und Abfahrt die Rangierbewegungen zwischen Bahnsteiggleisen und Abstellbahnhof überhaupt kein Hauptgleis kreuzen. Es wäre dann stets möglich, gleichzeitig einen ankommenden Zug wegzusetzen und einen zur Abfahrt bestimmten Zug einzusetzen. Auch kann man gleichzeitig mit dem Wegsetzen des Zuges eine Ausfahrt und mit dem Einsetzen eine Einfahrt verbinden. Kann der Abstellbahnhof nicht zwischen die Hauptgleise gelegt werden, dann ordnet man ihn zweckmäßig nach Abb. 104c auf der Abfahrseite an, weil die Kreuzung der Ausfahrgleise durch Rangierbewegungen weniger ungünstig ist als die Kreuzung der Einfahrgleise. Für die vorerwähnte beliebige Benutzung aller Bahnsteiggleise sind die Gleisverbindungen in Abb. 104c angedeutet.

Letztere Anlage eignet sich besonders für sehr starken stoßweise auftretenden
Verkehr, wie er bei Ferienverkehr, Renn- und Ausstellungsverkehr zu erwarten
ist. Hier wird der Verkehr mit wiederholt hin- und herfahrenden Zügen bewältigt. Nach der Gleisanordnung nach Abb.104c ist also für sechs Züge nacheinander dichteste Zugfolge möglich. Danach ist eine etwas größere Zugpause
notwendig, um zunächst einen Zug einer neuen Reihe von sechs Zügen in das
Gleis 6 einfahren zu lassen.

 b) **Endbahnhof zweier Linien.** Sollen zwei endigende Linien in einen Kopfbahnhof nach Abb.105a eingeführt werden, so ist das Zugübergangsbild

a   b

o————o

Damit die Einfahrgleise beider Bahnlinien durch den geraden Weichenstrang an
die Bahnsteigkanten eines gemeinsamen Bahnsteigs geführt werden können, sind

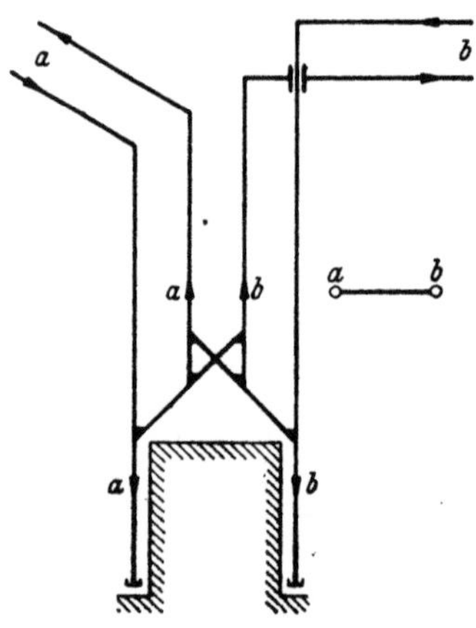

Abb. 105a. Endbahnhöfe zweier Linien.

die beiden Gleise der rechten Bahnlinie b so vorher zu überwerfen, daß die Züge im Linksbetrieb
fahren. Es liegen dann die beiden Einfahrgleise
außen und die beiden Ausfahrgleise, auf die man
durch den krummen Strang der Spitzkehrweichen
gelangt, innen. Durch ein Weichenkreuz werden
dann zweckmäßig die beiden Ausfahrgleise miteinander verbunden. Dadurch wird außer dem
Endverkehr für jede Linie noch Zugübergang
im Eckverkehr von einer zur anderen Linie
ermöglicht. Der überwiegende Endverkehr auf
jeder der beiden Linien kann also gleichzeitig
erfolgen, da hierbei die Gleiskreuzung nicht
berührt wird. Diese Gleisschaltung und Verknüpfung ist vom Verfasser im Organ für die
Fortschritte des Eisenbahnwesens 1942, Seite 311,
vorgeschlagen worden.

Ist der Verkehr auf beiden Linien etwa gleich, so kann man sie im Eckverkehr
betreiben und spart dadurch einen Wagenzug, daß derjenige der einen Linie auf
die andere übergeht. Nur bei ungleichem Verkehr oder wenn auf beiden Linien
zu gleicher Zeit der Verkehr, zum Beispiel bei Arbeitsbeginn- oder Schluß, bedient
werden soll, ist der Eckverkehr durch den Endverkehr zu ergänzen. Zu der Hauptgleisskizze sei nunmehr die Bahnhofsskizze nach Abb.105b entworfen.

 Den Abstellbahnhof legt man zweckmäßig zwischen beide Linien. Man kreuzt
dann beim Wegsetzen und Einsetzen der Züge nur die Ausfahrgleise. Dies ist
betrieblich dem Kreuzen der Einfahrgleise vorzuziehen. Bei stärkerem Verkehr
kommt eine Vermehrung der Bahnsteiggleise nach Abb.105c in Frage. Um unabhängig vom Zugbetrieb neue Züge einsetzen zu können, verlängert man nach
rückwärts die Ausfahrgleise zu Bahnsteiggleisen und ordnet zwischen diesen und
dem benachbarten Bahnsteiggleis der Einfahrt einen Gepäckbahnsteig an. Die
Bahnsteiggleise in Verlängerung der Ausfahrgleise benutzt man für die aus dem
Abstellbahnhof neueinzustellenden Zügen. Das Einsetzen und Wegsetzen kann
während der Ein- und Ausfahrt der kurzwendenden Züge erfolgen.

Bei noch stärkerem Verkehr kann außen je ein Einfahrgleis abgezweigt werden. Diese werden jedoch nur dann benutzt, wenn das gerade Einfahrgleis besetzt ist. Die äußeren Einfahrgleise sind ebenfalls mit dem Abstellbahnhof zu

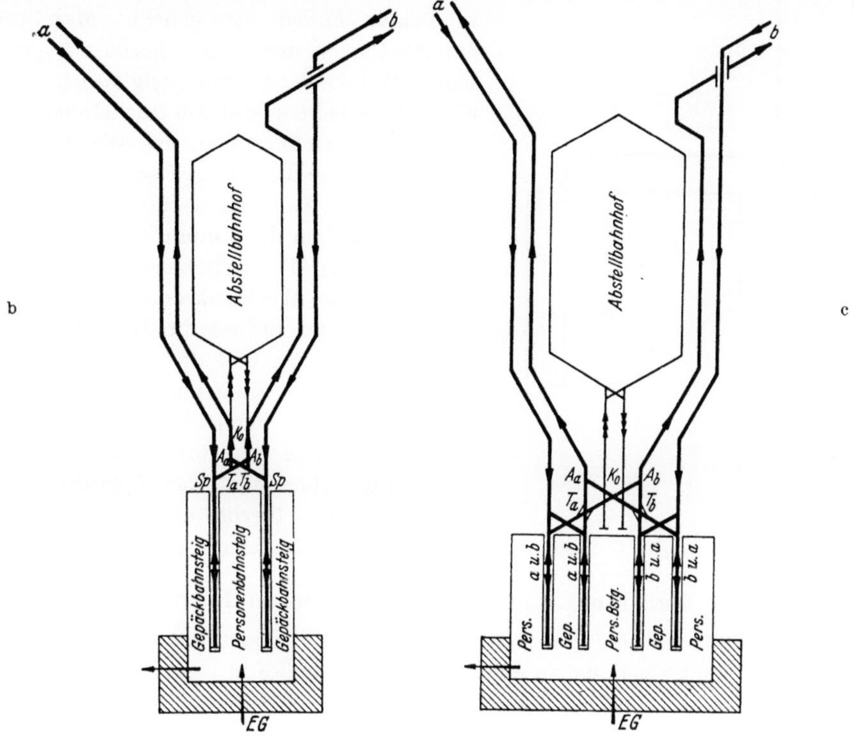

Abb. 105b—c. Endbahnhöfe zweier Linien.

verbinden. Vor dem Bahnsteigende sind Stumpfgleise für die einzusetzenden Loks sowie für die Verstärkungswagen angelegt. Umrahmt werden die Bahnsteiggleise von einem Querbahnsteig sowie von den beiden Außenbahnsteigen.

3. Zwischenbahnhof in Kopfform.

Eine zweigleisige Linie a—b soll einen Kopfbahnhof für Durchgangs- und Endverkehr erhalten (Abb. 106) Hier werden ebenfalls die Einfahrgleise von a und b gradlinig an die beiden Kanten des gemeinsamen Kopfbahnsteigs herangeführt, nachdem die beiden Gleise der rechten Bahnlinie vorher durch Überwerfung im Linksbetrieb in den Bahnhof eingeführt worden sind. Da aber der Durchgangsverkehr empfindlicher als der Endverkehr ist, so muß der Übergang der Züge von a nach b und umgekehrt gleichzeitig, also ohne Befahren der Gleiskreuzung des Weichenkreuzes erfolgen können. Infolgedessen kreuzt das Ausfahrgleis nach b schienenfrei nicht nur das Einfahrgleis von b, sondern auch das Ausfahrgleis nach a. Die schienengleiche Kreuzung wird dann nur von den Zügen des Endverkehrs der Linien a und b bei der Ausfahrt gekreuzt.

Vergleicht man die Gleisverknüpfungen der beiden Bahnhöfe miteinander, so sind sie ihrer Form nach einander gleich, aber hinsichtlich ihrer Buchstabenanordnung und der Verknüpfung mit den Ausfahrgleisen verschieden.

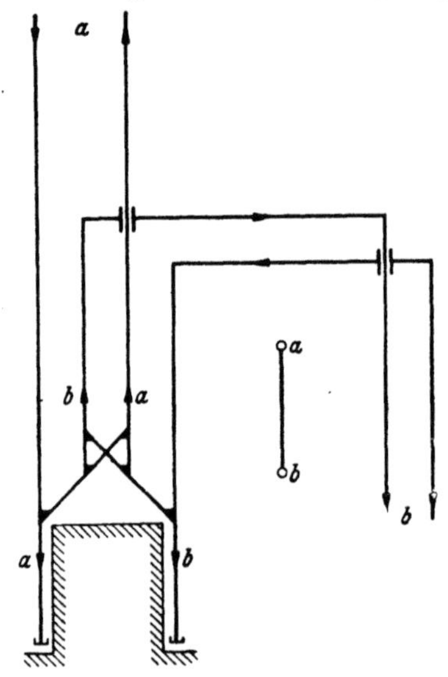

Abb. 106. Zwischenbahnhof in Kopfform.

Die Konstruktion der Hauptgleisskizze ist in beiden Fällen die gleiche: Man trägt zunächst nach der geographischen Lage am Rande Stücke der beiden zweigleisigen Linien ein und versieht sie mit den Buchstaben a und b. Sodann zeichnet man das Weichenkreuz und die beiden Bahnsteiggleise mit den Spitzkehrweichen. An letztere setzt man die Pfeile und Buchstaben der Einfahrlinien. Nunmehr versieht man die zwischenliegenden freien Gleisenden des Weichenkreuzes mit den Ausfahrpfeilen und ordnet die Buchstaben der Bahnlinien so an, daß die wichtigeren Zugübergänge ohne Kreuzung der Ausfahrten erfolgen können. Schließlich verbindet man die Linienstücke am Rande gleicher Pfeile und Buchstaben mit den Gleisenden am Bahnsteig. Die hierbei entstehenden Gleiskreuzungen macht man schienenfrei.

4. Berührungs- und Kreuzungsbahnhof in Kopfform.

In Abb. 106 sind eine von Norden und eine von Süden kommende Bahnlinie für den Durchgangsverkehr zu einem Zwischenbahnhof in Kopfform miteinander verbunden. Da ein Berührungs- bzw. ein Kreuzungsbahnhof zwei von Norden und zwei von Süden kommende Bahnlinien für den Durchgangsverkehr miteinander vereinigt, so kann nach den bekanntgegebenen Grundsätzen die Konstruktion eines Berührungs- und Kreuzungsbahnhofs in Kopfform aus zwei solchen Gleisverknüpfungen vor dem freien Bahnsteigende entworfen werden. Die Berührungs- und Kreuzungsbahnhöfe unterscheiden sich nur durch die Verbindung der einmündenden vier Bahnlinien und daher auch durch die Buchstabenanordnung. Nun ist diese Gleisverbindung vor den beiden Kopfbahnsteigen das Weichenkreuz, das, wie gezeigt, auch das Zugübergangsbild des Durchgangsverkehrs des Berührungs- oder Kreuzungsbahnhofes ist. Da aus der Buchstabenanordnung des Zugübergangsbildes und durch Kennzeichnung Sr, S_l, V2 cder V_o die Art der richtungsweisen Schaltung der Hauptgleise im Bahnhof ersichtlich ist, so können diese Gegebenheiten mit Vorteil auch für die Buchstabenanordnung eines Berührungs- oder Kreuzungsbahnhofes in Kopfform verwendet werden. Hierbei ist der Umstand zu beachten, daß bei einem Berührungs- oder Kreuzungsbahnhof in Durchgangsform das Weichenkreuz die richtungsweis geschalteten Gleise am Ausfahrende jedes Bahnsteiges zusammenfaßt. Es liegen also hier die Weichenkreuze beider Fahrrichtungen nicht gegenüber. Da aber in einem Kopfbahnhof die Weichenkreuze am freien Bahnsteigende liegen müssen, so bleibt bei Rechtsbetrieb das rechte Weichenkreuz bei der Umwandlung von der Durchgangsform in die Kopfform unverändert an seiner Stelle, während das linke von dem Ausfahrende des Bahnsteiges des Durchgangsbahnhofes an das freie Ende des Kopfbahnsteiges umgeklappt werden muß. Infolgedessen kehrt sich die Anordnung der Buchstaben hier von oben nach unten um. Da aber das Weichenkreuz sowohl in bezug auf die senkrechte als auch in bezug auf die waagerechte Achse symmetrisch ist, so erübrigt sich das Umklappen des Weichenkreuzes selbst. Bei den in der Praxis in der Regel vorkommenden Schaltungen Sr und V_2 ist die Buchstabenanordnung in das rechte Weichenkreuz des Kopfbahnhofes einzutragen. Von diesen ist das untere und obere Buchstabenpaar auf das linke Weichenkreuz bei der Sr-Schaltung diagonal zu spiegeln, und bei der V_2-Schaltung diagonal zu verschieben. Dieses Verfahren des Verfassers sei kurz für die einzelnen Schaltungsweisen beschrieben.

a) **Berührungsbahnhof mit der Schaltung Sr** (Abb. 101a, β, γ). Man zeichnet das Zugübergangsbild Sr, dessen Buchstabenanordnung nach Abb. 101a, β der des rechten Weichenkreuzes des Durchgangsbahnhofes identisch ist, seiner Überschrift gemäß über das rechte der beiden vorher dargestellten Weichenkreuze des Kopfbahnhofes. Da letzteres dasselbe wie im Durchgangsbahnhof ist, schreibt man an dieses die Buchstabenanordnung des Zugübergangsbildes Sr an ($\downarrow$1). Nun spiegelt man zunächst die unteren Buchstaben und dann die oberen diagonal von dem rechten nach dem linken Weichenkreuz ($\times$ 2). Die diagonale Spiegelung resultiert daraus, daß bei symmetrischem Richtungsbetrieb die Buchstabenanordnung um die senkrechte Achse von rechts nach links gespiegelt und die linke Buchstabenanordnung um die waagerechte Achse umgeklappt wird.

b) **Berührungsbahnhof mit der Schaltung Sl** (Abb. 101b, β, γ). Man zeichnet zunächst nach Abb. 101 b, β das Zugübergangsbild S$_l$, dessen Buchstabenanordnung der des linken Weichenkreuzes des Durchgangsbahnhofes identisch ist, seiner Überschrift gemäß über das linke Weichenkreuz des Kopfbahnhofes. Sodann zeichnet man rechts daneben das Zugübergangsbild nochmals und spiegelt die Buchstabenanordnung um die senkrechte Achse ($\updownarrow$ 1). Diese Buchstabenanordnung schreibt man an das darunter stehende rechte Weichenkreuz des Kopfbahnhofes ($\downarrow$ 2) und spiegelt sie daraufhin wie vor diagonal auf das linke Weichenkreuz ($\times$ 3).

c) **Berührungsbahnhof mit der Schaltung V2** (Abb. 101c, β, γ). Da nach Abb. 101c, β bei verschränktem Richtungsbetrieb die Buchstabenanordnung der Gleise gleicher Fahrrichtung dieselbe wie die der Gegenrichtung ist, und bei der Schaltung V2 mit der des Zugübergangsbildes identisch ist, so verfährt man wie folgt: Man zeichnet zunächst das Zugübergangsbild V2 gemäß der Überschrift über beide Weichenkreuze des Kopfbahnhofes. Da das linke umgeklappt wird, das rechte aber nicht, so schreibt man an das rechte die gleiche Buchstabenanordnung ($\downarrow$ 1), beim linken spiegelt man sie um die waagerechte Achse ($\leftharpoondown$ 2). Einfacher ist es, wie vorhin gesagt, das obere und das untere Buchstabenpaar des rechten Weichenkreuzes auf das linke diagonal zu verschieben.

d) **Berührungsbahnhof mit der Schaltung V$_o$.** (Abb. 101d, β, γ). Da die Buchstabenanordnung des Zugübergangsbildes mit der des verschränkten Richtungsbetriebes erst dadurch identisch wird, daß man sie um die senkrechte Achse spiegelt, so zeichnet man zunächst das Zugübergangsbild V_o seitlich oberhalb der beiden Weichenkreuze des Kopfbahnhofes, links davon trägt man nun zweimal das Zugübergangsbild über den Weichenkreuzen des Kopfbahnhofes ein, und schreibt an beide die um die senkrechte Achse gespiegelte Buchstabenanordnung des rechten Zugübergangsbildes (↰↑ 1). Sodann verfährt man wie vor, indem man das rechte Weichenkreuz mit der gleichen (↓ 2) und das linke mit der um die waagerechte Achse geklappten· Buchstabenanordnung (↰ 3) wie das darüber liegende Zugübergangsbild versieht.

Der so entwickelte Zugübergangsbahnhof in Kopfform ist topologisch, d. h. hinsichtlich der Zusammenhänge der Gleisbänder und der Gleisschaltungen derselbe wie derjenige in Durchgangsform. Dies kann man durch Vergleich der Abb. 101a, a, γ usw. feststellen.

Sind die Weichenkreuze an den freien Enden der Bahnsteige mit Buchstaben versehen, so braucht man nur deren Enden mit den an dem Blattrande gezeichneten Stücken der Bahnlinien gleicher Buchstaben und Pfeilrichtungen zu verbinden, um die Hauptgleisskizze des Kopfbahnhofes nach seiner Lage zum Bahnnetz zu erhalten, der geographisch, topologisch und verkehrlich dem Zugübergangsbahnhof in Durchgangsform entspricht.

Diese Verbindungen bestehen bei der Hauptgleisskizze aus waagerechten und senkrechten Geraden. Damit die Stadt nicht zu sehr eingeengt wird, sind die Linien möglichst auf einer Seite der Stadt um diese herum zu legen. Hierbei sind die Gleise so zu führen, daß die abzubiegenden Linien sich nicht innerhalb, sondern möglichst erst außerhalb des Bahnhofes überwerfen. In diesem Falle kann innerhalb des Bahnhofs die eine Schar der Gleise tief und die andere hoch gelegt werden. Würde ein Gleis ein anderes vor der Abbiegung und ein weiteres nach der Abbiegung schneiden, so müßte es das eine Gleis unter- und das andere überfahren. Zu diesem Zwecke wäre eine Rampe anzulegen. Da aber die Steigungen und Gefälle der Eisenbahnen gering sind, so ist für den Höhenunterschied zweier kreuzenden Linien von 6 m bei Dampfbetrieb und von 6,50 m bei elektrischem Betrieb die Rampenlänge ziemlich beträchtlich. Für diese Entwicklungslänge bietet sich aber außerhalb eines Bahnhofes eher Raum als im Bahnhof selbst. Anlaufsteigungen können nach dem im II. Band bekanntgegebenen Verfahren angelegt werden.

e) **Kreuzungsbahnhöfe.** Bei Kreuzungsbahnhöfen sind nach Abb.101, a, δ; b, δ; c, δ; d, δ die Buchstabenanordnungen der Weichenkreuze an den Ausfahrenden der Bahnsteige des Durchgangsbahnhofes die gleichen wie beim Berührungsbahnhof (Abb.101 aα usw.). Vor der Konstruktion der Weichenkreuze des Kreuzungsbahnhofes hat man erst dessen Zugübergangsbild in dasjenige des Berührungsbahnhofes zu verwandeln (Abb.101 a, ε; b, ε; c, ε; d, ε). Dies geschieht dadurch, daß man die unteren Buchstaben vertauscht und nun statt der diagonalen die senkrechten Striche stärker auszieht (←→ 1). Sodann verfährt man bei den verschiedenen richtungsweisen Schaltungen genau wie bei dem Berührungsbahnhof. Die Zahl der Konstruktionshandlungen erhöht sich um eine. Auch bei den Kreuzungs- und Berührungsbahnhöfen in Kopfform liegen die Unterschiede (Kreuzung der Linien) außerhalb des Bahnhofes und die Bahnhöfe selbst unterscheiden sich nicht.

Wohl aber unterscheiden sich die Berührungs- und Kreuzungsbahnhöfe nach den verschiedenen Schaltweisen, wie durch Konstruktion festgestellt, durch die Anzahl der schienenfreien Kreuzungen. Hiernach ist deren Zahl bei dem Kreuzungsbahnhof nach der Schaltung V2 mit 12 Kreuzungsbauwerken am kleinsten und nach der Schaltung V_o mit 16 Kreuzungsbauwerken am größten. Alle anderen Kreuzungsbahnhöfe und sämtliche Berührungsbahnhöfe haben 14 Bauwerke. Die Kreuzungsbahnhöfe mit der Schaltung V_o dürften daher am wenigsten in Frage kommen.

Für die Wahl der symmetrischen Schaltungen Sr und S_l sind bei Kopfbahnhöfen dieselben Gesichtspunkte maßgebend wie bei Durchgangsbahnhöfen. Ist der Endverkehr gering, so wird man die Bahnlinien, auf denen Züge endigen und wieder beginnen sollen, zwischen die beiden Gleise der anderen Linie legen. Dann ist es möglich, daß die Züge des Endverkehrs in die unmittelbar an die Bahnsteiggleise anschließende Wendegruppe ohne Berührung der durchgehenden Hauptgleise der Außenlinie gelangen können und daher den Durchgangsverkehr nicht stören. Dies bedingt die Schaltung Sr, wenn die Bahnlinie mit dem Endverkehr von links oben in den Kopfbahnhof eingeführt wird, und die Schaltung S_l, wenn der Endverkehr von rechts oben in den Kopfbahnhof gelangt. Die Hauptgleise b bzw. d liegen dann im Kopfbahnhof unmittelbar neben der Linie mit dem Endverkehr a oder c (Abb. 101 e, f. g) und sind durch Weichen-

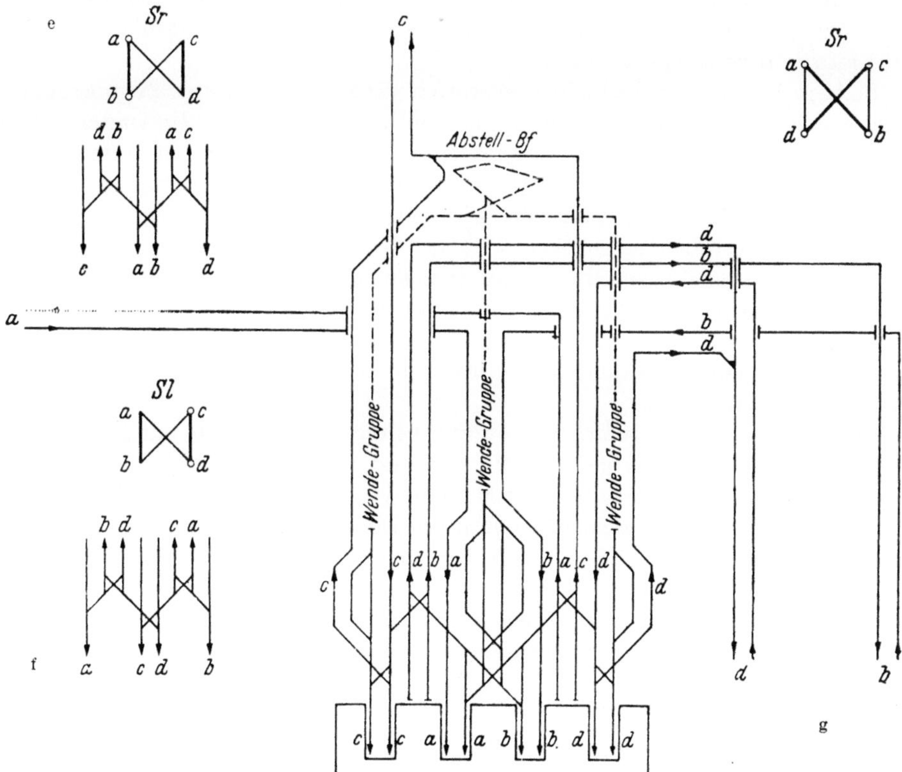

Abb. 101 e, f, g. Kopfbahnhöfe für Durchgangs- und Endverkehr.

kreuze miteinander verbunden. Nach diesen Abbildungen haben bei der Schaltung Sr die Linien a und b Endverkehr, und bei der Schaltung S_l ist Endverkehr auf den Linien c und d. Hierbei kreuzt der ausfahrende Zug stets nur ein Einfahrgleis.

Soll aber bei der Schaltung Sr auch für die Linien c und d bzw. bei der Schaltung S_l für die Linien a und b Endverkehr eingerichtet werden, so sind hierfür an den beiden Rändern des Kopfbahnhofes je ein Bahnsteiggleis vorzusehen, das außerhalb des Bahnhofs in das entsprechende Hauptgleis einmündet. Die Möglichkeit für alle Linien Endverkehr geringen Umfanges einzurichten, verbaut man sich trotzdem nicht, wenn man nur die Schaltung Sr anwendet und von der Schaltung S_l absieht.

Hat man sich aber für die Schaltung V2 entschlossen, dann sind die Gleisanlagen des Endverkehrs in der Mitte des Bahnhofes nicht möglich. Es sind dann für alle Bahnlinien die Endverkehrsanlagen nach Abb. 107 an die beiden Bahnhofsränder zu verlegen. Diese Bahnsteige können auch den Eckverkehr aufnehmen. Die Schaltungsweise ist hierbei gleichgültig.

Aus diesen Erörterungen geht hervor, daß die beiden Schaltungen Sr und V2 für alle Fälle praktisch ausreichen. Sie sind die einfachsten Schaltungen. Es gelten also für die Buchstabenanordnung der Weichenkreuze am Bahnsteigende, wenn man sie aus dem Zugübergangsbild entwickelt, folgende Regeln:

1. Bei beiden Schaltungen Sr und V2 ist das rechte der beiden Weichenkreuze mit der gleichen Buchstabenanordnung wie das Zugübergangsbild des Berührungsbahnhofes zu versehen.

Soll ein Kreuzungsbahnhof entworfen werden, so ist dessen Zugübergangsbild erst in dasjenige des Berührungsbahnhofes zu verwandeln. Im letzteren sind die senkrechten Striche stark ausgezogen und mit im Alphabet aufeinanderfolgenden Buchstaben versehen. Bei Umwandlung dieses Zugübergangsbildes in dasjenige eines Kreuzungsbahnhofes wird entweder unten oder oben die Reihenfolge der Buchstaben umgekehrt.

2. Die Buchstabenanordnung des linken Weichenkreuzes erhält man aus derjenigen des rechten Weichenkreuzes, indem man bei der V 2-Schaltung das obere und das untere Buchstabenpaar diagonal verschiebt. Bei der Sr-Schaltung werden die Buchstabenpaare des rechten Weichenkreuzes auf das linke diagonal gespiegelt.

In Abb. 101g ist ein einfacher Kreuzungsbahnhof in Kopfform mit Endverkehr auf allen vier Linien dargestellt. Hierbei sind die Bahnsteiganlagen des Endverkehres der Linien a und b in der Mitte und die des Endverkehres der Linien c und d an den Rändern angeordnet. Für die Einfahrt der endigenden Züge ist je ein besonderes Bahnsteiggleis vorgesehen. Zur schnelleren Räumung der Bahnsteiggleise sind diesen Wendegruppen zur Aufnahme der Züge des Endverkehrs unmittelbar vorgelagert. Von diesen können drei Verbindungsgleise zu dem Abstellbahnhof außerhalb schienenfrei geführt werden.

5. Die einfachen Zugübergangsbahnhöfe für Hochleistung in Kopfform.

a) Hauptgleisskizzen. α) Der einfache Berührungs- und Kreuzungsbahnhof. Ergänzt man einen Berührungs- und Kreuzungsbahnhof für Durchgangsverkehr dadurch, daß man vor diesem nach Abb. 107 von der Linie a zwei Gleise im Rechtsbetrieb, sowie von der Linie c zwei Gleise im Linksbetrieb abzweigt und diese durch ein Weichenkreuz vor einem seitlich gelegenen Kopfbahnsteig für den End- und Eckverkehr verbindet, und bei der Abzweigung des End- und Eckverkehrs von der Linie d und b ebenso verfährt, so erhält man den einfachen Berührungsbahnhof in Kopfform für totalen Zugübergangsverkehr. Diese Gleisanlage ist bei einem Kreuzungsbahnhof die gleiche, da sich der Kreuzungs- vom Berührungsbahnhof nur durch die Gleisüberwerfungen von dem einen Bahnhofsende unterscheidet.

β) **Der einfache Kreuzungsbahnhof mit einer Anschlußlinie** (Abb. 107). Tritt noch die Anschlußlinie von c (Abb. 107) hinzu, so ist es zweck-

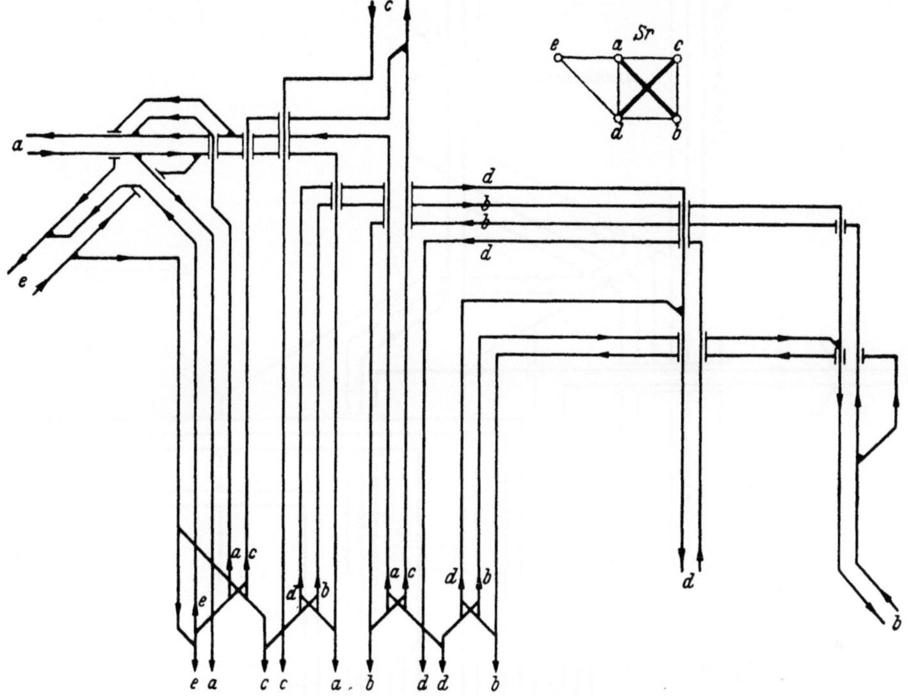

Abb. 107. Kreuzungsbahnhof mit einer Anschlußlinie.

mäßig, diese auf einer Abzweigstelle mit einer der Durchgangslinien (hier Linie a) im Richtungsbetrieb zu verbinden. Eine Überlastung der Linie a dürfte dadurch nicht eintreten, da ja auf ersterer der Endverkehr der Linie a bereits abgezweigt worden ist. Der Abstand der Anschluß- und der Trennungsweiche dieser Abzweigung von der Anschlußlinie e muß mindestens gleich der größten Zuglänge nebst der Durchrutschlänge sein. Ist der Endverkehr der Linie e bedeutend, so muß man diesen ebenfalls vorher (Abb. 107) abzweigen und neben denjenigen der Linien a und c an den seitlichen Kopfbahnsteig legen. Alle diese Gleise sind so zu verknüpfen, daß Eckverkehr a—c, a—e und c—e möglich ist. Man kann an einem Bahnhofsende an beide Durchgangslinien Anschlußlinien einer Abzweigstelle anschließen, nicht aber an beiden Bahnhofsenden auf derselben Seite gleichzeitig. In diesem Falle würde zwischen der nördlichen und südlichen Anschlußstelle für die Züge des Durchgangsverkehrs ein Engpaß entstehen. Das ist also nur bei Anschlußlinien mit Endverkehr angängig. Um den Engpaß zu vermeiden, ist ein zweifacher oder dreifacher Berührungs- bzw. Kreuzungsbahnhof das Gegebene.

b) Bahnhofsskizze eines einfachen Kreuzungsbahnhofes in Kopfform (Abb. 108)
Hier sind die Gleise des Durchgangsverkehrs in verschränktem Richtungsbetrieb
geschaltet, um an Kreuzungsbauwerken zu sparen. Für die ein- und auszusetzen·
den Züge des Fernverkehrs sind Wartegleise angelegt, da der Abstellbahnhof
nicht unmittelbar mit den Bahnsteiggleisen verbunden ist. Wegen des starken

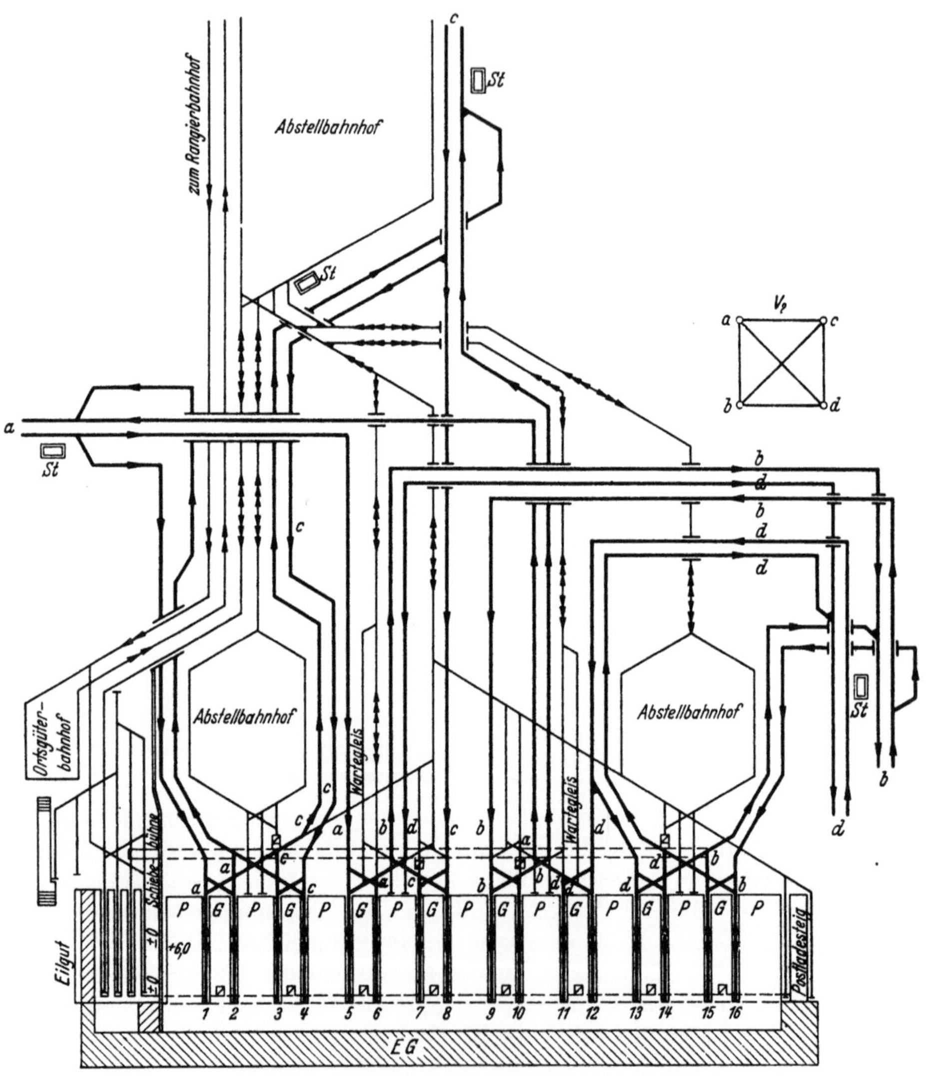

Abb. 108. Bahnhofsskizze eines totalen Kreuzungsbahnhofs.

Verkehrs sind sowohl beim Durchgangs- als auch beim Endverkehr alle Bahnsteiggleise verdoppelt worden. Es entstehen dadurch 16 Bahnsteiggleise. Für die
Überführung der Eilgutwagen aus den weiterfahrenden Personenzügen sind Aufzüge und Schiebebühnen vorgesehen, wie sie nach Cauer bereits in den Experten-
entwürfen für den Kopf- oder den Durchgangsbahnhof Zürich vorgeschlagen

worden sind. Diese Aufzüge befinden sich am Ende von Stumpfgleisen, die an die Wartegleise angeschlossen sind. Der Eilgutschuppen ist tiefer als die Bahnsteiggleise gelegt, damit quer unter diesen die Wagen verschoben werden können. Durch diese Anordnung erspart man die Umwege über den Abstellbahnhof. Der Eilgutschuppen ist auch von den Güterhauptgleisen und vom Abstellbahnhof aus durch Rampen zugänglich. Zwischen allen Ladegleisen des Eilgutschuppens befinden sich Zwischenbühnen zum Durchladen.

Ein Postladesteig ist auf der entgegengesetzten Seite des Bahnhofes angeordnet und ist durch Weichenstraßen quer durch den Bahnhof angeschlossen. Die Weichenstraßen stehen durch ein Verkehrsgleis mit dem Abstellbahnhof in Verbindung.

6. Die mehrfachen Zugübergangsbahnhöfe für Hochleistung in Kopfform.

Bei den mehrfachen Berührungs- und Kreuzungsbahnhöfen in Kopfform kreuzen sich vor den Bahnsteigen wie nach Abb. 101 in Schienenhöhe nur Ausfahrten. Wollte man diesen Grundsatz auch bei doppelten und dreifachen Zugübergangsbahnhöfen beibehalten, so würde dadurch die Zahl der Hauptgleise und damit auch die der Überwerfungsbauwerke beträchtlich werden. Mitunter könnte es dann an Platz fehlen, um den Kopfbahnhof möglichst nahe an das Verkehrszentrum heranzuführen. Will man mit weniger Gleisen auskommen, dann müssen auch Kreuzungen von Einfahrten mit Ausfahrten zugelassen werden. Liegen diese zudem auch noch in der Nähe der Kopfbahnsteige und hat der einfahrende Zug stets vor dem ausfahrenden den Vorrang, so ist gegen derartige schienengleiche Kreuzungen nichts einzuwenden. Um die Leistungsfähigkeit jedoch nicht zu sehr zu senken, muß man die Hauptgleisskizze so entwerfen, daß die schienengleichen Kreuzungen einer Einfahrt mit einer Ausfahrt nur bei den schwächer belegten Zugübergangsstellen vorhanden sind.

Bei der Auswahl der in einen Kopfbahnhof einzuführenden Hauptgleise geht man nach Abb. 109a u. b schrittweise vor: Man zeichnet das Zugübergangsbild. Für jedes Viereck mit gekreuzten Diagonalen des Zugübergangsbildes trägt man sodann im Gleisplan die Weichenkreuze mit den beiden Spitzkehrweichen ein und versieht sie mit den Fahrrichtungspfeilen. Jede Senkrechte des Zugübergangsbildes erscheint daher im Gleisplan zweimal als Bahnsteiggleis.

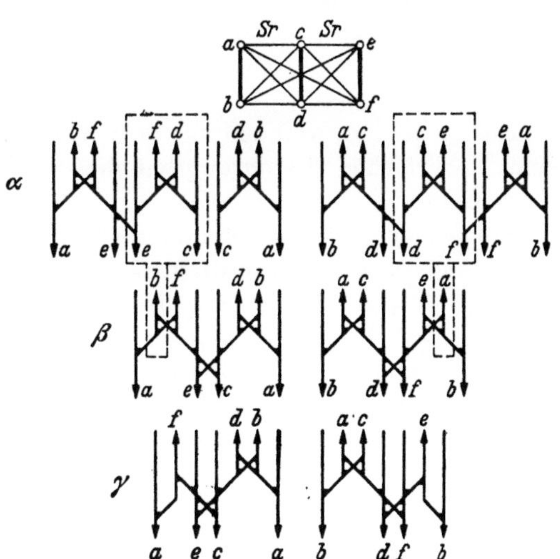

Abb. 109a. Mehrfache totale Zugübergangsbahnhöfe in Kopfform.

Entsprechend der gewählten Schaltung des Richtungsbetriebes schreibt man an die Weichenkreuze nach den angegebenen Regeln die Buchstaben der Ein- und Ausfahrten der Bahnlinien an. Die doppelt vorhandenen scheidet man aus, so

daß schließlich die Ausfahrten nur noch einfach vorhanden sind. Um die Zahl
der schienengleichen Kreuzungen klein zu halten, ordnet man wie in Abb. 103 c, d
die an dem einen Rande liegenden Einfahrgleise an dem anderen Rande noch
einmal an. Diese Auslese der Hauptgleise ist in der Abb. 109 a, b für den Durch-

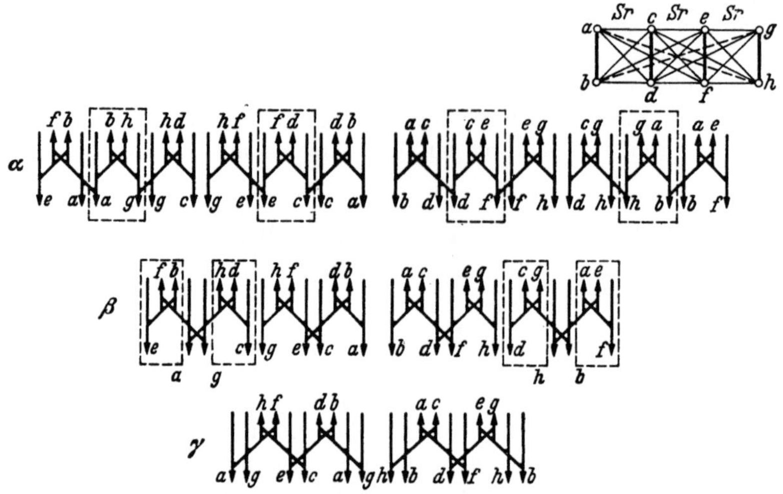

Abb. 109 b. Mehrfache totale Zugübergangsbahnhöfe in Kopfform.

gangsverkehr eines zweifachen und dreifachen Zugübergangsbahnhofes durchgeführt. Bei ersterem erhält man zwanzig Gleise, wenn sich nur die Ausfahrten
schienenfrei kreuzen. Wenn man bei vereinzelten Zugübergängen die schienenfreie Kreuzung der Einfahrt und der Ausfahrt zuläßt, kommt man mit nur
14 Gleisen aus. Für den Durchgangsverkehr des dreifachen Zugübergangsbahnhofes kann die Zahl der Hauptgleise nach Abb. 109 c von 40 auf 20 beschränkt werden.

Zusammenhängend soll nun beschrieben werden, wie man aus dem Zugübergangsbild die Hauptgleisskizze eines mehrfachen Berührungsbahnhofs bzw.
Kreuzungsbahnhofes in Kopfform entwickelt.

In Abb. 100 c sind für n = 3 Durchgangslinien über und unter dem eigentlichen
Zugübergangsbild die 36 verschiedenen geographischen Zugordnungen der Bahnlinien dargestellt. Diese sind bedingt nicht nur durch die geographische Lage der
Bahnlinien, sondern auch durch die Stärke der Streckenbelegungen sowie durch
das Bestreben, den Bahnsteiggleisen eine weitgehende Vertretungsmöglichkeit
für die Ausfahrten zu geben. Um dies zu erreichen, wird im eigentlichen Zugübergangsbild der am stärksten belegten Bahnlinie mit vielen Übergangsmöglichkeiten die mittlere Durchgangslinie zugewiesen. Dann folgen für die
weniger stark belegten Bahnlinien mit weniger Übergangsmöglichkeiten die am
Rande liegenden Durchgangs- und Anschlußlinien, sowie die im Zugübergangsbild durch Diagonalen gekennzeichneten Zugübergänge. Die Aufnahmefähig-
keit des Bahnhofes und damit die Möglichkeit ungehinderter Einfahrten wird
durch zweckmäßige Anordnung der Überholungsgleise gesteigert.

Um aus dem Zugübergangsbild die Hauptgleisskizze zu entwickeln, muß
man sich vorher über die richtungsweise Schaltung der Hauptgleise im klaren

sein, die durch die Weichenkreuze an den Bahnsteigenden zusammengefaßt werden sollen.

Allgemein gilt hier folgendes: Nach S. 123 ist bei den einfachen Berührungsbahnhöfen die Anzahl der Kreuzungsbauwerke bei der Schaltung V2 am kleinsten und bei der Schaltung Vo am größten. Bei symmetrischer Schaltung des Richtungsbetriebs Sr und Sl liegt bei Kreuzungsbahnhöfen die Anzahl der Kreuzungsbauwerke zwischen denen bei den Schaltungen V2 und Vo, so daß also die Schaltung V2 den Vorzug erhält.

Bei zwei- und dreifachen Berührungs- und Kreuzungsbahnhöfen in Kopfform haben Untersuchungen gezeigt, daß die Zahl der Kreuzungsbauwerke sich bei den Schaltungen V2 und Sr sowie Sl nicht wesentlich ändert. Hier ist daher die Schaltung zu wählen, bei der sich die Buchstabenanordnung der Weichenkreuze am einfachsten aus dem Zugübergangsbild entwickeln läßt. Für den zweifachen

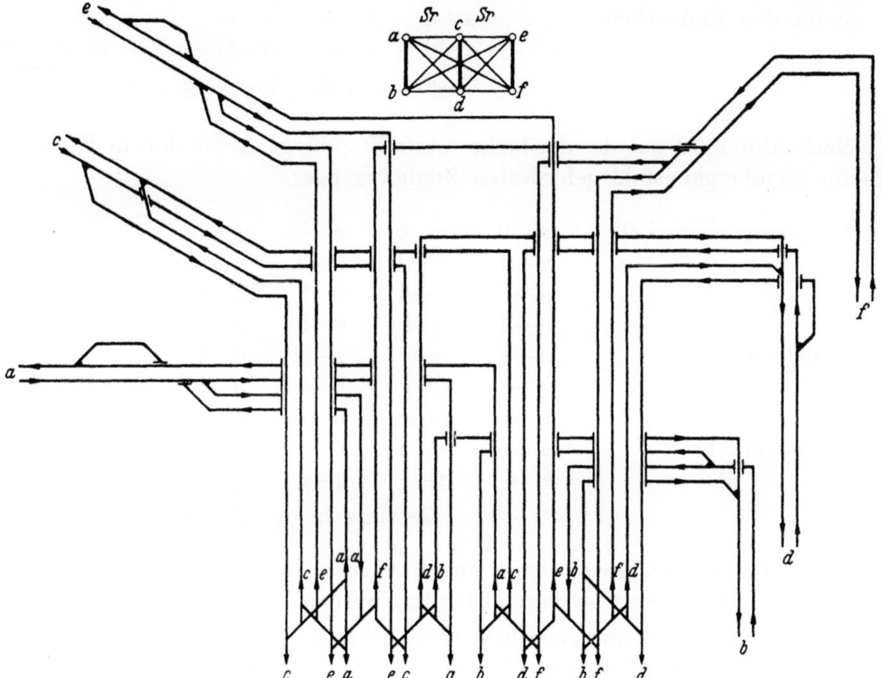

Abb. 109c. Hauptgleisskizze eines zweifachen totalen Zugübergangsbahnhofes in Kopfform.

Berührungs- und Kreuzungsbahnhof ist diese Entwicklung bei den Schaltungen V2 und Sr am einfachsten, für den dreifachen kommt lediglich die Schaltung Sr in Betracht.

Die Gleisverknüpfungen des Durchgangsverkehrs werden noch durch die für den Eck- und Endverkehr ergänzt. Hierbei wurde auch wieder die Führung der abzweigenden Gleise des Endverkehrs so angeordnet, daß möglichst wenig Gleise und Kreuzungsbauwerke erforderlich werden. Dies wurde, wie besonders aus Abb. 109c zu ersehen ist, durch den symmetrischen Richtungsbetrieb der Hauptgleise des Durchgangsverkehrs sowie durch eine symmetrische Anordnung der Abzweiggleise für den Endverkehr erreicht.

9*

Zur besseren Übersicht sollen für die doppelten und dreifachen Berührungsbahnhöfe die Zugübergänge des Durchgangs-, Eck- und Endverkehrs, die ja aus den Zugübergangsbildern zu ersehen sind, noch einmal tabellarisch zusammengestellt werden, um leichter nachprüfen zu können, ob die Forderungen der Zugübergangsbilder durch die Hauptgleisskizzen auch verwirklicht worden sind.

Der doppelte Zugübergangsbahnhof nach Abb. 109c enthält also folgende im Zugübergangsbild geforderten Zugübergänge:

1. für den Durchgangsverkehr	a—b	c—b	e—b	
	a—d	c—d	e—d	$= 9 \cdot 2 = 18$
	a—f	c—f	e—f	
2. für den Eckverkehr	f—b	c—e		
	f—d	a—c		$= 6 \cdot 2 = 12$
	b—d	a—e		
3. für den Endverkehr	a—a	b—b	c—c	
	d—d	e—e	f—f	$= 6 \cdot 2 = \underline{12}$
		Gesamtzahl der Zugübergänge		42

Nach Abb. 109d hat der dreifache totale Zugübergangsbahnhof in Kopfform die im Zugübergangsbild geforderten Zugübergänge:

1. Durchgangsverkehr	a—b	c—b	e—b	g—b	
	a—d	c—d	e—d	g—d	$= 16 \cdot 2 = 32$
	a—f	c—f	e—f	g—f	
	a—h	c—h	e—h	g—h	
2. Eckverkehr	a—c	c—c	b—d	d—f	
	a—e	c—g	b—f	d—h	$= 12 \cdot 2 = 24$
	a—g	e—g	b—h	f—h	
3. Endverkehr	a—a	b—b	c—c	d—d	
	e—e	f—f	g—g	h—h	$= 8 \cdot 2 = \underline{16}$
		Gesamtzahl der Zugübergänge			72

Diese Hauptgleisskizzen können in entsprechender Weise, wie in Abb. 108 gezeigt, zu Bahnhofsskizzen vervollständigt werden.

Bei den großen Zugübergangsbahnhöfen wird, wie die Gleisskizzen erkennen lassen, die Gleisentwicklung eines leistungsfähigen Kopfbahnhofs so umfangreich, daß sie über die benachbarten Bahnhöfe hinausgeht. Der Anlage eines Kopfbahnhofes wird also durch die Besiedlung eine Grenze geboten, die bei dem Durchgangsbahnhof nicht bald eintritt. Hier verteilen sich nämlich die Gleisentwicklungen auf beide Bahnhofsenden. Dadurch wird jede für sich nicht so umfangreich. Bei geringerer Dichte der Zugfolge können auf einzelnen Linien schienengleiche Kreuzungen zugelassen werden. Dadurch verringert sich die Ausdehnung der Gleisentwicklung, auf die aber hier nicht näher eingegangen werden soll. Hier sollten lediglich einmal unabhängig von Gelände und Bebauung und unter Vermeidung schienengleicher Kreuzungen (von den Ausfahrkreuzungen an den Bahnsteigenden abgesehen) die Gleisskizzen der Kopfbahnhöfe ebenso wie die der Durchgangsbahnhöfe für Höchstleistung entworfen werden.

7. Nachweis der topologischen Gleichheit eines Zugübergangsbahnhofes in Durchgangs- und in Kopfform.

Um nachzuweisen, daß zwei Zugübergangsbahnhöfe für Hochleistung in Durchgangs- und in Kopfform topologisch einander gleich sind, könnte man in Abb. 109d die Ein- und Ausfahrgleise der Bahnlinien b, d, f und h des Durch-

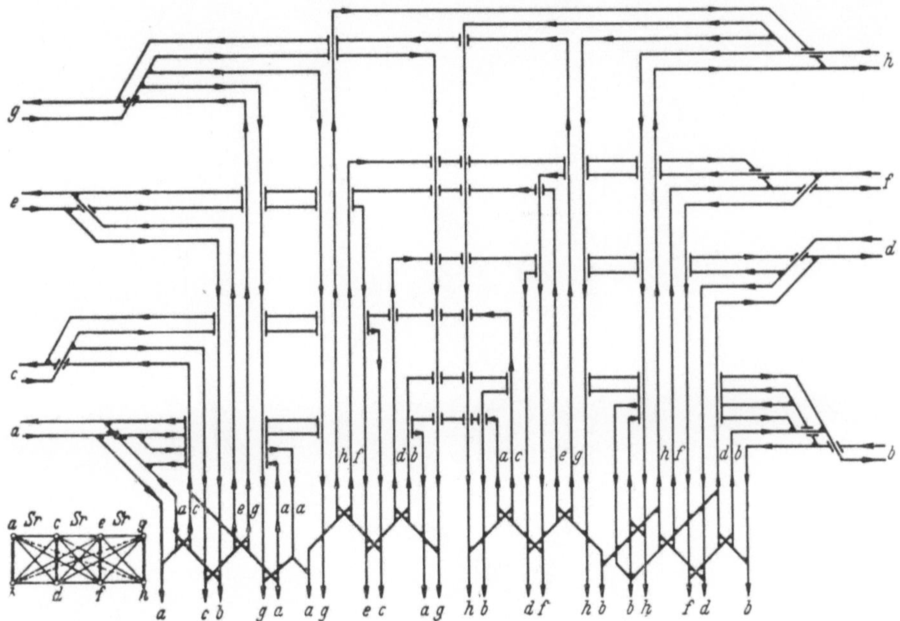

Abb. 109d. Hauptgleisskizze eines dreifachen totalen Zugübergangsbahnhofes in Kopfform.

gangsverkehrs um 180 Grad um die waagerechte Achse durch die Bahnsteigmitten und sodann unterhalb der Weichenstraßen von rechts nach links umklappen. Dadurch fallen die Spitzkehrweichen weg und der Linksbetrieb wird unter Fortfall der hierdurch entstandenen Gleisüberwerfungsbauwerke wieder in den Rechtsbetrieb der Streckengleise umgewandelt. Auf diese Weise erhält man aus dem Kopfbahnhof den topologisch gleichen Durchgangsbahnhof nach Abb. 103a, bei dem aber die Bahnsteige des End- und Eckverkehrs der Linien b, d, f und h durch die Umklappungen auf die dem Empfangsgebäude gegenüberliegende Bahnhofsseite gelangen. Beim Durchgangsbahnhof liegen also alle Bahnsteige des End- und Eckverkehrs nebeneinander, während diese im Kopfbahnhof nach Abb. 109d beiderseits der Bahnsteige des Durchgangsverkehrs sich befinden.

In Abb. 110 ist die Lage dieses dreifachen Zugübergangsbahnhofs mit ihren Zufahrtlinien in Kopf- und Durchgangsform zur Stadt dargestellt.

Auf Grund obigen Beweises sind auch die einfachen Zugübergangsbahnhöfe in Durchgangs- und Kopfform, die in Abb. 101 nach dem Verfahren des Verfassers mit Hilfe der Zugübergangsbilder für die verschiedenen Schaltweisen des Richtungsbetriebes konstruiert wurden, topologisch einander gleich. Dieser Beweis gilt auch für die nachstehend behandelten Anschlußbahnhöfe in Durchgangs- und Kopfform.

a) Beispiele für die geographische Zuordnung der Bahnlinien zu
einem Kopfbahnhof. In Abb.111a,b sind die Zugübergangsbilder nebst der geo-

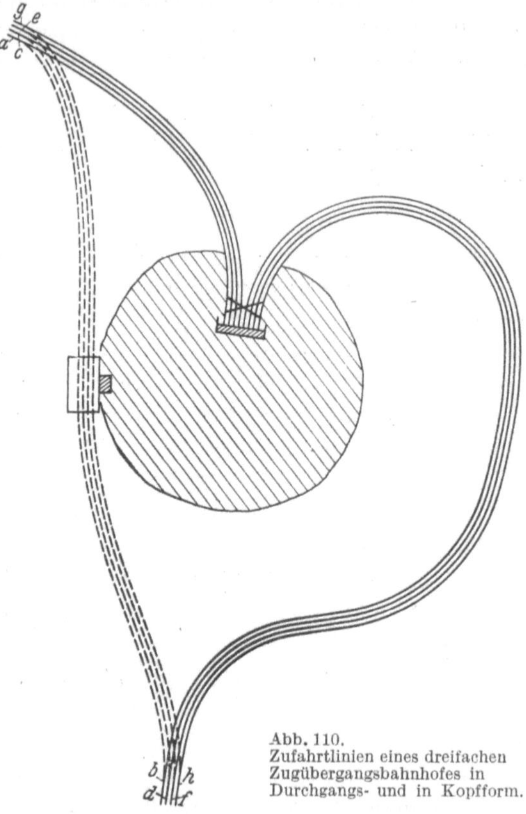

Abb. 110.
Zufahrtlinien eines dreifachen
Zugübergangsbahnhofes in
Durchgangs- und in Kopfform.

graphischen Zuordnung der Bahnlinien der Kopfbahnhöfe Frankfurt (Main) und
Leipzig gezeichnet, falls diese als Zugübergangsbahnhöfe für Höchstleistung
entworfen werden sollen.

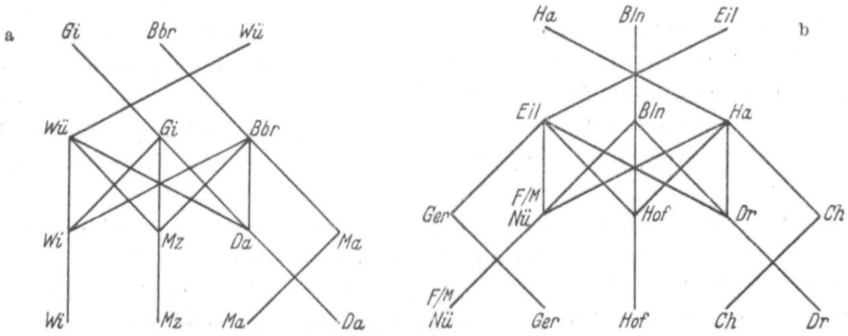

Abb. 111a, b. Zugübergangsbilder und die geographischen Zuordnungen der Kopfbahnhöfe Frankfurt (M) und
Leipzig.

Die Abkürzungen bedeuten: Bbr = Bebra, Bln = Berlin, Ch = Chemnitz, Da = Darmstadt, Dr = Dresden,
Eil = Eilenburg, F/M = Frankfurt (Main) Ger = Gera, Gi = Gießen, Ha = Halle, Ma = Mannheim, Mz = Mainz,
Nü = Nürnberg, Wi = Wiesbaden, Wü = Würzburg.

G. Konstruktion eines Kopfbahnhofes aus einer einfachen Weiche.
(Abb. 102, Anschlußbahnhof)

Im Gegensatz zu den Berührungs- und Kreuzungsbahnhöfen in Durchgangsform liegen im Anschlußbahnhof die Trennungs- und die Anschlußweichen an den Bahnsteigenden ungefähr gegenüber. Da in einem Anschlußbahnhof in Kopfform diese Weichen am anderen, also am freien Bahnsteigende liegen müssen, so sind hier beide Weichen um eine waagerechte Achse um 180° umzuklappen. Dies ist bei den Berührungs- und Kreuzungsbahnhöfen nur für das Weichenkreuz einer Fahrrichtung erforderlich, und zwar braucht hier wegen der Symmetrie des Weichenkreuzes nicht dieses selbst, sondern nur die Buchstabenanordnung von unten nach oben umgestellt zu werden. Bei den zur waagerechten Achse unsymmetrischen Trennungs- und Anschlußweichen muß aber nicht nur die Buchstabenanordnung beider Weichen von unten nach oben umgestellt, sondern auch die Weiche selbst umgeklappt werden. Jedoch geschieht dies ebenso wie bei den Berührungs- und Kreuzungsbahnhöfen nicht gleichzeitig, sondern zuerst werden wieder die Gleisverknüpfungen am freien Bahnsteigende samt ihren Fahrrichtungspfeilen dargestellt und an diese werden nun die Buchstaben der einmündenden Bahnlinien entsprechend den verschiedenen Schaltungsweisen des Richtungsbetriebes angeschrieben. Da das Zugübergangsbild der Anschlußbahnhöfe die Form einer einfachen Weiche hat, so läßt sich die Buchstabenanordnung der Gleisverknüpfung am freien Bahnsteigende wie bei den Berührungs- und Kreuzungsbahnhöfen auch für die Anschlußbahnhöfe aus dem Zugübergangsbild entwickeln.

α) **Form und Fahrrichtungspfeile der Gleisverknüpfung.** Zunächst ist die Form der Gleisverknüpfung am Kopfbahnsteig aus dem Durchgangsbahnhof zu entwickeln. Man zeichnet daher für beide Fahrrichtungen die Bahnsteiggleise mit den Pfeilen bei Richtungsbetrieb ebenso wie beim Durchgangsbahnhof. Sodann setzt man zwischen jedes Bahnsteiggleispaar die Trennungs- bzw. die Anschlußweiche mit der Spitze nach oben. Diese versieht man mit dem umgekehrten Richtungspfeil des Durchgangsbahnhofs. Die Verknüpfung der Trennungs- und Anschlußweiche mit den Bahnsteigsgleisen bilden wieder die Spitzkehrweichen. In der Hauptgleisskizze zeichnet man im Gegensatz zum Zugübergangsbild der Anschlußbahnhöfe die Anschluß- und Trennungsweichen zur senkrechten Achse symmetrisch.

β) **Die Buchstabenanordnung.** 1. Anschlußbahnhof mit Schaltung Sr (Abb. 102a, β). Entsprechend der Überschrift Sr des Zugübergangsbildes zeichnet man dieses in symmetrischer Form über der Verknüpfung der rechten Bahnsteiggleise des Kopfbahnhofs. Sodann spiegelt man auf diese die Buchstabenanordnung des Zugübergangsbildes um die waagerechte Achse und schließlich spiegelt man die Buchstabenanordnung der rechten Gleisverknüpfung auf die linke um die senkrechte Achse.

2. Anschlußbahnhof mit Schaltung S$_l$ (Abb. 102b, β). Für die richtungsweise Schaltung S$_l$ führt man die gleiche Handhabung wie für Sr aus, jedoch von links oben nach rechts unten anstatt von rechts oben nach links unten.

3. Anschlußbahnhof mit Schaltung V2 (Abb. 102c, β). Man zeichnet entsprechend der Überschrift V2 über beide Verknüpfungen der Bahnsteiggleise das gleiche symmetrische Zugübergangsbild V2 und spiegelt deren Buchstabenanordnung auf die beiden Gleisverknüpfungen um die waagerechte Achse.

4. Anschlußbahnhof mit Schaltung V_o (Abb. 102d, β). Da die Buchstabenanordnung des Zugübergangsbildes mit der Überschrift V_o erst dadurch identisch
mit der Gleisverknüpfung wird, daß man sie um die senkrechte Achse spiegelt,
so zeichnet man zunächst das symmetrische Zugübergangsbild V_o seitlich über
den beiden Gleisverknüpfungen der Bahnsteiggleise. Hierauf trägt man dieses
zweimal in derselben Zeile links davon ein und versieht diese mit der um die
senkrechte Achse gespiegelten Buchstabenanordnung des rechten Zugübergangsbildes V_o. Nun spiegelt man die Buchstabenanordnung der beiden linken Zugübergangsbilder wie bei V2 um die waagerechte Achse auf die beiden Verknüpfungen
der Bahnsteiggleise und erhält die Buchstabenanordnung für die Schaltungsweise V_o.

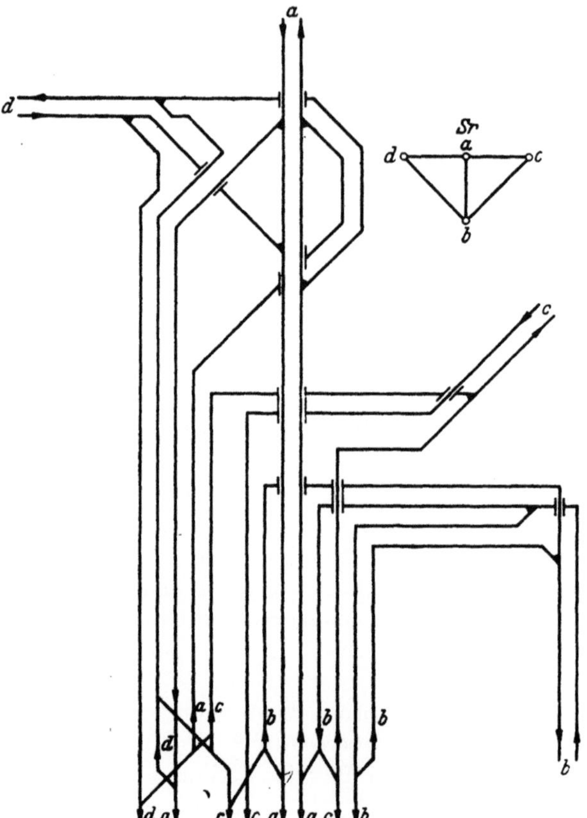

Abb. 112. Hauptgleisskizze eines doppelten Anschlußbahnhofes.

Verbindet man wieder diese Verknüpfung der Bahnsteiggleise mit den am
Blattrand gezeichneten Stücken der zweigleisigen Bahnen gleicher Buchstaben
und Pfeilrichtungen durch waagerechte und senkrechte Striche, so erhält man
nach Abb. 102γ den Anschlußbahnhof in Kopfform, der dem in Durchgangsform
geographisch, topologisch und verkehrlich entspricht. Auch hier sind die Gleise
wieder so zu führen, daß sich die Abbiegungen nicht innerhalb, sondern außerhalb
des Bahnhofs mit den kreuzenden Gleisen überwerfen.

Auch bei den Anschlußbahnhöfen ist die Zahl der schienenfreien Kreuzungen mit 6 Kreuzungsbauwerken nach der Schaltung V2 am geringsten und nach der Schaltung V_o mit 8 am größten. Bei symmetrischer Schaltung ist die Anzahl der

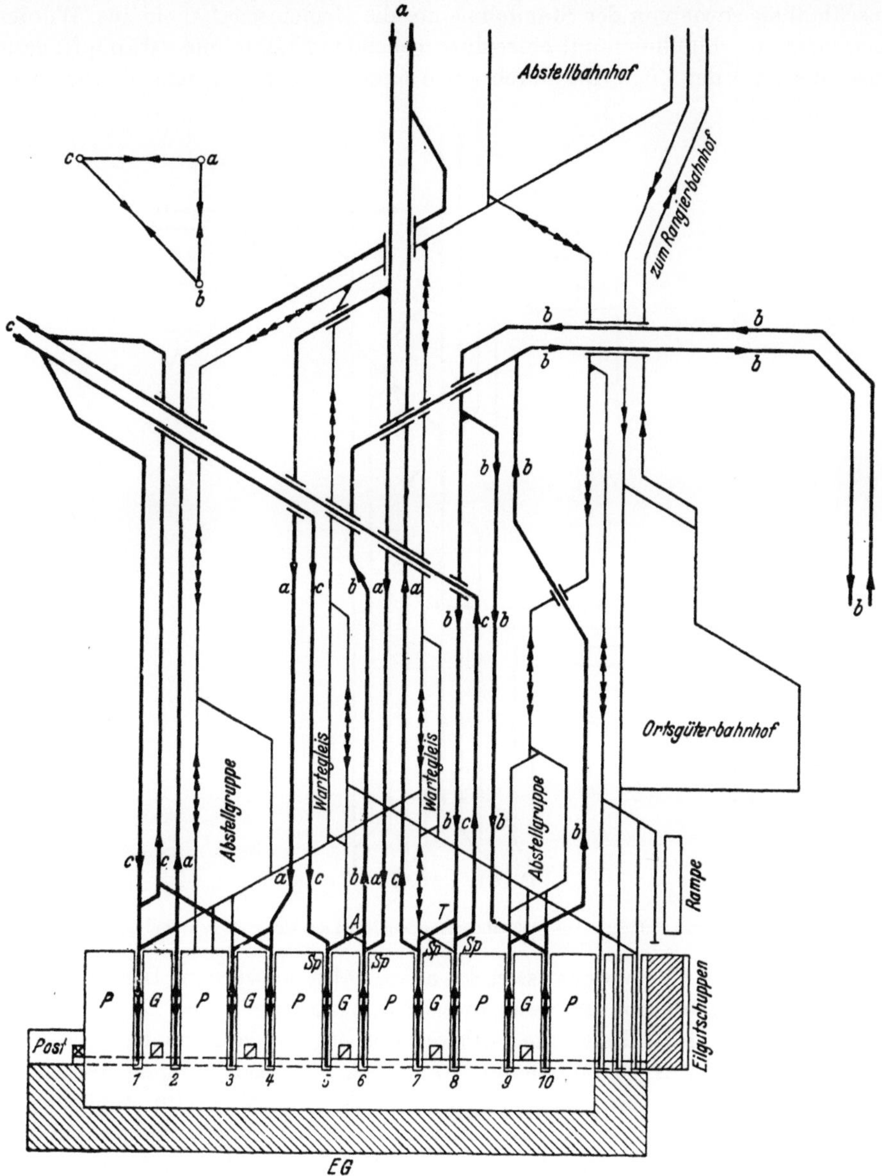

Abb. 113. Bahnhofsskizze eines totalen einfachen Anschlußbahnhofs in Kopfform.

schienenfreien Kreuzung 7. Diese Zahlen sind die Hälfte der schienenfreien Kreuzungen der Kreuzungsbahnhöfe (vergl. Abb. 101).

5. Anschlußbahnhöfe für den totalen Zugübergangsverkehr. Ebenso wie meist nie mehr als zwei Gleise mit einem Stammgleis zu einer Weiche (Doppelweiche) vereinigt werden, so sollen auch bei den Zugübergangsbahnhöfen für

Höchstleistung nie mehr als zwei Anschlußlinien mit einer Stammlinie zusammengefügt werden. Beim Anschluß zweier Linien an eine durchgehende Stammlinie (Abb. 76) schließt immer ein Zug den gleichzeitigen Übergang von der anderen Anschlußlinie sowie von der Stammlinie auf die Gemeinschaftslinie aus. Würden noch mehr Anschlußlinien mit einer durchgehenden Stammlinie verknüpft, dann stiege die Zahl der Züge, die durch einen anderen Zug von dem gleichzeitigen

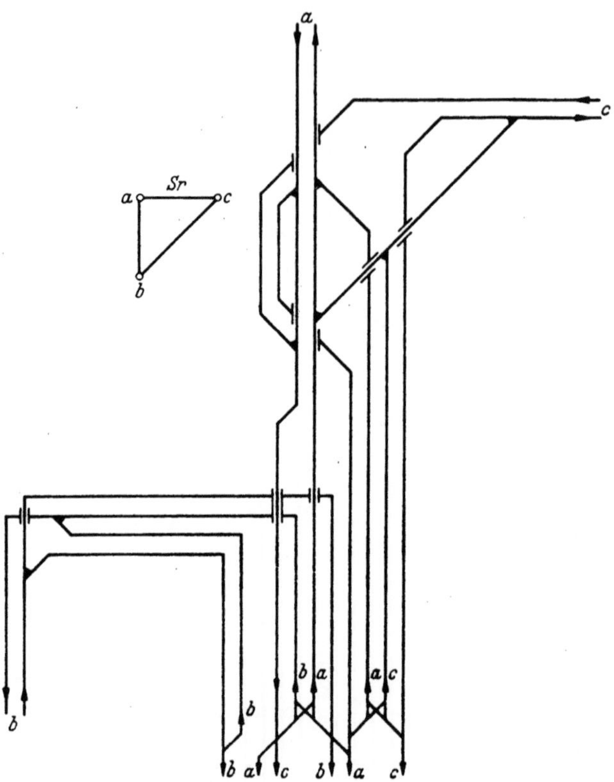

Abb. 114. Entwicklung eines einfachen Anschlußbahnhofs in Kopfform aus einem Zwischenbahnhof in Kopfform.

Übergang auf die Gemeinschaftsstrecke ausgeschlossen würden. Bei einem einfachen Anschlußbahnhof ist zwar die Leistungsfähigkeit des Zugüberganges größer. Aber hier fehlt die Mannigfaltigkeit der Zugübergangsmöglichkeiten, die in einem doppelten Anschlußbahnhof vorhanden ist. Nach vorigem kann diese Mannigfaltigkeit aber mit Rücksicht auf die Höchstleistung im Zugübergang nicht mehr gesteigert werden. Infolgedessen sollen bei Zugübergangsbahnhöfen für Höchstleistung nur einfache und doppelte Anschlußbahnhöfe ausgeführt werden.

Der doppelte Anschlußbahnhof für Durchgangs-, Eck- und Endverkehr in Kopfform ist der Hauptpräsentant der Gruppe der Bahnhöfe, die sich auf einfache Weise aufbauen Er ist aus dem einfachen Anschlußbahnhof in Kopfform dadurch entstanden, daß man auf einer Abzweigstelle vorher nach Abb. 112 die zweite Anschlußlinie von d im Richtungsbetrieb, wie in Abb. 107 für den

Berührungsbahnhof gezeigt, anschließt Auch die Abspaltung des End- und Eckverkehrs aller Linien geschieht nach Abb. 107. Die Linien a, c und d sind hier
auch für den Eckverkehr miteinander verknüpft.

Bahnhofsskizze eines Anschlußbahnhofes in Kopfform. Der Anschlußbahnhof in Kopfform nach Abb.113 entspricht demjenigen eines einfachen
Kreuzungsbahnhofes nach Abb.108. Auch sind, wie in Abb.108, für die Züge des
Fernverkehrs, die im Kopfbahnhof aus- und eingesetzt werden, noch Wartegleise vorgesehen, weil hier der Abstellbahnhof nicht so nahe an den Bahnsteiggleisen liegt. Die Abstellgruppen und Wartegleise sind kreuzungsfrei mit dem
Abstellbahnhof durch Verkehrsgleise verbunden. Auf den Verkehrsgleisen gelangen
auch die Eilgut- und Postwagen der endenden und beginnenden Züge zum Eilgutschuppen und zum Postladesteig. Für die Zuführung der anderen Eilgut- und
Postwagen sind quer durch den Bahnhof Weichenstraßen gelegt. Der Ortsgut-
bahnhof befindet sich etwas abgerückt vom Eilgutschuppen. Er hat zweigleisige
Verbindung mit dem Rangierbahnhof.

Zum Schluß sei noch gezeigt, wie man einen einfachen Anschlußbahnhof in
Kopfform (Abb.114) aus einem einfachen Zwischenbahnhof in Kopfform entwickeln kann und zwar dadurch, daß man wie vor die Anschlußlinie an die
Stammlinie vorher auf einer Abzweigstelle anschließt. Die Gleisverknüpfung des
einfachen Zwischenbahnhofs in Kopfform dient also hier dem Durchgangsverkehr
zwischen a, c einerseits und b andererseits, sowie dem End- und dem Eckverkehr
dieser drei Linien, also dem Totalverkehr. Bei stärker werdendem Verkehr kann
man das Weichenkreuz von dem End- und Eckverkehr aller Linien entlasten,
indem man wieder die Gleise für den End- und Eckverkehr von dem Bahnhof
abzweigt, an seitliche Kopfbahnsteige heranführt und durch Weichen verknüpft.
Entwickelt man aber den einfachen und doppelten Anschlußbahnhof in Kopfform nach Abb.102 und 112 aus der einfachen Weiche als Gleisverknüpfung, so
kann man letztere nicht für den Endverkehr benutzen und muß hier auch bei
schwachem End- und Eckverkehr die Gleise für diese Verkehre vorher abzweigen
und an Kopfbahnsteigen durch Weichen verbinden.

II. Die Güterbahnhöfe.

A. Allgemeines.

Auf den Güterbahnhöfen gelangen die Güter von den Straßenfahrzeugen auf
die Eisenbahn und umgekehrt. Die Güterbahnhöfe enthalten also in erster Linie
Gleisanlagen, auf denen dieser Umschlag erfolgt. Das sind die Ladegleise an den
Freiladestraßen, den Schuppen, Rampen und anderen Umschlagsanlagen. Weiter
sind auch auf den Güterbahnhöfen Gleisanlagen für das Auswechseln der Eisenbahnwagen an den Ladegleisen vorgesehen. Für die Zustellung neuer Wagen
müssen die Ladegleise erst von den Wagen, die vollständig be- und entladen sind,
geräumt werden, sodann müssen die dem Güterbahnhof zugeführten Wagen entweder nach Ladestellen oder wenn die Ladestellen aus mehreren Gleisgruppen
bestehen, vorher nach letzteren geordnet werden. Hiernach können erst die ankommenden Wagen in den Ladegleisen laderecht gestellt werden.

Es gehören daher zu dem Güterbahnhof außer den eigentlichen Ladegleisen
1. Gleise zur vorläufigen Aufnahme der aus den Ladegleisen abgezogenen Wagen,
2. Gleise zur vorläufigen Aufnahme der laderecht zu stellenden Eisenbahnfahr-
zeuge, 3. Gleisanlagen zum Ordnen dieser Wagen.

Die abgehenden Wagen werden erst vor der Einreihung in die Güterzüge
auf den Zwischenbahnhöfen oder auf den Rangierbahnhöfen geordnet. Zu letzteren
gelangen sie von den selbständigen Güterbahnhöfen mittels Übergabezüge, in
denen die Wagen in bunter Reihenfolge, also nicht nach Richtungen geordnet,
stehen. Entsprechend werden in der Regel von dem Rangierbahnhof aus die
Wagen bunt, also nicht nach Ladestellen oder Gleisgruppen geordnet, zum Güterbahnhof hingebracht.

Auf den Zwischenbahnhöfen nehmen die Aufstellgleise neben den Überholungsgleisen die ankommenden und abgehenden Wagen vorläufig auf und das
Ordnen der Wagen nach Ladestellen erfolgt, nachdem die angekommenen Wagen
aus dem Aufstellgleis in das Ausziehgleis vorgezogen sind, in den Spitzen der
Aufstell- und Ladegleise, getrennt nach Freiladegleisen, Rampen, Güterschuppen
und Gleisanschlüssen. Die Abb. 115 gibt eine Gleisanlage hierfür wieder, in der

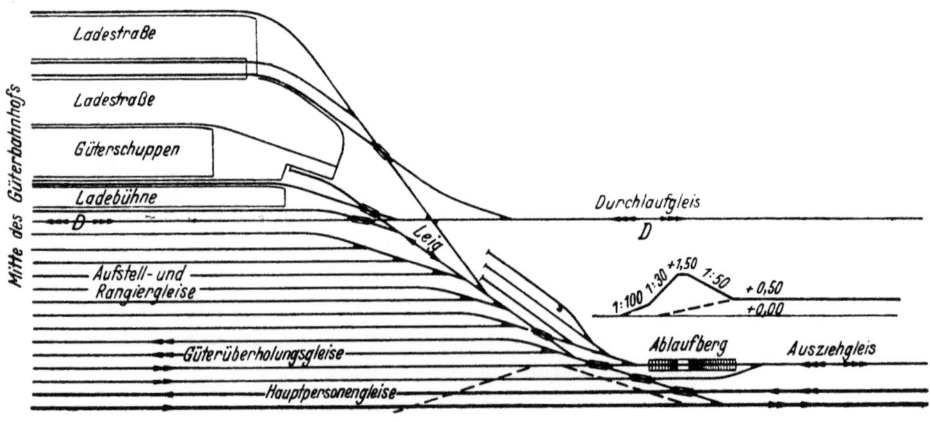

Abb. 115. Güterbahnhof mit Ablaufanlage.

das Zerlegen der Rangiergruppe mittels Schwerkraft über einen Ablaufberg
erfolgt. Jedoch dürfen die Wagen in die Ladegleise nicht ablaufen, sondern sie
sind, um das Ladegeschäft nicht zu gefährden, zu überführen. Ein Nachordnen
der Wagen nach Ladestellen in den Freiladegleisen und vor dem Güterschuppen,
ist in der Regel nicht notwendig. Die vor der Bedienung der Ladegleise aus letzteren in die Aufstellgleise abgestellten Wagen werden auf Zwischenbahnhöfen
zur Einstellung in die Güterzüge vorher noch nach ihren Richtungen geordnet.

B. Der selbständige Güterbahnhof.

Die selbständigen Güterbahnhöfe werden im allgemeinen nur in Groß-
städten, wo erheblicher Güterverkehr zusammenkommt, angelegt. Sie müssen in
guter Verbindung mit dem Rangierbahnhof stehen. Zu den selbständigen Güterbahnhöfen gehören

1. diejenigen für den Stückgut- und Wagenladungsverkehr. Das sind die sogenannten Ortsgüterbahnhöfe,
2. die für den Viehverkehr in der Nähe der Schlachthöfe,
3. die Industriebahnhöfe großer Anlagen der Schwerindustrie sowie der Kohlen- und der Erzbergwerke,
4. die Hafenbahnhöfe für den Umschlag zwischen Eisenbahn und Schiff.

Es soll von diesen selbständigen Güterbahnhöfen nur der Ortsgüterbahnhof beschrieben werden, weil dieser zu den Bahnhöfen einer größeren Stadt gehört, der wie der Personen-, Abstell- und Rangierbahnhof von der Eisenbahnverwaltung geplant, gebaut und betrieben wird.

Konstruktiv bietet er nichts Neues gegenüber den im ersten Abschnitt besprochenen Ortsgüteranlagen eines Durchgangsbahnhofs (Abb. 21—24). Nur sind die Freiladegleise, die Rampen und der Güterschuppen umfangreicher. Bei letzteren ist ein Schuppen für Empfangsgut und einer für Versandgut anzulegen (Abb. 43a,b) und die Güterabfertigung ist nach Abb. 40c für eine große Zahl der täglich abzufertigenden Frachtbriefe zu entwerfen. Gleistechnisch bietet der Entwurf eines Ortsgüterbahnhofs deshalb keine Schwierigkeiten, weil die überwiegende Zahl der Gleise nebeneinander angereiht und einseitig angeschlossen ist. Je nach der Örtlichkeit kann dieses Nebeneinanderreihen der Ladegleise nach Abb. 116a, b

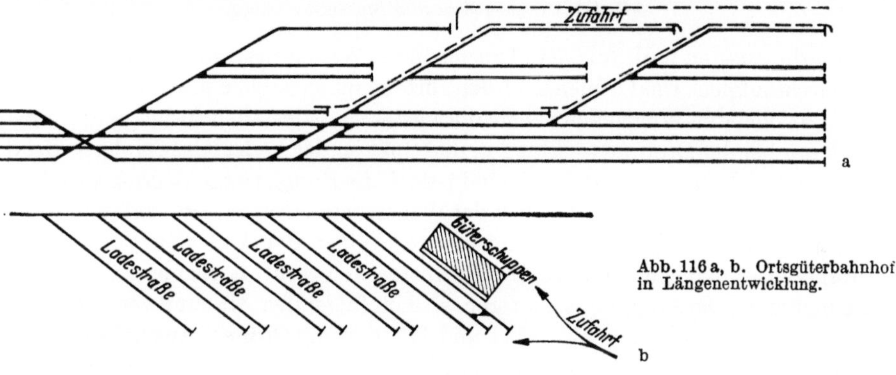

Abb. 116 a, b. Ortsgüterbahnhof in Längenentwicklung.

in die Länge oder nach Abb. 117 in die Breite erfolgen. Auch kann eine gemischte Anordnung gewählt werden. Die Breitenentwicklung ist, wenn Platz vorhanden ist, wegen der besseren Übersichtlichkeit und der kürzeren Rangierwege der Längenentwicklung vorzuziehen. Der Güterschuppen ist jedoch nicht in die Breitenentwicklung einzureihen, sondern mit einem verlängerten Abzweiggleis den Ladegleisen nach Abb. 117 vorzulagern. Würde man den Güterschuppen zwischen die Ladestraßen einreihen, so wäre dessen Zugänglichkeit eingeengt und die Lage des Güterschuppens am Außenrande der Ladegleise würde deren Erweiterungsfähigkeit behindern. Auch ist bei Anordnung der Rampen darauf Bedacht zu nehmen, daß durch diese Bauwerke die Erweiterung der Ladegleise nicht eingeschränkt wird. Allgemein sollen die Ortsgüteranlagen nach den verschiedenen Verkehrsarten (Stückgut-, Freilade- und Rampenverkehr) so in ihrer Lage zueinander gegliedert werden, daß die Entwicklungsfähigkeit jeder einzelnen Verkehrsart gewahrt bleibt, ohne daß dadurch die Einheitlichkeit der Bahnhofsanlage zerrissen und die Rangierbewegungen von einer Teilanlage (Rampe,

Freiladestraße und Schuppen) zur anderen zu umständlich wird. Auf gute Gleisverbindungen zwischen den einzelnen Teilanlagen ist daher besonderer Wert zu legen.

Den eigentlichen Ladeanlagen ist eine Übergabegruppe von mindestens drei Gleisen vorzulagern. Diese Gleise müssen mindestens die Länge des größten Übergabezuges haben. Von den drei Gleisen ist eins für die ankommenden Züge

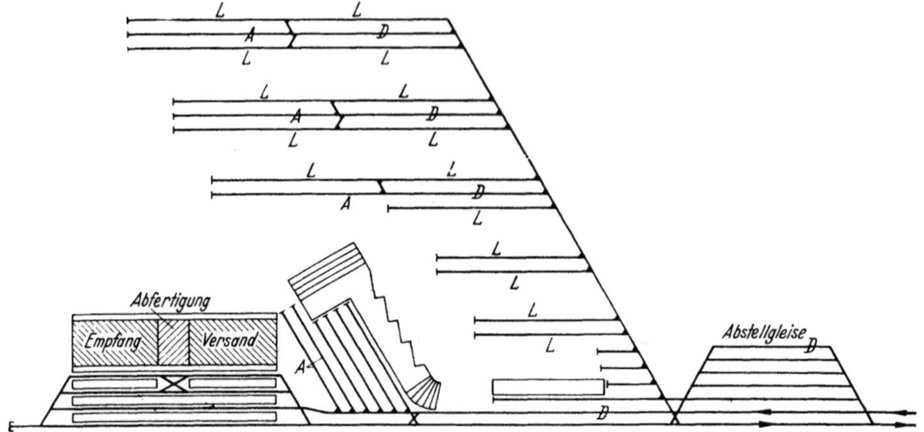

Abb. 117. Ortsgüterbahnhof in Breitenentwicklung.

eins für die aus den Ladeanlagen abzuziehenden Wagen bestimmt und das dritte ist das Durchlaufgleis. Das Ordnen nach den einzelnen Ladestellen sowie das Aussondern der abzuziehenden Wagen von denen, die wieder zu Ladestellen zurückgebracht werden, kann bei der Breitentwicklung in den Spitzen der Ladegleise erfolgen. Bei der Längenentwicklung der Ladegleise sind jedoch die Rangierwege zu groß, so daß dort eine Stumpfgleisgruppe zum Ordnen der Wagen anzulegen ist. Bei umfangreicheren Nachordnungen ist es nötig, zwischen den Spitzen der Ladegleise noch weitere Stumpfgleise anzulegen und das Ordnen mittels Schwerkraft über einen Ablaufberg vorzunehmen. Die Anlage des letzteren wird im folgenden Abschnitt erläutert.

Aufstellgleise nach Abb. 116a und 117, die zum Ordnen, Aufstellen und Ausrangieren der Güterwagen dienen, sind in Verbindung mit besonderen Ausziehund Durchlaufgleisen das wirksamste Mittel, um die Leistungsfähigkeit der Ladegleise und der Ladestraßen zu erhöhen.

Bei dem Nachordnen der Wagen wird nach Abb. 117 so vorgegangen, daß diese zunächst nach Freiladestraßen einerseits und Güterschuppen und Rampen andererseits rangiert werden. Das Rangieren nach Ladestellen erfolgt für die Wagen der Freiladestraßen von einem Übergabegleis aus in den Spitzen der Ladegleise sowie in den Stumpfgleisen. Die Wagen für den Güterschuppen und die Rampen werden in den Aufstellgleisen und den Spitzen der benachbarten Rampengleise geordnet. Für letztere Nachordnung ist das Durchlaufgleis D bestimmt, das auch die Überführung der Wagen von einer Teilanlage zur anderen ermöglicht.

Eine beiderseits an die Übergabegleise und die Ladegleise angeschlossene Ordnungsgruppe, in die die nach Ladestellen zu ordnenden Wagen über einen Ablaufberg mit Schwerkraft rollen, kommt bei umfangreicheren Anlagen in Betracht. Über die Lage des Ortsgüterbahnhofs zur Stadt sowie zu den anderen Bahnhofsteilen ist auf Seite 74 das Erforderliche gesagt.

Fünfter Abschnitt.

Die Zugbildungsbahnhöfe für Güter- und Personenverkehr.

I. Rangierbahnhöfe.

A. Begriffsbestimmung und Aufgaben der Rangierbahnhöfe.

Auf den Rangierbahnhöfen werden die Güterzüge nach Beendigung ihrer Fahrt aufgelöst und hierbei in Wagengruppen und Einzelwagen zerlegt. Die Wagen der gleichen Verkehrsbeziehungen rollen in je ein besonderes Gleis. Aus diesen Gleisen werden die Wagengruppen herausgezogen und zu Güterzügen anderer Zusammensetzung neugebildet. Auf den Rangierbahnhöfen werden aber nicht nur die Güterzüge, die von der freien Strecke kommen, aufgelöst und neugebildet, sondern auch die Übergabezüge von und zu den Ortsgüterbahnhöfen, den Hafenbahnhöfen, Schlachthöfen, Eisenbahnwerkstätten und den Gleisanschlüssen zu den industriellen Werken der benachbarten Stadt. Aus ihrer Zweckbestimmung als Gütersammel- und Verteilungsstelle ergibt sich für die Rangierbahnhöfe eine gewisse natürliche Lage an den Bahnknotenpunkten in der Nähe der Ursprungsorte für Massengüter und Industrieerzeugnisse, sowie in der Nähe der Häfen und der Großstädte. Dadurch, daß zu den Verkehrsströmen der Strecke noch der örtliche Verkehr hinzutritt, werden die Bahnanlagen besser ausgenutzt und die Neubildung der Güterzüge für die Strecken und die öffentlichen Ladeanlagen geschieht gleichzeitig. Durch beide Umstände wird die Möglichkeit der Zugbildung mannigfaltiger und daher jede unnötige Umbildung der Güterzüge vermieden. Weiterhin wird erreicht, daß die Güterzüge unverändert möglichst weit laufen können. Man kann hiernach als Rangierbahnhof einen solchen Bahnhof bezeichnen, der die Aufgabe hat, Güterzüge sowohl aus den Verkehrsströmen der Strecken als auch aus dem örtlichen Verkehr zu zerlegen und für andere Verkehrsbeziehungen neuzubilden. Hierbei handelt es sich um Güterzüge des Fern-, Nah- und des Ortsverkehrs. Die Güterzugbildung für die Verkehrsströme der Strecken muß sowohl dem Verkehr von Massengütern als auch dem Verkehr von Einzelgütern auf dem gesamten Bahnnetz Rechnung tragen. Deshalb werden die Güterzüge in Durchgangs- und Nahgüterzüge unterteilt. Der Durchgangsgüterzugverkehr soll die Voll- und Leerwagenbewegung ohne Änderung der Wagenzusammensetzung der Züge auf möglichst weite Entfernungen sicherstellen und damit dem Verkehr zwischen großen Knotenbahnhöfen des Bahnnetzes dienen. Die Durchgangsgüterzüge bestehen daher aus einer oder aus mehreren Gruppen, die auf den Knotenpunkten oder Unterwegsbahnhöfen mit großen Industrien ausgewechselt werden. Der größte Teil der Fracht kommt aber nicht auf den großen Güterbahnhöfen auf, sondern ergibt sich aus der Summe der von mittleren und kleineren Bahnhöfen versandten Waren. Entsprechend sind auch die Bestimmungsbahnhöfe der meisten Frachten nicht die großen Güterbahnhöfe, sondern die mittleren und kleineren. Die Zugbildung der Nahgüterzüge muß deshalb so erfolgen, daß die Bedienung dieser Bahnhöfe mit Rücksicht auf den Kundendienst und den beschleunigten Wagenumlauf pünktlich und zuverlässig sowie zeitgünstig und hinreichend erfolgen. Von besonderer Bedeutung ist dabei der zeitgünstige und gesicherte Übergang der Wagen in den Knotenpunkten auf die Durchgangsgüterzüge. Aus verkehrlichen Gründen und im Interesse einer guten Ausnutzung des Wagenparks ist der Leerwagenverkehr vom Vollverkehr zu trennen, da dieser infolge der Wirtschaftsstruktur des Landes oft auf größere Entfernungen als der Vollverkehr durchgeführt werden muß.

Die Nahgüterzüge halten auf allen Unterwegsbahnhöfen, es müssen daher auf den Rangierbahnhöfen die Wagen der Nahgüterzüge, die für eine Strecke in ein Gleis gerollt sind, nochmals nach Unterwegsbahnhöfen geordnet werden. Zu diesem Zweck laufen die Wagen in eine zweite Gleisgruppe, in der für jeden Unterwegsbahnhof ein Gleis vorgesehen ist. Aus diesen Gleisen rollen die Wagengruppen für jeden Unterwegsbahnhof heraus und werden so aneinander gereiht, daß die Gruppe für den nächsten Bahnhof hinter der Zuglok zu stehen kommt und die anderen Gruppen nach ihrer geographischen Lage folgen. Hiernach werden auf den Rangierbahnhöfen die Wagen für die Durchgangsgüterzüge nur einmal, dagegen die für die Nahgüterzüge zweimal geordnet. Bei dieser Unterteilung ist nicht nur das Stilliegen der Wagen auf dem Gleis des Durchgangsverkehrs auf dem Rangierbahnhof geringer, sondern auch die Reisegeschwindigkeit der Durchgangsgüterzüge zwischen zwei Rangierbahnhöfen größer als bei Nahgüterzügen. Bei sehr starken Verkehrsströmen wächst die Reisegeschwindigkeit noch dadurch, daß die Durchgangsgüterzüge nur sehr wenige oder nur eine Gruppe haben und daher an mehreren oder an allen Unterwegsbahnhöfen durchfahren. Die Erwägung, daß die Betriebskosten des Güterverkehrs um so geringer sind, je mehr Zwischenaufenthalte und Zugumbildungen vermieden werden können, führte, abgesehen von betriebstechnischen Gründen, dazu, die Güterzugbildung so aufzubauen, daß jeder Wagen nur so lange als unbedingt nötig in einem langsamfahrenden auf den Zwischenstationen haltenden Zuge (Nahgüterzug) verbleibt, also zur Trennung des Nah- vom Durchgangsgüterverkehr. Hierbei ist zu bedenken, daß der Durchgangsgüterzugverkehr und der Nahgüterzugverkehr gegenseitig aufeinander angewiesen sind, und daß der eine Verkehr ohne den anderen nicht lebensfähig ist.

Bei dem Durchgangsgüterzugverkehr besteht daher die Kunst darin, die Zugbildung aufzubauen auf möglichst weite Strecken und bis zu der Stelle, bis zu der eine Güterzugauslastung gewährleistet ist, ohne daß zu große Stilllager der Wagen auf den Rangierbahnhöfen entstehen. Die Zugbildung ist so zu planen, daß der Güterzugfahrplan möglichst stetig bleibt. Erschwert wird die Aufgabe dadurch, daß das Aufkommen der Wagen sich ständig ändert.

Ist das Frachtaufkommen hierzu unzureichend, dann ist das Ziel zurückzuverlegen, sofern nicht Auslastungsgruppen zur Verfügung stehen, die an der Spitze des Zuges ausgewechselt werden können.

Diese Aufgabestellung läßt erkennen, wie dringend notwendig für eine wirtschaftliche Betriebsführung die Beweglichkeit der Betriebsleitung ist. Die Menge des Frachtaufkommens schwankt, seine Ziele wechseln und diesen Änderungen in der Zugbildung nachzukommen, ist eine Voraussetzung für eine wirtschaftliche Zugbildung. Nach diesen Gesichtspunkten sind die Güterzugbildungsvorschriften eines Rangierbahnhofs aufzustellen, in denen wegen des stets wechselnden Wagenanfalles lediglich die Reihenfolge der Gruppen angegeben wird, in der sie zu ordnen sind. Unentbehrlich ist es deshalb, daß dem Betrieb dauernd gute Verkehrsunterlagen zur Verfügung gestellt werden. Aus ihnen müssen die Grundlagen für die Güterzugbildung gewonnen werden. Solche Zugbildungsunterlagen werden für die größeren Rangierbahnhöfe regelmäßig vierteljährlich und nach Bedarf in kürzeren Zeiträumen auf Grund der im Eingang in den Bahnhof ermittelten Zahlen aufgestellt. Auf sehr großen Bahnhöfen erfolgt daneben auf Grund der Ausgangszahlen bei den Zugabfertigungen eine ständige Beobachtung des laufenden Verkehrs. Die Zugabfertigungen befinden sich am Eingang und am Ausgang eines Rangierbahnhofs. Sie sind mit Postämtern zu vergleichen. Auf der Eingangszugabfertigung gibt der Zugführer die Frachtbriefe des Zuges ab, die hier nach weiterlaufenden Wagen und Ortswagen getrennt werden. Die Frachtbriefe für die weiterlaufenden Wagen gelangen zu der Ausgangszugabfertigung. Hier werden sie notiert nach den Verkehrsbeziehungen, nach denen die Züge neugebildet werden. Vor Abfahrt eines Güterzuges schreibt der Zugführer alle Wagen seines Zuges auf den Wagenzettel auf und erhält dann auf der Ausgangszugabfertigung gegen Vorlage des Wagenzettels die Frachtbriefe seines Zuges.

Weiterhin bietet die ständige Überwachung der Auslastung der Güterzüge durch die Belastungsnachweise eine wertvolle Unterlage für die wirtschaftliche Zugbildung. In diesen ist außer der Lokgattung die Zugbelastung in Achsen und Tonnen sowie die Zahl der zurückgebliebenen Achsen angegeben. Die Belastungsnachweise, an Hand der Wagenzettel aufgestellt, bieten den Rangierbahnhöfen eine geeignete Grundlage zur Überprüfung ihrer wirtschaftlichen Tätigkeit und für Verbesserungen der Zugbildungen, des Güterzugfahrplans sowie der Wagenübergangspläne, die den Übergang der Güterwagen von Zug zu Zug für eine schnelle und wirtschaftliche Zugförderung regeln. Der Güterzugbildungsplan stellt dem Rangierbahnhof seine Aufgaben.

Sehr erschwert wird die Güterzugbildung insbesondere dadurch, daß der Güterverkehr je nach den Anforderungen der gesamten Wirtschaft stark wechselt. Am größten ist er im Herbst. Diesem Umstand muß der Güterzugfahrplan Rechnung tragen, indem er regelmäßig verkehrende und nach Bedarf verkehrende Güterzüge vorsieht. Regelmäßig verkehrende Züge ermöglichen eine klare Disposition über die Lokomotiven und das Zugbegleitpersonal und damit deren geregelte wirtschaftliche Verwendung, während für die nach Bedarf eingelegten Güterzüge Reservelokomotiven und Personal bereitgehalten werden müssen, deren Ausnützung naturgemäß weniger günstig ist.

Andererseits bringt eine zu große Zahl regelmäßig verkehrender Züge in stillen Verkehrszeiten deren ungenügende Auslastung und damit wiederum eine ungünstige Ausnützung der Lokomotivkraft und des Personals. Zweckmäßig wird der Güterzugfahrplan einem Verkehr angepaßt, der sich etwas über die Mitte (etwa 60%) des Jahresdurchschnitts erhebt. Dadurch kann die Zahl der Bedarfszüge für den stärkeren Verkehr in angemessenen Grenzen gehalten werden. Wesentliche allgemeine Voraussetzungen bleiben sich aber naturgemäß auch bei schwankendem Güterverkehr gleich und diese bilden die Grundlagen für den allgemeinen Aufbau des Güterzugfahrplans. Die Abfuhr der beladenen und entladenen Wagen von den verkehrsreichen Ortsgüterbahnhöfen, industriellen Anlagen und anderen Gleisanschlüssen in die Rangierbahnhöfe findet während der Mittagspause und abends nach Ablauf der Ladefristen statt. Die kleineren Bahnhöfe werden durch Nahgüterzüge unter Beachtung der Ladefristen entweder nur einmal morgens wegen Zuführung des Nachteinganges oder zweimal morgens und abends bedient. Daraus ergibt sich, daß in den Rangierbahnhöfen der Hauptverkehr nachts abzuwickeln ist. Der Fahrplan wird demnach die Durchgangsgüterzüge von diesen Sammelbahnhöfen für die Morgen- und Abendstunden vorzusehen haben. Nur für die von weiterher kommenden Frachten werden noch Züge am Tage erforderlich, die unter Berücksichtigung der Anschlüsse in möglichst gleichen Zeitabständen abgelassen werden.

Zu beachten ist noch in diesem Zusammenhang, daß der Güterverkehr von vornherein mit gewissen unproduktiven Leistungen belastet ist. Die Produktionsverhältnisse Deutschlands bringen es mit sich, daß der Lastverkehr in bestimmten Richtungen überwiegt. Den Produktionsgebieten müssen daher in regelmäßigem Zulauf Leerwagen zugeführt werden, die etwa 30% der gesamten Verkehrsleistungen im Güterverkehr betragen. Von den Fahrplänen der Güterzüge bilden die Wagenübergangspläne die Brücke zu den Rangierplänen, die ihrerseits wieder auf den Güterzugbildungsvorschriften fußen.

Für die Überwachung des Betriebes sind Vorschriften erlassen. Der Wirkungsgrad der Betriebsüberwachung ist um so höher, je weniger registriert und je mehr disponiert wird. Durch weitgehende Mechanisierung der Betriebsüberwachung des Rangierbahnhofes wird der Wirkungsgrad verbessert. Im einzelnen ist dies in der Dr.-Ing.-Dissertation (T. H. Aachen) von Sasse, „Mechanisierung der Betriebsüberwachung und Fahrdienstleitung auf großen Bahnhöfen" nachzulesen.

Aus diesen Erörterungen des Güterverkehrs geht hervor, daß die Zugbildung um so wirtschaftlicher gestaltet werden kann, je besser es gelingt, sie vor einer Zersplitterung zu bewahren und je mehr also eine Zusammenfassung ihrer Aufgaben ermöglicht werden kann. Dies ist aber abhängig von der Leistungsfähigkeit der einzelnen Rangierbahnhöfe. Deren Hebung ist daher von größter Bedeutung für den Betrieb. Eine wesentliche Steigerung der Leistungsfähigkeit der Rangierbahnhöfe durch ihre bauliche Ausgestaltung bringt auch wieder für die Zugbildung und weiterhin für den gesamten Güterwagenumlauf wirtschaftliche Folgen bedeutenden Ausmaßes.

B. Das Zerlegen der Güterzüge.

Zerlegt werden die Güterzüge 1. durch Lokomotivkraft mit dem Abstoßverfahren, 2. durch Schwerkraft; α) auf durchgehendem Gefälle, β) auf einer

Steilrampe. Zum Zerlegen eines Zuges ist ein Zerlegegleis sowie in dessen Verlängerung eine Ordnungsgleisgruppe erforderlich. Bei stärkerem Verkehr können
mehrere Zerlegegleise nebeneinander zu einer Zerlege- oder Einfahrgruppe vereinigt werden. Die Gleise der Ordnungsgruppe sind ebenfalls meist an beiden
Enden durch Weichen verbunden. Nur bei sehr geringem Verkehr endigen
sie stumpf.

1. Das Abstoßverfahren. (Abb. 118.)

Bei diesem Verfahren wird die abzustoßende Gruppe vorher abgekuppelt.
Dann beschleunigt die Lok die Rangiergruppe samt dem abgekuppelten Wagen
und bremst nach Erreichung einer gewissen Geschwindigkeit vor den Weichen
der Ordnungsgleise. Die abgekuppelten Wagen rollen dann auf der flachen
Bahnhofsneigung weiter in ein Ordnungsgleis und verzögern dabei durch den

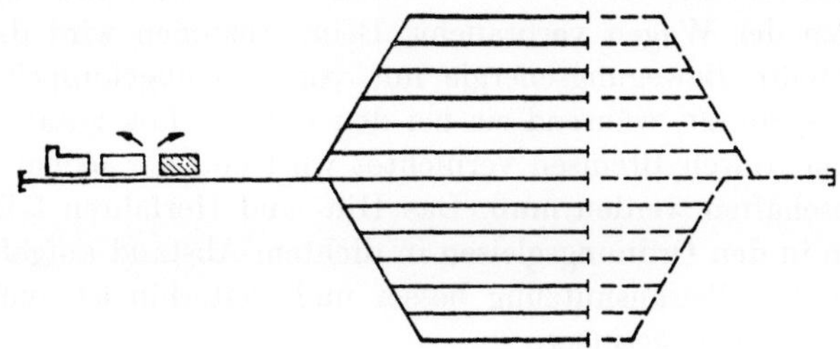

Abb. 118. Gleisanlage für das Abstoßverfahren.

Fahrzeugwiderstand ihren Lauf. Bei hinreichendem Laufweg kommen die
Wagen besonders bei schlechter Lauffähigkeit von selbst zum stehen, andernfalls werden sie besonders bei besetztem Gleis durch einen Hemmschuh aufgefangen. Die Lok mit ihrer Rangiergruppe fährt nun, wenn vor der ersten
Weiche der Weg zum Beschleunigen zu gering ist, wieder zurück und das Abstoßen der Wagen in ein anderes Ordnungsgleis erfolgt nunmehr in derselben Weise.

Der Stoßbetrieb wird angewendet auf Bahnhöfen mit flachem Ausziehgleis,
wie es bei den Unterwegsbahnhöfen meist der Fall ist. Die Nachteile des Stoß-
verfahrens sind folgende:

α) Die Bewegungsenergie wird bei der Beschleunigung allen Wagen mitgeteilt, aber nur von der abgekuppelten Gruppe ausgenutzt.

β) Durch das andauernde Vorwärts- und Rückwärtsfahren und das Beschleunigen und Bremsen leiden Wagen und Ladung.

γ) Das Bemessen der für die Laufweite erforderlichen Abstoßgeschwindigkeit ist schwierig. Ist sie zu groß, so prallen die abgestoßenen Wagen auf die
im Ordnungsgleis stehenden auf und werden beschädigt, ist sie zu klein, dann
werden die Zwischenräume zwischen den Wagen in den Ordnungsgleisen zu
groß und die Gleisanlage ist schlecht ausgenutzt.

δ) Der Zeitaufwand zum Zerlegen ist verhältnismäßig groß, und damit die
Leistungsfähigkeit gering.

2. Das Zerlegen eines Zuges durch Schwerkraft.

Während man beim Stoßverfahren auf der flachen Bahnhofsneigung
der zu zerlegenden Rangiergruppe durch Beschleunigung mittels der Lokomotive

Bewegungsenergie erteilt, die bei den abgekuppelten Wagen durch die Widerstandsarbeit auf dem Laufweg in den Ordnungsgleisen und bei der mit der Lok verbundenen Rangiergruppe durch Bremsarbeit aufgezehrt wird, kann auf stärkerer Neigung der Rangiergruppe auch Lagenenergie erteilt werden, indem man sie mit der Lok eine Rampe hinaufzieht, deren Gefälle größer als der Fahrzeugwiderstand eines schlechtlaufenden Wagens ist. Kuppelt man nun nacheinander von dem auf der Rampe befindlichen Rangierzuge Wagen ab, so laufen diese je nach der Stellung der Weiche durch die Schwerkraft in die angeschlossenen Ordnungsgleise. Hier kommen die Wagen wieder entweder von selbst zum halten oder sie werden, was meist der Fall ist, von Hemmschuhen aufgefangen. Die vorher angegebenen Nachteile des Abstoßverfahrens werden hierbei vermieden. Die Lagenenergie wird dem gesamten Rangierzug nur einmal erteilt und von den einzelnen Wagen durch die Arbeit des Bewegungswiderstandes (abgesehen von dem Bremswiderstand des Hemmschuhes) nutzbringend für das Ordnen der Wagen verbraucht. Beim Abstoßen wird die dem ganzen Rangierzug erteilte Bewegungsenergie nur von den abgekuppelten Wagen für das Ordnen ausgenutzt, während sie bei den mit der Lok zusammenhängenden Wagen jedesmal durch Bremsen vernichtet wird und vor jedem Abstoß wieder von neuem geschaffen werden muß. Das Hin- und Herfahren fällt fort und die Wagen können in den Ordnungsgleisen in dichtem Abstand aufgefangen werden. Daher ist hier die Gleisausnutzung besser und weiterhin ist auch der Zeitaufwand für das Zerlegen geringer.

Die Herstellung der Rampe für das Zerlegegleis und auch für die Ordnungsgleise erfordert aber, falls kein geneigtes Gelände vorhanden ist, bedeutende Kosten für die Erdarbeiten. Diese sind um so erträglicher, je zahlreicher die Wagen sind, die auf ihr zerlegt werden. Um mit geringen Baukosten in flachem Gelände Rangierbahnhöfe mit Schwerkraftbetrieb anlegen zu können, faßt man das Gefälle zu einer Steilrampe zwischen den Zerlege- und Ordnungsgleisen zusammen. Die beiden Gleisgruppen vor und hinter der Steilrampe haben dieselben Neigungen wie ein Zwischenbahnhof, also 0—2,5⁰/₀₀. Auf diesen Neigungen können die zum Halten gekommenen Züge und Wagen nicht mehr von selbst in Bewegung geraten. Die Ordnungsgruppe liegt im Gelände und die Zerlegegruppe auf einem Damm von etwa 3,5—5 m Höhe. Der Höhenunterschied eines Bahnhofs mit Steilrampe ist also bedeutend kleiner als der bei Bahnhöfen mit durchgehendem Gefälle. Daher können die Züge von der Strecke unmittelbar in die Zerlegegruppe einfahren. Sie müssen aber dann von einer Lok über den Ablaufberg gedrückt werden, von dessen Gipfel die abgekuppelten Einzelwagen und Gruppen mit Schwerkraft in die Ordnungsgleise rollen.

C. Der Rangierbahnhof mit durchgehendem Gefälle.

Nach diesen allgemeinen Ausführungen soll zunächst als Beispiel für einen Rangierbahnhof mit durchgehendem Gefälle Anlage und Betrieb des Bahnhofs Dresden-Friedrichstadt beschrieben werden (Abb. 119). Dieser Bahnhof verdankt seine Entstehung dem Umstand, daß die beim Bau des König-Albert-Hafens gewonnenen Erdmassen, der elbabwärts von Dresden liegt, in der Nähe nutzbringend untergebracht werden sollten.

Der Bahnhof besteht aus vier hintereinander liegenden Gleisgruppen: den Zerlegegleisen Z, den Richtungsgleisen Ri, den Ordnungs- oder Stationsgleisen St, sowie den Ausfahrgleisen A. Von diesen liegen die drei ersten in einem Gefälle

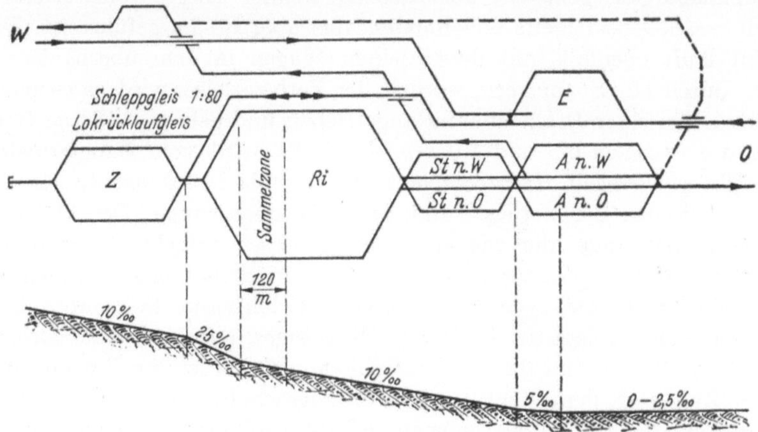

Abb. 119. Rangierbahnhof mit durchgehendem Gefälle.

von ungefähr 10 $^0/_{00}$, während die Ausfahrgruppe etwa Bahnhofsneigung hat. Die Güterzüge fahren von der freien Strecke in eine neben der Ausfahrgruppe gelegene Einfahrgruppe ein und werden aus dieser von einer starken Lokomotive über ein Schleppgleis von der Neigung 1 : 80 in die Zerlegegruppe gezogen. Die Lok kehrt dann durch das Lokrücklaufgleis der Zerlegegruppe auf dem Schleppgleis nach der Einfahrgruppe zurück. In dem Zerlegegleis wird durch Wagenbremsen und durch Gleisvorlagen, das sind zwei durch eine Querstange verbundene Hemmschuhe, der Zug festgelegt. Er wird nunmehr wagentechnisch untersucht. Insbesondere werden hierbei die Luftdruckbremsen geprüft. Nunmehr wird er für die Zerlegung vorbereitet. Zu diesem Zweck werden mit Kreide die Nummern der Richtungsgleise, in die sie einlaufen sollen, auf die Wagen geschrieben. Sodann werden zwischen zwei Wagen mit verschiedenen Gleisnummern von dem sogenannten Langhänger die Kupplungen lang geschraubt als Vorbereitung für das Abkuppeln. Auch werden die Bremsleitungen getrennt. Gleichzeitig fertigt der Zettelschreiber den Rangierzettel im Durchpausverfahren an. Auf dem Rangierzettel stehen nach folgendem Muster die Gleisnummern der Richtungsgleise sowie Anzahl und Art der Wagen.

Rangierzettel

Gleis Nr.	Wagenzahl und Bezeichnung	
17	//	= 2 beladene Wagen
8	0	= 1 leerer Wagen
11	V	= 1 Vorsichtswagen mit Bremse
3	⊞	= 5 beladene Wagen mit Bremsen

Die Rangierzettel werden an den Rangiermeister, die Stellwerke, den Entkuppler und die Hemmschuhleger sowie an die Gleisbremser verteilt. Vor dem Zerlegen des Zuges werden seine Wagenbremsen besetzt und gelöst sowie die

Gleisvorlage weggenommen. In neuerer Zeit wird der Zug an eine Seilanlage angehängt. Die Konstruktion dieser Seilanlage ist im Prinzip folgende: Zwischen den beiden Schienen des regelspurigen Gleises ist auf dessen Holzschwellen ein Schmalspurgleis genagelt, über das ein kleiner Wagen rollt. Dieser ist an ein endloses Seil beiderseits angebunden, das über Rollen geführt ist. Das endlose Seil läuft ebenfalls mit dem kleinen Wagen in dem übernächsten Gleis zurück. Durch ein Spannwerk, seitlich der Zerlegegleise, wird es gespannt und ähnlich wie bei einer Drahtseilbahn angetrieben und gebremst. Seine Geschwindigkeit, die zwischen 0,5 und 1,0 m/s schwankt, wird vom Rangiermeister auf dem Stellwerk geregelt. Letzteres befindet sich als Brückenstellwerk über den Weichen zwischen der Zerlege- und der Richtungsgruppe. Der kleine Wagen hat eine Druckstange, die wie ein Taschenmesser aufgeklappt werden kann. Im zusammengeklappten Zustand liegt diese in dem kleinen Wagen so, daß dieser unter den Güterwagen durchgezogen werden kann. Steht aber der kleine Wagen am höher gelegenen Ende des Güterzuges, dann wird die Druckstange hochgeklappt. Sie drückt dann in Pufferhöhe auf den letzten Wagen, hierdurch wird der Zug nach den Richtungsgleisen hingeschoben, und zwar mit der Geschwindigkeit, die der Rangiermeister im Interesse einer schnellen Zugzerlegung eingestellt hat.

Beim Abrollen der einzelnen Wagen und Gruppen laufen diese über einen 4,5 cm hohen Eisenkeil, der an einem Stiel befestigt ist, mit dem er vor den Wagen auf die Schienen aufgelegt wird. Rollt das Rad über diesen Keil, so verlangsamt sich der Wagenlauf. Dadurch wird die langgeschraubte Kupplung schlaff und der Entkuppler hängt die Schraubenkupplung mit einer Gabel, die er auf die Pufferhülse abstützt, aus. Der Wagen rollt hierauf durch die Schwerkraft in das für ihn bestimmte Richtungsgleis, nachdem der Weichensteller an Hand des Rangierzettels die Fahrstraße eingestellt hat. Ist der Wagen etwa 100 m hinter die Weichenstraße gelangt, so wird er durch einen Hemmschuh aufgefangen. Auch die folgenden Wagen werden in jedem dieser Gleise mit einem Hemmschuh zum Stehen gebracht und laufen nach dessen Wegnahme langsam auf die bereits zum Halten gekommenen Wagen auf und werden mit diesen gekuppelt. Sind etwa 7—10 Wagen auf einer „Sammelstrecke“ vereinigt, dann setzt sich ein Wagenbremser auf die gekuppelte Gruppe und läßt sie abrollen, bis alle Wagen die Sammelstrecke verlassen haben. Dann wird die „abgelassene“ Gruppe festgebremst. Die auf der freien Sammelstrecke erneut anrollenden Wagen werden wieder mit Hemmschuhen zum Stehen gebracht, und miteinander sowie mit der bereits abgelassenen Gruppe gekuppelt. Ist die Sammelstrecke nun wieder besetzt, dann wird die nunmehr etwa doppelt so starke Gruppe, wieder durch Wagenbremsen gezügelt, abgelassen. Das Sammeln und Ablassen wird fortgesetzt, bis das Richtungsgleis voll ist. Dieses Verfahren ist deshalb notwendig, weil bei einer längeren Laufstrecke die Bewegungsenergie der Wagen so groß wird, daß die Hemmschuhe beim Auflaufen der Wagen abspringen können.

Es besteht die Möglichkeit, daß durch die Einfahrt der Güterzüge aus dem Schleppgleis in die Zerlegegruppe das Zerlegegeschäft gestört wird oder der Schleppzug in dem stark ansteigenden Gleis zum Halten kommt. Es muß daher der Betrieb in den Einfahrgleisen und Zerlegegleisen so aufeinander abgestimmt

werden, daß die Einfahrt in die Zerlegegleise stets zwischen dem Zerlegen zweier
Züge erfolgt. Dadurch wird zwar der Idealbetrieb, daß sich die Zerlegung des
folgenden Zuges unmittelbar an den vorherigen anschließt, nicht erreicht.
Dieser Idealbetrieb wird nur dann erreicht, wenn die Züge von der Strecke
her, an dem Ende der Zerlegegleise, das den Richtungsgleisen abgekehrt ist,
einfahren können. Dann wird die Zerlegegruppe zugleich Einfahrgruppe und
die tiefgelegene Einfahrgruppe fällt fort. Nun ist aber die Gesamtlänge der
hintereinander geschalteten Gruppen der Zerlege-, Richtungs- und Stationsgruppen etwa 3 km lang und bei einem durchgehenden Gefälle von 10 $^0/_{00}$ wäre
der Damm am Einfahrende etwa 30 m hoch. Bei dieser Höhe würde die Steigung
von dem vorgelegenen Bahnhof aus wohl meist stärker als die maßgebende
Steigung der Strecke werden, so daß bei unmittelbarer Einfahrt von der Strecke
die Zuglast der Güterzüge verringert werden müßte. Nun kann man aber, wie
später gezeigt, die Einfahrgleise, statt auf einer durchgehenden Neigung, auf
eine gewölbte Anlauframpe legen, auf der die Züge für die Zerlegung noch ins
Rollen gebracht werden können, wenn die Durchschnittssteigung der Rampe
etwa 30% geringer ist als die durchgehende Neigung von 10 $^0/_{00}$. Dann brauchen
die Streckenverhältnisse für die unmittelbare Einfahrt der Güterzüge meist nicht
verschlechtert zu werden. Am Fuße der Anlauframpe befindet sich eine Gleisbremse, die den eingefahrenen Güterzug festhält, nachdem die Lok weggefahren
ist. Hierbei sind die Pufferfedern der Wagen gestaucht. Beim Öffnen der Haltebremse wird die in den Pufferfedern aufgespeicherte Energie frei und bringt
zusammen mit den geringeren Gefällkräften den Zug für das Zerlegen in Gang.
Die Abb. 120a, b zeigt einen nach diesen Gesichtspunkten entworfenen Gefällbahnhof.

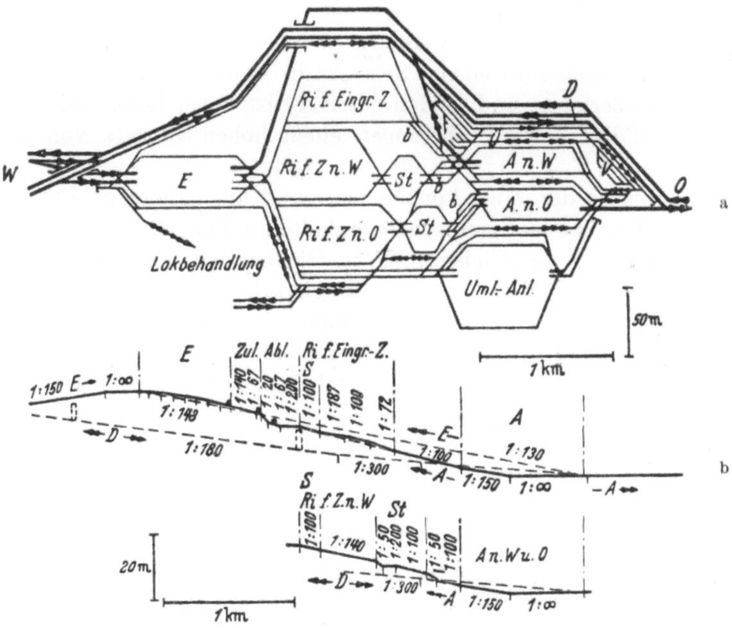

Abb. 120a, b. Gefällbahnhof mit Abrollrampen.

Für die Zugbildung eines Durchgangsgüterzuges rollten die Wagengruppen aus den Richtungsgleisen nacheinander, durch die Wagenbremsen gezügelt, in der durch die Güterzugbildungsvorschriften festgelegten Reihenfolge durch ein freies Ordnungsgleis in das betreffende Ausfahrgleis. In diesem wird dann der Zug für die Ausfahrt hergerichtet. Zu diesem Zweck werden die Wagen straffer zusammengekuppelt, von dem Zugbegleitpersonal noch einmal auf ihren ordnungsmäßigen Zustand überprüft und vom Zugführer auf dem sogenannten Wagenzettel aufgeschrieben. Gegen Abgabe eines Durchschlags des Wagenzettels erhält er auf der Ausgangszugabfertigung die Frachtbriefe. Ist die Zuglok vor den Güterzug gefahren, so teilt der Zugführer dem Lokomotivführer das Bremsgewicht des Zuges mit. Dieses muß den erforderlichen Bremsprozenten entsprechen. Nach Ziehen des Ausfahrsignals verläßt dann der Zug den Bahnhof.

Bei der Bildung eines Nahgüterzuges laufen die Wagen aus den Richtungsgleisen zunächst in die verschiedenen Gleise der Ordnungsgruppe St. Jedes dieser Gleise ist für einen Unterwegsbahnhof bestimmt. In der Ordnungsgruppe werden die Wagen wieder, wie auf der Sammelstrecke, aufgefangen und zusammengekuppelt. Nach Beseitigung ihrer Festlegung rollen die Wagengruppen der einzelnen Bahnhöfe, in der Reihenfolge deren geographischer Lage, zur Neubildung des Nahgüterzuges in eins der Ausfahrgleise.

Aus den Ausfahrgleisen fahren die Züge nach Osten aus, während die Zugbildung am anderen Ende der Ausfahrgruppe im Gange ist. Dagegen erfolgt die Ausfahrt nach Westen am gleichen Ende, das durch die Zugbildung belegt ist. Ist die gegenseitige Behinderung hierbei sehr stark, so wird die Ausfahrt am westlichen Ende der Ausfahrgruppe dadurch vermieden werden, daß am Ostende eine Schleife angelegt wird, auf der die Züge nach Westen ausfahren.

Die Rangierbahnhöfe mit durchgehendem Gefälle sind durch folgende Merkmale gekennzeichnet:

1. Alle Zerlegungs- und Zugbildungsgleise liegen in so starkem Gefälle, daß die Fahrzeuge durch ihre eigene Schwere in Bewegung geraten.

2. Für das Zerlegen und Bilden der Züge ist keine Lokomotive erforderlich.

3. Die Gefällverhältnisse bedingen einen hohen Einsatz von Bremsmannschaften.

4. Die Abläufe der Züge können pausenlos aneinander gereiht werden.

5. Nach den notwendigen Zwischenhalten rollen die Wagengruppen ohne Richtungsänderung von Gleisgruppe zu Gleisgruppe.

Das Rangierpersonal: An den Rangierarbeiten sind vier bis fünf Gruppen von Bediensteten beteiligt, deren Tätigkeit von einem Aufsichtsbeamten überwacht wird. Diese Gruppen sind:

1. Die Rangierkolonne am Ablaufgipfel, die aus einem Rangiermeister und bis zu vier Rangierern besteht. Der Rangiermeister trifft die Anordnung zur Durchführung der Rangierbewegung und gibt die Rangiersignale für langsamen und schnelleren Ablauf sowie für Halten. Ein Rangierer schreibt die Gleisnummern auf die Wagen in den Zerlegegleisen, ein anderer schraubt die Kupplungen lang und trennt die Bremsschläuche. Ein dritter schreibt die Rangierzettel und ein vierter kuppelt die Wagen ab. Während des Ablaufs bedienen sie die Wagenbremsen der Gruppen, die nicht ohne besetzte Bremsen ablaufen dürfen. Das sind meist Wagengruppen von mehr als vier Wagen sowie die Vorsichtswagen.

2. Die Weichensteller, die die Fahrstraßen herstellen.

3. Die Bremswärter, die auf dem sogenannten Bremsturm die fernbedienten Balken-Gleisbremsen (s. u.) oder die handbedienten Hemmschuhgleisbremsen betätigen.

4. Die Hemmschuhleger, die die Wagen in den Richtungs- und den Ordnungsgleisen durch Hemmschuhe auffangen.

An der Zugbildung sind außer einem Rangiermeister noch die Rangierer zum An- und Abkuppeln der Wagen beteiligt.

5. Auf Flachbahnhöfen (s. u.) kommen noch die Besatzungen der Rangierloks hinzu, die nach Anweisungen der Rangiermeister die Bewegungen der Lok durchführen.

D. Die Flachbahnhöfe.

1. Die Zugzerlegungsanlage.

Um mit geringen Erdarbeiten einen Rangierbahnhof mit Schwerkraftbetrieb auf ebenen Gelände zu bauen, legt man die Zerlegungsgleise hoch und ordnet zwischen diesen und den Richtungsgleisen ein steiles Gefälle an (Abb. 121).

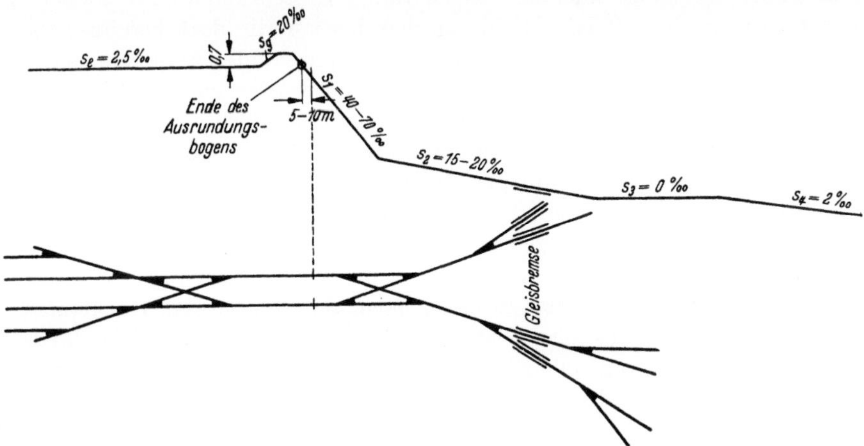

Abb. 121. Längenprofil einer Ablaufanlage mit Steilrampe.

Die geringere Höhenlage der Zerlegegleise ermöglicht eine unmittelbare Einfahrt von der Strecke her. Die am Fuße der Steilrampe anschließenden Richtungsgleise haben ebenso wie die Einfahrgleise Neigungen, die nicht stärker als 2,5 $^0/_{00}$ sind, so daß auf diesen Gleisen Wagen nicht durch Bremsen oder Hemmschuhe festgelegt zu werden brauchen. Nur vor der Steilrampe befindet sich eine kurze Gegensteigung von etwa 20 $^0/_{00}$ zum Stauchen der Züge zwecks Entkupplung der Wagen. Der Betrieb zum Zerlegen der Güterzüge nach den Verkehrsbeziehungen, wie sie nach den Richtungsgleisen gegeben sind, ist folgender (Abb. 122a): Die Güterzüge fahren fast bis an die Weichen vor der kurzen Gegensteigung. Nachdem die Zuglok abgekuppelt worden ist, fährt diese zum Lokschuppen. Nunmehr erfolgen die Wagen- und die bremstechnische Untersuchung sowie die Vorbereitungen für den Wagenablauf, wie sie vorher bei den Gefällbahnhöfen beschrieben worden sind. Sodann setzt sich eine Rangierlokomotive an das andere Ende des Zuges und drückt diesen langsam auf den Ablaufgipfel. Dort wird der letzte Wagen, dessen Kupplung beim Befahren der Gegensteigung durch Stauchung des Zugendes schlaff geworden ist, von dem Entkuppler mittels

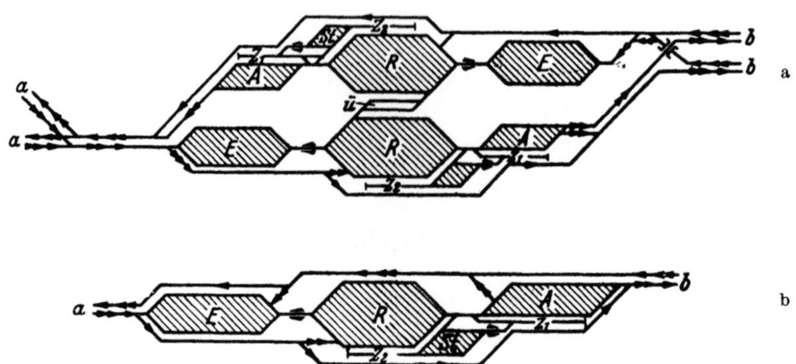

Abb. 122a, b. Zweiseitiger und einseitiger Flachbahnhof.

einer Gabel abgehängt und der Wagen rollt die Steilrampe ohne Zwischenhalt herunter in das betreffende Richtungsgleis bis vor die dort bereits stehenden Wagen. Hier wird der Wagen von einem Hemmschuhleger aufgefangen, wenn er nicht ein Schlechtläufer ist, der von selbst zum Halten kommt. Die Geschwindigkeit der gutlaufenden Wagen wird vor allem, wenn das Gleis schon stärker besetzt ist, durch eine Gleisbremse am Fuße der Steilrampe vermindert, damit die Auflaufgeschwindigkeit auf den Hemmschuh gering ist und keine Beschädigungen dadurch entstehen, daß der Hemmschuh abspringt und die Wagen auf die bereits haltenden aufprallen. Ist der Zug über den Ablaufberg gedrückt worden, dann fährt die Lok auf dem freigewordenen Einfahrgleis zurück und setzt sich hinter den nächsten zu zerlegenden Zug. Durch das Rücklaufen und Umsetzen der Lok ist es hier nicht möglich, daß sich, wie beim Gefällbahnhof, eine Zugzerlegung unmittelbar an die vorhergehende anschließen kann. Diese Unterbrechung wird dadurch in etwa ausgeglichen, daß die Wagen mit größerer Geschwindigkeit über den Ablaufgipfel rollen als auf Gefällbahnhöfen. Die größere Zerlegegeschwindigkeit wird dadurch ermöglicht, daß die Steilrampe so steil gemacht wird, wie es die Verlegung einer Weiche auf ihr zuläßt. Bekanntlich ist der Fahrzeugwiderstand der leeren gedeckten Wagen größer als der der beladenen offenen Güterwagen. Letztere laufen daher schneller als erstere. Der kleinste Fahrzeugwiderstand ist nach Abb. 137 beim Gutläufer $w_g = 2{,}4$ kg/t. Nimmt man den eines Schlechtläufers zu $w_s = 4{,}4$ kg/t an, dann ist auf einer Steilrampe vom Gefälle s_1 $^0\!/\!_{00}$ die Beschleunigungskraft für eine Tonne Wagengewicht des Gutläufers $s_1\!-\!w_g$ $^0\!/\!_{00}$ und die eines Schlechtläufers $s_1\!-\!w_s$ $^0\!/\!_{00}$. Folgen einander zwei Wagen gleichen Widerstandes auf der Steilrampe, so haben sie gleiche Bewegung, und die Abstände der beiden Wagen bleiben auf dem gemeinsamen Laufweg bis zur Trennungsweiche unverändert. Haben dagegen die Wagen verschiedene Fahrzeugwiderstände, so verändern sich die Wagenabstände. Folgt einem Gutläufer ein Schlechtläufer, so vergrößern sich die Abstände. Ungünstig ist es jedoch, wenn hinter einem Schlechtläufer ein Gutläufer rollt. Dann werden die Abstände immer kleiner. Unzulässig klein wird dieser Abstand, wenn es nicht mehr möglich ist, die Trennungsweiche zwischen beiden Wagen umzustellen. Um aber das Umstellen der Weiche zu ermöglichen, müßte die Zuführungsgeschwindigkeit des nachfolgenden Gutläufers kleiner gewählt werden, damit der Wagenabstand größer wird. Die Verminderung der Zuführungsgeschwindigkeit bedeutet aber eine Verkleinerung der Zerlegeleistung. Wenn man aber das Gefälle s_1 der Steilrampe möglichst groß macht, dann wird auch der Unterschied der Beschleunigungskräfte s_1-w_g und s_1-w_s des Gut- und des Schlechtläufers klein und damit auch der Unterschied der Laufbewegungen beider Wagen geringer. Infolgedessen vermindern sich die Wagenabstände langsamer. Ist z. B. $s_1 = 10\ ^0/_{00}$, dann ist $s_1-w_g = 10-2,4 = 7,6\ ^0/_{00}$ und $s_1-w_s = 10-4,4 = 5,6\ ^0/_{00}$.

Die Beschleunigungskräfte sind also im ersten Falle 1,36mal so groß wie im zweiten Falle.

Ist dagegen $s_1 = 50\ ^0/_{00}$, dann ist $s_1-w_g = 50-2,4 = 47,6\ ^0/_{00}$ und $s_1-w_s = 50-4,4 = 45,6\ ^0/_{00}$, und der Unterschied ist nur das 1,045fache.

Entwickelt man nach Abb. 123a—d die Weichen gedrängt, und rückt die erste Verteilungsweiche so nahe an den Ablaufgipfel heran, daß auch bei der größtüblichen Zuführungsgeschwindigkeit die erste Weiche noch zwischen zwei Wagen umgestellt werden kann, dann wird auch der Laufweg bis zur letzten

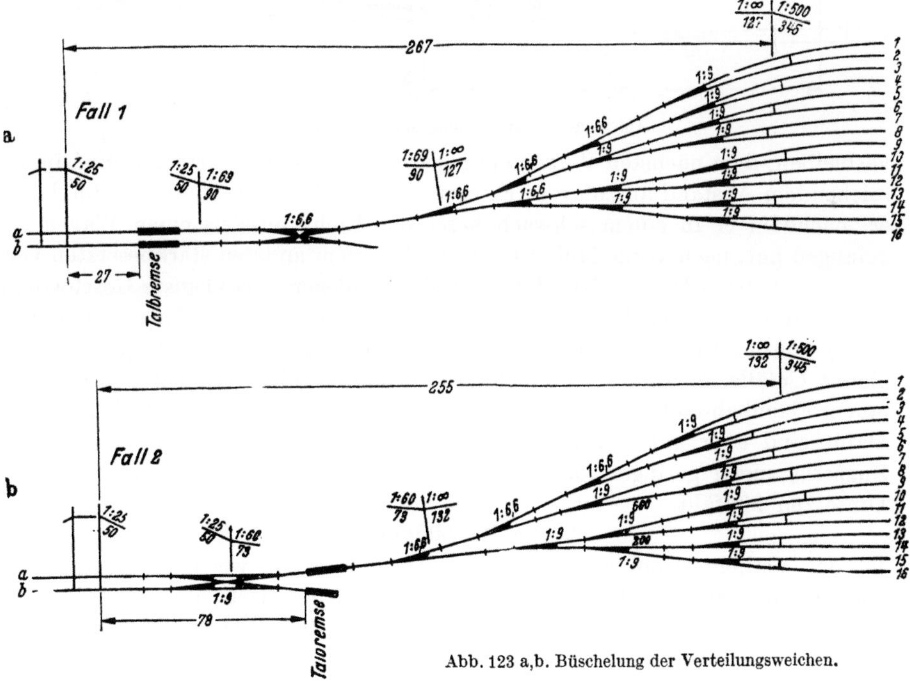

Abb. 123 a,b. Büschelung der Verteilungsweichen.

Trennungsweiche so klein, daß durch die richtige Ausbildung des Längenprofils der Ablaufanlage und durch die gedrängte Weichenentwicklung auf ihr die Zuführungsgeschwindigkeit auch bei ungünstiger Wagenfolge nur wenig vermindert zu werden braucht und daher die durchschnittliche Zugzerlegeleistung hoch bleibt. Bei Vorbremsung der Wagen durch eine Hemmschuh- oder eine Balkengleisbremse am Fuße des Ablaufbergs kann als größte Zuführungsgeschwindigkeit 1,3 m/s gewählt werden. Sie ist bedingt durch die Arbeitsgeschwindigkeit des Hemmschuhlegers. Diesem muß nach dem Auffangen eines Wagens Zeit genug

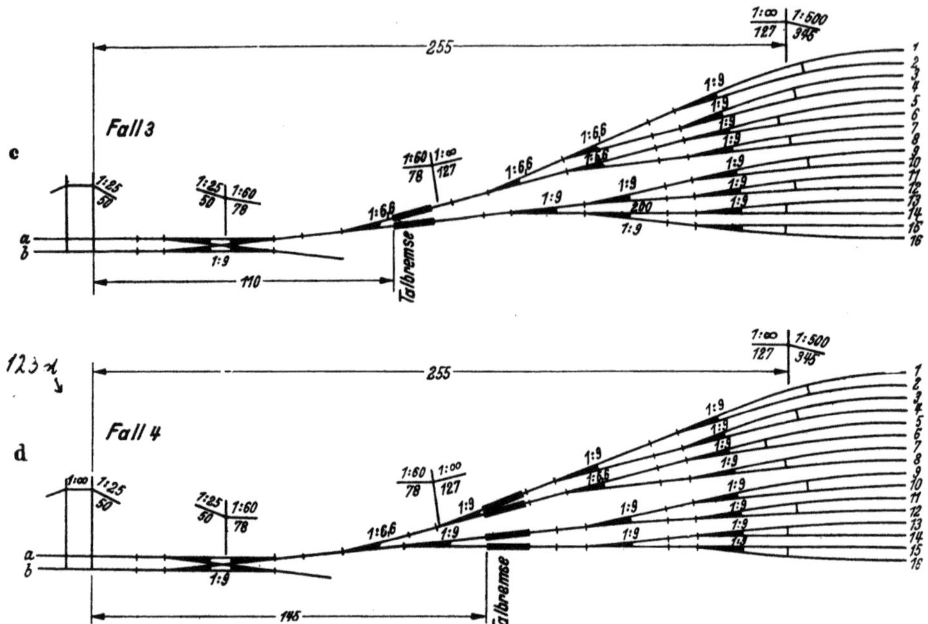

Abb. 123 c—d. Büschelung der Verteilungsweichen.

verbleiben, dem nächsten Wagen entgegenzulaufen und den Hemmschuh in ausreichendem Abstand aufzulegen. Erschwert wird diese Arbeit noch dadurch, daß er, nachdem er in einem schwach besetzten Richtungsgleis einen Wagen aufgefangen hat, nach vorne laufen muß, um in einem anderen starkbesetzten Gleis für den nächsten Wagen den Hemmschuh aufzulegen. Als kleinste Geschwindigkeit wird in der Regel 0,6 m/s angenommen, da sonst die Zerlegeleistung zu gering würde. Auf Gefällbahnhöfen erhält in der Regel die Steilrampe ein schwächeres Gefälle, da dieses hier nicht so zusammengefaßt werden kann wie auf einem Flachbahnhof. Hier ist daher die Zuführungsgeschwindigkeit nicht so groß. Dafür sind aber auf den Gefällbahnhöfen die Zwischenpausen zwischen zwei Zugzerlegungen geringer, da der Rücklauf der Rangierlokomotive und deren Umsetzen fortfällt.

2. Die Zugbildungsanlage.

Ist der Verkehrsstrom nach einer Strecke sehr stark, wie es z. B. auf einem Rangierbahnhof eines Kohlenreviers für Kohlenzüge nach einem Seehafen sein kann, dann bestehen die Durchgangsgüterzüge für diese Verkehrsbeziehung meist nur aus einer Gruppe. Die Wagen werden dann für die Zugfahrt richtig gekuppelt und fahren dann unmittelbar aus ihren Richtungsgleisen aus.

Bei der Ausfahrt der Ablaufbewegung entgegen tritt hierbei eine Verminderung der Zerlegeleistung ein. Ist die Leistung einer Ablaufanlage gering, z. B. etwa 2000—3000 Wagen je Tag, wie dies früher auf vielen Rangierbahnhöfen der

Fall war, so tritt durch die Ausfahrten entgegen der Ablaufrichtung keine wesentliche Betriebsbehinderung ein. Auf den meisten Rangierbahnhöfen sind aber die vorgenannten starken Verkehrsströme vereinzelt und die Regel ist, daß die Durchgangsgüterzüge aus mehreren Gruppen gebildet werden. Zu diesem Zweck legt man an dem dem Ablaufberg abgekehrten Ende der Richtungsgleise ein Ausziehgleis an (Abb. 124). Man zieht auf diesem mit einer Rangierlok die erste

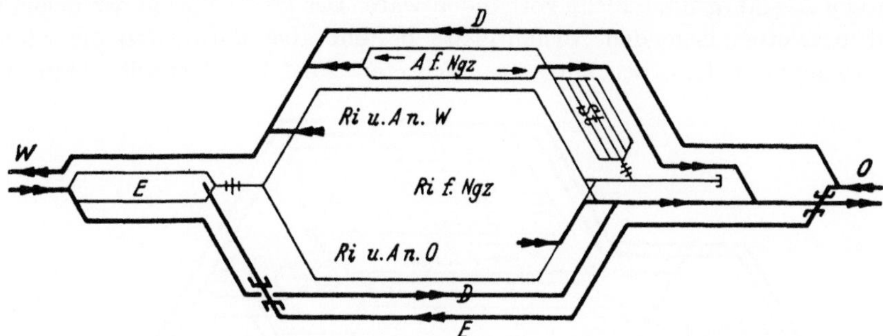

Abb. 124. Einseitiger Flachbahnhof (Richtungsgleise sind Ausfahrgleise der Durchgangsgüterzüge).

Gruppe, die hinter der Zuglok stehen soll, aus dem betreffenden Richtungsgleis, setzt dann zurück auf die folgenden Wagengruppen, kuppelt beide Gruppen, zieht wieder ins Ausziehgleis vor und setzt beide auf die nächste Wagengruppe zurück usw. bis der Zug zusammengesetzt ist. Dann drückt man ihn in das Richtungsgleis, aus dem er ausfahren soll. Die Zugzusammensetzung erfolgt in umgekehrter Reihenfolge, wenn der Durchgangsgüterzug entgegen der Ablaufrichtung ausfahren soll. Wächst der Verkehr, so machen sich einmal die vorgenannten Störungen bei einer Zugzerlegung durch die Ausfahrt in entgegengesetzter Richtung bemerkbar, zum anderen tritt eine stärkere Belastung der

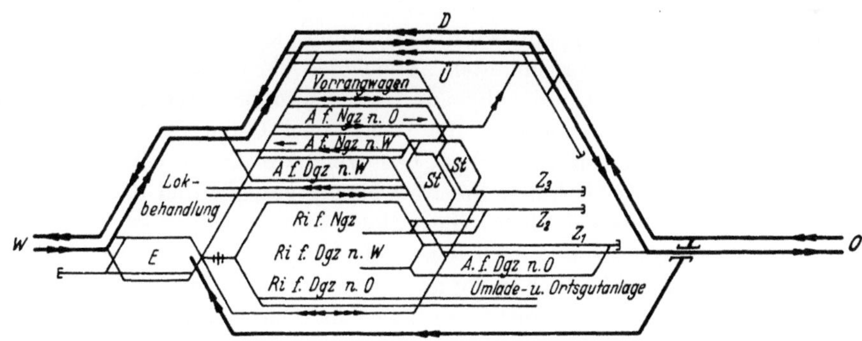

Abb. 125. Einseitiger Flachbahnhof (Ausfahrt aller Güterzüge aus besonderen Ausfahrgleisen).

Richtungsgleise dadurch ein, daß die zur Ausfahrt fertigen Züge diese Gleise für die Zerlegung nicht mehr aufnahmefähig machen. Es müßte dann eine Vermehrung der Richtungsgleise erfolgen. Ist dies nicht möglich, so ist es angebracht, eine besondere Ausfahrgruppe anzulegen und dadurch die Richtungsgleise zu entlasten. Für die in der Ablaufrichtung ausfahrenden Züge legt man die Ausfahrgruppe in Verlängerung der Richtungsgleise neben das Ausziehgleis (Abb. 122). Die Zugbildung der Züge erfolgt dann schneller, da man das jeweilige Ausfahrgleis

als Ausziehgleis benutzen kann und den vollständig zusammengesetzten Zug
nicht mehr ins Richtungsgleis zurücksetzen braucht. Für die entgegen der Ablaufrichtung ausfahrenden Durchgangszüge müßte die Ausfahrgruppe neben die Richtungsgleise (Abb. 125) gelegt werden. Die Zugbildung erfolgt wie bisher auf dem
Ausziehgleis und der vollständig zusammengesetzte Zug müßte dann in das Ausfahrgleis zurückgesetzt werden. Die Rangierwege sind hier um ein geringes größer, als
wenn die Ausfahrgruppe nicht vorhanden wäre. Der große Vorteil der neben den
Richtungsgleisen liegenden Ausfahrgleise besteht aber darin, daß die Störung
des Ablaufgeschäftes bei entgegengerichteter Ausfahrt fortfällt. Man kann

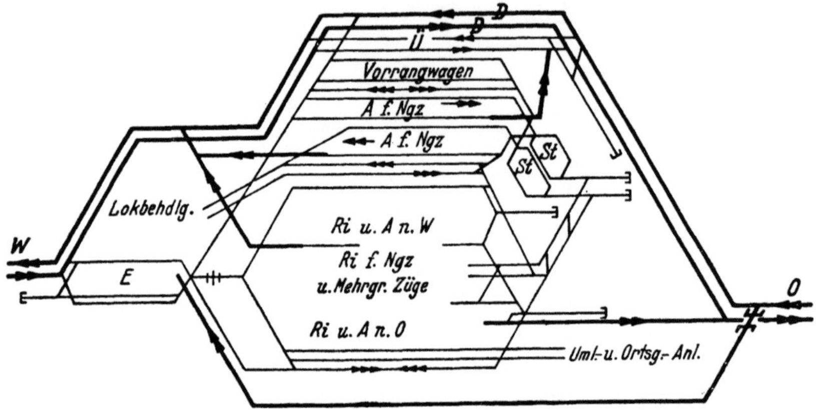

Abb. 126. Einseitiger Flachbahnhof (Ausfahrgleise der Nahgüterzüge neben den Richtungsgleisen).

nunmehr auch die Ausfahrgruppe neben den Richtungsgleisen so stark machen,
daß aus ihr die Durchgangsgüterzüge nach beiden Richtungen ausfahren können.
Dann könnte die Ausfahrgruppe in Verlängerung der Richtungsgleise fortfallen.
Dies kommt in Frage, wenn wie in Abb. 126 auch Nahgüterzüge in beiden Richtungen aus der Ausfahrgruppe neben den Richtungsgleisen ausfahren.

Zweigt man von dem vorgenannten Ausziehgleis ein Gleis ab, das über einen
kleinen Ablaufberg eine stumpfendigende Stationsgruppe anschließt (Abb. 127),
so kann man diese zur Nachordnung der Wagen nach Osten, die in einem Richtungsgleis in bunter Reihenfolge stehen, benutzen. Aus diesem Gleis werden die
Wagen ins Ausziehgleis bis hinter die Abzweigung gezogen und dann über den
kleinen Ablaufberg gedrückt. Jedes Gleis dieser Stationsgruppe ist für eine der
Unterwegsstationen bestimmt, nach denen die Wagen zu ordnen sind. Bei der
Zusammensetzung dieser Wagen in der geographischen Reihenfolge der Stationen
verfährt man ebenso wie bei der Zugbildung der Durchgangsgüterzüge in den
Spitzen der Richtungsgleise, zieht aber hierbei den zusammenzusetzenden Nahgüterzug nach Abb. 127 unter Umfahrung des Ablaufgipfels gleich aus der Stationsgruppe (St. 0) in die Ausfahrgruppe.

Will man das dem kleinen Ablaufberg zugekehrte Ende von der Zugbildung
des Nahgüterzuges entlasten, so kann man wie auf dem Rangierbahnhof Mannheim (Abb. 122a, b) das stumpfe Ende der Stationsgruppe durch eine Weichenstraße verbinden, die man durch ein Ausziehgleis verlängert. Auf diesem erfolgt
dann die Zugbildung der Nahgüterzüge. Die Rangierlok kann man hierbei ersparen, wenn man der Stationsgruppe ein Gefälle 1 : 140 gibt. In dieser werden

die Wagengruppen für die einzelnen Stationen gekuppelt und durch eine Gleisvorlage festgelegt. Nach deren Beseitigung rollen die Wagengruppen, von Wagenbremsen gezügelt, in das Ausziehgleis Z_2. Dort werden sie zusammengekuppelt und in das Ausfahrgleis von einer Lok vorgezogen. Durch die im Gefälle liegende Stationsgruppe wird wegen des erhöhten Personalbedarfs gegen die flachliegenden kaum etwas erspart. Die Stationsgruppe im Gefälle wird aber wirtschaftlich, wenn man die Ausfahrgruppe neben die Richtungsgleise und das Ausziehgleis, von dem aus die Nahgüterzüge zerlegt werden, hochlegt (Abb. 126). Die Wagengruppen können dann, nach der geographischen Lage der Stationen geordnet, gleich in das Gleis laufen, aus dem sie ausfahren, und zwar kann die Ausfahrt nach beiden Richtungen erfolgen. Die erstere Anordnung der Zugbildungsanlage für

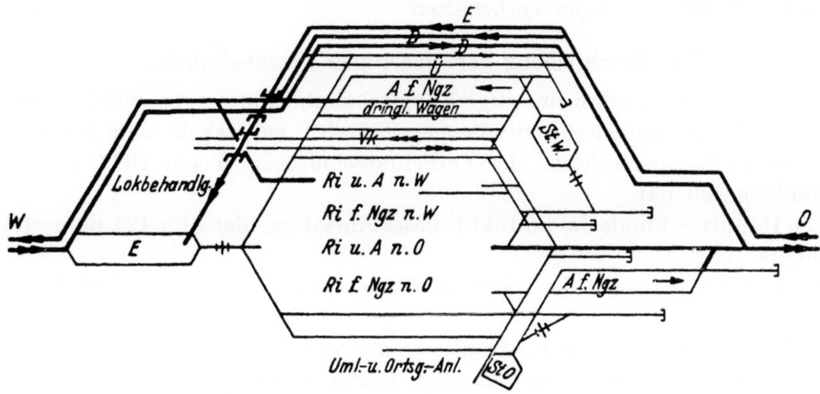

Abb. 127. Einseitiger Flachbahnhof.

Nahgüterzüge (Abb. 122a) ist für den Ausbau eines einseitigen zum zweiseitigen Rangierbahnhof günstig. Die letztere mit den Ausfahrgleisen neben den Richtungsgleisen nach Abb. 127 ermöglicht die Anlage eines leistungsfähigen einseitigen Rangierbahnhofes für beide Fahrrichtungen.

Dadurch, daß man den Ablauf der Wagen nach physikalischen Gesetzen und nach Beobachtungen mathematisch erfaßte und hiernach die Ablaufanlage gestaltete, gelang es, die Zerlegeleistung der einseitigen Flachbahnhöfe zu verdoppeln und sie der Leistung für die Zugbildung anzupassen, obgleich im Gegensatz zum Gefällbahnhof die durchschnittliche Geschwindigkeit der Zugbildung bedeutend geringer als die durchschnittliche Zerlegegeschwindigkeit ist. Das gelang besonders dadurch, daß man für die Zugbildung mehr als eine Lok einsetzte und vorher die korrelativen Zusammenhänge der Verkehrsbeziehung studierte. Dadurch konnte man die Benutzung der Richtungsgleise so anordnen, daß sich die Rangierbewegungen der Zugbildungen möglichst wenig störten. Die Rangierbewegungen werden zeitlich in einem Rangierplan festgelegt, der auf Grund von Zeitaufnahmen so aufgestellt wird, daß die Stillstandzeiten der Rangierlokomotiven möglichst klein werden.

Diese Fortschritte sind also bei der Zugzerlegung durch eine gestaltende und bei der Zugbildung durch eine ordnende Ingenieurtätigkeit erzielt worden. Infolgedessen leistet ein richtig entworfener einseitiger Rangierbahnhof dasselbe wie früher ein zweiseitiger. Die dadurch erzielten Vorteile machen sich in den Ersparnissen an Bau- und Betriebskosten geltend. Die Verringerung der Baukosten entsteht a) durch den geringeren Geländebedarf, b) durch den geringeren Umfang der Gleisanlagen, c) durch die Möglichkeit, den Bahnhof dem geneigten Gelände teilweise anzupassen und ihn daher teilweise durch Gefällkraft zu betreiben. Die betrieblichen Vorteile sind a) eine bessere Übersichtlichkeit des Bahnhofs, b) nur einmalige Zerlegung, auch der Eckverkehrwagen, über den Hauptablaufberg, c) die Möglichkeit schneller Behandlung von vorzugsweise zu befördernden Wagen. Letzteres wird dadurch ermöglicht, daß kurze Rangierwege ein schnelles Absetzen und Abholen der Wagen von und zu den Zügen in den Durchfahr- und Überholungsgleisen zulassen.

Den zweiseitigen Rangierbahnhöfen bleibt dann nur die Verarbeitung ganz bedeutender Wagenmengen vorbehalten.

3. Beschreibung der einseitigen Flachbahnhöfe.

Es sollen zunächst drei einseitige Rangierbahnhofsformen beschrieben werden, die die „Rangiertechnische Studiengesellschaft" entwickelt und im neunten Sonderheft „Rangiertechnik" der Verkehrstechnischen Woche 1936, Heft 14/15 bekanntgegeben hat.

Die Hauptmerkmale des im Bild 1 dieses Aufsatzes, hier Abb. 127, dargestellten Bahnhofs sind

1. Ausfahrt entgegen der Ablaufrichtung aus dem nördlichen Teil der Richtungsgruppe.

2. Einfahrt entgegen der Ablaufrichtung von Nordosten her.

3. Die Durchfahrgleise der Güterzüge beider Richtungen umgehen den Bahnhof im Norden. Hierbei kreuzt die Gegeneinfahrt schienenfrei die Durchfahrgleise und die Gegenausfahrt auf zwei Bauwerken.

4. Die Gleise der Stationsgruppe Ost enden stumpf und die beiden Stationsgruppen liegen weit voneinander. Diese Lösungen entsprechen noch nicht in allen Teilen den als zweckmäßig erkannten Grundsätzen für die Stationsgruppen.

5. Die Neigungen der kreuzenden Gleise bleiben innerhalb erträglicher Grenzen, so lange keine größere Lichthöhe der Bauwerke als 4,85 m verlangt wird. Für elektrisch betriebene Strecken ist ein Höhenunterschied der Schienenoberkanten zweier sich kreuzender Gleise von $5,5 + 1,5 = 7,0$ m erforderlich.

6. Die Ausfahrgruppen für die Nahgüterzüge nach beiden Richtungen liegen getrennt.

Die Abb. 124 nach Bild 2 des Sonderhefts stellt einen Bahnhof dar, bei dem die Ausfahrt aus dem nördlichen Teil der Richtungsgruppe vorgesehen, jedoch die Gegeneinfahrt nach Süden überworfen und daher auch von Südosten her in die Einfahrgruppe eingeführt ist. Es entfällt hierdurch die Kreuzung zwischen Gegenein- und Gegenausfahrt. Die Durchfahrgleise der Güterzüge führen getrennt voneinander einzeln um den Bahnhof herum. Für die Verwerfung der Gegeneinfahrt sind zwei Bauwerke erforderlich. Die Stationsgruppe ist in Durchgangsform angelegt und kann unter Umständen ausschließlich oder auch einschließlich ihres Ausziehgleises in ein Gefälle gelegt werden, so daß das Nachordnen durch Gefällkraft möglich ist. Die Ausfahrgruppen der Nahgüterzüge nach beiden Richtungen liegen nebeneinander nördlich der Richtungsgruppe.

Diese Anordnung ist für den Einsatz der Mannschaft zum Fahrbereitmachen der Züge die günstigere gegenüber der getrennten Lage nach Abb. 127.

Der Bahnhof nach Abb. 126, der dem Bild 3 in dem Sonderheft entspricht, weist gegenüber der Abb. 124 (Bild 2) folgende Abweichungen auf:

Die Durchfahrgleise für beide Richtungen liegen auf der Nordseite des Bahnhofs und zwar zusammen nördlich der Richtungsgleise. Diese Anordnung erfordert nur ein Bauwerk und zwar für die Verwerfung der Gegeneinfahrt auf der Südseite des Bahnhofs an dessen östlichem Ende. Da hiermit die Kreuzungsbauwerke innerhalb des Bahnhofs bereits vermieden sind, können die Zufahrtgleise unabhängig voneinander die betrieblich günstigsten Neigungen erhalten. Die Stationsgruppen sind in Durchgangsform für Gefällbetrieb vorgesehen, die Verbindungen an ihrem unteren Ende gestatten wechselseitige Aushilfe mit Gleisen.

Die drei Bahnhöfe sind ohne besondere Ausfahrgruppen entworfen. Durch eine Vermehrung der Anzahl der Richtungsgleise ist dem Umstand Rechnung getragen, daß die abgelaufenen Züge in den Richtungsgleisen abfahrbereit gemacht werden müssen und das Gleis bis zur Abfahrt besetzt halten. In diesen Fällen sind zwischen je zwei Richtungsgleisen Luftfüllanlagen vorzusehen (Abb. 128).

In Anlehnung an Bild 3 (Abb. 126) des Sonderhefts wurde in Abb. 125 ein einseitiger Rangierbahnhof mit besonderen Ausfahrgruppen für Durchgangsgüterzüge in beiden Richtungen entworfen für den Fall, daß eine Vermehrung der Richtungsgleise ausgeschlossen ist und das Herrichten dieser Züge für die Abfahrt in den Richtungsgleisen sowie die Ausfahrt entgegen der Ablaufrichtung zu große Störungen hervorrufen würde.

Die Abb. 128 (Bild 4 des Sonderhefts) zeigt einen maßstäblichen Gleisplan des Bildes 3 (Abb. 126). Der Entwurf soll daher in seinen Einzelheiten nach den Ausführungen des Sonderheftes beschrieben und begründet werden. Er ist gegen Bild 3 (Abb. 126) dahin erweitert, daß von Osten und von Westen her je zwei zweigleisige Strecken in den Bahnhof einmünden.

a) Einfahrgruppe und Ablaufanlage. Vor der Einfahrgruppe im Westen zweigt das Gleis für die durchfahrenden Züge ab. Die Einfahrgruppe besteht aus 10 Gleisen von rd. 800 m nutzbarer Länge. Ein Gleis kann in beiden Richtungen benutzt werden. Außerdem ist das südlichste Gleis der Gruppe ein Verkehrsgleis für den Rücklauf der Lok zum Schuppen. Die beiden Einfahrten von Westen her führen in die nördlichen 6 Gleise und zwar sind diese nicht symmetrisch zu der ganzen Einfahrgruppe, sondern beiderseits der Achse der 6-Gleise-Untergruppe an die Einfahrgruppe herangeführt. Es lassen sich hierdurch leichter annähernd gleiche Längen der Einfahrgleise erzielen, und es sind gleichzeitig zwei Einfahrten von Westen her möglich, wobei jeder Einfahrt drei Gleise zur Verfügung stehen.

Die Einfahrten von Osten her vereinigen sich bei ihrem Zusammentreffen vor dem Bahnhof, führen auf einem gemeinsamen Gleis südlich um den Bahnhof herum und münden in die 5 südlichen Gleise der Einfahrgruppe. In der Regel wird die Zusammenziehung dieser beiden Strecken möglich sein, weil sich die einfahrenden Züge bei der Länge des eingleisigen Zufahrtsgleises von nur 2,8 km in kurzen Abständen folgen können. Sollte Fahrplan und Zugdichte gleichzeitige Einfahrten verlangen, so kann ohne Schwierigkeit ein zweites Einfahrgleis angeordnet werden.

An die Einfahrgleise schließt sich die Ablaufanlage an, die nach den später erläuterten Grundsätzen entwickelt ist. Sie besteht bei dem vorliegenden Entwurf aus der Gegensteigung zum Entkuppeln, dem Ablaufsteilgefälle, der Zwischenneigung zur Aufnahme der Gleisbremsen und der waagerecht liegenden Weichenzone der Richtungsgleise.

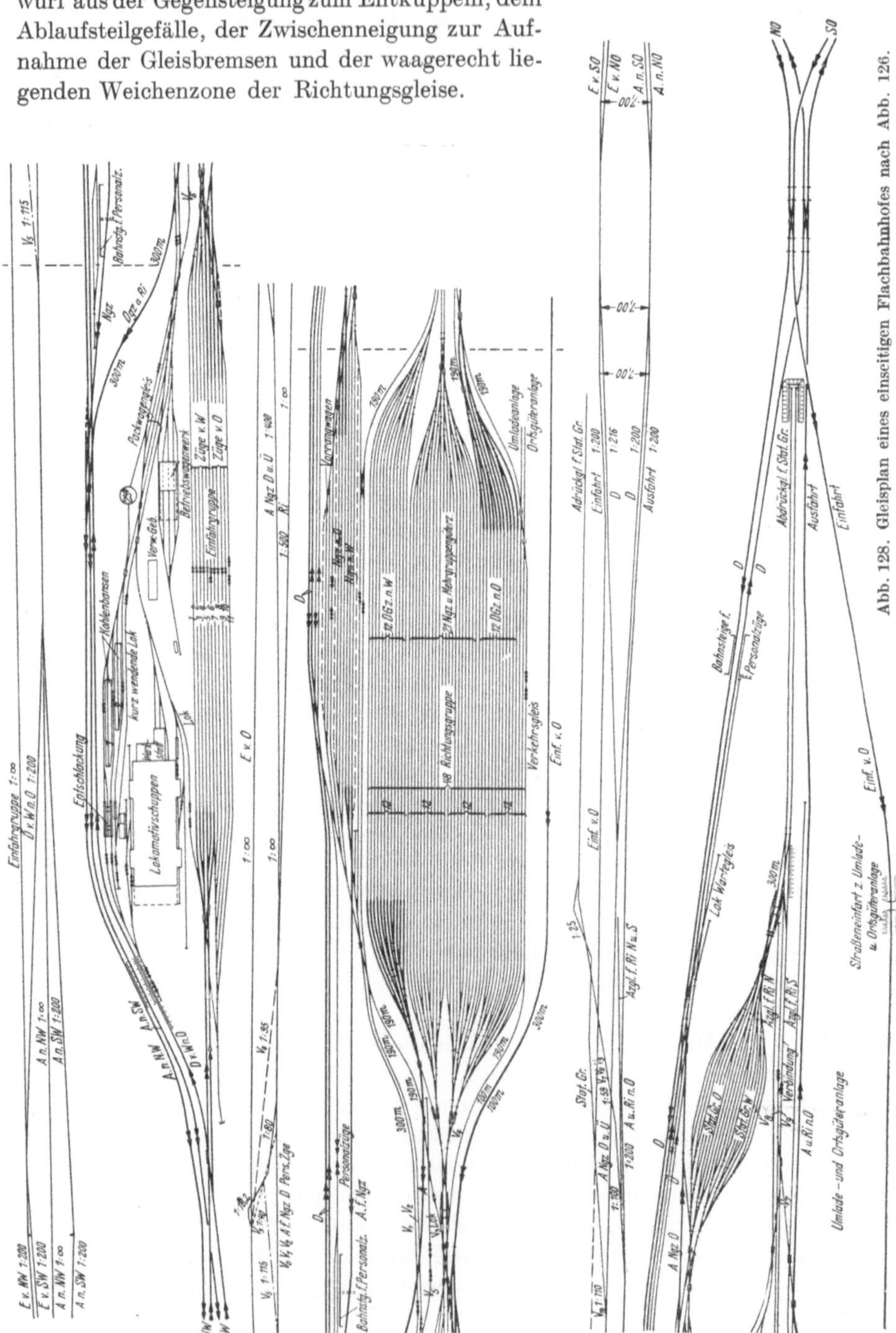

Abb. 128. Gleisplan eines einseitigen Flachbahnhofes nach Abb. 126.

b) Richtungsgleise. Die Richtungsgruppe umfaßt 48 Gleise. Hiervon sind 12 Zugbildungs- und gleichzeitig Ausfahrgleise für Durchgangsgüterzüge nach Westen, 12 haben die gleiche Bestimmung für die Durchgangsgüterzüge nach Osten. Der Rest steht für den Zusammenlauf der Wagen für Nah- und Mehrgruppengüterzüge und für Zusatzanlagen zur Verfügung. Die Gleise für Umlade- und Ortsgüteranlagen sind auf der Südseite angeordnet und so über die östliche Randweichenstraße hinausgezogen, daß die Wagen unmittelbar aus den Richtungsgleisen in die Zusatzanlagen gebracht werden können. Das südlichste Gleis der Richtungsgruppe ist dem Lokomotivverkehr und sonstigen Rangierfahrten als Verkehrsgleis vorbehalten. Wo die Sammelgleise für Privatanschlüsse anzulegen sind, hängt von der Örtlichkeit ab. Deshalb wird hierfür keine grundsätzliche Lösung angegeben.

Für die Verteilung der Richtungsgleise verschiedener Zweckbestimmung innerhalb der Richtungsgruppe ist das Bestreben maßgebend, Kreuzungen von Zugfahrten mit Rangierbewegungen wenn irgend möglich zu vermeiden. Hieraus ergibt sich die Lage der Richtungsgleise für die Nahgüterzuggruppe innerhalb der Richtungsgruppe für die Durchgangsgüterzüge. Letztere werden daher an die Außenseite der Richtungsgruppe gelegt. Sieht man dagegen besondere Ausfahrgruppen für die Durchgangsgüterzüge vor, dann ist man in der Bestimmung für die Benutzung der Richtungsgleise freier. Die Nutzlängen der Richtungsgleise betragen 750—800 m. Auch die mittleren Gleise (hier für Nahgüterzüge und Mehrgruppenzüge) sollen diese Längen mindestens erhalten, damit es möglich ist, während des Ablaufbetriebes Züge in den östlichen Spitzen dieser Richtungsgleise nachzuordnen. Das Gefälle der Richtungsgleise ist nach den „Richtlinien für die bauliche Ausbildung der Rangierbahnhöfe“ im oberen und mittleren Teil $2^0/_{00}$, der untere Teil und die anschließende Weichenentwicklung liegen waagerecht.

c) Ausfahrten der Durchgangsgüterzüge. Die Ausfahrtstraße aus den Richtungsgleisen nach Westen durchschneidet die Ablaufweichenstraße. Infolgedessen muß der Ablauf unterbrochen werden für den Fall, daß der gerade zu zerlegende Zug Wagen für Verkehrsbeziehungen enthält, denen die nördlichen 12 Gleise der Richtungsgruppe dienen. Die Dauer dieser Unterbrechung kann mitunter den Ausfall eines zu zerlegenden Zuges bedingen. Die Güterzüge nach Osten können jederzeit ohne Behinderung durch Rangierfahrten aus den Richtungsgleisen ausfahren, ihr Ausfahrgleis kreuzt nur das wenig belegte Verkehrsgleis.

d) Bildung der Nahgüterzüge. Die in den mittleren Richtungsgleisen zusammengelaufenen Wagen für Nahgüterzüge und Mehrgruppenzüge werden zur Nachordnung über die Verbindung auf eines der beiden Abdrückgleise geschleppt und nach ihren Bestimmungsbahnhöfen auf die einzelnen Gleise der Stationsgruppe verteilt.

e) Stationsgruppe. Die Stationsgruppe ist in zwei Teile mit je 10 Gleisen aufgeteilt. Die südliche Hälfte dient in der Regel der Nachordnung der Züge nach Westen, die nördliche für die der Züge nach Osten. Die Weichenverbindungen gestatten aber eine Inanspruchnahme der südlichen Hälfte für die Züge nach Osten für den Fall, daß die 10 Gleise einer Hälfte nicht für eine genügende Feinordnung eines Nahgüterzuges ausreichen. Die Möglichkeit einer solchen gegenseitigen Aushilfe zwischen den Gleisen der Stationsgruppe sichert den planmäßigen und schnellen Fortgang des Zugbildungsgeschäfts der Nahgüterzüge,

11*

das auf vielen Zugbildungsbahnhöfen in wenigen Morgenstunden bewältigt werden muß.

Die mittlere nutzbare Länge von je 10 Gleisen der Stationsgruppe beträgt rd. 150 m. Das Gefälle der Stationsgruppe muß so bemessen sein, daß darin aufgefangene Wagengruppen nach Wegnahme des aufhaltenden Hemmschuhs oder nach Lösen der Wagenbremse von selbst wieder anlaufen. Erfahrungsgemäß reicht hierzu ein Durchschnittsgefälle von etwa 1 : 140 (7,14$^0/_{00}$) aus, das in Teillängen verschiedener von unten nach oben flacher werdender Gefälle (s. S. 239) aufgeteilt ist. Das steile Gefälle am unteren Ende der Gleise sichert den Wiederanlauf der untersten Wagen. Diese wiederum ziehen die in flacheren Neigungen stehenden Wagen an und geben so den Anstoß zur Überwindung des ersten Anlaufwiderstandes.

f) Ausfahrgruppe für Nahgüterzüge. Die Stationsgruppe mündet in die Ausfahrgleise der Nahgüterzüge, von denen je drei für die Züge nach Osten und nach Westen vorgesehen sind. Damit die in der Stationsgruppe angelaufene Wagengruppe in die Ausfahrgleise hineinrollt, erhalten letztere ein Gefälle von 1 : 400 (2,5$^0/_{00}$). Die Nutzlänge dieser Ausfahrgleise ist auf 600 m bemessen. Längere Nahgüterzüge dürften wegen der üblichen Länge der Überholungsgleise auf den Unterwegsbahnhöfen kaum vorkommen. Die Weichenverbindungen zwischen Stationsgruppe und Ausfahrgruppe lassen den Zulauf von Wagen aus 20 Stationsgleisen in sämtliche 6 Ausfahrgleise zu.

g) Nachordnen in den Richtungsgleisen. Die beiden äußersten Untergruppen der Richtungsgleise sind am Ostende so in je ein Ausziehgleis zusammengezogen, daß im Bedarfsfalle hier weitere Nahgüterzüge nachgeordnet oder sonstige Feinordnungen bei Durchgangsgüterzügen vorgenommen werden können. Solche nachgeordneten Züge werden dann entweder unmittelbar von den Ausziehgleisen in die Ausfahrgleise der Richtungsgruppe oder über ein freies Gleis der Stationsgruppe in eins der Ausfahrgleise für Nahgüterzüge umgesetzt.

h) Ausfahrten der Nahgüterzüge. Die in den Ausfahrgleisen zusammengesetzten Nähgüterzüge fahren nach Westen und Osten aus. Die Ausfahrt nach Westen kreuzt nur eine Rangierverbindung. Es ist daher nicht zu befürchten, daß die Zugfahrt behindert oder eine Rangierfahrt wesentlich gestört wird. Die Zusammensetzung eines Nahgüterzuges in den Ausfahrgleisen wird durch eine Zugausfahrt nach Westen nicht beeinträchtigt. Ein nach Osten ausfahrender Zug stört nur dann die Zugzusammensetzung, wenn er aus dem südlichen oder dem mittleren Gleis ausfährt, während ein Zug im nördlichen oder im mittleren Gleis zusammengestellt werden soll. Diese Behinderung ist jedoch erträglich.

i) Vorzugsweise zu behandelnde Wagen. Nördlich der Ausfahrgruppen für Nahgüterzüge liegt eine kleine Gruppe zur Aufnahme von Wagen, die den durchgehenden Güterzügen entnommen oder ihnen beigestellt werden sollen (z. B. Vorrangwagen). Ob hier immer zwei Gleise ausreichen, muß besonders untersucht werden. Die Gruppe hat Verbindung mit der Einfahrgruppe, mit den Überholungsgleisen und den Durchfahrgleisen, sowie mit allen Ausfahrgleisen. Vorzugsweise zu behandelnde Wagen können daher leicht unter Umgehung der üblichen Behandlung von und zu allen ein- und ausfahrenden Zügen, ferner von den und zu den den Bahnhof über die Durchfahrt- und Überholungsgleise nur berührenden Zügen abgeholt und zugesetzt werden.

j) Verkehrsgleise. Eine Verbindung über das südlichste Gleis der Richtungsgruppe nach der Einfahrgruppe ermöglicht schnellste Abholung von Wagen aus den Umlade- und Ortsgüter- und sonstigen Zusatzanlagen. Diese Wagen können nach Bedarf unmittelbar den Zügen in den Durchfahr- und Überholungsgleisen zugesetzt werden. Sonst verteilt man sie durch Ablauf auf die Richtungsgleise. Das Netz der Verkehrsgleise ist so entworfen, daß der gesamte Lokverkehr von und zu den Zügen auch in den Durchfahr- und Überholungsgleisen sich flüssig entwickeln kann, Kreuzungen mit Zugfahrten auf ein Mindestmaß eingeschränkt und kritische Punkte nicht durch ihn belastet sind. Hierzu sei nur noch bemerkt, daß das Verkehrsgleis nördlich der Ausfahrgruppe für Nahgüterzüge für Loks zu den Nahgüterzügen nach Osten vorgesehen werden mußte. Es schien nicht angängig, den Lokomotiven den Umweg über die Stationsgruppe und deren Abdrückgleis zuzumuten, weil gegenseitige Behinderungen zwischen Lokfahrten und Nachordnungsgeschäft dabei unausbleiblich gewesen wäre. Auf dem gleichen Wege fahren die Lokomotiven zum und vom Lokwechsel in den Durchfahr- und Überholungsgleisen. Stumpfgleise gestatten den Loks zu warten und vor den Zügen schnell zu wechseln.

k) Anlagen für den Personalverkehr. Rangierbahnhöfe liegen meistens entfernt von den Wohngebieten. Es empfiehlt sich daher, Anlagen für einen Pendelzugverkehr vorzusehen, der die Verbindung mit den Personenbahnhöfen der Stadt herstellt. Hierfür sind in dem Entwurf an den Punkten des hauptsächlichsten Personaleinsatzes kleine Bahnsteige für das Halten kurzer Personalzüge und eine Gleisanlage für das Umkehren der Züge zu planen.

4. Der zweiseitige Flachbahnhof.

Ist der Gesamtverkehr so groß, daß die Leistungsfähigkeit des Hauptablaufberges überschritten wird, so muß die Anlage verdoppelt werden. Das geschieht im allgemeinen dadurch, daß man einen in entgegengesetzter Richtung betriebenen zweiten Rangierbahnhof neben den ersten legt. Es entsteht dann ein zweiseitiger Rangierbahnhof nach Abb. 122a, bei dem die eine Anlage r e c h t s neben der Gegenrichtung liegt. Diese Anordnung ergibt sich zwangsläufig daraus, daß die Ausfahrgruppe des Flachbahnhofs mit Steilrampe in Verlängerung der Richtungsgruppe und nur die Stationsgruppe seitlich liegt. Betrieblich ungünstig ist, daß die Wagen des Eckverkehrs beim Ablauf ausgesondert und durch besondere, das Ablaufgeschäft störende Übergabefahrten nach der Einfahrgruppe der Gegenrichtung überführt werden müssen. Dieser Übelstand wird vermieden, wenn man nach Abb. 129 die beiden Rangiersysteme mit entgegengesetzten Hauptablaufrichtungen so nebeneinanderlegt, daß sie im L i n k s b e t r i e b geschaltet sind. Die Voraussetzung für diesen zweiseitigen Rangierbahnhof ist, daß von den benachbarten Rangierbahnhöfen Güterzüge einerseits nur für Durchgangs- und Ortsverkehr, andererseits nur für Orts- und Eckverkehr gebildet werden. Dadurch haben beim Linksbetrieb die Eckverkehrwagen im Rangierbahnhof nur eine Rangierfahrt und eine Zugfahrt, während beim Rechtsbetrieb (Abb. 122a) die Eckverkehrwagen den Rangierbahnhof zweimal in Rangierbewegung durchlaufen müssen, was zeitraubender und teurer ist. Der zweiseitige Rangierbahnhof mit Linksbetrieb ergibt sich von selbst aus der zweifachen Anordnung eines Flachbahnhofs mit seitlich liegenden Ausfahrgleisen. Nach Abb. 129 zweigen die Züge mit Durchgangs- und Ortswagen von Osten sowie die Züge mit Durchgangswagen von Westen nach links ab und fahren unmittelbar in die Einfahrgruppe gleicher Fahrrichtung. Die Züge mit Eckverkehrwagen von Osten, sowie diejenigen mit Eckverkehr- und Ortswagen von Westen, gelangen über die

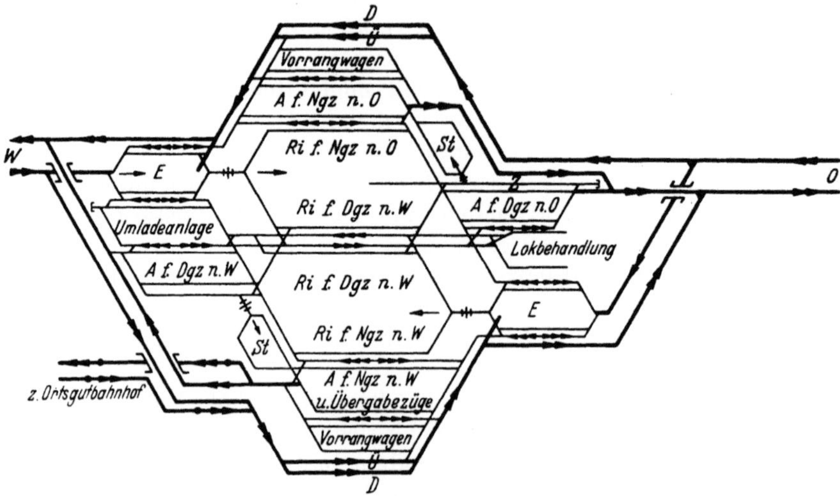

Abb. 129. Zweiseitiger Flachbahnhof mit Linksbetrieb.

Gleise D am Ablaufberg in die Einfahrgruppen der Gegenrichtung. Die Zugzerlegung und Zugbildung ist dann dieselbe wie bei dem einseitigen Flachbahnhof. Die Wagen für die örtlichen Güteranlagen gelangen sämtlich in die Ausfahrgruppe für Nahgüterzüge nach Westen und von dieser mittels Übergabezügen kreuzungsfrei zu ihren Verwendungsstellen. Von diesen fahren die Übergabezüge wieder über das Gleis D in die Einfahrgruppe von Ost der Ablaufrichtung entgegen. Die Lokomotivbehandlungsanlage legt man zweckmäßig zwischen die Einfahrgruppe des einen und die Ausfahrgruppe des anderen Rangiersystems. Am entgegengesetzten Ende kann man an die Verlängerung der beiden zwischen den Rangiersystemen gelegenen Verkehrsgleise die Umladeanlage legen. Die Wagen für die Umladeanlagen gelangen von ihren Ablaufbergen in die am inneren Rande der Richtungsgruppen gelegenen Gleise und von dort zur Umladeanlage. Die Wagen von der Umladeanlage werden aus den am inneren Rand gelegenen Richtungsgleisen in die Einfahrgleise hochgezogen, um wieder in die Güterzüge eingereiht oder den örtlichen Ladestellen zugeführt zu werden.

E. Der vereinigte Haupthafen- und Bezirksbahnhof als Beispiel eines vereinigten Gefäll- und Flachbahnhofes.

Man kann die Einfahrgleise auch auf eine Anrollrampe legen, die in Stücke von verschiedenem, von unten nach oben flacher werdendem Gefälle aufgeteilt ist. Das steilste Gefälle am unteren Ende, auf dem eine Balkengleisbremse den eingefahrenen Zug hält, sichert nach Lösen der Bremse den Wiederanlauf der untersten Wagen. Diese wiederum geben den in den flacheren Neigungen stehenden Wagen den Anstoß zur Überwindung des Anlaufwiderstandes. Die Züge können dann unmittelbar von der Strecke einfahren und auch in unmittelbarer Folge zerlegt werden. Die Berechnung der Anrollrampe ist auf Seite 239 durchgeführt.

Umgekehrt kann man auch zur Verminderung der Höhe und damit zur Ermöglichung der Einfahrt der Güterzüge in den hochgelegenen Teil eines Gefällbahnhofs unmittelbar von der Strecke aus die Einfahrgleise flach anlegen und die Züge mit einer Lok zum Ablaufgipfel drücken (Abb. 131). Dann bleibt immer noch die leistungsfähigere Zugbildung des Gefällbahnhofs gegenüber der des Flachbahnhofs bestehen. Man kann aber nicht nur einzelne Teile eines Gefäll- und eines einseitigen Flachbahnhofes kombinieren, sondern auch einen zweiseitigen Rangierbahnhof aus einem Gefällbahnhof und einem Flachbahnhof zusammensetzen. Dies soll für den Rangierbahnhof eines größeren Hafens nach dem Entwurf des Verfassers erläutert werden. Die Wagen nach den Kais werden auf einem Gefällbahnhof und die Wagen, die von den Kais kommen und entweder nach anderen Ladestellen des Kais zurücklaufen oder zum Rangierbahnhof der Bundesbahn laufen sollen, werden in einem Flachbahnhof behandelt. Letzterer hat die gleiche Ablaufrichtung wie der Gefällbahnhof, liegt aber etwas nach dem Hafen zu verschoben neben dem Gefällbahnhof. Beide sind durch Gleise und Weichen miteinander verbunden.

Zum besseren Verständnis dieses Bahnhofes sei zunächst eine kurze Einführung in das Gebiet der Hafenbahnhöfe gegeben.

1. Die bisherigen Haupthafen- und die Bezirksbahnhöfe.

Nach Cauers grundlegendem Werk „Eisenbahnausrüstung der Häfen" (zuerst in der Verkehrstechnischen Woche 1920/21, dann als Sonderdruck beim Springer-Verlag erschienen) werden in Deutschland meist die für einen Hafen bestimmten Wagen im Rangierbahnhof der Bundesbahn aus den Güterzügen durch Ablauf über eine Schwerkraftanlage von den Wagen des anderen Verkehrs ausgesondert, aber nicht weiter geordnet. Dann werden sie in sogenannten Übergabezügen nach dem Haupthafenbahnhof gebracht und dort der Hafenverwaltung übergeben. Nach der Abb. 1 des Cauerschen Werkes werden im Haupthafenbahnhof (Abb. 130), der ähnlich dem Rangierbahnhof der Bundesbahn ist, die Wagen für die verschiedenen

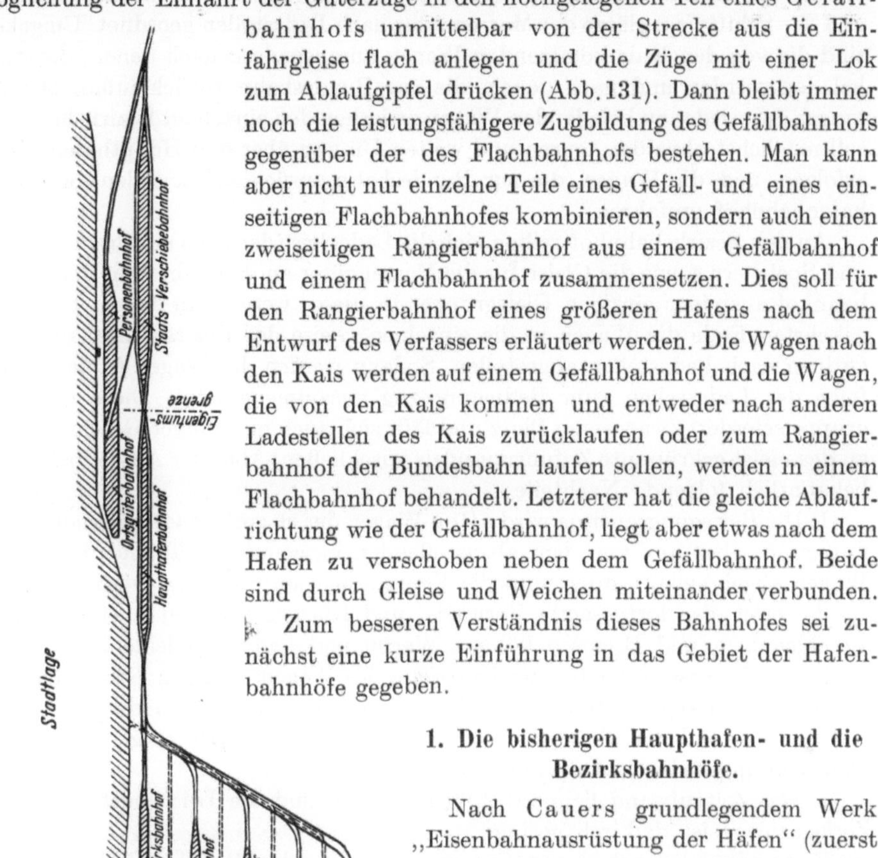

Abb. 130. Bahnanlagen eines Hafens nach Cauer.

Hafenbezirke nach den einzelnen Gleisgruppen der Bezirksbahnhöfe geordnet und nach den Bezirksbahnhöfen, die den Kaigleisen vorgelagert sind, überführt.

Der Bezirksbahnhof hat verschiedene Aufgaben: in ihm werden zunächst die Wagen für die einzelnen Gleisgruppen der Kais mit Schuppen oder mit Speichern und der Schiffsliegeplätze der Massengüter nach Ladestellen geordnet. Umgekehrt sind die von den Kais kommenden Wagen auszusondern nach denen, die wieder beladen ,werden und nach denen, die zur Bundesbahn zurücklaufen. Der Austausch der wieder zu beladenden Wagen zwischen den einzelnen Bezirksbahnhöfen soll möglichst ohne den teuren und weiten Umweg über den Haupthafenbahnhof erfolgen, und die Wagen, die zur Bundesbahn zurücklaufen, sollen den Haupthafenbahnhof umfahren.

An den Bezirksbahnhof reihen sich die Ladegleise der Kais mit ihren Schuppen und Speichern sowie die Gleise für die Massengüter an. Meist besteht der Bezirksbahnhof aus einer einzigen Gleisgruppe. In dieser werden an dem dem Kai abgekehrten Ende die Wagen in die einzelnen Gleise des Bezirksbahnhofs für das Ordnen nach Ladestellen abgestoßen. Sodann werden die Wagen in der Reihenfolge der Ladestellen zum Bedienungszug zusammengesetzt. Diese Ordnungsgruppe erfordert zwar wenig Platz und läßt sich auch mit einiger Geschicklichkeit an das meist gekrümmte Zuführungsgleis anschließen. Aber der Abstoßbetrieb hat bekanntlich folgende Nachteile:

1. Die Bewegungsenergie wird allen Wagen der zu zerlegenden Rangiergruppe mitgeteilt, aber nur von dem abzustoßenden ausgenutzt, während die anderen Wagen abgebremst werden und die Energie hierbei unbenutzt vernichtet wird.

2. Durch das fortgesetzte Vorwärts- und Rückwärtsfahren sowie das starke Beschleunigen und Bremsen können Wagen und Ladungen leiden.

3. Das Bemessen der für die Laufweite des Wagens nötigen Geschwindigkeit ist schwer. Ist die Abstoßgeschwindigkeit zu klein, so bleiben die Wagen vorzeitig stehen und die Gleise sind schlecht ausgenutzt. Ist sie zu groß, so können beim Auffangen durch Aufprallen Schäden entstehen.

4. Der Zeitaufwand beim Abstoßen ist groß und die Leistungsfähigkeit der Zerlegeanlage ist dadurch gering.

Es wurde daher schon von Cauer empfohlen, den Bezirksbahnhof auch als eine Schwerkraftsanlage auszubilden. Der Bezirksbahnhof besteht dann aus einer Einfahrgruppe und der anschließenden Ordnungsgruppe mit zwischenliegendem Ablaufberg. Aber für diese bedeutend längere Anlage fehlt unmittelbar vor den Kaigleisen vielfach der Platz und an den meist stark gekrümmten Zuführungsgleisen läßt sich diese umfangreichere, wenn auch leistungsfähigere Anlage schwer anschließen. Zudem ist sie nur vor und nach dem Auswechseln der Wagen der Ladestellen im Betrieb und daher im Verhältnis zu ihrem höheren Bauaufwand schlecht ausgenutzt.

2. Der vereinigte Bezirks- und Haupthafenbahnhof.

a) Allgemeines. Das Ordnen der Wagen und ihre Gruppenbildung, einmal für die Gleisgruppen der Bezirksbahnhöfe und zum anderenmal für die Ladestellen an den Kais, soll nach dem zu beschreibenden Vorschlag in einem vereinigten Bezirks- und Haupthafenbahnhof erfolgen. Dieser bleibt an der Stelle des bisherigen Haupthafenbahnhofs und übernimmt also das Ordnen der

Wagen und ihre Gruppenbildung für die Ladestellen am Kai noch mit. Weiterhin hat er die von den Kais kommenden Wagen auszusondern nach denen, die zur Bundesbahn zurückkehren, und denjenigen, die an einer anderen Ladestelle bzw. an einem anderen Kai wieder laderecht gestellt werden sollen. Der neue Hafenbahnhof besteht aus zwei Rangieranlagen, und zwar aus einem Gefällbahnhof für die Wagen nach den Kais und aus einem Flachbahnhof mit Ablaufberg für die Wagen von den Kais. Beide Rangieranlagen sind an ihrem unteren Ende miteinander verknüpft. Dann fallen die den Kais vorgelagerten Bezirksbahnhöfe fort.

Daß die Wagen nicht unmittelbar vor den Kais nach Ladestellen geordnet werden, ist kein Novum. Nach Mitteilung des Ing. Simon-Thomas, Utrecht, von den Niederländischen Staatsbahnen, werden nämlich auf dem Rangierbahnhof Amsterdam die Hafenwagen gleich nach Ladestellen geordnet. Dies hat sich bei den leistungsfähigen Fernsprechanlagen und dem gutgeschulten Personal bewährt.

Die Vorteile des neuen Hafenbahnhofs sind folgende:

1. Das Ordnen aller Wagen nach Kais und Ladestellen und ihre Vereinigung zu Gruppen erfolgt durch Schwerkraft. Dadurch werden die obigen Nachteile des Abstoßverfahrens vermieden.

2. Durch den Fortfall der Bezirksbahnhöfe unmittelbar vor den Kais ist man freier in der Anpassung der Gleisanlagen an die eigentlichen Hafenanlagen.

3. Dadurch, daß die Rangieranlagen für das Ordnen und Bilden der Bedienungszüge im Gefälle liegen, behalten die Wagen nach den Kais ihre Laufrichtung bei. Das Zusammensetzen der Wagengruppen erfolgt daher schneller als in den bisherigen Hafenbahnhöfen, in denen die Zugbildung mit einer Lokomotive meist bei Richtungswechsel erfolgt.

4. Die Aussonderung der zur Bundesbahn zurückkehrenden Wagen von den wieder zu beladenden durch Schwerkraft und auch die Einreihung der wieder zu beladenden Wagen in die Bedienungszüge nach den Kais geht schneller vor sich als auf den bisherigen Hafenbahnhöfen.

Der neue Hafenbahnhof setzt aber eine gute ablaufdynamische Durchbildung des Gleisplanes und seines Längenprofils, eine in Stellwerken zentralisierte Weichenbedienung sowie eine leistungsfähige Nachrichtenübermittlung zwischen Hafenbahnhof und Ladestellen voraus, damit auch plötzliche Änderungen der Schiffsanlegestellen bei der Bildung der Bedienungszüge noch berücksichtigt werden können. Dafür ist aber auch die Ausnützung der Gleisanlagen und des Bedienungspersonals wirtschaftlicher als bei den vereinzelt liegenden Bezirksbahnhöfen.

Da beim Bau der Hafenbecken erhebliche Erdmassen frei werden, so können gegebenenfalls diese für die Herstellung des Gefällbahnhofs vorteilhaft verwendet werden. Die Einfahrgruppe des neuen Hafenbahnhofs soll jedoch nicht ins Gefälle, sondern flach gelegt werden, damit die Dämme nicht so hoch und daher die Verbindungsstrecke vom Rangierbahnhof der Bundesbahn zum Hafenbahnhof nicht so steil wird und dadurch die Stärke der Hafenzüge beschränkt. Die zu zerlegenden Züge werden infolgedessen in der Einfahrgruppe über einen Ablaufberg mit der Lokomotive gedrückt. Ebenso wie die Einfahrgleise liegen auch die Ausfahrgleise am unteren Ende, die die fertigen Bedienungszüge aufnehmen, ganz flach.

b) **Der Gefällbahnhof für die Wagen nach den Kais.** Es soll nun an Hand einer Prinzipskizze des Gleisplanes und des Längenprofiles (Abb. 131) der Hafenbahnhof und sein Betrieb beschrieben werden. Die Anlage zum Ordnen und für die Zugbildung der Wagen nach den Kais besteht aus vier hintereinander liegenden Gleisgruppen:

1. der flachen Einfahrgruppe E_1, 2. der stärker geneigten Bezirksgruppe Bg. 3. der Ordnungsgruppe O (ebenfalls stärker geneigt) sowie 4. der flachen Ausfahrgruppe A. Beiderseits dieser hochgelegenen Gleisanlage liegen im Gelände die Verbindungsgleise D vom Rangierbahnhof zum unteren Ende des Hafenbahnhofs. Auf dem einen Gleis fahren die Züge mit Massengütern, die nicht rangiert zu werden brauchen, zu den Kais, auf dem Gleis der Gegenrichtung rollen die Wagen von den Kais zu dem Rangierbahnhof, ohne den Hafenbahnhof zu berühren.

Die Gleise der Einfahrgruppe haben mindestens volle Güterzuglänge und eine flache Neigung bis zu 2,5 $^0/_{00}$. An sie schließt sich unmittelbar vor dem Ablaufgipfel eine kurze Gegensteigung von etwa 20 $^0/_{00}$ und 0,7 m Höhe an. Auf dieser werden die Wagen des zum Ablaufberg geschobenen Zuges gestaucht, damit sie dort für den Ablauf mit Schwerkraft entkuppelt werden können. Am Ablaufgipfel beginnt eine kurze Steilrampe von etwa 50 $^0/_{00}$, auf der auch die ersten

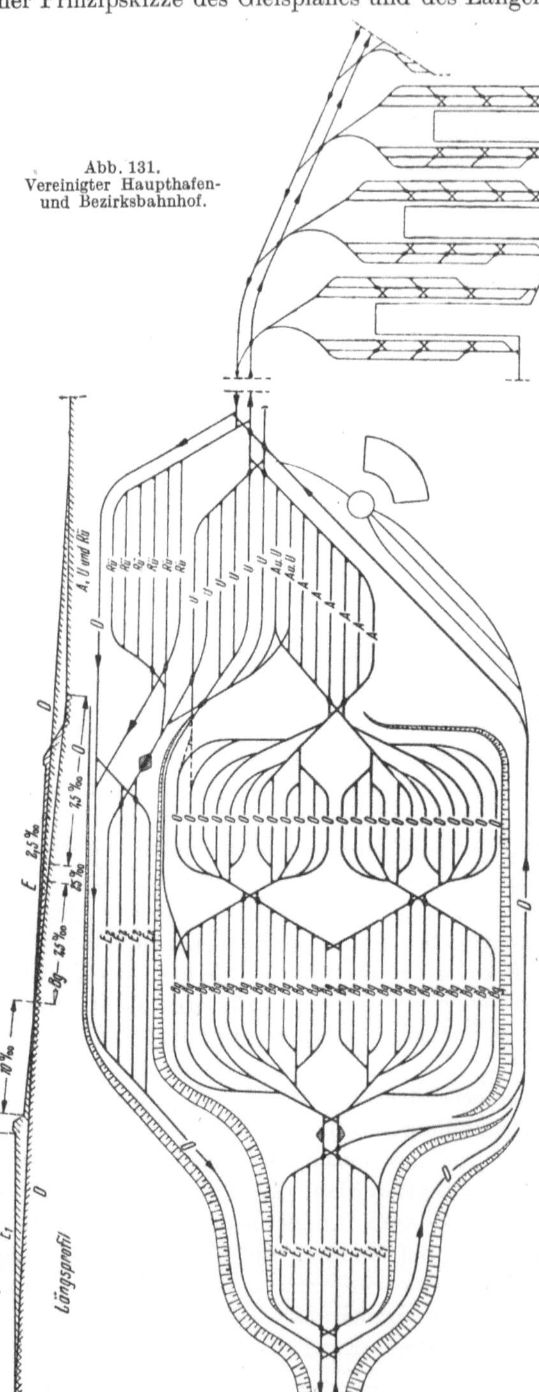

Abb. 131.
Vereinigter Haupthafen-
und Bezirksbahnhof.

Verteilungsweichen der Bezirksgleise liegen. Die Weichenentwicklung zu den Richtungsgleisen ist möglichst gedrängt auszubilden, weil die Abstände zwischen den einzelnen Abläufen, die für die Weichenumstellung notwendig sind, sich mit wachsender Entfernung vom Ablaufgipfel stark verkürzen. Hinter den ersten Verteilungsweichen sind Gleisbremsen anzulegen, damit die Geschwindigkeiten der gutlaufenden Wagen (beladenen O-Wagen) vermindert und die Wagenabstände also vergrößert werden können, ohne daß die Lokomotive, die den Zug auf den Ablaufberg drückt, ihre Geschwindigkeit zu vermindern braucht. An die Weichenzone schließt sich eine 10 $^0/_{00}$ fallende Sammelstrecke von 100 m Länge an für etwa 10 Wagen. Auf dieser werden die einzelnen Wagen mit Hemmschuhen aufgefangen. Die dicht aufeinander aufgelaufenen Wagen werden zusammengekuppelt, rollen dann von einer Wagenbremse gezügelt um die Länge der Sammelstrecke abwärts und werden in der Haltlage festgelegt. Die nunmehr auf die Sammelstrecke vom Ablaufberg rollenden Wagen werden wieder nach Auffangen sowohl unter sich als auch mit der ersten Gruppe gekuppelt. Die Gesamtgruppe rollt dann wieder um die Länge der Sammelstrecke nach unten. Die Nutzlänge der Bezirksgleise soll im ganzen mindestens 300—400 m betragen, damit sie die 30 bis 40 Wagen, die an einer Kaikante eines Bezirks aufgestellt werden, fassen können. Das Gefälle der Bezirksgleise unterhalb der Sammelstrecke ist nur 7 bis 7,5$^0/_{00}$ stark zu machen.

Sollen nun die Wagen eines Bezirksgleises nach Ladestellen geordnet werden, so werden die Bremsen der Wagengruppe gelöst und letztere gelangt jetzt von Wagenbremsen gezügelt bis vor die Verbindungsweichen zwischen Bezirks- und Ordnungsgruppe. Hier wird durch Vorlegen eines 4,5 cm hohen Keils, den das eine Rad der ersten Achsen überklettert, der Zug gestaucht und die Wagen können für den freien Ablauf in die Ordnungsgleise entkuppelt werden. Letztere haben zu Beginn ein stärkeres Gefälle, sind aber anschließend wieder 7,5$^0/_{00}$ geneigt. Die kleinste Nutzlänge eines Ordnungsgleises ist 150 m, so daß der erste abrollende Wagen hier bis zum Gleisende laufen kann und dann mit Hemmschuhen aufgefangen wird. Die Verteilungsweichen der Ordnungsgruppen sind ebenso wie die der Bezirksgleise möglichst gedrängt zu entwickeln.

Die Anzahl der Bezirksgleise hängt von der Zahl und dem Umfang der Bezirksbahnhöfe sowie von der Anzahl der Gleisgruppen an den Kais ab. Die Gleiszahl der Ordnungsgruppen richtet sich nach der Kaigleisgruppe mit der größten Anzahl von Ladestellen. Eine Ordnungsgruppe von 8 bis 14 Gleisen kann gleichzeitig die Wagen von 2 bis 3 Kaibedienungszügen aufnehmen. Es sind zweckmäßig zwei Ordnungsgleisgruppen nebeneinander anzulegen, damit gleichzeitig zwei Bedienungszüge für die Kaigleise gebildet werden können. Die beiden Ordnungsgleisgruppen, an alle Ausfahrgleise angeschlossen, können auch wechselweise benutzt werden, denn sie dienen lediglich zum Zerlegen der Wagengruppen nach Ladestellen und nicht auch zum Sammeln. Daher sind sie schnell wieder für das Ordnen eines anderen Bedienungszuges verwendungsfähig. Die Anzahl der Ein- und Ausfahrgleise ist reichlich zu bemessen, um Aufstellmöglichkeiten zu haben, denn der Rangierbahnhof hat einen anderen Rhythmus als der Hafenbahnhof.

Für die Bildung der Bedienungszüge nach den einzelnen Ladestellen eines Kais läßt man die Wagengruppen in den einzelnen

Ordnungsgleisen in der Reihenfolge, wie die Ladestellen am Kai liegen, von Wagenbremsen gezügelt in eins der flachen Ausfahrgleise rollen. Dort kuppelt man die
Gruppen zusammen und zur gegebenen Zeit schiebt die Rangierlokomotive
den Bedienungszug zum Kai. Hier werden die mitzunehmenden Wagen erst
herausgezogen und sodann die angebrachten Wagen laderecht gestellt. Anschließend fährt die Lokomotive mit den mitzunehmenden Wagen zu den Einfahrgleisen E_2 des Flachbahnhofs im vereinigten Bezirks- und Haupthafenbahnhof.

Im einzelnen geht das Auswechseln der Wagen in den Kaigleisen nach
Abb. 132 wie folgt vor sich: Der Übergabezug in einer Stärke von 15 Wagen

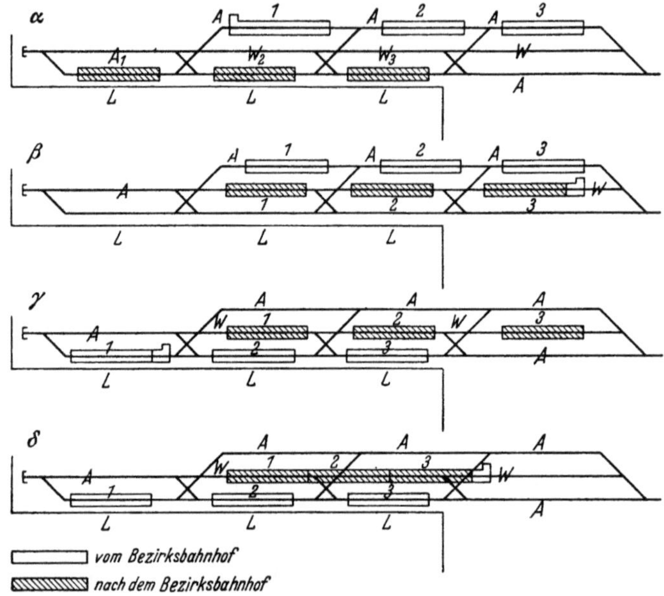

Abb. 132. Bedienung der Kaigleise.

wird vom Bezirksbahnhof in das Kaigleis A gezogen. Dabei werden die Gruppen
für die einzelnen Ladestellen zwischen den Weichenverbindungen dieses Gleises
getrennt aufgestellt. Sodann setzt sich die Lok vor die erste Wagengruppe in
dem Ladegleis L und zieht diese zurück in den vorgelegenen Gleisabschnitt
des Wechselgleises W. Ebenso wird mit den übrigen Gruppen des Ladegleises
verfahren, bis letzteres geräumt ist. Nunmehr wird die dritte Gruppe des Übergabezuges aus dem Aufstellgleis durch die Weichenverbindung in den vorgelegenen Ladegleisabschnitt geschoben. Ebenso wird mit den anderen Gruppen
verfahren, bis der Übergabezug laderecht steht. Etwaige Wagenauswechslungen
können mit Hilfe der noch freien Gleisabschnitte des Ladegleises durchgeführt
werden. Die Lok fährt nun durch das freie Aufstellgleis A und setzt sich vor
die Wagengruppen im Wechselgleis W, drückt diese zum Kuppeln zusammen
und zieht den Zug zum Bezirksbahnhof.

c) **Der Flachbahnhof für die Wagen von den Kais.** Dieser Flachbahnhof
liegt rechts neben dem Gefällbahnhof für die Wagen nach den Kais. Er besteht
aus einer schwachgeneigten höher gelegenen Einfahrgruppe E_2 und der ebenfalls

flachen Ordnungsgruppe, die mit der Einlaufgruppe E_2 durch einen Ablaufberg verbunden ist. Die Ordnungsgruppe hat zwei Untergruppen: 1. die U-Gleise, in die die Wagen laufen, die an einem anderen Kai wieder beladen werden und 2. die $R_{\ddot{u}}$-Gleise für die Wagen, die zur Bundesbahn zurückkehren. Die Nutzlänge der $R_{\ddot{u}}$-Gleise ist nach dem größten Übergabezug, der zum Rangierbahnhof der Bundesbahn fährt, zu bemessen. Die U-Gleise sind ebenso wie die Ausfahrgleise A für die Aufnahme des größten Bedienungszuges anzulegen. Die von den Kais kommenden Züge gelangen ohne Berührung des Ablaufbergs in die Einfahrgleise E_2 und werden von ihrer Lokomotive über den Ablaufberg gedrückt, um die U-Wagen von den $R_{\ddot{u}}$-Wagen zu sondern. Sobald eines der $R_{\ddot{u}}$-Gleise mit Rückkehrwagen voll besetzt ist, setzt sich eine Lokomotive vor die gekuppelten Wagen und der Zug fährt unmittelbar über das angeschlossene Hauptgleis nach dem Rangierbahnhof aus.

Die Umkehrwagen U, die zur Wiederbeladung an eine andere Ladegleisgruppe gebracht werden sollen, werden verschieden behandelt. Soweit angängig kann ein Teil der Leerwagen geschlossen, ebenso wie die Bedienungszüge aus den Ausfahrgleisen, zu den betreffenden Gleisgruppen am Kai gebracht werden. Gegebenenfalls können diese Leerwagen zur Auslastung zu den Wagen in den Ausfahrgleisen unter Benutzung des Ausziehgleises zugesetzt werden. Die Umkehrwagen aber, die an einer bestimmten Ladestelle stehen müssen, laufen vom Ablaufberg in besondere U-Gleise. Aus diesen werden sie von einer Lokomotive über ein stark steigendes Verbindungsgleis in eines der äußersten Bezirksgleise des Gefällbahnhofs gedrückt. Diese Umkehrwagengruppe wird dort durch eine Wagenbremse oder eine Gleisvorlage ebenso wie die Wagen der anderen Bezirksgleise festgelegt und die Lokomotive kehrt zurück. Da diese Umkehrwagengruppen verhältnismäßig klein sind sowie aus Leerwagen bestehen und zudem das Anfahren auf den flachgeneigten U-Gleisen erfolgt, so bieten diese Schiebefahrten keine Schwierigkeiten. Die wieder zu beladenden Wagen in den äußersten Bezirksgleisen werden dann weiter wie die Wagengruppen in den anderen Bezirksgleisen behandelt.

Die Lokomotivbehandlungsanlage ist zweckmäßig, wie in Abb. 131 gezeigt, an das untere Bahnhofsende zu legen und durch Verkehrsgleise mit den verschiedenen Gleisgruppen zu verbinden. Auch die Kaigleisanlage ist in Abb. 131 für eine Reihe von Hafenbecken dargestellt.

3. Der vereinigte Hafenbezirksbahnhof.

In der Verkehrstechnischen Woche 1931, 4. Sonderausgabe „Rangiertechnik" S. 9, hat O. Blum in einem Aufsatz „Der vereinigte Hafen- und Rangierbahnhof" vorgeschlagen, die Ausrangierung der Wagen nach Gruppen der Bezirksbahnhöfe schon im Rangierbahnhof der Bundesbahn vorzunehmen, d. h. den zweiten Ablauf durch den von Cauer vorgeschlagenen Haupthafenbahnhof zu vermeiden. Es wäre dann im Hafen nur noch unmittelbar vor den Kais nach Ladestellen zu ordnen. In dem vorgeschlagenen neuen Hafenbahnhof würden bei Berücksichtigung des Vorschlags Blum die Bezirksgleise wegfallen. Sonst ändert sich aber grundsätzlich an dem Bahnhof nichts. Einen derartigen vereinigten Hafenbezirksbahnhof erhält man aus Abb. 131, wenn man sich die Gleise zwischen den Buchstabenreihen Bg und O wegdenkt und die so entstandene Lücke schließt. Die gestrichelte Verbindung zwischen den U- und O-Gleisen tritt an Stelle der zwischen den U- und R.-Gleisen. Dieser Bahnhof würde um mehr als 0,5 km kürzer und auch nicht so hoch werden. Auch die Erdarbeiten sind entsprechend geringer. Ein solcher Hafenbahnhof kommt also bei beschränkter Möglichkeit für die Längenentwicklung in Frage, vorausgesetzt, daß die Bundesbahn in ihrem Rangierbahnhof das Ordnen der Gleisgruppen nach Bezirksbahnhöfen übernehmen kann. Diese Ausbildung von Rangierbahnhof und Hafenbahnhof ist die gegebene, wenn beide neu angelegt werden. Bei bestehenden Rangierbahnhöfen ist dies schwieriger. Aber diese Schwierigkeiten sind nicht unüberwindlich. Bei einem größeren Hafen ist nämlich der Anfall an Hafenwagen im Rangierbahnhof meist so groß, daß man hierfür mehrere Richtungsgleise vorsehen muß, auch wenn dort die Hafenwagen bunt, also nicht nach Bezirksbahnhöfen, ausgesondert werden. Mitunter besteht aber die Möglichkeit, im Rangierbahnhof noch mehr Gleise für eine eingehendere Rangierung der Hafenwagen frei zu machen, insbesondere wenn dafür die Hafenverwaltung die Bildung von Eingruppenzügen für die verschiedenen Strecken übernimmt. Diese Eingruppenzüge könnten dann gegebenenfalls in der Stationsgruppe des Rangierbahnhofs noch nachrangiert werden. Zur Bildung der Eingruppenzüge bietet sich aber in dem Hafenbahnhof nach Abb 131 Gelegenheit, wenn man dort in dem Flachbahnhof für die Wagen von den Kais die erforderliche Anzahl $R_{ü}$-Geleise vorsieht.

Wenn sich in dieser Weise die Bundesbahn und die Hafenverwaltung in die Rangieraufgaben teilen, dann würden letztere mit möglichst geringem Bau- und Betriebsaufwand gelöst werden können.

F. Richtlinien für die Ausbildung der einzelnen Gleisgruppen eines Rangierbahnhofes.

Die nachfolgenden Ausführungen, die sinngemäß auch für Gefällbahnhöfe gelten, halten sich im großen und ganzen an die „Richtlinien für die bauliche Ausbildung der Rangierbahnhöfe der deutschen Bundesbahn".

a) Die Einfahrgleise (E). Die Einfahrgruppe soll mindestens fünf Gleise und ein Verkehrsgleis enthalten. Bei Einfahrt der Güterzüge entgegen der Ablaufrichtung ist auf jeder Seite ein Verkehrsgleis anzulegen. Die Zahl der gleichzeitig aufzustellenden Züge ist abhängig von der Zugzahl des höchstbelasteten Tagesabschnittes, von der Behandlungszeit in den Einfahrgleisen (wagen- und bremstechnische Untersuchung sowie Vorbereitung der Zugzerlegung) und von der Leistungsfähigkeit der Ablaufanlage. Für besonders zu behandelnde Wagen (Vorrangwagen) ist ein besonderes Aufstellgleis vorzusehen. Die Gleisanlagen sollen mindestens gleich der größten Güterzuglänge zuzüglich 50 m für die Zug- und Rangierlok sein. Die Neigung der Einfahrgleise ist $s_e = 0$—$2{,}5\,^0/_{00}$. Die Gestaltung der Anrollrampe ist aus Kapitel H zu ersehen.

b) Die Ablaufanlage (Abb. 121). Die Ablaufanlage ist so zu legen, daß die Wagen möglichst mit den vorherrschenden Winden ablaufen. Vor dem Ablaufgipfel ist eine Gegensteigung $s_g = 20\,^0/_{00}$ von 70 cm Höhe zum Stauchen des Zuges für das Entkuppeln der Wagen vorzusehen.

Der Gipfel ist mit einem Ausrundungshalbmesser $r_a = 300$ m auszurunden. Der Halbmesser darf wegen der Befahrbarkeit für Drehgestellwagen nicht kleiner sein. (Vergl. Niederschrift Nr. 106/1928 des VDEV.)

An die Gipfelausrundung schließt sich die Steilrampe an, in der die erste Verteilungsweiche liegt. Nach den Ausführungen auf Seite 155 ist das Gefälle s_1 $^0/_{00}$ so steil zu machen, wie der Gleisplan und die Profilausrundungen es zulassen. Die Berechnung der Steilrampe nach Gefälle und Länge geschieht nach Kapitel J. Damit der Weg zu der letzten Verteilungsweiche möglichst kurz wird, sind die Weichen etwa nach Abb. 123 in gedrängter Form aneinanderzureihen, und die Spitze der ersten Verteilungsweiche ist möglichst nahe an die Gipfelausrundung des Ablaufbergs heranzurücken. Sie darf aber höchstens 5—10 m der Gipfelausrundung sich nähern, damit die Wagen an der ersten Verteilungsweiche einen solchen Abstand erhalten, daß sie zwischen zwei Fahrzeugen umgestellt werden kann. Bei dem Entwurf einer Ablaufanlage ist dieser Nachweis für die erste und letzte Verteilungsweiche zu erbringen. Die Verbindung zwischen Einfahr- und Richtungsgleisen ist, abgesehen von Ablaufanlagen geringerer Bedeutung, zweigleisig, damit bei Unbefahrbarkeit einer Weiche immer noch eine Verbindung besteht. Die Gleisverbindung nebst der Entwicklung der Verteilungsweichen ist vor der Berechnung der Steilrampe zu entwerfen.

Am Fuße der Steilrampe ist nach Abb. 121 ein Weichenkreuz anzulegen, so daß die Mitte der Gleiskreuzung im Knick von Steilrampe und Zwischenneigung liegt. Dieser hohle Knick ist jedoch mit mindestens 400 m Halbmesser auszurunden.

In der Zwischenneigung $s_2 = 15$—$20^0/_{00}$ liegen die Bremseinrichtungen, das sind die später zu beschreibenden Hemmschuh- und Balkengleisbremsen. Auf diesem Gefälle kann ein auf Halt gebremster gutlaufender Wagen von selbst wieder anlaufen und die Weichenzone verlassen, Schlechtläufer werden nicht stark gebremst.

c) **Die Weichenzone.** Die Weichenzone ist waagerecht, also $s_3 = 0^0/_{00}$. Auf der Waagerechten erhalten alle Wagen eine kleine Verzögerung, die Schlechtläufer mehr als die Gutläufer. Auf einen kurzlaufenden, also starkgebremsten Gutläufer, der in ein besetztes Gleis soll, wird bei waagerechter Weichenzone ein ungebremster weitlaufender Schlechtläufer, der in ein weniger besetztes Gleis soll, nicht so nah auflaufen, als bei einer Weichenzone im Gefälle. Infolgedessen ist bei waagerechter Weichenzone der Abstand dieser Wagen an der letzten Verteilungsweiche größer, d. h. die Gefahr, daß diese Weiche nicht mehr zwischen beiden Wagen umgestellt werden kann, ist geringer. Aus diesem Grunde ist eine waagerechte Weichenzone einer schwachgeneigten vorzuziehen.

Folgt ein Gutläufer (beladener offener Wagen) einem Schlechtläufer (leerer gedeckter Wagen), so wird nach Seite 154 die Gefahr des Einholens vor der letzten Verteilungsweiche um so größer, je geringer das Gefälle der Ablauframpe und je länger die Weichenstraße ist. Letztere ist daher möglichst gedrängt zu entwickeln. Die Geschwindigkeit, die der Wagen auf der steilen Rampe erhält, ist meist größer als sie mit Rücksicht auf das Laufziel der Wagen in den Richtungsgleisen sein darf. Sie muß daher vermindert werden und zwar bei großer Länge der Weichenentwicklungen sowohl am Fuß der Steilrampe durch Hemmschuh-, Balken- oder Wirbelstromgleisbremsen, als auch in den Richtungsgleisen durch Auffangen der Wagen durch Hemmschuhe. In den Gleisbremsen am Fuße der Steilrampe werden bei ungünstiger Wagenfolge (Schlechtläufer vor Gutläufer) die Gutläufer stärker abgebremst, damit in der Weichenzone der Wagenabstand nicht zu klein wird (Abb. 123a—d, gute Weichenentwicklung!).

Die Zone, in der Gefahr besteht, daß Gutläufer die Schlechtläufer einholen, und daher die Weichen nicht mehr zwischen zwei Wagen umgestellt werden können, läßt sich auch bei Verwendung von Weichen besonderer Bauart nicht unter ein Maß zurückdrücken, das von der Zahl der Richtungsgleise n, dem Gleisabstand a und dem Halbmesser r abhängt. Für die Ermittlung dieser kleinsten Entwicklungslänge aus den genannten geometrischen Gegebenheiten hat K. Leibbrand[1] die Gleichung $x = \sqrt{r^2 - \left[r - \dfrac{(n-2)\,a}{2} \right]^2}$ [m] aufgestellt. Bei symmetrischer Entwicklung der Verteilungsweichen für die Richtungsgleise und bei zweiseitiger Verbindung der Einfahr- und Richtungsgruppe sind die Verlängerungen dieser Verbindungsgleise die beiden Richtungsgleise, die der Symmetrieachse benachbart liegen. Der Abstand eines dieser Gleise von dem zugehörigen Randgleis der Richtungsgruppe ist $(n-2):2$. Nach Abb. 133 sind bei $n = 32$ Richtungsgleisen $n-1 = 31$ Zwischenräume und

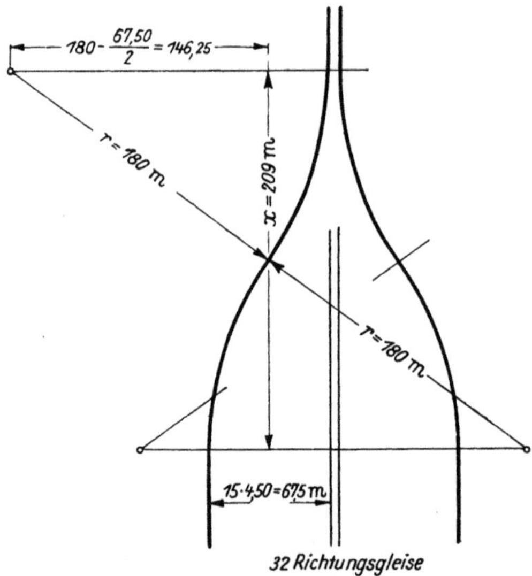

Abb. 133. Länge der Weichenbüschelung.

für die Symmetriehälfte $(n-2):2 = 15$ Gleiszwischenräume vorhanden. Bei dem Gleisabstand $a = 4,5$ m ist $(n-2)\cdot a : 2 = 15 \cdot 4,5 = 67,5$ m und bei $r = 180$ m als kleinstem Krümmungshalbmesser ist $x = 209$. Bei $r = 190$ m der Bundesbahnweiche ist die Entwicklungslänge $x = 216$ m.

Eine Kürzung der Gefahrzone kann durch Anordnung mehrerer Bremsstaffeln erreicht werden. Je kürzer der Abstand der Staffelung ist, desto weniger können sich die Unterschiede der Wagenabstände auswirken und desto dichter kann die Wagenfolge werden.

---

[1] Leibbrand, K.: Dr.-Ing.-Diss. Berlin 1938 — Org. Fortschr. Eisenbahnw. 1938 S. 272.

d) Richtungsgleise. Das Gefälle der Richtungsgleise ist $2^0/_{00}$. Da die Gutläufer in der Regel nie weniger als 2 kg/t Fahrzeugwiderstand haben, so werden in den Richtungsgleisen die Wagen nicht mehr beschleunigt. Wegen der zwischen den ablaufenden Wagen entstehenden Zwischenräume und damit in den Gleisspitzen des dem Ablaufberg abgewandten Gruppenendes nachgeordnet werden kann, sollen die Gleislängen größer als die größte Zuglänge sein. Die Nutzlängen der Richtungsgleise sollen daher im allgemeinen nicht kleiner als 750 m sein. Auf Gefällbahnhöfen fallen die Zwischenräume fort, hier sind die Richtungsgleise nicht kürzer als 600 m zu bemessen. Die Gleisabstände von 4,75 m werden nach einer größeren Anzahl von Gleisen auf 6 m zur Aufstellung von Lichtmasten vergrößert. Über die Benutzung der Richtungsgleise in Abhängigkeit von dem Zugbildungsplan und den Streckenfahrplänen sei folgendes gesagt:

Die Zugbildung beginnt in den Richtungsgleisen. In diesen entsteht durch Zulauf vom Ablaufberg her der Wagenvorrat, aus dem die Züge neugebildet werden. Man wird daher für jede größere Verkehrsbeziehung (Richtung genannt) mindestens ein Gleis vorsehen. Ist der Wagenanfall für eine Richtung so stark, daß ein Gleis mehr als dreimal am Tage gefüllt wird, so ist ein zweites Richtungsgleis erforderlich. Dies ist vor allem notwendig für Durchgangsgüterzüge, weniger jedoch für Nahgüterzüge. Da letztere vor Beginn oder nach Beendigung der Arbeitsschichten die Ladestellen der Unterwegsbahnhöfe bedienen, so verlassen die Nahgüterzüge die Rangierbahnhöfe nur zu bestimmten Tageszeiten und dann möglichst in dichter Zeitfolge. Es ist daher hier angängig, Wagen für eine andere Richtung in dasselbe Richtungsgleis laufen zu lassen, wenn die Nahgüterzüge in der Stationsgruppe gebildet und dann in die Ausfahrgleise vorgezogen werden.

Am idealsten ist es, wenn gleich, nachdem genügend Wagen in die betreffenden Richtungsgleise gelaufen sind, die Zugbildung erfolgt und anschließend der Zug ausfahren kann. Liegt die Abfahrtzeit jedoch so zeitig, daß noch nicht genug Wagen in den Richtungsgleisen stehen, dann würden die Züge schlecht ausgelastet ausfahren und die Zugförderung wäre unwirtschaftlich. Liegt die Abfahrzeit zu spät, dann besteht die Gefahr, daß eine Überfüllung der Richtungsgleise eintritt. Infolgedessen stockt der Ablauf, es kann sogar ein Rückstau auf den Zuglauf der Strecke entstehen. Wird der Rückstau dadurch verhütet, daß die Richtungsgleise geräumt und nach der Zugbildung die Durchgangsgüterzüge in die Ausfahrgleise überführt werden und dort die Abfahrzeit abwarten können, dann ist die Mehrarbeit geringer, falls die Züge lediglich in die vorgelegenen Ausfahrgleise vorgezogen, als wenn sie noch in die Ausfahrgleise neben den Richtungsgleisen umgesetzt werden müssen.

Im allgemeinen sollen die Gleisanlagen eines Rangierbahnhofes so bemessen sein, daß die Zugbildung für den Regelbetrieb reibungslos bewältigt werden kann. Dann ist es auch möglich, Betriebsunregelmäßigkeiten ohne allzu starke Behinderung auszugleichen. Die Zugbildung der Bedarfsgüterzüge kann dann in den vorhandenen Zeitlücken erfolgen. Für den Regelbetrieb müssen daher der Wagenzulauf nach dem Wagenübergangsplan sowie die Gleisbenutzung, also die Zugbildung, und der Streckenfahrplan aufeinander abgestimmt sein. Der Wagenübergangsplan gibt an, wann und mit welchen Zügen die Wagen für die verschiedenen Verkehrsbeziehungen (Richtungen) ankommen sowie wann und mit welchen Zügen sie wieder abfahren. In der Übergangszeit werden die Wagen auf dem Rangierbahnhof geordnet und die Züge neugebildet. Für die Zerlegung ist ebenso wie für die Bildung der Güterzüge ein Betriebsplan (Rangierplan, Abb. 179) aufzustellen, und zwar im Zusammenhang mit dem Wagenübergangsplan. Die Übergangszeiten der Wagen von einem Zug zum anderen müssen größer sein als die Zeiten für das Zerlegen und Bilden der Züge.

Um Unterlagen für die Bemessung der Zahl der Richtungsgleise zu erhalten, stellt man auf Grund von Verkehrserhebungen einen Gleisbesetzungsplan auf. In letzterem ist für jedes Richtungsgleis der Zulauf der Wagen vom Ablaufberg her sowie die Entnahme der Wagengruppen aus dem Richtungsgleis für die Zugbildung nach Wagenzahl und Zeit eingetragen. Für jedes Richtungsgleis ist also ein Wagenkonto aufzustellen. Die Unterlagen für das Wagenkonto der einzelnen Richtungsgleise in Zulauf und Abgang liefern die Wagenzettel der ankommenden und ausfahrenden Güterzüge, die auf den Zugabfertigungen des Rangierbahnhofs von den Zugführern abgegeben worden sind.

Die Richtungsgleise sind zu gruppieren:

1. nach Gleisen für Eingruppenzüge, die unmittelbar aus den Richtungsgleisen ausfahren können.

2. nach Gleisen für Wagengruppen, die mit anderen in den Richtungsgleisen zusammengestellt werden,

3. nach Gleisen für Wagen, die nach Unterwegsbahnhöfen geordnet werden,

4. nach Gleisen für Wagengruppen der Zusatzanlagen, das sind Schadwagen für die Werkstätten, Stückgutwagen für die Umladehalle, Wagen für Dienstkohle, Wagen für Ortsgüterbahnhöfe, Häfen und gewerbliche Anlagen.

e) Die Stationsgleise (St). (Abb. 128) Sie liegen auf Flachbahnhöfen neben den Richtungsgleisen. Vom Ablaufberg her ist ihnen eine kurze Steilrampe von etwa 25 $^0/_{00}$ vorgelagert. An letzterer schließt sich ein Gefälle von durchschnittlich 7,2 $^0/_{00}$ an. Die Stationsgleise, in deren Verlängerung die Ausfahrgruppe für Nahgüterzüge liegt, sind im Mittel 150 m lang. Ihre Anzahl richtet sich nach der größten in einem Nahgüterzug vorkommenden Gruppenzahl.

f) Die Ausfahrgleise (A). Die Längen dieser Gleise sind dieselben wie die der Einfahrgleise. Ihre Zahl richtet sich nach dem Betriebsplan des Rangierbahnhofes sowie den Streckenfahrplänen. Die Neigung der Ausfahrgleise ist 2—2,5 $^0/_{00}$. Zwischen den Einfahr-, Richtungs-, Stations- und Ausfahrgruppen ist möglichst eine doppelte Gleisverbindung anzustreben.

g) Überholungsgleise. Züge, die nicht zerlegt werden aber die Lok wechseln oder Wagengruppen absetzen und aufnehmen, fahren in die Überholungsgleise (Ue) ein, die beiderseits an die Durchfahrgleise (D) angeschlossen sind. Neben den Überholungsgleisen befinden sich, ähnlich wie bei den Zwischenbahnhöfen, Aufstellgleise zum Austausch der Vorrangwagen sowie ein Wartegleis für die Loks.

h) Verkehrsgleise. Für die Fahrten der Zug- und Rangierloks sowie der Rangierabteilungen von Gruppe zu Gruppe sind Verkehrsgleise anzulegen, und zwar so, daß das Rangiergeschäft möglichst wenig gestört wird. Bei starkem Verkehr ist für jede Richtung ein Verkehrsgleis vorzusehen.

i) Lokomotivbehandlungsanlage. Die Lokomotivbehandlungsanlage (Abschnitt 2) muß gut durch Verkehrsgleise mit den Ein- und Ausfahrgleisen sowie mit den Übergängen der einzelnen Gleisgruppen verbunden sein.

k) **Die Packwagengruppe.** Die Packwagengleise sind an beiden Enden durch Weichenstraßen zusammenzuschließen und an die Verkehrsgleise und die Lokbehandlungsanlage anzubinden. Der Gleisabstand beträgt 5 m, die Gleislängen sind etwa 150 m. Ihre Gleiszahl ist nach dem Betriebsplan zu bestimmen.

l) **Die Schadwagengruppe.** Sie hat ebenfalls 5 m Gleisabstand und soll gute Verbindung mit dem Schadwagensammelgleis der Richtungsgruppe und dem Betriebswerk haben.

m) **Wagenreinigungsanlage.** In dieser Anlage werden die zur Tierbeförderung benutzten Güterwagen vor ihrer Verwendung einem Reinigungs- und Entseuchungsverfahren unterworfen (Abb. 47). Die Anlage muß an ein Verkehrsgleis angeschlossen sein.

n) **Die Umladeanlage.** Sie dient zum Umladen des Stückguts und liegt zweckmäßig in Verlängerung der äußeren Richtungsgleise. Nach dem Umladen werden die Wagen entweder nochmals in die Einfahrgleise und über den Ablaufberg gezogen und durch Schwerkraft auf die Richtungsgleise neu verteilt oder gewissermaßen als Vorrangwagen unmittelbar in die Ausfahrgleise gebracht. Die Gleisgruppe der Umladeanlage kann stumpf enden. Besser wird sie an beiden Enden durch Weichenstraßen verbunden und an das Verkehrsgleis angeschlossen. Die abgefertigten Stückgutwagen werden von den Ladebühnen abgezogen. Dann werden am anderen Ende die neuen Wagen nach vorheriger Ordnung nach Ladestellen in den Gleisspitzen an die Ladebühnen zugestellt. Der Abstand der Gleise, zwischen denen sich eine Ladebühne zum Stapeln der Stückgüter befindet, beträgt 18—20 m, bei Ladebühnen zum Durchladen (Abb. 134) ist der

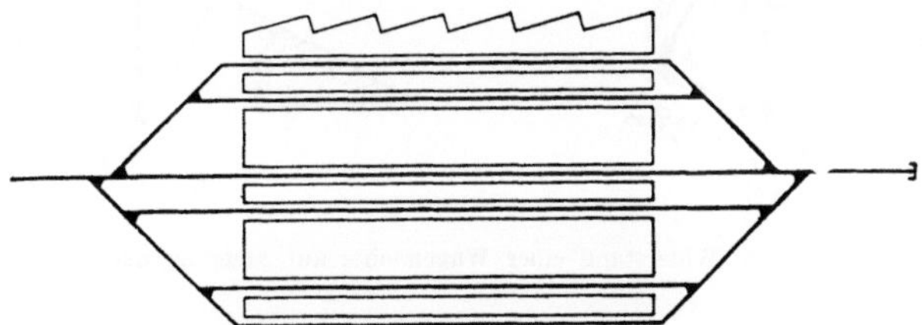

Abb. 134. Umladeanlage für Stückgut.

Gleisabstand 6,5—9 m. Bei 9 m Gleisabstand können Elektrokarren drehen. Die Länge der Ladebühnen ist 100—180 m. Ihre Höhe über SO ist 1,1 m. Zweckmäßig werden sie durch Holzdächer mit Oberlichtern überdeckt.

An die Umladebühne wird nach der Straßenseite noch ein Gleis mit einer Seitenrampe für Stückgutumschlag auf Kraftwagen angebunden, die Seitenrampe ist nach Abb. 46 und 134 sägeförmig auszubilden, damit die Kraftwagen schneller an die Ladestelle heran und von dieser abfahren können.

G. Die Gefällkräfte und Widerstände der Güterwagen.

1. Der Steigungswiderstand und die Gefällkraft (Abb 135).

Rollt eine Achse vom Gewicht G [t] eine Steigung hinauf, die mit der Wegachse den Winkel α bildet, so ist bei gleichmäßiger Geschwindigkeit die Zugkraft Z [kg] gleich dem Widerstand des Fahrzeugs auf der Steigung. Diesen Widerstand

12*

erhält man, wenn man das Achsgewicht in eine Seitenkraft senkrecht zur Bahn und in eine in Richtung der Bahn zerlegt. Erstere ist $G \cdot \cos \alpha$, letztere $G \cdot \sin \alpha$. Die der Zugkraft Z entgegenwirkende Seitenkraft $G \cdot \sin \alpha$ ist der Steigungswiderstand. Durch die Fahrt der Achse auf der Steigung entsteht weiterhin der Fahrzeugwiderstand $w \cdot G \cdot \cos \alpha$, der unten angegeben wird. Es kann $w\,[\mathrm{kg/t}] = \dfrac{w \ \mathrm{kg}}{1000 \ \mathrm{kg}}$ $= w\,{}^0\!/_{00} = tg\,\varphi$ gesetzt werden. Bei gleichmäßiger Geschwindigkeit muß dann die Zugkraft gleich dem Gesamtwiderstand sein, also $Z = G \cdot \sin \alpha + G \cos \alpha \cdot tg\,\varphi = G \cdot \sin \alpha + w \cdot G \cdot \cos \alpha$. Nun kann man bei kleineren Neigungen, wie sie bei einer Ablaufanlage beim Höchstgefälle bis zu $70\,{}^0\!/_{00}$ vorkommen, ohne merklichen Fehler $\sin \alpha \cong tg\,\alpha = s\,{}^0\!/_{00}$ setzen, so daß $G \cdot \sin \alpha \cong G \cdot tg\,\alpha = G \cdot s$ und $G \cos \alpha \cong G$ wird, dann ist $Z = G \cdot tg\,\alpha + G \cdot tg\,\varphi = G \dfrac{(s + w)}{1000} = G\,(s + w)\ [\mathrm{kg}]$. Mit $G \cos \alpha \cong G$ ist der Fahrzeugwiderstand auf der Steigung gleich dem auf der waagerechten geraden Bahn. Bei der Fahrt im Gefälle wird der Steigungswiderstand $- G \cdot s$ [kg] zur Gefällkraft $+ G \cdot s$ [kg]. Diese ist bei Ablaufanlagen die treibende Kraft (Abb. 135 b).

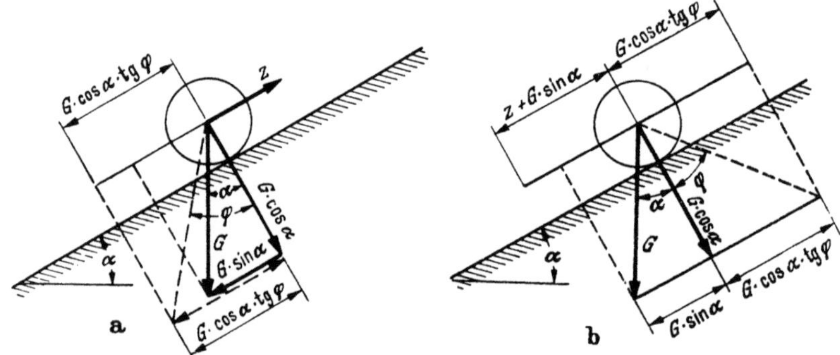

Abb. 135 a, b. Widerstand einer Wagenachse auf Steigung und Gefälle.

2. Der Widerstand in Krümmungen (Abb. 136).

Die Eisenbahnräder sind mit ihren Achsen fest verbunden. Ferner sind bei zweiachsigen Güterwagen und bei Drehgestellen die Achsen parallel gelagert, ohne daß sie sich gegenseitig verstellen können. Die Räder werden durch Spurkränze zwischen den Schienen mit etwas Spielraum geführt. Nach Abb. 136 rollt das Achspaar tangential auf dem Weg $\varDelta l_t$, bis das Rad der ersten Achse an die äußere Schiene anläuft. Der Spurkranz des letzten Rades möge in diesem Augenblick die innere Schiene in C berühren. Um die Berührungsstelle C als augenblicklichen Drehpunkt schwenkt nun um $\gtrless \alpha$ das Achspaar, um sich radial einzustellen. Hierbei rutscht das Rad der ersten Achse um $\varDelta l_r$ von der äußeren Schiene nach

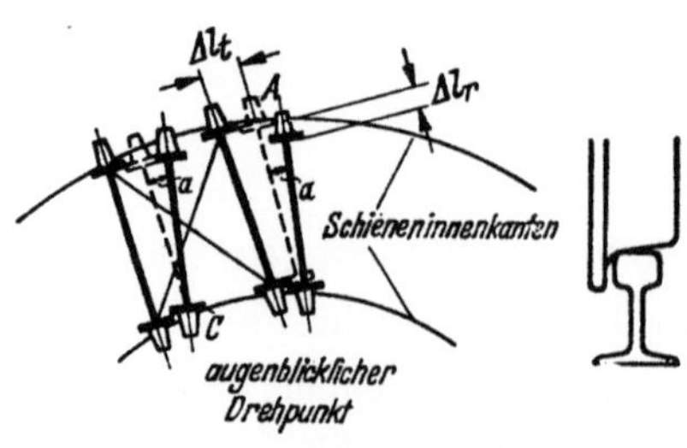

Abb. 136.
Krümmungswiderstand eines zweiachsigen Wagens.

innen ab, so daß der Wagen wieder tangential weiterrollen kann. Diese Laufbewegung nennt man Spießgang. Bei der Tangentialbewegung rollt, das Achspaar. Dann ist nur der geringfügige Rollwiderstand zu überwinden. Stellt sich aber das Achspaar radial ein, so verschieben sich die vorderen Räder nach innen und müssen hierbei den bedeutend größeren Gleitwiderstand überwinden. Der Krümmungswiderstand ist also gleich der Resultierenden aus Roll- und Gleitwiderstand beim Spießgang. Er wächst mit kleiner werdendem Bogenhalbmesser r und mit größer werdendem Achsabstand a und der Spurweite s. Er wird nach der Formel von Protopapadakis (Mschr. int. Eisenb. Kong.- Vereinig. Aprilheft 1937) für Normalspur nach der Formel $w_r = (233{,}2 + 103{,}4\,a) : r$ [kg/t] berechnet. Für zweiachsige Güterwagen mit $a = 4{,}5$ m ist $w_r = 700 : r$ [kg/t]. Für vierachsige Güterwagen mit dem Achsabstand im Drehgestell $a = 2$ m ist $w_r = 425 : r$ [kg/t].

Weichenwiderstand: Sowohl bei der Fahrt durch den geraden Strang, als auch durch den krummen Strang einer Weiche kommt noch je nach der Gleislage ein Widerstand von $w_w = 0{,}5\text{—}1{,}0$ kg/t hinzu.

3. Die Fahrzeugwiderstände.

Der Fahrzeugwiderstand eines Güterwagens w [kg/t] setzt sich zusammen aus dem Grundwiderstand w_o und dem Luftwiderstand w_l. Es ist also $w = w_o + w_l$. Der Grundwiderstand ist abhängig von der Wagenart (leerer gedeckter oder beladener offener Wagen) und von der Temperatur (normal oder tief).

Nach der „Verkehrstechnischen Woche" 1936, 9. Sonderheft, Seite 32, Bild 7, hier Abb. 137 ist w_o für Einzelwagen von 30 t (beladener offener Wagen) und von 10 t (leerer gedeckter Wagen) innerhalb folgender Grenzen:

1. Bei normaler Temperatur: Gutläufer (beladene offene Wagen) $w_o = 2{,}4$ kg/t, Schlechtläufer (leerer gedeckter Wagen) $w_o = 4{,}4$ kg/t.

2. Bei tiefen Temperaturen: Gutläufer: $w_o = 4{,}2$ kg/t, Schlechtläufer $w_o = 7{,}7$ kg/t. Diese Grundwerte gelten auch für Wagengruppen bis zu 10 Wagen. Der Luftwiderstand ist

$$w_l = (v \pm v_l \cos \beta)\,\frac{2 \cdot c \cdot F}{16 \cdot G}\ [\text{kg/t}].$$

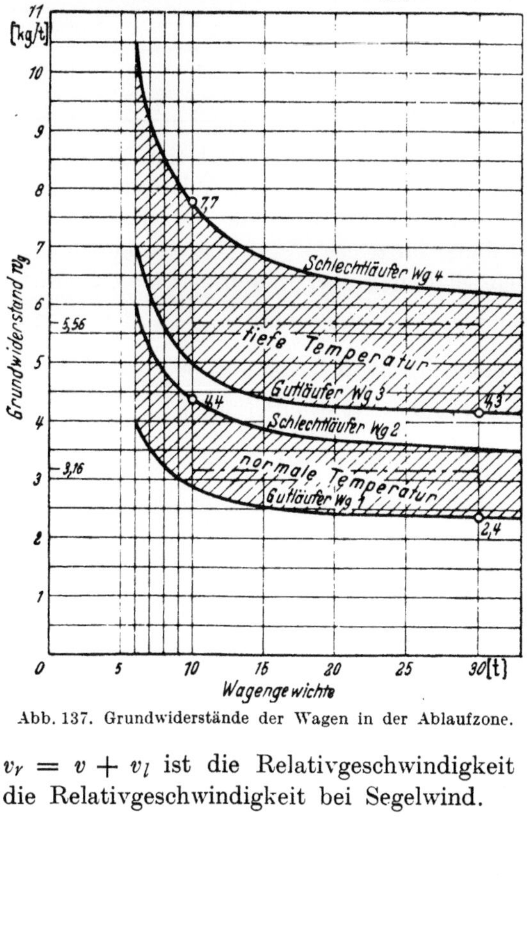

Abb. 137. Grundwiderstände der Wagen in der Ablaufzone.

Es ist v [m/s] die Wagen- und v_l [m/s] die Luftgeschwindigkeit.

$v_r = v + v_l$ ist die Relativgeschwindigkeit bei Gegenwind, $v_r = v - v_l$ ist die Relativgeschwindigkeit bei Segelwind.

β ist der Winkel, den der Seitenwind mit der Laufrichtung des Wagens bildet (Abb. 138) und $(v \pm v_l \cos \beta) = v_r \cdot \cos \alpha$ die Relativgeschwindigkeit auf die Gleisachse projiziert.

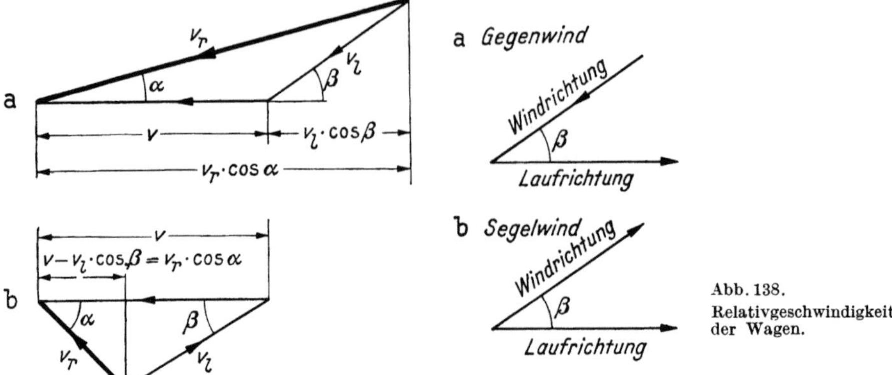

Abb. 138.
Relativgeschwindigkeit
der Wagen.

α ist der Winkel, den die resultierende Relativgeschwindigkeit mit der Laufachse bildet. Winkel α ändert sich mit der Laufgeschwindigkeit des Wagens. Die Stirnfläche eines offenen Wagens ist $F = 4$ m², die eines gedeckten Wagens $F = 7$ m². G [t] ist das Wagengewicht, c ist ein Beiwert abhängig von α.

Zahlentafel 4.

Für $\alpha =$	0^0	30^0	60^0	90^0
ist c bei Schlechtläufern	0,94	1,4	0,28	0
bei Gutläufern	0,94	1,34	0,25	0

Während v_l und β konstant angenommen werden, ändert sich die Wagengeschwindigkeit v und somit auch der Winkel α während des Ablaufs stets. Nach Ermittlungen weicht aber bei ungünstigem Gegenwind der Durchschnittswert von α nur wenig von Null ab, es ist daher für $v_r \cos \alpha = v \pm v_l \cos \beta$ näherungsweise $v_r = v \pm v_l$. Zum Ausgleich setzt man aber weiterhin $c = 1$ anstatt $c = 0,94$. Dann ist der Luftwiderstand $w_l = \dfrac{c \cdot F}{16\,G} (v_r \cos \alpha)^2 = \dfrac{F}{16\,G} (v \pm v_l)^2$ [kg/t].

Bei normaler Temperatur ist für einen **Gutläufer** von $G = 30$ t und $F = 4$ m²
$$w = w_0 + w_l = \frac{2{,}4}{16 \cdot 30} (v + v_l)^2 = 2{,}4 + 0{,}0083\ (v + v_l)^2\ \text{[kg/t.]}$$
und für einen **Schlechtläufer** mit $G = 10$ t und $F = 7$ m² ist
$$w = w_0 + w_l = 4{,}4 + \frac{7}{16 \cdot 10} (v + v_l)^2 = 4{,}4 + 0{,}0437\ (v + v_l)^2\ \text{[kg/t.]}$$

In Deutschland ist mit $v_l = 2$—5 m/s Windgeschwindigkeit vom Ablaufgipfel bis zur Gleisbremse zu rechnen. Dahinter ist wegen der Bodennähe und des Windschutzes durch die Fahrzeuge $^1/_3$ des Wertes zu setzen. Die Werte der Gleichungen für w trägt man über der Geschwindigkeitsachse zur w-Linie auf, die für die in Frage kommenden Geschwindigkeiten bis $v_r = 10$ m/s sehr flach verläuft. Da die Fahrzeuggeschwindigkeiten meist in V [km/h] angegeben werden und $v = V : 3{,}6$ [m/s] ist, so wird $v = 10$ m/s durch dieselbe Strecke wie $V = 36$ km/h als V-Achse dargestellt. Die Geschwindigkeitsachse wird also zweckmäßig doppelt nach V [km/h] und v [m/s] geteilt (Abb. 154).

H. Die Bremseinrichtungen der Rangierbahnhöfe.

Auf Rangierbahnhöfen kommen als Bremseinrichtungen 1. die Wagenbremsen, 2. die Hemmschuhe, 3. die Hemmschuhgleisbremsen und 4. die Balkengleis-bremsen in Frage.

1. Die Wagenbremsen.

Die Wagenbremsen sind handbediente Spindelbremsen. Sie wirken nur bei dem mit einem Bremser besetzten Fahrzeug. Abgesehen von Vorsichtswagen dürfen nach den Fahrdienstvorschriften ohne bediente Wagenbremsen höchstens 6 Achsen gleichzeitig ablaufen. Unter geeigneten Verhältnissen kann die Direktion für einzelne Rangierbahnhöfe die Zahl bei Leerwagengruppen auf zehn erhöhen. Ist eine ablaufende Wagengruppe stärker, so muß mindestens der zehnte Teil der Achsen bediente Bremsen haben. Bei Gleisbremsanlagen kann die Direktion die Zahl der Achsen, die ohne bediente Bremsen gleichzeitig ablaufen dürfen, je nach der Wirkungsweise der Gleisbremse unter Berücksichtigung der darauf-folgenden Neigungen erhöhen. Auf Gefällbahnhöfen wird bei dem Zusammenlauf der Wagengruppen zur Zugbildung von den Wagenbremsen ausgiebigster Ge-brauch gemacht.

2. Der Hemmschuh.

Das einfachste und daher weitverbreitetste Bremsmittel beim Rangieren ist der Hemmschuh. Allein dient er dazu, die Wagen auf Halt abzubremsen, in der Hemmschuhgleisbremse bremst er die Wagen auf eine geringere Geschwin-digkeit.

Zunächst soll das Kräftespiel beim Bremsen mit einem Hemmschuh erläutert werden: Während bei den Wagenbremsen die Bremsklötze durch ein Gestänge, das durch Spindeln oder durch Druckluft angetrieben wird, an die Laufflächen der Räder angepreßt werden, wird bei der Hemmschuhbremsung der Hemmschuh als Bremsklotz vom Rad über die Schiene geschoben und durch die Radlast an die Lauffläche des Rades gedrückt. Das Rad muß zunächst den Hemmschuh fassen, indem es auf dessen Schnabel aufläuft. Dann stützt es sich auf das obere Schleifstück. Dessen Neigung ist so stark, daß das Rad schlüpft. Das Schlüpfen tritt ein, weil der Steigungswiderstand größer ist als die zwischen Rad und Hemmschuh vorhandene Haftkraft. Der beim Schlüpfen auftretende Bremswiderstand verzögert die Raddrehungen, und das Rad kommt meist einige Umdrehungen nach dem Auflaufen auf den Hemmschuh zum Stehen, während letzterer unter der Radlast weiterrutscht. Wenn das Rad festgestellt ist, ist die Haftkraft $\mu_h \, l \, G/4$. Es ist G [t] das Gewicht des gebremsten Wagens, μ_h [kg/t] ist die Haftreibung, die größer ist als die Bremsreibung μ_b [kg/t]. Zwischen Hemmschuh und Schiene tritt der Gleitwiderstand $\mu_g \cdot G/4$ [kg] auf. Am anderen Rade der Achse, das unmittelbar auf der Schiene rutscht, ist der Gleitwider-stand ebenfalls $\mu_g \cdot G/4$, so daß also der Gleitwiderstand des Wagens $\mu_g \cdot G/2$ [kg] ist. Mitunter bleibt das Rad auf dem Hemmschuh und somit auch das Rad auf der anderen Schiene im Rollen. Es soll jedoch zunächst angenommen werden, daß die Radachse sich nicht dreht. Der Gleitwiderstand am Rad ohne Hemm-schuh greift senkrecht unter dem Radmittelpunkt auf der Schiene im Punkt A der Abb. 139 an und wirkt der Vorwärtsbewegung entgegen. Auf dem Hemm-schuh ist der Angriffspunkt der Bremskraft zunächst unbekannt. Da aber der

Radsatz sich nicht dreht, müssen die Drehmomente, die auf ihn wirken, im Gleichgewicht sein. Aus dieser Beziehung kann man den Angriffspunkt der Kraft auf den Hemmschuh bestimmen[1]. Im Punkt A des Rades ohne Hemmschuh greift die resultierende Kraft $R = \dfrac{G \cdot \mu_g}{4 \cdot \sin \varrho}$ an, die nach Abb 139 im Abstand p links von der Achse vorbeigeht. Damit das Rad sich nicht dreht, muß an dem anderen Rad, das sich auf den Hemmschuh stützt, eine gleich große Resultierende R im gleichen Abstand p, rechts der Achse vorbeigehen. Da die beiden Resultierenden R im Abstand $2\,p$ parallel verlaufen, so erhält man den Angriffspunkt B der resultierenden Kraft R auf dem Hemmschuh, wenn man vom Punkte E senkrecht unter der Achse des Rades auf dem Hemmschuh nach der Schleiffläche des Hemmschuhs $2\,p$ absetzt. Nach Abb. 139 ist aber $p = r \cdot tg\ \varrho$, wo r der Halbmesser des Laufkreises ist. Es liegt also der gesuchte Angriffspunkt B der Resultierenden R auf dem Hemmschuh in der Laufrichtung vom gegenüberliegenden Punkt A im Abstand $2\,p = 2\,r \cdot tg\ \varrho$ entfernt. Der im Punkt A am Rad ohne Hemmschuh tangential angreifende Gleitwiderstand $\mu_g \cdot G/4$ ist, wie gesagt, der Bewegung entgegengerichtet. Ist die Achse festgebremst, dann ist die im Punkt B am Hemmschuh tangential angreifende Bremskraft $\mu_b \cdot G/4$ dem Gleitwiderstand in A gleich, aber entgegengerichtet. Da das Hemmschuhgewicht gegenüber der Radlast verschwindend klein ist, so trifft die Verlängerung der Resultierenden R in B nach unten die Schiene im Punkt

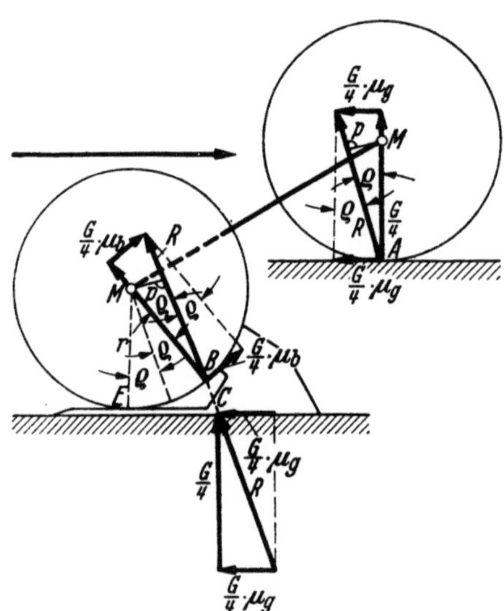

Abb. 139. Kräftespiel eines Hemmschuhes.

C, und der dort angreifende Gleitwiderstand ist, wie gesagt, $\mu_g \cdot G/4$ [kg] der Bewegung entgegengerichtet. Es ist also auch die Bremskraft $\mu_b \cdot G/4$ zwischen Rad und Hemmschuh gleich dem Gleitwiderstand $\mu_g \cdot G/4$ zwischen Hemmschuh und Schiene gleich dem zwischen Rad und Schiene $\mu_g \cdot G/4$, d. h. es muß, falls das Rad auf dem Hemmschuh festgestellt ist, die Bremsreibung $\mu_b =$ der Gleitreibung μ_g sein. Die Bremsreibung μ_b ist für die Bremsklötze der Wagen von Metzkow (Glasers Ann. 1926 S. 149) ermittelt. Diese Werte steigen stark bei niedrigen Geschwindigkeiten an, nehmen aber ab mit größer werdendem Druck auf die Einheit der Berührungsfläche. Die Berührungsfläche ist bei dem Bremsklotz ungleich größer als bei dem Hemmschuh, so daß bei letzterem die spezifischen Drücke größer und die Bremsreibung μ_b daher kleiner sind. Die Werte für die Bremsreibung schwanken in gewissen Grenzen ebenso wie die Werte für die Gleitreibung zwischen Rad und Schiene oder

---

[1] Vgl. Baeseler: Org. Fortschr. Eisenbahnw. 1926 S. 231 — Verkehrstechn. Woche 1927 S. 258.

zwischen Hemmschuh und Schiene, und die Streuung der Bremsreibung greift auf die der Gleitreibung über. Die Möglichkeit ist daher gegeben, daß gleichzeitig $\mu_g = \mu_b$ ist. Hierbei ist die Drehung der Räder aufgehoben.

Der gebremste Radsatz ist bei der Hemmschuhbremsung in einem labilen Zustand. Wird z. B. die Schiene, auf der kein Hemmschuh liegt, besandet, so wird hierdurch die Reibung vergrößert und wirkt als Haftreibung μ_h, und die Räder rollen. Wird die Bremsreibung μ_b größer, so sitzt das Rad auf dem Hemmschuh fest. Der Radsatz wird auch gedreht, wenn die Haftreibung dadurch die Bremsreibung übersteigt, daß man die Oberfläche des Hemmschuhes ölt. Dreht sich der Radsatz, so rollt das Rad ohne Hemmschuh auf der Schiene; dann tritt der Bremswiderstand zwischen Rad und Hemmschuh in B und der Gleitwiderstand zwischen Hemmschuh und Schiene in C auf. Steht das Rad fest auf dem Hemmschuh, dann tritt Gleitwiderstand zwischen Rad und Schiene in A und zwischen Hemmschuh und Schiene in C auf. In beiden Fällen ist aber die Bremsreibung des Wagens $\mu_b = \mu_g$ kg/t. Für die Berechnungen pflegt man bei Hemmschuhbremsungen $\mu_b = \mu_g = 120$ bis 150 kg/t zu setzen, ein Mittelwert, der nach Versuchen der Wirklichkeit gut entspricht.

Damit das Rad nicht über den Hemmschuh steigt, muß die Bewegungsenergie des Wagens kleiner sein als die entgegenwirkende Widerstandsarbeit, die beim Hinaufrollen auf die Hemmschuhneigung unter Berücksichtigung der Federarbeit des Wagens geleistet werden muß.

3. Die Hemmschuhgleisbremse.

Die Hemmschuhgleisbremse wird hinter der ersten Verteilungsweiche am Fuße der Steilrampe eines Ablaufberges eingebaut und soll die gutlaufenden Wagen abbremsen, damit ihr Abstand von dem voranlaufenden Wagen für das Umstellen einer Weiche nicht zu klein wird. Bei der Hemmschuhgleisbremse ist nach Abb. 140 an der Stelle B die eine Fahrschiene unterbrochen und die Spurkante nach außen abgebogen. Die nächste Fahrschiene ist mit der Spitze nur so weit an die abgeknickte herangeführt, daß in der entstandenen Lücke der Seitenflansch eines Hemmschuhes bequem Platz findet. Gegenüber an der anderen Fahrschiene liegt ein

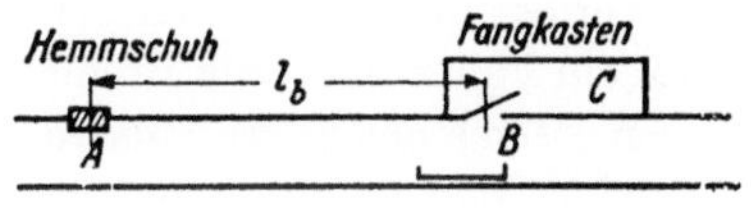

Abb. 140. Hemmschuhgleisbremse.

Radlenker. Die Bremsung erfolgt so, daß vor der heranlaufenden Wagengruppe etwa bei A ein Hemmschuh aufgelegt wird. Dieser wird vom auflaufenden Rade bis B mitgeschleift und dort, weil er an der Schiene Führung hat, durch die Ablenkung der Schiene unter dem Rade beiseite gezogen. Er fliegt dann in den Fangkasten C, während die Wagen weiterlaufen. Deren Geschwindigkeit ist durch die Bremswirkung infolge des Schleifens der vorderen Achse auf den Schienen von A bis B vermindert worden.

Ist v_e m/s die Geschwindigkeit des ungebremsten Wagens bei A und v_a m/s die gebremste bei B, das Gewicht der Gruppe G_g t, das des gebremsten Wagens G_b t sowie l_b m die Bremsstrecke von A bis B, so ist die Bewegungsenergie

$$\frac{G_g \, (v_e^2 - v_a^2)}{2\,g} = l_b \left[\frac{G_b}{2} \, \frac{\mu_g}{1000} + G_g \cdot \left(\frac{\pm s + w}{1000} \right) \right] \text{[tm]}.$$

Es ist $+ s \, ^0/_{00}$ Steigung, $- s \, ^0/_{00}$ Gefälle und w kg/t der Fahrzeugwiderstand der

Wagengruppe auf der Bremsstrecke. Gegenüber der Wagenbremse, die alle Achsen bremst, bremst der Hemmschuh nur die vorderste Achse $\left(\frac{G_b}{2}\right)$. Die Bremswirkung vermindert sich daher mit zunehmendem Gruppengewicht G_g, und sie ändert sich ferner mit dem Fahrzeugwiderstand w der Wagen sowie mit der Gleitreibung. Das einzige Mittel zur Regelung der Bremswirkung ist die Veränderung der Rutschlänge $AB = l_b$. Die Bremszeit auf der Rutschstrecke ist $t_b = \dfrac{2\,l_b}{v_e + v_a}$ sec. Die Zeitzunahme durch das Bremsen ist dann

$$\Delta\,t_b = t_b - t = l_b \left(\frac{2}{v_e + v_a} - \frac{1}{v_e}\right) \text{ sec.}$$

Es ist l_b aus obiger Gleichung zu ermitteln und t [sec] ist die Laufzeit des ungebremsten Wagens auf der Rutschlänge AB, für den man die ungefähr gleichbleibende Geschwindigkeit v_e des in der Regel gebremsten Gutläufers in Rechnung stellen kann.

4. Die Balkengleisbremsen.

Zu diesen gehören die ausschließlich mit mechanischer Bremsreibung wirkende Thyssenbremse, die von E. Frölich erfunden wurde, sowie die Wirbelstrombremse, eine Erfindung von Baeseler. Beide Bremsen sind ferngesteuert.

a) **Die Thyssenbremse.** α) Beschreibung der Bremse. In etwa 3 m Abstand sind unter den Laufschienen quer zum Gleis nach Abb. 141 vertikal bewegliche Tragbalken angeordnet, die auf Drucktöpfen lagern und hydraulisch gehoben und gesenkt werden. Auf den Enden dieser Tragbalken liegen Schlitten, die U-förmig um die Laufschienen herumfassen und an ihren äußeren Enden fest mit den äußeren Bremsschienen verbunden sind. Um die als Gelenke ausgebildeten inneren Enden der Schlitten schwingen die inneren Bremsschienen, durch leichte Federn in der Schwebe gehalten. In der Tieflage der Tragbalken ist das Profil des lichten Raumes frei. Vor Beginn des Bremsens werden die Tragbalken gehoben, und die Bremse ist in Bereitschaft. Fährt alsdann ein Fahrzeug in die Bremse ein, so läuft der Radflansch auf den Fuß der inneren Bremsschiene auf und drückt diese vermöge des Achsgewichtes des einlaufenden Wagens zunächst so weit herunter, bis die äußeren und inneren Bremsschienen an den Rädern anliegen. Der Anpreßdruck der Bremsschienen verändert sich mit dem Wagengewicht. Daher bezeichnet man die Bremse als gewichtsautomatisch. Durch regelbaren Wasserdruck kann die Bremskraft verstärkt werden.

β) Antrieb mit und ohne Druckspeicher (Abb. 141). Das Preßwasser wird bei neueren Anlagen in einem Druckspeicher über ein Rückschlagventil von der Pumpe gefördert. In dem oberen Teil des Druckspeichers befindet sich ein hochgespanntes Luftpolster. Die von der Wasserfüllung abhängige in bestimmten Grenzen gehaltene Druckschwankung wird durch eine Umschaltvorrichtung zur Steuerung der Pumpe auf Leer- und Lastlauf benutzt. Der Wärter verfügt daher stets über die erforderliche Preßwassermenge. Ein besonderes Sicherheitsventil im Ventilstock des Druckspeichers verhindert die Unterschreitung eines Mindestdruckes und damit zugleich den Eintritt der Preßluft in die Preßleitung. Etwaige Luftverluste können aus einer im Handel käuflichen Preßluftflasche ersetzt werden, was jedoch nur in langen Zeitabständen nötig ist.

Bei Ablaufanlagen kleinerer Leistung (bis etwa 5 Wagen je Minute) kann der Antrieb ohne Speicher Anwendung finden. In diesem Fall arbeitet eine zwei-

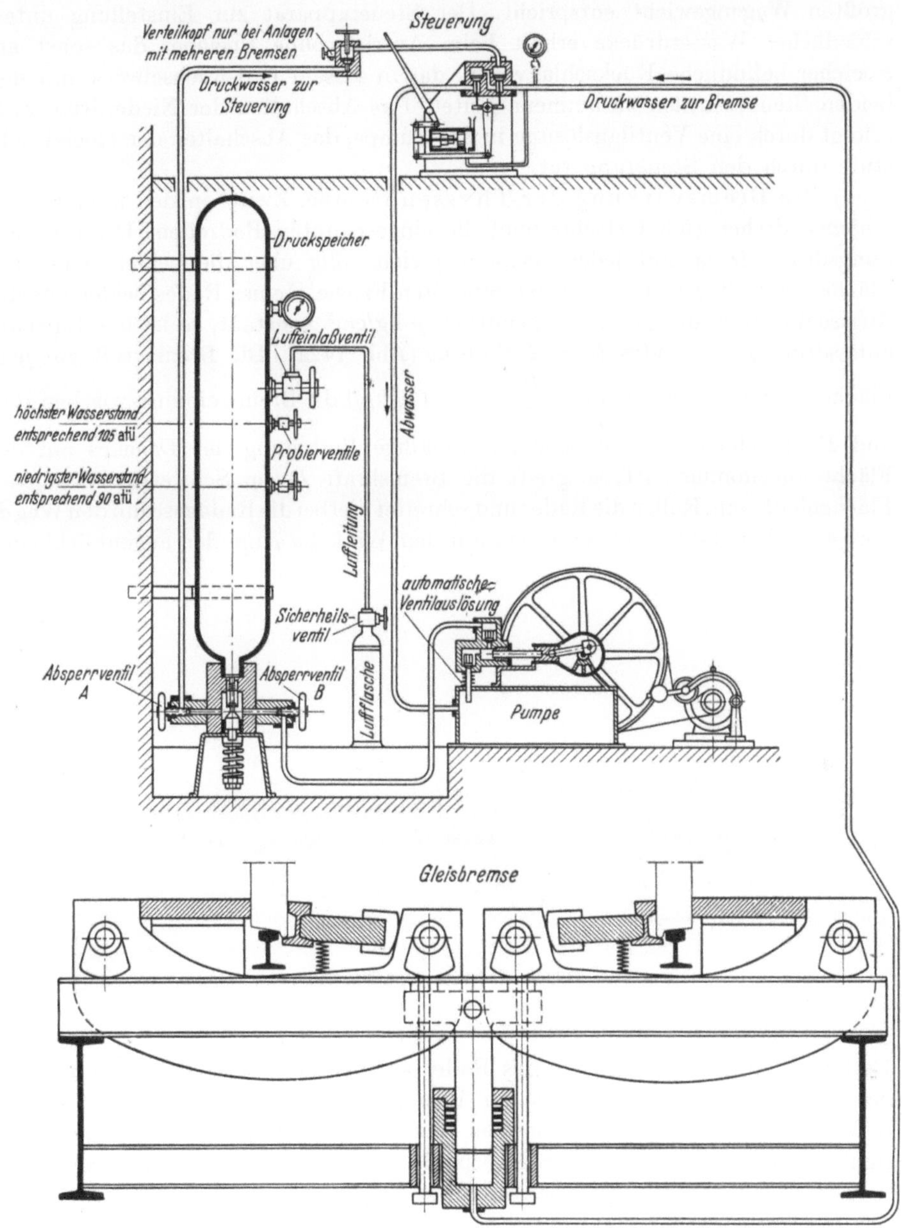

Abb. 141. Thyssenbremse.

stufige Pumpe unmittelbar auf die Bremse. Durch den Fortfall des Speichers verringern sich die Anschaffungskosten und der Platzbedarf des Antriebes. Das

Anheben der Bremse in die Bereitschaftsstellung erfolgt in der ersten Druckstufe · mit Niederdruckwasser unter entsprechender Stromaufnahme. In der zweiten Druckstufe fördert die Pumpe das Preßwasser mit dem Höchstdruck, der dem größten Wagengewicht entspricht. Der Steuerapparat zur Einstellung unterschiedlicher Wasserdrücke erhält beim Antrieb ohne Speicher das sonst am Speicher befindliche Rückschlagventil, das in diesem Fall wechselweise mit den beiden Steuerventilen zusammenarbeitet. Das Abschalten der Niederdruckstufe erfolgt durch eine Ventilauslösung in der Pumpe, das Abschalten der Hochdruckstufe durch den Steuerapparat.

γ) Die Bremswirkung der Thyssenbremse. Zwischen den zwei Bremsschienen drehen sich fortschreitend die eingespannten Radreifen. Der Einspannungsdruck D sei auf jeder Radseite gleichmäßig über die beiden gepreßten Flächen verteilt. Ist also auf jeder gepreßten Fläche F eines Rades beiderseits der Achssenkrechten der spez. Flächendruck p kg/cm² konstant, so ist der Einspannungsdruck jedes Rades $D = 2\,F\,.\,p$ kg (Abb. 142a). Die Bremskraft auf jede Fläche F ist $B_1 = F\,.\,p\,.\,\mu_b = \dfrac{D}{2}\,.\,\mu_b$, wo μ_b kg/t die Bremsreibung zwischen Rad und Bremsschiene ist. Da eine gleichmäßige Verteilung des Druckes auf der Fläche angenommen ist, so greift die Bremskraft B_1 im Schwerpunkt S jeder Flächenhälfte an. Rollen die Räder und schreitet hierbei die Radachse um den Weg dl vorwärts (Abb. 142b), so hat sie sich mit dem Winkel $d\varphi$ um den augenblicklichen

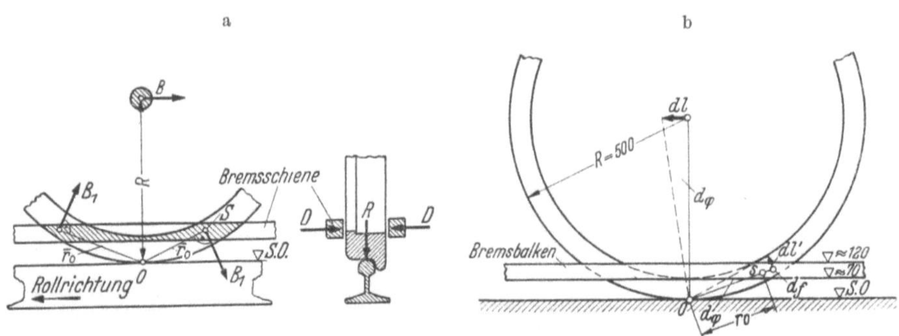

Abb. 142a, b. Kräftespiel der Thyssenbremse.

Drehpunkt 0 im Stützpunkt jedes Rades auf der Schiene gedreht. Es ist dann bei dem Laufkreishalbmesser R der Weg $dl = R\,.\,d\varphi$. Alle Punkte des Radreifens haben sich dann mit demselben Winkel $d\varphi$ um den augenblicklichen Drehpunkt gedreht, also auch die Schwerpunkte S der beiden Einspannungshälften.

Bei dem Abstand r_0 der Schwerpunkte S von 0 sind die Wege, die die beiden Schwerpunkte gemacht haben, $r_0\,.\,d\varphi$. Die Bremsarbeit der Bremskräfte $2\,B_1$ ist dann $2\,B_1\,.\,r_0\,.\,d\varphi$. Die Richtung der beiden Bremskräfte B_1 ist senkrecht zu der Strecke $0\,S = r_0$, und zwar wirkt die vordere Bremskraft nach oben und die hintere nach unten (Abb. 142a). Ersetzt man das Kräftepaar $2\,B_1$ durch ein Kräftepaar, dessen eine Kraft B in der Radachse, und dessen andere in 0 angreift, so ist

in bezug auf den augenblicklichen Drehpunkt 0 deren Arbeit
$$B \cdot dl = B \cdot R \, d\varphi = 2 B_1 \cdot r_0 \cdot d\varphi$$
und die Bremskraft in der Radachse ist
$$B = 2 B_1 \cdot r_0/R = D \cdot \mu_b \cdot r_0/R = D \cdot \mu_b \cdot \varrho \ [\text{kg}].$$
Hier nennt man $r_0/R = \varrho$ den **Rollfaktor**, der von den Abmessungen der Rad-seitenflächen und der Bremsschienen abhängt. Ferner hängt das Verhältnis des Einspanndruckes D zur Radlast $G/4$ nach Abb. 142a von der Neigung n der Innenschiene ab, so daß $D = n \cdot G/4$ und somit
$$B = \varrho \cdot \mu_b \cdot n \cdot G/4 \ [\text{kg}]$$
ist. Nach Bansen[1] ist $\varrho = 0{,}64$ sowie $n = D : G/4 = 3{,}3$ für Leerwagen und $n = 2{,}86$ für einen 20-t-Wagen. Hält ein Zug und sind schwere Wagen in der Bremse, dann ist $\mu_{bs} = 170$ kg/t, bei leichten Wagen ist $\mu_{bl} = 190$ kg/t. Beim Durchlauf der Wagen durch die Bremse ist mit $\mu_{bd} = 165$ kg/t zu rechnen. Es ist dann, falls beladene Wagen in Haltstellung gebremst werden sollen (Halte-bremse) die Bremskraft je Rad $B = 0{,}64 \cdot 2{,}86 \cdot 170 \cdot G/4 = 311 \cdot G/4$ kg. Sind Leerwagen in der Haltebremse, so ist $B = 0{,}64 \cdot 3{,}3 \cdot 190 = 400 \cdot G/4$. Beim Durchschleusen ist die Bremskraft je Rad $B = 0{,}64 \cdot 3{,}15 \cdot 165 \, G/4 = 333 \, G/4$ kg. Es ist also die **erreichbare Bremskraft je t Raddruck** beim haltenden Zuge, falls beladene Wagen in der Bremse sind, $b = B : G/4 = 311$ kg/t, sind leere Wagen in der Bremse, so ist $b = B : G/4 = 400$ kg/t und bei in Bewegung befind-lichem Zuge ist $b = B : G/4 = 333$ kg/t. Ist n_b die Anzahl der in der Gleisbremse befindlichen Wagen, so ist $B_b = 4 \, n_b \cdot B$ [kg] die Gesamtbremskraft.

b) **Die Wirbelstrombremse.** Die Wirbelstrombremse hat, wie die Thyssen-bremse, beiderseits der Fahrschiene Bremsschienen. Die Fahrschienen sind aus unmagnetischem verschleißfestem Gußstahl mit 20% Mangan. Die Brems-schienen bestehen aus einzelnen Eisenblechen, die nach Abb. 143 vorn an der

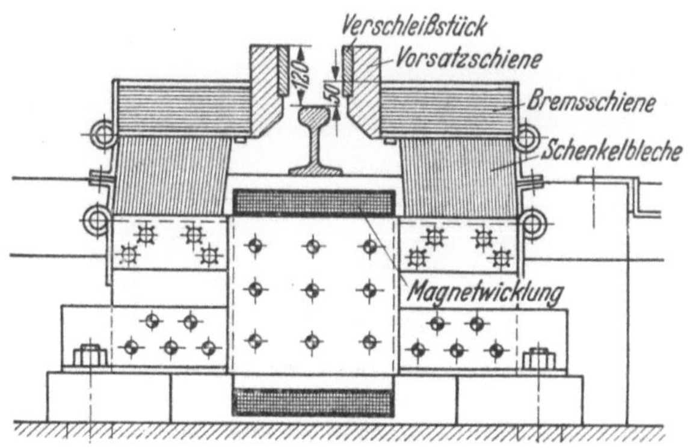

Abb. 143. Wirbelstrombremse.

Bremskante ein Vorsatzstück aus Stahl haben. Die Bremsschienen ruhen auf sog. Paketen aus losen nebeneinandergestellten Eisenblechen. Hierdurch wird die erforderliche Parallelführung erreicht. Die Blechpakete stellen die magnetische Verbindung zwischen Bremsschienen und dem Magnetkern unter dem Gleis her.

---

[1] Bansen: Dr.-Diss. Dresden 1931.

Zur Erregung der Bremse dient Gleichstrom von 220 V Spannung. Der magnetische Kraftschluß geht von den Polen der Magnetkerne aus und schließt sich über den Bremsschienen. Die Kraftlinien werden nun von den Rädern geschnitten und rufen bei fortschreitender Bewegung Wirbelströme hervor. Diese erzeugen eine der Radbewegung entgegenwirkende Bremskraft. Gleichzeitig tritt eine Steigerung der magnetischen Anpressung ein. Außerdem wirkt auch noch eine mechanische Reibung zwischen Bremsschienen und Radreifen. Je schneller ein Wagen durch die Wirbelstrombremse läuft, um so mehr Kraftlinien werden in der Zeiteinheit geschnitten und um so größer ist die Bremswirkung. Die Wirbelstrombremsen sind daher am Fuße eines Ablaufberges, aber nicht als Haltebremse auf einer Anlauframpe oder als Zulaufbremse zu verwenden. Über die Berechnung der Bremskräfte und des Stromverbrauches vgl. Seltmann[1].

c) **Berechnung der Bremszeiten.** Die Berechnung der Geschwindigkeitsverminderung bzw. der Laufzeitzunahme durch die Balkengleisbremse ist grundsätzlich dieselbe wie bei der Hemmschuhgleisbremse, nur mit dem Unterschied, daß bei den Balkengleisbremsen alle Achsen gebremst werden. Ist die Bremsarbeit auf der Bremsstrecke gleich der Bewegungsenergie, so gilt allgemein die Gleichung

$$\left[\sum_0^n G_w \cdot \frac{(\pm s - w)}{1000} \cdot l_b - \sum_0^{nb} G_a \frac{b}{1000} \cdot L_b\right] = \sum_0^n \frac{G_w}{2\,g'} (v_e^2 - v_a^2) \,[\text{tm}].$$

Es ist v_e die Geschwindigkeit beim Einlauf in die Bremsstrecke und v_a m/s die beim Verlassen der Bremsstrecke. Ferner ist G_w das Gewicht eines Wagens und G_a die Belastung einer gebremsten Achse in t. Es ist n_b die Anzahl der gebremsten und n die sämtlicher Achsen und l_b die Strecke, auf der ein Wagen von der Bremse beeinflußt wird (l_b ist größer als die Länge L_b der Balkengleisbremse). Weiterhin ist b kg/t die Bremskraft bezogen auf 1 t des abgebremsten Gewichts.

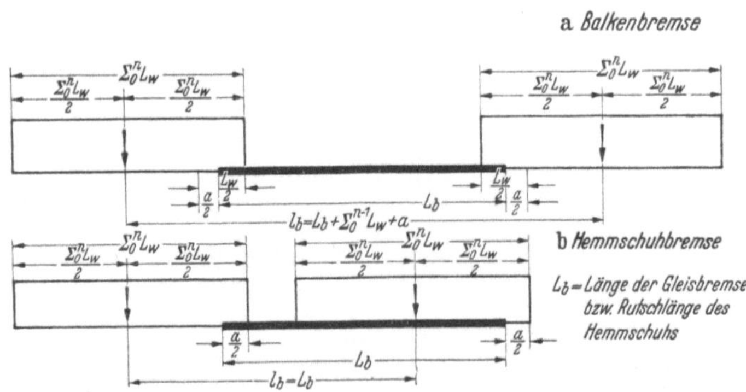

Abb. 144. Bremsstrecken.

Bei Balkengleisbremsen ist

$$\sum_0^{nb} G_a = \sum_0^n G_w.$$

<hr>

[1] Seltmann: Verkehrstechn. Woche 7. Sonderheft für Rangiertechnik 1934 S. 28.

Die Bremsstrecke l_b, auf der Wagen durch Bremsen beeinflußt werden, ist bei einer Balkengleisbremse nach Abb. 144 $l_b = \sum\limits_{0}^{n-1} L_w + a + L_b$. Hier ist L_w die Länge eines Wagens und a der Achsabstand.

I. Konstruktion des Ablaufprofils mit Hilfe der Geschwindigkeitshöhenlinie.

a) **Die Geschwindigkeitshöhenlinie.** Rollt ein Wagen mit dem Gewicht G t vom Punkte A (Abb. 145) aus der Ruhe durch die Gefällkraft das Ablaufprofil hinunter in die Richtungsgleise und hat er nach dem geraden Laufweg $l_x = \sum \Delta l_x$ die Geschwindigkeit v_x m/s, so ist die Bewegungsenergie $\dfrac{M \cdot v_x^2}{2} = \dfrac{1000 \cdot G \cdot v_x^2}{2\,g}$ mkg. Diese ist gleich der Bewegungsarbeit $\sum G\,(s-w)\,\Delta l_x$. Hier ist s ⁰/₀₀ das jeweilige Gefälle des Profils und w kg/t der Fahrzeugwiderstand. Läuft der Wagen durch eine Weiche oder eine Gleiskrümmung, so kommt noch der Weichenwiderstand w_w und der Krümmungswiderstand w_r kg/t hinzu. Dann ist die Bewegungsarbeit $G \sum (s-w-w_w-w_r)\,\Delta l_x$

und es ist $G\,v_x^2 \cdot 1000 : 2\,g = G \sum\limits_{0}^{l_x} (s-w-w_w-w_r)\,\Delta l_x$

oder $v_x = \sqrt{2\,g\,\sum \Delta l_x\,(s-w-w_w-w_r) : 1000}$ m/s ist die Geschwindigkeit des Wagens.

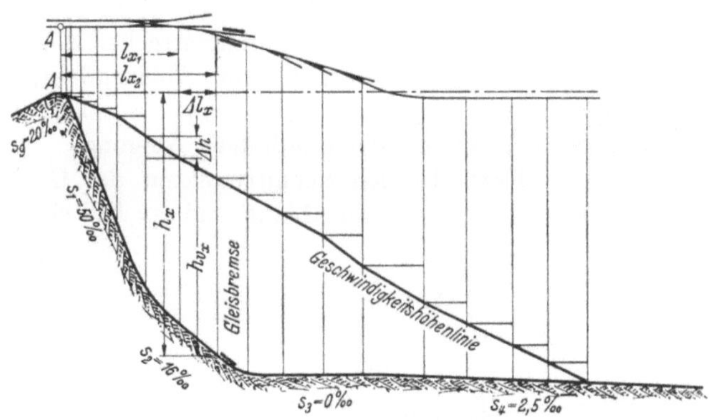

Abb. 145. Geschwindigkeitshöhenlinie.

Nach Abb. 145 ist $\dfrac{\sum \Delta l_x \cdot s}{1000} = h_x$ m der Höhenunterschied des Gleises, auf dem der Wagen nach dem Laufweg l_x steht, vom Ablaufpunkt A an gerechnet. Es ist $(w + w_w + w_r)\,\Delta l_x : 1000 = \operatorname{tg} \varphi\,\Delta l_x = \Delta h$ und $\sum (w + w_w + w_r)\,\Delta l_x : 1000 = \sum \operatorname{tg} \varphi \cdot \Delta l_x = \sum \Delta h$ Diese Werte eingesetzt, ist die Geschwindigkeit des Wagens
$$v_x = \sqrt{2\,g\,(l_x - \sum \operatorname{tg} \varphi)\,\Delta l_x : 1000} = \sqrt{2\,g\,(h_x - \sum \Delta h)}\ \text{m/s}$$

Man berechnet nun für die einzelnen geraden Laufstrecken Δl_x die mit der Geschwindigkeit sich ändernden Werte $\Delta l_x \cdot w : 1000 = \Delta h$ sowie für einzelne Bogen- und Weichenstrecken die entsprechenden Werte
$\Delta l_x (w + w_w + w_r) : 1000 = \Delta h$ aus. Dann reiht man die so berechneten Höhen Δh von der Waagerechten durch den Ablaufgipfel an den Enden der einzelnen Abschnitte Δl_x, auf denen sie entstehen, untereinander und verbindet die unteren Endpunkte. So erhält man nach Abb. 145 einen Linienzug, dessen Seiten die Neigungen $tg\ \varphi$ haben. Die senkrechten Abstände dieses Linienzuges von dem Ablaufprofil sind die Geschwindigkeitshöhen h_{vx} m

Da $h_{vx} = h_x - \dfrac{\Sigma\ tg\ \varphi\ \Delta l_x}{1000} = h_x - \Sigma\ \Delta h$ ist, so ist $v_x = \sqrt{2\,g\,h_{vx}}$ m/s die Wagengeschwindigkeit und der geneigte Linienzug heißt daher Geschwindigkeitshöhenlinie. Man kann auch je besonders die mittlere Geschwindigkeitshöhenlinie als Gerade vom Ablaufpunkt bis zum Fuße der Steilrampe (l_{x1}) und von diesem bis zum Haltepunkt des Schlechtläufers hinter der letzten Verteilungsweiche ($L - l_{x1}$) berechnen. Zur Ermittlung der Neigung der gradlinigen Geschwindigkeitshöhenlinie schätzt man für jede dieser Laufstrecken die mittlere Geschwindigkeit als halbe Geschwindigkeit am Fuße der Steilrampe. Für sie liest man an der w-Linie die mittleren Widerstände w_{m1} und w_{m2} ab. Sodann bildet man den mittleren Weichen- und Krümmungswiderstand w_{wrm} für die Strecken l_{x1}

und $L - l_{x1}$, und es ist $w_{rwm1} = \dfrac{\Sigma\ w_w \cdot \Delta l_w + \Sigma\ w_r \cdot \Delta l_r}{l_{x1}}\ {}^0\!/_{00}$

und $w_{rwm2} = \dfrac{\Sigma\ w_w \cdot \Delta l_w + \Sigma\ w_r \cdot \Delta l_r}{L - l_{x1}}\ {}^0\!/_{00}$

für die Weichenstrecken Δl_w und die Krümmungsstrecken Δl_r. Man zeichnet nun die gerade Geschwindigkeitshöhenlinie vom Ablaufpunkt bis zum Fußpunkt der Steilrampe mit der Neigung $tg\ \varphi_1 = (w_{m1} + w_{rwm1}) : 1000$ und vom Fußpunkt bis zum Haltepunkt mit der gradlinigen Neigung
$tg\ \varphi_2 = (w_{m2} + w_{rwm2}) : 1000$. In den Schnittpunkten der Geschwindigkeitshöhenlinie mit dem Ablaufprofil, also am Ablauf- und am Haltepunkt ist $v_x = 0$.

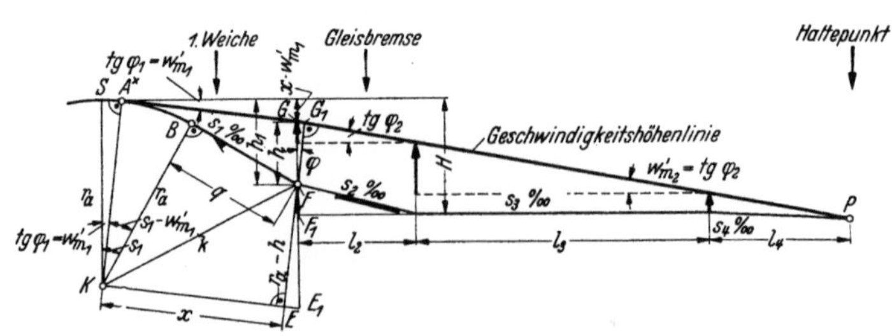

Abb. 146. Berechnung der Steilrampe.

b) **Berechnung der Steilrampe** (Abb. 146). Für diese Berechnung muß der Gleisplan mit den Neigungsweisern, an die die Neigungen und deren Längen von den Richtungsgleisen her bis zum Fußpunkt F der Steilrampe eingeschrieben sind, entworfen sein. Auch muß das ungünstigste Gleis, das ist dasjenige mit den größten Krümmungswiderständen bis zum Haltepunkt P eines schlechtlaufenden Wagens gekennzeichnet sein. Dieser Haltepunkt wird etwa 7—10 Wagenlängen hinter dem Merkzeichen der letzten Verteilungsweiche angenommen. Für die Strecke FP kann man dann den mittleren Fahrzeugwiderstand w eines Schlechtläufers sowie den mittleren Krümmungswiderstand berechnen und weiterhin nach der Gleichung $GF = h = [\Sigma s \cdot \Delta l_x — PF. (w_{m_2} + w_{rwm_2})] : 1000$ m die Geschwindigkeitshöhe im Fußpunkt F berechnen. Die geradlinige Verbindung von G und P hat dann die Neigung $tg\ \varphi_2 = w'_{m_2} = w_{m_2} + w_{rwm_2}$. Man nimmt nun an, daß der Wagen vom Ablaufgipfel bis zum Fußpunkt F auf einem geraden Gleis rollt. Dann ist mit dem gleichen mittleren Fahrzeugwiderstand auch die Neigung $tg\ \varphi_1 = w'_{m_1}$ nach vorigem zu berechnen und die gesamte Geschwindigkeitshöhenlinie kann hiernach gezeichnet werden. Sie möge den Ablaufgipfel im Punkte $A^\varkappa$ berühren. Die Ausrundung des Ablaufgipfels endet nach Abb. 146 beim Punkt B und die Länge der Steilrampe von der Neigung s_1 ⁰/₀₀, auf der die erste Verteilungsweiche Platz findet, ist $BF = q$. Die Spitze der ersten Verteilungsweiche ist jedoch 5—10 m von B abzurücken, damit diese Weiche noch zwischen zwei Wagen umgestellt werden kann. Nun verlängert man GF nach unten bis E_1, so daß $GE_1 = r_a$ der Ausrundungshalbmesser des Gipfels ist. Zieht man ferner $r_a = BK \perp BF$ und vom Fußpunkt F aus $EG_1 = r_a \perp A^\varkappa G$ und verbindet K mit F und E, dann steht die Verbindungslinie $x = \overline{KE}$ senkrecht auf $EF = r_a — h$. In den beiden rechtwinkeligen Dreiecken KBF und KEF mit der gemeinsamen Hypothenuse KF ist $q^2 + r_a{}^2 = \times^2 + (a — h)^2 = k^2$ und daher

$$\mathrm{x} = KE = \sqrt{q^2 + h\,(2r_a — h_v)} = \sqrt{q^2 + 2\,r_a \cdot h}\ [\mathrm{m}]$$

da bei $r_a = 300$ m $h \cong 0{,}01 \cdot r_a$ ist. Ferner ist der Abstand des Scheitelpunktes S des Ablaufgipfels von $A^\varkappa$ bei Vernachlässigung des h^2 ohne wesentlichen Fehler $SA^\varkappa \cong EE_1$ zu setzen und daher ist $KE \cong GA^\varkappa = x$. Bei dem kleinen Winkel φ_1 ist weiterhin $x \cong x \cdot \cos \varphi_1$ der waagerechte Abstand des Punktes $A^\varkappa$ vom Fußpunkt F. Die Höhe von $A^\varkappa$ über F ist $h_1 = h + x \cdot w'_{m_1}$.

Angenähert ist $x — q = A^\varkappa B$ die Länge der Gipfelausrundung zwischen A_x und B und $A^\varkappa B : r_a = (x — q) : r_a$ ist die Neigung $s_1 — w'_{m_1}$ des Winkels, den die beiden Schenkel $KA^\varkappa$ und KB einschließen. Da $KA^\varkappa \perp GA^\varkappa = x$ und $BK \perp q$ steht, so ist die Neigung des Winkels, den die Geschwindigkeitshöhenlinie $GA^\varkappa$ und die Steilrampe von der Länge q bilden, gleich $(x — q) : r_a$ oder in ⁰/₀₀ ausgedrückt $1000\ (x — q) : r_a$ ⁰/₀₀. Die Neigung der Widerstandshöhenlinie $GA^\varkappa$ ist w'_{m_1} ⁰/₀₀ und die der Steilrampe von der Länge q ist s_1 ⁰/₀₀. Daher ist $1000\ (x — q) : r_a = s_1 — w'_{m_1}$, und $s_1 = w'_{m_1} + 1000\ (x — q) : r_a$ ⁰/₀₀ ist die größtmöglichste Neigung der Steilrampe. Mit den drei Gleichungen: 1. $\mathrm{x} = \sqrt{q^2 + 2r_a \cdot h}$ [m]

2. $h_1 = h + \dfrac{x \cdot w'_{m_1}}{1000}$ m   3. $s_1 = w'_{m_1} + 1000\ (x — q) : r_a$ ⁰/₀₀ ist ohne Aufzeichnung des Längenprofils der Ablauframpe und der Geschwindigkeitshöhenlinie lediglich aus dem Gleisplan und den Neigungsweisern das Ablaufprofil zu berechnen.

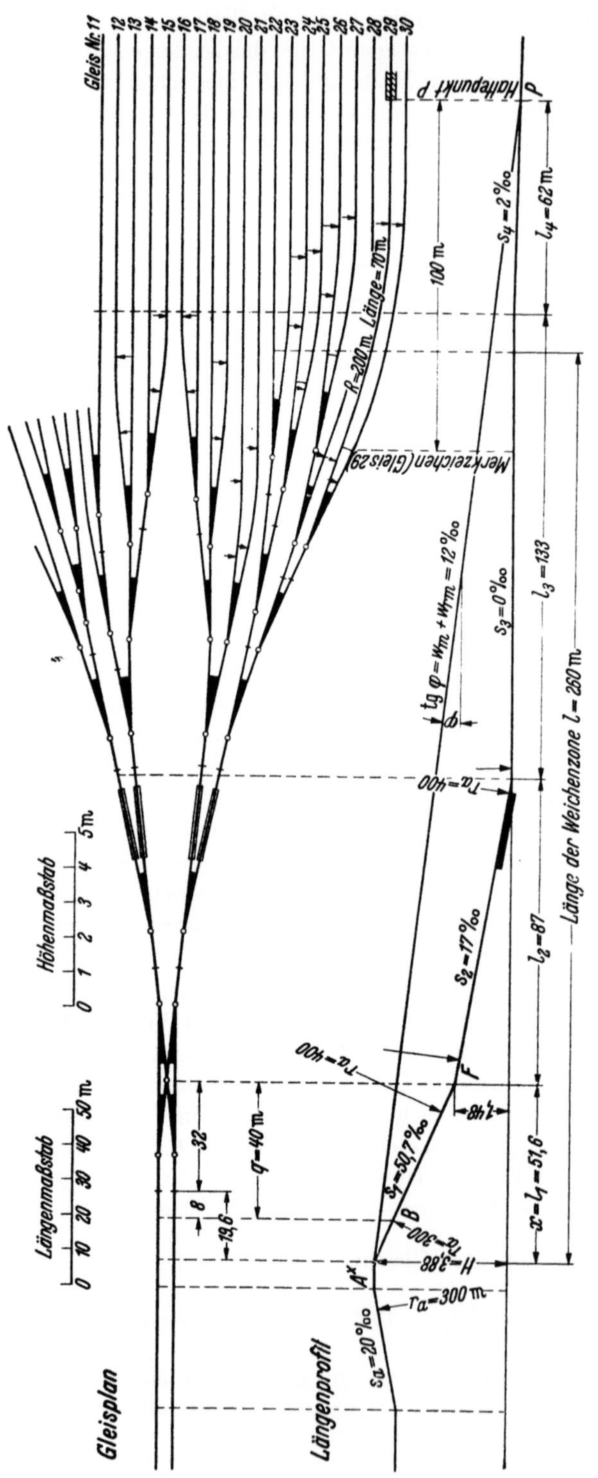

Abb. 147. Berechnungsbeispiel der Steilrampe.

Beispiel: Gegeben ist der Gleisplan nach Abb. 147 für 30 Richtungsgleise, in den die Neigungen und deren Längen bis zum Fußpunkt F der Steilrampe im Mittelpunkt der Gleiskreuzung eingetragen sind. Der Ablauf erfolgt auf dem ungünstigsten Gleis 29. Der Schlechtläufer mit dem mittleren Laufwiderstand $w_m = 9,4$ kg/t durchläuft auf diesem Wege 5 Weichen 1 : 9, und zwar 4 im krummen Strang. Daran schließt sich eine Gleiskrümmung von 70 m Länge mit $R = 200$ m an. Die Länge einer Weichenkrümmung ist $l_{rw} = 23$ m und die Länge der Weiche ist auf ihrem geraden Strang 37,2 m. Der Weichenwiderstand ist $w_w = 1$ kg/t, der sowohl für die gerade Fahrt als auch für den Krümmungswiderstand $w_r = 700 : R$ kg/t in Rechnung zu setzen ist. Der Gesamtweg FP ist $l_2 + l_3 + l_4 = 87 + 133 + 62 = 282$ m. Der mittlere Krümmungswiderstand ist $w_{rm} = \left[4 \cdot 23 \left(\dfrac{700}{190} + 1 \right) + 37{,}2 \cdot 1 + \dfrac{70 \cdot 700}{200} \right] : 282 = 2{,}6$ kg/t

Dann ist der gesamte mittlere Widerstand

$$tg\ \varphi = w'_m = w_m + w_{rm} = 9{,}4 + 2{,}6 = 12 \text{ kg/t}.$$

Die Geschwindigkeitshöhe in F ist $h = [282 \cdot 12 - (2 \cdot 62 + 87 \cdot 17)] : 1000$ $= 1{,}785$ m. Soll die Spitze der ersten Verteilungsweiche 8 m von der Gipfelausrundung liegen, und ist die Weichenspitze vom Fußpunkt F (Mitte der Kreuzung) 32 m entfernt, so ist $BF = q = 8 + 32 = 40$ m. Dann ist der waagerechte Abstand des Punktes A^x von F nun $x = \sqrt{q^2 + 2r_a \cdot h} = \sqrt{40^2 + 2 \cdot 300 \cdot 1{,}785} = 51{,}6$ m.

Die Höhe von A^x über F ist $h_1 = h + \dfrac{x\,(w_m + w_{rm})}{1000} = 1{,}785 + \dfrac{51{,}6 \cdot 12}{1000} = 2{,}402$ m,

und das Gefälle der Steilrampe ist

$$s_1 = w_m + w_{rm} + \frac{1000\,(x - q)}{r_a} = 12 + 1000\,\frac{(51{,}6 - 40)}{300} = 50{,}7^0/_{00}.$$

Der waagerechte Abstand A^x von der Einlaufstelle in die Gleisbremse ist, bei einer Länge der Balkengleisbremse bzw. der Rutschlänge eines Hemmschuhs der Hemmschuhgleisbremse von 20 m, $x + (l_2 - 20) = 51{,}6 + 67 = 118{,}6$ m, und die Höhe von A^x ist $h_1 + \dfrac{(l_2 - 20)}{1000} \cdot s_2 = 2{,}402 + \dfrac{67 \cdot 17}{1000} = 3{,}54$ m. Ein Gutläufer von $G = 25$ [t] mit $w = 2$ kg/t und $w_{rm} = 0{,}2$ kg/t, der mit $v_0 = 1{,}3$ m/s zugeführt wird, hat an der Einlaufstelle die Geschwindigkeit

$$v = \sqrt{v_0^2 + 2g'\left(H - \frac{(w_m + w_{rm})\,(l_2 - 20)}{1000}\right)} = \sqrt{1{,}3^2 + 2 \cdot 9{,}43 \left(3{,}54 - \frac{2{,}2 \cdot 67}{1000}\right)}$$

$= 8{,}1$ m/s. Nach S. 206 ist $g' = \dfrac{g \cdot G}{G + 1} = \dfrac{9{,}81 \cdot 25}{26} = 9{,}43$ [m/s^2].

Da ein Wagen aber mit höchstens 7,5 m/s auf einen Hemmschuh auflaufen soll, so kommt am Fuß des Ablaufberges keine Hemmschuhgleisbremse, sondern eine Balkengleisbremse in Frage.

c) **Lage und Aufgaben der Gleisbremsen.** Als Gleisbremsen für Ablaufanlagen kommen Hemmschuhgleisbremsen, Thyssenbremsen und Wirbelstrombremsen zur Verwendung.

Für die Regelung der Laufweite ist es gleichgültig, ob die Gleisbremse in der Nähe des Gipfels oder am Fuße der Steilrampe liegt. Zeichnet man nämlich nach Abb. 148 die Geschwindigkeitshöhenlinie, so ist die Verkürzung der Laufweiten

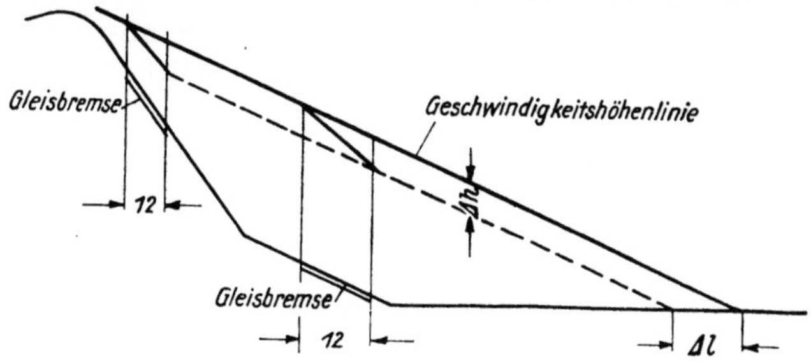

Abb. 148. Lage der Gleisbremsen.

um die Strecke Δl dieselbe, ob man nach der gestrichelten Geschwindigkeitshöhenlinie die Geschwindigkeitshöhen an der oberen oder an der unteren Gleisbremse um den Betrag Δh verkleinert.

13*

Bei der Abstandsbremsung handelt es sich darum, Fahrzeuge verschiedener Lauffähigkeit zwischen dem Ablaufpunkt und dem Ende der Verteilungszone durch Bremsen so zu beeinflussen, daß die Wagenfolge am Ablaufpunkt möglichst dicht wird und die Wagen, ohne sich gegenseitig zu gefährden, in das Richtungsgleis gelangen, für das sie bestimmt sind.

Für den zeitlichen Abstand des nachlaufenden Wagens von den voranlaufenden ist jedoch gemäß nachstehender Rechnung die Lage der Gleisbremse in der Nähe des Gipfels von größerem Einfluß:

Es soll die Geschwindigkeit eines Wagens in der oberen Gleisbremse 3 m/s und in der unteren 6 m/s betragen. Die Geschwindigkeiten sind um 2 m/s in jeder Gleisbremse abzubremsen.

Bei einer Bremslänge $L_b = 12$ m ist

1. bei der oberen Bremse die Zeit auf der Bremsstrecke für den gebremsten Wagen $t_b = L_b : v_{bm} = 12 : (3-2)$ . . . . $= 12$ sec

für den ungebremsten Wagen $t = L_b : v_m = 12 : 3$ . . . . . . $= 4$ „

Zeitunterschied $\Delta t = t_b - t$ . . . . $= 8$ sec

2. Bei der unteren Bremse ist

für den gebremsten Wagen $t_b = L_b : v_{bm} = 12 : (6-2)$ . . . . $= 3$ sec

für den ungebremsten Wagen $t = L_b : v_m = 12 : 6$ . . . . . . $= 2$ „

Zeitunterschied $\Delta t = t_b - t$ . . . . $= 1$ sec

Der Einfluß der Bremsung auf die Laufzeit ist also in der Nähe des Gipfels bedeutend größer als am Rampenfuß.

Die mittlere Zuführungsgeschwindigkeit wird möglichst hoch und ihre Streuung wird ein Minimum, wenn die Geschwindigkeiten aller Wagen zwischen Bergscheitel und Eintrittsstelle in die Talbremse durch eine Gipfelbremse anschließend an die Gipfelausrundung einander angeglichen werden. Nach dem Vorschlag von Prof. Dr.-Ing. Friedrich Raab: „Die zweigestaffelte Abstandsbremsung" (Verkehrstechnische Woche Sonderdruck Februar 1930, 3. Sonderheft der Studiengesellschaft für Rangiertechnik) wird dies durch drei Messungen und ein auf dem Messungsergebnis basierendes, automatisch einzustellendes Bremsarbeitsmaß der Gipfelbremse ermöglicht. Hierdurch werden die Zeitabstände der Fahrzeuge annähernd gleich. Dieser Vorschlag ist aber bisher noch nicht verwirklicht, da man sich mit der Anordnung der Gleisbremsen am Fuße der Steilrampen als Talbremsen begnügt hat, weil der Abstand zweier Wagen auch durch die Veränderung der Zuführungsgeschwindigkeiten geregelt werden kann.

Die Talbremsen haben in erster Linie die Aufgabe, die Wagen so vorzubremsen, daß sie in den Richtungsgleisen mit Hemmschuhen sicher aufgehalten werden können. Durch diese Vorbremsung werden die Rangierschäden beim Auffangen der Wagen durch Hemmschuhe bedeutend verringert. Gleichzeitig wird durch die Vorbremsung auch der Abstand gegenüber den Vorläufern an den Weichen vergrößert. Nimmt man bei der Vorbremsung der Wagen auch Rücksicht auf die Besetzung der Gleise und auf ein gutes Aufschließen der Wagen, so wird die Vorbremsung zur Laufzielbremsung. Diesem Ziele, daß die Wagen an einer bestimmten Stelle der Richtungsgleise zum Stillstand gelangen, kommt man mit einer feinfühligen regelbaren Balkengleisbremse näher als mit einer

Hemmschuhgleisbremse, besonders wenn erstere in zwei Staffeln hintereinanderliegen.

Aber es wird wegen der schwankenden Fahrzeugwiderstände der Wagen, die der Bremswärter nur durch den Wagenlauf abschätzen kann, niemals möglich sein, daß ein Wagen genau an der beabsichtigten Stelle anhält. Jedoch kann eine Laufzielbremsung schon als vollwertig angesprochen werden, wenn die Geschwindigkeit der Wagen beim Auflaufen auf stehende höchstens 1 m/s beträgt[1]. Diese Geschwindigkeit verursacht keinen gefährlichen Stoß.

Um bei Ablaufuntersuchungen für eine gegebene Laufweite hinter einer Gleisbremse die Auslaufgeschwindigkeit des Wagens aus dieser zu berechnen, wird folgendes Verfahren des Verfassers empfohlen:

Die Auslaufgeschwindigkeit v_a aus der Gleisbremse wird für eine gegebene Laufweite l m und der mittleren Neigung s_m einschließlich der Krümmungswiderstände, die beide aus dem Längenprofil zu berechnen sind, sowie für einen geschätzten mittleren Fahrzeugwiderstand w_m nach der Gleichung

$$v_a = \sqrt{2\,g\,(w_m - s_m) \cdot l : \varrho \cdot 1000}\ \text{m/sec}$$

ermittelt. Es ist ϱ der Massenfaktor (s. S. 206).

Den mittleren Fahrzeugwiderstand w_m erhält man bei gegebener w-Linie aus dem Werte w_0 für $v = 0$ (Haltestelle des Wagens) sowie aus w_a (dem Fahrzeugwiderstand für die Auslaufgeschwindigkeit aus der Gleisbremse) nach Abb. 149

$$w_m = (2\,w_0 + w_a) : 3\ \text{kg/t}.$$

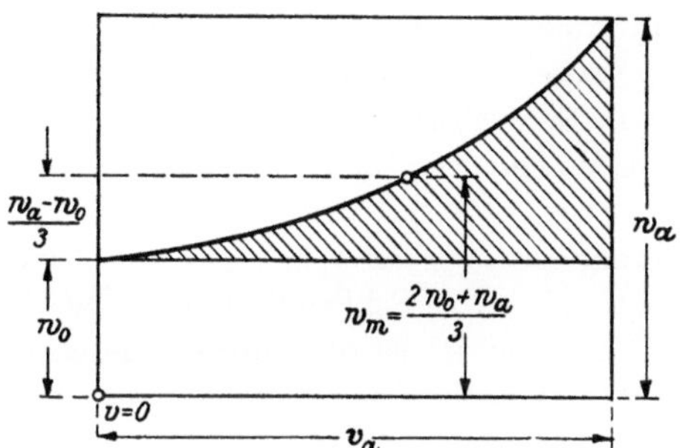

Abb. 149. Mittlerer Fahrzeugwiderstand.

Der Inhalt des schraffierten Zwickels der über der v-Achse aufgetragenen w-Linie ist $v_a\,(w_a - w_0) : 3 = $ dem Rechteck über der Grundlinie v_a und der Höhe $(w_a - w_0) : 3$. Der mittlere Fahrzeugwiderstand ist daher

$$w_m = w_0 + (w_a - w_0) : 3 = (2\,w_0 + w_a) : 3\ \text{kg/t}.$$

Es sind w_0 und w_a, letzteres für ein geschätztes v_a, aus der w-Linie abzugreifen. Setzt man das hiernach berechnete w_m in die Gleichung für v_a ein, und wiederholt man bei unrichtiger Schätzung die Rechnung mit dem für das ermittelte v_a abgegriffenen w_a und dem hieraus berechneten w_m, so erhält man einen zuverlässigen Wert von v_a.

---

[1] Gottschalk: Org. Fortschr. Eisenbahnw. 1934 S. 421.

K. Zuführungsgeschwindigkeiten.

1. Die Geschwindigkeiten des durch eine Lokomotive zugeführten Zuges.

Der Zug wird dem Ablaufgipfel mit einer Geschwindigkeit zugeführt, die bedingt ist durch die Arbeitsgeschwindigkeit des Wagenentkupplers sowie durch die Bedienungszeit der Gleisbremsen und der Weichen. Damit aber bei ungünstiger Wagenfolge hinter der Bremsstrecke, d. h. wenn ein stark gebremster Gutläufer mit kurzer Laufweite vor einem Schlechtläufer oder wenn ein Schlechtläufer vor einem schwach gebremsten Gutläufer rollt, die Weichen noch zwischen den Wagen umgestellt werden können, ist die Zuführungsgeschwindigkeit nötigenfalls zu ermäßigen. Die Zuführungsgeschwindigkeiten sind für die erste und letzte Verteilungsweiche mit nachstehendem Verfahren des Verfassers zu ermitteln. Es kann nämlich vorkommen, daß die Wagen bei der ersten Weiche noch nicht genügend Abstand haben, bei der letzten sich aber schon wieder so sehr genähert haben, daß die Weichenzunge besetzt und daher nicht umstellbar ist. Ferner ist zu untersuchen, ob am Merkzeichen der letzten Weiche die beiden Wagen sich nicht streifen.

Die Wagenfolgezeit am Ablaufpunkt sei nach Abb. 150 erklärt: Die Zeit-Weg-Linien des Vor- und des Nachläufers, die den Wagenlauf nach Zeit und Weg darstellen, dienen lediglich zur Erklärung und sind bei dem Verfahren nicht zu konstruieren.

Der Vorläufer V, der mit v_{01} m/s zugeführt wird, steht mit seinem Schwerpunkt über dem Ablaufpunkt A_v, der Nachläufer N berührt den Vorläufer, und es ist der Abstand der Wagenschwerpunkte $L_{w_0} = $ der Wagenlänge L_w. Der Ablaufpunkt A_n hat von A_v den Abstand Δl_0. Im Ablaufpunkt ist bekanntlich der Fahrzeugwiderstand des Wagens $w = $ dem Gefälle $s^0/_{00}$, auf dem der Wagen steht. Auf der Anschubstrecke $L_w \mp \Delta l_0$ wird der Nachläufer noch von der Lokomotive gedrückt, während der Vorläufer in A_v seinen freien Ablauf beginnt (es gilt $L_w + \Delta l_0$ bei Gutläufer vor Schlechtläufer). Die Anschubzeit ist $t_a = [2\,(L_m \mp \Delta l_0)] : (v_{01} + v_{02})$ sec, v_{02} ist die Zuführungsgeschwindigkeit des Nachläufers, falls dieser gegen den Vorläufer beschleunigt oder verzögert wird. Da die Anschubzeit t_a des Nachläufers gleichzeitig mit dem freien Ablauf des Vorläufers beginnt, werden auf diesen Zeitpunkt sowohl die Laufzeiten des Nachläufers (t_N) als auch die des Vorläufers (t_V) bezogen (Ablaufstellung). Es sind t_{V_1} und t_{N_1} die Laufzeiten vom Ablaufpunkt bis zur Bremsstrecke, t_{V_2} und t_{N_2} die vom Ende der Bremsstrecke ab gerechnet.

In Abb. 150 ist über dem Längenprofil die Gleisachse und darunter die Bewegung von Vor- und Nachläufer als Zeit-Weg-Linie dargestellt. Der Nullpunkt der Wegachse l liegt senkrecht unter A_v. Unterhalb der waagerechten Achse ist durch die gekrümmte Zeit-Weg-Linie der freie Ablauf des Vorläufers mit v_{01} als Ablaufgeschwindigkeit dargestellt, und zwar bis über das Merkzeichen der ersten Weiche. Im waagerechten Abstand L_w nach links beginnt auf der Wegachse mit der gleichen Geschwindigkeit v_{01} die Anschubbewegung bis senkrecht unter A_n. Bei der gleichförmigen Bewegung v_{01} ist auf der Anschubstrecke die Zeit-Weg-Linie gradlinig und rechts von der Senkrechten durch A_n bei freiem Ablauf des Nachläufers gekrümmt (ausgezogene Linie).

Wird aber der Nachläufer auf der Anschubstrecke von der Geschwindigkeit v_{01} bis v_{02} beschleunigt oder verzögert, so ist auch auf dieser Strecke die Zeit-Weg-Linie gekrümmt. Für Beschleunigung ist diese Linie gestrichelt eingetragen. Vom Ablaufpunkt A_n ab läuft dann der Nachläufer mit v_{02} ab.

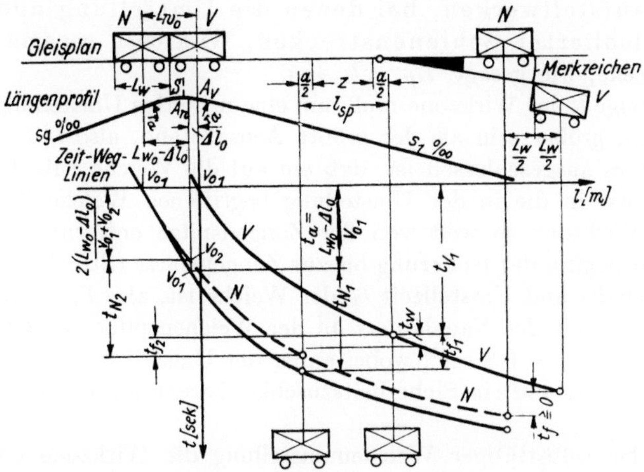

Abb. 150. Ermittlung der Zuführungsgeschwindigkeit.

Die Laufzeit auf der Bremsstrecke l_b (in Abb. 150 nicht vorhanden) ist $t_b = 2\,l_b : (v_e + v_a)$ sec, wo v_e die Einlauf-, v_a die Auslaufgeschwindigkeit aus der Bremsstrecke ist. Letztere ist bei Balkengleisbremsen für Einzelwagen gleich der Länge der Gleisbremse $L_b + a$ (a = Achsabstand). Bei Hemmschuhbremsen ist die Bremsstrecke gleich der Rutschlänge des Hemmschuhes.

Da die Weichen nur umgestellt werden können, wenn sich keine Achse auf der Zunge z oder bei selbsttätig bedienten Weichen auf der Isolierstrecke l_i befindet, so muß der Schwerpunkt des Vorläufers einen halben Achsabstand ($a/2$) hinter z oder l_i und der des Nachläufers $a/2$ davor sein. Es ist also $z + a$ bzw. $l_i + a = l_{sp}$ (Abb. 150 u. 151) die Sperrstrecke, für deren Anfangspunkt die Laufzeit t_N und für deren Endpunkt die Laufzeit t_V zu ermitteln sind. Der Unterschied der Laufzeiten, bezogen auf die Ablaufstellung, ist $t_f = (t_a + t_N) - t_V$. Dies ist die Zeit, in der die Sperrstrecke achsfrei ist. Es muß t_f möglichst gleich der Umstellzeit der Weiche t_w (einschließlich Vorbereitungszeit) sein.

Das Mittel, die Zeit t_f so zu beeinflussen, daß sie sich möglichst dem Wert t_w nähert, ist die Veränderung der Zuführungsgeschwindigkeit.

In Abb. 150 zeigt die gestrichelte Zeit-Weg-Linie des Nachläufers, wie durch die Vergrößerung der Zuführungsgeschwindigkeit von v_{01} auf v_{02} vom Beginn bis Ende der Anschubstrecke die Zeit der achsfreien Sperrstrecke t_{f2} kleiner geworden ist und sich der Umstellzeit t_w der Weiche stark genähert hat. Andererseits kann, falls $t_f < t_w$ ist, durch Verminderung der Zuführungsgeschwindigkeit auf der Anschubstrecke t_f größer als t_w gemacht werden.

Bei Bedienung der Weiche durch Weichensteller ist t_w je nach Konstruktion der Stellvorrichtung, nach den Sichtweiten und nach den Leitungslängen verschieden: a) bei Nahbedienung der Weichen ist $t_w = 0{,}5$ bis 1 sec, b) bei Fernbedienung durch Drahtzugstellwerk ist $t_w = 1{,}5$ bis 3 sec, c) bei Kraftstellwerken mit geringer Umstellgeschwindigkeit ist $t_w = 2{,}5$ sec, bei schnellumlaufenden Weichenantrieb ist $t_w = 0{,}4$ bis 0,5 sec. In der Zeit t_w ist auch die Vorbereitungszeit zum Umstellen berücksichtigt.

Bei Ablaufstellwerken, bei denen die Umstellung und Sperrung mit Hilfe isolierter Schienenstrecken, Wirkzonen genannt, erfolgt, ist die Sperrstrecke, wie gesagt, $l_{sp} = l_i + a$.

a) Die Länge l_i der Wirkzone muß, um eine unzeitige Umstellung der Weiche zu verhindern, größer sein als der größte Achsabstand, also $l_i > a_{\mathrm{max}}$.

b) Damit es ausgeschlossen ist, daß ein auf die Weiche zulaufender Wagen mit einer Achse in die in der Umstellung begriffenen Weiche läuft, muß der Beginn der Wirkzone so weit von der Zungenspitze entfernt liegen, daß die Laufzeit vom Beginn der Isolierung bis zur Zungenspitze (Strecke l'_i) mindestens gleich der Schalt- und Umstellzeit t_w der Weiche ist, also $l'_i = v_n \cdot t_w$, wo v_n die Geschwindigkeit des Nachläufers an der Weichenspitze ist. Es ist z. B. bei $v_n = 7$ m/s und $t_w = 0{,}8$ sec[1], wobei außer der Umstellzeit 0,5 sec der Weiche noch die Schaltzeit und ein Sicherheitszuschlag berücksichtigt sind, $l'_i = 7 \cdot 0{,}8 = 5{,}6$ m.

Da also bei selbsttätiger Weichenumstellung die Wirkzone mit Rücksicht auf die Umstellzeit länger ist als die Laufzeit auf der Weichenzunge, ist bei selbsttätigen Weichen für die achsfreie Sperrstrecke $l_{sp} = l'_i + a$ die entsprechende Zeit $t_f \geqq 0$, also lautet hier die Gleichung für die Wagenfolge an der Weiche
$$t_f = t_a + t_{N_1} - t_{V_1} \geqq 0.$$

Die ersten Verteilungsweichen sind bei neueren Ablaufanlagen in der Regel mit selbsttätiger Umstellung ausgestattet. Die Weichen hinter der Gleisbremse werden von Weichenstellern gestellt.

Selbsttätige Ablaufstellwerke sind von den Vereinigten Eisenbahnsignalwerken in zwei Formen ausgeführt worden:

1. Das Schaltspeicherstellwerk (zum erstenmal 1925 auf Bahnhof Hamm).
2. Das Relaisstellwerk (z. B. Bahnhof Bremen).

Bei beiden Arten werden die Weichen von den abrollenden Wagen durch Befahren einer isolierten Schiene selbsttätig umgestellt. Die Reihenfolge der Weichenumstellungen wird auf Grund des „Rangierzettels" in einem Mechanismus festgelegt. Dieser besteht bei ersterem aus einem sog. „Schaltspeicher", während bei dem zweiten die Aufspeicherung der Umstellungen durch eine „Relaiskette" geschieht. Diese besitzt gegenüber dem Schaltspeicher den Vorzug, daß während des Ablaufes die Reihenfolge der aufgespeicherten Weichenumstellung noch abgeändert werden kann[2], weil hier der ablaufende Wagen selbst seine Weichen umstellt, während bei dem „Schaltspeicher" dies der Vorläufer tut.

In Abb. 150 ist vor und hinter dem Merkzeichen im Gleisplan der Nach- und der Vorläufer mit dem halben Wagenabstand $\tfrac{1}{2}\,L_w$ eingetragen.

---

[1] Neumann und Kesting: Verkehrstechn. Woche 1939 Sonderheft der Studiengesellsch. f. Rangiertechnik S. 47.

[2] Schmitz: Verkehrstechn. Woche 1936 S. 200.

Damit ein Ecken der Wagen vermieden wird, muß für diese Wagenstellungen

$$t_a + t_{N_1 m} - t_{V_1 m} \gtreqless 0$$

sein. Es ist hier $t_{V_1 m}$ die Laufzeit des Vorläufers von seinem Ablaufpunkt bis $\tfrac{1}{2} L_w$ hinter dem Merkzeichen, $t_{N_1 m}$ die Laufzeit des Nachläufers von seinem Ablaufpunkt bis $\tfrac{1}{2} L_w$ vor dem Merkzeichen.

Beim Merkzeichen der ersten Weiche vom Ablaufgipfel ist, falls die Wagenfolge für das Umstellen der Weiche untersucht ist, ein Flankenstoß durch Anecken nicht zu erwarten, da hier die Wagenabstände wachsen. Anders ist es bei der letzten Trennungsweiche hinter der Gleisbremse, wo bei ungünstigen Wagenfolgen sich die Wagenabstände mit der Laufweite verringern.

Bei zwei Bremsstaffeln ist für die Gleisbremsen der ersten Staffel die Bremszeit $t_{b_1} = 2 l_{b_1} : (v_{e_1} + v_{a_1})$ sec, für die Gleisbremse der zweiten Staffel ist $t_{b_2} = 2 l_{b_2} : (v_{e_2} + v_{a_2})$ sec. Die Laufzeit auf der Strecke l_{zw} zwischen den beiden Bremsen ist $t_{zw} = 2 l_{zw} : (v_{a_1} + v_{e_2})$ sec.

Die Bestimmung von v_0 kommt für nachstehende ungünstige Wagenfolgen in Frage:

1. kurzlaufender Gutläufer vor weitlaufendem Schlechtläufer;

2. kurzlaufender Gutläufer vor weitlaufendem Gutläufer;

3. kurzlaufender Schlechtläufer vor weitlaufendem Schlechtläufer;

4. kurzlaufender Schlechtläufer vor weitlaufendem Gutläufer.

Bei allen anderen Wagenfolgen von Einzelwagen sowie bei allen Wagengruppen sind Untersuchungen zur Bestimmung der zulässigen Zuführungsgeschwindigkeit nicht erforderlich. Hier können stets die größten möglichen Zuführungsgeschwindigkeiten angewendet werden.

Ist es aber bei den ungünstigen Wagenfolgen durch Veränderung der Zuführungsgeschwindigkeit v_0 nicht möglich, daß die Sperrstrecke achsfrei und das Anecken der Wagen vor dem Merkzeichen vermieden wird, so ist der Nachläufer abzubremsen.

Die Ermittlung der einzelnen Laufzeiten, sowie die Auswertung der Gleichungen für die Wagenfolgezeit mittels der Laufzeitdiagramme, soll im folgenden gezeigt werden.

2. Die bisherige ungenaue Ermittlung der Zuführungsgeschwindigkeit.

Die Gleichungen für die Wagenfolgezeiten sind von Fröhlich[1] in anderer Form durch die drei Gleichungen

I. $T_0 = L_w : v_0$ und II. $T_0 = t_p + \varDelta t$, III. $t_p \geqq t_s$ wiedergegeben worden.

Nach Abb. 151 ist T_0 die Wagenfolgezeit am Ablaufgipfel, t_p die Wagenfolgezeit an einem Punkte der Laufstrecke, z. B. an einer Weiche. $t_s = (l_i + a) : v_1 + t_w$ ist, mit v_1 als mittlere Geschwindigkeit des Vorläufers in einer Weiche, die Sperrzeit der Weiche. $\varDelta t$ ist der Unterschied der Laufzeiten zweier Wagen vom höher gelegenen Ablaufpunkt der beiden Wagen ab gerechnet bis zu dem vorgenannten Punkt der Laufstrecke (Weiche).

$\varDelta t$ ist sowohl von der Zuführungsgeschwindigkeit v_0 als auch von der Laufweite der Wagen abhängig. Für die in Frage kommenden Zuführungsgeschwindig-

---

[1] Fröhlich: Verkehrstechn. Woche 1924 S. 359

keiten und Laufweiten müßten daher zur Auswertung obiger Gleichung II die Δt-Werte über der Wegachse gezeichnet werden. Man pflegt dies aber nicht

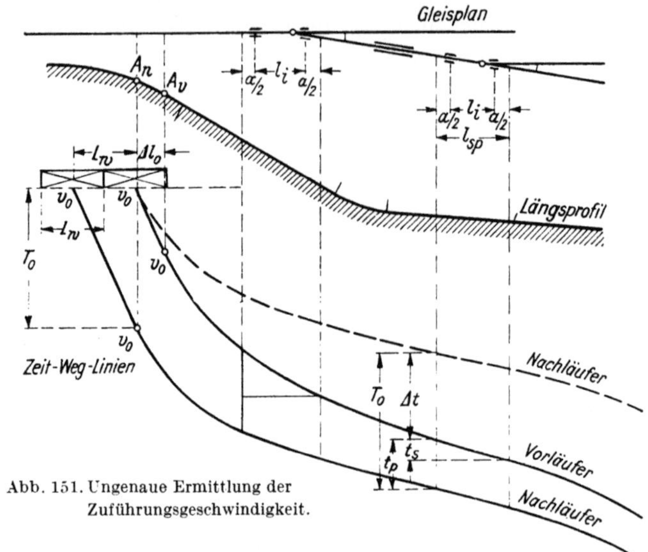

Abb. 151. Ungenaue Ermittlung der
Zuführungsgeschwindigkeit.

zu tun, sondern man berechnet bisher die Laufzeiten des Vor- und Nachläufers (Gutläufer vor Schlechtläufer) für eine mittlere Zuführungsgeschwindigkeit v_0 bis zur Talbremse. Soll nun für die ungünstige Wagenfolge zweier Wagen mit gegebenen Laufweiten die hiervon verschiedene Zuführungsgeschwindigkeit v_{0x} ermittelt werden, so berechnet man für die Laufweiten die Bremszeiten sowie die Laufzeiten vom Auslauf aus der Gleisbremse bis zur Spitze der Trennungsweiche und addiert diese Zeiten zu den bereits mit v_0 ermittelten Laufzeiten des Vor- und Nachläufers bis vor die Gleisbremse. Zieht man die Gesamtlaufzeiten von Vor- und Nachläufer voneinander ab, so erhält man den Δt-Wert für die Spitze der Trennungsweiche. Nach Berechnung der Sperrzeit t_s bildet man $T_0 = t_s + \Delta t$ und behauptet bisher, daß $Lw : T_0 = v_{0x}$ die gesuchte Zuführungsgeschwindigkeit sei, die von der mittleren Zuführungsgeschwindigkeit v_0 verschieden ist.

Die Gl. I $T_0 = Lw : v_0$ besagt allgemein, daß der Rangierzug und somit auch der Nachläufer von der Lokomotive in der Zeit T_0 auf die Wagenlänge Lw mit der gleichmäßigen Geschwindigkeit v_0 geschoben wird. Der Vorläufer muß aber in seinem Ablaufpunkt wegen der Kraftübertragung mit dem Nachläufer noch Pufferberührung haben. Dann haben aber Vorläufer und Nachläufer gleiche Zuführungsgeschwindigkeit v_0, und auch in dem etwas höher gelegenen Ablaufpunkt des Gutläufers, der der Anfangspunkt der Δt-Linie ist, ist die Geschwindigkeit v_0.

In der Gleichung $T_0 = t_s + \Delta t$ ist aber Δt die Differenz zweier Ablaufzeiten, die beide auch die Zuführungsgeschwindigkeit v_0 haben. Wenn aber aus v_0 der Wert Δt und aus Δt und t_s der Wert T_0 berechnet worden sind, so müssen T_0 und v_0 bekannt sein und Lw wäre die Unbekannte. Dann ist aber Lw hier nicht mehr die Wagenlänge, sondern der Schwerpunktsabstand Lwo zweier sich nicht mehr berührender Wagen. Es ist also $Lwo \gtrless Lw$.

Die physikalische Voraussetzung für die Kraftübertragung ist aber die Pufferberührung, also $Lw = Lw_0$. Für $Lw = Lw_0$ ist in Gl. I $T_0 = Lw : v_0$; es ist nun $T_0 = t_p + \Delta t$ und das v_0 so zu bestimmen, daß t_p möglichst gleich t_s wird. Da für Δt kein analytischer Ausdruck abhängig von v_0 und der Laufweite aufgestellt werden kann, so ist das aber nur durch Probieren möglich, indem man so lange für ein angenommenes v_0 nach dem im vorhergehenden beschriebenen Verfahren des Verfassers die Gleichung $\Sigma\, t_N - \Sigma\, t_V = t_f$ ermittelt, bis t_f möglichst gleich t_w für die Weiche bzw. 0 für das Merkzeichen wird. Dem t_p entspricht hier t_f, dem t_s das t_w und dem T_0 die Anschubzeit t_a.

Es ist hierbei jedoch zu beachten, daß t_p und t_s sich auf denselben Gleispunkt beziehen, während t_f die Zeit ist, in der die Sperrstrecke l_{sp} achsfrei ist.

Die von Frölich[1] vorgeschlagene Gleichung $v_0 = Lw : T_0$ m/s zur Berechnung der Zuführungsgeschwindigkeit ist also ungenau.

3. Die erreichbare Zuführungsgeschwindigkeit.

a) **Die Ermittlung der erforderlichen Beschleunigungs- und Bremskräfte der Drucklokomotive.** Bei Beginn des Abdrückens ist der Zug am schwersten und daher der Überschuß der Zugkräfte über die Lauf- und Streckenwiderstände am kleinsten. Auch die Bremskraft des Zuges ist dann am geringsten, da ja in der Regel nur die Lokomotive gebremst wird. Die Zuführungsgeschwindigkeit kann aber nur auf der sog. Anschubstrecke verändert werden. Diese ist mit $Lw_0 = Lw$ hier $Lw - \Delta l_0$. Die größte Zugkraft der Lok ist die Reibungszugkraft $Z_r = \mu_h \cdot G_{l_2}$. Der Lauf- und Streckenwiderstand des zugeführten Zuges ist

$$W = 2{,}5 \cdot G_{l_1} + c \cdot G_{l_2} + (G_{l_1} + G_{l_2}) \cdot s + Gw \cdot (w_w + s)\ \text{kg.}$$

Die Beschleunigungskraft des Rangierzuges vom Gewicht G_z ist $\mu_h \cdot G_{l_2} - W$ und die Beschleunigung ist $b_a = (\mu_h \cdot G_{l_2} - W) \cdot g : (G_z \cdot \varrho \cdot 1000)$ m/s² mit ϱ als Massenfaktor und G_{l_2} als Triebachsengewicht. Soll die Zuführungsgeschwindigkeit des Rangierzuges von $v_0\text{min}$ bis $v_0\text{max}$ auf der Anschubstrecke $Lw \pm \Delta l_0$ steigen, dann ist

$$1000 \cdot \varrho \cdot G_z\, (v_0^2\text{max} - v_0^2\text{min}) : 2\,g = (\mu_h \cdot G_{l_2} - W)\, (Lw \pm \Delta l_0).$$

Nach Einsetzen von b_a ist die durch die Beschleunigungskraft der Lokomotive erreichbare Zuführungsgeschwindigkeit auf der Anschubstrecke

$$v_0\text{max} = \sqrt{2\, b_a\, (Lw \mp \Delta l_0) + v_0^2\text{min}}\ \text{m/s.}$$

Ist $\mu_b = 100$ kg/t die Bremskraft, die von 1 t Lokomotivgewicht G_l beim Rangieren ausgeübt wird, so ist die Bremsverzögerung $b_b = (\mu_b \cdot G_l + W) \cdot g : G_z \cdot \varrho \cdot 1000$ m/s², und die Zuführungsgeschwindigkeit, die durch das Bremsen auf der Anschubstrecke erreicht werden kann, ist $v_0\text{min} = \sqrt{v_0^2\text{max} - 2\, b_b \cdot (Lw \mp \Delta l_0)}\ \text{m/s.}$

Im Beispiel zur Ermittlung der Verbrauchswerte für das Zerlegen eines Güterzugs durch eine Dampflok (s. S. 230) ist als Anfahrbeschleunigung $b_a = 0{,}11$ m/s² und als Bremsverzögerung $b_b = 0{,}093$ m/s² ermittelt worden. Für $v_0\text{min} = 0{,}7$ m/s und $Lw = 9$ m und $\Delta l_0 = 1$ m ist $v_0\text{max} = \sqrt{2 \cdot 0{,}11 \cdot (9 - 1) + 0{,}7^2} = 1{,}5$ m/s.

---

[1] Frölich: Verkehrstechn. Woche 1924 S. 359

Für das Erreichen der zulässigen Zuführungsgeschwindigkeit $v_{0\mathrm{max}} = 1,3$ m/s ist also die Beschleunigungskraft ausreichend. Ist $v_{0\mathrm{max}} = 1,3$ m/s gegeben, so ist mit der Bremsverzögerung $b_b = 0,093$ m/s² die kleinste erreichbare Zuführungsgeschwindigkeit $v_{0\mathrm{min}} = \sqrt{1,3^2 - 2\,(9-1)\,0,093} = 0,45$ m/s. Da nur auf $v_{0\mathrm{min}}$ = 0,6 abgebremst zu werden pflegt, ist auch die Bremskraft ausreichend.

b) **Die Zuführungsgeschwindigkeit mit Rücksicht auf die Arbeitsgeschwindigkeit des Wagenentkupplers.** Die Schrittgeschwindigkeit des Wagenentkupplers soll nach Untersuchungen von Massute[1] für Dauerleistung $v_?$ = 1 m/s nicht übersteigen. Die Zeit zum Entkuppeln zweier Wagen während der Zugbewegung beträgt nach Massute $t_k = 3$ sec. Hieraus ergibt sich[2] eine Höchstzuführungsgeschwindigkeit von $v_{0\mathrm{max}} = 1,5$ m/s.

c) **Die Zuführungsgeschwindigkeit mit Rücksicht auf die Bedienung der Gleisbremsen und auf die Arbeit der Hemmschuhleger.** Die ermittelte Zuführungsgeschwindigkeit $v_{0\mathrm{max}} = 1,5$ m/s kann aber mit Rücksicht auf die Bedienungszeit der ferngesteuerten Gleisbremsen sowie auf die Arbeit der Hemmschuhleger am Anfang der Richtungsgleise nicht erreicht werden.

Bei ferngesteuerten Gleisbremsen kann als Bedienungszeit, d. h. als Zeit für das Lösen der Bremsen nach Verlassen des ersten Wagens bis zur Einstellung der Bremse für den zweiten Wagen etwa 2,5 sec angesetzt werden. Bei einer Wagenfolge von Fahrzeugen gleicher Art muß die Bedienungszeit der Bremse gleich oder größer als der Unterschied der Anschubzeit $t_a = \dfrac{2\,(L_w \mp \Delta\,l_0)}{v_{01} + v_{02}}$ sec von der Bremszeit $t_b = \dfrac{2\,l_b}{v_e + v_a}$ sec sein. Hiernach wäre die höchstzulässige Zuführungsgeschwindigkeit $v_{02} = v_{0\mathrm{max}}$ zu bestimmen, die in der Regel kleiner als die vorher durch den Entkuppler bedingte Zuführungsgeschwindigkeit $v_{0\mathrm{max}}$ = 1,5 m/s ist. Bei Fahrzeugen ungleicher Art wird die Zuführungsgeschwindigkeit der ungünstigen Wagenfolge (Schlechtläufer vor Gutläufer) in der Regel mit Rücksicht auf die Anordnung der Weichen bestimmt.

Ebenso wie die ferngesteuerten Gleisbremsen soll auch die Zuführungsgeschwindigkeit bei Hemmschuhgleisbremsen mit Rücksicht auf deren Bedienung nach Beobachtung im Betriebe den Höchstwert $v_{0\mathrm{max}} = 1,3$ m/s nicht übersteigen, da für die Bedienung der Hemmschuhgleisbremse zwischen zwei Abläufen die Zeit von 2,6 sec erforderlich ist.

Maschke[2] gibt als Ergebnis einer Untersuchung an, daß bei Vorbremsung durch eine Hemmschuh- oder Balkengleisbremse am Fuße der Steilrampe für die Hemmschuhlegerarbeit in den Richtungsgleisen eine größte Zuführungsgeschwindigkeit $v_{0\mathrm{max}} = 1,3$ m/s nicht überschritten werden darf. Denn es muß nach dem Auffangen des ersten Wagens Zeit genug für den Hemmschuhleger bleiben, dem nächsten Wagen entgegenzulaufen und den Hemmschuh in ausreichendem Abstande aufzulegen. Dies trifft nicht nur für Wagen zu, die in dasselbe Richtungsgleis laufen. Erschwert wird die Arbeit des Hemmschuhlegers, der in der Regel mehrere Gleise bedient, dadurch, daß er, nachdem er in einem schwachbesetzten Richtungsgleis an der hinteren Grenze der Auffang-

[1] Massute: Org. Fortschr. Eisenbahnw. 1931 S. 46
[2] Maschke: Verkehrstechn. Woche 1934 S. 167, [3] Verkehrstechn. Woche 1931 Heft 6

zone einen Wagen aufgefangen hat, nun nach vorn laufen muß, um in einem anderen stark besetzten Gleis einen Wagen abzufangen. Bei niedrigen Zuführungsgeschwindigkeiten unter $v_0 = 1{,}0$ m/s hat der Hemmschuhleger mehr Zeit zur Verfügung und bei einer Zuführungsgeschwindigkeit von $v_0 = 0{,}75$ m/s kann zum sicheren Auffangen der Wagen durch Hemmschuhe die Vorbremsung entfallen. Andererseits entlastet bei hoher Zuführungsgeschwindigkeit eine gut regelbare und kräftige Balkengleisbremse, die die Wagen gut auf ihr Laufziel vorbremsen kann, die Hemmschuhleger in den Richtungsgleisen sehr. Dies wirkt sich auch auf die Personalersparnis aus, da nunmehr einem Hemmschuhleger eine größere Anzahl von Richtungsgleisen zur Bedienung zugewiesen werden kann.

Die die Zuführungsgeschwindigkeit bestimmende Wagenfolge bei der Trennung der Wagen an der ersten Weiche vom Ablaufgipfel sowie an der letzten Verteilungsweiche ist zu untersuchen. Die Zuführungsgeschwindigkeit hängt hierbei zum großen Teil von der Umstellzeit der Weichen t_w sec ab.

L. Die Laufzeitermittlung.

Zur Auswertung der Gleichung der Laufzeitunterschiede $t_w = t_f = (t_a + t_N) - t_V$ sec soll ein Verfahren zur Ermittlung der Laufzeiten bekanntgegeben werden, das eine Weiterentwicklung des zeichnerischen Verfahrens der Fahrzeitermittlung der Eisenbahnzüge (Band II) ist. Nach diesem Verfahren des Verfassers wird die Laufbewegung der Wagen unmittelbar in die Gleisachse der Fahrstraße eingetragen. Die Fahrbahn ist also der Träger der Darstellung der Fahrbewegung. Man kann daher für zwei aufeinanderfolgende Wagen die Laufbewegung vom Ablaufpunkt ab für jeden Zeitpunkt ablesen und schnell die Gleichung $t_w = (t_a + t_N) - t_V$ berechnen, um so den Einfluß der Gestaltung der Ablaufanlage auf die Zuführungsgeschwindigkeit also auch auf die Leistungsfähigkeit zu erkennen.

1. Wagenlauf auf gleichbleibender Neigung

a) **Die dynamische Grundgleichung.** Die Laufzeitermittlung geht von der dynamischen Grundgleichung $P = M \cdot b$ (Kraft = Masse $\cdot$ Beschleunigung) aus, die die Beziehung zwischen der Ursache der Bewegung und der bewegten Masse angibt. Die Ursache der Bewegung ist beim Ablauf der Wagen von einem Ablaufberg der Überschuß P der Gefällkräfte $+ G \cdot s$ kg über die Wagen-, Krümmungs- und Weichenwiderstände. $G \cdot (w + w_r + w_w)$ kg also ist der Überschuß $P = G \cdot (s - w - w_r - w_w)$. Auf der Steilrampe ist P positiv, in der waagerechten Weichenzone mit $s = 0^0/_{00}$ ist P negativ. Im ersteren Falle wird der Wagen beschleunigt, im letzteren verzögert. Bei verhältnismäßig kurzen Weichen-, Krümmungs- und verschieden geneigten Gefällstrecken ist die jedesmalige Multiplikation des Klammerausdrucks mit dem Wagengewicht lästig. Um dies zu vermeiden, gibt man den Kraftüberschuß für eine Tonne Wagengewicht an, also ist $p = P : G = s - w - w_r - w_w$ kg/t. Dann sind $+ p = s - w - w_r - w_w > 0$ die Beschleunigungskräfte und $- p = s - w - w_r - w_w < 0$ Verzögerungskräfte und die dynamische Grundgleichung lautet dann mit $m = M : G$ nun $p = m \cdot b$ [kg/t]. Hier ist m die Masse einer Tonne Wagengewicht.

b) **Die Masse.** Die Gesamtmasse eines Wagens vom Gewicht G, unter Berücksichtigung der umdrehenden Radmassen vom Gewicht $G' = 1$ t durch den Massenfaktor $\varrho = (G + G') : G$ ausgedrückt, ist dann $M = G \cdot 1000 \cdot \varrho : g$ [kg s²/m]. Nunmehr ist auf 1 t bezogen $m = M : G = 1000 \cdot \varrho : g = 1000 (G + G') : G \cdot g$ [kg · s²/t · m].

Setzt man nun $g : \varrho = g \cdot G : (G + G') = g'$, so ist $m = 1000 : g'$ die Masse einer Tonne Wagengewicht. Es ist demnach g' mit dem Wagengewicht verschieden. Für einen leeren Wagen von $G = 9$ t ist $g' = 9{,}81 \cdot 9 : (9 + 1) = 88{,}3$ [m/s²]. Für einen beladenen Wagen mit $G = 30$ t ist $g' = 9{,}81 \cdot 30 : 31 = 9{,}5$ [m/s²].

c) **Ermittlung der Geschwindigkeiten und der Fahrzeiten auf gleichbleibendem**

Gefälle. Es ist die Beschleunigung auf dem Gefälle $b = \pm \dfrac{\Delta v}{\Delta t}$ [m/s²], wo Δv die Geschwindigkeitsänderung in der gewählten gleichbleibenden Zeiteinheit Δt sec ist. Diese wird Zeitschritt genannt, weil die Fahrzeitermittlung schrittweise durchgeführt wird. Für $\Delta v = v_2 - v_1$ [m/s] ist v_1 die bereits ermittelte Geschwindigkeit zu Beginn des Zeitschritts und v_2 die gesuchte am Ende des Zeitschritts. Ist $v_2 > v_1$, dann ist $+ \Delta v$ der Geschwindigkeitszuwachs, ist $v_2 < v_1$, dann ist $- \Delta v$ die Geschwindigkeitsverminderung während des Zeitschritts. Da bei Fahrzeugen die Geschwindigkeiten in V km/h angegeben werden und $v = V : 3{,}6$ [m/s] ist, so ist auch $\Delta v = (V_2 - V_1) : 3{,}6 = \Delta V : 3{,}6$ [m/s]. Wählt man den gleichbleibenden Zeitschritt $\Delta t = 60$ [sec] $= 1$ [min], dann ist bei einem Durchschnittsgewicht des Wagens von $G = 19$ t (9 t Eigengewicht $+$ 10 t Ladung nach der Bundesbahnstatistik) $G + G' = (19 + 1) = 20$ und $g' = 9{,}81 \cdot 19 : 20 = 9{,}32$ [m/s²]. Hierfür lautet die dynamische Grundgleichung $p = m \cdot b = \dfrac{1000}{g'} \cdot \dfrac{\Delta V}{3{,}6 \cdot \Delta t} = \dfrac{1000 \cdot \Delta V}{9{,}32 \cdot 3{,}6 \cdot 60} = \dfrac{\Delta V}{2}$ oder $\dfrac{\Delta V}{2} : p = 1 = tg\,45°$

Diese geometrische Beziehung besteht in einem gleichschenkeligen rechtwinkligen Dreieck, dessen halbe Hypothenuse $\Delta V/2$ [mm] $=$ der Höhe p [mm] ist. Hierbei werden $V = 1$ [km/h] und $p = 1$ [kg/t] $= 1$ [⁰/₀₀] durch den gleichen

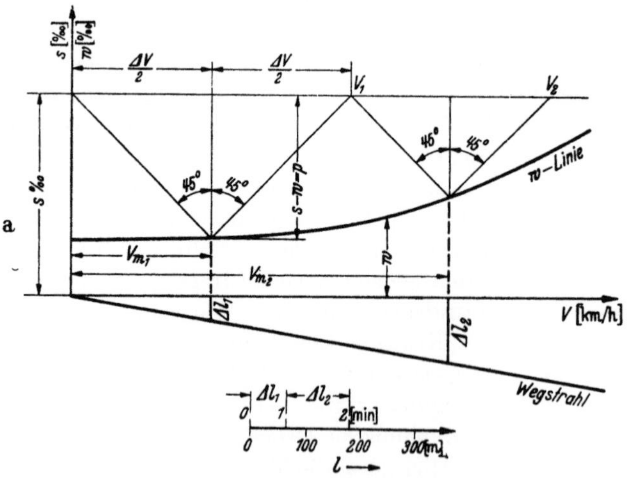

Abb. 152. Verfahren der Laufzeitermittlung.

Maßstab 1 [mm] dargestellt (Abb. 152). Es ist auf geradem Gleis $p = s - w$ [⁰/₀₀]. Soll nun die Bewegung eines auf einem gleichbleibenden Gefälle s [⁰/₀₀] rollenden Wagens dargestellt werden, so zieht man im Abstand s [mm] über der V-Achse eine Waagerechte. Hat nun der Wagen zu Beginn eines Zeitschritts die Geschwindigkeit V_1, so kennzeichnet man dieses V_1 auf der genannten

Waagerechten (Abb. 152). Zwischen letzterer und der w-Linie zeichnet man nun von V_1 aus mit dem handelsüblichen gleichschenkeligen rechtwinkeligen Dreieck, das man an der Reißschiene entlang schiebt, das Zeitdreieck, dessen Spitze die w-Linie berührt. Die Hypothenuse des Zeitdreiecks, die auf der vorgenannten Waagerechten liegt, ist die Geschwindigkeitsänderung ΔV je Zeitschritt Δt $= 60$ [sec].

Reiht man diese Zeitdreiecke aneinander, so sind die Abstände ihrer Grundlinienendpunkte vom Nullpunkt der V-Achse die jeweiligen Geschwindigkeiten $V = \Sigma \Delta V$ nach Ablauf der einzelnen Minuten und die Anzahl der Zeitdreiecke ergibt die Fahrzeit in Minuten an. Unter den Dreieckspitzen liegen die jeweiligen mittleren Geschwindigkeiten V_m. Bei Verzögerung liegt die Waagerechte für s $^0/_{00}$ unterhalb der w-Linie und die Spitzen der Zeitdreiecke zeigen nach oben.

Nun setzt sich aber das Ablaufprofil aus verhältnismäßig kurzen geraden oder gekrümmten verschieden geneigten Strecken zusammen. Daher ist der Zeitschritt $\Delta t = 1$ [min] $= 60$ [sec] zu grob. Zweckmäßig wählt man Δt $= 5$ [sec] $= {}^1/_{12}$ [min]. Dann haben aber die Zeitdreiecke für $\Delta t = 5$ [sec] bei gleichen Maßstäben der Kräfte und der Geschwindigkeiten spitze Winkel. Um aber das handelsübliche gleichschenkelige rechtwinkelige Dreieck auch bei $\Delta t = 5$ [sec] verwenden zu können, zeichnet man die V-Achse in einem 12mal größeren Maßstab als die Kraftachse. Es ist also bei $p = 1$ $^0/_{00} = 1$ [mm] dann $V = 1$ [km/h] $= 12$ [mm].

Falls aber ein Wagen abläuft, der nicht das Durchschnittsgewicht $G = 19$ [t] hat, sondern ausgelastet oder leer ist, so ist der Maßstab der V-Achse entsprechend umzurechnen. Es ist dann nicht mehr $g' = 9{,}32$ [m/s²], sondern, wie vorher angegeben, ist für den leeren G-Wagen mit 9 t jetzt $g' = 8{,}83$ [m/s²] und für den vollbeladenen O-Wagen mit 30 t ist $g' = 9{,}5$ m/s². Bei den leeren G-Wagen wird der Einfluß der umdrehenden Radmassen größer, und die Geschwindigkeitsänderungen der fortschreitenden Bewegung sind hier nicht so groß, wie bei den Wagen mit dem Durchschnittsgewicht $G = 19$ t. Das Zeitdreieck hätte infolgedessen statt des rechten einen etwas kleineren Winkel. Um aber dieses wieder mit dem handelsüblichen gleichschenkligen rechtwinkligen Dreieck zeichnen zu können, vergrößert man den Maßstab der V-Achse im Verhältnis 9,32 : 8,83 und es ist $V = 1$ [km/h] $= 12 \cdot 9{,}32 : 8{,}83 = 12{,}65$ [mm]. Umgekehrt wird bei einem vollbeladenen O-Wagen mit $G = 30$ [t] der Einfluß der umdrehenden Radmassen kleiner. Daher ist hier die Geschwindigkeitsänderung der fortschreitenden Bewegung größer als bei den Wagen mit dem Durchschnittsgewicht. Der Winkel des Zeitdreiecks wird dadurch hier etwas größer als ein Rechter. Damit er aber ein Rechter bleibt, verkleinert man den Maßstab der V-Achse im Verhältnis der g'-Werte 9,32 : 9,5. Dann ist hier $V = 1$ [km/h] $= 12 \cdot 9{,}32 : 9{,}5 = 11{,}76$ [mm]. Man kann also durch Anpassung des Geschwindigkeitsmaßstabs an jeden beliebigen Zeitschritt Δt sec und jeden Massenfaktor ϱ die Geschwindigkeitsänderungen ΔV

$: 3{,}6 = \Delta v$ m/s nach der dynamischen Grundgleichung $p = s - w = \dfrac{1000 \cdot \Delta V}{g' \cdot 3{,}6 \cdot \Delta t}$

$= \dfrac{1000 \cdot \Delta v}{g' \cdot \Delta t}$ $^0/_{00}$ $(Gl \cdot 1)$ mit dem handelsüblichen gleichschenkligen rechtwinkligen Dreieck ermitteln. Bei der Doppelteilung der Geschwindigkeitsachse mit

$\Delta V = 3{,}6 \, \Delta v$ [km/h] gilt das Verfahren auch für die Teilung v [m/s] der Geschwindigkeitsachse.

Nach dem 8. Sonderheft der Studiengesellschaft für Rangiertechnik (Verkehrstechnische Woche 1935, Heft 10/11, S. 125) sind nach vorigem die Grenzwerte des Grundwiderstandes (Abb. 137) bei normaler Temperatur für Gutläufer $w_0 = 2{,}4$ [kg/t], für Schlechtläufer $w_0 = 4{,}4$ [kg/t] und die Gleichung für den Luftwiderstand ist $w_l = \dfrac{c \cdot F}{16 \cdot G} \cdot v_r{}^2$ [kg/t]. Mit $c = 1$ und $v_r = v + v_l$ [m/s] ist $w_l = \dfrac{F}{16 \cdot G} (v + v_r)^2$ (S. 182). Hier ist v_r die Relativgeschwindigkeit, v die Laufgeschwindigkeit des Wagens und $+ v_l$ die Geschwindigkeit des Gegenwindes.

Der Wagenwiderstand auf der waagerechten geraden Bahn ist dann $w = w_0 + w_l$. Für einen Gutläufer mit $F = 4$ [m²] und $G = 30$ [t] ist dann

$$ w = 2{,}4 + \frac{4}{16 \cdot 30} \cdot (v + v_l)^2 = 2{,}4 + 0{,}0083 \,(v + v_l)^2 \text{ [kg/t] und für einen} $$

Schlechtläufer mit $F = 7$ [m²] und $G = 10$ [t] ist $w = 4{,}4 + \dfrac{7}{16 \cdot 10} \cdot (v + v_l)^2$

$= 4{,}4 + 0{,}0437 \,(v + v_l)^2$ [kg/t].

Mit jeder dieser Gleichungen ist über der v-Achse die w-Linie aufzutragen. Bei den vorher berechneten Geschwindigkeitmaßstäben $V = 1$ [km/h] $= 11{,}76$ [mm] des Gutläufers und $V = 1$ [km/h] $= 12{,}65$ [mm] des Schlechtläufers ist die Länge der V-Achse für $V = 36$ [km/h] im ersteren Fall $36 \cdot 11{,}76 = 423$ [mm] und im zweiten Fall $36 \cdot 12{,}65 = 456$ [mm].

Da 36 [km/h] $= 10$ [m/s] ist, so ist die v-Achse für 10 [m/s] ebenso lang wie die V-Achse für 36 [km/h] und beim Gutläufer ist die Strecke für $v = 1$ [m/s] $= 42{,}3$ [mm] sowie beim Schlechtläufer ist die Strecke für $v = 1$ [m/s] $= 45{,}6$ [mm]. Mit dieser Teilung der Geschwindigkeitsachse trägt man nun nach obigen Gleichungen die w-Linien für Gut- und Schlechtläufer auf.

Bei den großen Geschwindigkeitsmaßstäben verlaufen die w-Linien sehr flach. Es erübrigt sich daher für jeden Zeitschritt das gleichschenkelige rechtwinklige Dreieck zwischen der w-Linie und der Waagerechten im Abstand s [⁰/₀₀] von der V-Achse und weiterhin diese Waagerechten einzuzeichnen. Man braucht vielmehr nach Abb. 154 nur den Abstand s [mm] $= s$ [⁰/₀₀] in den Zirkel zu nehmen und diesen Abstand senkrecht zur V-Achse in der Geschwindigkeit nach oben abzusetzen, die schätzungsweise der mittleren Laufgeschwindigkeit im Zeitschritt $\Delta t = 5$ [sec] entspricht. Man setzt nun die untere Zirkelspitze von der V-Achse auf die w-Linie und erhält $s - w$ als Mittelkraft. Da bei den berechneten Maßstäben $s - w$ [mm] $= \Delta V / 2$ [mm] ist, so setzt man bei Beschleunigung die Strecke $s - w$ in der positiven Richtung der V-Achse von der zuletzt ermittelten Geschwindigkeit V_1 zweimal ab und erhält (Abb. 152) V_2 [km/h]. Die Mitte ist $V_m = V_1 + \dfrac{\Delta V}{2}$. Bei Verzögerung werden die $(s - w)$-Strecken in der entgegengesetzten Richtung zweimal auf der V-Achse aneinander gereiht.

Vom Ablaufpunkt bis zum Beginn der Bremsstrecke am Fuße des Ablaufberges wird die Laufbewegung bei den kurzen Neigungs- und Ausrundungsstrecken in den Gefällwechseln mit dem Zeitschritt $\Delta t / 2 = 2{,}5$ [sec] durchgeführt.

Dann wird die mit dem Zirkel ermittelte $(s - w)$-Strecke nur einmal in jedem Zeitschritt auf der V-Achse aneinander gereiht, um V_2 zu erhalten. (Siehe unter 2: Der Wagenlauf auf einer Ausrundung in senkrechter Ebene).

d) **Ermittlung der Laufwege.** Der Weg im Zeitschritt Δt [sec] wird zwischen der V-Achse und dem Wegstrahl senkrecht unter den Dreieckspitzen bzw. in der Mitte zwischen V_1 und V_2 abgegriffen. Der Wegstrahl geht durch den Nullpunkt der Laufgeschwindigkeiten v und nicht durch den Nullpunkt der Relativgeschwindigkeiten $v_r = v + v_l$. Die Neigung des Wegstrahls wird wie folgt bestimmt: Hat ein Wagen die Geschwindigkeit $v = 10$ [m/s] beziehungsweise $V = 36$ [km/h], so legt er in der Sekunde 10 [m] und im Zeitschritt $\Delta t = 5$ [sec] 50 [m] zurück. Bei dem Längenmaßstab des Gleisplans 1 : 500 oder 1 [m] $= 2$ [mm] sind dann 50 [m] durch 100 [mm] darzustellen. Trägt man diese Strecke senkrecht unter der Geschwindigkeitsachse in $v = 10$ [m/s] auf und verbindet den unteren Endpunkt mit $v = 0$, so erhält man den Wegstrahl. Die unter den mittleren Geschwindigkeiten je Zeitschritt abgegriffenen Senkrechten zwischen der Geschwindigkeitsachse und dem Wegstrahl sind die Wege, die der Wagen innerhalb eines Zeitschritts zurücklegt. Diese sind $\Delta l = \Delta t \cdot V_m/3{,}6$ [m]. Man reiht diese Δl-Strecken auf der Gleisachse aneinander und beziffert die Stoßpunkte (Zeitstriche) nach den Laufzeiten des Wagens. Die Abstände der Zeitstriche sind zugleich die mittleren Geschwindigkeiten je Zeitschritt, die nach dem Wegstrahl proportional den Wegen Δl sind.

Den Wagenablauf durch Schwerkraft kann man also bei Anpassung des Geschwindigkeitsmaßstabes an den Zeitschritt Δt und an den Massenfaktor ϱ lediglich durch Zirkelabsetzen ermitteln und durch Unterteilung des Ablaufweges darstellen.

Nach diesem Verfahren sind die Laufwege in der Gleisachse geometrisch, die Laufzeiten durch Zahlen, also nicht durch eine Dimension des Raumes dargestellt. Dies ist eine natürliche Darstellung, weil die Zahl die Ordnungsform der Zeit und die Geometrie die Ordnungsform des Raumes ist. Die Darstellung der Laufbewegung nach Weg, Zeit und Geschwindigkeit erfordert daher im Gegensatz zu den bisher üblichen Darstellungen der Fahrzeugbewegung durch Zeit—Weg—Linien oder Geschwindigkeits—Weg—Linien und Geschwindigkeits-Zeitlinien nicht mehr Dimensionen als die Darstellung der Fahrbahn selbst.

Das vorbeschriebene Verfahren wird bei Ablaufanlagen für die Ermittlung der Laufbewegung auf den gleichbleibenden Neigungen vom Ende der Bremsstrecke am Fuße des Ablaufbergs bis in die Richtungsgleise, in denen die Wagen zum Halten kommen oder durch Hemmschuhe aufgefangen werden, angewendet. Für die Laufbewegung auf der Steilrampe mit ihren Ausrundungen in den Gefällwechseln wird das Verfahren, wie nachstehend gezeigt, noch durch die Streckenkraftlinie ergänzt.

2. Der Wagenlauf auf einer Ausrundung in senkrechter Ebene

a) **Die Streckenkraftlinie für Einzelwagen.** Ist der Knick zweier Neigungen einer Ablaufanlage kreisförmig mit dem Halbmesser r_a [m] ausgerundet, so geht beim Ablaufgipfel im Scheitelpunkt S die Gegensteigung in das Gefälle der Steilrampe über. Die Länge der ausgerundeten Gefällstrecke bzw. der ausgerundeten Gegensteigung ist dann $l_a = \varphi^° \cdot r_a$ [m], wo $\varphi^°$ der Zentriwinkel zwischen Scheitelpunkt S und dem Ausrundungsende B ist. Bei den zulässigen Gefällen einer Steilrampe ist dieser Zentriwinkel höchstens $\varphi = 4{,}5^°$. Daher kann man $\varphi^° \cong tg\ \varphi$ $= \pm s : 1000 = \pm s$ [$^°/_{00}$] setzen. Hier bedeutet $+ s$ $^°/_{00}$ Gefälle und $— s$ [$^°/_{00}$] Steigung. Bei dem Wagengewicht 1 [t] ist dessen Seitenkraft, die der s [$^°/_{00}$] geneigten Fahrbahn parallel ist (Abb. 153a), $1 \cdot \sin \varphi$. Bei kleinem Winkel

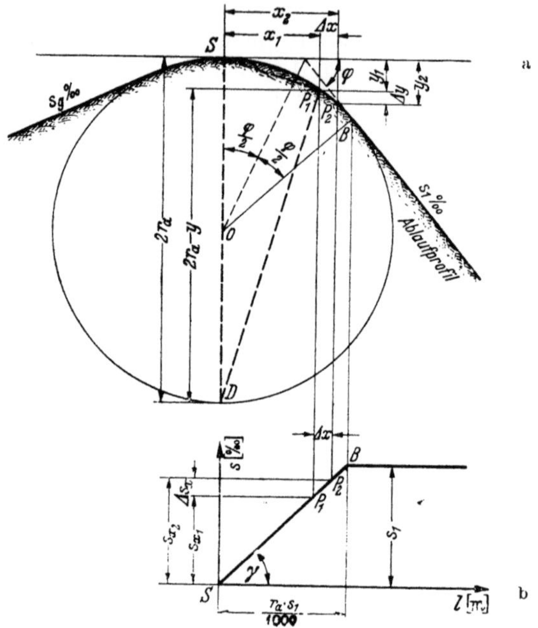

Abb. 153a, b. Ableitung der Streckenkraftlinie.

kann man weiterhin $\sin \varphi \cong tg\ \varphi = s : 1000$ setzen, so daß die Seitenkraft $1 \cdot \sin \varphi = 1 \cdot tg\ \varphi = + s/1000$ [t/t] $= + s$ [kg/t] ist. Es ist somit das Gefälle $+ s$ [$^°/_{00}$] gleich der Gefällkraft $+ s$ [kg/t] und die Steigung $— s$ [$^°/_{00}$] gleich dem Steigungswiderstand $— s$ [kg/t]. Da $+ s$ [kg/t] die Triebkraft auf einer Ablauframpe ist, so bestehen hiernach Beziehungen zwischen der Laufbewegung und der Gestalt der Ausrundungen. Für die Ermittlung der Laufbewegung auf einer Ablaufanlage mit ihren senkrechten Ausrundungen ist aber eine ausgeprägtere und daher genauere Darstellungen der Neigungen erforderlich als das Längenprofil sie bietet. Denn in letzterem lassen sich die Neigungen nicht in einfacher und genauer Weise ablesen oder abgreifen. Dies wird jedoch durch die Streckenkraftlinie ermöglicht, in der die Neigungen (Gefälle und Steigungen) als Ordinaten über der Wegachse dargestellt werden. Sie wird wie folgt aus dem Längenprofil mit der Scheitelausrundung der Ablaufanlage, die den Ausrundungshalbmesser r_a [m] hat, abgeleitet. Zieht man nach Abb. 153a im Scheitelpunkt S eine waagerechte Tangente und vervollständigt den Ausrundungsbogen zu einem Kreis, so liegt der beliebige Punkt P_1 der Ausrundung im waagerechten Abstand x [m] um y [m] tiefer als der Scheitelpunkt S. In dem rechtwinkeligen Dreieck $S\ P_1\ D$

des Kreises mit dem Durchmesser $SD = 2\,r_a$ besteht die Gleichung $x^2 = (2\,r_a - y) \cdot y = 2\,r_a \cdot y - y^2$. Vernachlässigt man der Kleinheit wegen das y^2, so ist $y = x^2 : 2\,r_a$ und die Gleisachse hat in P_1 das Gefälle $tg\,\varphi = \dfrac{dy}{dx} = x : r_a$.

Setzt man wieder $tg\,\varphi = +\,s_x : 1000$, so ist $s_x : 1000 = x : r_a$ oder das Gefälle im waagerechten Abstand x vom Scheitel ist $s_x = 1000\,x : r_a$ [$^0/_{00}$]. Letztere Werte trägt man als Ordinaten über der Wegachse auf und verbindet die oberen Endpunkte und erhält die Streckenkraftlinie (Abb. 153b). Da sich s_x bei konstantem Ausrundungshalbmesser r_a mit dem Weg x linear ändert, genügt es, wenn man nur die Ordinaten des Bahnpunktes ermittelt, von dem ab die Neigung konstant bleibt. Da die Gefälle über der Wegachse aufgetragen werden, so sind die Steigungen $-\,s\,^0/_{00}$ unterhalb als Ordinaten abzusetzen. Die gradlinige Verbindungslinie der Ordinaten der Steigung und des Gefälles in den Ausrundungsendpunkten des Ablaufgipfels geht senkrecht unter dem Scheitel S durch die Wegachse. Die Streckenkraftlinie außerhalb der Ausrundungen verläuft für die gleichbleibenden Neigungen ebenso wie die Wegachse waagerecht. Differentiert man die Gleichung $y = x^2 : 2\,r_a$ zweimal, so ist mit

$$dy : dx = x : r_a \text{ nunmehr } \frac{d^2 y}{dx^2} = 1 : r_a$$ die Krümmung, das ist der reziproke

Wert des Krümmungshalbmessers r_a der Ausrundung. Da $\dfrac{dy}{dx} = s_x : 1000$ ist,

so ist $\dfrac{d^2 y}{dx^2} = \dfrac{ds_x}{dx \cdot 1000} = \dfrac{1}{r_a}$ oder $\dfrac{ds_x}{dx} = \dfrac{1000}{r_a}$, d. h. die Krümmung ist der

Differential-Quotient der Streckenkraftlinie, die ihrerseits wieder die Differentiallinie des Längenprofils der Ausrundung ist. Umgekehrt ist das Längenprofil die Integrallinie der Streckenkraftlinie. Wenn die Streckenkraftlinie geradlinig

geneigt verläuft, dann ist deren Neigung $tg\,\gamma = 1000 : r_a = \dfrac{ds_x}{dx}$ (Abb. 153b).

Die Länge der Ausrundung ist dann $l_a = \displaystyle\int dx = \int_{s\,=\,s^2}^{s\,=\,s_1} \dfrac{r_a \cdot ds_x}{1000} = \dfrac{r_a}{1000}\,(s_1 - s_2).$

Hier sind s_1 und s_2 [$^0/_{00}$] die an die Ausrundung beiderseits anschließenden Gefälle. Ist aber die eine Neigung $+\,s_1$ [$^0/_{00}$] ein Gefälle und die andere $-\,s_2$ [$^0/_{00}$]

eine Steigung, so ist $l_a = \dfrac{r_a\,(s_1 + s_2)}{1000}$ [m]. Trägt man die Streckenkraftlinie einer

Ablaufanlage nach Abb. 153b auf, so entspricht die von links unten nach rechts oben steigende Streckenkraftlinie der konvexen Ausrundung des Ablaufgipfels und die von links oben nach rechts unten fallende Streckenkraftlinie der konkaven Ausrundung am Fuße der Steilrampe.

Setzt man nun $dx = \Delta x$ und $ds_x = \Delta s_x$ und ist $\Delta s_x = s_{x2} - s_{x1}$ der Neigungsunterschied der Punkte P_1 und P_2 im Abstand Δx, so besteht

  a) in konvexen Gefällen die Gefällzunahme $+\,\Delta s_x = s_{x2} - s_{x1}$ [$^0/_{00}$] und

  b) in konkaven Gefällen die Gefällabnahme $-\,\Delta s_x = s_{x2} - s_{x1}$ [$^0/_{00}$].

In Steigungsstrecken ist es umgekehrt.

Die Maßstäbe der Streckenkraftlinie sind $s = 1$ [$^0/_{00}$] $= 1$ [mm]. Mit $1 : 500$ ist $x = 10$ [m] $= 2$ [mm]. Meist läßt es sich einrichten, daß die Wegachse der Streckenkraftlinie vom Ablaufgipfel bis zum Fuße der Steilrampe mit der Gleis-

14*

achse zusammenfällt. In den Weichen und den Gleiskrümmungen ermäßigen sich die Ordinaten der Streckenkraftlinie und zwar

1. im geraden Strang um den Weichenwiderstand $w_w = 0,5 - 1$ $[^o/_{oo}]$
2. im Gleisbogen bei zweiachsigen Wagen um $w_r = 700 : r$ $[^o/_{oo}]$
3. im krummen Strang einer Weiche um $w_w + w_r$ $[^o/_{oo}]$.

Diese Widerstände sind in den Ordinaten s_x der Streckenkraftlinie enthalten. In den Übergängen von einer Weichenkrümmung oder von einer Neigungsstrecke zu einer anderen ist die Ecke der Streckenkraftlinie auf die Länge des Achsabstandes a abzuschrägen, da das Gleis nicht von einer Achse, sondern von einem zweiachsigen Wagen befahren wird und der Übergang der Neigungskräfte auf diesem Abstand nicht plötzlich, sondern allmählich erfolgt.

Beispiele:

Die Streckenkraftlinie vom Ablaufgipfel ab wird wie folgt ermittelt: (Abb. 154) Ausgehend von der Mitte der Kreuzung im Knick F der Steilrampe mit der Zwischenneigung wird nach dem Ablaufgipfel zu entsprechend den Ausführungen des Kapitels J, b die Strecke $q = 8 + 32 = 40$ [m] von F bis B (Ende der Gipfelausrundung) abgesetzt. Wie im Beispiel S.193 gezeigt, wird nun das Steilgefälle berechnet. Bei dem ermittelten Steilgefälle $s_1 = 52,1$ $[^o/_{oo}]$ und dem Ausrundungshalbmesser $r_a = 300$ ist die Länge der Gipfelausrundung vom Scheitelpunkt S ab $SB = r_a \cdot s_1 : 1000 = 300 \cdot 52,1 : 1000 = 15,6$ m. Die Ausrundungslänge am Fuße der Steilrampe beiderseits des Knickes F bei dem Ausrundungshalbmesser $r_a = 400$ m und dem Gefälle $s_2 = 16,7$ $^o/_{oo}$ der Zwischenneigung ist $l_a = r_a \cdot (s_1 - s_2) : 1000 = 400 \cdot (52,1 - 16,7) : 1000 = 14,1$ m. Diese 14,1 m verteilen sich je zur Hälfte beiderseits des Fußpunktes F. Mit diesen Werten sowie mit dem Krümmungswiderstand $w_r = 700 : r = 700 : 190 = 3,7$ kg/t in Gleisbögen, $w_w = 1$ kg/t im geraden Strang einer Weiche und $w_{wr} = 3,7 + 1 = 4,7$ kg/t im krummen Strang einer Weiche wird für die ungünstigste Weichenstraße die Streckenkraftlinie in den genannten Maßstäben aufgetragen. Den halben Achsabstand $a/2 = 2,25$ m trägt man beiderseits der Knicke der Streckenkraftlinie zur Abschrägung der Ecken ab.

b) **Die Streckenkraftlinie für Gruppen von Wagen verschiedenen Gewichts.** Die Streckenkraftlinie einer Wagengruppe (Abb. 153d) wird aus der für einen Einzelwagen (Abb. 153c) konstruiert. Zunächst ist der Schwerpunktsabstand b der Gruppe mit den verschiedenen Wagengewichten G_1, $G_2 \cdots G_n t$ von dem Gruppenende zu ermitteln. Sodann wird die Streckenkraftlinie des Einzelwagens durch Senkrechte im Abstand der Wagenlängen oder auch der Achsenabstände unterteilt. Darüber zeichnet man für die einzelnen Laststellungen Waagerechte von der Länge der Gruppen. Diese werden in den Abständen der Wagen oder Achsen unterteilt und befinden sich mit ihrem Gruppenschwerpunkt über den jeweiligen vorgenannten Senkrechten der Streckenkraftlinie des Einzelwagens. Für jede dieser Laststellungen wird die Streckenkraftlinie des Einzelwagens ausgewertet. Zu diesem Zweck zeichnet man für die Reduktion der Ordinaten der Streckenkraftlinie ein Strahlenbüschel, indem man vorher auf einer Senkrechten von der Wegachse der Streckenkraftlinie aus das Gewicht der Gruppe ΣG nach unten, dann vom Endpunkte nach rechts die Gewichte ΣG der Einzelwagen absetzt und diese Punkte mit dem Nullpunkt der Wegachse verbindet. Die Neigung eines Strahls für einen Wagen vom Gewicht G_1 ist dann $G_1 : \Sigma G$.

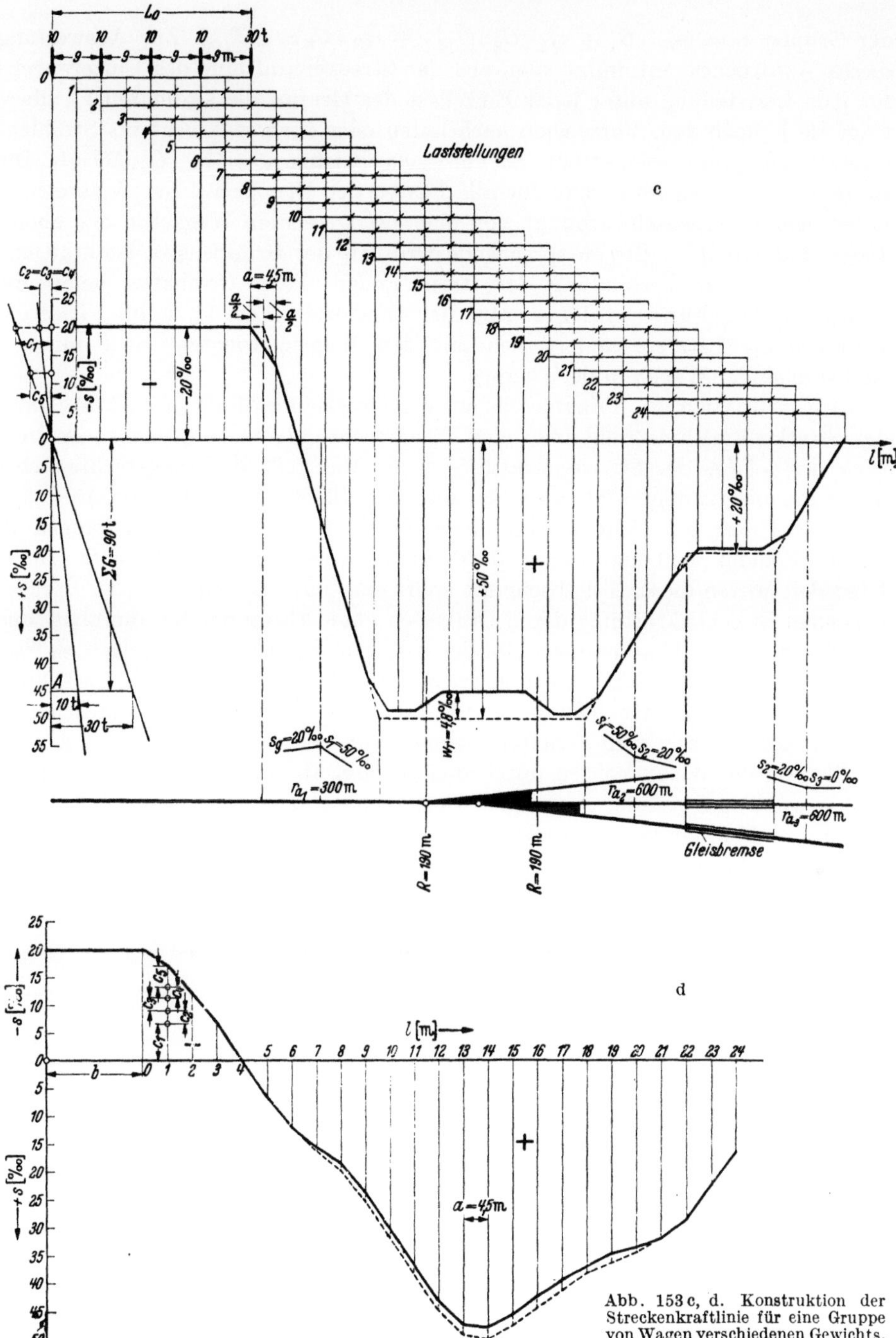

Abb. 153 c, d. Konstruktion der Streckenkraftlinie für eine Gruppe von Wagen verschiedenen Gewichts.

Multipliziert man die Ordinate s_{x1} der Streckenkraftlinie des Einzelwagens mit $G_1 : \Sigma G$ und ebenso s_{x2} mit $G_2 : \Sigma G$ usw., so ist bei den einzelnen Laststellungen für die Last 1 t im Gruppenschwerpunkt die Ordinate der Streckenkraftlinie der Gruppe $s_g = (s_{x_1} \cdot G_1 + s_{x_2} \cdot G_2 + \cdots + s_{xn} \cdot G_n) : \Sigma G\,^0/_{00}$. Zur Auswertung dieses Ausdruckes entnimmt man aus der Streckenkraftlinie des Einzelwagens für jede Laststellung unter jeder Einzellast der Gruppe die Ordinaten s_x, überträgt sie je nach dem Vorzeichen nach unten oder oben senkrecht ins Strahlenbüschel und greift waagerecht die einzelnen Beträge $c = s_x \cdot G : \Sigma G$ ab. Die Beträge c_1, $c_2 \cdots c_n$ reiht man für alle Lasten der Gruppe auf der Senkrechten unter dem Gruppenschwerpunkt von einer waagerechten Wegachse aus aneinander und erhält so die entsprechende Ordinate der Gruppenstreckenkraftlinie (Abb. 153d). Die Verbindung der freien Enden dieser Ordinaten liefert die **Gruppenstreckenkraftlinie** für die wandernde Last 1 t im Gruppenschwerpunkt. Letztere ändert sich mit den Wagengewichten sowie mit der Reihenfolge der Wagen in der Gruppe.

c) **Konstruktion des Ablaufprofils aus der Streckenkraftlinie** (Abb. 154). Unter der Streckenkraftlinie zieht man eine Waagerechte, deren Höhenachse in Richtung der s-Achse der Streckenkraftlinie liegt. Man teilt die waagerechte Achse unter den ausgerundeten Strecken des Ablaufprofils in Abschnitte von $\Delta x = 5$ m $= 1$ cm. Unter den nicht ausgerundeten Strecken setzt man deren Längen als Δx ein. Sodann zieht man durch die Pfeilpunkte nach unten senkrechte Linien. Über den Mitten dieser Teilabschnitte greift man mit dem Zirkel in der darüber liegenden Streckenkraftlinie deren Ordinaten ohne Abzug der Krümmungs- und Weichenwiderstände ab und schreibt deren Werte als mittlere Neigungen s_m $[^0/_{00}]$ in die Zahlentafel. Sodann multipliziert man die Abstände Σx mit $s_m : 1000$ und erhält die Höhenunterschiede $\Delta h = \Delta x \cdot s_m : 1000$ der einzelnen Teilabschnitte. Sodann addiert man vom Scheitel beginnend und erhält die Höhen des Ablaufprofils von der Waagerechten durch den Scheitel ab gerechnet. $h = \Sigma \Delta h$. Diese Höhen setzt man von der genannten Waagerechten nach unten in den Lotrechten durch die Teilpunkte im Maßstab 1 [m] $= 2$ [cm] ab und verbindet die unteren Punkte zum Ablaufprofil (Abb. 154).

Zahlentafel 5.

Nr.	$\Delta x\,[m]$	$x = \Sigma \Delta x\,[m]$	$s_m\,[^0/_{00}]$	$\Delta h\,[m]$	$h = \Sigma \Delta h\,[m]$
1	5	5	7,5	0,0375	0,0375
					0,1250
2	5	10	25	0,1250	0,1625
					0,21
3	5	15	42	0,21	0,3725
					1,825
4	35	50	52,1	1,825	2,1975
					0,225
5	5	55	45,2	0,225	2,4225
					0,168
6	5	60	33,7	0,168	2,5905
					0,105
7	5	65	21	0,105	2,6955
					1,00
8	60	125	16,7	1,00	3,6955 m

Gleisbremsenanfang

d) Die Ermittlung der Ablaufbewegung auf dem ausgerundeten Ablaufprofil.
Der Wagen befindet sich nach Abb. 153a, b im Punkte P_1 der Gipfelausrundung
auf dem Gefälle $+ s_{x1}$ [$^0/_{00}$] und hat die Geschwindigkeit v_1 [m/s]. Als Zeitschritt sei $\Delta t/2 = 2,5$ [sec] gewählt. Am Ende des Zeitschrittes ist der Wagen im
Punkt P_2 auf der Neigung s_{x2} [$^0/_{00}$] mit der Geschwindigkeit v_2 [m/s]. Es sind
s_{x1} und v_1 bekannt s_{x2} und v_2 gesucht.

Im Zeitschritt $\Delta t/2$ ist die Mittelkraft $sm_x - w = s_{x1} \pm \dfrac{\Delta s_x}{2} - w$ [$^0/_{00}$]

und die mittlere Geschwindigkeit ist $v_m = v_1 \pm \dfrac{\Delta v}{2}$ [m/s].

Der Weg im Zeitschritt $\Delta t/2$ ist $\Delta 1 = \dfrac{v_m \Delta t}{2} = \left(v_1 \pm \dfrac{\Delta v}{2}\right) \dfrac{\Delta t}{2}$. Nun ist

$$\Delta s_x = \frac{\Delta l \cdot 1000}{r_a} = \left(v_1 \pm \frac{\Delta v}{2}\right) \frac{\Delta t}{2} \cdot \frac{1000}{r_a}\ ^0/_{00}.$$ Die Mittelkraft im Zeitschritt

$\Delta t/2$ ist dann $sm_x - w = s_{x1} + \dfrac{\Delta s_x}{2} - w = s_{x1} - w \pm \left(v_1 \pm \dfrac{\Delta v}{2}\right) \dfrac{\Delta t}{2 \cdot 2} \cdot \dfrac{1000}{r_a}$

Für das Gefälle der **konvexen** Gipfelausrundung lautet für den Zeitschritt $\dfrac{\Delta t}{2}$.

sec die dynamische Grundgleichung $s_{x1} - w + \left(v_1 + \dfrac{\Delta v}{2}\right) \dfrac{\Delta t}{4} \cdot \dfrac{1000}{r_a} = \dfrac{1000 \cdot \Delta v}{g' \cdot \dfrac{\Delta t}{2}}$

$$\text{oder } s_{x1} - w + \frac{v_1 \Delta t \cdot 1000}{4 \cdot r_a} + \frac{\Delta v \cdot \Delta t \cdot 1000}{8 \cdot r_a} = \frac{1000 \cdot \Delta v}{g' \cdot \dfrac{\Delta t}{2}}$$

$$\text{oder } s_{x1} - w + \frac{v_1 \cdot \Delta t \cdot 1000}{4 \cdot r_a} = 1000\, \Delta v \left(\frac{1}{g' \dfrac{\Delta t}{2}} - \frac{\Delta t}{4 \cdot 2\, r_a}\right)$$

Multipliziert man auf der rechten Seite Zähler und Nenner mit $g' \cdot \dfrac{\Delta t}{2}$, so ist

$$s_{x1} - w + \frac{v_1 \cdot \Delta t \cdot 1000}{4 \cdot r_a} = \frac{1000 \cdot \Delta v}{g' \cdot \dfrac{\Delta t}{2}} \left[1 - \frac{g' \cdot \left(\dfrac{\Delta t}{2}\right)^2}{4 \cdot r_a}\right] = \frac{1000\, \Delta v}{g' \cdot \dfrac{\Delta t}{2}} (1 - \alpha)$$

$$\text{wo } \alpha = \frac{g' \left(\dfrac{\Delta t}{2}\right)^2}{4 \cdot r_a} \text{ ist.}$$

In dem **konkaven** Gefälle am Fuße der Steilrampe nehmen die Neigungen ab.
Es ist also hier $- \Delta s_x/2$ statt $+ \Delta s_x/2$ zu setzen und die Mittelkraft ist

$$s_{x1} - \frac{\Delta s_x}{2} - w = s_{x1} - w - \frac{\Delta l}{2} \cdot \frac{1000}{r_a} = s_{x1} - w - \left(v_1 + \frac{\Delta v}{2}\right) \frac{\Delta t}{4} \cdot \frac{1000}{r_a}$$

und die dynamische Grundgleichung ist hier

$$s_{x1} - w - \frac{v_1 \cdot \Delta t \cdot 1000}{4\, r_a} - \frac{\Delta v \cdot \Delta t \cdot 1000}{8\, r_a} = \frac{1000\, \Delta v}{g' \dfrac{\Delta t}{2}} \text{ oder}$$

$$s_{x1} - w - \frac{v_1 \cdot \Delta t \cdot 1000}{4\, r_a} = 1000\, \Delta v \left(\frac{1}{g' \dfrac{\Delta t}{2}} + \frac{\Delta t}{2 \cdot 4 \cdot r_a}\right)$$

Rechts wieder Zähler und Nenner mit $g' \cdot \Delta t/2$ multipliziert ergibt:

$$s_{x1} - w - \frac{v_1 \cdot \Delta t \cdot 1000}{4\, r_a} = \frac{1000\, \Delta v}{g' \cdot \dfrac{\Delta t}{2}} \left[1 + \frac{g' \left(\dfrac{\Delta t}{2}\right)^2}{4\, r_a}\right] = \frac{1000\, \Delta v}{g' \dfrac{\Delta t}{2}} (1 + \alpha)$$

Um den Einfluß von α auf die Gleichung festzustellen, wird der Wert von α für das Durchschnittsgewicht des Wagens also für $g' = 9{,}32$ m/s² berechnet.

Bei der Gipfelausrundung mit $r_a = 300$ m und $\Delta t/2 = 2{,}5$ sec ist $\alpha = \dfrac{g' \cdot \left(\dfrac{\Delta t}{2}\right)^2}{4\,r_a}$

$= \dfrac{9{,}32 \cdot 2{,}5^2}{4 \cdot 300} = 4{,}85\%$, in der Ausrundung am Fuße der Steilrampe mit $r_a =$

400 m ist $\alpha = \dfrac{g' \cdot \left(\dfrac{\Delta t}{2}\right)^2}{4\,r_a} = \dfrac{9{,}32 \cdot 2{,}5^2}{4 \cdot 400} = 3{,}64\%$. Da diese Ausrundungsstrecken

verhältnismäßig kurz sind, vernachlässigt man die Werte α, dann ist am Gipfel

und ebenso am Steilrampenfuß $s_{x1} - w - \dfrac{v_1\,\Delta t \cdot 1000}{4\,r_a} = \dfrac{1000\,\Delta v}{g'\,\dfrac{\Delta t}{2}}$ $(Gl.\ II)$.

Da hier der Zeitschritt $\dfrac{\Delta t}{2}$ ist, so ist die rechte Seite dieser Gleichung halb so groß wie die rechte Seite der Gleichung für gleichbleibende Neigung ($Gl.\ I$), die im Abschnitt L 1 c (S. 207) angegeben ist. Infolgedessen bleiben alle Maßstäbe die gleichen, wenn die Laufbewegung auf einer Ausrundung ermittelt wird. Da auf dem gleichbleibenden Gefälle bei der flachen w-Linie sich das Einzeichnen der Zeitdreiecke erübrigt und bei $\Delta t/2 = 2{,}5$ sec nach Seite 208 die Strecke für die Mittelkraft $s{-}w$ gleich der für die Geschwindigkeitsänderung ist und daher die $(s{-}w)$-Strecken in jedem Zeitschritt $\Delta t/2$ nur einmal auf der v-Achse aneinandergereiht werden, so ist auf den Ausrundungsstrecken wie im einzelnen unten beschrieben wird zu verfahren. Das Zeitdreieck wäre also hier ein gleichschenkliges Dreieck, in dem die Grundlinie gleich der Höhe ist. Bei Vernachlässigung von α werden in den Ausrundungen am Gipfel die Geschwindigkeitsänderungen etwas zu klein, d. h. die Laufzeiten etwas zu groß, umgekehrt ist es am Steilrampenfuß. Dies tritt sowohl beim Gutläufer als auch beim Schlechtläufer ein, für die die Laufzeitunterschiede ermittelt werden sollen.

Die Mittelkraft $s_{x1} + \dfrac{v_1 \cdot \Delta t \cdot 1000}{4\,r_a} - w = sm - w$ °/$_{00}$ wird wie folgt bestimmt: Um die mittlere Streckenkraft $s_x \pm \dfrac{v_1 \cdot \Delta t \cdot 1000}{4\,r_a}$ als Ordinate der Streckenkraftlinie abgreifen zu können, ist an die v-Achse der w-Linie noch ein Wegstrahl für $\Delta t/4$ zu zeichnen, um an diesem den Weg $\dfrac{v_1\,\Delta t}{4}$ [m] zu erhalten.

Diesen greift man zwischen dem Wegstrahl für $\Delta t/4$ und der v-Achse in der zuletzt ermittelten Geschwindigkeit ab. Die Strecke $v_1 \cdot \Delta t : 4$ reiht man auf der Wegachse der Streckenkraftlinie, die vom Ablaufgipfel bis zum Fuß der Steilrampe mit der Gleisachse zusammenfällt, an dem bisher ermittelten Laufweg des Wagens an, um die zugehörigen Ordinate $s_{x1} \pm \dfrac{v_1\,\Delta t}{4} \cdot \dfrac{1000}{r_a} = s_x m$ [°/$_{00}$] abzugreifen. Es gilt das Plus-Zeichen für die steigende und das Minus-Zeichen für die fallende Streckenkraftlinie (Abb. 153c).

Bevor die Handhabung des Verfahrens gezeigt werden soll, wird erst die Aufzeichnung der w-Linien nach den Gleichungen S. 208 für Gut- und Schlechtläufer sowie der Wegstrahlen für die Ablauframpe und die anschließenden Weichen und

Richtungsgleise angegeben. Auf der Ablauframpe wird Gegenwind mit $v_l = 3$ [m/s], von der Gleisbremse ab mit $v_l = 1$ [m/s] angenommen. Dann ist für die größte Geschwindigkeit hinter der Bremsstrecke $v = 10$ [m/s] bei $v_l = 1$ [m/s] die Relativgeschwindigkeit $v_r = v + v_l = 11$ m/s, für die die Fahrzeugwiderstände berechnet und die w-Linien gezeichnet werden. Von deren Nullpunkt ab ist die w-Linie zu zeichnen. Die Laufgeschwindigkeiten vor der Gleisbremse [Ablauframpe] sind mit v_a, die dahinter [Richtungsgleise] mit v_{ri} bezeichnet. Die Wegstrahlen sind jedoch von dem Punkte der v Achse nach unten zu zeichnen, in dem die Laufgeschwindigkeit gleich Null ist. Nun wird die Laufbewegung vom Ablaufgipfel bis zur Bremsstrecke für die Zeitschritte $\Delta t/2 = 2{,}5$ [sec] und diejenige vom Ende der Bremsstrecke bis zu den Richtungsgleisen mit $\Delta t = 5$ sec ermittelt. Es ist daher für $v = o$ der Wegstrahl für $\Delta t/2$ von $v_r = v_l = 3$ [m/s] ab und derjenigen für Δt von $v_r = v_l = 1$ [m/s] ab nach unten geneigt zu zeichnen. Ist die Laufgeschwindigkeit $v = 5$ [m/s], so ist in der Zeit $\Delta t/2 = 2{,}5$ [sec] der Weg $\Delta l = v \cdot \Delta t/2 = 5 \cdot 2{,}5 = 12{,}5$ [m]. Bei dem Längenmaßstab 1 : 500 ist Δl durch 25 [mm] darzustellen. Diese Strecke setzt man in $v_r = v + v_l = 5 + 3 = 8$ [m/s] von der v-Achse nach unten ab und verbindet den Endpunkt mit $v_l = 3$ [m/s]. Dann zeichnet man gestrichelt vom gleichen Nullpunkt aus einen Wegstrahl, der noch einmal so flach ist und erhält denjenigen für $\Delta t/4$ [sec]. Der Weg für $\Delta t = 5$ [sec] bei der Geschwindigkeit $v = 10$ [m/s] ist $\Delta l = v : \Delta t = 5 \cdot 10 = 50$ [m], die durch 100 [mm] dargestellt werden. Diese Strecke trägt man in $v_r = 11$ [m/s] der Geschwindigkeitsachse auf und verbindet den unteren Endpunkt mit $v_r = v_l = 1$ [m/s], um den Wegstrahl $\Delta t = 5$ [sec] zu erhalten.

Falls die Wagen mit der Geschwindigkeit $v_0 = 1{,}3$ m/s dem Ablaufgipfel zugeführt werden sollen, so beginnt bei $v_0 = v = 1{,}3$ [m/s] der Geschwindigkeitsachse die Ermittlung der Laufbewegung (Abb. 154). Es werden die Ablaufbewegungen für die höchste ($v_0 = 1{,}3$ [m/s]) Zuführungsgeschwindigkeit und für die niedrigste ($v_0 = 0{,}6$ [m/s]) ermittelt.

e) Die Konstruktion der Bewegungsbilder. Es soll nun die Ermittlung der Laufbewegung eines Schlechtläufers $G_{(1{,}3)}$ mit der Zuführungsgeschwindigkeit $v_0 = 1{,}3$ [m/s] beschrieben werden, der der Vorläufer einer ungünstigen Wagenfolge ist (Abb. 154a-g).

Man greift an der w-Linie des Schlechtläufers für $v_0 = 1{,}3$ [m/s] den Widerstand w ab, überträgt ihn unter dem Scheitelpunkt S (Nullpunkt) von der Wegachse der Streckenkraftlinie nach oben ab und zieht eine kleine Waagerechte, die die Streckenkraftlinie schneidet. Unter dem Schnittpunkt liegt auf der gemeinsamen Gleis- und Wegachse der Ablaufpunkt A_v, da hier $w = s$ [$^0/_{00}$] ist. Dies ist der Anfangspunkt der Ablaufbewegung. Nunmehr greift man an der w-Linie für $v_0 = 1{,}3$ [m/s] die Höhe zwischen der Geschwindigkeitsachse und dem gestrichelten Wegstrahl für $\Delta t/4$ ab, überträgt sie waagerecht von A_v auf die Wegachse nach rechts und nimmt am rechten Ende die Ordinate der Streckenkraftlinie in den Zirkel. Diese Ordinate $s_{\lambda m}$ [$^0/_{00}$] setzt man senkrecht von der Geschwindigkeitsachse für die geschätzte mittlere Geschwindigkeit des ersten Zeitschritts ab. Rückt man die untere Zirkelspitze von der Geschwindigkeitsachse auf die w-Linie, so hat man $s_{\lambda m} - w$ die Geschwindigkeitsänderung Δv im Zeitschritt $\Delta t/2 = 2{,}5$ [sec] im Zirkel.

Die Strecke $s_{xm}-w$ trägt man waagerecht auf der v-Achse von $v_1 = v_0 = 1{,}3$ [m/s] als Δv nach links ab und erhält die Geschwindigkeit v_2. Für die Mitte von v_2-v_1 greift man die Höhe bis zum Wegstrahl für $\Delta t/2 = 2{,}5''$ ab und überträgt den Weg Δl auf die Gleisachse von A_v bis zum Zeitstrich $2{,}5''$. Ebenso verfährt man beim zweiten Zeitschritt. Für den dritten Zeitschritt von $5''$ bis $7{,}5''$ ist eine Ermittlung durch die Buchstaben a, b, c in Abb. 154a, d, e gekennzeichnet. Am Ende der Gipfelausrundung verläuft die Streckenkraftlinie w a a g e r e c h t und die Zirkelgriffe zwischen der Geschwindigkeitsachse und dem gestrichelten Wegstrahl zur Ermittlung der Streckenkraftordinate fallen fort. In der konkaven Ausrundung am Fuß der Steilrampe verfährt man ebenso wie bei der konvexen Gipfelausrundung.

Hinter der Gleisbremse ist der Zeitschritt $\Delta t = 5''$. Hier sind die waagerechten Teile der Streckenkraftlinie überwiegend und man wendet daher das einfachere Verfahren für gleichbleibende Neigungen an (Seite 206). Hierbei überträgt man die Ordinate s_{xm} der Streckenkraftlinie von der v-Achse nach oben, bildet mit dem Zirkel $s_{xm}-w$ und trägt diese Strecke zweimal auf der v-Achse ab, bei Beschleunigung in positiver Richtung, bei Verzögerung in negativer Richtung. Sodann greift man den Weg Δl zwischen v_m der Geschwindigkeitsachse und dem Wegstrahl für $\Delta t = 5''$ ab und trägt diesen vom letzten Zeitstrich auf der Gleisachse ab, um den neuen Zeitstrich zu erhalten.

Die Wagenbewegung auf der Bremsstrecke: Bei der Länge des Balkens der Gleisbremse $L_b = 20$ [m] ist die Bremsstrecke eines Einzelwagens $l_b = L_b + a = 20 + 4{,}5 = 24{,}5$ [m] (a = Achsabstand). Zu Beginn der Bremsstrecke ist die Laufzeit auf der Gleisachse sowie die Geschwindigkeit v_e [m/s] auf der Geschwindigkeitsachse der w-Linie zu interpolieren. Die Auslaufgeschwindigkeit v_a aus der Bremsstrecke ist aus der gewünschten Laufweite des Wagens, wie unten im Beispiel berechnet, zu ermitteln. Dann ist auf der Bremsstrecke l_b [m] die Laufzeit $t_b = \dfrac{2 \cdot l_b}{v_e + v_a}$ [sek].

f) Die Ermittlung der Laufbewegungen für je zwei aufeinander folgende Wagen. Die Leistungsfähigkeit des Ablaufgipfels hängt ab von den Zuführungsgeschwindigkeiten der Wagen. Diese müssen so bestimmt werden, daß bei einer ungünstigen Wagenfolge die letzte Weiche noch zwischen den Wagen umgestellt werden kann bzw. die beiden Wagen an deren Merkzeichen sich nicht gegenseitig streifen. Um die Wagenfolge zu bestimmen, die die Leistungsfähigkeit am stärksten herunterdrückt, werden ermittelt:

a) die Einlaufgeschwindigkeit v_e in die Gleisbremse und die Laufzeiten t_1 vom Ablaufgipfel bis zur Bremsstrecke eines Gut- und eines Schlechtläufers für die niedrige und die höchste Zuführungsgeschwindigkeit $v_0 = 0{,}6$ [m/s] und $1{,}3$ [m/s].

b) die Auslaufgeschwindigkeit v_a aus der Bremse und die Laufzeiten t_2 von dieser bis zum Merkzeichen der letzten Weiche und zwar

α) für je einen weitlaufenden und einen kurzlaufenden Gutläufer [Ow und Ok] und

β) für je einen weitlaufenden und einen kurzlaufenden Schlechtläufer [Gw und Gk]. Die Abb. 154 zeigt diese Ermittlungen. In dieser ist die Gleisachse der ungünstigsten Fahrstraße zweimal gezeichnet. Auf der oberen Seite der Gleisachse sind die Laufbewegungen für Gut- und Schlechtläufer vom Ablaufgipfel bis zur Bremse für $v_0 = 1{,}3$ [m/s] O (1,3) und G (1,3), von der Bremse ab für die

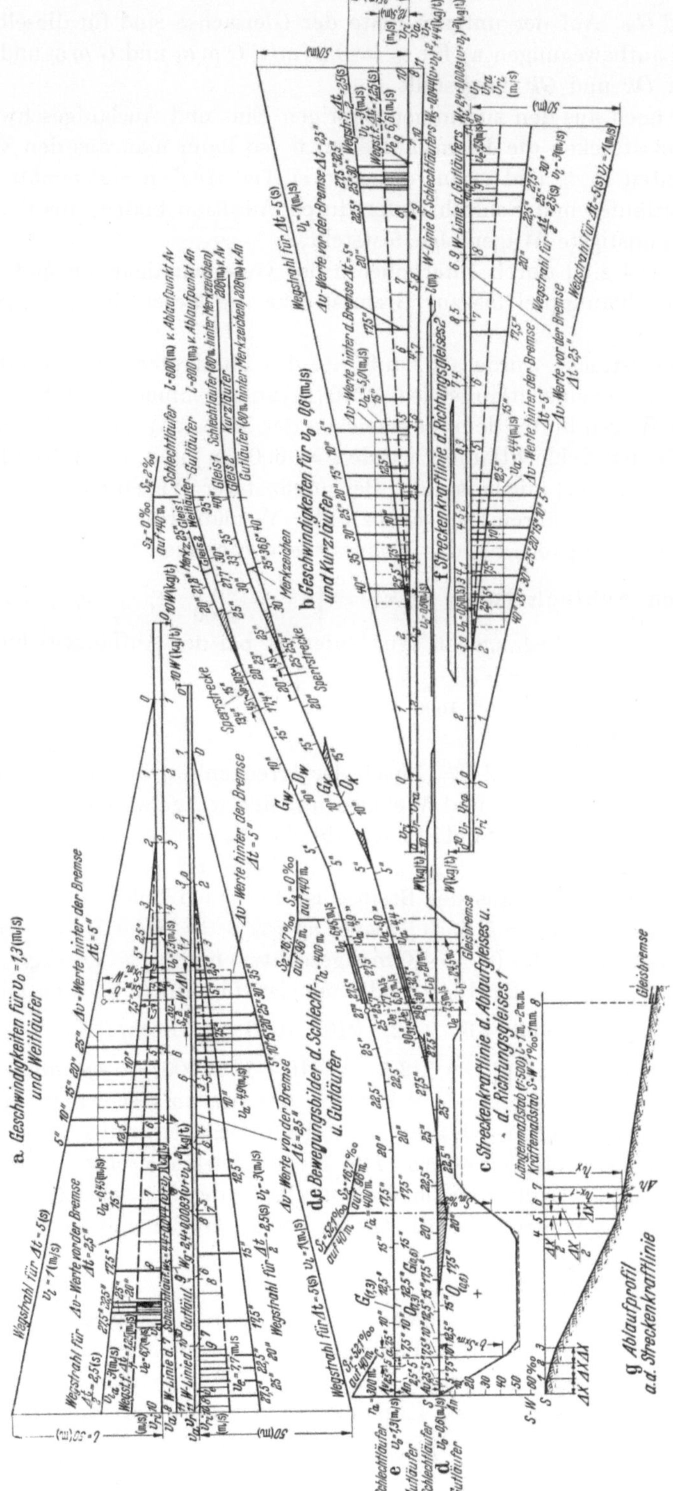

Abb. 154a—g: Laufzeitermittlung der Wagenfolge einer Ablaufanlage.

Weitläufer Ow und Gw. Auf der unteren Seite der Gleisachse sind für dieselben Laufstrecken die Laufbewegungen a) für $v_o = 0{,}6$ [m/s] O (0,6) und G (0,6) und b) für die Kurzläufer Ok und Gk dargestellt.

Ermittelt man noch aus den zusammengehörigen Ein- und Auslaufgeschwindigkeiten der Bremsstrecken die Bremslaufzeiten t_b, so kann man aus den verschiedenen Laufzeiten t_1, t_b und t_2 auf diesen drei Teilstrecken sinngemäß die Laufzeiten der Gutläufer und Schlechtläufer durch Addition bilden, aus denen man dann die ungünstigste Wagenfolge feststellt.

Nach der Abb. 154 sind durch Interpolieren der Geschwindigkeiten und der Laufzeiten t_1 vom Ablaufgipfel bis zur Bremsstrecke die Geschwindigkeiten v_e ermittelt.

Hinter der Bremsstrecke wurde als Laufweite des kurzlaufenden Gutläufers sowie des kurzlaufenden Schlechtläufers je $l = 210$ [m] angenommen, das entspricht einer Länge von 8 Wagen hinter dem Merkzeichen der letzten Weiche. Als Laufweite des weitlaufenden Schlechtläufers wurde $l = 600$ [m] und des weitlaufenden Gutläufers $l = 800$ [m] angenommen. Bei ungünstiger Wagenfolge sind die Weitläufer Nachläufer, während die Kurzläufer Vorläufer sind.

Die Auslaufgeschwindigkeit aus der Bremsstrecke für einen von selbst zum Halten kommenden Schlechtläufer ist $v_a = \sqrt{\dfrac{2\,g'\,(w_m \pm s_m)}{1000} \cdot l}$ [m/s] und für einen vom Hemmschuh aufgefangenen Gutläufer ist bei der Auffanggeschwindigkeit $v = 1$ [m/s] $v_a = \sqrt{\dfrac{2\,g'\,(w_m \pm s_m) \cdot l}{1000}} + 1$ [m/s].

a) Kurzläufer als Vorläufer:

Für $l = 210$ [m] ist $s_m = +\,2$ [⁰/₀₀] nach der Streckenkraftlinie der mittlere Widerstand durch Krümmungen und Weichen auf der waagerechten Weichenzone. Der mittlere Fahrzeugwiderstand ist nach Abb. 149 $w_m = (2\,w_o + w_a) : 3$ [kg/t]. Für Schlechtläufer ist $w_o = 4{,}4$ [kg/t], für Gutläufer ist $w_o = 2{,}4$ [kg/t]. Der Widerstand beim Auslauf aus der Bremse ist für einen Schlechtläufer bei geschätztem $v_a = 5{,}3$ m/s, $w_a = 5$ [kg/t]. Daher ist $w_m = (2 \cdot 4{,}4 + 5) : 3 = 4{,}65$ [kg/t]. Und für einen Gutläufer ($v_a = 4{,}0$ m/s geschätzt) mit $w_a = 2{,}8$ [kg/t] ist $w_m = (2 \cdot 2{,}2 + 2{,}8) : 3 = 2{,}5$ [kg/t]. Hiermit ist für einen Schlechtläufer

$$v_a = \sqrt{2 \cdot 8{,}83\,(4{,}65 + 2) \cdot 210 : 1000} = 5{,}0 \text{ [m/s]}$$

und für einen Gutläufer $v_a = \sqrt{[2 \cdot 9{,}5\,(2{,}5 + 2)\,210 + 1] : 1000} = 4{,}4$ m/s. Die Fehler, die durch eine unzutreffende Schätzung der Auslaufgeschwindigkeiten entstehen, sind bei den flachen w-Linien nicht groß. Gegebenenfalls kann man durch Iteration das Ergebnis verbessern. Mit diesen Auslaufgeschwindigkeiten wurde die Ermittlung der Laufzeiten für die kurzlaufenden Schlecht- und Gutläufer begonnen bis ½ Wagenlänge hinter der Sperrstrecke und dem Merkzeichen der letzten Weiche.

b) Weitläufer als Nachläufer.

Bei 600 [m] Laufweite des Schlechtläufers ist das mittlere Gefälle $= s_m = 1{,}1$ [⁰/₀₀] und $w_m = 5$ [kg/t], bei 800 m Laufweite des Gutläufers ist das mittlere Gefälle $s_m = (1{,}1 \cdot 600 + 2 \cdot 200) : 800 = 1{,}3$ [⁰/₀₀] (2⁰/₀₀ ist das Gefälle der Richtungsgleise). Mit dem mittleren Laufwiderstand $w_m = 2{,}5$ [kg/t] ist für den Schlechtläufer $v_a = \sqrt{2 \cdot 8{,}83\,(5 - 1{,}1)\,600 : 1000} = 6{,}45$ [m/s] und für den Gutläufer ist $v_a = \sqrt{(2 \cdot 9{,}5\,(2{,}3-1{,}3)\,800+1)} : 1000 = 4{,}9$ [m/s]. Mit diesen Auslaufgeschwindigkeiten wurden die Laufzeiten t_2 nach Abb. 154e bis ½ Wagenlänge vor der Sperrstrecke und dem Merkzeichen der letzten Weiche ermittelt. Die Streuung der Auslaufgeschwindigkeiten der Gutläufer ist äußerst gering. Praktisch ist die Bremse beim Gutläufer daher stets in der gleichen Weise zu bedienen und die Geschwindigkeiten sind nach 100 bis 800 [m] Laufweite so gering, daß die Gutläufer hier an jeder Stelle durch einen Hemmschuh aufgefangen werden können.

Nach der Gleichung der Bremslaufzeiten $t_b = \dfrac{2\,l_b}{v_e + v_a}$ [sec] sind diese mit $2\,l_b = 49$ [m] nachstehend berechnet.

Zahlentafel der t_b-Werte.

1. Weitläufer

$$G_{(1,3)} \text{ mit } v_e = 6{,}7\,[\text{m/s}], G_w \text{ mit } v_a = 6{,}45\ [\text{m/s}]\quad t_b = \frac{49}{6{,}7 + 6{,}45} = 3{,}7\ [\text{sec}]$$

$$G_{(0,6)} \quad„\quad v_e = 6{,}6\ „\ ,\ G_w\ „\ v_a = 6{,}45\quad„\quad t_b = \frac{49}{6{,}6 + 6{,}45} = 3{,}8\ „$$

$$O_{(1,3)} \quad„\quad v_e = 7{,}7\ „\ ,\ O_w\ „\ v_a = 4{,}9\quad„\quad t_b = \frac{49}{7{,}7 + 4{,}9} = 3{,}9\ „$$

$$O_{(0,6)} \quad„\quad v_e = 7{,}5\ „\ ,\ O_w\ „\ v_a = 4{,}9\quad„\quad t_b = \frac{49}{7{,}5 + 4{,}9} = 4{,}0\ „$$

2. Kurzläufer

$$G_{(1,3)} \text{ mit } v_e = 6{,}7\,[\text{m/s}], G_k \text{ mit } v_a = 5{,}0\ [\text{m/s}]\quad t_b = \frac{49}{6{,}7 + 5{,}0} = 4{,}2\ [\text{sec}]$$

$$O_{(1,3)} \quad„\quad v_e = 7{,}7\ „\ ,\ O_k\ „\ v_a = 4{,}4\quad„\quad t_b = \frac{49}{7{,}7 + 4{,}4} = 4{,}1\ „$$

g) Die Ermittlung der Zuführungsgeschwindigkeit bei einer ungünstigen Wagenfolge. Während im Vorigen gezeigt wurde, wie für eine gegebene Zuführungsgeschwindigkeit und Laufweite die Laufbewegung in die Gleisachse eingezeichnet wird, soll nunmehr die umgekehrte Aufgabe gelöst werden, nämlich aus der Darstellung der Laufbewegungen des Gut- und des Schlechtläufers bei einer ungünstigen Wagenfolge diejenige Zuführungsgeschwindigkeit zu bestimmen, bei der die erste und die letzte Weiche noch umgestellt werden kann und die beiden Wagen am Merkzeichen der letzten Weiche sich nicht streifen. Die ungünstigsten Wagenfolgen sind:

α) ein kurzlaufender Gutläufer (beladener O-Wagen) vor einem weitlaufenden Schlechtläufer (leerer G-Wagen), also Ok vor Gw.

β) ein kurzlaufender Gutläufer vor einem weitlaufenden Gutläufer, also Ok vor Ow.

γ) ein kurzlaufender Schlechtläufer vor einem weitlaufenden Schlechtläufer, also Gk vor Gw.

δ) ein kurzlaufender Schlechtläufer vor einem weitlaufenden Gutläufer, also Gk vor Ow.

Die Kurzläufer sind also bei ungünstiger Wagenfolge Vorläufer und die Weitläufer Nachläufer. Für die Vorläufer sind nach Abb. 150 die Laufzeiten hinter der Sperrstrecke der Weiche bzw. eine halbe Wagenlänge hinter dem Merkzeichen, für die Nachläufer vor der Sperrstrecke bzw. eine halbe Wagenlänge vor dem Merkzeichen zu ermitteln. Bei allen anderen Wagenfolgen der Einzelwagen sowie bei allen Wagengruppen sind Untersuchungen zur Bestimmung der zulässigen Zuführungsgeschwindigkeiten nicht erforderlich. Hier kann stets die größtmögliche Zuführungsgeschwindigkeit angewandt werden. Diese größtmögliche Zuführungsgeschwindigkeit soll bei den obigen ungünstigen Wagenfolgen stets der Vorläufer haben. Es ist also hier $v_0 = 1{,}3$ m/s. Die zulässigen Zuführungsgeschwindigkeiten des Nachläufers werden mittels des Laufzeitdiagramms nach Abb. 154h festgestellt. Zu diesem Zweck ist in die allgemeine Gleichung für die achsfreie Sperrstrecke einer Weiche $t_w = t_a + t_N - t_V$ die Weichenstellzeit t_w an Stelle von t_f einzusetzen und ihr folgende Form $t_a + t_N = t_V + t_w$ zu geben. Beim schnellaufenden Weichenantrieb ist $t_w = 0{,}5$ [sec].

Bei der Untersuchung der Wagenfolge am Merkzeichen fällt t_w fort. Dafür lautet hier die Gleichung $t_a + t_N = t_V$. Es ist $t_V = t_{V_1} + t_{Vb} + t_{V_2}$ und $t_N = t_{N_1} + t_{Nb} + t_{N_2}$ [sec]. Aus Abb. 154d,e wurden die Werte t_{V_1}, t_{V_2} und t_{N_1}, t_{N_2}, aus der Zahlentafel der t_b-Werte wurden t_{Vb} und t_{Nb} entnommen.

In nachstehender Zahlentafel der t_N- und t_V-Werte sind die Laufzeiten der Nach- und Vorläufer enthalten.

Zahlentafel der t_N- und t_V-Werte.

A. Nachläufer = Weitläufer

		vor letzter Weiche			vor Merkzeichen	
	[m/s]		[sek]			[sek]
Gw	$v_0 = 1{,}3$	t_{N1}	27		t_{N1}	27
		t_{Nb}	3,7		t_{N6}	3,7
		t_{N2}	13,4		t_{N2}	21,2
		t_{NGW}	44,1		t_{NGM}	51,9
	$v_0 = 0{,}6$	t_{N1}	31,3		t_{N1}	31,3
		t_{Nb}	3,8		t_{N6}	3,8
		t_{N2}	13,4		t_{N2}	21,2
		t_{NGW}	48,5		t_{NGM}	56,3
Ow	$v_0 = 1{,}3$	t_{N1}	25,7		t_{N1}	25,7
		t_{Nb}	3,9		t_{N6}	3,9
		t_{N2}	17,4		t_{N2}	27,7
		t_{NOW}	47		t_{NOM}	57,3
	$v_0 = 0{,}6$	t_{N1}	29,6		t_{N1}	29,6
		t_{Nb}	4,0		t_{N6}	4,0
		t_{N2}	17,4		t_{N2}	27,7
		t_{NOW}	51,0		t_{NOM}	61,3

Zahlentafel der t_N- und t_V-Werte.

B. Vorläufer = Kurzläufer

	Hinter Sperrstrecke der letzten Weiche		hinter Merkzeichen	
	[m/s]	[sek]		[sek]
Gk	$v_0 = 1{,}3$	t_{V1} 27	t_{V1} 27	
		t_{Vb} 4,2	t_{V6} 4,2	
		t_{V2} 23	t_{V2} 33	
		t_W 0,5		
		$tvgw$ 54,7	t_{vgM} 64,2	
	Hinter Sperrstrecke der letzten Weiche		hinter Merkzeichen	
	[m/s]	[sek]		[sek]
Ok	$v_0 = 1{,}3$	t_{V1} 25,7	t_{V1} 25,7	
		t_{Vb} 4,1	t_{V6} 4,1	
		t_{V2} 25,4	t_{V2} 36,6	
		t_W 0,5		
		t_{VOW} 55,7	t_{VOM} 66,4	

Es bedeuten die Indizes: NGW = Nachläufer G-Wagen vor Weiche, NOW = Nachläufer O-Wagen vor Weiche. NOM = Nachläufer O-Wagen vor Merkzeichen. VGW = Vorläufer G-Wagen hinter Weiche. VOM = Vorläufer O-Wagen hinter Merkzeichen.

Die Ermittlung der kleinsten Zuführungsgeschwindigkeit geschieht nach Abb. 154h, deren waagerechte Achse auf der oberen Seite nach v_0 von 0,6—1,3 [m/s] und auf der unteren Seite nach $v_{om} = \dfrac{v_{o1} + v_{o2}}{2}$ unterteilt ist. Für $v_{o1} = 1{,}3$ und $v_{o2} = 0{,}6$ ist $v_{om} = 0{,}95$ und für $v_{o1} = 1{,}3$ und $v_{o2} = 1{,}3$ ist auch $v_{om} = 1{,}3$ [m/s]. $\Delta\, l_o = 0{,}5$ [m] ist der Abstand der Ablaufpunkte von Gut- und Schlechtläufer, $L = 9$ [m] die Wagenlänge.

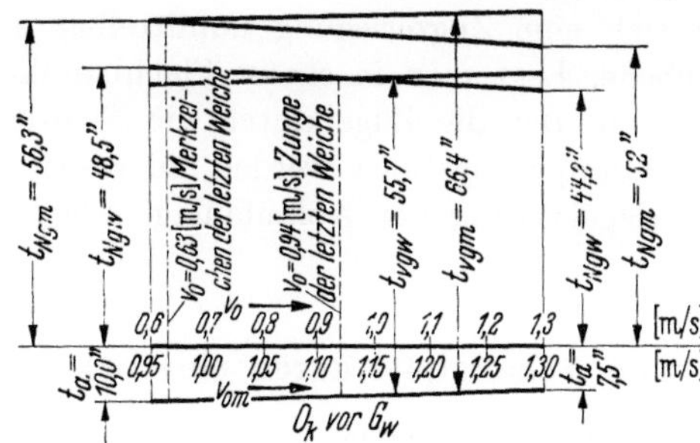

Abb. 154h: Ermittlung der kleinsten Zuführungsgeschwindigkeit bei der ungünstigsten Wagenfolge.

Nach der Zahlentafel der t_N- und t_V-Werte besteht der größte Unterschied in den Laufzeiten bei der Wagenfolge Ok vor Gw, der hier sowohl für die Sperrstrecke und für das Merkzeichen gilt, so daß $t_N + t_a < t_V + t_w$, also die t_N-Werte am kleinsten und die t_V-Werte am größten sind. Infolgedessen trägt man unter der v_o-Achse nach unten für O_K vor G_w bei $v_{om} = 0{,}95$ [m/s] $t_a = \dfrac{L + \Delta\, l_o}{v_{om}}$ $= \dfrac{9+0{,}5}{0{,}95} = 10$ [s] und bei $v_o = 1{,}3$ [m/s] $t_a = \dfrac{9}{1{,}3} = 7{,}5''$ auf und über der v_o-Achse nach oben bei $v_o = 0{,}6$ [m/s] für die Sperrstrecke $t_{NGW} = 48{,}5$ [s] und bei $v_0 = 1,3$ [m/s] $t_{NGW} = 44,1$ [s], für das Merkzeichen entsprechend t_{NGM} $= 56,3$ [s] $(v_0 = 0,6)$ und $t_{NGM} = 51,9''$ $(v_0 = 1,3)$. Die zugehörigen Endpunkte verbindet man geradlinig. Nun zieht man zur t-Linie eine Parallele im Abstand $t_{VGW} = 55,7''$, und eine im Abstand $t_{VGM} = 64,2''$. Erstere schneidet die t_{NGW}-Linie in $v_0 = 0,94$ [m/s], letztere die t_{NGM}-Linie in $v_0 = 0,63$ [m/s]. Damit ist für das Merkzeichen die kleinste Zuführungsgeschwindigkeit $v_0 = 0,63$ [m/s] der ungünstigsten Wagenfolge bestimmt. Bei allen anderen Wagenfolgen ist $t_N + t_a > t_V + t_W$, also $v_0 = 1,3$ [m/s].

Nimmt man an, daß ein Zug 60 Wagen stark ist, also eine Länge von 9×60 $= 540$ m hat, und daß ungünstig gerechnet $^1/_5$ der Wagenfolgen dieses kleinste $v_0 = 0,63$ [m/s] hat und die anderen $^4/_5$ Wagen mit $v_0 = 1,3$ [m/s] zugeführt werden, dann ist die mittlere Geschwindigkeit des Wagenablaufs

$$0,2 \cdot 0,63 + 0,8 \cdot 1,3 = 0,126 + 1,044 = 1,17 \text{ [m/s]}$$

und die Zerlegezeit des Zuges ist $540 : 1,17 = 461$ [sec] oder 7,7 [min]. Besteht der Zug aus gleichartigen Wagen, dann ist $v_0 = 1,3$ [m/s]. Hierfür ist die Zerlegezeit $540 : 1,3 = 415$ s $= 6,92$ [min]. Wagengruppen sind stets Gutläufer.

Die Zerlegezeit des Zuges schwankt also zwischen 7,7 und 6,9 [min], also beträgt die Streuung nur 0,78 [min] oder 46 [sec]. zwischen ungünstigster und günstiger Zugzusammensetzung bei guter Profil- und Weichenstraßengestaltung der Ablaufanlage. Dieses günstige Ergebnis wäre nicht zu erzielen, wenn die Züge entgegen der Ablaufrichtung ausfahren würden, ganz abgesehen von der Verminderung der Tagesleistung durch die Unterbrechung des Ablaufbetriebes.

Bei der nachfolgenden Veranschlagung der Zugzerlegung wurde die reine Zerlegezeit von 440 [sec] ermittelt. Durch das Anrücken des Zuges auf den Ablaufberg und das Umsetzen der Lok sind insgesamt 13,5 [min] erforderlich. Hiernach können in einer Stunde rund 4,5 Züge im Höchstfalle zerlegt werden. Nun soll in einem Rangierbahnhof die Zerlegeleistung möglichst gleich der Zugbildeleistung sein. Wenn also die Leistung der Zugbildung z. B. 6 Züge pro Stunde ist, so ist eine Zerlegung der Züge mit **einer** Lokomotive zu langsam und eine **Abrollanlage**, bei der sich eine Zugzerlegung unmittelbar an die andere reihen kann, wäre das gegebene. Legt man in einem Flachbahnhof die Einfahrgleise auf eine Anrollrampe, auf der die Züge durch die Schwerkraft statt durch Lokomotivkraft der Steilrampe zugeführt werden, so erspart man das Umsetzen der Lok und die Zerlegeleistung der Ablaufanlage erhöht sich um etwa 50%.

M. Die Zuführung eines Zuges zum Ablaufgipfel durch eine Lokomotive.

1. Zugkräfte und Widerstände.

Soll ein Zug zur Zerlegung von einer Lokomotive zum Ablaufgipfel gedrückt werden, so gehören zu diesem Arbeitsvorgang, abgesehen von den vorbereitenden Arbeiten (Brems- und Wagenuntersuchung, Lösen der Bremsleitungen, Langdrehen der Kupplungen, Aufschreiben und Verteilen der Rangierzettel sowie Aushängen der Kupplungen vor dem Ablauf der einzelnen Fahrzeuge), folgende Lokomotivbewegungen (Abb. 155a):

1. Die **Lokomotivleerfahrt** vom Wartegleis bis zu dem im Einfahrgleis stehenden Güterzug.

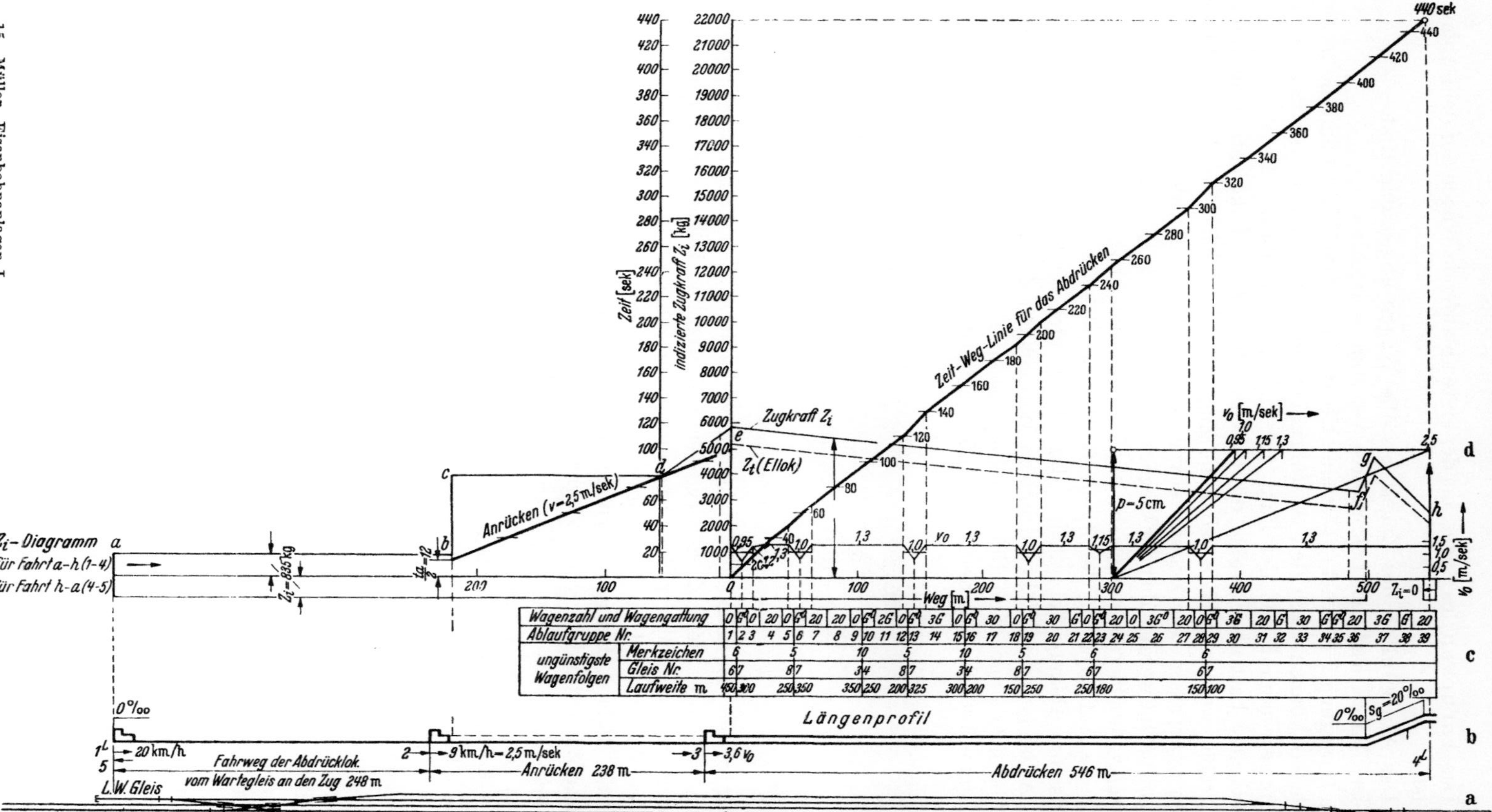

Abb. 155 a—d. Die Zuführung eines Zuges über einen Ablaufberg.

2. Das Anrücken des Zuges, bis der erste ablaufende Wagen auf dem Ablaufgipfel ist.

3. Das Abdrücken des Zuges, bis alle Wagen abgelaufen sind.

4. Der Rücklauf der Lokomotive bis zum Wartegleis.

Die Bewegung 2 (Anrücken) ist eine Überführungsfahrt. Diese und die beiden
Leerfahrten können nach den Ausführungen (S. 258) ermittelt werden. Beim
Abdrücken nimmt mit der Zahl der abgelaufenen Wagen die von der Lok
zu bewegende Last ab. Da aber die Geschwindigkeit der Lokomotive hierdurch
nicht größer werden darf, so sind die Zugkräfte den kleiner werdenden Wider-
ständen anzupassen. Die Zugkräfte verändern sich also mit dem Vorrücken der
Lokomotive. Sie werden über der Wegachse als Zugkraft-Weg-Linie (Abb. 155a)
aufgetragen, um hieraus mittels der Llv-Tafel den Kohlenverbrauch zu bestimmen.

Für die Aufzeichnung der Zugkraft-Weg-Linie denkt man sich das Einfahrgleis bis zum Ablaufgipfel mit dem daraufstehenden Zuge um 180° um die senkrechte Achse gedreht. Während nun in Wirklichkeit das Gleis festliegt und sich
beim Abdrücken nach Abb. 155b der Zug von links nach rechts bewegt, soll nach
Drehung um 180° der Zug nach Abb. 156 stehenbleiben und das Gleis auf reibungs-

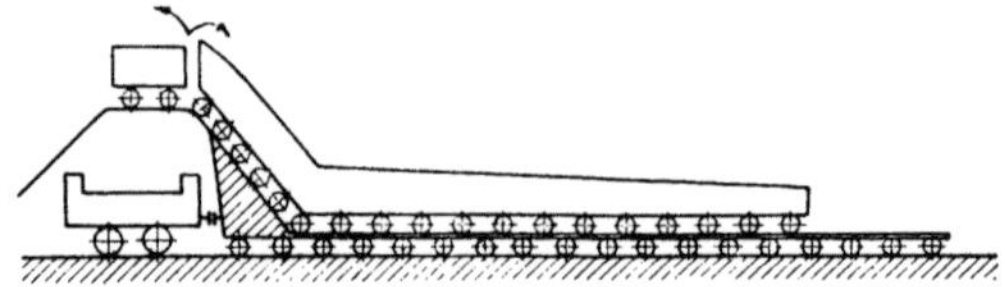

Abb. 156. Zugzerlegung über einen Ablaufberg.

loser Unterlage von links nach rechts durch die unter dem Ablaufgipfel stehende
Lokomotive unter dem Zuge weggeschoben werden. Dabei verschwinden die
über den Ablaufgipfel gerollten abgekuppelten Wagen von dem Gleis und die
Zahl der Wagen wird immer kleiner und somit auch der Widerstand zwischen
Gleis und Rädern. Bei gleichförmiger Bewegung des Gleises unter den Rädern
ist dieser Widerstand $W = $ der Zugkraft Z_t am Triebradumfang der Lokomotive.
Teilt man Z_t durch den mechanischen Wirkungsgrad 0,96 für die Kraftübertragung vom Zylinder zum Radumfang, so erhält man die indizierte Zugkraft Z_i,
für die die Llv-Tafel aufgestellt ist. Es ist also bei gleichmäßiger Geschwindigkeit $Z_t : 0,96 = W : 0.96 = Z_i$. Für diese umgekehrte Reihenfolge der Wagen
trägt man also in Abb. 155d die Z_i-Werte als Ordinaten über der Wegachse im
Schwerpunkte des Wagens hinter der Lokomotive auf; das ist in Wirklichkeit
der Wagen, der jeweils auf dem Ablaufgipfel steht. Man kann dann senkrecht
darunter die entsprechende Zuführungsgeschwindigkeit ablesen (Abb. 155d). Die
Darstellung in umgekehrter Anordnung erspart das Auftragen der verschiedenen
Stellungen der Zugrümpfe zur Ermittlung der jeweiligen erforderlichen Zugkräfte während des Abdrückens. Selbstverständlich trägt man die Z_i-Ordinaten
nur in den Punkten auf, wo eine Unstetigkeit auftritt. So ermittelt man die
Z_i-Werte des Zugrumpfs, wenn die Lokomotive vor dem Neigungswechsel der
Gegensteigung steht, ferner wenn sie diese vollständig überfahren hat und endlich,
wenn sie auf dem Ablaufgipfel steht. Hat das Einfahrgleis noch mehr Neigungen,
so sind die Z_i-Werte auch für die Stellung der Lokomotiven in diesem Neigungswechsel zu ermitteln.

Unter Vernachlässigung des Luftwiderstandes bei den geringen Geschwindigkeiten ist der Gesamtwiderstand eines Zugrumpfes $W = W_l + G_l \cdot s + G_{wx} \ (s + w_w)$ kg. Bei gleichmäßiger Verteilung der Zuglasten ist das Wagenzuggewicht des x m langen Zugrumpfs ohne Lok $G_{wx} = q \cdot x$, wo $q = G_w : L_{wz}$ t/m das Wagenzuggewicht je lfd m ist. G_w ist das Wagenzuggewicht des ganzen Zuges, L_{wz} die Länge des gesamten Wagenzuges, x ist die jeweilige Länge des Zugrumpfs ohne Lokomotive. Ferner sind $s^0/_{00}$ die Steigungen einschließlich Krümmungswiderstand, auf denen die Wagen stehen, und $w_w = 2{,}7$ kg/t ist der Wagenwiderstand. Der Lokomotivwiderstand ist ohne Luftwiderstand $W_l = 2{,}5 \cdot G_{l_1} + c \cdot G_{l_2}$ kg. G_{l_1} ist das Gewicht auf den Laufachsen und G_{l_2} das auf den Triebachsen. Hiernach kann man $Z_i = [2{,}5 \cdot G_{l_1} + c \cdot G_{l_2} + G_l \cdot s + q \cdot x \cdot (s + 2{,}7)] : 0{,}96$ kg über der Wegachse in den Neigungswechseln auftragen und die oberen Enden geradlinig verbinden, um die Zugkraft-Weg-Linie für das Abdrücken zu erhalten. Anschließend hieran kann man auch nach Abb 155d die Zugkraft-Weg-Linie für die Leerlokfahrten mit $Z_i = (2{,}5 \cdot G_{l_1} + c \cdot G_{l_2} + s \cdot G_l) : 0{,}96$ sowie für das Anrücken des ganzen Zuges mit

$$Z_i = [2{,}5 \cdot G_{l_1} + c \cdot G_{l_2} + G_l \cdot s + G_w \ (s + 2{,}7)] : 0{,}96 \text{ kg}$$

auftragen, die sich nur mit der Neigung $s^0/_{00}$ ändern. Der Flächeninhalt zwischen der Zugkraft-Weg-Linie und der Wegachse ist die indizierte Lokomotivarbeit $A_l = \Sigma Z_i \cdot \Delta l : 10^6$ kmt.

2. Die Fahrzeit.

Die Geschwindigkeiten, mit denen der Zug dem Ablaufgipfel zugeführt wird, müssen den Geschwindigkeiten, mit denen die Wagen vom Ablaufgipfel ablaufen dürfen, angepaßt sein. Die Anpassung der Zuführungsgeschwindigkeit der Lokomotive an die erreichbare Ablaufgeschwindigkeit der Wagen ist um so besser, je schneller die Zugkraft der Lokomotive geregelt werden kann. Die erreichbare Ablaufgeschwindigkeit hängt ab von dem Maß der Zerlegung, d. h. von der Zahl und der Stärke der Gruppen sowie von der Vorflut, d. h. der Geschwindigkeit, mit der die abrollenden Wagen in die Richtungsgleise rollen. Wird der Zug in wenige Gruppen zerlegt, so kann die Zuführungsgeschwindigkeit erheblich gesteigert werden. Werden die Wagen kurz vor ihrem Ablauf entkuppelt, so ist die Zuführungsgeschwindigkeit durch die Arbeitsgeschwindigkeit des Entkupplers bedingt. Im Dauerbetriebe soll nach S. 204 die Zuführungsgeschwindigkeit nicht größer als $v_0 = 1{,}3$ m/s sein. Bei ungünstiger Wagenfolge von Einzelläufern, also Schlechtläufer vor Gutläufer, muß je nach der Weichenentwicklung die Zuführungsgeschwindigkeit des Gutläufers bis auf $v_0 = 0{,}6$ m/s ermäßigt werden, damit noch Abstand zwischen beiden Wagen zum Umstellen der Weichen bleibt. Wird die Zuführungsgeschwindigkeit größer als $v_0 = 1{,}3$ m/s gewählt, dann muß der Wagenzug vor dem Abdrücken entkuppelt werden. In diesem Falle ist auf dem Ablaufgipfel eine Bremse einzubauen, damit keine Wagen bei plötzlicher Unterbrechung des Ablaufes überschießen.

Die Bemessung der Zuführungsgeschwindigkeit ist bereits behandelt. Sind nach diesen Ausführungen die Zuführungsgeschwindigkeiten v_0 bestimmt, so werden diese in Abb. 155d zur Ermittlung der Zeiten für das Abdrücken des Zuges über dem Weg, den die Lokomotive während des Abdrückens zurücklegt, aufgetragen, und zwar bei Einzelwagen in den Wagenschwerpunkten, bei Gruppen

in den Schwerpunkten des ersten und letzten Wagens. In Abb. 155d sind durch
kleine Waagerechte die mittleren Zuführungsgeschwindigkeiten v_0 eingetragen.
Für diese Geschwindigkeiten der verschiedenen Abläufe ist zur Ermittlung der
Abdrückzeit die Zeit-Weg-Linie über der Wegachse zu zeichnen. Zu diesem
Zweck trägt man für die vorkommenden mittleren Zuführungsgeschwindigkeiten
ein Strahlenbüschel auf. Dieses hat nach Abb. 155d den Polabstand $p = 5$ cm,
und es ist $v_0 = 1$ m/s ebenfalls durch 5 cm dargestellt. Bei $v_0 = 1$ m/s werden
100 m in 100 sec zurückgelegt. Die Strecke für 100 m des Lageplans ist gleich
der Höhe, die 100 sec darstellt (Zeitmaßstab).

Nun zieht man vom Nullpunkt der Wegachse aus als Seilzug Parallelen zu
den Strahlen zwischen den Senkrechten in den genannten Wagenschwerpunkten
und erhält so die Zeit-Weg-Linie. Ebenso trägt man über dem Anrückweg
eine Zeit-Weg-Linie auf, nachdem man vorher den Anfahrzeitzuschlag ausge-
rechnet und auf der Senkrechten über dem Anfangspunkt aufgetragen hat.
Diesen sowie den Bremszeitzuschlag erhält man aus dem Nomogramm (Abb.168).
Die Aufzeichnung der Zeit-Weg-Linie dient zur Ermittlung des Kohlenverbrauchs.
Für die Lokomotivleerfahrt ist die Fahrzeit auszurechnen, ein Aufzeichnen
der Zeit-Weg-Linie ist jedoch nicht erforderlich.

3. Die Ermittlung des Kohlenverbrauchs.

Zur Ermittlung des Kohlenverbrauchs dient die Lokomotivleistungs- und
Verbrauchstafel. Diese ist in Abb. 157a, b für die Tenderlokomotive Gt 55.17
wiedergegeben. Die Z_i-Kurven
geben für die verschiedenen gleichbleibenden Geschwindigkeiten die
Zugkräfte in Abhängigkeit von
dem Kohlenverbrauch je Zeiteinheit an. Hier ist als Zeiteinheit
20 sec gewählt. Nachdem man
die Zeit-Weg-Linie durch kleine
Querstriche in 20, 40, 60 ... sec
unterteilt hat, greift man in
Abb. 155 senkrecht unter diesen
Querstrichen die Z_i-Werte aus
der Zugkraft-Weg-Linie ab und
überträgt sie in die Llv-Tafel,
und zwar senkrecht in die Z_i-Kur-
ven für die angegebene Zuführungsgeschwindigkeit v_0. Dann
kann man senkrecht unter diesen
Schnittpunkten auf der waagerechten Achse den Kohlenverbrauch je 20 sec ablesen. Bei
Zwischenwerten von v_0 ist der
Kohlenverbrauch b kg/20 sec zwischen zwei benachbarten Z_i-Lini-
en der Llv-Tafel zu interpolieren.

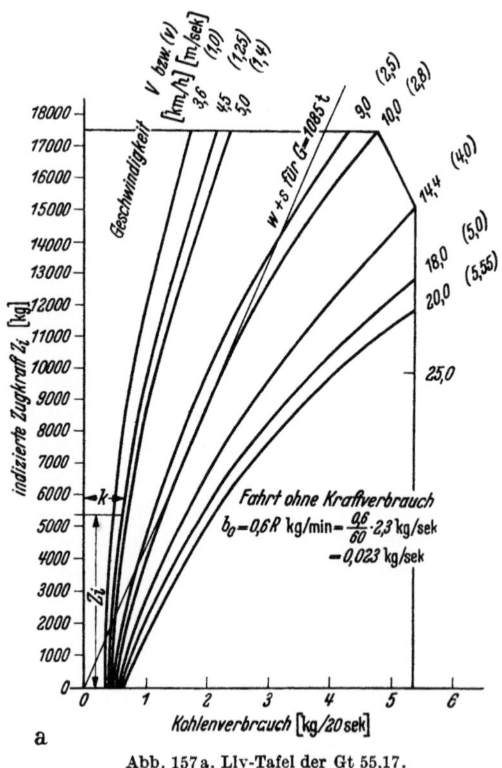

Abb. 157a. Llv-Tafel der Gt 55,17.

Unter einer waagerechten Skala Abb. 157b gleichen Maßstabes wie die Abszissenachse der Llv-Tafel reiht man die Strecken b für den Kohlenverbrauch aneinander und erhält so den Kohlenverbrauch für das Anrücken und das Abdrücken.

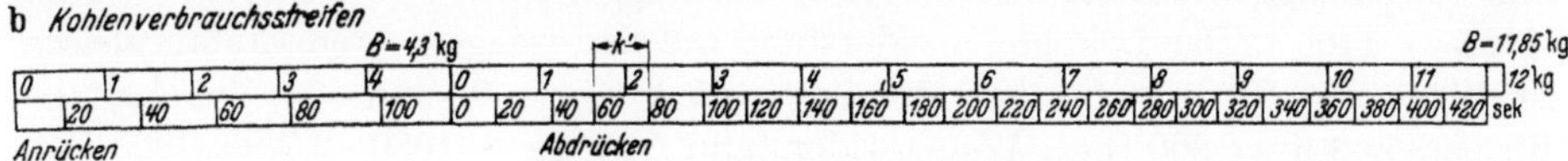

Abb. 157b. Kohlenverbrauchstreifen.

Der Kohlenverbrauch für die Leerfahrt ist je Zeiteinheit gleichbleibend. Er ist für die betreffende Geschwindigkeit aus der Llv-Tafel für

$$Z_i = (2{,}5\,G_{l_1} + c \cdot G_{l_2}) : 0{,}96 \text{ kg}$$

zu ermitteln, durch 20 zu teilen und mit der Zeit für die Lokomotivleerfahrt zu vervielfältigen, um den entsprechenden Kohlenverbrauch zu erhalten.

4. Beispiel für die Ermittlung der Verbrauchswerte und der Kosten für das Zerlegen eines Zuges durch eine Dampflokomotive.

a) **Ermittlung der Verbrauchswerte.** Auf dem Längenprofil, für das auch der Gleisplan gezeichnet ist, steht ein Güterzug, dessen Stellungen aus Abb. 155b ersichtlich sind. Die Rangierlok, eine Gt 55.17 (T 16[1]), beginnt im Punkt 3 mit dem Abdrücken. Die höchste Abdrückgeschwindigkeit ist $v_0 = 1{,}3$ m/sec. Die zulässigen Zuführungsgeschwindigkeiten für die ungünstigen Wagenfolgen, deren Ermittlung gezeigt ist, sind aus Abb. 155c u. d zu erkennen; auf diese kleineren Geschwindigkeiten ist die Bewegung des Nachläufers gegen die des Vorläufers zu verlangsamen und bei den nachfolgenden Wagen wieder zu erhöhen in dem Maße, wie in der Abb. 155d für die ungünstigsten Wagenfolgen angegeben. Die eingetragenen Änderungen von der Höchstgeschwindigkeit zu der niedrigen und umgekehrt können nach S. 203 mit den zur Verfügung stehenden Zug- und Bremskräften innerhalb der Anschubstrecken verwirklicht werden. Sollte es aber wegen der Verständigungsmittel oder aus einem anderen Grund nicht möglich sein, nach der Verzögerung gleich wieder zu beschleunigen, so kann man die nachfolgende Gruppe mit geringerer Geschwindigkeit zuführen, wodurch die Wagenfolge an der Trennungsweiche nicht gefährdet, aber die Zerlegezeit des Zuges vergrößert wird.

Für die Aufzeichnung der Bewegung während des Abdrückens nach Zeit und Weg sind die mittleren Werte dieser Geschwindigkeitsänderungen in Abb. 155d eingetragen. Man zieht nun in dieser Abb. im Polabstand $p = 5$ cm von der Wegachse eine Waagerechte, auf der man im Maßstab $v_0 = 1$ m/sec $= 5$ cm die vorkommenden Zuführungsgeschwindigkeiten absetzt und die Polstrahlen zieht. Vom Nullpunkt der Wegachse zeichnet man hierzu als Seillinie die Zeit-Weg-Linie, die die Gesamtzeit für das Abdrücken (Fahrt 3—4) zu 440 sec ergibt. Beim Längenmaßstab 1 : 2000, also 1 cm $= 20$ m oder 0,05 cm $= 1$ m, und dem Zeitmaßstab 1 cm $= 20$ sec oder 0,05 cm $= 1$ sec ist die Geschwindigkeit 1 m : 1 sec $= 0{,}05 : 0{,}05 = 1 : 1$ dargestellt.

Für die Ermittlung des Kohlenverbrauchs unterteilt man die Zeit-Weg-Linien in den Mitten der Zeitintervalle von je 20 sec durch kleine Querstriche, an die man die Endzeiten der Intervalle anschreibt.

Die Zeit-Weg-Linie ist auch für das Anrücken (Fahrt 2—3) für eine Geschwindigkeit 9 km/h = 2,5 m/sec in derselben Weise zu zeichnen. Zuschlag für das Anfahren: $\mu_h \cdot G_r = 200 \cdot 85 = 17\,000$ kg Reibungszugkraft am Triebradumfang. Das Wagenzuggewicht ist $G_w = 1080$ t, das Zuggewicht $G_z = G_w + G_l = 1080 + 85 = 1165$ t. Der Lokomotivwiderstand auf den waagerechten Einfahrgleisen ist $W_l = 2,5 \cdot G_{l_1} + c \cdot G_{l_2}$ kg. Mit $G_{l_2} = 85$ t $(G_{l_1} = 0)$ und $c = 9,5$ kg/t ist $W_l = 85 \cdot 9,5 = 800$ [kg], Wagenwiderstand $G_w \cdot ww = 1080 \cdot 2,7 = 3000$ [kg] Beschleunigungskraft $p_a = (17\,000 - 800 - 3000) : 1165 = 11,4$ [kg/t,] Anfahrbeschleunigung $b_a = p_a \cdot g : 1000 \cdot 1,09 = 0,11$ [m/s²].

Anfahrzeitzuschlag $t_a : 2 = V : 3,6 \cdot 2 \cdot b_a = 9 : 3,6 \cdot 2 \cdot 0,11 = 12$ [sec]. Bremszeitzuschlag (sämtliche Achsen der Tenderlokomotive seien gebremst): die Verzögerungskraft ist $p_b = (\mu_b \cdot G_l + W_l + G_w \cdot ww) : G_z = (100 \cdot 85 + 800 + 3000) : 1165 = 10,2$ [kg/t] und daher $b_b = 0,093$ [m/s²]. Der Steigungswiderstand des Zugschlusses auf der Gegensteigung ist hierbei vernachlässigt. Bremszeitzuschlag $t_b : 2 = 9 : 3,6 \cdot 2 \cdot 0,093 = 14$ [sec]. Die Anrückstrecke beträgt 216 m, die Anrückzeit $= 3,6 \cdot l : V + \frac{1}{2}(t_a + t_b) = 3,6 \cdot 216 : 9 + 12 + 14 = 113$ [sec]. Der Weg der Leerlok (Fahrt 4—5) vom Ablaufberg zum Wartegleis und wieder zurück (Fahrt 5—2) ist $1032 + 248 = 1280$ [m]. Für $V = 20$ km/h ist die Zeit $3,6 \cdot 1280 : 20 + 2 \cdot 0,5\,V = 241 + 20 = 261$ [sec], bei zwei Zeitzuschlägen je $0,5\,V$ [sec]. Der Zeitzuschlag für Anfahren und Bremsen kann für die alleinfahrende Lok zusammengefaßt werden, wenn man die Beschleunigung b_a gleich der Verzögerung b_b setzt. Bei $b_a = b_b = 0,6$ [m/s²] ist der Zeitzuschlag $t_z = 0,5 \,(t_a + t_b) = V : 3,6 \cdot 0,6 \cong 0,5 \cdot V$ [sec].

Zusammenstellung der Zeiten:

für Anrücken	= 113	[sec]
„ Abdrücken	= 440	„
„ Lokfahrt	= 261	„
T	= 814 [sec]	= 13,5 [min].

Der laufende Meter Wagenzuggewicht ist bei $G_w = 1080$ t und der Zuglänge $L_z = 62 \cdot 9 = 558$ m dann $q = 1080 : 558 = 1,94$ [t/m]. Der Zug ist 62 Wagen stark, Wagenlänge 9 m.

Berechnung der Z_i-Werte (Abb. 155d).

Zugstellung $d = $ c) $W_l + ww \cdot G_w = 85 \cdot 9,5 + 1080 \cdot 2,7 = 3720$ kg,
$$Z_i = W : 0,96 = 3720 : 0,96 = 3900 \text{ kg.}$$

„   e) $W = 3720 + q \cdot l \cdot s_g = 3720 + 1,94 \cdot 50 \cdot 20 = 5670,$
$$Z_i = 5670 : 0,96 = 5900 \text{ kg.}$$

„   f) $W = 85 \cdot 9,5 + 1,94 \cdot 56 \cdot (2,7 + 20) = 3290,$
$$Z_i = 3290 : 0,96 = 3430 \text{ kg.}$$

„   g) $W = 85 \cdot (9,5 + 20) + 1,94 \cdot 44\,(2,7 + 20) = 4450$ kg,
$$Z_i = 4450 : 0,96 = 4640 \text{ kg.}$$

„   h) $W = 85\,(9,5 + 20) = 2510$ kg, $Z_i = 2510 : 0,96 = 2620$ kg

Z_i der Leerlok $W = 9,5 \cdot 85 = 800$ kg, $Z_i = 800 : 0,96 = 835$ kg.

Hiernach ist die Zugkraft-Weg-Linie in Abb. 155d eingetragen. Ermittlung der Lokomotivarbeit A_l [kmt] aus der Zugkraft-Weg-Fläche:

$$
\begin{aligned}
\text{Fläche } a\!-\!b)\;\; & 248 \cdot 835 : 10^6 & \ldots\ldots\ldots\ldots & = 0{,}21 \; [\text{kmt}]\\
\text{,,} \quad\;\; c\!-\!d)\;\; & 165 \cdot 3900 : 10^6 & \ldots\ldots\ldots\ldots & = 0{,}642 \;\; \text{,,}\\
\text{,,} \quad\;\; d\!-\!e)\;\; & 55 \cdot (3900 + 5900) \cdot 0{,}5 : 10^6 & \ldots\ldots & = 0{,}27 \;\; \text{,,}\\
\text{,,} \quad\;\; e\!-\!f)\;\; & 490 \, (5900 + 3430) \cdot 0{,}5 : 10^6 & \ldots\ldots & - 2{,}28 \;\; \text{,,}\\
\text{,,} \quad\;\; f\!-\!g)\;\; & 12 \, (3430 + 4640) \cdot 0{,}5 : 10^6 & \ldots\ldots & = 0{,}048 \;\; \text{,,}\\
\text{,,} \quad\;\; g\!-\!h)\;\; & 44 \, (4640 + 2620) \cdot 0{,}5 : 16^6 & \ldots\ldots & = 0{,}16 \;\; \text{,,}\\
\text{,,} \quad\;\; h\!-\!a)\;\; & 1014 \cdot 835 : 10^6 & \ldots\ldots\ldots & = \underline{0{,}84} \;\; \text{,,}
\end{aligned}
$$

Lokomotivarbeit $\Sigma Z_i \cdot \Delta l = A_l \ldots \ldots \ldots \ldots = 4{,}450$ [kmt]

Der Kohlenverbrauch ist wie beschrieben für Anrücken und Abdrücken aus der Zugkraft-Weg-Linie, der zugehörigen v_0-Weg-Linie und der Llv-Tafel ermittelt und in dem Kohlenverbrauchsstreifen aufgetragen. Es ist für das Anrücken der Kohlenverbrauch nach Abb. 157b 4,3 kg und für das Abdrücken 11,85 kg. Der Kohlenverbrauch für die Lokfahrt mit $V = 20$ [km/h] und $Z_i = 835$ kg ist aus der Llv-Tafel für 20 sec $b = 0{,}75$ kg, für 1 sec ist er 0,75 : 20. Für die Lokfahrt von 261 sec (Weg 4—5—2) ist $b = 261 \cdot 0{,}75 : 20 = 9{,}8$ kg. Die Gesamtzeit für das Abdrücken eines Zuges ist nach vorigem $T = 13{,}5$ min. Bei 80 Zügen in 20 Stunden entfallen auf einen Zug 15 min, daher Zeit für Stillstand $T_a = 1{,}5$ min, wovon 0,6 min für zweimal Wendehalte und einmal Ankuppeln gebraucht werden. Kohlenverbrauch für Stillstand einschließlich Instandsetzen des Feuers und Anheizen (viermal im Monat) ist $b_0 = 0{,}6 \cdot R$ [kg/min], wo $R = 2{,}3$ [m²] die Rostfläche der Gt 55.17 ist. Es ist $b_0 = 0{,}5 \cdot 2{,}3 = 1{,}15$ [kg/min]. Kohlenverbrauch während des Stillstandes $B_a = T_a \cdot b_0 = 1{,}5 \cdot 1{,}15 = 1{,}73$ kg.

Zusammenstellung des Kohlenverbrauchs:

Anrücken	4,30 kg
Abdrücken	11,85 ,,
Lokfahrt	9,80 ,,
Für den Arbeitsvorgang: $B =$	25,95 kg
Für Stillstand: $B_a =$	1,73 ,,
Gesamtkohlenverbrauch $B_g =$	27,68 kg

Steht keine Llv-Tafel einer Rangierlok zur Verfügung, so kann man mit guter Annäherung den Kohlenverbrauch der Rangierbewegungen berechnen, wenn der Kohlenverbrauch für die Arbeitseinheit 1 [kmt] bekannt ist. Dieser ist nach Nordmann (Glasers Annalen 1926 Band 99, Heft 10) für die verschiedenen Heißdampfloks der Reichsbahn im Mittel $b_1 = 5$ [kg/kmt]. Auch für die Rangierlok ist dieser Wert recht brauchbar, wie folgende Berechnung für die Gt 55.17 (T. 16[1]) zeigt. Nach obiger Zusammenstellung aus Abb. 155d ist der Arbeitsaufwand der Zugkraftswegflächen (Fläche c—d mit 0,642 [kmt], Fläche d—e mit 0,27 [kmt]) für das Anrücken 0,912 [kmt] bei einem Kohlenverbrauch von 4,3 [kg]. Dann ist $b_1 = 4{,}3 : 0{,}912 = 4{,}7$ [kg/kmt]. Entsprechend ist für das Abdrücken die Zugkraftsarbeit der Flächen $(e$—$f) = 2{,}28 + (f$—$g) = 0{,}048 + (g$—$h) = 0{,}16 = 2{,}49$ [kmt] und der Kohlenverbrauch 11,85 [kg]. Daher ist 11,85 : 2,49 = 4,75 [kg/kmt] für das Abdrücken, der dem für das Anrücken praktisch gleich ist. Er wird deshalb für alle Heißdampfrangierloks $b_1 = 5$ [kg/kmt] und für Naßdampfloks $1{,}15 \cdot 5 = 5{,}75$ [kg/kmt] vorgeschlagen. Diese Werte gelten für alle Rangiergruppen, bei denen der Gesamtwiderstand zur Reibungszugkraft der Lok $\geq 0{,}1$ ist. Bei einer Leerlok ist die Ausnützung der Zugkraft kleiner und daher der Kohlenverbrauch je kmt größer. Mit der Llv-Tafel berechnet man nach vorigem einen Kohlenverbrauch der Lokleerfahrten von 9,8 [kg] für eine Zugkraftsarbeit nach Fläche $a\!-\!b = 0{,}21$ [kmt] und $h\!-\!a = 0{,}84$ [kmt] $= 1{,}05$ [kmt] also $b_{1l} = 9{,}8 : 1{,}05 = 9{,}35$ [kg/kmt]. Abgerundet ist für Heißdampfloks $b_{1l} = 10$ [kg/kmt], für Naßdampfloks $1{,}15 \cdot 10 = 11{,}5$ [kg/kmt]. Mit diesen Werten für den Kohlenverbrauch je Arbeitseinheit können die Zugkraftsarbeitsflächen für das Zerlegen eines Zuges ausgewertet werden. Auf S. 258 sind Formeln entwickelt für das Überführen, das Abstoßen (S. 263) und die Lokleerfahrten (S. 270).

b) Kostenermittlung für Rangierleistungen. Die Deutsche Bundesbahn hat am 1. Oktober 1949 den Teil A der „Dienstvorschrift für die Berechnung der Kosten einer Zugfahrt" (Zuko) neu herausgegeben. In dieser sind die Kostenformeln für

1. Triebfahrzeuge
2. Wagen
3. Lok- und Zugbegleitpersonal
4. Fahrweg

enthalten. Im zweiten Band des vorliegenden Werkes sind für die Ermittlung der Zugförderkosten diese Kostenformel kommentiert und nach dem Verfahren des Verfassers zu Lokomotivkostenmaßstäben — für jede Lokgattung getrennt — sowie zu einem Fahrwegkostenmaßstab für alle Bahnarten zusammengefaßt, die eine schnellere Veranschlagung der Kosten einer Zugfahrt ohne Einbuße der Genauigkeit ermöglichen.

Bei der Kostenermittlung für Rangierleistungen unterscheidet man:

1. die für das Auswechseln, Laderechtstellen und Abholen der Wagen auf den Unterwegsbahnhöfen, für die auf Seite 298 ein Beispiel durchgerechnet ist und
2. die für die Zugzerlegung und Zugbildung auf den Rangierbahnhöfen.

Die Rangierleistungen auf Rangierbahnhöfen werden getrennt nach Zugzerlegung und Zugbildung ermittelt. Die sich hieraus ergebenden Verbrauchswerte Weg, Zeit, Zugkraftsarbeit, Widerstandsarbeit, werden mit Hilfe der Zukoformeln kostenmäßig ausgewertet.

Kostenermittlung der Zugzerlegung (Selbstkosten).

Zukof. 1 D   Personalkosten der Betriebspflege der Dampflok bei zwei Schichten Schuppendienst

$$K_{bpf} = k_{bpf} \left(\frac{2 \cdot T_{wbm} \cdot T_r}{8 \cdot 60} + \frac{1{,}1\,B_g}{10\,000} \right) \cdot 1{,}16 \text{ DM}$$

$$= 13{,}85 \left(\frac{2 \cdot 1{,}25 \cdot 13{,}5}{8 \cdot 60} + \frac{1{,}1 \cdot 27{,}68}{10\,000} \right) \cdot 1{,}16 = \ldots \underline{\underline{1{,}178 \text{ DM}}}$$

$k_{bpf} = 13{,}85$ DM Tagesausgaben pro Tagewerkskopf eines Betriebsarbeiters.

$B_g = B + B_o = 27{,}68$ kg Gesamtkohlenverbrauch

$T_{wbm} = 1{,}25$ Tagewerksköpfe für die Lok Gt 55.17

$T_r = 13{,}5$ min Rangierzeit.

Zukof. 2 D　Brennstoffverbrauchskosten

$$K_b = B_g \cdot k_b \cdot 1{,}16 \text{ DM}$$
$$= 27{,}68 \cdot 0{,}05 \cdot 1{,}16 = \quad\quad \underline{\underline{1{,}607 \text{ DM}}}$$

$K_b = 0{,}05$ DM/kg, Kohlenkosten ab Zeche einschließlich Dienstgutfracht.

Zukof. 3 D |
Zukof. 4 D |　Der Gesamtkohlenverbrauch ist bereits in Zukof. 2 D erfaßt.

Zukof. 5 D　Entfällt. (Brennstoffverbrauchskosten für das Heizen der Reisezüge.)

Zukof. 6 D　Lokspeisewasserkosten.

$$K_w = 7{,}5 \cdot B \cdot k_w \cdot 1{,}16 \text{ DM}$$
$$= 7{,}5 \cdot 25{,}95 \cdot 0{,}00015 \cdot 1{,}16 = \quad \ldots \ldots \ldots 0{,}039 \text{ DM}$$

$B = 25{,}95$ kg ist nach vorigem der Kohlenverbrauch für den Arbeitsvorgang.

$k_w = 0{,}00015$ DM sind die Kosten für 1 kg Wasser.

Zukof. 7 D　Sonstige Betriebsstoffkosten.

$$K_{bs} = \frac{k_{bs} \cdot \vartheta \cdot L}{100} \cdot 1{,}16 \text{ DM} = \frac{0{,}78 \cdot 3{,}2 \cdot 2{,}08}{100} \cdot 1{,}16 = \underline{\underline{0{,}060 \text{ DM}}}$$

$L = 2{,}08$ km ist der Gesamtfahrweg der Lok.

$\vartheta = 3{,}2$ Lokomotivleistungsziffer.

$k_{bs} = 0{,}78$ sonstige Betriebsstoffkosten in Pf. je Dampflokeinheitskm.

Der Faktor 1,16 in den Zukof. 1—7 berücksichtigt den Zuschlag für Geschäftsleitungskosten.

Zukof. 8 D　Unterhaltungskosten des Dampflokkessels.

$$K_{ku} = \frac{B^2 \cdot f_1}{T_r} \text{ DM}; \quad f_1 = \frac{60 \cdot H_k \cdot K_{Hk}}{R \cdot r_0 \cdot 1000} = \frac{1{,}502}{1000}$$
$$= \frac{25{,}95^2 \cdot 1{,}502}{13{,}5 \cdot 1000} = \quad \ldots \ldots \ldots \ldots \ldots \ldots 0{,}075 \text{ DM}$$

B siehe Zukof. 6, T_r siehe Zukof. 1, f_1 siehe Zukof. Teil A, II. Abschnitt, Anlage 15, I.

Zukof. 9 D　Unterhaltungskosten des Dampflokfahrgestells und des Tenders.

$$K_{tu} = \left(f_2 + f_3 \cdot \frac{(1 - \eta_i) \cdot A_1 + A_p}{T_r} \right) \cdot L \text{ DM}$$

Hier ist $(1 - \eta_i) \cdot A_1 + A_p = 0{,}04\, A_1 + \dfrac{c_{12} \cdot G_{12} \cdot L}{1000}$ [Kmt] und

$$f_2 = \frac{e \cdot H_t \cdot K_{Ht}}{1000} = 0{,}081$$

$$f_3 = \frac{(1 - e) \cdot H_t \cdot k_{Ht}}{a_{10}\,(1 - \eta_{io}) \cdot 1000} = 1{,}868$$

Daher ist

$$K_{tu} = \left[f_2 + \frac{f_3}{T_r}\left(\frac{c_{12} \cdot G_{12} \cdot L}{1000} + 0{,}04 \cdot A_1 \right) \right] \cdot L \text{ DM}$$

$$= \left[0{,}081 + \frac{1{,}868}{13{,}5}\left(\frac{9{,}3 \cdot 85 \cdot 2{,}08}{1000} + 0{,}04 \cdot 4{,}45 \right) \right] \cdot 2{,}08 =$$
$$\underline{\underline{0{,}694 \text{ DM}}}$$

c_{12} = 9,3 [kg/t] ist der Triebachsenwiderstand
G_{12} = 85 [t] Lokreibungsgewicht
A_1 = 4,45 [kmt] siehe vorherige Arbeitsermittlung
L = 2,08 [km] Gesamtfahrweg
f_2 und f_3 sind Festwerte der G 55.17 (T 16[1]) siehe Bemerkung bei Zukof. 8 D.

Zukof. 10 D Unterhaltungskosten der Dampflok, die von der Zeit abhängig sind.

$$K_{zu} = f_4 \cdot \frac{T_r}{D_{stl}} \text{ DM}; \quad f_4 = \frac{H_z \cdot k_{Hz}}{60 \cdot d} = 44$$

Zukof. 11 D Feste Zuschlagskosten (Werk- und Lagerkosten).

$$K_{feku} = f_5 \cdot \frac{T_r}{D_{stl}} \text{ DM}; \quad f_5 = \frac{k_{feku}}{60 \cdot d} = 122$$

Zukof. 12 D Erneuerungskosten der Dampflok.

$$K_{el} = f_6 \cdot \frac{T_r}{D_{stl}} \text{ DM}; \quad f_6 = \frac{a_1 \cdot k_{el}}{60 \cdot d} = 98$$

Zukof. 13 D Zinskosten der Dampflok.

$$K_{zl} = f_7 \cdot \frac{z_l \cdot T_r}{100 \cdot D_{stl}} \text{ DM}; \quad f_7 = \frac{k_{al}}{60 \cdot d} = 1823$$

Zukof. 10—13 wurden wie folgt zusammengefaßt:

$$= \frac{(f_4 + f_5 + f_6 + f_7 \cdot 0{,}01 \cdot z_l) \cdot T_r}{D_{stl}} \text{ DM}$$

$$= \frac{(44 + 122 + 98 + 18223 \cdot 0.01 \cdot 6) \cdot 13{,}5}{6033} = \ldots \ldots \underline{\underline{0{,}388 \text{ DM}}}$$

f_4, f_5, f_6 und f_7 sind Festwerte der G 55.17 (T 16[1]) siehe Bemerkung bei Zukof. 8 D.

D_{stl} = 6033 sind die jährlichen Dienststunden der G 55.17 einschließlich technischer und betrieblicher Vorbereitungs- und Abschlußzeiten.

z_l = Zinszahl in Prozenten = 6%.

Zukof. 14 u. 15 Die Güterwagenkosten für das Zerlegen werden mit denen der Zugbildung nach S. 300 zusammengefaßt.

Zukof. 16 Lokfahrerkosten

$$K_p = n_l \cdot E_l \cdot \frac{T_r}{60 \cdot D_{stlp} (1 - \eta_{lp})} \cdot 1{,}16 \text{ DM}$$

$$= 2 \cdot 7346 \cdot \frac{13{,}5 \cdot 1{,}16}{60 \cdot 2500 (1 - 0{,}15)} \ldots \ldots \ldots \underline{\underline{1{,}810 \text{ DM}}}$$

Zukof. 17, 18, 19 entfallen.

Zukof. 20, 21, 22, 23, 24, 25 Die Fahrwegkosten der Formeln 20—25 werden ebenfalls bei der Zugbildung durch die ortsfesten Kosten berücksichtigt.

Gesamtlokkosten der Zugzerlegung . . . . $\underline{\underline{5{,}851 \text{ DM}}}$

Kosten für die Stationären Arbeiten.

Kosten für Gleisbremsen bei einer Gleisanlage von vier Thyssenbremsen. (Nach dem 6. Sonderheft der Studiengesellschaft für Rangiertechnik 1933, S. 13).

Die Kosten der Bremsung im Ablaufbetriebe betragen nach Abb. 158 bei 80 Zügen täglich mit durchschnittlich 55 Wagen (4400 Wagen am Tag oder 1 350 000 Wagen im Jahr) 0,32 DM für Bremsung von 10 Wagen, also für einen Zug von 62 Wagen

1,43* · 0,32 · 62 : 10 = . . . 2,84 DM Kosten für Hemmschuhverschleiß.

Nach Verkehrstechn. Woche 1927 S. 55 sind diese Kosten für 50 Wagen 0,02 RM. Mit 50% Zuschlag ist heute bei 62 Wagen 1,43* · 0,02 · 1,5 · 62 : 50 = ... 0,05 DM

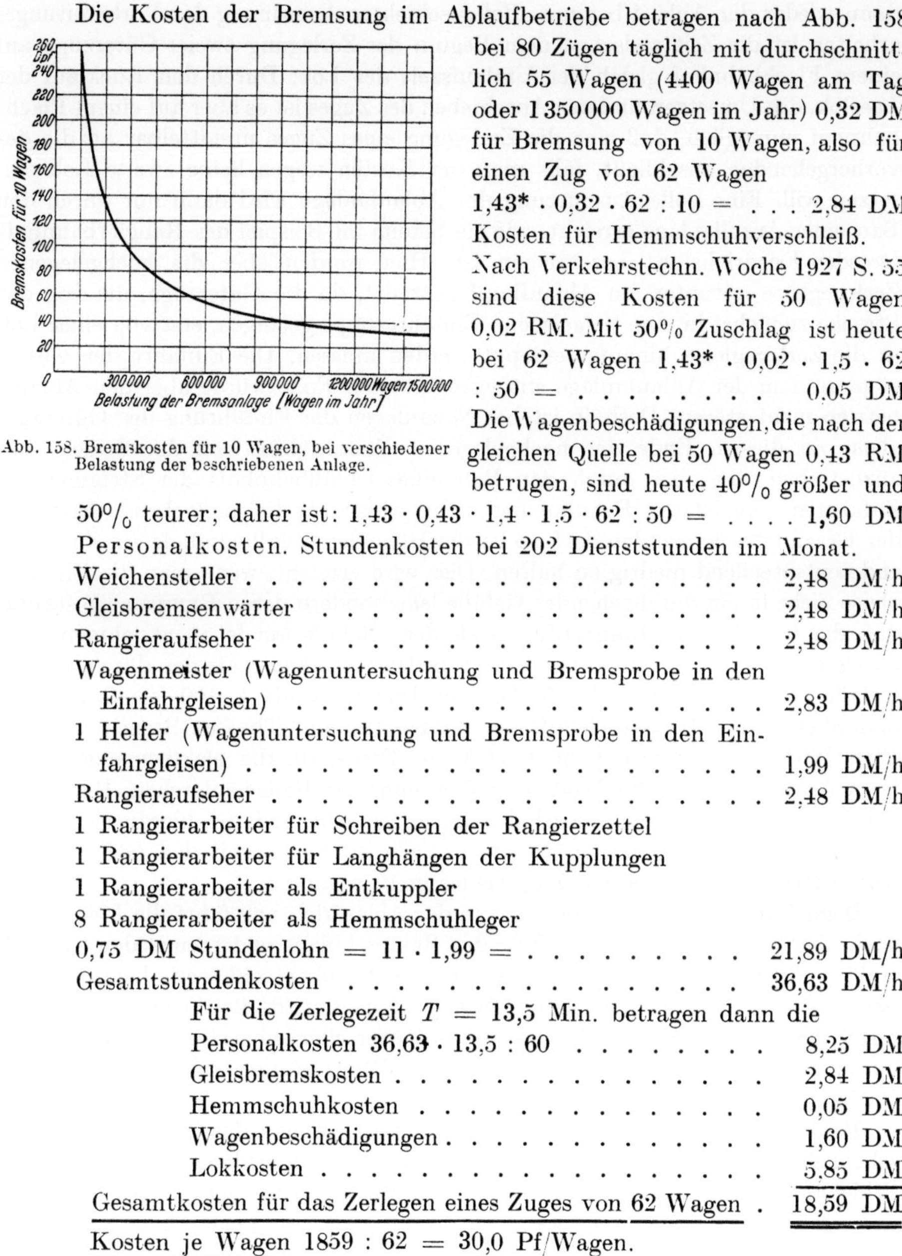

Abb. 158. Bremskosten für 10 Wagen, bei verschiedener Belastung der beschriebenen Anlage.

Die Wagenbeschädigungen, die nach der gleichen Quelle bei 50 Wagen 0,43 RM betrugen, sind heute 40% größer und 50% teurer; daher ist: 1,43 · 0,43 · 1,4 · 1,5 · 62 : 50 = ... 1,60 DM

Personalkosten. Stundenkosten bei 202 Dienststunden im Monat.

Weichensteller . . . . 2,48 DM/h

Gleisbremsenwärter . . . . 2,48 DM/h

Rangieraufseher . . . . 2,48 DM/h

Wagenmeister (Wagenuntersuchung und Bremsprobe in den Einfahrgleisen) . . . . 2,83 DM/h

1 Helfer (Wagenuntersuchung und Bremsprobe in den Einfahrgleisen) . . . . 1,99 DM/h

Rangieraufseher . . . . 2,48 DM/h

1 Rangierarbeiter für Schreiben der Rangierzettel

1 Rangierarbeiter für Langhängen der Kupplungen

1 Rangierarbeiter als Entkuppler

8 Rangierarbeiter als Hemmschuhleger

0,75 DM Stundenlohn = 11 · 1,99 = ... 21,89 DM/h

Gesamtstundenkosten . . . . 36,63 DM/h

Für die Zerlegezeit $T = 13,5$ Min. betragen dann die

Personalkosten 36,63 · 13,5 : 60 . . . . 8,25 DM

Gleisbremskosten . . . . 2,84 DM

Hemmschuhkosten . . . . 0,05 DM

Wagenbeschädigungen . . . . 1,60 DM

Lokkosten . . . . 5,85 DM

Gesamtkosten für das Zerlegen eines Zuges von 62 Wagen . 18,59 DM

Kosten je Wagen 1859 : 62 = 30,0 Pf/Wagen.

N. Die Anrollanlage.

1. Allgemeines.

Auf einem Flachbahnhof fährt die Lok auf dem leergewordenen Gleis zurück, setzt um und schiebt einen Zug in einem anderen Gleis auf den Ablaufberg, wo

---

* Gemeinkostenzuschlag nach Beko 1948.

dann wieder der Ablauf beginnt. Bei geschickter Anordnung der Vorbereitungsarbeiten ist die Zeit zwischen dem Beginn der Zerlegung zweier Güterzüge auf einem Flachbahnhof gleich der Umlaufszeit der Lok. Durch den Rücklauf der Leerlok, das Umsetzen und das Anschieben des Zuges ist es aber auf einem Flachbahnhof unmöglich, daß sich die Zerlegung eines Zuges unmittelbar an die des vorhergehenden anschließt, falls man der Kosten wegen keine zweite Lok einsetzen will. Eine volle Ausnützung der Ablaufanlage wird dann nur durch den Bau einer Anrollanlage erreicht, wie sie bereits im Beispiel des Rangierbahnhofs Dresden-Friedrichstadt beschrieben ist. Hier werden aber die hochgelegenen Zerlegegleise mitunter am Ablaufkopf gekreuzt, da die Güterzüge, die von der Strecke zunächst in eine tiefgelegene Einfahrgruppe gelangen, erst von einer Lok in die Zerlegegleise hinaufgeschleppt werden müssen. Die Einfahrt der Güterzüge an dem der Ablaufanlage entgegengesetzten Ende würde aber den Ablaufbetrieb nicht stören. Deshalb ist bei Neuanlagen die Einführung der Güterzuggleise an diesem Ende der hochgelegenen Einfahrgleise von der Strecke her anzustreben. Da aber durch den Bau eines Gefällbahnhofs die Steigung der Zufahrten vom letzten Bahnhof her nicht größer als die maßgebende Steigung der Gesamtstrecke werden darf, so ist die Höhe des Gefällbahnhofs am Zufahrtsende entsprechend niedrig zu halten. Dies wird erreicht, wenn man die Einfahrgleise nicht in ein durchgehendes Gefälle legt, sondern deren Rampe so gestaltet, daß die Gefälle vom Rampenfuß nach dem Bahnhofsende zu abnehmen. Das mittlere Gefälle der Rampe kann dann bedeutend kleiner als das durchgehende Gefälle gehalten werden, das in Dresden-Friedrichstadt 1 : 100 ist. Dann muß man aber in das stärkste Gefälle am Rampenfuß eine Thyssen-Bremse anlegen. Eine Wirbelstrombremse kommt nicht in Frage, da die elektromagnetischen Bremskräfte nur bei fortschreitender Bewegung der Räder entstehen. Durch das Schließen der Gleisbremse wird der Zug gestaucht und die hierdurch in den Pufferfedern aufgespeicherten Kräfte bringen im Verein mit den Gefällkräften beim Öffnen der Bremse den Zug wieder in Bewegung.

Beim Einfahren eines Güterzuges in der Ablaufrichtung fährt die Lok gerade noch über die Gleisbremse am Fuße der Rampe hinaus und bremst den Zug auf Halt. Sodann wird die Gleisbremse hinter der Lok geschlossen. Letztere löst, bevor sie zur Fahrt in den Schuppen abgekuppelt wird, die Wagenbremsen des Zuges. Hierdurch laufen die Wagen, deren Pufferteller bei gestrafften Schraubenkupplungen etwa 4—5 cm Abstand haben sollen, auf die vorderen auf und die Pufferfedern werden hierbei gestaucht.

Bei längerem Stehen des gestauchten Zuges entweicht das Öl zwischen Achsschenkel und Lagerschale und die Wagen erhalten infolgedessen einen erhöhten Widerstand, den sogenannten Anlaufwiderstand. Dieser vermindert sich aber nach geringem Vorrückweg, wenn wieder Öl zwischen Lagerschale und Achsschenkel gelangt ist. Beim Öffnen der Gleisbremse wird durch die freiwerdenden Pufferfederkräfte nicht nur der erhöhte Anlaufwiderstand vollständig überwunden, sondern es laufen auch die Wagen auf den stärkeren Gefällen des vorderen Zugteils von selbst kräftig an. Die Wagen im hinteren Zugteil, die auf den flacheren Gefällen nicht von selbst ins Rollen kommen, werden dann von den bereits in Bewegung geratenen Wagen mitgerissen. Bei dem Ausgleich der hierbei entstehenden Geschwindigkeitsunterschiede zwischen den einzelnen

Wagen wird ein Teil der Wucht oder der gespeicherten Federarbeit als Schwingungsenergie aufgebraucht, der für die Bewegung des Zugschwerpunktes, also für das Anrollen, nichts nützt. Die Schwingungsenergie ist also teils kinetischer und teils elastischer Natur, die nutzlos in der Wagenreihe hin- und herpendelt und sich durch Dämpfung in den Federn allmählich totläuft. Man kann sie als Stoßverlust absetzen, der auch bei rein elastischem Verhalten der Stoß- und Zugvorrichtungen auftritt.

2. Die Anlaufwiderstände.

Die Laufwiderstände setzen sich aus der Lagerreibung und dem Rollwiderstand zwischen Rad und Schiene zusammen. Die Widerstände in den Gleitlagern treten in erhöhtem Maße nach längerem Stehen der Wagen auf, weil dann das Öl zwischen Achsschenkel und Lagerschale gewichen ist.

Der Rollwiderstand zwischen Rad und Schiene ist bei Güterwagen 1,0 [kg/t], den Widerstand aus der erhöhten Lagerreibung und dem Rollwiderstand nennt man Anlaufwiderstand. Letzterer schwankt zwischen 15 und 30 [kg/t].

Nach Versuchen des Verfassers (Bahningenieur 1936, Heft 35) (Abb. 159) nimmt der Höchstwert nach $z = 4\text{--}5$ [cm] Vorrückweg plötzlich auf etwa 11 [kg/t] ab. Von hier ab vermindert er sich nur allmählich und für $z = 1000$ cm ist er 5,5 kg/t. In Anlehnung an diese Versuche hat Potthoff (Organ 1943, Heft 5) den Verlauf dieses Widerstandes für den Vorrückweg von $z = 5$ [cm] bis $z = 1000$ [cm] durch die Formel $w_a = \dfrac{206,25}{32,5+z} + 5,5$ [kg/t] ausgedrückt und setzt von $z = 0$ bis $z = 5$ [cm] $w_a = 30$ [kg/t] (Abb. 159). Diese Werte sind etwas höher als die durch Versuche des Verfassers ermittelten. Hierin liegt die Sicherheit für die Bemessung einer betriebstüchtigen Rampe. Außerdem ist in dieser Abbildung die Summenkurve der w_a-Linie gezeichnet, die die mittleren Anlaufwiderstände des Vorrückweges $w_{am} = \dfrac{\Sigma\, w_a \cdot z}{\Sigma\, z}$ [kg/t] angibt.

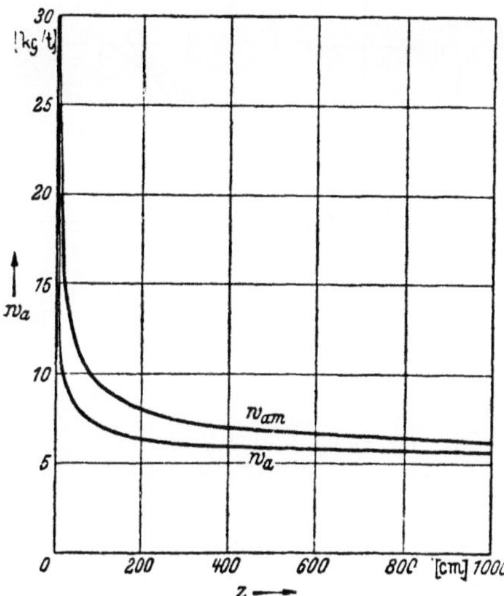

Abb. 159. Anlaufwiderstände und ihre Mittelwerte.

Die mittleren Anlaufwiderstände haben eine doppelte Bedeutung:

1. Jeder einzelne Wagen durchläuft beim Vorrücken von 0 bis z die zugehörigen w_a-Werte, deren Mittelwert w_{am} ist. Die Summe erstreckt sich über den Weg des einzelnen Wagens.
2. Wenn ein Zug von der Spitze aus sich gleichmäßig streckt und die Spitze z [cm] vorgerückt ist, ist w_{am} der mittlere augenblickliche Anlaufwiderstand der sich bewegenden Wagengruppe, da Wagen mit allen Vorrückwagen von 0 bis z in diesem Zugteil vorhanden sind. Wagen mit Rollenlagern machen auf Abrollanlagen keine Schwierigkeiten, da bei ihnen die Anlaufwiderstände nicht größer als die Widerstände nach dem Anlaufen sind.

3. Die Pufferabstände.

Beim Anrollen streckt sich der vorher gestauchte Zug, weil

a) die im stehenden Zug gespannten Pufferfedern sich entspannen,

b) weil sich die durchhängenden Kupplungen straffen,

c) weil sich die Federung der Zugvorrichtung spannt.

Zu a) Da jeder Puffer sich höchstens 7,5 cm eindrücken läßt und zwischen zwei Wagen zwei Federn hintereinander geschaltet sind, können sich beim Spannen der Pufferfedern bis zur Endkraft (16 t) die Wagenschwerpunkte um 15 cm nähern. Die Endkraft der Puffer wird auf Anrollrampen auch bei künstlicher Stauchung durch die Lok nie erreicht. Die Pufferkräfte und damit auch die Federzusammendrückung nehmen von der Spitze bis zum Schluß des Zuges ab.

Die Puffer haben eine Vorspannung von 1 t, so daß sie sich nur durch Kräfte bewegen, die größer als 1 t sind. Die Abb. 160 gibt das Federdehnungsbild wieder, aus dem man die Federzusammen-drückung und Entspannung für jede Puf-ferkraft ablesen kann.

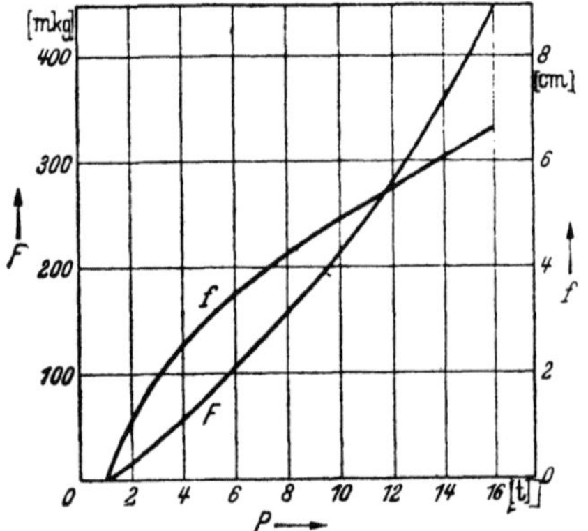

Abb. 160. Federdehnung und Federarbeit.

Zu b) Nach der Eisenbahnbau- und Betriebsordnung § 33 soll die Schrauben-kupplung von der Stirn des nicht einge-drückten Puffers bis zum Angriffspunkt des Einhängebügels bei ganz ausgeschraub-ter und gestreckter Kupplung mindestens 45 und höchstens 55 [cm] lang sein. Der Zughaken soll gemessen vom Angriffs-punkt des nicht angezogenen Hakens bis zur Ebene der nicht eingedrückten Puf-fer einen Abstand von mindestens 34,5 und höchstens 39,5 [cm] haben. Das gibt als Pufferabstände die vier Unterschiede 5,5; 10,5; 15,5 und 20,5 [cm] und im Mittel $d = 13$ [cm]. Da die Züge mit kurzen Kupplungen fahren, ist deren Langmachen eine zusätzliche Arbeit auf Anrollanlagen. Wenn man nur an den Trennstellen des Zuges die Kupplungen langschraubt, wird für die Wagen-gruppen der Pufferabstand je nach der Gruppenziffer ein Mittelwert.

Zu c) Das Spannen der Federn in der Zugvorrichtung vergrößert den Ab-stand zwischen zwei Wagenschwerpunkten. Während die Wirkungen bei a) und b) sich im ganzen Zuge summieren, tritt die Wirkung in der Zugvorrichtung nur einmal auf, wenn eine starre Zugstange vorhanden ist, die mit dem Unter-gestell jedes Wagens federnd verbunden ist. Gegenüber den erstgenannten Einwirkungen kann man daher die letztere vernachlässigen.

4. Die mittlere Rampenneigung (Abb. 161 a).

Mit der Rampenlänge (gleich der Zuglänge l_z) und der Endhöhe der Rampe h_z ist die mittlere Rampenneigung $s_{mz} = 1000\, h : l_z\ ^0/_{00}$, die bei gleichmäßiger Zugzusammensetzung gleich der mittleren Gefällkraft [kg/t] des Zuggewichts ist. Wählt man daher $s_{mz} = w_{am}\ ^0/_{00} = $ dem mittleren Anlaufwiderstand bei vollständiger Zugstreckung, dann besteht hierbei Gleichheit zwischen den

Gefällkräften und den Anlaufwiderständen und der in Bewegung geratene Zug hat eine gleichmäßige Geschwindigkeit. Bei ungleichmäßiger Zugzusammensetzung, wenn also ungünstigerweise etwa $^2/_3$ des Zuges aus leeren und das hintere Drittel aus beladenen Wagen besteht, trifft die Gleichheit $s_{mz} = w_{am}$ nicht zu. Hier

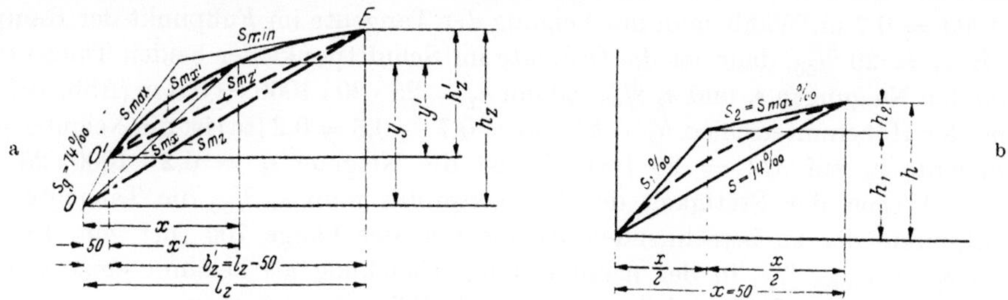

Abb. 161. Rampenneigungen: a) durchschnittlich, b) am Rampenfuß

sind die Gefällkräfte je t Zuggewicht bei vollständiger Streckung kleiner als der mittlere Anlaufwiderstand. Dann reißt beim Öffnen der Gleisbremse der in Bewegung geratene vordere Zugteil die hinteren Wagen mit. Bei der Bemessung von w_{am} für vollständige Streckung des Zuges gleichmäßiger Zusammensetzung verzichtet man auf die Streckung des Zuges infolge der Pufferzusammendrückung und erhält dadurch einen höheren Wert von w_{am}. Hierin liegt auch wieder eine Sicherheit zur Bemessung einer betriebstüchtigen Rampe.

5. Beispiel für die Berechnung der Anrollrampe der Einfahrgruppe.

In nachfolgendem Beispiel ist die Zuglänge 750 [m]. Es sind dies 75 Wagen von je 10 [m] Länge. Ferner setzt man die geringe durchschnittliche Streckung der Kupplungen von $d = 5$ [cm] ein. Dann ist die Länge der Streckbewegung des ganzen Zuges $z = 75 \cdot 5 = 375$ [cm]. Hierfür liest man in Abb. 159 $w_{am} = 7{,}15$ [kg/t] ab. Macht man also das mittlere Gefälle der ganzen Rampe $s_{mz} = w_{am} = 7{,}15\,^0/_{00}$, dann läuft der ganze Zug, wenn er sich gestreckt hat, mit gleichmäßiger Geschwindigkeit weiter.

α) Die Rampenform der Einfahrgruppe. Über dieser mittleren Rampenneigung $s_{mz} = w_{am} = 7{,}15\ ^0/_{00}$ ist die Anrollrampe zu wölben. Für die Berechnung der stetig gewölbten Anlauframpe nach einer unten entwickelten Gleichung muß die Tangentialneigung am Rampenfuß als größte Neigung $s_{max}\ ^0/_{00}$ und die kleinste Tangentialneigung am Rampenende $s_{min}\ ^0/_{00}$ gegeben sein, die größer als der Laufwiderstand ist. Nun führt man aber die Rampe nicht als stetig gewölbtes Profil aus, sondern für die einfachere Absteckung als Profil mit einzelnen Gefällstrecken von je 50 [m] Länge. Für das stärkste Gefälle, auf dem die Balkengleisbremsen liegen sollen, wird von der Bundesbahn 14 $^0/_{00}$ empfohlen. Dieses Gefälle bleibt dann auf dem ersten Rampenstück von 50 [m] Länge konstant. Es ist also dieses Gefälle nicht die Tangentialneigung am Fuße der stetig gewölbten Rampe. Dieses Stück mit dem Gefälle von 14 $^0/_{00}$ scheidet für die Berechnung der stetig gewölbten Rampe aus und letztere ist daher für die Länge von 700 [m] nach der unten entwickelten Gleichung zu berechnen. Für deren Fußpunkt ist nun die Tangentialneigung als größtes Gefälle $s_{max}\ ^0/_{00}$ zu ermitteln. Man nimmt hierfür an, daß die Rampe über dem ersten $x = 50$ [m] durch einen Kreisbogen gewölbt ist. Diese Annahme ist bei dem geringen Wert von $x = 50$ [m] statthaft. An einem Kreisbogen haben die Tangenten gleiche Längen von je $x/2 = 25$ m. Das Anfangsgefälle $s_m = 14\ ^0/_{00}$ ist dann die Sehne des Kreisbogens und die Ordinate am Ende der Strecke von der Neigung $14\,^0/_{00}$ ist dann nach Abb. 161b $h = 50 \cdot 14$: $1000 = 0,7$ m. Wählt man die Neigung der Tangente im Fußpunkt der Rampe z. B. $s_1 = 20\ ^0/_{00}$, dann ist die Ordinate im Schnittpunkt der beiden Tangenten von den Neigungen s_1 und $s_2\ ^0/_{00}$ sodann $h_1 = 25 \cdot 20 : 1000 = 0,5$ m (Abb. 161b) und der Höhenunterschied $h_2 = h - h_1 = 0,7 - 0,5 = 0,2$ [m] ist die Neigung der Tangente s_2 auf $x/2 = 25$ [m]. Es ist die Neigung $s_2 = 0,2 \cdot 1000 : 25 = 8\,^0/_{00}$. Wegen der Stetigkeit des Rampenprofils muß $s_2\ ^0/_{00}$ die Tangente im Fußpunkte der zu berechnenden Rampe von der Länge 700 [m] sein. Es ist also $s_2 = s\text{max}\ ^0/_{00}$ in der nachfolgenden Gleichung als bekannt einzusetzen. Zwischen dem größten und dem kleinsten Gefälle, also zwischen $s\text{max}$ und $s\text{min}$, sollen sich nun die Rampenneigungen stetig so ändern, daß die Energie der in Bewegung geratenen Wagen möglichst wenig durch Auflaufen auf den vorhergehenden vermindert wird, daß also die aufgespeicherten Energien möglichst wirtschaftlich in fortschreitende Bewegung umgesetzt werden. Aus der mittleren Rampenneigung $s_{mz}\ ^0/_{00}$, den Anfangs- und Endtangentialneigungen $s\text{max}$ und $s\text{min}\ ^0/_{00}$ als Randbedingungen sind daher nach dem Vorschlag des Verfassers die zwischenliegenden Neigungen so zu berechnen, daß die Verbindungskraft eines Wagens mit dem vorhergehenden größer ist als die mit dem nachfolgenden. Bei gleichem Laufwiderstand der beiden Wagen ist diese Verbindungskraft je Tonne zweier Wagen gleich dem Unterschied der benachbarten Neigungen $\Delta s_1 = s_{x_1} - s_{x_2}$ [kg/t] und $\Delta s_2 = s_{x_2} - s_{x_3}$ [kg/t]. Es muß also $\Delta s_1 > \Delta s_2$ sein. Dann läuft der vorhergehende Wagen nicht nur schneller als der nachfolgende, sondern die gestrafften Kupplungen bleiben auch eher gestrafft.

Zweckmäßig läßt man die Neigungsunterschiede quadratisch abnehmen. Man ersetzt hierbei die Differenz Δs durch das Differential ds. Die Neigung je dx ist dann $\dfrac{s_1 - s_2}{\Delta_x} = \dfrac{ds}{dx} = a - b \cdot x + c \cdot x^2\ \dfrac{^0/_{00}}{m}$ (Gleichung 1a). Für $x = 0$ ist $\dfrac{ds}{dx} = a$, für $x =$ der Rampenlänge $l_z - 50 = l'_z$ wird $\dfrac{ds}{dx} = 0$ gewählt, also ist (nach Gleichung 1a) $a = b \cdot l_z - c \cdot l_z^2$.

Für die Neigungen $s_x\ ^0/_{00}$ der Rampe besteht dann die Gleichung

$$s_x = \int ds = \int (a - bx + c \cdot x^2)\, dx = ax - \frac{b \cdot x^2}{2} + \frac{c \cdot x^3}{3} + C_1\ ^0/_{00}.$$

Für $x = 0$ ist $s_x = s\text{max} = C_1$ und für $x = l'_z$ ist $s_x = s\text{min} = a \cdot l'_z - \dfrac{b}{2} l_z'^2 + \dfrac{c}{3} l_z'^3$

(Gleichung 2a). Also ist $s_x = a_x - \dfrac{b\,x^2}{2} + \dfrac{c\,x^3}{3} + s\text{max}\ ^0/_{00}$.

Die Gleichung des Profils ist dann

$$y = \int \frac{s_x\, dx}{1000} = \int \left(a_x - \frac{b}{2} x^2 + \frac{c}{3} x^3 + s\text{max} \right) \frac{dx}{1000}$$ (Gleichung 3) oder $1000\, y =$

$\dfrac{a}{2} x^2 - \dfrac{b}{6} x^3 + \dfrac{c \cdot x^4}{12} + x \cdot s\text{max} + C_2$ (Gleichung 3a) für $x = 0 = y = 0$ ist $C_2 = 0$. Da $1000\, y : x = s'_{mx}\ ^0/_{00}$ die Neigung der Verbindungsgeraden des Punktes der stetig gewölbten Rampe mit dem Rampenfuß ist (Abb. 161a), so ist

$1000\, y : x = s_{m'x} = s_{\max} + \dfrac{a}{2}\,x - \dfrac{b\,x^2}{6} + \dfrac{c\,x^3}{12}$. Für $x = l'_z$ ist $s_{m'x} = s_{m'z} =$

$\dfrac{h'_z \cdot 1000}{l'_z} = s_{\max} + \dfrac{a}{2}\,l'_z - \dfrac{b}{6}\,l'^2_z + \dfrac{c}{12}\,l'^3_z$ (Gleichung 4a). Aus den Gleichungen

1a, 2a und 4a berechnet man a, b und c. Mit diesen Werten und mit $s_{\max} - s_{\min}$

$= \Delta S$ erhält man $s_{mx} = s_{\max} - \Delta S \left(\dfrac{3}{2}\,k - k^2 + \dfrac{k^3}{4}\right) = s_{\max} - \Delta S\, f\,(x)$

(Gleichung 5), wobei $k = x : l_z'$ ist. Für $k = 1$ ist $f\,(k) = 0{,}75$.

Die Gleichung 5 für $s_{mx'} = s_{mz'}$ lautet dann:

$$s_{mx'} = s_{mz'} = s_{\max} - \Delta S \cdot 0{,}75 = s_{\max} - (s_{\max} - s_{\min})\, 0{,}75$$

und die kleinste Neigung ist dann $s_{\min} = \dfrac{(4\, s'_{mz} - s_{\max})}{3}$ $^0/_{00}$. Die mittlere

Neigung der ganzen Rampe von $x = 750$ [m] ist nach vorigem $s_{mz} = w_{am} =$
7,15 $^0/_{00}$, zu der die Endordinate $h_z = 7{,}15 \cdot 750 : 1000 = 5{,}35$ m gehört. Von
$x = 50$ [m] ab gerechnet, auf der $s = 14$ $^0/_{00}$ ist, ist die Endordinate der stetig
gewölbten 700 [m] langen Rampe nach Abzug von $14 \cdot 50 : 1000 = 0{,}7$ [m]
noch $5{,}35 - 0{,}7 = 4{,}65$ [m]. Die zugehörige mittlere Neigung ist $s_{mz'} = 4{,}65 \cdot$
$1000 : 700 = 6{,}65$ $^0/_{00}$, dann ist $s_{\min} = (4 \cdot 6{,}65 - 8) : 3 = 6{,}2$ $^0/_{00}$, wobei
$s_{\max} = 8$ $^0/_{00}$ wie oben berechnet eingesetzt ist. Die Gleichung für die mittleren
Neigungen der Rampe von der Länge 700 [m] ist
$s_{m'x} = s_{\max} - (s_{\max} - s_{\min})\, f\,(k) = 8 - (8 - 6{,}2)\, f\,(k) = 8 - 1{,}8\, f\,(k)$ $^0/_{00}$.

Diese Rampe wird in 14 Teile von je 50 [m] geteilt. Ihre Neigungen verlaufen zwischen diesen Teilpunkten geradlinig, berechnet wird sie für $k = x/1$
$= 1/14 \ldots\ldots\ldots = 4/14\ldots\ldots\ldots = 11/14\ldots\ldots = 14/14$. Für diese Werte
k wurde $f\,(k)$ berechnet und in die Spalte 2 der Zahlentafel 6: „Berechnung der Anrollrampe" eingetragen. Die berechneten mittleren Gefälle $s_{m'x}$

stehen in Spalte 3. Die Höhen dieser Gefälle sind $y' = \dfrac{(x - 50)\, s_{mx'}}{1000}$ [m]

(Spalte 4) und die Ordinaten der Rampe von 750 [m] Länge sind nach Spalte 5
sodann $y = y' + 0{,}7$ m. Denen entsprechen die mittleren Gefälle der gesamten

Rampe $s_{mx} = \dfrac{y}{x} \cdot 1000 = \dfrac{y' - 0{,}7}{x} \cdot 1000$ (Spalte 6). In Spalte 7 sind dann

die Ordinatenunterschiede $y_2 - y_1$ eingetragen, aus denen nach Spalte 8 die
Gefälle der einzelnen Teilstrecken der Rampe von je 50 m Länge nach der

Gleichung $s_g = \dfrac{(y_2 - y_1)}{50} \cdot 1000 = 20\, (y_2 - y_1)$ $^0/_{00}$ berechnet werden.

β) **Der Nachweis der Betriebstüchtigkeit der Anrollrampe.** Wenn
die Anrollrampe betriebstüchtig sein soll, so ist nachzuweisen, daß ein Zug
unter schwierigen Annahmen für die Anlaufwiderstände und die Gewichtsverteilung nach Lösen der Haltebremse anläuft und nicht wieder von selbst
zum Halten kommt. Auf die schwierigen Annahmen für den Laufwiderstand
ist bereits eingegangen worden und es beruhen die nach der genannten Formel
berechneten w_a-Werte schon auf recht ungünstigen Annahmen. Der der Gestaltung der Rampe zugrunde gelegte Zug gleichmäßiger Gewichtsverteilung
hat kleine Streckwege der Kupplungen und auf die Pufferstreckung wurde
hierbei keine Rücksicht genommen, so daß also für die verhältnismäßig kleinen
Streckwege die mittleren Anlaufwiderstände w_{am} hoch sind. Den hohen Werten
von w_{am} entspricht aber auch die mittlere Rampenneigung. Als ungünstigste

Zahlentafel 6:   Berechnung der Anrollrampe, $s_{max} = 8\,^0/_{00}$

1	2	3	4	5	6	7	8	9a	9b	10	11	12	13	14	15	16	17	18	19
x m	$f(k)$	s'_{mx} $^0/_{00}$	y' [m]	y [m]	s_{mx} $^0/_{00}$	y_i-y_1 [m]	s_g $^0/_{00}$	G_g [t]	ΣG_g [t]	$\Sigma G_g\cdot s_g$ / $G_g\cdot s_g$ [kg]	$2.\Sigma G_g\cdot s_g$ $=4P$ [kg]	P [kg]	$10\Delta l_p$ [cm]	Δl_k [cm]	$\Delta l_k+\Delta l_g$ [cm]	$\Sigma(\Delta l_k+\Delta l_g)$ [cm]	w_{am} $^0/_{00}$	$G_g\cdot s_{mx}$ [t]	$Gg\,w_{am}$ [t]
50	—	—	—	0,7	14	0,7	14	50	50	8464 700 7764	16228	4057	27/2	25/2	26	26 50	14	0,7	0,7
100	0,1075	7,806	0,390	1,09	10,9	0,39	7,8	50	100	390 7374	15138	3784	25	25	50	76 48	10	1,09	1,01
150	0,219	7,606	0,761	1,461	9,76	0,364	7,28	50	150	364 7010	14384	3596	23	25	48	124 47	8,7	1,47	1,31
200	0,278	7,5	1,125	1,825	9,13	0,35	7,0	50	200	350 6660	13670	3417	22	25	47	171 46	8,1	1,826	1,615
250	0,354	7,363	1,473	2,175	8,7	0,345	6,9	50	250	345 6315	12965	3241	21	25	46	217 45	7,7	2,175	1,92
300	0,418	7,247	1,815	2,515	8,38	0,340	6,8	50	300	340 5975	12290	3072	20	25	45	262 44	7,5	2,52	2,25
350	0,478	7,138	2,135	2,840	8,1	0,335	6,7	50	350	335 5640	11615	2904	19	25	44	306 42	7,33	2,83	2,57
400	0,530	7,046	2,47	3,17	7,91	0,330	6,6	50	400	330 5310	10950	2737	17	25	42	348 41	7,25	3,17	2,9
450	0,578	6,96	2,78	3,48	7,75	0,320	6,5	50	450	325 4985	10295	2574	16	25	41	389 40	7,15	3,5	3,22
500	0,621	6,88	3,1	3,8	7,6	0,310	6,4	50	500	320 4665	9650	2412	15	25	40	429 39	7,1	3,8	3,5
550	0,65	6,83	3,42	4,12	7,5	0,310	6,3	150	650	945 3720	8385	2096	14	25	39	468 34	7,0	4,88	4,55
600	0,679	6,78	3,725	4,425	7,38	0,310	6,2	150	800	930 2790	6510	1627	9	25	34	502 27	6,9	5,9	5,52
650	0,707	6,73	4,04	4,74	7,3	0,310	6,2	150	950	930 1860	4650	1162	2	25	27	539 25	6,8	6,93	6,47
700	0,731	6,685	4,34	5,04	7,2	0,310	6,2	150	1100	930 930	2790	—	—	25	25	564 25	6,8	8,09	7,48
750	0,75	6,65	4,66	5,35	7,15	0,310	6,2	150	1250	930	—	—	—	—	25	589	6,8	8,95	8,5

Gewichtsverteilung wurde die Zugzusammensetzung wie folgt gewählt: auf
$^2/_3$ der Länge, also auf 500 [m], wurden 50 leere Wagen von je 10 [t] Gewicht
und von 500 bis 750 [m] wurden 25 beladene Wagen von je 30 [t] Gewicht
auf dem Rampenende angenommen. Die Gruppengewichte je 50 [m] nebst
ihren Summen sind in Spalte 9 eingetragen. Bei dieser ungünstigen Zugzusammensetzung kommen die letzten Wagen nicht von selbst in Gang. Nur die vordersten
leeren Wagen, die in den starken Gefällen stehen und durch die Streckung der
gestauchten Puffer einen so großen Streckweg haben, daß ihr Anlaufwiderstand
klein wird, laufen von selbst an und bleiben im Laufen. Sie schließen sich hierbei
unter Ausgleich ihrer Geschwindigkeiten zu einer gestrafften Spitzengruppe
zusammen und sind in der Lage, die mittleren schon angelaufenen aber wieder
stehengebliebenen und schließlich auch die Wagen zu raffen, die von selbst
nicht in Gang gekommen sind. Schließlich rollt der Zug mit einer ausgeglichenen
kleinen Geschwindigkeit an. Dieser Vorgang ist dadurch bedingt, daß die Gefällund Federkräfte vom Rampenfuß schnell abnehmen und schließlich kleiner
als die Anlaufwiderstände, also die Reibungswiderstände werden und daher
die Wagen stehenbleiben.

Bei dem Strecken und Raffen geht für den Ausgleich der Geschwindigkeiten
zwischen den einzelnen Wagen Energie verloren und die innerhalb des
Zuges wirksame Schwingungsenergie wird für die fortschreitende Bewegung
des Zuges nicht nutzbar. Die Anrollbewegung ist daher nach dem Impulssatz
zu berechnen[1], da hierbei auch die Stoßverluste berücksichtigt werden. Eine
Berechnung allein nach dem Energiesatz erfaßt die Stoßverluste nicht und ist
daher nicht zulässig.

Ohne auf diese Berechnungen einzugehen, soll in einfacher Weise nachgewiesen werden, daß der Zug unter diesen schwierigen Annahmen anrollt.
Es soll lediglich aus den auftretenden Feder- und Gefällkräften sowie aus den
Anlaufwiderständen bewiesen werden, daß der Zug in Bewegung gerät und
weiterläuft. Die Berechnung ist also mehr nach statischer Anschauung als nach
dynamischer durchgeführt. Dann ist es nicht erforderlich, die Bewegung darzustellen und hierfür die Geschwindigkeit zu berechnen, mit der der Zug anrollt. Es genügt vielmehr für den Nachweis der Betriebstüchtigkeit der Rampe
die Tatsache, daß der in Bewegung geratene Zug nicht mehr zum Halten kommt.

γ) Die Federkräfte. Ein nebeneinander gelagertes Pufferpaar des auf
der Anrollrampe einfahrenden Zuges wird beim Bremsen durch das Auflaufen
des oberen Zugteiles zusammengedrückt. Die Kraft, mit der dies geschieht,
hat mindestens den Wert $2\,P = \Sigma G\,(s - w)$. Drückt die Zuglok den Zug nach
dem Halten noch einmal zurück und wird dann erst die Bremse geschlossen,
so kann im günstigsten Fall die Kraft $P = 0,5 \cdot \Sigma G\,(s + w)$ in einer Pufferfeder aufgespeichert werden. Es sei $w = 3$ kg/t der Laufwiderstand des einfahrenden Zuges. Hierbei besteht dann nach Aufhören der Längsschwingungen
im Zuge infolge der starken Dämpfung ein Gleichgewichtszustand zwischen
den Federkräften und den der Zusammendrückung entgegenwirkenden Bahnkräften[2] $\Sigma G \cdot (s + w)$. Das Mittel aus der kleinsten und größten Kraft

---

[1] W. Müller, Fahrdynamik S. 210 und Potthoff, Organ 1943 Heft 5.

[2] (vgl. W. Müller, Der Bahningenieur, 1935 S. 304).

16*

einer gestauchten Pufferfeder ist $P = 0{,}5 \cdot \Sigma\,G \cdot s$ [kg]. Je Wagengruppe vom Gewicht G_g und dem Gefälle s_g %₀ eines Teilstückes von 50 [m] ist die Federkraft eines nebeneinander gelagerten Pufferpaares $\Sigma G_g \cdot s_g$ [kg].

Infolge der Federung des ganzen Zuges in der Längsrichtung kann dieser Mittelwert schon beim Auflaufen der Wagen des gebremsten Zuges erreicht werden. Deshalb wird auch dieser Mittelwert der Pufferfederkräfte in die Rechnung eingeführt. Es sind in Spalte 9 der Zahlentafel 6 die Werte ΣG_g hierfür eingetragen, und in Spalte 10 sind die Kräfte $\Sigma G_g \cdot s_g$ vom Zugende her schrittweise addiert. In Spalte 11 wurden die aufeinanderfolgenden Werte der Spalte 10 addiert und in Spalte 12 diese Werte durch 4 dividiert, um die Mittelkraft P einer Pufferfeder je Wagengruppe zu erhalten. Für diese mittleren Pufferkräfte jeder Wagengruppe wurden nun in Abb. 160 die Federdehnungen $f = \Delta l_p$ in [cm] abgelesen. Da die Puffer 1 Tonne Vorspannung haben, so fallen in Spalte 12 die Werte P kleiner als 1000 kg fort. Bei n Wagen einer Gruppe ist dann die Pufferdehnung der Gruppe $\Delta l_g = 2\,n \cdot \Delta l_p$. Für $n = 5$ ist $\Delta l_g = 10 \cdot \Delta l_p$ [cm]. Diese Werte trägt man in Spalte 13 ein. In Spalte 14 sind die Streckungen der Kupplungen einer Gruppe eingetragen, die zwischen zwei Wagen zu $d = 5$ cm angenommen wurde. Dann ist diese Streckung je Wagengruppe $\Delta l_k = 5 \cdot 5 = 25$ cm. Die Spalte 15 zeigt die Werte $\Delta l_g + \Delta l_k$ und in Spalte 16 sind von der Spitze des Zuges nach dem Zugende zu die Werte der Spalte 15 addiert. Für diese Werte $\Sigma\,(\Delta l_g + \Delta l_k) = z$ liest man nun in Abb. 159 die mittleren Anlaufwiderstände w_{am} [kg/t] ab, die man in Spalte 17 einträgt. Nun multipliziert man die Gewichtssummen ΣG_g der Spalte 9 mit den s_{mx}-Werten der Spalte 6, sowie mit den w_{am}-Werte der Spalte 17 und erhält in Spalte 18 und Spalte 19 die Werte $s_{mx} \cdot \Sigma G_g$ und $w_{am} = \Sigma G_g$, die in Tonnen angegeben sind. Letztere sind dann die Gefäll- und die Reibungskräfte in den einzelnen Teilstücken der Anrollrampe, die man in Abb. 162 aufträgt.

Man sieht hieraus, daß überall die Gefällkräfte größer sind, mit Ausnahme von denen auf dem ersten Teilstück, wo die beiden Kräfte gleich sind. Über den Gefällkräften trägt man nun noch die freiwerdenden Pufferkräfte für eine

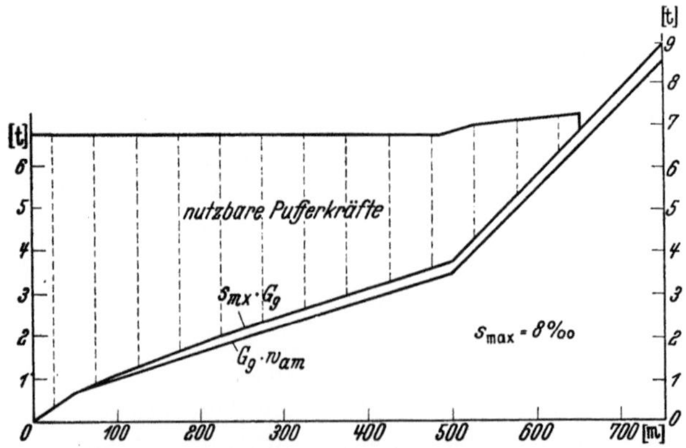

Abb. 162. Feder- und Gefällkräfte sowie Anlaufwiderstände einer Anrollrampe.

Wagengruppe auf, die man erhält, wenn man die Vorspannung 2 t für zwei nebeneinander liegende Puffer der Spalte 10 abzieht. Für diese zeichnet man in Abb. 162 die obere Linie. Die Kräfte sind in der Mitte jeder Gruppenlänge aufzutragen. Da an allen Punkten des Anrollprofils ein Überschuß an treibenden Kräften vorhanden ist, so wird auch stets noch ein Energieüberschuß vorhanden sein, nachdem durch den Ausgleich der Geschwindigkeiten Energie verloren gegangen ist und die Schwingungsenergien als Stoßverluste abgesetzt sind. Dieser Überschuß wird auch ausreichen, wenn die aufgespeicherten Pufferkräfte etwas kleiner als $\Sigma G_g \cdot s_g$ sein werden. Der Zug wird also beim Lösen der Bremsen nicht nur in Bewegung geraten, sondern mit Bestimmtheit auch weiterlaufen. Die Anrollrampe ist daher betriebstüchtig.

6. Die Zuführungszone.

Die Bremse am Fuße der Anrollrampe hat den Zug in der Ruhelage zu sichern, ohne daß die Wagenbremsen angezogen zu werden brauchen (Haltebremse, Abb. 163a). Falls der Ablauf unmittelbar aus der Einfahrstellung des

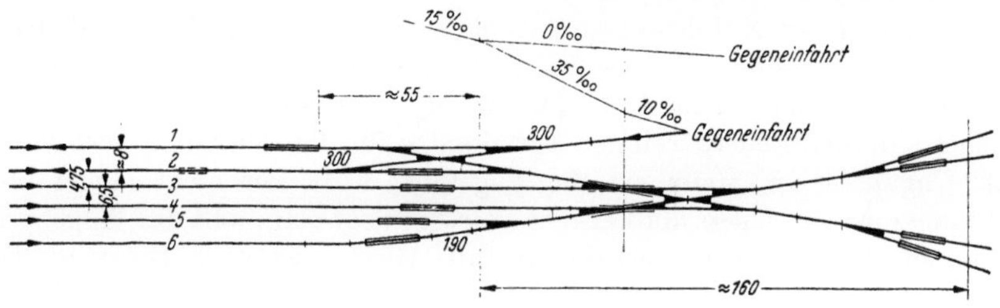

Abb. 163a. Haltebremsen.

Zuges erfolgt, was bei einer geringen Zahl der Einfahrgleise üblich ist (Rangierbahnhof Duisburg-Hochfeld mit drei Einfahrgleisen), haben die Gleisbremsen auch noch die Aufgabe, den Zulauf der Wagen zu der Ablaufanlage zu regeln. Die Gleisbremse muß deshalb so konstruiert werden, daß sie den Zug von der größten Zuführungsgeschwindigkeit nach kurzem Bremsweg zum Stehen bringt.

Bei einer größeren Zahl von Einfahrgleisen ordnet man zweckmäßig nach Abb. 163b zwei Bremsstaffeln an, und zwar die Haltebremsen vor dem Zu-

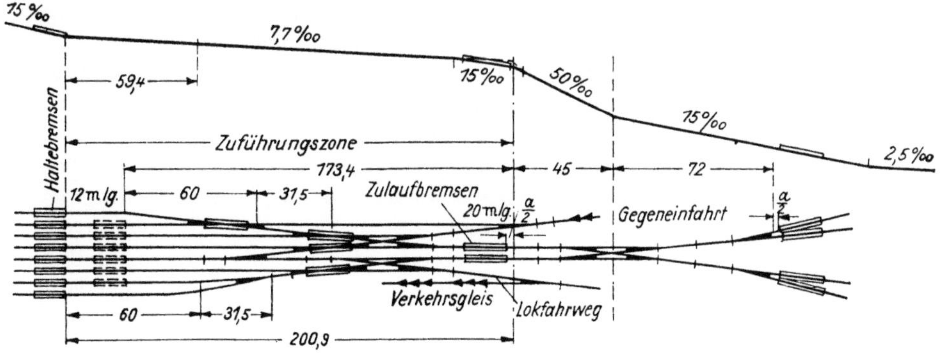

Abb. 163b. Halte- und Zulaufbremsen.

sammenlauf der Einfahrgleise und die Zulaufbremsen kurz vor der Steilrampe. Wegen der Gleisverbindungen der zahlreichen Einfahrgleise und wegen der Gegeneinfahrt in mehr als die Hälfte der Einfahrgleise liegen die Haltebremsen

zu sehr von der Steilrampe entfernt. Würde man die Wagen schon an der Haltebremse einzeln oder in Gruppen abkuppeln und durch ihre Schwerkraft in
die Richtungsgleise laufen lassen, dann würden die Laufwege bis zur letzten
Verteilungsweiche vor den Richtungsgleisen sehr lang werden. Diese könnten
dann zwischen zwei Fahrzeugen einer ungünstigen Wagenfolge nicht mehr
umgestellt werden. Die erste Verteilungsweiche ist daher möglichst nahe an
den Ablaufpunkt zu legen, d. h. die Gleisbremse, die den Wagenzulauf regelt,
müßte nahe vor der Steilrampe liegen, sie heißt daher Zulaufbremse, und im
Gegensatz zu den Gleisbremsen auf Bahnhof Duisburg-Hochfeld sollen die
Gleisbremsen am Fuße der Anrollrampe in den Einfahrgleisen die Züge lediglich
halten. Die Berechnung der Leistungsfähigkeit der Halte- und der Zulaufbremsen wird im folgenden Kapitel wiedergegeben. Zwischen den Halte- und
Zulaufgleisbremsen liegt die Zuführungszone, deren Länge sich nach Abb. 163b
aus der Weichenentwicklung ergibt.

Die Neigung der Zuführungszone muß so stark sein, daß der auf der Anrollrampe in Bewegung geratene Zug nicht wieder zum Stehen kommt. Rückt
ein längerer Zug nach dem Ablaufpunkt vor, so ist dies allerdings weniger zu
befürchten, da der steilere Teil der Anrollrampe für die Bewegung noch wirksam
bleibt. Ungünstig ist, wenn ein Zug zugeführt wird, der nicht länger als die
Zuführungszone ist. Diese muß also so stark geneigt sein, daß die Wagengruppe
nach ihrem Halt von selbst wieder anläuft. Hierfür ist nach Holfeld (Organ
1936, Seite 405) ein Gefälle von 7,7 $^0/_{00}$ ausreichend, weil der Halt in der Regel
von kurzer Dauer ist. Die Übergangsstrecke von der Zuführungszone zur Steilrampe hat für die Zulaufbremse eine Länge von 25 m und ein Gefälle von 14$^0/_{00}$.

7. Die Rampenform der Richtungsgruppe.

In dem in Abb. 119 dargestellten Rangierbahnhof mit durchgehendem Gefälle
haben die Richtungsgleise das Gefälle 10 $^0/_{00}$, deren erster Teil ist die etwa
120 m lange Sammelzone. Auf dieser werden durch Hemmschuhe die Wagen
zum Halten gebracht, die nach Wegnahme des Hemmschuhes auf die bereits
stehenden Wagen langsam auflaufen und mit diesen gekuppelt werden. Sind
etwa 7—10 Wagen auf der Sammelzone vereinigt, dann setzt sich ein Wagenbremser auf die gekuppelte Gruppe und läßt sie abrollen, bis alle Wagen die
Sammelzone verlassen haben. Die abgelassene Gruppe wird dann festgebremst
und die auf der freien Sammelstrecke erneut anrollenden Wagen werden wieder
mit Hemmschuhen zum Stehen gebracht und miteinander sowie mit der bereits
abgelassenen Gruppe gekuppelt. Von Wagenbremsern wird dann die gesamte
Gruppe abgelassen bis die Sammelzone wieder frei ist. Dies wird fortgesetzt,
bis das Richtungsgleis voll ist. Die gesamte Wagengruppe wird dann entweder
in den Stationsgleisen nach Bahnhöfen zerlegt oder sie rollt ganz oder teilweise
mit Umfahrung dieser Gleisgruppe in ein Ausfahrgleis, wo sie mit den Wagen
anderer Richtungen nach dem Zugbildungsplan zu einem Durchgangsgüterzuge
zusammengesetzt wird. Da die Wagen an jeder Stelle der Richtungsgleise anlaufen müssen, so ist zur Überwindung des hohen Anrückwiderstandes erfahrungsgemäß ein Gefälle von 10 $^0/_{00}$ ebenso wie in den Zerlegegleisen erforderlich.
Der Gefällbahnhof erhält daher, wenn er in einer Ebene angelegt wird, sehr
hohe Dämme.

Um an Höhe zu sparen, kann man nach Abb. 120 hinter der 10 $^0/_{00}$ geneigten Sammelzone die sogenannte Nachlaßzone bis zum Ende der Richtungsgleise, ähnlich wie bei den Einfahrgleisen (s. S. 239), als eine nach einer kubischen Parabel gewölbte Rampe ausbilden, die das mittlere Gefälle 1 : 140 oder 7,15 $^0/_{00}$ hat. Am Fuß der Rampe liegt auf dem stärksten Gefälle, wie bei den Einfahrgleisen, wieder eine Balkengleisbremse. Durch die Anrollrampe und diese Bremse geht das Zerlegen der Wagengruppe nach Stationen sowie ihr Nachlassen in die Ausfahrgleise schneller vor sich. Die Wagen müssen aber bei der Profilgestaltung in der 1 : 100 geneigten Sammelzone wie vor mit Hemmschuhen aufgefangen, zusammengekuppelt und von Wagenbremsern in die Nachlaßzone abgelassen werden. Haben die unteren Wagen die Zulaufbremse erreicht, dann werden die Wagen durch die Zulaufbremse festgehalten und gestaucht. Die Wagenbremser müssen den Weg zur Sammelzone wieder zurücklaufen. Das ist zeitraubend und eine entsprechend große Zahl von Wagenbremsern ist daher bereitzuhalten. Letztere können aber fortfallen, wenn man in den Richtungsgleisen zwischen Sammelzone und Zulaufbremse mehrere kleine Gleisbremsen anordnen würde, durch die die Bewegungsenergie der im freien Ablauf rollenden Wagengruppen nicht zu groß würde, und die Wagengruppe höchstens mit 1 m/s auf die Gruppe, die von der Zulaufbremse gehalten wird, auflaufen würden. Es ist aber darauf zu achten, daß durch das Auflaufen die Haltekraft der Zulaufbremse nicht überschritten wird. Die Konstruktion derartiger Bremsen ist neben einem technischen Problem ein wirtschaftliches, dessen Lösung zur Hebung der Leistungsfähigkeit der Rangierbahnhöfe dringend ist.

O. Die Bemessung der Gleisbremse am Fuße der Anrollrampe.

1. Die Balkengleisbremsen als Rampenbremsen.

Die Bremse am Fuße der Anrollrampe hat einen Zug in der Ruhelage zu sichern, ohne daß die Wagenbremsen angezogen zu werden brauchen (Haltebremse). Falls der Ablauf unmittelbar aus der Einfahrstellung erfolgt, was bei einer geringen Zahl von Einfahrgleisen üblich ist (Bahnhof Duisburg-Hochfeld), hat die Gleisbremse auch die Aufgabe, den Zulauf der Wagen zu der Ablaufanlage zu regeln. Die Gleisbremse muß deshalb so konstruiert werden, daß sie den Zug von der größten Zuführungsgeschwindigkeit nach einem kurzen Bremsweg zum Stehen bringt.

Am geeignetsten ist hierfür eine mechanische Balkengleisbremse, die eine möglichst große Steigerung des Anpreßdruckes gestattet. Man käme dann mit kurzen Bremsen aus, liefe aber Gefahr, daß die Radsätze zu stark beansprucht würden. Eine größere Bremslänge, bei der sich der Bremsdruck auf mehrere Achsen verteilt, ist deshalb vorzuziehen. Bei der Thyssenbremse, bei der nach Abb. 141 die Anpreßkraft erzeugt wird, wenn der Spurkranz zwischen den Bremsschienen auf dem Fuß der Innenschiene aufgelaufen ist, ergibt sich dadurch eine größere Länge, daß die Anpreßkraft vom Radgewicht abhängig ist und so eine bestimmte Größe nicht überschreiten kann. Damit ist auch eine Begrenzung der Radbeanspruchung gegeben, innerhalb der die Bremskraft durch den regelbaren Wasserdruck verstärkt werden kann. Völlige Betriebssicherheit der

Rampenbremse ist nach Einführung des umgekehrten Bremsprinzips erreicht, wobei die Schwingschiene unmittelbar durch die Bremszylinder gesteuert werden kann und der Steuerdruck bei fallender Bremskraft steigt, so daß bei Störungen (z. B. Rohrbruch) Maximalbremsung eintritt[1].

2. Die Leistungsfähigkeit der Haltebremsen.

Der Nachprüfung, ob eine Haltebremse den Zug in der Ruhelage festhält, ist der Fall zugrunde zu legen, daß die Gleisbremse gerade geschlossen wird, wenn die Lokomotive noch am Zuge ist. Die Lokomotive hat den Zug mit der Druckluftbremse gebremst. Die Gleisbremse wird geschlossen, hiernach werden die Druckluftbremsen gelöst und der Zug staucht sich. Die Gleisbremse muß dann die Stauchkraft des Zuges ΣG_g ($s_g - w$) aufnehmen. Beim Schließen der Bremse ist als Fahrzeugwiderstand noch der der Fahrt anzunehmen, also $w = 3$ kg/t. Letzterer vergrößert sich schnell bis zum Anlaufwiderstand. Bei gleichmäßiger Lastverteilung des Zuges ist ΣG_g ($s_g - w$) $= G_w \cdot (\varepsilon_{mz} - w)$. Hier ist G_w das Gewicht des Wagenzuges und s_{mz} $^0/_{00}$ dessen mittleres Gefälle auf der Zulauframpe. Bei ungleichmäßiger Lastverteilung kann man $\Sigma G_g \cdot s_g$ aus der Zahlentafel 6, Spalte 10 entnehmen. Von dem dortigen Höchstwert ist dann noch $w \cdot G_w = 3 \cdot G_w$ kg abzuziehen, um die Stauchkraft zu erhalten.

Teilt man die Bremsbalkenlänge durch den Achsabstand, z. B. 4,5 m, so erhält man die in der Bremse befindlichen Achsen.

3. Leistungsfähigkeit der Zulaufbremsen.

Bei einer geringen Anzahl von Einfahrgleisen (bei etwa sechs) ist nach Abb. 163a nur eine Bremsstaffel unmittelbar vor dem Ablaufpunkt anzuordnen. Das Weichenkreuz im Übergang von den Einfahr- zu den Richtungsgleisen liegt dann am Fuß der Steilrampe. Die Balkengleisbremsen sind hier zugleich Halte- und Zulaufbremsen und infolgedessen nicht nur auf ihre Leistungsfähigkeit als Haltebremse, sondern auch noch auf die den Wagenzulauf zu regelnden Bremskräfte zu untersuchen.

Bei einer größeren Zahl von Einfahrgleisen ordnet man zweckmäßig nach Abb. 163b zwei Bremsstaffeln an, und zwar die Haltebremsen vor dem Zusammenlauf der Einfahrgleise und die Zulaufbremsen kurz vor dem Ablaufpunkt. Wegen der Weichenverbindungen der zahlreichen Einfahrgleise und wegen der Gegeneinfahrt in mehr als die Hälfte der Einfahrgleise liegen hier die Haltebremsen etwas von dem Ablaufpunkt entfernt. Würde man die Wagen schon an der Haltebremse einzeln oder in Gruppen abkuppeln und durch ihre Schwerkraft in die Richtungsgleise laufen lassen, dann würden die Laufwege bis zur letzten Verteilungsweiche vor den Richtungsgleisen sehr lang werden. Folgt nämlich beim Ablauf einem langsamen Wagen ein schnellerer, so würden sich beide so stark nähern, daß man zwischen ihnen diese Verteilungsweiche nicht mehr umstellen könnte. Je mehr aber die Verteilungsweichen nach dem Ablaufpunkt zu gelegen sind, um so größer bleiben die Abstände zwischen den Wagen zum Umstellen der Weichen. Nur auf einer kurzen Strecke von dem Ablaufpunkt ab sind die Abstände wieder sehr klein. Die Verteilungsweichen

---

[1] Verkehrstechn. Woche 1933 S. 268.

sind daher in d i e Zone zu legen, in der die Zwischenräume möglichst groß sind, d. h. die erste Weiche ist nicht allzu weit vom Ablaufpunkt anzuordnen, und die anderen sind an diese gedrängt anzureihen. Der gemeinsame Laufweg zweier Wagen nach Verlassen der Rampenbremse muß daher möglichst klein sein. Deshalb ist es notwendig, vom Fuße der Zulauframpe bis zur Steilrampe der Ablaufanlage eine flachere sog. Z u f ü h r u n g s z o n e anzulegen, auf der der Zulauf bis zum Ablaufpunkt noch durch die Zulaufbremse geregelt wird; und erst hinter dieser laufen die Wagen durch Schwerkraft die Steilrampe hinunter.

a) **Die Haltebremse ist zugleich Zulaufbremse** (Abb. 164). Bei Ablaufanlagen mit Gleisbremsen am Fuße der Steilrampe bedeutet es keine Betriebsgefahr, wenn bei Einzelabläufen Wagen der Zulaufbremse entgangen sind, und nach diesen erst der dritte Ablauf von der Zulaufbremse wieder festgehalten wird. Die beiden der Zulaufbremse entgangenen Wagen können von der Talbremse abgefangen werden. Beim Eintreten der Bremswirkung der Zulaufbremse nach dem Vorrücken des Zuges um zwei Wagenlängen $\Delta l = 18$ m ist die Zuführungs-

geschwindigkeit $v_0 \sqrt{\dfrac{2g'(s_{mz} - w)\,\Delta l}{1000}}$. Mit $g' = 9{,}40$, $s_{mz} = 6{,}8 \; ^{0}/_{00}$ als mitt-

lerer Rampenneigung und $w = 3{,}5$ kg/t ist $v_0 = \sqrt{\dfrac{2 \cdot 9{,}4\,(6{,}8 - 3{,}5) \cdot 18}{1000}} \cong 1{,}0$ m/s.

Auf dem Vorrückweg aus der Haltebremse ist ein kleiner Wert $w = 3{,}5$ kg/t gewählt worden. Demnach ist also die Bremskraft beim Durchschleusen des Zuges so groß zu bemessen, daß dieser von einer Zuführungsgeschwindigkeit $v_0 = 1$ m/s bei 18 m Bremsweg zum Halten gebracht wird.

Nachdem zwei Wagen ungebremst durchgegangen sind, hat beim Eintritt der Bremswirkung der Zug die in Abb. 164 eingezeichnete Stellung. Der vorderste Wagen wird also beim Einlauf in die Bremse gefaßt. Es sollen während des

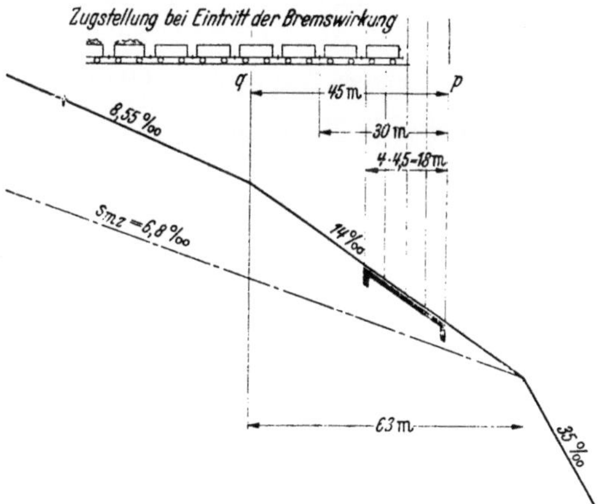

Abb. 164. Haltebremse zugleich als Zulaufbremse.

Bremsens die vier vorderen Wagen so weit durch die Bremse laufen, daß die hintere Achse des 4. Wagens noch von dem Bremsbalken gefaßt wird, und der Zug hierbei zum Halten gekommen ist. Die hintere Achse des 4. Wagens legt dabei nach Abb. 164 den Bremsweg $l_b = qp$ zurück. Sie hat im Punkt q die Geschwindigkeit $v_0 = 1$ m/s. Die Mitte der Gruppe von vier Wagen legt nach der Abb. bis zum unteren Ende der Gleisbremse den Bremsweg von 30 m zurück. Damit ungünstigstenfalls nur leere Wagen gebremst werden, so sind die beiden an den 4. Wagen anschließenden auch als leer angenommen. Soll der Zug an der angegebenen Stelle zum Halten kommen, so muß auf der Strecke $l_b = qp$ die Bewegungsenergie des ungebremsten Zuges durch die Bremsung der leeren Wagen vernichtet werden. Die Zunahme der Bewegungsenergie des ungebremsten Zuges auf der Strecke $l_b = qp$ ist mit v_p m/s im Punkt p

$$\frac{G_w}{2g'}\,(v_p^2 - v_0^2) = \frac{\Sigma\,G_g\,(s_g - w)\,\Delta l}{1000}\ \text{tm.}$$

Es ist

$$\Sigma\,G_g\,(s_g - w) = G_{g1}\,(s_{g1} - w) + G_{g2}\,(s_{g2} - w) + \cdots + G_{gn}\,(s_{gn} - w).$$

Nach der Zahlentafel auf Seite 242 ist G_{g1} das Gewicht der Wagen auf der Neigung s_{g1}, G_{g2} das der Wagen auf der Neigung s_{g2} usw. Δl ist der Vorrückweg, w der Fahrzeugwiderstand nach Überwindung des hohen Anlaufwiderstandes. Haben alle Wagen gleiches Gewicht, so kann man $\Sigma\,G_g\,(s_g - w) = G_w \cdot (s_{mz} - 3{,}5)$ setzen. Hier ist $s_{mz} = 1000\,h : l_z\ ^0/_{00}$ die mittlere Neigung des ganzen Zuges von der Länge l_z, und h ist der Höhenunterschied zwischen dem ersten und dem letzten Wagen. Sind nur sechs leere Wagen vor den anderen beladenen Wagen des Zuges, so kann man auch hier ohne merklichen Fehler $s_{mz} = 1000\,h : l_z\ ^0/_{00}$ setzen, so daß $\Sigma\,G_g\,(s_g - 3{,}5) = G_w\left(\dfrac{h\,1000}{l_z} - 3{,}5\right)$ ist. Die Werte $s_{mz} = 1000\,h : l_z$ sind für die verschiedenen Stellungen des Zuges beim Vorrücken um Δl zu ermitteln. Im vorliegenden Falle ist $qp = 45$ m. Es sollen alle Bewegungen auf den jeweiligen Standort der bei der Anfangsstellung in q stehenden hinteren Achse des 4. Wagens bezogen werden. Steht diese Achse in der Mitte von qp und berechnet man hierfür $G_w\,(s_{mz} - 3{,}5)$, so ist dies die mittlere Bahnkraft auf der Strecke $l_b = qp$, und die Arbeit ist $G_w\,(s_{mz} - 3{,}5)\cdot l_b = G_w\cdot(h/l_z - 0{,}0035)\cdot l_b$ tm. Daher ist die Energiezunahme

$$\frac{G_w}{2g'}\,(v_p^2 - v_0^2) = G_w\left(\frac{h}{l_z} - 0{,}0035\right)l_b.$$

Es ist dann die Geschwindigkeit in Punkt p

$$v_p = \sqrt{v_0^2 + 2g'\left(\frac{h}{l_z} - 0{,}0035\right)l_b}\ \text{m/s.}$$

Diese muß durch die Bremsarbeit $A_b = \Sigma\,B_b \cdot \Delta l_b$ tm zu Null werden. Es ist $l_b = 45$ m der Bremsweg. Die erreichbare Bremskraft beim Durchschleusen der Wagen ist $B_b = G_b \cdot n_b \cdot b$ kg. Hier ist nach vorigem $b = 333$ kg/t die erreichbare Bremskraft je t Wagengewicht, $G_b = 10$ t das Gewicht eines Leerwagens. n_b ist die Anzahl der in der Bremse befindlichen Wagen. Zu Beginn der Bremsbewegung ist nur ein Wagen in der Bremse, so daß zwei Wagen auf $45 - 9 = 36$ m Bremsweg in der Bremse sind. Beim Übergang von zwei auf vier Achsen sind durchschnittlich drei Achsen in der Bremse. Es ist also die Bremsarbeit $A_b = \Sigma\,B_b \cdot \Delta l_b$ $= 10 \cdot 0{,}333\left(\dfrac{3\cdot 9 + 4\cdot 36}{2}\right) = 285$ tm. Da $\dfrac{G_w}{2g'}\cdot v_p^2 = A_b$, so setzt man aus obiger Gleichung den berechneten Wert für A_b ein und kann hiernach das a b z u bremsende Gewicht $G_w = \dfrac{2g' \cdot A_b}{v_p^2}$ t berechnen. Es ist dann

$$v_p = \sqrt{v_0^2 + 2g'\left(\frac{h}{l_z} - 0{,}0035\right)l_b}.$$

Mit $v_0 = 1$ m/s, $g' = 9{,}4$, $h/l_z = 0{,}0068$ und $l_b = 45$ m ist

$$v_p = \sqrt{1 + 18{,}8\,(0{,}0068 - 0{,}0035)\,45} = 1{,}95 \text{ m/s}.$$

Eingesetzt ist $G_w = 2\,g'\,A_b : v_p^2 = \dfrac{18{,}8 \cdot 285}{1{,}95^2} = 1410$ t.

Der Zug für die Untersuchung der Zulaufbremsung hat acht Leerwagen, von denen vorher zwei ungebremst abgelaufen sind. Außerdem hat der Zug 49 beladene Wagen von je 25 t Gewicht, so daß das abzubremsende Gewicht des Zuges $G_w = 49 \cdot 25 + 6 \cdot 10 = 1285$ t beträgt, also kleiner als 1410 t ist. Daher kann der Zug in der geforderten Weise beim Durchschleusen von $v_0 = 1$ m/s auf Halt abgebremst werden.

b) **Die Zulaufbremse ist von der Haltebremse getrennt.** Hier ist für das Halten der Züge eine kürzere Haltebremse am unteren Ende der Einfahrgleise eingebaut und zur Regelung der Zuführungsgeschwindigkeiten eine größere Zulaufbremse kurz oberhalb der Steilrampe der Ablaufanlage angelegt. Zwischen den beiden Gleisbremsen liegt die sog. Zuführungszone, deren Länge sich nach Abb. 163b aus der Weichenentwicklung ergibt.

Die Neigung der Zuführungszone muß so stark sein, daß der auf der Zulauframpe in Bewegung geratene Zug nicht wieder zum Stehen kommt. Rückt ein längerer Zug nach dem Ablaufpunkt vor, so ist dies allerdings nicht zu befürchten, da der steilere Teil der Zulauframpe für die Bewegung noch wirksam bleibt. Ein ungünstiger Fall tritt ein, wenn ein Zug zugeführt wird, der nicht länger ist als die Zuführungszone. Sein Widerstand beträgt bei ungünstigen Witterungsverhältnissen etwa 5,5 kg/t. Die Zuführungszone muß also so stark geneigt sein, daß eine Gruppe schlechtlaufender Wagen, die während ihres Laufs auf ihr angehalten werden müßte, wieder von selbst anläuft. Hierfür ist nach Holfeld[1] ein Gefälle von $7{,}7^0/_{00}$ ausreichend, da die Wagen in der Regel nicht lange gestanden haben. Der Übergangsstrecke von der Zuführungszone nach der Steilrampe, auf der die Zulaufbremsen liegen, ist ein Gefälle von $14^0/_{00}$ auf eine Länge von 25 m zu geben.

Damit Lokomotive und Packwagen des einfahrenden Zuges noch Platz haben, und damit außerdem noch ein Spielraum von 20 m vorhanden ist (vgl. Richtlinien für die bauliche Ausgestaltung von Verschiebebahnhöfen der Deutschen Bundesbahn), beginnt die Zuführungszone nach Abb. 163b etwa 60 m oberhalb des Merkzeichens der ersten der Weichen, die die Einfahrgleise zusammenfassen.

Um die Länge der Zuführungszone und namentlich die Lage des Ablaufpunktes im Gleisplan festzustellen, ist vor allem die Ablauframpe in Einklang mit der Gleisanlage zu bringen. Die Verbindung von Einfahr- und Richtungsgleisen wird von den Weichen der Einfahrgruppe, der Zuführungszone einerseits und von den Verteilungsweichen der Richtungsgruppe andererseits gebildet. Dem Übergang von der einen Gruppe zur anderen dient das Weichenkreuz am Fuße der Steilrampe (Abb. 163b). Ablauftechnisch ist es für die Entwicklung der Gleisbüschel am günstigsten, wenn die bergseitigen Weichen des Kreuzes auf die Steilrampe gelegt werden. Der Ablaufpunkt liegt dann oberhalb dieser Weiche[2].

---

[1] Holfeld: Dr.-Ing.-Diss. Berlin 1935 — Org. Fortschr. Eisenbahnw. 1936 S. 405.

[2] Müller, W.: Verkehrstechn. Woche 1930 S. 631.

Beim Entwurf der Weichenentwicklung in der Zuführungszone ist nach Abb. 163b die Gegeneinfahrt in $\left(\dfrac{n}{2}+1\right)$ Einfahrgleise vorgesehen, hier ist n deren Gesamtzahl. Außerdem ist für die Zuglok ein Fahrweg zum Verlassen der Einfahrgruppe anzulegen, der in das Verkehrsgleis einmündet.

c) **Die Bremsleistung der Zulaufbremse bei Regelung der Zuführungsgeschwindigkeit.** Nach Abb. 165 sind die Haltebremsen 12 m und die Zulaufbremsen 17 m

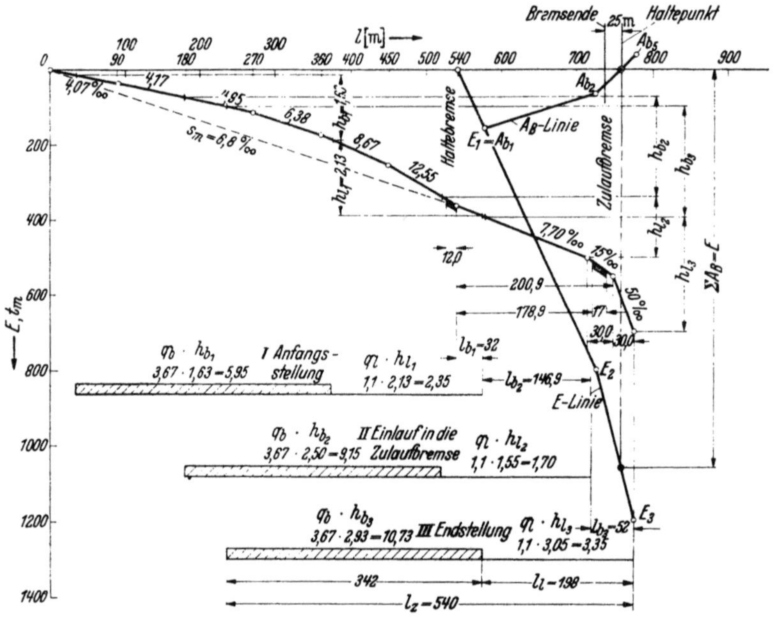

Abb. 165. Zulaufbremse von den Haltebremsen getrennt.

lang. Die Zuführungszone ist 200,9 m lang. Während der Überführung von der Haltebremse nach der Zulaufbremse darf man die Gewalt über den Zug nicht verlieren. Hier kommen zwei Fälle in Frage. In einem Falle, wenn sich der Ablauf an die Überführung unmittelbar anschließt, beschleunigt man, um Zeit zu sparen, den Zug bis auf etwa 1,5 m/s. Erst dann setzt das Bremsen auf Halt ein. Bis zur Zulaufbremse wird der Zug allein von der Haltebremse mit gleichmäßiger Kraft gebremst. Letztere erhöht sich beim Einlauf des Zuges in die Zulaufbremse. In der Praxis macht man die Annahme, daß die Bewegungsenergie des Zuges, der zum Halten kommen soll, durch die Bremswirkung aufgezehrt ist, wenn die Spitze des Zuges 30 m aus der Zulaufbremse herausgelaufen ist.

Im andern Fall wird bereits während des Ablaufs des ersten Zuges der folgende Zug in das zweite freiwerdende Zuführungsgleis hineingelassen, damit der Zug unmittelbar an den vorhergehenden anschließend zerlegt werden kann. Bei der Überführung des Zuges ist genügend Zeit vorhanden, in der der Zug sich langsam bewegen und nach dem Anlaufen so rechtzeitig durch die Haltebremse wieder zum Stehen gebracht werden kann, daß kein Wagen durch die Zulaufbremse durchrutscht. Für den ersten Fall soll der Nachweis der Leistungsfähigkeit beider Bremsen erbracht werden. Unter der Voraussetzung, daß nur

Leerwagen gebremst werden, ergibt sich deren Anzahl aus dem Abstand der beiden Bremsen, der hier $200,9 - 5 = 196$ m beträgt, zu 22 Leerwagen. Es soll auch hier wieder das Wagenzuggewicht G_w bestimmt werden, das abgebremst werden kann.

Die Bremswirkung soll eintreten, wenn der Zug die Geschwindigkeit $v_0 = 1,4$ m/s hat. Es muß also $\frac{G_w}{2g'} v_0^2 = \Sigma G_w(s_{mz} - w) \cdot l_{b_1}$ sein. Dann ist der Vorrückweg aus der Haltebremse $l_{b_1} = \frac{v_0^2 \cdot 1000}{2g'(s_{mz} - w)}$ m. Setzt man $s_{mz} = $ der mittleren Neigung der Zulauframpe, also wieder $s_{mz} = 6,8\,^0/_{00}$ und $w = 3,5$ kg/t, so ist $l_{b_1} = \frac{1,4^2 \cdot 1000}{18\,8\,(6,8 - 3,5)} = 32$ m. Beim Eintritt der Bremswirkung mit $v_0 = 1,4$ m/s hat also die Spitze des Zuges den Abstand $\Delta l = 32$ m vom unteren Ende der Haltebremse. Da nach Abb. 165 die zugekehrten Enden der beiden Bremsen die Entfernung $200,9 - 17 - 5 = 178,9$ m haben, so ist die Spitze des Zuges beim Eintritt der Bremsung $178,9 - 32 = 146,9$ m vom Beginn der Zulaufbremse entfernt. Auf dieser Strecke wirkt die Haltebremse allein. Bei einem Achsabstand von 4,5 m ist der Abstand von drei Achsen 9 m, so daß in der 12 m langen Haltebremse die Bremskräfte $B = 0,5 \cdot 3 \cdot g_w \cdot b = 1,5 \cdot 10 \cdot 333 = 5000$ kg sind. Die Bremsarbeit der Haltebremse ist dann $A_{b_2} = \Delta A_{b_1} = 5,0 \cdot 146,9 = 735$ tm. In der 17 m langen Zulaufbremse können 4 Achsen gefaßt werden. Nach Einlauf des ersten Wagens in die Zulaufbremse ist die Bremskraft $B_{b_2} = 2,5 \cdot 10 \cdot 333 = 8330$ kg. Es sind zu den drei Bremsachsen in der Haltebremse noch die zwei in der Zulaufbremse hinzugekommen, so daß also $(3 + 2)\,G_b : 2 = 2,5\,G_b$ ist. Die Zunahme der Bremsarbeit ist nunmehr $\Delta A_{b_2} = \frac{5 + 8.33}{2} \cdot 9 = 60$ tm auf eine Wagenlänge von 9 m. Summe der Bremsarbeit $A_{b_3} = \Delta A_{b_1} + \Delta A_{b_2} = 795$ tm.

Sind vier Achsen in der Zulaufbremse, dann ist bei insgesamt sieben Bremsachsen die Bremskraft $B_{b_3} = 0,5 \cdot 7 \cdot 10 \cdot 333 = 1165$ kg. Nach der zweiten Wagenlänge ist die Zunahme der Bremsarbeit $\Delta A_{b_3} = \frac{8,33 + 11,65}{2} \cdot 9 = 90$ tm, und die Summe der bisherigen Bremsarbeit ist dann

$$A_{b_4} = \Delta A_{b_1} + \Delta A_{b_2} + \Delta A_{b_3} = 885 \text{ tm.}$$

Da die Spitze des Zuges beim Halten 30 m über die Zulaufbremse hinausgeschossen ist, so ist die Bremsarbeit auf dieser Strecke bei sieben Bremsachsen $\Delta A_{b_4} = 11,65 \cdot 30 = 350$ tm und die Gesamtbremsarbeit $A_{b_5} = 1235$ tm. Diese Bremsarbeit soll die Bewegungsenergie der ungebremsten Wagen vernichten. Die Spitze des Zuges darf hierbei nicht über 30 m aus der Zulaufbremse hinausrollen. Die Bewegungsenergie des Zuges vom Gewicht G_w ist

$$G_w v^2 : 2g' = \Sigma(\Sigma G \cdot s - G_w \cdot w)\,\Delta l \text{ tm.}$$

Da der Zug von $v_0 = 1,4$ m/s abgebremst werden soll, ist die Bewegungsenergie beim Eintritt der Bremswirkung

$$E_1 = G_w \cdot v_0^2 : 2g' = 1470 \cdot 1,4^2 : 2 \cdot 9,4 = 153 \text{ tm.}$$

Der Zug besteht aus 60 Wagen, davon sind 38 beladen von je 33 t Wagengewicht und 22 leer von je 10 t Wagengewicht. Es ist daher das Zuggewicht

$$G_w = 38 \cdot 33 + 22 \cdot 10 = 1470 \text{ t.}$$

Für die beladenen Wagen ist das Gewicht je lfd. m bei 9 m Wagenlänge $q_b = 33 : 9 = 3,67$ t/m und für Leerwagen $q_l = 10 : 9 = 1,1$ t/m.

Beim weiteren Vorrücken ändert sich die Gefällkraft des Zuges $\Sigma G \cdot s$ mit den verschiedenen Neigungen und Gewichten des Zuges. Da hier die Zahl der Leerwagen im Verhältnis zu den beladenen groß ist, kann man nicht wie vorher die mittlere Neigung der Anrollrampe als gleichbleibend für die mittlere Neigung des Zuges beim Vorrücken beibehalten. Es wird deshalb auf die Länge der Gruppe der beladenen Wagen das vorher ermittelte Gewicht $q_b = 3{,}67$ t/m und auf die Länge der Gruppe der leeren Wagen das Gewicht $q_l = 1{,}1$ t/m eingeführt. Der gesamte Zug ist $l_z = 540$ m, die Leergruppe $l_l = 9 \cdot 22 = 198$ m und die beladene Gruppe $l_z - l_l = 342$ m lang. Das Gewicht der beladenen Gruppe ist $q_b(l_z - l_l)$ und das der Leerwagengruppe $q_l \cdot l_l$. Die Gefällkräfte sind dann $\sum\limits_{0}^{l_z - l_l} q_b \cdot s \cdot \Delta l$ und $\sum\limits_{l_z - l_l}^{l_z} q_l \cdot s \cdot \Delta l$. Für $q = 1$ t/m ist $h_b = \sum\limits_{0}^{l_z - l_l} s \cdot \Delta l$ der Höhenunterschied der Rampenstrecke, auf der die beladenen Wagen stehen, und $h_l = \sum\limits_{l_z - l_l}^{l_z} s \, \Delta l$ der entsprechende Höhenunterschied der Leerwagengruppe auf der Rampe.

Nun zeichnet man das Längsprofil der Anrollrampe sowie das der Zuführungsstrecke nach Abb. 165. In diesem greift man mit dem Zirkel den Höhenunterschied h_b der Rampenstrecke $l_z - l_l$ ab, multipliziert ihn mit q_b und erhält $q_b \cdot h_b = q_b \sum\limits_{0}^{l_z - l_l} s \cdot \Delta l$. Ebenso ist bei der Leerwagengruppe $q_l \cdot h_l = q_l \cdot \sum\limits_{l_z - l_l}^{l_z} s \cdot \Delta l$. Den Höhenunterschied der beiden Enden der Belastungsstrecken bildet man in Abb. 165 mit dem Zirkel von der Wegachse aus und liest von dieser h_b bzw. h_l an der Ordinatenachse ab. Man kann so schnell die Gefällkräfte für die verschiedenen Zugstellungen ermitteln. Von dem Wert $q_b \cdot h_b + q_l \cdot h_l$ zieht man den Fahrzeugwiderstand des Zuges $G_w \cdot w = 1470 \cdot 3{,}5 : 1000 = 5{,}15$ t ab. Im Beispiel sind drei Zugstellungen angenommen:

1. Die Zugspitze steht 32 m hinter der Haltebremse (Eintritt der Bremswirkung)

$$h_{b1} = 1{,}63 \text{ m} \qquad q_b \cdot h_{b1} = 5{,}95 \text{ t}$$
$$h_{l1} = 2{,}13 \text{ m} \qquad q_l \cdot h_{l1} = \underline{2{,}35 \text{ t}}$$

Bahnkraft I: $8{,}30 - 5{,}15 = 3{,}15$ t $= G_w (s - w) \, I$

2. Zugspitze steht am Einlauf der Zulaufbremse

$$h_{b2} = 2{,}5 \ \text{ m} \qquad q_b \cdot h_{b2} = 9{,}15 \text{ t}$$
$$h_{l2} = 1{,}55 \text{ m} \qquad q_l \cdot h_{l2} = \underline{1{,}7 \ \text{ t}}$$

Bahnkraft II: $10{,}85 - 5{,}15 = 5{,}7$ t $= G_w (s - w) \, II.$

3. Zugspitze steht 30 m unterhalb der Zulaufbremse

$$h_{b3} = 2{,}93 \text{ m} \qquad q_b \cdot h_{b3} = 10{,}73 \text{ t}$$
$$h_{l3} = 3{,}05 \text{ m} \qquad q_l \cdot h_{l3} = \underline{3{,}35 \text{ t}}$$

Bahnkraft III: $14{,}08 - 5{,}15 = 8{,}93$t $= G_w (s - w) \, III.$

a) **Bewegungsenergie beim Beginn des Abbremsens**   Bremsarbeit

wie vor . . . . $E_1 = 153$ tm $A_{b1} = 0$ tm

b) Arbeit der Bahnkräfte $0,5 \cdot (3,15 + 5,7)$ 146,9 $=$ 650 tm

$l_{b2} = 146,9$ m ist der Weg von I. zur
II. Zugstellung.

Bewegungsenergie bei Zugstellung II . . . . $E_2 = 803$ tm $A_{b2} = 735$ tm

c) Arbeit der Bahnkräfte $0,5 \cdot (5,7 + 8,93) \cdot 52$ $= 381$ „

Der Weg von der II. zur III. Zugstellung
ist $l_{b3} = 52$ m.

Bewegungsenergie bei Zugstellung III $E_3 = 1184$ tm $A_{b5} = 1225$ tm

Die den E-Werten entsprechenden Werte der Bremsarbeit A_b sind in der letzten Spalte hinter die zugehörigen Zahlen gesetzt. Mit den Werten E_1, E_2 und E_3 zeichnet man über dem Bremsweg $l_{b1} + l_{b2} + l_{b3}$ die E-Linie. Von dieser setzt man in Abb. 165 die Werte A_{b1}, A_{b2} und A_{b5} nach oben ab und erhält die A_b-Linie. Durch den Schnittpunkt letzterer Linie mit der Wegachse erhält man nach Abb. 165 zeichnerisch den Punkt, in dem die Spitze des Zuges durch Bremsen zum Stehen kommt. Im Beispiel liegt diese Stelle 25 m vom unteren Ende der Zulaufbremse entfernt.

Diese Ermittlung wurde für beladene Wagen mit verschiedenen Gewichten durchgeführt. Für das Wagengewicht 33 t ergab sich, daß die Spitze des Zuges 25 m unterhalb der Zulaufbremse, also etwas vor der verlangten Größtstrecke von 30 m zum Halten kam. Diese Ermittlungen führten mit dem soeben beschriebenen Verfahren des Verfassers zur Auswertung des Längsprofils schnell zum Ergebnis. Bei allen Wagen mit kleinerem Gewicht ist der Bremsweg kürzer.

P. Regelung der Zuführungsgeschwindigkeit eines Zuges auf der Anrollrampe.

Der Zug befindet sich mit seinen jeweils vordersten Wagen in der Zulaufbremse, in der die Wagen entkuppelt sind. Da die Bremse im Gefälle von 15 $^{0}/_{00}$ liegt, sind hier die Ablaufpunkte nicht mehr wie vorhin durch die geometrische Gestalt der Gipfelausrundung festgelegt. Gut- und Schlechtläufer beginnen ihren Weg auf der Ablauframpe, wenn die hintere Achse eines Wagens gerade die Gleisbremse verläßt, also wenn die Schwerpunkte der Wagen einen halben Achsabstand $(a/2)$ hinter der Gleisbremse im gleichen Punkt A stehen (Abb. 166). Auch hier ist die Zeit, in der die Sperrstrecke der Weiche frei ist, $t_f = t_a + t_N - t_V$. Da aber hier $\Delta l_0 = 0$, so ist die Anschubzeit $t_a = 2 L_w : (v_{01} + v_{02})$ sec. Es muß also in der Gleisbremse der Nachläufer auf der Strecke L_w eine Geschwindigkeitsänderung von v_{01} auf v_{02} erfahren. Bei der ungünstigen Wagenfolge „$S/G/S$" sei in A die Geschwindigkeit v_{01} des Schlechtläufers S größer als v_{02} des nachfolgenden Gutläufers G. Berühren sich die Wagen in der Gleisbremse auch noch nach der Entkupplung, so hat der nachfolgende Gutläufer dieselbe Geschwindigkeit wie der vorherige Schlechtläufer. Bei der Doppelfolge muß also der Schlechtläufer von v_{02} auf v_{01} beschleunigt, oder der Gutläufer von v_{01} auf v_{02} verzögert werden. Es ist nun zu berechnen, in welchem Abstand l_x vom Punkt A mit dem Bremsen bei voller Ausnutzung der Bremskraft aufzuhören ist, um die Geschwindigkeitsänderungen $v_{01} - v_{02}$ und umgekehrt zu verwirklichen. Die Geschwindigkeit, bei der das Bremsen aufhört, sei v_{0b} m/s. Die

Bewegungen der gebremsten und ungebremsten Wagen sind in Abb. 166a, b durch Zeit-Weg-Linien zur Erklärung der Berechnung dargestellt.

Fall 1: $l_x < L_w$ (Abb. 166a). Für den Schlechtläufer (Vorläufer) bestehen auf 1 t des Zuggewichts G_{w_1} bezogen die Gl. (I) (ungebremst):

$$v_{01}^2 = v_{0b}^2 + 2g'(s_z - w) \cdot l_x : 1000$$

und Gl. (2) (gebremst):

$$v_{0b}^2 = v_{02}^2 - 2g' \Sigma G_a \cdot b \cdot l_{a_1} : G_{w_1} + 2g'(s_z - w) \cdot (L_w - l_x) : 1000.$$

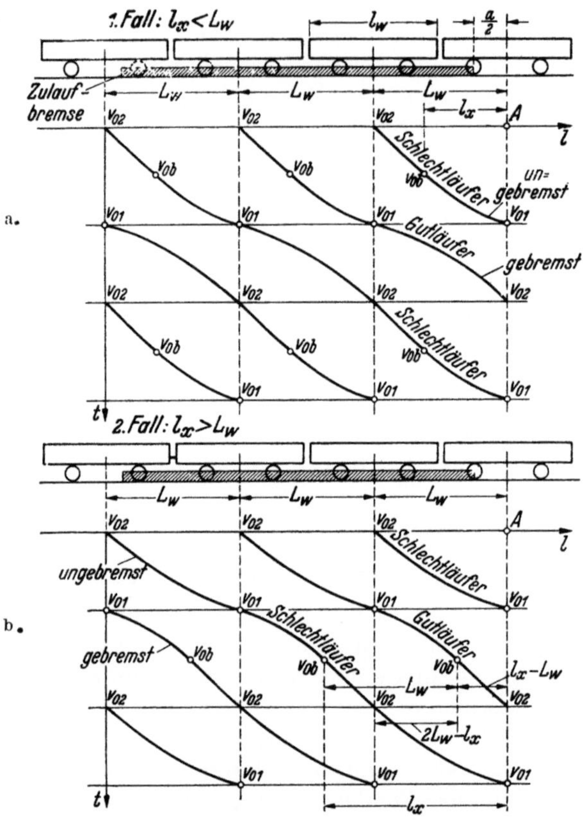

Abb. 166a, b. Wagenbewegung in der Zulaufbremse.

Es ist s_z das mittlere Gefälle und $w \cong 3$ kg/t der Laufwiderstand des Zuges. $G_a \cdot b$ ist die Kraft, die die Bremse auf eine Achse vom Gewicht G_a ausübt, l_a sind die Bremswege der einzelnen Achse in der Bremse[1]. Der Zeiger 1 bezieht sich auf den Vorläufer, für Nachläufer gilt Zeiger 2. Aus Gl. (1) und (2) folgt

$$v_{01}^2 - v_{02}^2 = -2g' \Sigma G_a \cdot b \cdot l_{a_1} : G_{w_1} + 2g'(s_z - w) \cdot L_w : 1000 \ [\text{Gl. (3)}].$$

Für den nachfolgenden Gutläufer ist auf 1 t des Zuggewichts G_{w_2} bezogen

$$v_{02}^2 = v_{01}^2 - 2g' \Sigma G_a b l_{a_2} : G_{w_2} + 2g'(s_z - w) \cdot L_w : 1000 \ [\text{Gl. (4)}].$$

Aus Gl. (3) und (4) folgt

$$2(s_z - w) \cdot L_w : 1000 = \Sigma G_a \cdot b \cdot l_{a_1} : G_{w_1} + \Sigma G_a \cdot b \cdot l_{a_2} : G_{w_2}.$$

---

[1] Vgl. Holfeld: Org. Fortschr. Eisenbahnw. 1937 Heft 16 S. 300.

Setzt man $\Sigma G_a b l_{a_1} : (Lw - l_x) = C_1$ und $\Sigma G_a b l_{a_2} : Lw = C_2$, so findet man mit $b = 0{,}311$ für schwere und $b = 0{,}4$ für leichte Wagen Werte für C_1 zwischen 11,4 und 13,4 und für C_2 zwischen 12 und 13,6. Man kann also i. M. $C_1 = C_2 = 12{,}5$ setzen; mit $G_{w_1} = G_{w_2} = G_w$ ist $l_x = 2\,Lw \cdot [1 - (s_z - w) \cdot G_w : 12{,}5 \cdot 1000]$ m. Mit abnehmendem Zuggewicht vergrößert sich l_x.

Fall 2: $l_x > Lw$ (Abb. 166b). Es gelten für den Gutläufer als Nachläufer die Gl. (1) (ungebremst):

$$v_{02}^2 = v_{0b}^2 + 2g' (s_z - w) (l_z - Lw) : 1000$$

und Gl. (2) (gebremst):

$$v_{0b}^2 = v_{01}^2 - 2g' \, \Sigma G_a \cdot b \cdot l_{a_2} : G_{w_2} + 2g' (s_z - w) (2\,Lw - l_z) : 1000.$$

Aus Gl. (1) und (2) folgt

$$v_{02}^2 = v_{01}^2 - 2g' \, \Sigma G_a \cdot b \cdot l_{a_2} : G_{w_2} + 2g' (s_z - w)\,Lw : 1000 \; [\text{Gl. (3)}].$$

Für den ungebremsten Vorläufer (Schlechtläufer) gilt Gl. (4)

$$v_{01}^2 = v_{02}^2 + \frac{2g'}{1000} (s_z - w)\,Lw.$$

Aus Gl. (3) und (4) folgt

$$\Sigma G_a \cdot b \cdot l_{a_2} : G_{w_2} = 2 (s_z - w)\,Lw : 1000 \; [\text{Gl. (5)}].$$

Setzt man $\Sigma G_a \cdot b \cdot l_{a_2} : (2Lw - l_x) = C_3$, das wieder nach Vergleichsrechnungen gleich C_1 und $C_2 = 12{,}5$ ist, so ist mit $\Sigma G_a \cdot b \cdot l_{a_2} = 12{,}5 \cdot (2Lw - l_x)$ in Gl. (5) eingesetzt wie bei Fall 1

$$l_x = 2\,Lw\,[1 - (s_z - w) \cdot G_w : 12{,}5 \cdot 1000].$$

Bei $G_w = 0$ ist $l_x = 2\,Lw$ der Größtwert. Die Geschwindigkeit v_{0b}, bei der mit dem Bremsen aufgehört wird, ist in beiden Fällen

$$v_{0b} = \sqrt{v_{01}^2 - 2g' (s_z - w)\,l_x : 1000}.$$

Ist v_{02} statt v_{01} bekannt, so setzt man v_{02} und $l_x - Lw$ statt l_x in die Gleichung für v_{0b} ein.

Beispiel. Fall 1. $G_w = 1500$ t, $g' = 9{,}5$ und $s_z = 10\,^0/_{00}$. Eingesetzt in die Gleichung ist

$$l_x = 2 \cdot 9\,[1 - (10 - 3) \cdot 1500 : 12{,}5 \cdot 1000] = 2{,}9 \text{ m}.$$

Wählt man $v_{10} = 1{,}3$, dann ist $v_{0b} = \sqrt{1{,}3^2 - 2 \cdot 9{,}5(10 - 3) \cdot 2{,}9 : 1000} = 1{,}15$ [m/s]

und $v_{02} = \sqrt{v_{0b}^2 + 2g' (Lw - l_x) \left[\dfrac{12{,}5}{G_w} - \dfrac{s_z - w}{1000} \right]} = 1{,}22$ m/s.

Wählt man $v_{02} = 0{,}6$ m/s, dann ist $v_{0b} = 0{,}45$ m/s und $v_{01} = 0{,}78$ m/s.

Fall 2. Ist G_w sehr klein, dann ist $s_g \cong 8\,^0/_{00}$ und $l_x \cong 2\,Lw$.

Wählt man $v_{01} = 1{,}30$ m/s, dann ist $v_{0b} = 0$ und $v_{02} = 0{,}92$ m/s. Größere Unterschiede zwischen v_{01} und v_{02} können durch die Bremse nicht verwirklicht werden. Die Anschubzeit ist hier $t_a = 2Lw : (v_{01} + v_{02}) = 2 \cdot 9 : (1{,}3 + 0{,}92) = 8{,}1$ sec. Die Anschubzeit ist das einzig wirksame Mittel zur Veränderung von t_f. Erhält man hiernach zu kleine Werte von t_f, so muß man beide Wagen mit gleichem, aber niedrigen v_0 ablaufen lassen. Dann ist $t_a = Lw : v_0$ sec. In diesem Fall werden alle Wagen (da $v_{01} - v_{02} = 0$ ist) dauernd, aber nicht mit voller Ausnützung der Bremskräfte gebremst, und die Bremskraft muß stets gleich der Bahnkraft des Zuges sein. Dies ist auch die Art, wie meist in der Praxis gebremst wird. Man ersieht aber aus der vorigen Berechnung, daß bei den geringen Werten $v_{02} - v_{01}$ die erforderliche Veränderung der Zuführungsgeschwindigkeit sich meist über mehrere Wagenfolgen erstrecken muß. Dadurch wird aber auch die stoßweise Beanspruchung der Bremse klein gehalten.

Q. Geschwindigkeit des durch eine Seilanlage zugeführten Zuges bei veränderlichem Ablaufpunkt.

Die Tätigkeit der Ablaufmannschaft ist ähnlich der bei Zuführung des Zuges durch eine Lokomotive. Bei Zuführung eines Zuges zum Ablaufpunkt wird der abzuhängende Wagen von dem „Verteiler" durch Vorlegen einer Krücke gestaucht, die erste Kupplung wird schlaff und kann von dem „Loshänger" gelöst werden. Dieser geht darauf dem sich abwärts bewegenden Zuge entgegen, bis er die nächste Kupplung erreicht hat, die auszuhängen ist. Ist der jetzt abzulassende Wagen ein Schlechtläufer, dessen Ablaufpunkt möglichst hoch liegen möchte, so hebt der Loshänger den Kupplungsbügel sofort aus dem Zughaken. Er geht dabei neben dem Zug her. Folgt aber ein Gutläufer, so löst er die Kupplung etwas später. Die Aufgabe des Verteilers ist es, den Wagen im richtigen Augenblick mit der Krücke zu verzögern.

Während die Abwärtsverlegung des Ablaufpunktes von der Ablaufmannschaft in beliebigem Maß ausgeführt werden kann, ist die Bergwärtsverlegung durch die Geschwindigkeit von Zug und Arbeiter (v_0 und v_k) und durch die Loshängezeit t_k begrenzt. Bei gleichförmiger Zuführung ($v_0 =$ const) ist nach Massute[1] das Maß der Bergwärtsverlegung des Loshängepunktes $\Delta l = \dfrac{n_2 L_w \cdot v_k}{v_k + v_0} - t_k \cdot v_0$ m.

Für 2 Wagengruppen von gleicher Länge ist $\Delta l = \Delta l'$ die Verschiebung des Ablaufpunktes. Haben Vor- und Nachläufer verschiedene Gruppenstärken n_1 und n_2, so ist $\Delta l' = \Delta l - L_w (n_2 - n_1) : 2$. Für die Auswertung der Formel wird die Laufgeschwindigkeit des Loshängers $v_k = 1,0$ bis $1,2$ m/s und die Loshängezeit $t_k = 3$ sec angenommen. Mit der Größe $\Delta l'$ ist die gegenseitige Lage der Ablaufpunkte bekannt, so daß die Bewegung der ablaufenden Wagen ermittelt werden kann. Bei einer Folge von Einzelwagen ist die Bergwärtsverlegung des Ablaufpunktes am geringsten. Den Einfluß der veränderlichen Zulaufgeschwindigkeit auf den Wagenablauf mit veränderlichem Ablaufpunkt hat Holfeld[2] eingehend untersucht.

Setzt man die ermittelten Werte für $\Delta l'$ in die Gleichung für die Anschubzeit ein, so ist diese $t_a = (L_w - \Delta l') : v_0$ sec. Für die Zeit t_f, in der die Sperrstrecke der Weiche achsfrei sein muß, ist wieder $t_f = (t_a + t_N) - t_V$ sec.

R. Die Bewegung der Rangiergruppen mit Lokomotiven.

Die Rangierbewegungen mit Lokomotiven sind das Überführen der Rangiergruppen von einem Gleis zum andern sowie das Zerlegen der Rangiergruppen mittels des Stoßverfahren.

1. Das Überführen.

Beim Überführen wird die Rangiergruppe erst bis zur Beharrungsgeschwindigkeit beschleunigt und von dieser kurz vor dem Ziel auf Halt abgebremst.

Beim Überführen gelten nach Beobachtungen von Massute, Behr und Nebelung als höchste Beharrungsgeschwindigkeiten:

---

[1] Massute: Org. Fortschr. Eisenbahnw. 1931 S. 46.

[2] Holfeld: Org. Fortschr. Eisenbahnw. 1937 S. 299

1. bei Vorwärtsfahrt   ist $V_{max} = 20\,\text{km/h}$ bzw. $v_{max} = 20 : 3{,}6 = 5{,}6\,\text{m/s}$
2. bei Rückwärtsfahrt   ist $V_{max} = 15\,\text{km/h}$ bzw. $v_{max} = 15 : 3{,}6 = 4{,}2$,,
3. bei Lokomotivleerfahrt ist $V_{max} = 25\,\text{km/h}$ bzw. $v_{max} = 25 : 3{,}6 = 7{,}0$,,

Wird die Wagengruppe mit gleichmäßiger Beschleunigung b_a m/s² aus der Ruhe auf die gleichmäßige Überführungsgeschwindigkeit v_g m/s und von dieser wieder mit der gleichmäßigen Bremsverzögerung b_b m/s² zum Halten gebracht, dann ändert sich nach der Gl. I $b = v : t$ die Geschwindigkeit linear mit der Zeit. Die gleichmäßige Geschwindigkeit v_g wird nach der Anfahrzeit $t_a = v_g : b_a$ erreicht und die Bremszeit ist $t_b = v_g : b_b$ sec. Werden die Wagen t_g sec gleichmäßig bewegt, dann ist die gesamte Überführungszeit $T = t_a + t_g + t_b$ sec. Trägt man hiernach in Abb. 167a über der Grundlinie T die Geschwindigkeiten auf, so erhält man die Geschwindigkeits-Zeitfläche, die hier ein Trapez von der Höhe v_g m/s ist.

Nach der Bewegungsgleichung II $v = dl : dt$ ist der Weg $l = \int v \cdot dt$, d. h. gleich dem Inhalt der Geschwindigkeits-Zeit-Fläche. Setzt man $v_g = b_a \cdot t_a$ nach Gl. I in Gl. II ein, so ist der Anfahrweg $l_a = \int b_a \cdot t \cdot dt = b_a \cdot t_a^2 : 2$. Der Weg ändert sich quadratisch mit der Zeit. Entsprechend ändert sich auch der Bremsweg quadratisch mit der Zeit nach der Gl. $l_b = b_b \cdot t_b^2 : 2$. Der Weg mit gleichmäßiger Geschwindigkeit v_g wird nach der Gl. III $l_g = v_g \cdot t_g$ berechnet. Ist der

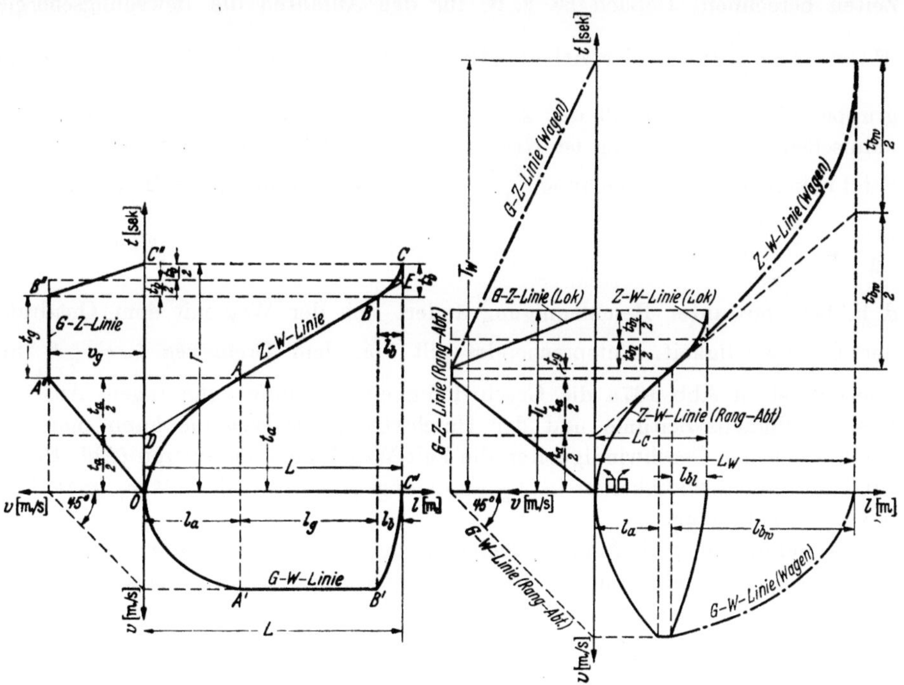

a) Überführen   b) Abstoßen
Abb. 167a, b. Bewegungsbilder des Überführens und Abstoßens.

Gesamtrangierweg $L = l_a + l_g + l_b$ bekannt und l_a und l_b berechnet, so ist $l_g = L - l_a - l_b$ und $t_g = l_g : v_g$. Nach Gl. III ändert sich bei konstanter Geschwindigkeit der Weg linear mit der Zeit. Trägt man die Zeiten über dem Weg auf, dann erhält man die Zeit-Weg-Linie, die also die Integrallinie der

Geschwindigkeits-Zeitfläche ist. Beim Anfahren und Bremsen verläuft die Zeit-Weg-Linie nach einer Parabel und bei gleichmäßiger Bewegung nach einer Geraden. Halbiert man in der Geschwindigkeits-Zeitfläche Abb. 167a die Anfahr- und die Bremszeit, so ist das Rechteck mit der Grundlinie $t_g + (t_a + t_b) : 2$ und der Höhe v_g inhaltsgleich dem vorgenannten Trapez von der Grundlinie $T = t_a + t_g + t_b$. Rechteck und Trapez entsprechen dem gleichen Weg L. Die Gesamtfahrzeit mit Anfahrzeit und Bremszeit für die gleiche Strecke L erhält man also, wenn man zu der Zeit, mit der der Wagen den gesamten Rangierweg L gleichmäßig befährt, noch die Zeiten $t_{az} = t_a : 2$ und $t_{bz} = t_b : 2$ hinzuschlägt. Diese Zeiten heißen daher Anfahr- und Bremszeitzuschläge. Die gleichmäßige Bewegung der Rangiergruppe auf dem Wege L wird als Integration der rechteckigen Geschwindigkeits-Zeit-Fläche durch eine geradlinige Zeit-Weg-Linie dargestellt. Fügt man nach Abb. 167a an deren Anfang nach unten den Zeitzuschlag $t_a : 2$ und an deren Ende $t_b : 2$ nach oben an, so erhält man die Gesamtfahrzeit mit Anfahrbeschleunigung und Bremsverzögerung, ohne daß man die Anfahr- und Bremsparabeln der Zeit-Weg-Linie aufzuzeichnen braucht.

Man kann den Anfahr- und den Bremsweg auch nach dem Satz: Bewegungsenergie = Beschleunigungs- bzw. Bremsarbeit ohne vorherige Ermittlung der Zeiten berechnen. Danach ist z. B. für das Anfahren die Bewegungsenergie

$$M \cdot v^2 : 2 = \int_o^{la} P \cdot dl$$ der Arbeit. Hier ist $M = G_z \cdot g$ die Masse der Wagengruppe, P der Überschuß der Zugkräfte über die Widerstände. Nach der dynamischen Grundgleichung ist Kraft = Masse mal Beschleunigung $P = M \cdot b_a$. Setzt man in die obige Gleichung $\dfrac{M\,v^2}{2} = \int P \cdot dl$ für P den Wert $M \cdot b_a$ ein, so ist

$$\frac{M\,v^2}{2} = M \int_o^{la} b_a \cdot dl$$ und mit $v = v_g$ ist dann der Anfahrweg $l_a = v_g^2 : 2\,b_a$ (Gl IV),

d. h. bei konstanter Beschleunigung ändert sich der Weg mit dem Quadrate der Geschwindigkeit. Entsprechendes gilt von dem Bremsweg $l_b = \dfrac{v_g^2}{2 \cdot t_b}$ m.

Hiermit ist in Abb. 167a die Geschwindigkeits-Weglinie aufgetragen. Aus der Geschwindigkeits-Zeitlinie und der Geschwindigkeits-Weglinie kann man für Punkte gleicher Geschwindigkeiten die Zeit-Weg-Linie konstruieren (Abb 167a). Sind die Geschwindigkeiten in V_g km/h angegeben, so ist statt v_g jetzt V_g : 3,6 m/s einzusetzen.

Es sind nunmehr die Anfahrbeschleunigung b_a m/s^2 und die Bremsverzögerung b_b m/s^2 aus den Zugkräften, Bremskräften, Fahrzeug- und Streckenwiderständen zu berechnen. Nach den vorstehenden Gleichungen ist der Anfahrzeitzuschlag

$$t_{az} = \frac{t_a}{2} = \frac{v_g}{2 b_a} = \frac{V_g}{2 \cdot 3{,}6 \cdot t_a}\ \text{sec}$$

und die Anfahrbeschleunigung ist

$$b_a = \left(\frac{G_r \cdot \mu_a}{G_z} \mp s - w \right) \frac{g}{1{,}09 \cdot 1000}\ \text{m/s}^2$$

Hier ist G_r das Reibungsgewicht der Lokomotive, G_z das Gewicht der Rangierabteilung einschließlich Lok, $\mu_a = 140$ kg/t nach Ermittlungen von Massute

die Haftreibung beim Anfahren, $g = 9{,}81$ m/s² die Erdbeschleunigung und
$1{,}09$ der Massenfaktor zur Berücksichtigung der umdrehenden Radmassen.
Ferner ist $s\,^0/_{00}$ das Gefälle und w kg/t der Fahrzeugwiderstand der Rangierfahrt. Bei dem Lokomotivwiderstand $w = 6{,}5$ kg/t und dem mittleren Wagenwiderstand $w_w = 3$ kg/t ist $w = \dfrac{6{,}5\,G_l + 3 \cdot G_w}{G_z}$ kg/t. Da aber $G_w = G_z - G_l$ ist,
so ist $w = \dfrac{6{,}5\,G_l}{G_z} + \dfrac{3\,(G_z - G_l)}{G_z} = \dfrac{3{,}5\,G_l}{G_z} + 3$ kg/t.

Setzt man in obiger Gleichung für die Anfahrbeschleunigung b_a den Ausdruck $\dfrac{G_r \cdot \mu_a}{G_z} = p'_a$, so ist mit $\dfrac{g}{1{,}09} = 9$

$$b_a = \frac{9}{1000}\,(p'_a \pm s - w) = \frac{9}{1000} \cdot p_a \quad \text{und} \quad \frac{t_a}{2} = t_{az} = \frac{V_g \cdot 1000}{2 \cdot 3{,}6 \cdot 9 \cdot p_a} = \frac{15{,}5 \cdot V_g}{p_a}\ \text{sec.}$$

Ebenso ist der **Bremszeitzuschlag** $t_{bz} = \dfrac{V_g}{2 \cdot 3{,}6 \cdot b_b}$ sec. Hier ist die **Brems**

verzögerung $b_b = \left[\dfrac{(G_{lb} + G_{wb})\,\mu_b}{G_z} \pm s + w \right] \dfrac{g}{1{,}09 \cdot 1000}$ m/s².

Es ist hier G_{lb} das Gewicht auf den Bremsachsen der Lok, G_{wb} das Gewicht
der gebremsten Wagen, $\mu_b = 100$ kg/t die Bremsreibung beim Rangierbetrieb.
Meist sind alle Achsen der Rangierlok gebremst und die der Wagen ungebremst,
dann ist $G_r = G_{lb} = G_z$ dem Lokgewicht.

Für $G_{wb} = O$ ist dann mit $\dfrac{G_{lb}}{G_z}\,\mu_b = p'_b$ und mit $p'_b = s + w = p_b$ die Bremsverzögerung

$$b_b = \left[\frac{G_{lb} \cdot \mu_b}{G_z} \pm s + w \right] \frac{g}{1{,}09 \cdot 1000} = \frac{p_b \cdot g}{1{,}09 \cdot 1000}\ \text{m/s²}$$

und daher der **Bremszeitzuschlag** mit $g : 1{,}09 = 9$

$$t_{bz} = \frac{t_b}{2} = \frac{1000 \cdot V_g}{2 \cdot 3{,}6 \cdot 9 \cdot p_b} = \frac{15{,}5\,V_g}{p_b}\ \text{sec.}$$

Man kann für $G_z = G_l + n \cdot G_w$ setzen. Hier ist n die Wagenzahl. Das Durchschnittsgewicht der Güterwagen ist nach Aufschreibungen $G_w = 18$ t. Die
Zahl der Bremswagen ergibt sich aus der Fahrdienstvorschrift § 85, nach der
bis $s = 5\,^0/_{00}$ für je 29 Achsen eine Bremse erforderlich ist.

Für eine schwere, eine mittlere und eine leichtere Güterzugtenderlokomotive
Gt 55.17, Gt 44.17 und Gt 33.17 hat **Nebelung** (Abb. 168a, b, c) für je eine
bestimmte Stärke der Rangierabteilungen von 0, 5, 10, 20, 30, 40, 50 und 60
Wagen die Summe der Anfahr- und Bremszeitzuschläge $t_z = t_{az} + t_{bz} = 0{,}5 \cdot$
$(t_a + t_b)$ sec für verschiedene Beharrungsgeschwindigkeiten und für den mittleren Streckenwiderstand der Bahnhöfe (Neigung + Krümmung) $s = 2\,^0/_{00}$
nach den vorhergehenden Gleichungen berechnet. In den vorgenannten Abbildungen wurden die ermittelten Werte t_z unterhalb der V-Achse aufgetragen.
Man erhält ein Strahlenbüschel, an dem für jede Stärke der Rangierabteilungen und deren Geschwindigkeiten die zugehörigen t_z-Werte abgelesen bzw.
interpoliert werden können. Für $V = 16{,}8$ km/h und 30 Wagen ist nach Abb. 168a
$t_z = 30$ sec.

Da für die Wahl der Geschwindigkeit die zugelassenen aus Zeitstudien gefundenen Grenzen (siehe Beginn des Kapitels) zu weit waren und sich deshalb
zu große Zeitunterschiede für dieselbe Rangierfahrt bei verschiedenen zulässigen

Geschwindigkeiten ergaben, wurde von Nebelung die Verteilung der Geschwindigkeitszu- und -abnahme beim Anfahren und Bremsen auf dem gesamten Rangierweg nach der Häufigkeitsrechnung untersucht. Dabei ergab sich, daß bei normalem Betrieb eine solche Fahrweise vom Lokführer eingehalten wird, daß von der gesamten Wegstrecke l rund ein Drittel auf die Fahrt mit Beharrungsgeschwindigkeit und rund zwei Drittel auf den Anfahr- und Bremsweg

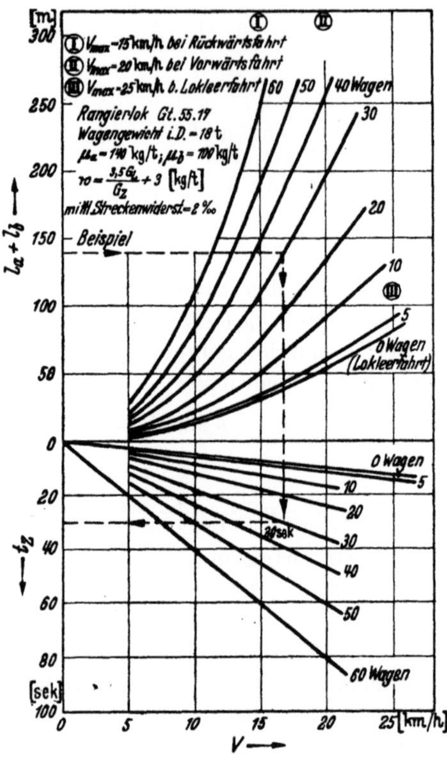

Abb. 168a. Gt 55.17
Diagramm für die Weg- und Zeitzuschläge.

entfallen, unter der Voraussetzung, daß der Anfahr- und der Bremsweg zusammen nicht größer als 250 m sind. Die Rangiergeschwindigkeit ist demnach so zu wählen, daß Anfahr- und Bremsweg $l_a + l_b = \dfrac{2 \cdot l}{3}$ des gesamten Rangierweges ist. Nach vorigem ist $l_a = 0,5 \cdot t_a \cdot v_g = t_{az} \cdot v_g = t_{az} \cdot V_g : 3,6$ m und ebenso der Bremsweg $l_b = t_{bz} \cdot V_g : 3,6$ m. Daher ist $l_a + l_b = (t_{az} + t_{bz}) \cdot V_g : 3,6$ m. Durch Einsetzen der Werte der Zeitzuschläge $t_z = t_{az} + t_{bz}$ für die betreffenden Geschwindigkeiten V_g und die verschiedenen Gruppenstärken, erhält man die Anfahr- und Bremswege $l_a + l_b$ m. Diese Werte wurden in den Abb. 168a, b, c von der V-Achse nach oben für die verschiedenen Wagengruppen aufgetragen. Man erhielt eine Schar von Parabeln, an der man für einen gegebenen Anfahr- und Bremsweg $l_a + l_b = {}^2/_3 \cdot l$ die erreichte Geschwindigkeit ablesen kann. Die Maximalgeschwindigkeiten für Rückwärts-, Vorwärts- und

Leerfahrt, die nicht überschritten werden dürfen, sind als Lotrechte I, II und III eingetragen.

Ablesebeispiel (Abb. 168a, b, c): Nach dem Gleisplan soll die Rangierabteilung (Lok + 30 Wagen) eine Strecke $l = 210$ m in Vorwärtsfahrt zurücklegen. Wie groß ist V anzusetzen?

Es ist $l_a + l_b = \dfrac{2}{3} \cdot 210 = 140$ m. Für 140 m und 30 Wagen liest man in Abb. 168a $V = 16{,}8$ km/h ab. Für dieses V findet man bei der gleichen Gruppen-

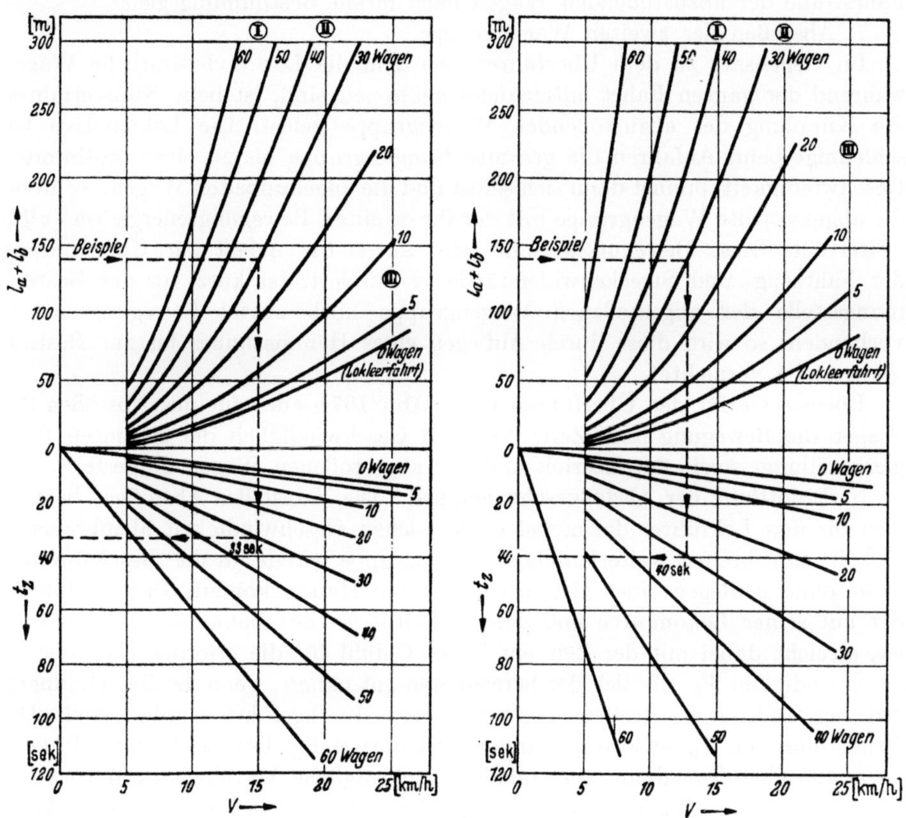

Abb. 168b. Gt 44.17   Abb. 168c. Gt 33.17

Abb. 168b-c. Diagramme für die Weg- und Zeitzuschläge.

stärke wie oben gezeigt, unter der V-Achse $t_z = 30$ sec. Die **gesamte Fahrzeit** der aus Güterwagen bestehenden Rangierabteilung ist dann

$$t_R = \frac{3{,}6}{V} \cdot l + t_z = \frac{3{,}6}{16{,}8} \cdot 210 + 30 = 85 \text{ sec.}$$

2. Das Abstoßverfahren.

a) **Der Bewegungsvorgang.** Der Bewegungsvorgang beim Abstoßen setzt sich unter der Annahme, daß sich die Lokomotive in dem Augenblick, wo sie den Auftrag erhält, auf dem Ausziehgleis befindet, aus folgenden Einzelbewegungen und Halten zusammen:

1. Heranfahren der Lok an die Wagengruppe im Ausgangsgleis.

2. Halten zum Ankuppeln und Umlegen der Steuerung.

3. Überführen der Wagengruppe auf das Ausziehgleis.

4. Halten zum Entkuppeln der ersten abzustoßenden Wagengruppe sowie zum Herstellen der Fahrstraße der ersten Gruppe nach ihrem Bestimmungsgleis und zum Umlegen der Steuerung.

5. Abstoßen der ersten Gruppe.

6. Halten zum Entkuppeln der zweiten Wagengruppe, zum Herstellen der Fahrstraße der abzustoßenden Wagen nach ihrem Bestimmungsgleis.

7. Abstoßen der zweiten Wagengruppe.

Im Gegensatz zu dem Überführen, bei dem die Lok und sämtliche Wagen während der ganzen Fahrt miteinander gekuppelt sind, ist beim Stoßverfahren die Kupplung der abzustoßenden Wagengruppe gelöst. Die Lokomotive beschleunigt beim Anfahren die gesamte Rangiergruppe bis zu einer bestimmten Geschwindigkeit, bremst dann sich selbst und die angekuppelten Wagen, während die abgekuppelte Wagengruppe mit der ihr erteilten Bewegungsenergie ($m \cdot v^2/2$) weiterrollt. Diese Bewegungsenergie wird durch die Arbeit zur Überwindung der Fahrzeug- und Streckenwiderstände vermindert. Ist kurz vor der Bestimmungsstelle der abgestoßenen Wagengruppe noch zuviel Bewegungsenergie vorhanden, so wird diese durch Auflegen eines Hemmschuhes bis zur Bestimmungsstelle vernichtet.

Ebenso wie für das Überführen ist in Abb. 167 b auch für das Abstoßen der Wagen die Bewegung nach Zeit, Weg und Geschwindigkeit der gesamten Rangierabteilung, sowie der Leerlok und der abgestoßenen Wagen dargestellt.

b) **Ermittlung der Abstoßgeschwindigkeit.** Die Kunst des Abstoßens besteht also für den Lokführer darin, bei einer solchen Geschwindigkeit abzubremsen, daß die ungebremst weiterlaufende Wagengruppe gerade an der Bestimmungsstelle ohne Auflegen eines Hemmschuhes zum Halten kommt. Der Lokführer, der mit seiner Lokomotive und den Verhältnissen des Bahnhofes gut vertraut ist, erreicht dabei mit der Zeit ein feines Gefühl für die erforderliche Abstoßgeschwindigkeit V_a, die sich der berechneten gut nähert, wenn die Berechnungen mit einwandfrei ermittelten Versuchswerten durchgeführt worden sind. Die Ermittlung von V_a ist also nur angenähert notwendig. Der Lokführer soll nicht zu knapp abstoßen, damit zeitraubende nachträgliche Verschiebungen vorzeitig stehengebliebener Wagen vermieden werden. Man stößt daher zweckmäßiger mit einer etwas zu hohen Geschwindigkeit ab und vernichtet die restliche Geschwindigkeit durch Abbremsen mit dem Hemmschuh, um die Wagen an der gewünschten Stelle anzuhalten. Daher wird man als Laufweite l der abgestoßenen, durch eigenen Fahrzeug- und Streckenwiderstand zum Halten kommenden Wagen die erhöhte Entfernung von der Stelle der Lok beim Beginn der Abstoßbewegung bis zur gewünschten Haltestelle der Gruppe zugrunde legen. Für die Berechnung der Abstoßgeschwindigkeit führt man eine mittlere Neigung $s\ ^0/_{00}$ einschließlich eines mittleren Krümmungswiderstandes, sowie einen mittleren Wagenwiderstand $w_w = 3$ kg/t ein. Es ist dann die Abstoßgeschwindigkeit

$$V_a = 3{,}6\,v_a = 3{,}6\,\sqrt{(s + w_w)\,\frac{2\,g'l}{1000}} \cong 0{,}5\,\sqrt{l\,(s + w_w)}\ \text{km/h.}$$

Es ist wieder $g' = g/1{,}09 = 9$ gesetzt.

c) **Die Ermittlung der Lokomotivbewegung nach Zeit und Weg.** Die Lok hat zunächst sich und sämtliche Wagen der Gruppe von $V = 0$ auf V_a zu beschleunigen und sodann sich und die um die abgestoßenen Wagen verminderte Gruppe abzubremsen. Es ist die Zeit, um die ganze Gruppe von 0 auf V_a zu beschleunigen, gleich der Anfahrzeit beim Überführen $t_a = \dfrac{V_a}{3,6\,b_a}$. Die Anfahrbeschleunigung ist, wie vorher,

$$b_a = \left(\frac{G_r}{G_z}\, \mu_a \mp s - w\right) \frac{g}{1,09 \cdot 1000}\ \text{m/s}^2 = \frac{9}{1000}\left(\frac{G_r}{G_z}\, \mu_a \mp s - w\right)\ \text{m/s}^2.$$

Hier ist G_r das Reibungsgewicht der Lokomotive meist gleich G_l dem Lokomotivgewicht, G_z das Gewicht der gesamten Rangiergruppe einschließlich Lok, $\mu_a = 140$ kg/t die Anfahrreibung, 1,09 der mittlere Massenfaktor von Lokomotive und Wagengruppe. Da beim Rangierbetrieb meist der erreichbare Höchstwert der Haftreibung μ_h kg/t nicht ausgenutzt wird, wird hier die kleinere Reibung beim Anfahren mit $\mu_a \leqq \mu_h$ bezeichnet. Der mittlere Fahrzeugwiderstand der gesamten Rangiergruppe ist nach vorigem $w = \dfrac{3,5\,G_l}{G_z} + 3$ kg/t. Die Bremszeit ist $t_b = \dfrac{V_a}{3,6\,b_b}$; hierbei ist die **Bremsverzögerung**

$$b_b = \frac{9}{1000}\left[\frac{(G_{lb} + G_{wb})}{G'_z}\, \mu_b \pm s + w\right]\ \text{m/s}^2.$$

G_{lb} ist das Gewicht auf den gebremsten Achsen der Lok und G_{wb} das Gewicht der gebremsten Wagen, G'_z ist das Gewicht der um die abgestoßenen Wagen verminderten Rangiergruppe. Es ist wieder die Bremsreibung $\mu_b = 100$ kg/t.

Nach Beobachtungen von Massute bleibt die Lok mindestens 2 sec, i. M. 3 sec bei der erreichten Abstoßgeschwindigkeit. Dann ist die Gesamtzeit der Lokbewegung $t_a + t_b + 3$ sec, und der entsprechende Lokomotivweg ist $l_l = \dfrac{V_a}{3,6}\left[\dfrac{(t_a + t_b)}{2} + 3\right]$ m. Um für eine gegebene Abstoßgeschwindigkeit V_a die Anfahr- und Bremszeiten $t_a = 2 \cdot t_{az}$ und $t_b = 2 \cdot t_{bz}$, die also gleich den doppelten Zeitzuschlägen t_{az} und t_{bz} sind, zu berechnen, kann man sich nicht des von Nebelung entworfenen Nomogramms bedienen, das die Zeitzuschläge für Anfahren und Bremsen zusammenfaßt. Letzteres ist nur möglich, wenn das Gewicht der beschleunigten und der gebremsten Gruppe dasselbe ist. Beim Abstoßen ist aber das Gruppengewicht beim Anfahren und beim Bremsen verschieden. Es ist deshalb Anfahrweg und -zeit sowie Bremsweg und Bremszeit getrennt zu ermitteln. Hierfür hat Verfasser ein allgemeingültiges Nomogramm (Abb. 170) entworfen, daß also nicht nur für eine bestimmte Lokomotivgattung gilt.

d) **Nomogramme für die Ermittlung der Rangierbewegungen.**

α) **Herstellung des Nomogramms.** Das Nomogramm dient zur Ermittlung:

1) der Zeit bei annähernd gleichmäßiger Geschwindigkeit;

2) der Zeitzuschläge für das Anfahren und für das Bremsen;

3) der Abstoßgeschwindigkeit;

4) der Abstoßwege und -zeiten der Lokomotive;

5) der Laufwege und -zeiten der abgestoßenen Gruppen.

Zu 1). Es ist bei **gleichmäßiger Geschwindigkeit** $V_a : 3,6$ m/s auf der Strecke l m die Fahrzeit $t_g = 3,6 \cdot l : V_a$ sec. Für diese Ermittlung zeichnet man nach Abb. 169 ein Nomogramm, das 2 parallele Skalen hat, die von einer dritten Skala geschnitten werden. Die eine parallele Skala für V km/h hat ihren Anfangspunkt in O_1 und die andere für l m in O_2. Beide Skalen sind linear unterteilt, O_1 ist zugleich der Anfangspunkt der geradlinigen schrägen

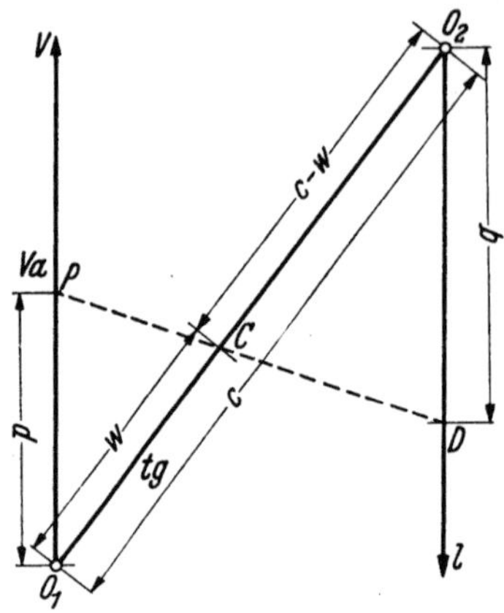

Abb. 169. Prinzip des Nomogramms für die Ermittlung der Rangierbewegungen.

Skala von der Länge $O_1 O_2 = c$. Die schräge Skala dient zum Ablesen der Zeiten t_g sec. Schneidet man diese 3 Skalen beliebig, so liegen die 3 Schnittpunkte P, C und D nur dann auf einer Geraden, wenn in den ähnlichen Dreiecken PCO_1 und DCO_2 die Proportion besteht $O_1 P :$ $O_2 D = O_1 C : O_2 C$ oder $p : q = w : (c - w)$. Es ist hier $O_1 P =$ der Strecke p, $O_1 C = w$, $O_2 D$ $= q$ und $O_2 C = c - w$. In dieser Gleichung sind p, q und w veränderlich und $O_1 O_2 = c$ ist unveränderlich.

Zieht man nun z. B. in Abb. 170,3 von dem beliebigen Pol $V_a = 36$ km/h auf der linken Skala einen Strahl zu dem Teilstrich $l = 100$ m der rechten Skala, so ist $t_g = 3,6 \cdot l : V_a = 3,6 \cdot$ $100 : 36 = 10$ sec. Diesen Betrag für t_g schreibt man an den Schnittpunkt des Strahls mit der schrägen Skala. Legt man nun vom Pol $V_a = 36$ km/h einen zweiten Strahl nach $l = 50$ m, so ist $t_g = 3,6 \cdot 50 : 36 = 5$ sec. Den Betrag $t_g = 5$ sec schreibt man an den Schnittpunkt des zweiten Strahls mit der schrägen Skala. Alle Strahlen, die man vom Pol $V_a = 36$ km/h zur linear unterteilten l-Skala zieht, unterteilen die schräge Skala projektiv. Geometrisch erfüllt jeder Strahl die Beziehungen zweier ähnlicher Dreiecke nach der genannten Gleichung $p : q = w : (c - w)$. Legt man nun von einem anderen Punkt der linken Skala als Pol Strahlen nach der rechten Skala, z. B. vom Pol $V_a = 18$ km/h nach $l = 25$ m und $l = 50$ m der rechten Skala, so ist $t_g = 3,6 \cdot l : V_a$ im einen Falle $t_g = 3,6 \cdot 50 : 18 = 10$ sec, im anderen Falle $t_g = 3,6 : 25 \cdot 18 = 5$ sec. Es sind hier die V_a- und l-Werte halb so groß wie vorher, aber die Schnittpunkte auf der schrägen Skala sind die gleichen geblieben. Daher ist auch die projektive Teilung der schrägen Skala für alle Strahlen, die aus dem Pol $V_a = 18$ km/h gezeichnet werden, dieselbe wie für die Strahlen aus dem Pol $V_a = 36$ km/h. Es läßt sich nun nachweisen, daß diese projektive Teilung der schrägen Skala für jede beliebige Gerade zutrifft, die die drei Skalen schneidet. Wenn man also je zwei bekannte Werte für V_a km/h und l m der beiden parallelen Skalen geradlinig miteinander verbindet, so kann man auf der projektiven Teilung der schrägen Skala die Zeiten ablesen, die der Gleichung $t_g = 3,6 \cdot l : V_a$ entsprechen.

Herstellung der Skalen (Abb. 170): Die parallelen linearen Skalen sind einfach zu zeichnen. Die projektive Teilung der schrägen Skala könnte zeichnerisch geschehen, indem man nach dem ersten Rechenbeispiel vom Pol $P = V_a = 36$ km/h der linken Skala Strahlen zu den Teilstrichen, z. B. $l = 10, 20, 30 \ldots$ m der rechten Skala zieht und an die Schnittpunkte der Strahlen mit der schrägen Skala die zehnfach kleineren Werte von l als die Beträge von t_g also $t_g = 1; 2;$ $3 \ldots$ sec anschreibt. Genauer ist es aber, wenn man für $V_a = 36$ km/h $= O_1 P$ $= p$ cm der linken Skala und für die den Wegen $l = 10, 20, 30 \ldots$ m ent-

entsprechenden Strecken $O_2D = q$ cm der rechten Skala, sowie für den Fest-
wert $O_1O_2 = c$ cm die Teilung der schrägen Skala aus der Gleichung $p : q =$
$w : (c - w)$ berechnet. Es entsprechen dann die Teilstriche für t_g den Werten
$w = c \cdot p : (q + p)$ cm. Die Strecken w setzt man von O_1 auf der schrägen Skala

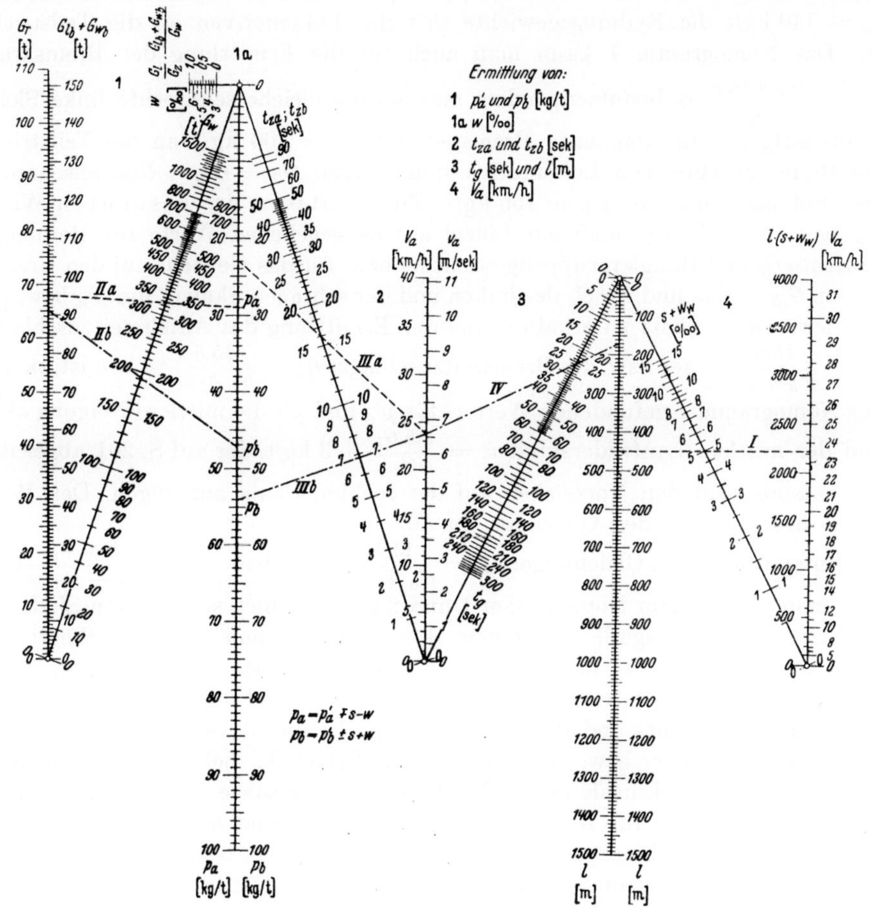

Abb. 170. Nomogramm für die Ermittlung der Rangierbewegungen.

ab und schreibt an die Teilstriche die zehnmal kleineren Werte von l m.

Zu 2) Der Anfahrzeitzuschlag ist nach S. 260 $t_{az} = t_a/2 = V_a : (2 \cdot 3{,}6 \cdot b_a)$
sec, und die Anfahrbeschleunigung ist

$$b_a = \frac{9}{1000} \left(\frac{G_r}{G_z} \mu_a \pm s - w \right) \text{ m/s}^2.$$

Setzt man $\dfrac{G_r \mu_a}{G_z} = p'_a$, so ist $b_a = \dfrac{9}{1000} (p'_a \mp s - w)$ m/s² und

$$t_{az} = \frac{1000\,V_a}{2 \cdot 3{,}6 \cdot (p'_a \mp s - w) \cdot 9} = \frac{15{,}5\,V_a}{p'_a \mp s - w} \text{ sec.}$$

Für die Ermittlung von t_{az} sind zwei Nomogramme herzustellen, und zwar eines
für $p'_a = \dfrac{G_r \mu_a}{G_z}$ kg/t und das andere für $t_{az} = \dfrac{15{,}5\,V_a}{p'_a \mp s - w}$ sec. Beide Nomogramme
1 und 2 der Abb. 170 haben den gleichen Aufbau wie das vorher beschriebene

Nomogramm 3. Das Nomogramm 1 zur Ermittlung von p'_a hat die linear geteilten senkrechten Skalen für p'_a und für $G_r \cdot \mu_a$ (Reibungszugkraft). Auf der schrägen Skala wird das Gewicht G_z der gesamten Rangiergruppe abgelesen. Der Pol zur Herstellung der schrägen Skala liegt außerhalb des Blattes in $p'_a = 140$ kg/t. An die Skala $G_r \cdot \mu_a$ schreibt man links für das konstante $\mu_a = 140$ kg/t die Reibungsgewichte G_r t der Lokomotiven an die Teilstriche an. Das Nomogramm 1 kann man auch für die Ermittlung der Bremskraft

$$p'_b = \frac{G_{lb} + G_{wb}}{G_z} \mu_b$$ benutzen, indem man an die gleiche senkrechte linke Skala

rechtsseitig für die konstante Bremsreibung $\mu_b = 100$ kg/t an die Teilstriche die Bremsgewichte von Lokomotive und Wagen $G_b = G_{lb} + G_{wb}$ anschreibt. Der Pol liegt hier bei $p'_b = 100$ kg/t. Zum Ablesen der gesuchten Werte p'_a bzw. p'_b kg/t legt man ein Lineal an die gegebenen Werte für Reibungsgewichte G_r und Rangiergruppengewicht G_z bzw. für das Gewicht auf den Bremsachsen $G_{lb} + G_{wb}$ und für G_z der linken und der schrägen Skalen, um p'_a bzw. p'_b auf der rechten Skala zu erhalten. Bei der Ermittlung des Anfahrzeitzuschlages

$$t_{az} = \frac{15,5 \, l_a}{p'_a \mp s - w} \text{ sec bzw. des Bremszeitzuschlages } t_{bz} = \frac{15,5 \, l_a}{p'_b \pm s - w} \text{ sec ist zu den}$$

aus Nomogramm 1 gefundenen Werten für p'_a und p'_b die mittlere Neigung $s\,^0/_{00}$ und der mittlere Laufwiderstand $w = \dfrac{3.5 \, G_l}{G_z} + 3$ kg/t, der auf S. 261 abgeleitet ist, entsprechend den Vorzeichen auf der rechten Skala anzufügen. Den Wert für w liest man an der Querskala 1 a ab.

Entsprechend den Gleichungen $t_{az} = \dfrac{15,5 \, V_a}{p'_a \mp s - w}$ sec bzw. $t_{bz} = \dfrac{15,5 \, V_a}{p'_b \pm s + w}$ kg/t fügt man auf der dem Nomogramm 1 und 2 gemeinsamen senkrechten Skala für p'_a bzw. p'_b die Beträge $\mp s - w$ bzw. $\pm s + w$ hinzu und erhält die Punkte für $p_a = p'_a \mp s - w$ bzw. für $p_b = p'_b + s + w$ kg/t. Das Nomogramm 2 hat auf der rechtseitigen lotrechten Skala die Werte V_a und auf der schrägen Skala die gesuchten Anfahr- und Bremszeitzuschläge t_{az} und t_{bz} sec. Sind also p_a bzw. p_b sowie die Anfahr- bzw. Abbremsgeschwindigkeit V_a bekannt, so kann man durch Anlegen des Lineals an die Werte p_a bzw. p_b sowie V_a auf der schrägen Skala die Zuschläge für Anfahren und Bremsen t_{az} und t_{bz} sec ablesen.

Zu 3) Ist die Abstoßgeschwindigkeit V_a noch nicht bekannt, so kann man sie aus dem Nomogramm 4 ermitteln, falls die Laufstrecke l der abgestoßenen Wagengruppe sowie der Fahrzeug- und Streckenwiderstand $\pm s - w_w$ bekannt sind. Für die Auswertung der Gleichung $V_a = 0,5 \cdot \sqrt{(\pm s + w_w)}$ km/h ist im Nomogramm 4 je eine senkrechte Skala gezeichnet, die linear nach l und nach $l \cdot (s - w_w)$ unterteilt sind. Auf der schrägen Skala sind die Werte $s + w_w$ in projektiver Teilung eingezeichnet. Der Pol hierfür liegt auf der l-Achse bei $l = 400$ m. Für ein gegebenes l und $s + w_w$ kann man nun auf der rechten Skala den entsprechenden Wert $l \cdot (s + w_w)$ finden. Da aber die Abstoßgeschwindigkeit $V_a = 0,5 \cdot \sqrt{(s - w_w)}$ gesucht wird, so ist die rechte senkrechte Skala rechtsseitig nach letzterer Gleichung noch quadratisch unterteilt, um zu dem Wert $l \cdot (s + w_w)$ die zugehörige Abstoßgeschwindigkeit zu erhalten.

β) **Ablesebeispiele.** Eine Tenderlokomotive von der Gattung Gt 46.17 soll von 10 angehängten Wagen 6 in ein Freiladegleis auf $l = 450$ m Laufweg abstoßen. Der Steigungs- einschließlich Krümmungswiderstand ist $s = + 2\,^0/_{00}$.

Der Fahrzeugwiderstand der abgestoßenen Wagen $w_w = 3$ kg/t. Daher ist $s + w_w = 5\,^0/_{00}$.

1. Die erforderliche Abstoßgeschwindigkeit $V_a = 23,7$ km/h erhält man aus dem Nomogramm 4, wenn man das Lineal an $l = 450$ m und $s + w_w = 5\,^0/_{00}$ anlegt (Lineallage I, Abb. 170). Das Reibungsgewicht der Lok ist $G_r = 4 \cdot 17 = 68$ t. Das Lokgewicht $G_l = 6 \cdot 17 = 102$ t, das Bremsgewicht der Lok ist gleich dem Reibungsgewicht, also $G_{lb} = G_r = 68$ t. Das Gesamtwagengewicht ist G_w gleich $10 \cdot 22,5 = 225$ t, das Gesamtgewicht des Rangierzuges $G_z = G_l + G_w = 327$ t, und das abgestoßene Gewicht $G_{wa} = 6 \cdot 22,5 = 135$ t. Das verbleibende Wagenzuggewicht ist $G_w - G_{wa} = 4 \cdot 22,5 = 90$ t und das verbleibende Rangierzuggewicht $G'_z = 102 + 90 = 192$ t. Das Gewicht auf den Bremsachsen ist bei einem Bremswagen $G_{lb} + G_{wb} = 68 + 22,5 = 91$ t.

2. Nach Nomogramm 1a ist für den ganzen Rangierzug mit $G_l : G_z = 102 : 327 = 0,312$ der Fahrzeugwiderstand $w = 4,1$ kg/t und nach dem Abstoßen der Wagengruppe ist mit $G_l : G'_z = 102 : 192 = 0,53$ der Fahrzeugwiderstand $w = 4,9\,^0/_{00}$.

3. Anfahrzeitzuschlag aus Nomogramm 1 und 2. Im Nomogramm 1 liest man für die Lineallage IIa bei $G_r = 68$ t und $G_z = 327$ t $p'_a = 29$ kg/t ab. Dann ist $p_a = p'_a - s - w_w = 29 - 2 - 4,1 = 22,9$ kg/t. Aus Nomogramm 2 liest man für die Lineallage IIIa bei $p_a = 22,9$ und $V_a = 23,7$ km/h den Anfahrzeitzuschlag $t_{az} = 16$ sec ab.

4. Bremszeitzuschlag. Aus Nomogramm 1 liest man für Lineallage IIb bei $G_b = 91$ t und $G'_z = 192$ t $p'_b = 47,2$ kg/t ab. Es ist $p_b = p'_b + s + w = 47,2 + 2 + 4,9 = 54,1$ kg/t. Bei der Lineallage IIIb ist für $p_b = 54,1$ und $V_a = 23,7$ km/h der Bremzeitzuschlag $t_{bz} = 7$ sec.

5. Die Fahrzeit der Lokomotive beim Abstoßen ist gleich dem doppelten Anfahr- + Bremszeitzuschlag $+ 3$ sec, also $T = 2(t_{az} + t_{bz}) + 3 = 2 \cdot (16 + 7) + 3 = 49$ sec.

6. Den Fahrweg der Lok beim Abstoßen erhält man aus Nomogramm III. Es ist $l = (t_{az} + t_{bz} + 3) \cdot V_a : 3,6$ m, da ja $t_{az} =$ der halben Anfahrzeit t_a und $t_{bz} =$ der halben Bremszeit t_b ist. Es ist nach vorigem $t_{az} + t_{bz} + 3 = 26$ sec. Bei Lineallage IV liest man für $V_a = 23,7$ km und $t_{az} + t_{bz} + 3 = 26$ sec den Fahrweg der Lok $l = 172$ m ab.

e) **Der Kohlenverbrauch der Rangierbewegungen.** Der Kohlenverbrauch beim Überführen ist: $B_{ü} = \dfrac{G_z \cdot (\pm s + w) \cdot 1 \cdot b_1}{10^3}$ kg.

Hier ist nach obigem $w = \dfrac{3{,}5\,G_l}{G_z} + 3$ kg/t, (nach S. 231) $b_1 = 5$ kg/kmt bzw. $b_1 = 5,75$ kg/kmt für Heiß- bzw. Naßdampfloks, lm ist der gesamte Überführungsweg der Rangiergruppe.

Vor dem Bremsen wird der Dampf abgestellt. Man rechnet aber für den Kohlenverbrauch, als ob der Bremsweg mit Dampf befahren wird. Dafür vernachlässigt man aber den Kohlenmehrverbrauch beim Anfahren.

Der Kohlenverbrauch für Beidrücken ist $B_{ü} : 2$.

Der Kohlenverbrauch beim Abstoßen ist $B_a = \dfrac{0,4 \cdot G_z}{1000} \left(\dfrac{V}{10}\right)^2 \cdot b_1$ kg, wo $\dfrac{0,4 \cdot G_z}{1000} \cdot \left(\dfrac{V}{10}\right)^2$ kmt die Beschleunigungsarbeit bis V km/h und b_1 kg/kmt ist.

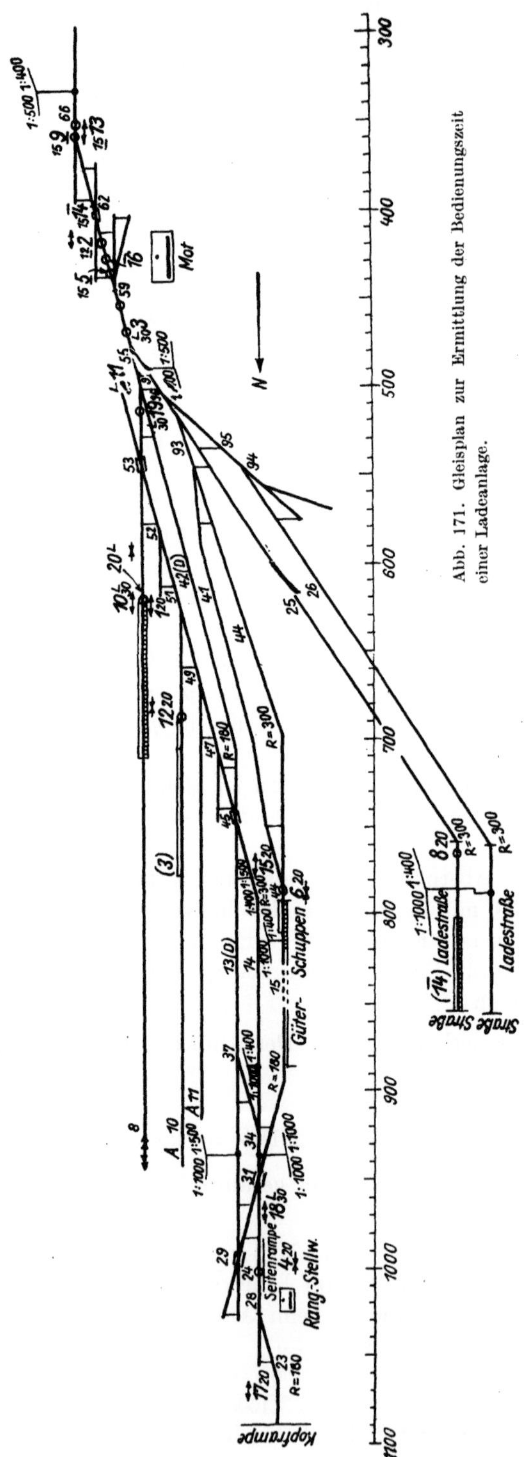

Abb. 171. Gleisplan zur Ermittlung der Bedienungszeit einer Ladeanlage.

Der Kohlenverbrauch einer **Lokleerfahrt** ist $B_{l0} =$
$$\frac{G_z(\pm s + 6{,}5)}{10^6} \cdot l \cdot b_{1l}\ \text{kg, wo nach}$$
S. 232 $b_{1l} = 10$ bzw. 11,5 kg/kmt ist. Der Kohlenverbrauch beim Stillstand ist $B_0 = T_a \cdot R \cdot 0{,}6$ kg. Es ist T_a die Stillstandszeit, $R\,\text{m}^2$ die Rostfläche und 0,6 kg ist der Kohlenverbrauch je m^2 Rostfläche und je Min.

1. Erläuterung der Zeichen.

⬜ ankommende Wagen.

▨ abgehende Wagen.

Große Zahlen: Bezifferung der Orte in der Reihenfolge der Bewegung, angegeben für das dem Wagenzugende zugekehrte Ende der Lokomotive bzw. des mitgeführten Packwagens.

$\overline{1}$ Strich **über** großer Zahl: Betriebsvorgang mit ankommenden Wagengruppen.

$\underline{1}$ Strich **unter** großer Zahl: Betriebsvorgang mit abgehenden Wagengruppen.

(1) Klammer um große Zahl: Bewegungsende von Wagen, die an der mit uneingeklammerter gleicher Zahl bezeichneten Stelle abgestoßen wurden.

1L Leerlok oder Lok + Packwagen (L neben großer Zahl).

Pfeile in den Gruppenstrichen:

—>—<— Spitzen zusammen: Ankuppeln.

<— —> Spitzen auseinander: Abkuppeln.

Kleine Zahlen:
In der Bewegungsrichtung an große Zahlen angesetzt:

15 Zahlen allein: etwa gleichförmige Rangiergeschwindigkeit.

15 Zahlen unterstrichen: Abstoßgescwindigkeit

S. Rangierzeiten und -kosten für das Bedienen eines Zwischenbahnhofes.

Nach dem vorbeschriebenen Ermittlungsverfahren der einzelnen Rangierbewegungen sollen jetzt für folgende Rangieraufgabe der Zeitaufwand für Personal und Lokomotiven und hieraus die Kosten ermittelt werden.

1. Darstellung der Rangierbewegungen im Gleisplan.

Die Rangieraufgabe sei im vorliegenden Beispiel folgende: Ein Nahgüterzug bringt auf einem Durchgangsbahnhof, dessen Südende in Abb. 171 gezeichnet ist, zehn Wagen an der Spitze des Zuges an, der von einer Lokomotive G 56.16 (G 12) gefahren wird. Die Zuglokomotive soll diese Wagen laderecht stellen und andererseits insgesamt 10 Wagen von den Ladestellen wegziehen und wieder auf den Zug aufsetzen. Die Ladestellen sind Kopframpe, Seitenrampe, Güterschuppen und Freiladestraße. Die Wege, die die Rangiergruppen zurücklegen, sind durch große arabische Ziffern fortlaufend gekennzeichnet. Die Rangierbewegungen der ankommenden und abgehenden Wagen sowie der Leerlokomotiven nach Weg und Geschwindigkeiten und die Arbeiten an den stehenden Fahrzeugen werden durch nebenstehende Darstellungsweisen (mit Buntstift) in die durch Lichtpausen vervielfältigten Gleispläne (Längen 1 : 1000, Breiten verzerrt) eingezeichnet. Wegen der Verzerrung der Gleisbreiten sind als Wege die Horizontalprojektionen auf den darunter eingezeichneten Längenmaßstab durch Herunterloten der Anfangs- und Endpunkte der Einzelbewegungen abzulesen.

Das Rangierspiel soll nach dieser Darstellungsweise an Hand des Gleisplans (Abb. 171) und der Rangierliste mit den Abkürzungen der Spalten 2 und 12 nunmehr erläutert werden.

Ortsangabe	Betriebsvorgang und Bemerkungen
1	5 TrLl Ab: 5mal Trennen der Druckluftleitung und Langhängen der Kupplungen sowie Abkuppeln der Wagengruppe (10 Wagen) vom Zugrumpf im Überholungsgleis 8.
1—2	Fv: Fahrt vorwärts aus Gleis 8 vor Weiche 53 ($V = 20$ km/h), B_1^{24}: 1 Bremswagen (24 t) besetzt.
2	WoZ Ab: Wendehalt ohne Änderung der Zugstärke, Abkuppeln der 10 abzustoßenden Wagen.
2—3	St Fr: Abstoßen von $D = 180$ t in das Aufstellgleis 10 [Pkt (3)] bei Fahrt rückwärts ($V_a = 12$ km/h).
3	Zw Lok: Zwischenhalt von Lok. + Pack. nach dem Abstoßen (Weichenumstellung).
3—4	Lok Fr: Fahrt rückwärts von Lok. + Pack. vor Seitenrampe ($V = 30$ km/h). L!: Langsamfahren (15 sec) vor dem Ankuppeln.
4	An + W: Ankuppeln von 1 Wagen und Wendehalt.
4—5	Fv: Fahrt vorwärts ($V = 20$ km/h) vor Weiche 56.
5	WoZ: Wendehalt ohne Änderung der Zugstärke (Weichenumstellung).
5—6	Fr: Fahrt rückwärts ($V = 15$ km/h) zum Güterschuppen. L!: 15 sec Langsamfahrt vor Ankuppeln.
6	An + W: Ankuppeln von 3 Wagen und Wendehalt.
6—7	Fv: Fahrt vorwärts ($V = 20$ km/h) bis vor Weiche 96.
7	WoZ: Wendehalt wie vor (Weichenumstellen).
7—8	Fr: Fahrt rückwärts ($V = 15$ km/h) ins Freiladegleis. L!: 15 sec Langsamfahrt wie vor.
8	An + W: Ankuppeln von 6 Wagen und Wendehalt.

Ortsangabe	Betriebsvorgang und Bemerkungen
8—9	Fv: Vorziehen der 10 Wagen ($V = 20$ km/h) vor Weiche 56. B_1^{24}: 1 Bremswagen (24 t) besetzt.
9	WoZ: Wendehalt wie vor.
9—10	Fr: Fahrt rückwärts auf Zugrumpf im Überholungsgleis 8. B_1^{24}: 1 besetzter Bremswagen, L! 15 sec Langsamfahrt wie vor.
10	Ab + W + An: Wendehalt, Abkuppeln von Lok. + Pack., Ankuppeln der 10 Wagen an Zugrumpf.
10—11	Lok Fv: Lok. + Pack. Fahrt vorwärts ($V = 30$ km/h) bis zur Weiche 53.
11	W Lok: Wendehalt von Lok. + Pack. (Weichenumstellen).
11—12	Lok Fr: Fahrt rückwärts von Lok. + Pack. ($V = 30$ km/h) auf die 10 angekommenen Wagen im Aufstellgleis 10. L!: 15 sec Langsamfahrt wie vor.
12	An + W: Wendehalt und Ankuppeln der Wagengruppe.
12—13	Fv: Vorfahren ($V = 20$ km/h) bis vor Weiche 86. B_1^{24}: 1 besetzter Bremswagen.
13	WoZ Ab: Wendehalt der Gruppe, Abkuppeln von 10 abzustoßenden Wagen.
13—14	St Fr: Abstoßen von D = 130 t (B_1^{24}) ins Freiladegleis 25 [Pkt (14)] bei Fahrt rückwärts ($V_a = 15$ km/h).
14	Zw: Zwischenhalt nach dem Abstoßen (Weichenstellen).
14—15	Fr: Fahrt rückwärts ($V = 15$ km/h) bis zum Güterschuppen.
15	Ab + W: Wendehalt wie vor und Abkuppeln von 2 Wagen.
15—16	Fv: Vorziehen ($V = 20$ km/h) vor Weiche 56.
16	WoZ: Wendehalt der Gruppe wie vor.
16—17	Fr: Fahrt rückwärts ($V = 15$ km/h) bis vor Kopframpe. L!: 15 sec Langsamfahrt vor der Rampe.
17	Ab + W: Wendehalt und Abkuppeln von 1 Wagen.
17—18	Fv: Vorziehen ($V = 20$ km/h) zur Seitenrampe.
18	Ab: Abkuppeln von 1 Wagen.
18—19	Lok Fv: Fahrt vorwärts von Lok. + Pack. ($V = 30$) vor Weiche 53.
19	W Lok: Wendehalt von Lok. + Pack. (Weichenstellen).
19—20	Lok Fr: Rücksetzen von Lok. + Pack. an Zugrumpf, L!: Langsamfahrt.
20	An 4 Ala: Ankuppeln von Lok. + Pack., Anschließen von 4 Druckluftleitungen und Anziehen der Kupplungen, 90 sec Bremsprobe.

Rangierliste.

Bedienung durch Lok G 12

Richtung von ....

Verkehrsstärke 10 + 10 Wagen

1	2	3	4	5	6	7	8	9	10	11	12
Orts-angabe	Betriebs-vorgang	zahl	Wagen-länge m	gewicht Gw (t)	Weg l m	Fahr-geschw. V(km/h)	$\overset{*}{t_g}$ sec	$\overset{*}{t_{za}}$ $+ t_{zb}$ sec	Zeit-bed. sec	Zeit-sum. sec	Bemerkungen
1	5 TrLl Ab								150	150	5 Trennst. je 30″
1—2	Fv	10	90	195	204	20	37	17	54	204	B_1^{24}
2	WoZ Ab								16	220	
2—3	St Fr	10/0	90/0	195/15	50	12a	11+3	11	25	245	MaW53,Dl80,B_1^{24}
3	Zw Lok								11	256	
3—4	Lok Fr	—	—	15	517	30	62+15	12	89	345	MaW51, L!
4	An + W								27	372	
4—5	Fv	1	9	35	549	20	98	9	107	479	
5	WoZ								9	488	
5—6	Fr	1	9	35	348	15	83+15	7	105	593	MaW 56, L!
6	An + W								27	620	
6—7	Fv	4	36	85	330	20	59	12	71	691	
7	WoZ								9	700	

Rangierliste (Fortsetzung).

1	2	3	4	5	6	7	8	9	10	11	12
Orts-angabe	Betriebs-vorgang	zahl	Wagen-länge	Wagen-gewicht	Weg l	Fahr-geschw.	tg *	$tza+tzb$ *	Zeit-bed.	Zeit-sum.	Bemerkungen
			m	Gw (t)	m	V(km/h)	sec	sec	sec	sec	
7—8	Fr	4	36	85	312	15	75+15	9	99	799	Ma W 96, L!
8	An+W								27	826	
8—9	Fv	10	90	195	409	20	73	17	90	916	B_1^{24}
9	WoZ								9	925	
9—10	Fr	10	90	195	266	15	64+15	12	91	1016	MaW 56, L!, B_1^{24}
10	Ab+W+An								27	1043	
10—11	Lok Fv	—	—	15	109	30	13	12	25	1068	
11	W Lok								10	1078	
11—12	Lok Fr	—	—	15	177	30	22+15	12	49	1127	MaW 53, L!
12	An+W								27	1154	
12—13	Fv	10	90	195	338	20	61	17	78	1232	B_1^{24}
13	WoZ Ab								16	1248	
13—14	St Fr	10/4	90/36	195/65	58	15a	11+3	11	25	1273	MaW56,D130,B
14	Zw								18	1291	
14—15	Fr	4	36	65	366	15	88	8	96	1387	MaW 96
15	Ab+W								27	1414	
15—16	Fv	2	18	35	348	20	62	9	71	1485	
16	WoZ								9	1494	
16—17	Fr	2	18	35	646	15	155+15	7	177	1671	MaW 56, L!
17	Ab+W								27	1698	
17—18	Fv	1	9	25	90	20	16	8	24	1722	
18	Ab								14	1736	
18—19	Lok Fv	—	—	15	470	30	57	12	69	1805	
19	W Lok								10	1815	
19—20	Lok Fr	—	—	15	109	30	13+15	12	40	1855	MaW 53, L!
20	An 4 Ala								250	2105	4 Kuppelst. je + Bremspr.

Abkürzungen.

Spalte 2: TrLl (Ala) = Trennen (Anschließen) der Druckluftleitung und Langhängen (Anziehen) der Kupplung; F = Fahrt; v = vorwärts; r = rückwärts; St = Abstoßen; W = Wendehalt; WoZ = W ohne Änderung der Zugstärke; An = Ankuppeln; Ab = Abkuppeln; Z = Zwischenhalt (beim Abstoßen).

Spalte 5: G_m = Wagengewicht: bei Überführungsfahrten einschl. Packwagengewicht von 15 t.

Spalte 7: a = Abstoßgeschwindigkeit.

Spalten 8/9: * = Zeiten auf volle Sekunden abgerundet.

Spalte 12: L! = Langsamfahrstrecke vor Ankuppeln; B = Bremsbesetzung erforderlich B_1^{24} = (z. B.) 1 Wagen zu 24 t Bremsgewicht ist gebremst; MaW = die für die Trennung vor der vorhergehenden Fahrstraße maßgebende Weiche; D = abzustoßende t.

2. Die Zeiten der Rangierbewegungen.

Für diese Bewegungen einschließlich der Arbeiten an den stillstehenden Fahrzeugen sind die Spalten 1—7 der Rangierliste mit den vorstehenden Zeichen und nach Abb. 171 eingetragen. Nunmehr wurde für diese Angaben der Zeitaufwand ermittelt und die Ergebnisse in die Spalten 8—11 der Rangierliste eingetragen. Die Summe dieser Einzelzeiten ergibt dann die gesuchte Rangierzeit des Nahgüterzuges auf dem Durchgangsbahnhof.

Bei den Einzelbewegungen handelt es sich um

a) Abstoßbewegung,

b) Überführungs- und Lokomotiv-Leerfahrten.

Die so aufgestellten Gleispläne und Rangierlisten geben eine vollständige Darstellung des Rangiervorganges. In dem Gleisplan sind dargestellt:

1. Die Besetzung der Gleise nebst Zu- und Abgang,

2. die durch die Verkehrsaufgaben und den Gleisplan bedingten Rangierarbeiten, die noch durch die Symbole im einzelnen gekennzeichnet werden,

3. die Maße und Werte zur Berechnung der Bewegungszeiten (z. B. Wege, Geschwindigkeit, Lokomotivgattung, Anzahl und Länge der Wagen, Bahnhofsneigungen und Krümmungen).

In der Rangierliste sind die für die Ermittlung der Zeiten nötigen Angaben noch einmal tabellarisch zusammengestellt.

Es ist daher auch möglich, aus der Rangierliste umgekehrt den untersuchten Betriebsvorgang vollständig in dem Gleisplan darzustellen.

3. Die Rangierkosten.

Für die Aufstellung von Betriebsplänen sind noch Unterbrechungen zu berücksichtigen. Sollen aber für die gleiche Rangieraufgabe aus verschiedenen Entwürfen desselben Bahnhofs die Rangierzeiten ermittelt werden, so sind nur diejenigen Unterbrechungen zu berücksichtigen, die durch die Eigenart des betreffenden Entwurfs bedingt sind, und die Zeitunterschiede sind das Kriterium für die Güte der Entwürfe. Diese Untersuchungen sind für verschiedene Verkehrsstärken durchzuführen und die Rangierkosten hierfür zu veranschlagen.

Falls die Zuglok selbst auf den Unterwegsbahnhöfen rangiert, so sind die Kosten für das beteiligte Bahnhofspersonal sowie die Mehrkosten der Lok zu erfassen, die gegenüber der Zuglok bei Stillstand in der Rangierzeit Tr entstehen. Beim Bahnhofspersonal ist noch eine entsprechende Zeit zum Vorbereitungs- und Abschlußdienst nach den örtlichen Verhältnissen der Unterwegsbahnhöfe zu berücksichtigen. Sollen die Kosten für den Zugaufenthalt Ta auf einem Unterwegsbahnhof auch noch erfaßt werden, so geschieht dies nach dem Abschnitt IV des zweiten Bandes des vorliegenden Werkes. Geschieht das Auswechseln der Wagen zwischen Ladestelle und Aufstellgleisen durch eine besondere Rangierlok oder Kleinlok, so sind die Rangierkosten hierfür in entsprechender Weise nach S. 232 zu veranschlagen.

Beispiel. Die Rangierliste soll nun hinsichtlich der Rangierkosten ausgewertet werden.

a) Personalkosten je Stunde:

1 Weichensteller auf Mot	2,48 DM./h
1 Arbeiter auf Rangierstellwerk	1,99 ,,
1 Aufsichtsbeamter	3,20 ,,
1 Rangieraufseher	2,48 ,,
1 Arbeiter als Hemmschuhleger	1,99 ,,
	12,14 DM./h

(Klammer: 9,66)

b) Lokmehrkosten je Stunde:

Nach Zukof. 3 D ist der minutliche Kohlenverbrauch für Rangieren 0,75 kg/min je m^2 Rostfläche R und nach Zukof. 4 D derjenige für Stillstand 0,5 [kg/min m^2]. Die vom Kohlenverbrauch abhängigen Mehrkosten für Brennstoffe und Betriebspflege (Zukof. 1 D) einschließlich eines 20%igen Zuschlages zum Kohlenpreis k_b [DM/kg] für Speisewasser, sonstige Betriebsstoffe, Kessel- und Fahrgestellunterhaltung der Lok je Stunde sind:

$$60 \cdot (0,75\text{---}0,5) \left(1,2 \cdot k_b + \frac{1,1 \cdot k_{bpf}}{10\,000}\right) R \cdot 1,16 \quad [\text{DM/h}].$$

Mit $k_b = 0,05$ [DM/kg] und $k_{bpf} = 13,85$ [DM/Tagewerk] eines Tagewerkkopfes sind die Mehrkosten für eine Lokstunde:

$$60 \cdot (0,75\text{---}0,5) \left(1,2 \cdot 0,05 + \frac{1.1 \cdot 13.85}{10\,000}\right) R \cdot 1,16 = 0,925 \cdot 1,16 \cdot R \quad [\text{DM/h}].$$

Es sind die Rostflächen:

$$
\begin{aligned}
\text{bei der Güterzuglok } 41 \quad & R = 4{,}09 \ m^2 \\
44 \quad & R = 4{,}7 \quad ,, \\
50 \quad & R = 3{,}9 \quad ,, \\
57 \quad & R = 2{,}6 \quad ,, \\
94 \quad & R = 2{,}3 \quad ,,
\end{aligned}
$$

Bei der Güterzuglok G 56.15 (50) ist daher $0,925 \cdot 1,16 \cdot 3,9 = 4,17$ DM/h einschließlich Geschäftsleitungskosten. Die Stundenkosten für stationäres Personal und die Lokmehrkosten für das Rangieren betragen insgesamt: $12,14 + 4,17 = 16,31$ [DM/h].

Die Rangierzeit beträgt nach Rangierliste 2105 sec $= 0,59$ h. Bei dem Aufsichtsbeamten, dem Rangieraufseher und den beiden Arbeitern sind als Vorbereitungs- und Abschlußdienst nach den örtlichen Verhältnissen im Mittel $2 \cdot 5 = 10$ min $= 0,17$ h gegebenenfalls zuzuschlagen.

Rangierkosten:

$$
\begin{aligned}
0,59 \cdot 16,31 &\doteq 9,60 \text{ DM.} \\
0,17 \cdot 9,66 &= \underline{1,64 \quad ,,} \\
& 11,24 \text{ DM.}
\end{aligned}
$$

für 20 Wagen. Ein Wagen kostet dann $11,24 : 20 = 56,5$ Pf.

T. Die Zugbildungszeiten.

1. Die Fahrzeugbewegung auf Flach- und Gefällbahnhöfen.

Die Zugbildung wird auf Flachbahnhöfen in der Hauptsache mit Lokomotivkraft, auf Gefällbahnhöfen mit Schwerkraft durchgeführt. Die Bewegungen sind bei den Lokomotivfahrten dadurch, daß sie ständig von der Bremskraft der Lokomotive gezügelt werden können, meist gleichmäßiger als auf Gefällbahnhöfen, wo die Schwerkraft die treibende Kraft ist. Wenn auch größere Wagengruppen mit besetzter Wagenbremse abrollen, so ist in der Regel die zur Verfügung stehende Bremskraft nicht so groß, wie wenn die Gruppe mit einer Lokomotive bespannt wäre. Auf Gefällbahnhöfen sind bei der Zugbildung daher die Geschwindigkeiten der Rangiergruppen geringer als auf Flachbahnhöfen. Aber dafür sind auf ersteren die Stillstandszeiten nicht so häufig, und im einzelnen können sie kürzer sein, da hier alle Rangierbewegungen in gleicher Richtung verlaufen, und die zeitraubenden Richtungswechsel und die Fahrten entgegen der Zerlegerichtung zwischen Richtungs-, Stations- und Ausfahrgleisen fortfallen.

Für die Ermittlung der Zugbildungszeiten sind als Grundlagen die zulässigen Höchstgeschwindigkeiten für die einzelnen Rangiervorgänge sowie die Stillstandszeiten durch zahlreiche Beobachtungen festzustellen. Hieraus sind nach der Häufigkeitsrechnung die Mittelwerte und die Grenzen der Streuung zu berechnen.

2. Ermittlung der Zugbildungszeiten auf Flachbahnhöfen.

Wie bekannt, geschieht auf Flachbahnhöfen das Zusammensetzen der Züge durch Überführen der einzelnen Gruppen mittels Lokomotiven, nachdem die Wagen vorher in den Richtungsgleisen zusammengedrückt und gekuppelt worden sind.

Das Verfahren zur Ermittlung der Zuführungszeiten, die sich aus den Fahr- und Stillstandszeiten zusammensetzen, beruht auf einem genauen Erfassen der einzelnen Arbeitsvorgänge und deren Darstellung im Gleisplan, wie es für die Rangierbewegungen auf einem Durchgangsbahnhof gezeigt worden ist. Zu diesem Zweck trägt man für jede Anfangs-, Mittel- und Schlußstellung der Rangierfahrt, an der die Stillstandszeiten aufkommen, die Längen der Rangiergruppen maßstäblich in die Gleisachse der vorhandenen Pläne 1 : 1000 ein und mißt hieraus die Rangierwege, das sind die Abstände der einzelnen Stellungen der Rangiergruppen, ab. Werden die jeweiligen Stellungen der Rangiergruppe fortlaufend entsprechend der Reihenfolge der Zugbildung durch Zahlen und die einzelnen Gruppen durch Buchstaben gekennzeichnet, so ist die Möglichkeit einer Nachprüfung oder Abänderung jederzeit gegeben. Die verschiedenartigen Rangieraufgaben können hierbei noch durch verschiedene Farben kenntlich gemacht werden. Mit dem aus dem Gleisplan abgegriffenen Rangierwegen ermittelt man nach Kenntnis der Rangiergeschwindigkeiten nach vorigem die Fahrzeiten für die gleichmäßigen Geschwindigkeiten und fügt zu diesen aus den Diagrammen 168a, b, c die Zeitzuschläge für Anfahren und Bremsen hinzu. Sodann entnimmt man aus der Zusammenstellung die Stillstandszeiten (s. S. 282) und stellt hierauf in zeitlicher Reihenfolge von Fahrt und Stillstand die Rangierliste auf. Ein durchgeführtes Beispiel befindet sich in Kapitel U.

3. Ermittlung der Zugbildungszeiten auf Gefällbahnhöfen.

a) Beschreibung der Betriebsweise bei der Zugzusammensetzung. Eine Gruppe, die in einem Gefälle von 10⁰/₀₀ steht, soll auf eine 160 m talwärts stehende Gruppe auffahren, um mit dieser zusammengekuppelt in ein Ausfahrgleis abgelassen zu werden. Dieser Vorgang spielt sich wie folgt ab:

Der Rangiermeister gibt den Auftrag zum Abrollen. Ein oder mehrere Rangierer, je nach der Wagenzahl der Gruppe, lösen die Handbremsen, so daß sich die Rangierabteilung mit geringer Anfangsgeschwindigkeit in Bewegung setzen kann. Durch die Gefällkraft beschleunigt sich die Gruppe, bis sie die Geschwindigkeit 2 bis 3 m/s erreicht hat. Höhere Beschleunigungskräfte werden durch leichtes Anziehen der Wagenhandbremsen abgestoppt. Die Wagengruppe ist so jederzeit in der Gewalt der Wagenbremse und kann aus dieser Geschwindigkeit leichter nach Abschätzen des Bremsweges zum Halten gebracht werden. Hierdurch wird die Sicherheit des Abrollvorganges nicht nur während der Fahrt, sondern auch an deren Ende, erhöht und ein Aufprallen auf die untenstehende Gruppe wird vermieden. Die durch leichtes Anziehen der Handbremse gehaltenen Geschwindigkeiten hat Nebelung[1] durch zahlreiche Messungen festgestellt. Es sind für Laufweiten bis zu 50 m i. M. $v = 2$ m/s, für Laufweiten über 200 m $v = 3$ m/s beobachtet worden. Der geschilderte Betriebsvorgang ist der gleiche,

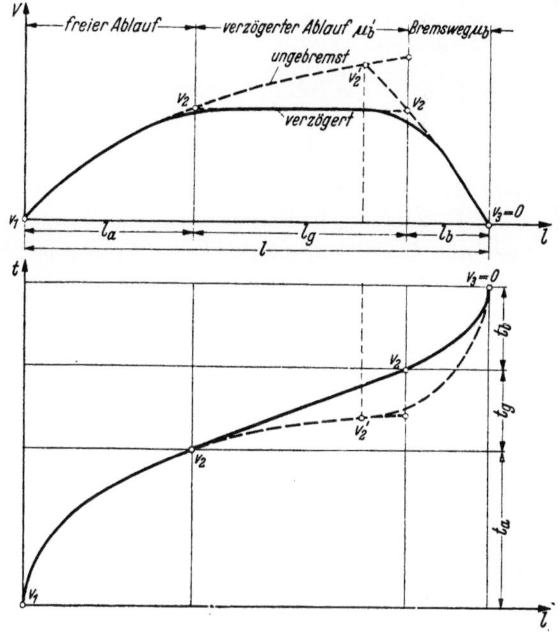

Abb. 172. Bewegungsbild einer Wagengruppe mit besetzter Wagenbremse.

sobald die abrollende Gruppe nur sechs oder weniger Achsen stark ist und an Stelle der bedienten Handbremse die Bremsung mit Hemmschuh tritt (Fahrdienstvorschrift § 85, 5). Damit die Geschwindigkeit nicht so stark gesteigert wird, daß die auf Halt zu bremsenden Wagen etwa den Hemmschuh überklettern, wird je nach der Länge des ganzen Laufweges nach etwa 50 m Laufweg eine Zwischenbremsung mit Hemmschuhen eingeschaltet, so daß die Wagengeschwindigkeit auf Null verzögert, sich von neuem bis zu der Auffanggeschwindigkeit $v = 4$ m/s beschleunigen kann.

b) **Die Abrollzeit einer Wagengruppe bei Abbremsung mit Wagenbremsen.** Rollt eine Gruppe mit besetzter Wagenbremse auf einem Gefälle $s\ ^0/_{00}$ ab, so unterscheidet man nach Abb. 172

---

[1] Nebelung: Dr.-Ing.-Diss. Berlin 1939

1. den freien Ablauf, Beschleunigung bis v_2 in der Zeit t_a,
2. Weiterlauf mit Abbremsen auf gleichbleibendes v_2 in der Zeit t_g,
3. Abbremsen auf Halt, Bremszeit t_b.

Die gesamte Rollzeit ist $t = t_a + t_g + t_b$ sec.

Zu b 3. Ermittlung der Bremszeit t_b.

Die Bremszeit soll deshalb zuerst ermittelt werden, weil sich aus ihr unter Benutzung der auf Rangierbahnhöfen gemachten Beobachtungen und Messungen die Geschwindigkeit v_2 errechnen läßt, bei der das Bremsen auf Halt einsetzt und mit der vorher die Rangiergruppe mit leicht angezogenen Bremsen gleichförmig weiterrollt. Aus der Gleichsetzung von Bewegungsenergie und Bremsarbeit $\dfrac{1000\,G}{2\,g'}\,(v_2^2 - v_3^2) = G \cdot p_b \cdot l_b$ erhält man nach Einsetzen von $p_b = \dfrac{G_{wb} \cdot \mu_b}{G} + w \mp s$ kg/t die Geschwindigkeit

$$v_2 = \sqrt{\frac{2g' \cdot l_b}{1000}\left(\frac{\Sigma G_{wb} \cdot \mu_b}{G} + w \mp s\right) + v_3^2}\ \text{m/s,}$$

hierbei ist $g' = g \cdot \dfrac{G}{G + G'}$, Gt ist das Gesamtgewicht der Gruppe ohne Lok, $G' = 1$ t das Gewicht der vier Radreifen, ΣG_{wb} das Gewicht der Bremswagen. Je Wagen ist G_{wb} i. M. 17 t zu setzen. Ferner ist μ_b die Bremsreibung, und zwar μ_{bha} bei Handbremse, μ_{bhe} bei Hemmschuhbremse. Ferner ist $w = 3$ kg/t i. M. der Wagenwiderstand und $s\,^0/_{00}$ der mittlere Steigungs- und Krümmungswiderstand auf der Bremsstrecke l_b. Nach Beobachtung auf Gefällbahnhöfen ist $v_3 \cong 0{,}1$ m/s die Endgeschwindigkeit, mit der die Rangiergruppe auf die talwärts stehenden Wagen aufläuft.

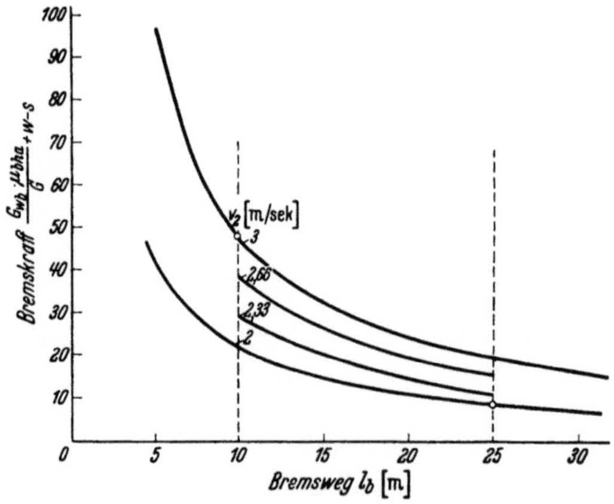

Abb. 173. Ermittlung der Bremswege bei Wagenbremsen.

In obiger Gleichung sind nur die Grenzwerte bekannt. Diese sind für μ_{bha} = 140 bis 170 kg/t, für $v_2 = 2$ und 3 m/s und für $l_b = 10$ und 25 m.

Es ist deshalb die Gleichung v_2 durch Probieren so auszuwerten, daß keiner von den vorgenannten Grenzwerten über- bzw. unterschritten wird. Diese Grenzwerte wurden wie folgt festgesetzt: Da die Bremsen, um ein Schleifen der Räder zu verhüten, nicht zu scharf angezogen werden sollen, die Bremskraft also gleich oder kleiner als die Haftkraft zwischen Rad und Schiene sein muß, und letztere im Rangierbetrieb zwischen 140 und 170 kg/t schwankt, so sind $\mu_{bha} = 140$ bis 170 kg/t die Grenzwerte der Bremsreibung. Durch Messungen auf Rangierbahnhof Dresden-Friedrichstadt hat Nebelung Zwischenwerte von v in Abhängigkeit von der Laufweite l der Gruppen ermittelt, die das Schätzen zur Lösung der Gleichung für v_2 noch schärfer eingrenzt. Hiernach entspricht annäherungsweise einem Gesamtlaufweg der Gruppe

$$\begin{aligned}
\text{bis} \quad & 50 \text{ m ein } v_2 = 2{,}0 \text{ m/s} \\
\text{,,} \quad & 100 \text{ m ,, } v_2 = 2{,}33 \text{ ,,} \\
\text{,,} \quad & 200 \text{ m ,, } v_2 = 2{,}66 \text{ ,,} \\
\text{über} \quad & 200 \text{ m ,, } v_2 = 3{,}0 \text{ ,,}
\end{aligned}$$

Mit diesen Werten hat Nebelung für das Auswerten der Gleichung für v_2 ein Diagramm (Abb. 173) entworfen. Man rechnet $\dfrac{\mu_{bba} \cdot G_{wb}}{G} + w \mp s$ kg/t bei gegebenen w und s sowie G_{wb} und G für etwa drei Werte von $\mu_{bha} = 140$, 155 und 170 kg/t aus und kann dann bei Kenntnis der Laufweite l der Gruppe mittels der zugehörigen hyperbolischen Linie für die Bremskraft bei gleichbleibendem v_2 den Bremsweg l_b auf der Abszissenachse ablesen. Die Bremszeit ist dann $t_b = 2\,l_b :$ $(v_2 + v_3)$ sec.

Zu b 1. Ermittlung der Anfahrzeit.

Ist v_2 ermittelt, so kann man die Anfahrstrecke l_a, die im freien Ablauf zurückgelegt wird, bis v_2 erreicht ist, nach der Gleichung $l_a = \dfrac{(v_2^2 - v_1^2) \cdot 1000}{2g' \,(\pm\, s - w)}$ m berechnen. Hier ist $v_1 = 0{,}1$ m/s die Anfangsgeschwindigkeit der Wagengruppe nach dem Losdrehen der Handbremse, $s^0/_{00}$ die mittlere Neigung der Abfahrstrecke, und die Anfahrzeit ist $t_a = 2 l_a : (v_1 + v_2)$ sec.

Zu b 2. Ermittlung der Abrollzeit mit gleichmäßiger Geschwindigkeit. Die Abrollzeit kann erst nach Berechnung der Anfahr- und Bremswege l_a und l_b aus der Beziehung $l_g = l - (l_a + l_b)$ ermittelt werden. Es ist l m der Gesamtlaufweg der Rangiergruppe gleich dem Abstand der Gruppenmitten der Anfangs- und Mittelstellung oder letzterer und der Schlußstellung der Rangiergruppe, die in dem Gleisplan vorher eingetragen sind. Die Laufzeit bei konstantem v_2 ist $t_g = l_g : v_2$ sec. Die Gesamtlaufzeit ist dann $T = \dfrac{2\,l_a}{(v_1 + v_2)} + \dfrac{l_g}{v_2} + \dfrac{2\,l_b}{(v_2 - v_3)}$ sec. Würde die Gruppe nicht erst durch leichtes Anziehen der Handbremse auf ein gleichbleibendes v_2 m/s und dann erst auf Halt gebremst werden, sondern würde man die Bremse erst kurz vor dem Halten so anziehen, daß die bis dahin im freien Ablauf erreichte Geschwindigkeit $v'_2 > v_2$ bei nochmaliger Bedienung der Handbremse auf Null gebracht wird, dann ist $l_g = 0$, und der Bremsweg ist dann $l'_b = l - l'_a$ m. Berechnet man für zwei oder drei Werte von l'_a und $l'_b = l - l'_a$ die

$$\text{Geschwindigkeiten } v'_2 = \sqrt{v_1^2 + \frac{2g'\,(s - w)}{1000} \cdot l'_a} = \sqrt{\frac{2\,g' \cdot l'_b}{1000} \frac{(\Sigma G_{wb})}{G} \cdot \mu_b + (w - s) + v_3^2}$$

m/s, trägt in den Abständen l'_a und l'_b vom Anfangs- bzw. Endpunkt der Gesamtstrecke l die berechneten Werte v'_2 auf und verbindet die zugehörigen Punkte, so erhält man nach Abb. 172 den Schnittpunkt zweier Geschwindigkeitsweglinien, der die für Anfahren und Bremsen gemeinsame Geschwindigkeit v'_2 und somit auch die Strecken l'_a und l'_b liefert, die in Abb. 172 nicht eingetragen sind.

Bleibt jedoch während des Abrollens auf der Strecke l_g die Geschwindigkeit v_2 konstant, wie es beim Abrollvorgang mit bedienten Handbremsen der Fall ist, so muß die Gruppe mit einer mittleren Bremsreibung μ'_b während der Zeit t_g verzögert werden.

Es läßt sich aus dem Geschwindigkeitsunterschied $v'_2 - v_2$ und der bereits ermittelten Zeit t_g die mittlere Bremsreibung

$$\mu'_b = \frac{G}{\Sigma\, G_{wv}} \left[(v'_2 - v_2) \cdot \frac{1000}{g' \cdot t_g} - w \pm s \right] \text{ kg/t}$$

berechnen. Nach ausgewerteten Beispielen liegen die Werte für μ'_b zwischen 70 und 120 kg/t.

c) **Abbremsen mit Hemmschuhen.** Ist die Stärke der abrollenden Gruppe sechs oder weniger Achsen (Fahrdienstvorschrift § 85,5), so werden diese mit Hemmschuhen zum Halten gebracht. Die Ermittlung der Laufzeiten ist die gleiche wie bei den vorher beschriebenen Rangiergruppen mit bedienten Wagenbremsen. Maßgebend für die Berechnung der Hemmschuhbremsung ist die Auffanggeschwindigkeit eines Hemmschuhes. Nach Massute[1] ist die größtmögliche Auffanggeschwindigkeit $v_{\max} = 7$ m/s. Auf Gefällbahnhöfen wird nach Beobachtungen von Nebelung auf Rangierbahnhof Dresden-Friedrichstadt in den Richtungs- und Stationsgleisen eine Auflaufgeschwindigkeit von $v = 4$ m/s selten überschritten. Man erhält dadurch eine größere Sicherheit gegen das Überklettern der Hemmschuhe. Im Gegensatz zum Abrollvorgang mit bedienter Wagenbremse, der sich, wie vorher beschrieben, bei der Berechnung aus drei Teilzeiten zusammensetzt, besteht der Wagenablauf bei Hemmschuhbremsung aus zwei Teilzeiten: 1. dem freien Ablauf, Beschleunigung bis $v = 4{,}0$ m/s und 2. dem Abbremsen durch Hemmschuh auf Halt. Die Endgeschwindigkeit, die im freien Ablauf von einer Anfangsgeschwindigkeit Null aus erreicht wird, ist

$$v_e = \sqrt{\frac{2 \cdot g' (s - w)}{1000}} (l - l_b) \text{ m/s.}$$

Soll von v_e auf Null abgebremst werden, so ist

$$v_e = \sqrt{\frac{2 \cdot g'}{1000} \cdot l_b \left(\frac{G_w}{2G} \cdot \mu_{bhe} + w - s \right)} \text{ m/s und } l_b = \frac{1000\, v_e^2}{2\, g' \left(\frac{G_w}{2G} \mu_{bhe} + w - s \right)} \text{ m.}$$

Es ist in diesen beiden Gleichungen die Anfahrstrecke $l_a = l - l_{br}$. Die Gesamtlaufweite l ist wieder aus dem Gleisplan, in den die Rangierstellungen eingetragen sind, zu entnehmen. Der Bremsweg ist nach Beobachtungen von Nebelung auf Rangierbahnhof Dresden-Friedrichstadt $l_b = 2$ bis 31 m.

Die Reibungswerte für Hemmschuhe sind nach Gottschalk[2] für trockene Schienen $\mu_{bhe} = 191$ kg/t und für nasse Schienen $\mu_{bhe} = 156$ kg/t. Der ungünstigere Wert soll verwendet werden. Rechnet man wieder für drei verschiedene Werte von l_b, sowohl für die Anfahrstrecke $l_a = l - l_b$ als auch für die Bremsstrecke l_b selbst, die Geschwindigkeit v_e aus und trägt diese als Ordinaten im Abstand l_a und l_b vom Anfang und Ende der Laufstrecke l auf, so erhält man durch Verbindung der zugehörigen Ordinaten die Geschwindigkeitsweglinie für Anfahren und Bremsen, deren Schnitt die gemeinsame Geschwindigkeit v_e und somit

---

[1] Massute: Org. Fortschr. Eisenbahnw. 1937 S. 136.

[2] Gottschalk: Verkehrstechn. Woche 1931 Heft 8.

auch die Anfahr- und Bremsstrecken l_a und l_b bei $l_a + l_b = l$ ergibt. Die Berechnung kann man ersparen, wenn man die von Nebelung entworfenen Diagramme (Abb. 174) zur Ermittlung der Bremswege und Geschwindigkeiten bei verschiedenen Laufweiten benutzt.

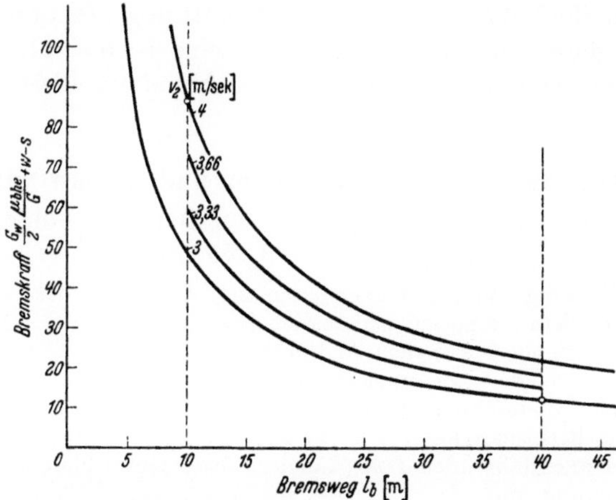

Abb. 174. Ermittlung der Bremswege bei Hemmschuhbremsung.

Die Laufzeiten sind dann

1. Bei freiem Ablauf $t_a = 2\, l_a : v_e$ sec. Hier ist $l_a = l - l_b$ und $v_e \leqq 4$ m/s.

2. Beim Abbremsen durch den Hemmschuh auf Halt ist die Zeit hierfür $t_b = 2 \cdot l_b : v_e$ sec. Die Gesamtlaufzeit ist $T = t_a + t_b$ sec.

Es kann der Fall eintreten, daß die sechs oder weniger Achsen durch ihr größeres Gewicht oder durch das Streckengefälle eine so große Beschleunigung erhalten, daß die Gruppe bereits nach verhältnismäßig kurzem Laufweg die Grenze der Auffanggeschwindigkeit von 4 m/s erreicht hat. Der Fall tritt auch ein, wenn die Wagen einen längeren Laufweg zurückzulegen haben, auf dem sie anfangs bald auf über 4 m/s beschleunigt worden sind. Um die Wagen in diesem Falle an der vorgeschriebenen Stelle zum Halten zu bringen, muß man sie entweder mit bedienter Wagenbremse ablassen, oder man muß eine Hemmschuhzwischenbremsung einschalten. Im ersteren Falle ist die Gesamtlaufzeit nach dem Abschnitt über das Bremsen mit Wagenbremsung zu ermitteln. Bei einer Hemmschuhzwischenbremsung wird in der Regel bereits nach einem Laufweg $l_{a_1} = 50$ m der Wagen durch einen Hemmschuh zum Stehen gebracht, auf den er mit $v = 1{,}5$ bis $2{,}5$ m/s aufgelaufen ist. Die Wagen werden dann auf der Strecke l_{b_1} durch den Hemmschuh auf Null gebremst. Nach Wegnahme des Hemmschuhes werden sie auf dem anschließenden Laufweg l_{a_2} von neuem beschleunigt und kurz vor dem Ziel auf der Bremsstrecke l_{b_2} wieder durch einen Hemmschuh zum Halten gebracht. Dann ist die Gesamtlaufstrecke $l = l_{a_1} + l_{b_1} + l_{a_2} + l_{b_2}$ m.

Im praktischen Betriebe überblicken die Rangierer die Laufweite und beobachten das Laufvermögen der Wagen, so daß sie sofort die Notwendigkeit einer Zwischenhemmung beurteilen können.

Die Berechnung der Laufweiten mit Hemmschuhzwischenbremsung erfolgt demnach aus den vier Teilstrecken l_{a_1}, l_{b_1}, l_{a_2} und l_{b_2}, was einer zweimaligen Anwendung des vorher beschriebenen Verfahrens zur zeichnerischen Eimittlung von v_e und der Werte l_a und l_b entspricht. Dann ist die Zeit für den Gesamtabrollvorgang $T = t_{a_1} + t_{b_1} + t_{a_2} + t_{b_2}$ sec.

Auch für Gefällbahnhöfe werden nach Ermittlung der Laufzeiten und der Stillstandszeiten diese wie nach Beispiel 2 in eine **Rangierliste** in zeitlicher Reihenfolge eingetragen und der Gesamtzeitaufwand für diese Rangieraufgabe ermittelt.

U. Zusammenstellung der Haltezeiten und Geschwindigkeiten.

1. Haltezeiten der Rangierzüge auf Rangierbahnhöfen.

(Nach Massute[1] und Nebelung.)

a) Wendehalt in Richtungs- und Ordnungsgleisen zum Ankuppeln der Lok an die Wagengruppe vor dem Vorziehen ins Ausziehgleis . . . . 27 sec

b) Wendehalt im Ausziehgleis vor dem Abdrücken . . . . 16 sec

c) Wendehalt im Ausziehgleis vor erneutem Vorziehen . . . . 9 sec

d) Zwischenhalt einer alleinfahrenden Lok auf dem Ablaufberg nach Abdrücken vor Fahrt in die Richtungsgleise. . . . . 11 sec

e) Wendehalt einer alleinfahrenden Lok (Rangiermeister gibt Abfahrsignal, Lokführer legt Steuerung um) . . . . 10 sec

f) Wendehalt beim Überführen einer Wagengruppe, wenn Gruppe in ein anderes Gleis zurückgesetzt wird, oder Wendehalt einer Einzellok . . . . 13 sec

g) Zwischen- oder Wendehalt vor oder nach dem Überführen der Gruppe:

    α) Lokführer legt gegebenenfalls Steuerung um, Rangierer kuppelt an Trennstelle Wagen ab . . . . 27 sec

    β) Lokführer legt gegebenenfalls Steuerung um. Rangierer kuppelt Lok ab oder an . . . . 20 sec

Zeitwerte für andere Tätigkeiten im Rangierdienst.

Lösen einer Wagenbremse . . . . 15 sec

Ankuppeln zweier Wagengruppen . . . . 14 sec

Ankuppeln eines Wagenzuges an die Zuglok bei gleichzeitigem Anschluß an die Druckluftleitung . . . . 40 sec

Langhängen einer Kupplung und Trennung der Druckluftleitung vor der Zugzerlegung . . . . 30 sec

Bremsprobe . . . . 90 sec

Wassernehmen (W m³ Wasservorrat, W' m³/min ausfließende Wassermenge je min) $W/W' + 1{,}25$ min

Drehen einer Lok (Handbetrieb) . . . . 3 bis 5 min

Drehen einer Lok (Motorbetrieb) . . . . 1,5 bis 2,5 min

Aufenthalt eines Wagens auf der Gleiswaage . . . . 1,1 min

Aufschließen eines Weichenschlosses oder einer benachbarten Gleissperre . . . 1,5 min

2. Geschwindigkeiten der Rangiergruppen. (Nach Massute und Nebelung.)

a) Fahrten mit gleichmäßigen Geschwindigkeiten.

Alleinfahrende Lok . . . . $V =$ 25 km/h

Rangierabteilung bei einer Überführungsfahrt, vorwärts. . . . . . . $V = 15$ bis 20 km/h

Rangierabteilung bei einer Überführungsfahrt, rückwärts . . . . . $V =$ 15 km/h

Rund 20 m vor der anzukuppelnden Wagengruppe oder beim Beidrücken in ein besetztes Gleis hat die Rangierabteilung . . . . $V =$ 7 km/h

Während des Zusammendrückens und Kuppelns der Wagen . . . $V =$ 2,3 km/h

---

[1] **Massute**: Org. Fortschr. Eisenbahnw. 1933 Nr. 34/35.

Der Rangierweg beim Zusammendrücken ist $L = w \cdot (a - L_w)$ m. Hierbei ist w die Wagenzahl, L_w die Wagenlänge i. M. 9 m, a ist der Schwerpunktsabstand der Wagen vor dem Zusammendrücken. Es ist $a = 14$ m bei $0\,^0/_{00}$, $a = 11$ m bei $2{,}5\,^0/_{00}$ Gefälle.

Zum Rangierweg ist an der maßgebenden Weiche ein Zuschlag von 25 m zu machen.

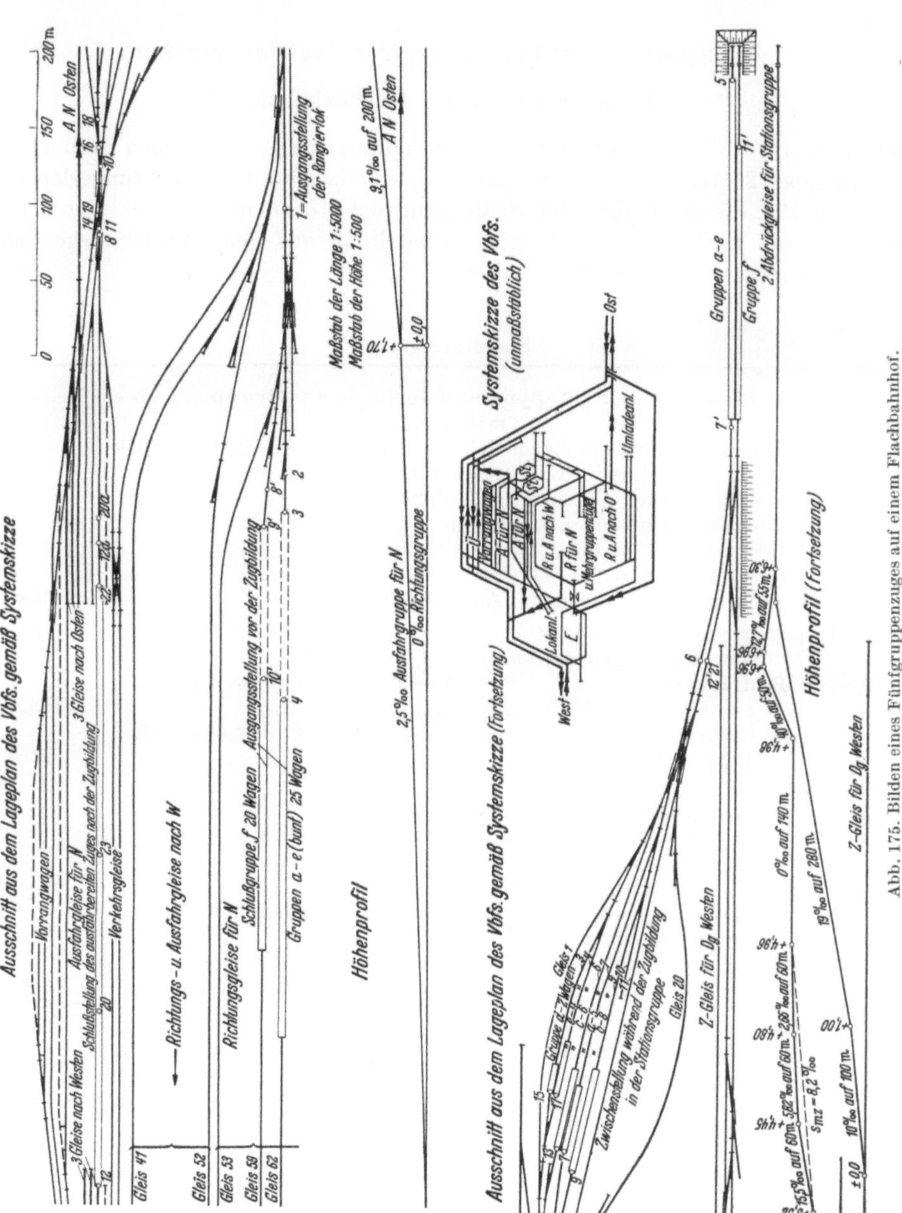

Abb. 175. Bilden eines Fünfgruppenzuges auf einem Flachbahnhof.

b) Geschwindigkeiten durch Schwerkraft rollender Wagen und Wagengruppen.

	Flachbf.	Gefällbf.
Unbegleitete Wagen und Gruppen	$v_{max} = 5$ m/s	3 m/s
Begleitete Wagen und Gruppen	$v_{max} = 7$ m/s	4 m/s

c) Zerlegegeschwindigkeiten in der Ordnungsgruppe.

	Flachbf.	Gefällbf.
Bei vielen Einzelabläufen . . . . . . $v_0 = 0,7$ m/s		0,3 m/s
Bei wenigen Abläufen . . . . $v_0 = 0,8$ m/s		0,4 m/s

V. Beispiele für die Berechnung der Zugbildungszeiten.

1. Beispiel für einen Flachbahnhof.

Rangierliste[1] für die Zugbildung eines Nahgüterzuges von 45 Wagen (Abb. 175).

Aufgabe: 25 Wagen für 5 Gruppen a bis e stehen bunt im Richtungsgleis 62 der Abb. 175, die 20 Wagen der Schlußgruppe f stehen in Gleis 59. Der Nahgüterzug soll nach erfolgter Ausgangsbehandlung aus der nördlich liegenden Ausfahrgruppe nach Westen ausfahren.

Rangierliste.

Ortsangabe	A. Beidrücken, Schleppen und Zerlegen der Gruppen a bis e mit Lok.	
1	Ausgangsstellung der Rangierlok vor Beginn der Arbeit, Rangierlok Gt 55.17 fährt in Richtungsgleis 62, um Gruppen a bis e vorzuziehen. Nach Gleisplan ist $l = 325$ m.	
	Rangiergang besteht aus 3 Teilen	
1—2	Leerlokfahrt $l_1 = 175$ m mit $V = 25$ km/h.	
	$t_g = 3,6 \cdot l_1 : V = 3,6 \cdot 175 : 25 =$ . . . . 25 sec	
	Nach Abb. 175 Zuschlag für Anfahren und Bremsen $t_z = 13$ sec	38 sec
2—3	25 m vor der Gruppe mit $V = 7$ km/h $t_g = 3,6 \cdot 25 : 7 =$	13 sec
	(der Zeitzuschlag ist schon bei 1—2 berücksichtigt)	
3—4	Beidrückweg $w(a - L_w) = 25 \cdot (14 - 9) = 125$ mit $V = 2,3$ km/h	
	$t = 3,6 \cdot 125 : 2,3 =$	195 sec
4	Wendehalt vor dem Vorziehen in das Z-Gleis, Ankuppeln der Rangierlok	27 sec
4—5	Vorziehen der 25 Wagen in das Z-Gleis	
	$l = 25 \cdot 9 + 270 + 670 + 25$ (Zuschlag) $= 1190$ m	
	da $s_m = 7^0/_{00}$ wird $V = 15$ km/h gewählt.	
	$t_g = 3,6 \cdot 1190 : 15 = 285$ sec, $t_z = 23$ sec $t_g + t_z =$	308 sec
5	Wendehalt vor dem Abdrücken über dem Ablaufberg der Stationsgruppe	16 sec
5—6	Abdrücken der 25 Wagen zum Nachordnen in Ord.-Gruppe	
	$l = 250 + 140 = 390$ m, $v_0 = 0,7$ m/s, $t_g = 390 : 0,7 =$	560 sec
	Gesamtzeit der Arbeiten für $A = 19,3$ min $=$	1157 sec
	Während die Rangierlok in die Richtungsgruppe zurückfährt, um die Schlußgruppe f zu holen, vollzieht sich in der Zwischenzeit das Sammeln der Gruppen a bis e von der im Gefälle liegenden Ordnungsgruppe in die Ausfahrgruppe.	

---

[1] Nebelung: „Gleistechnik und Fahrbahnbau" Heft 1—4 1939.

Rangierliste (Fortsetzung)

Ortsangabe	B. Zugbildung durch Schwerkraft mit den Gruppen a bis e. Abgelaufen sind in					

Gleis	7	9	6	3	4	Diese Zwischenstellung
Wagen	5	8	6	2	4	ist im Gleisplan der
der Gruppe	a	b	c	d	e	Ord.-Gruppe eingetragen.

7—8

Gruppe a (5 Wagen = 10 Achsen von $G = 5 \cdot 17 = 85$ t fahren mit besetzter Wagenbremse $G_{wb} = 17$ t auf $l = 170$ m in Richtung Ausfahrgruppe vor).

Laufzeitermittlung erfolgt in 3 Abschnitten

α) Bremsung: $s = 9,1^0/_{00}$, $w' = 3^0/_{00}$, Bremsweg $l_b = 15$ m (geschätzt)

$$v_2 = \sqrt{\frac{2 g'}{1000} \cdot l_b \left(\frac{G_{wb}}{G} \cdot \mu_{bha} + w - s\right)} = \sqrt{\frac{2 \cdot 9,25}{1000} \cdot 15 (17 \cdot 150 + 3 - 9,1)}$$

$$= \sqrt{6,61} = 2,57 \text{ m/s.}$$

Bremszeit $t_b = 2 \cdot l_b : (v_2 + v_3) = 2 \cdot 15 : (2,57 + 0) =$ .... 12 sec

β) Anfahren: Weg $l_a = (v_2^2 - v_1^2) \cdot \dfrac{1000}{2g'(s_a - w)}$.

Mit $s_a = 15.5^0/_{00}$ und $v_1 = 0,1$ m/s ist $l_a = \dfrac{(6,61 - 0,01) \cdot 1000}{2 \cdot 9,25 (15,5 - 3)}$

$= 29$ m. Zeit $t_a = 2 \cdot l_a : (v_1 + v_2) = \dfrac{2 \cdot 29}{(0,1 + 2,57)} =$ 22 sec

γ) Gleichmäßige Geschw. $t_g = [170 - (15 + 29)] ; 2,57 = 49$ sec   83 sec

9—10

Gruppe b (16 Achsen, $G = 136$ t, 1 Handbremse) läuft auf Gruppe a vor. $l = 110$ m.

α) Mit $s = 9,1^0/_{00}$, $l_b = 20$ m (geschätzt, um v_2 bei $G = 136$ t nicht zu klein werden zu lassen) ist

$$v_2 = \sqrt{2 \cdot 9,25 \cdot 20 \left(\frac{17 \cdot 170}{136} + 3 - 9,1\right)} = \sqrt{5,62} = 2,37 \text{ m/s}$$

$t_b = 2 \cdot 20 : (2,37 + 0,3) =$ .... 14 sec

Gruppe b wird nicht auf Null, sondern auf $v_1 = 0,3$ m/s gebremst, weil Gruppen a $+$ b nach Kupplung sogleich in Ausfahrgruppe weiterlaufen sollen.

β) $l_a = \dfrac{5,62 \cdot 1000}{2 \cdot 9,25 \cdot (15,5 - 3)} = 24$ m, $t_a = 2 \cdot 24 : 2,37 =$ 21 sec

γ) $t_g = [110 - (24 + 20)] : 2,37 =$ .... 28 sec   63 sec

10

Ankuppeln der Gruppe b an a .... 14 sec

11—12a (wobei 11=8)

Fahrt der gekuppelten Gruppe a $+$ b in die Ausfahrgruppe (26 Achsen, 2 Wagenbremsen, $G = 221$ t). Der Laufweg sollte eigentlich bis ans Ende des Ausfahrgleises, d. i. Pkt. 12 der Ortsangabe des Gleisplanes, gehen. Für die Zeitermittlung interessiert nur der Weg 11—12a mit $l = 200$ m, weil nach Freigabe des maßgebenden Merkzeichens die weitere Zugbildung erfolgen kann.

α) $v_2 = \sqrt{\dfrac{2 \cdot 9,25 \cdot 20}{1000} \left(\dfrac{2 \cdot 17 \cdot 140}{221} + 3 - 2,5\right)} = \sqrt{8,2} = 2,86$ m/s.

Hier ist $s = 2,5^0/_{00}$. Bremsweg und Zeit interessieren nicht.

β) $l_a = \dfrac{8,2 \cdot 1000}{2 \cdot 9,25 \cdot (0,1 - 3)} = 73$ m, $t_a = 2 \cdot 73 : 2,86 =$ 51 sec

γ) $t_g = (200 - 73) : 2,86 =$ .... 45 sec   96 sec

13—14

Gruppe c (12 Achsen, 1 Handbremse, $G = 102$ t) läuft aus Gleis 6 auf $l = 165$ m talwärts vor.

α) $v_2 = \sqrt{2 \cdot 9,25 \cdot 17 \left(\dfrac{17 \cdot 170}{102} + 3 - 9,1\right)} = \sqrt{7} = 2,65$ m/s

Rangierliste (Fortsetzung)

Ortsangabe		

$(\text{Bremsweg } l_b = 17 \text{ m geschätzt}) \quad t_b = 2 \cdot 17 : 2{,}65 = \qquad 13 \text{ sec}$

$\beta)\ l_a = \dfrac{7 \cdot 1000}{2 \cdot 9{,}25\,(15{,}5 - 3)} = 31{,}5\,\text{m},\ t_a = 2 \cdot 31{,}5 : 2{,}65 = \qquad 24 \text{ sec}$

$\gamma)\ l = (165{-}17{-}31{,}5) = 116 \text{ m},\ t_g = 116 : 2{,}65 = \qquad \underline{44 \text{ sec}}$ \hfill **81 sec**

15—16 Gruppe d (4 Achsen, $G = 34$ t) rückt um $l = 150$ m vor, um auf Gruppe c aufzuschließen. Abbremsung erfolgt durch Hemmschuh. Nach Abb. 174 ist $v_e = 4$ m/s anzustreben. Der Bremsweg wird deshalb möglichst groß angenommen, also $l_b = 30$ m, $l_a = 150{-}30 = 120$ m.

$$v'_e = \sqrt{v_1^2 + 2g'\left(\frac{s-w}{100}\right) \cdot l_a} = \sqrt{\frac{0 + 2 \cdot 9{,}25}{1000}\,(11{,}6 - 3)\,120}$$
$$= \sqrt{18{,}5} = 4{,}3 \text{ m/s}.$$

Es ist nach Längsprofil der Stationsgruppe

$$s = \left(\frac{23 \cdot 5{,}82 + 60 \cdot 15{,}5 \cdot 37 \cdot 9{,}1}{120}\right) = 11{,}6\,^0/_{00}$$

$t_a = 2\,l_a : v_e = 2 \cdot 120 : 4{,}3 = $ . . . . $\quad$ 56 sec

Rutschlänge des Hemmschuhes

$$l_b = \frac{4{,}3^2 \cdot 1000}{2 \cdot 9{,}25\left(\dfrac{8{,}5 \cdot 156}{34} + 3 - 9{,}1\right)} = 30 \text{ m}$$

$t_b = 2 \cdot 30 : 4{,}3 = $ . . . . $\underline{14 \text{ sec}}$ \hfill **70 sec**

16 Ankuppeln der Gruppe d an c . . . . \hfill **14 sec**

17—18 Gruppe e (8 Achsen, 1 Handbremse, $G = 68$ t) läuft auf Gruppe c+d auf. $l = 130$ m.

$\alpha)$ Bremsweg geschätzt $l_b = 10$ m

$$v'_2 = \sqrt{\frac{2 \cdot 9{,}25 \cdot 10}{1000}\left(\frac{17 \cdot 150}{68} + 3 - 9{,}1\right)} = \sqrt{5{,}78} = 2{,}41 \text{ m/s}$$

$t_b = 2 \cdot 10 : (2{,}41 + 0{,}4) = $ . . . . $\quad$ 8 sec

$\beta)\ l_a = \dfrac{5{,}78 \cdot 1000}{2 \cdot 9{,}25\,(10{,}7 - 3)} = 40\,\text{m},\ t_a = 2 \cdot 40 : 2{,}41 = $ . . . 33 sec

$\gamma)\ l_g = 130 - (40 + 10) = 80 \text{ m},\ t_g = 80 : 2{,}41 = $ . . . . 33 sec \hfill **74 sec**

Zur Kontrolle ist hier die Bremsreibung μ'_b bei Fahrt mit gleichförmiger Geschwindigkeit nach der Gleichung

$$\mu'_b = 68 \left(\frac{2{,}41 \cdot 1000}{17 \cdot 9{,}25 \cdot 33} - 3 + 12{,}8\right) = 70 \text{ kg/t berechnet.}$$

18 Ankuppeln der Gruppe e an c + d . . . . \hfill **14 sec**

19—20a Fahrt der gekuppelten Gruppe c + d + e in die Ausfahrgruppe
(wobei (24 Achsen, 2 Handbremsen, $G = 204$ t, $l = 190$ m). Eigentlich
reicht der Laufweg bis Pkt. 20, jedoch wird er wie bei 11—12a
19 = 14) nur bis Pkt. 20a in Rechnung gesetzt.

$\alpha)\ l_b = 20$ m geschätzt

$$v'_2 = \sqrt{\frac{2 \cdot 9{,}25 \cdot 20}{1000}\left(\frac{2 \cdot 17 \cdot 140}{204} + 3 - 2{,}5\right)} = \sqrt{8{,}7} = 2{,}95 \text{ m/s}.$$

$\beta)\ l_a = \dfrac{8{,}7 \cdot 1000}{2 \cdot 9{,}25\,(9{,}1 - 3)} = 77\,\text{m},\ t_a = 2 \cdot 77 : 2{,}95 = $ . . . 52 sec

$\gamma)\ l = 190 - 77 = 113 \text{ m},\ t_g = 113 : 2{,}95 = $ . . . . . . 38 sec \hfill **90 sec**

Insgesamt Zugbildungszeit für Gruppen a bis e = 10 min = \hfill **599 sec**

C. Beidrücken, Schleppen und Abdrücken der Schlußgruppe f mit Lok.

Während der Zugbildung mit den Gruppen a bis e durch Schwerkraft (Arbeitsvorgang 7—20) war die Rangierlok mit folgenden Arbeiten beschäftigt:

Rangierliste (Fortsetzung)

Ortsangabe		
6	Wendehalt der Lok nach dem Abdrücken	10 sec
6—7′	Zurückfahren der Leerlok in Z-Gleis, $l = 155$ m, $V = 25$ km/h. Aus Abb. 168 für Zeitzuschläge liest man für	
	$2/3 \cdot 155 = 105\, t_z = $ . . . . 11 sec	
	$+ t_g = 3{,}6 \cdot 155 : 25 = $ . . . . 24 sec	35 sec
7′	Wendehalt	10 sec
7′—8′	Zurück ins Richtungsgleis 59, um Gruppe f zu holen	
	$l = 670 + 150 = 820$ m, $V = 25$ km/h, $t_g + t_z = 118 + 12$ sec $= $	130 sec
8′—9′	Langsam an Gruppe f heranfahren, $l = 25$ m, $V = 7$ km/h	
	$t_g = 3{,}6 \cdot 25 : 7 = $	13 sec
	Zeitzuschlag ist schon bei 7′ bis 8′ berücksichtigt.	
9′—10′	Zusammendrücken von 20 Wagen (Gruppe f) und Ankuppeln	
	$l = w\,(a - L_w) = 20\,(14 - 9) = 100$ m, $t = 3{,}6 \cdot 100 : 2{,}3 = $ . .	156 sec
10′	Wendehalt vor Vorziehen ins Z-Gleis, Ankuppeln der Lok . . .	27 sec
10′—11′	Vorziehen der Gruppe f ins Z-Gleis	
	$l = 20 \cdot 9 + 100 + 150 + 670 + 25 = 1125$ m (Gleisplan) $V = 15$ km/h	
	$t_g = 3{,}6 \cdot 1125 : 15 = 270$ sec, $t_z = 18$ sec, $t_g + t_z = $	288 sec
11′	Wendehalt vor dem Abdrücken	16 sec
11′—12′	Abdrücken der Gruppe f, die Gruppe läuft geschlossen ab, daher	
	$v_0 = 1$ m/s, und $l = 345$ m, also $t = 345 : 1 = $	345 sec

Insgesamt Beidrücken, Schleppen und Ablauf
der Schlußgruppe f. . . . 18,1 min = 1030 sec

Da die Zugbildung von 7—20a nur 599 sec benötigt, die Gruppe f aber erst nach 1030 sec (6—12′) in die Stationsgruppe gelangt, muß bis zum Ablauf der Schlußgruppe 1030—599 = 431 sec gewartet werden. Die Rangierlok kehrt nach Ablauf der Gruppe f an ihren Ausgangspunkt zurück, um mit der Bildung eines neuen Zuges zu beginnen.

D. Lauf der Schlußgruppe f von der Stationsgruppe ins Ausfahrgleis.

21—22 (wobei 21—12′)	Gruppe f (40 Achsen, 2 Handbremsen, $G = 340$ t) läuft durch Gleis 10 der Stationsgruppe auf Gruppen a bis e in der Ausfahrgruppe auf, $l = 740$ m.	

α) Bremsweg = 25 m geschätzt

$$v_2 = \sqrt{\frac{2 \cdot 9{,}25 \cdot 25}{1000}\left(\frac{2 \cdot 17 \cdot 140}{340} + 3 - 25\right)} = \sqrt{6{,}73} = 2{,}58\,\text{m/s}$$

	$t_b = 2 \cdot 25 : 2{,}58 = $	19 sec
	β) $l_a = \dfrac{(6{,}73 - 1{,}0) \cdot 1000}{2 \cdot 9{,}25\,(20 - 3)} = 18$m, $t_a = 2 \cdot 18 : (2{,}58 + 1) = $ . . .	10 sec
	$s = 20^0/_{00},\ v_1 = 1{,}0$ m/s	
	γ) $l = 740 - (25 + 18) = 697$ m, $t_g = 697 : 2{,}58 = $	270 sec
22	Ankuppeln der Gruppe f an Gruppe $a + b + c + d + e$.	14 sec
	Gesamtzeit für den Zusammenschluß mit der Gruppe f =	313 sec

Die Zeit für die Zugbildung setzt sich also aus folgenden zusammen:

1—6	A. Beidrücken, Schleppen und Zerlegen der Gruppe a bis e = 1157 sec	19,3 min
7—20a	B. Zusammenlauf der Gruppen a bis e durch Schwerkraft ins Ausfahrgleis . . . . 599 sec	
	Warten auf Gruppe f (Zeit $C - B$) = 1030 — 599 = . 431 sec	22,3 min
21—22	D. Durchlauf von Gruppe f durch Stationsgruppe ins Ausfahrgleis . . . . 313 sec	

Die Bildung des Nahgüterzuges erfordert also 2500 sec | 41,6 min

2. Beispiel für einen Gefällbahnhof.

Aufgabe: Bildung eines Zweigruppenzuges auf einem Gefällbahnhof.

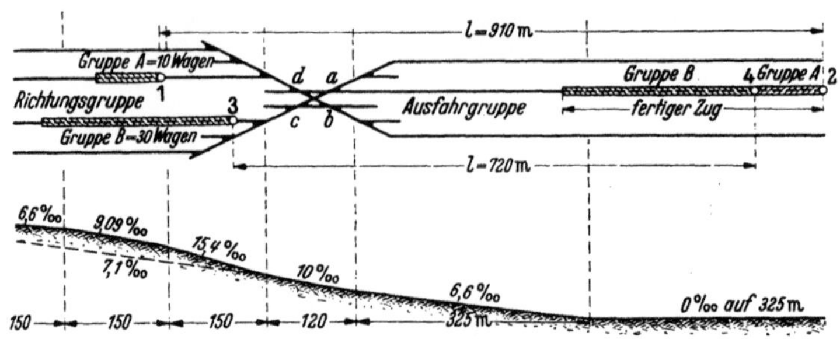

Abb. 176. Bilden eines Zweigruppenzuges auf einem Gefällbahnhof.

Rangierliste (Abb. 176)

Ortsangabe	Ermittlung des Zeitbedarfs für die Einzelvorgänge.	
1—2	Gruppe A (10 Wagen, Gesamtgewicht $G = 10 \cdot 17 = 170$ t) fährt mit 1 bedienter Wagenbr. ($G_{wb} = 17$ t) auf $l = 910$ m in Ausfahrgruppe vor.	
	α) $s_m = 0^0/_{00}$, $l_b = 20$ m (geschätzt)	
	$v_2 = \sqrt{\dfrac{2 \cdot 9,25 \cdot 20}{1000}\left(\dfrac{17 \cdot 150}{1000} + 3 - 0\right)} = \sqrt{6,67} = 2,58$ m/s	
	$t_b = 2 \cdot 20 : 2,58 = $ . . . . 16 sec	
	β) $l_a = \dfrac{(6,67 - 0,01^2) \cdot 1000}{2 \cdot 9,25\,(15,4 - 3)} = 29$ m, $t_a = 2 \cdot 29 : 2,58 = 22$ sec	
	$s_{ma} = 15,4^0/_{00}$	
	γ) $t_g = [910 - (20 + 29)] : 2,58 = $ . . . . 334 sec	
	372 sec	
	Da aber Gruppe B bereits nach Freiwerden der Kreuzungsweiche a anlaufen kann, werden für Gruppe A nur in Rechnung gesetzt	
	β) Anfahren $l_a = 20$ m, $t_a = $ . . . . 22 sec	
	γ) $l = 250$ m, $t_g = 250 : 2,58 = $ . . . . 97 sec	119 sec
3—4	Gruppe B (30 Wagen, $G = 30 \cdot 17 = 510$ t) fahren mit 3 bedienten Wagenbr. ($3\,G_{wb} = 3 \cdot 17 = 51$ t) auf $l = 720$ m in die Ausfahrgruppe an Gruppe A heran.	
	α) $s_m = 0^0/_{00}$, $l_b = 25$ m (geschätzt)	
	$v_2 = \sqrt{\dfrac{2 \cdot 9,25 \cdot 25}{1000}\left(\dfrac{51 \cdot 150}{510} + 3 - 0\right)} = \sqrt{8,3} = 2,88$ m/s	
	$t_b = 2 \cdot 25 : 2,88 = $ . . . . 17 sec	
	β) $s_m = 15,4^0/_{00}$, $l_a = \dfrac{(8,3 - 0,1^2) \cdot 1000}{2 \cdot 9,25\,(15,4 - 3)} = 37$ m	
	$t_a = 2 \cdot 37 : 2,88 = $ . . . . 26 sec	
	γ) $l_g = 720 - (37 + 25) = 658$ m, $t_g = 658 : 2,88 = $ 228 sec	271 sec
4	Ankuppeln der Gruppen A und B mit Kuppeln der Bremsschläuche.	36 sec
	Gesamtzeitbedarf 7,1 min =	426 sec

W. Vergleich verschiedener Zugbildungsanlagen (Abb. 177).

Aus den verschiedenen Bauformen der Zugbildungsanlagen der Rangierbahnhöfe wurden von Nebelung vier grundsätzlich verschiedene näher untersucht, die in Abb. 177 durch Prinzipskizzen dargestellt sind. Diese haben folgende Betriebsweisen:

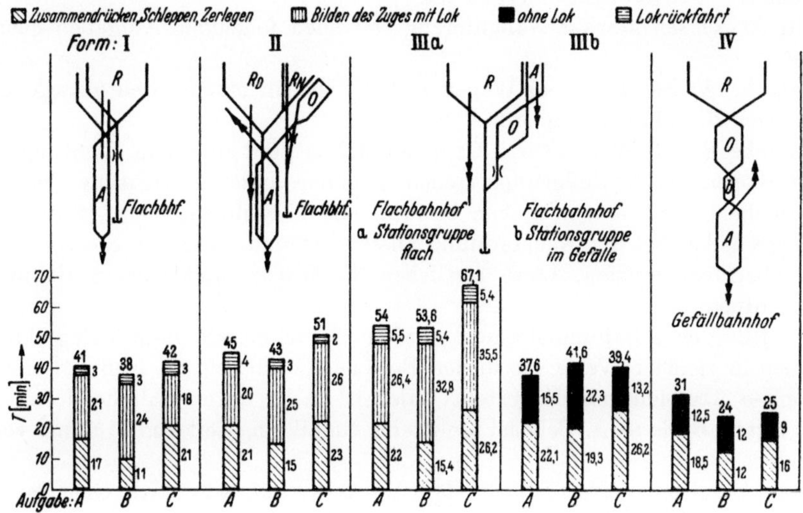

Abb. 177. Zugbildungszeiten.

I. Bildung des Durchgangsgüterzuges (Dg) in der Richtungsgruppe durch Umsetzen, unmittelbare Ausfahrt aus dieser. Bildung der Nahgüterzüge in einem Ausziehgleis mit Nebenablaufberg in die Spitzen der Richtungsgleise. Eine besondere Stationsgruppe fehlt also bei dieser Bahnhofsform.

II. Bildung der Dg wie bei I. Dagegen Nachordnung der Wagen für Nahgüterzüge in einer seitlich angeschlossenen stumpf endigenden Stationsgruppe, in die durch Schwerkraft über einen kleinen Ablaufberg die Wagen rollen. Das Zusammenholen der Wagen erfolgt von einem Gleis der Ausfahrgruppe aus.

III. Zugbildungsgleise für Dg sind auch hier Richtungsgleise und zugleich Ausfahrgleise. Die Zugbildungsgleise für Nahgüterzüge liegen in Verlängerung der Stationsgruppe:

a) Stationsgruppe flach. Die Wagen werden vom Berg aus durchgedrückt oder vom Zugbildungsgleis aus gesammelt.

b) Stationsgruppe liegt in einer Rampe, deren einzelne Gefällstrecken ein mittleres Gefälle von 8,2 °/₀₀ haben. Die Wagen gelangen durch Schwerkraft in die Ausfahrgleise.

IV. Gefällbahnhof mit Längenentwicklung. Einfahr-, Richtungs-, Stations- und Ausfahrgleise liegen hintereinander.

Der Vergleich der Bauformen wurde unter Zugrundelegung folgender gleicher Aufgaben durchgeführt: Die Nachordnung und Bildung eines ausfahrenden Nahgüterzuges wiederhole sich innerhalb kurzer Zeit und mache dann die zeitweiligen Arbeiten einer zweiten Rangierlok bei der Zugbildung erforderlich.

Das Ziel der Untersuchung ist, festzustellen, durch welche Bahnhofsform und welche Betriebsweise die Arbeiten so beschleunigt werden können, daß das Einsetzen einer zweiten Rangierlokomotive entfallen kann.

Der Nahgüterzug soll gebildet werden nach den drei Aufgaben A, B und C, von denen die Aufgabe B im Beispiel 1 ausführlich für das Bilden eines Nahgüterzuges durchgerechnet worden ist.

Ein 90 Achsen starker Nahgüterzug soll nach folgenden Aufgaben gebildet werden:

Aufgabe A: Sämtliche 45 Wagen stehen bunt in einem Richtungsgleis. Sie sollen nach 6 Bahnhöfen geordnet werden.

Aufgabe B: 25 Wagen für 5 Gruppen stehen bunt in einem Richtungsgleis. Die 20 Wagen der Schlußgruppe stehen in einem anderen Richtungsgleis.

Aufgabe C: 57 Wagen stehen bunt in einem Richtungsgleis. 12 davon = 1 Gruppe sollen bei der Nachordnung aussortiert und wieder in die Richtungsgleise überführt werden. Diese restlichen 45 Wagen sind nach 5 Bahnhöfen nachzuordnen.

Für jede der 4 Bahnhofsformen wurden die Zeiten für diese 3 Zugbildungsaufgaben in gleicher Weise wie in den Beispielen ermittelt. In Abb. 177 sind die Ergebnisse übersichtlich dargestellt. Hier ist z. B. unter Bahnhofsform III b und Aufgabe B die im 1. Beispiel ermittelte Zugbildungszeit von 41,6 min wieder zu finden.

Beim Vergleich der Ergebnisse fällt zunächst auf, wie stark Gleisplan und Betriebsweise den Zeitaufwand für dieselbe Zugbildungsaufgabe beeinflussen. Die Streuung beträgt hier zwischen einer oberen Grenze der Zugbildungszeit von 67 min und einer unteren von 24 min also 43 min. Da die Gesamtzeiten nach

a) Zusammendrücken, Schleppen, Zerlegen,

b) Zugbilden,

c) Leerlokfahrten

getrennt aufgetragen sind, erkennt man, daß die Gesamtzeit wesentlich von dem eigentlichen Zugbilden beeinflußt wird. Hierbei ist festzustellen, daß das Bilden eines Zuges von im Gefälle liegenden Gleisen aus auf jeden Fall vor der Umsetzbewegung durch Rangierlokomotiven auf Flachbahnhöfen den Vorzug verdient.

Bei der Bewertung der Bahnhofsformen ergibt sich nach Abb. 177 als für die Zugbildung günstigste Lösung die Ausbildung des Rangierbahnhofs als Gefällbahnhof.

Von den Grundformen I, II, III a und b erfordern die Zugbildungsanlagen nach der Form I (Nachordnung in den Spitzen der Richtungsgruppe) und nach Form III b (Nachordnung in einer im Gefälle liegenden Stationsgruppe, aus der die Wagen durch ihre Schwerkraft in die Ausfahrgleise gelangen) nahezu die gleichen Zeiten. Es sind nämlich die Zeitmittelwerte für Form I 40,3 min und für Form III b 39,5 min. Für den Neubau eines Rangierbahnhofs, in dem das Nachordnen von Güterzügen den Hauptanteil der Zugbildungsaufgabe einnimmt, wird daher Bahnhofsform III b die zweckmäßigste Entwurfsunterlage sein. Bei bestehenden Anlagen dagegen kann schon eine Beschleunigung der Rangierarbeiten durch eine teilweise Verlegung des Zugbildungsgeschäfts aus der Stationsgruppe in die Spitzen der Richtungsgruppe erreicht werden, so daß hierdurch gegebenenfalls der Einsatz der zweiten Rangierlok erspart wird.

X. Vergleich der Betriebsweise für mehrere Rangieraufgaben auf derselben Zugbildungsanlage. (Rangierpläne.)

Die gegenseitigen Behinderungen von Zug- und Rangierfahrten beeinflussen den Zugbildungsdienst ungünstig. Hierdurch kann sich das Ergebnis nach Abb.177 zugunsten oder -ungunsten der einen oder anderen Bahnhofsform verschieben. Erst die Aufstellung eines Rangierplanes für die tatsächlichen Aufgaben eines Rangierbahnhofs läßt erkennen, wie bei der gesamten Betriebsabwicklung des Bahnhofs, also unter Berücksichtigung der Wagenübergänge und der Behinderungen, der Lokomotiv- und Personalaufwand und ferner der Verschleiß der Anlage und des rollenden Materials die Kosten beeinflußt.

Der Rangierplan wird nicht für 24 Stunden, sondern nur für die arbeitsreichsten Stunden eines Tages aufgestellt, d. h. für den ungünstigsten Belastungszustand. Die Aufstellung erfolgt zweckmäßig nach der Dienstvorschrift für die Aufstellung von Rangierplänen (VRP) der Deutschen Bundesbahn (Dienstvorschrift Nr. 435).

Im folgenden von Nebelung aufgestellten Beispiel werden die Stunden von 14 bis 17 Uhr gewählt, in denen täglich nach dem Fahrplan 18 Züge auf dem Bahnhof neu gebildet werden sollen. Die Zugbildungszeiten für diese 18 Züge

Zahlentafel 7. Fahrplan und Zugbildungsplan.

1	2	3	4	5	6	7	8		9		10		11		12	
		Aus dem Fahrplan entnommen: gegeben					a) angenommen b) berechnet									
Abfahrzeiten		Gattung und Nummer der Züge	Zahl der Gruppen im Zug	Zugstärke in Wagen	Ausfahrrichtung		*a* Ausfahrt aus A- oder R_i-Gruppe *b* Lokarbeitszeit je Zug bei Bfsform									
							I		II		IIIa		IIIb		IV	
Std.	Min.				Ost	West	*a*	*b*	*a*	*b*	*a*	*b*	*a*	*b*	*a*	*b*[1]
14	00	BDg 8056	1	60	—	W	A	12,3	A	12	R	6,5	R	6,5	A	9,0
	00	Dg 7433	3	60	O	—	R	15	A	24	R	15,5	R	15,5	A	16,3
	09	N 8105	2 (Aufg. B)	45	O	—	R	31	A	34	A	59	A	43,2	A	24
	18	Dg 9056	2	60	—	W	A	16,4	A	17	R	11,3	R	11,3	A	11
	26	Dg 5049	1	60	O	—	A	12,3	A	12	R	7,0	R	7,0	A	9,0
	30	Ü 8326	1	55	—	W	R	6,5	R	7,0	R	6,5	R	6,5	A	9,0
	33	BDg 3053	1	60	O	—	R	6,5	A	12	R	7,0	R	7,0	A	10,0
	54	Dg 5039	1	60	O	—	A	12,3	A	12	R	7,0	R	7,0	A	9,0
	58	BDg 9569	2	60	—	W	A	16,4	A	17	R	11,3	R	11,3	A	11,0
15	25	BDg 5031	1	60	O	—	A	12,3	A	12	R	7,0	R	7,0	A	9,0
	36	BN 9539	1 (Aufg. C)	57	—	W	A	46	A	52	A	67,1	A	39,4	A	25,0
	57	BN 8079	2 (Aufg. B)	45	O	—	A	31	A	34,0	A	59,0	A	43,2	A	24,0
16	15	Dg 9561	3	60	—	W	R	15	A	24,0	R	14,0	R	14,0	A	16,3
	28	N 9023	1 (Aufg. A)	45	—	W	A	44	A	45	A	54	A	37,6	A	30,9
	30	BDg 7437	2	60	O	—	R	11	A	17	R	11,5	R	11,5	A	11
	38	BDg 3005	1	60	O	—	A	12,3	A	12	R	7,0	R	7,0	A	10
	40	Ü 8420	1	55	—	W	R	6,5	R	7,0	R	6,5	R	6,5	A	9,0
	50	Dg 5023	2	60	O	—	A	19,4	A	17,0	R	11,5	R	11,5	A	11,0
		18 Züge	28 Gruppen	i.M.57	10	8	326,2′		383,0′		368,7′		293,0′		254,5′	
		1,56 Gruppen/1 Zug									[1] Arbeitszeit der Rangier-Kolonnen.						

wurden nach dem vorher beschriebenen Verfahren ermittelt. Bei den Rangieraufgaben ist in diesem Falle zu unterscheiden

    a) die Bildung der Nahgüterzüge,

    b) die Bildung der Durchgangsgüterzüge.

Einzelheiten der Aufgabe, die Abfahrzeit, Zugstärke, Gruppenzahl und Ausfahrrichtung des fertigen Zuges gehen aus Zahlentafel 7 hervor.

Zu a) Bei der Bildung der Nahgüterzüge erscheinen hier die drei Zug-
arten nach den Aufgaben A, B und C wieder, wie aus Zahlentafel 7, Spalte 4
hervorgeht. Die Zugbildungszeiten sind in Spalten 8 bis 12 eingetragen. Sie
weichen von den in Abb. 177 ab, wenn die Ausfahrrichtung des fertigen Zuges
oder schon die Reihenfolge und Dauer der Einzelvorgänge (größere Gruppen-
stärke = längere Rangierwege) eine andere ist.

Zu b) Die Zugbildungszeiten für die Durchgangsgüterzüge werden
in gleicher Weise durch Addition der Stillstands- und Bewegungs-
elemente in einer Rangierliste gefunden. Hier führt das Verfahren um
so schneller zum Ziele, je nachdem es sich um Drei-, Zwei- oder Eingruppenzüge
handelt, da hier die Zugbildung durch Umsetzen von wenigen Gruppen in den
Richtungsgleisen (und gegebenenfalls Vorziehen in eine besondere Ausfahrgruppe)
vor sich geht. Die Rangierlisten werden dann wesentlich kürzer. Im einzelnen
ist zu sagen, daß z. B. bei Eingruppenzügen das Zusammendrücken der Wagen
im Richtungsgleis durch die Zuglok bei gespannter Betriebslage erfolgen kann.
Eine Rangierlok ist dann nicht nötig. Zweigruppenzüge werden in der Regel aus
einer längeren Stammgruppe und einer kürzeren Auslastungsgruppe gebildet.
Bei Dreigruppenzügen wurden i. M. 15, 20 und 25 Wagen je Gruppe angenommen.

Die errechneten Zeiten für die Bildung der Durchgangsgüterzüge sind ebenfalls
in Zahlentafel 7, Spalte 8 bis 12 eingetragen. Ein Überblick über die Betriebsabwicklung in dem der Untersuchung zugrunde gelegten Zeitraum (14 bis 17 Uhr)
erhält man durch die zeitliche Verknüpfung der absoluten Zeitwerte in einem
Rangierplan.

In Abb. 178 ist ein Rangierplan für die Bahnhofsform IIIb wiedergegeben. Alle Anlagen, die für die Zugbildung nötig sind: Stations-, Richtungs-
und Ausfahrgleise sind in den einzelnen Spalten als senkrechte Streifen dargestellt, während der ganze Rangierplan durch Waagerechte in 10-Minuten-
abschnitte unterteilt ist. Werden nun während der Bildung eines Zuges die auf
ein Gleis entfallenden Zeiten in die zugehörigen Streifen eingetragen, so ist die
zeitliche Abwicklung des Rangiergeschäfts aus diesem Gleisbelegstreifen zu
ersehen. Im besonderen ergibt sich hieraus zur Lösung der durch den Fahrplan
gegebenen Aufgaben die erforderliche Anzahl von Arbeitskräften (Rangier-
kolonnen und Rangierlokomotiven, deren Zahl bei Flach- oder Gefällbahnhöfen
verschieden ist). Die für die Bildung jedes Zuges erforderliche Zeit (einschließlich
Wartezeit, z. B. wegen Kreuzen der Fahrstraße) erscheint am rechten Rande
der Rangierpläne in den Arbeitsplänen der Rangierloks bzw. Rangier-
mannschaften wieder. Sie stimmt mit der errechneten überein (Zahlentafel 7, Spalte 8 bis 12), wenn keine Behinderung durch andere Fahrten eintreten. Anderenfalls verlängert sie sich um eine Wartezeit. Erst beim Verfolgen
der Arbeitsgänge im Gleisplan in Verbindung mit dem Rangierplan läßt sich
erkennen, wann und wo Behinderungen auftreten werden. Die Zahl der

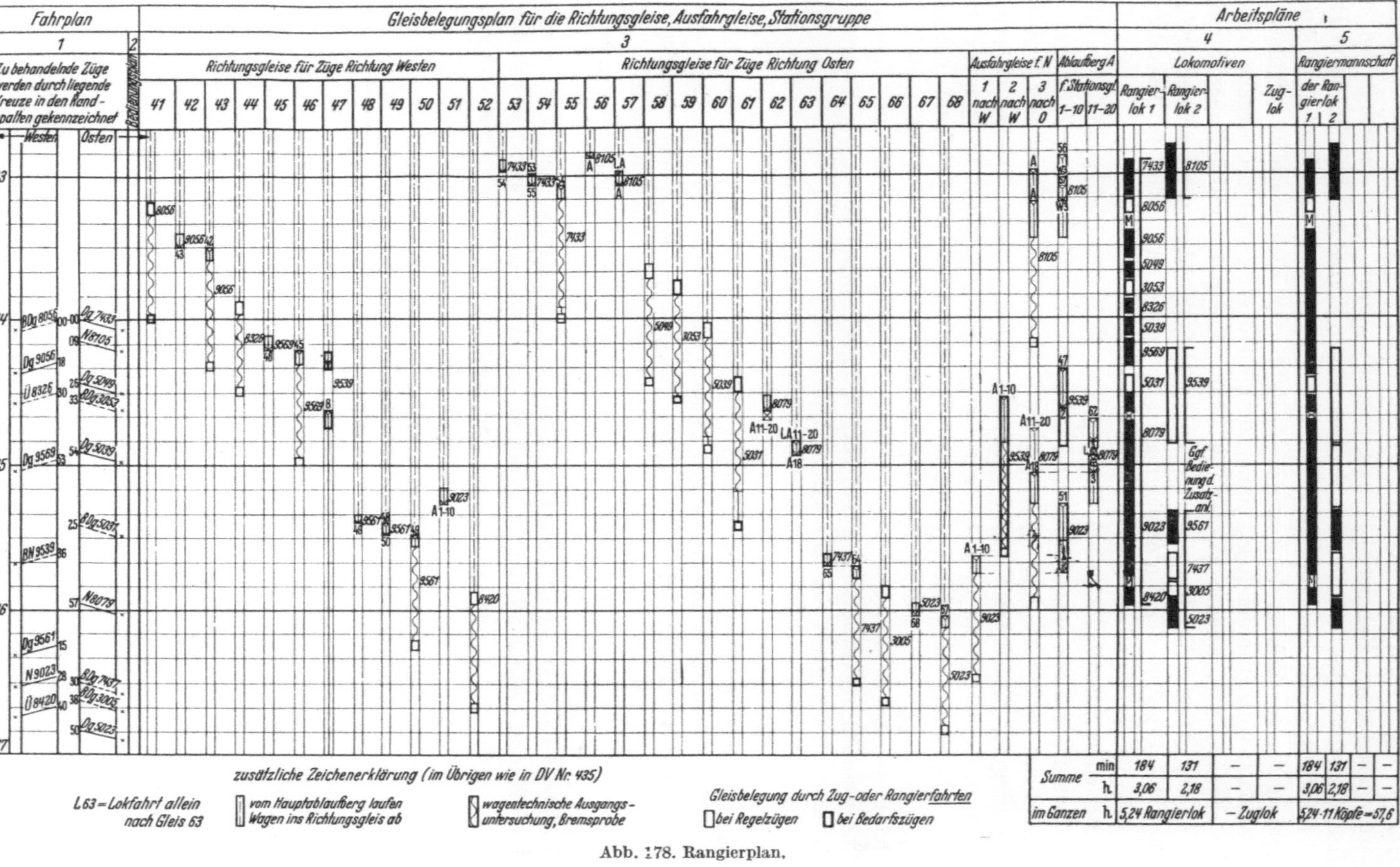

Abb. 178. Rangierplan.

Behinderungen kann aber weitgehend vermindert werden, wenn eine der gleichzeitig arbeitenden Rangierloks entsprechende Anzahl von Ausziehgleisen im Gleisplan vorhanden ist. Das ist ein besonderer Vorteil der Bahnhofsform III.

Als Stillstandszeiten sind auch die Bremsprobe und die technische Untersuchung vor der Abfahrt des Zuges im Ausfahr- oder Richtungsgleis aufzufassen. Ihre Dauer beträgt in der Regel 40 bis 50 min und vor kürzeren Übergabefahrten nur etwa 25 min. Ebenso wie für die Bahnhofsform III wurden auch für die Formen I, II und IV Rangierpläne aufgestellt, die aber nicht wiedergegeben sind. Das Ergebnis der Untersuchung ist folgendes: Auf allen 4 Gleisanlagen können die 18 Züge in 3 Stunden gebildet werden.

Bei einer durchschnittlichen Zuglänge von 57 Wagen (Zahlentafel 7) beträgt die Leistung für die angenommenen 22 Stunden $18 \cdot 57 \cdot 22 : 3 = 7524$ Wagen. Diese Leistung der Zugbildung muß gleich der der Zugzerlegung sein. Bei der Zugzerlegung wird diese Tagesleistung stets erreicht, wenn die Züge mit einer Geschwindigkeit bis zu $v_0 = 1{,}3$ m/s der Ablaufanlage zugeführt werden. Bei einer Steigerung der Zuführungsgeschwindigkeit und entsprechend höheren Zerlegeleistungen ist auch die Leistung der Zugbildung entsprechend zu steigern. Hier bietet der Gefällbahnhof die größere Möglichkeit zur Leistungssteigerung. Eine wesentliche Verbesserung der Verständigungsmittel dürfte zur Steigerung der Leistungsfähigkeit der Zugbildung beitragen.

Nach Untersuchungen von Walter Schmitz[1] drücken jedoch auf Gefällbahnhöfen die Ausfahrten aus den Ausfahrgleisen entgegen der Abrollrichtung wegen der schienengleichen Kreuzungen die Leistungsfähigkeit stark herab. Auf Gefällbahnhöfen für hohe Leistungen müssen daher auch die Züge der Gegenrichtung in der Abrollrichtung ausfahren. Sie gelangen dann über eine Schleife in die Streckengleise, die der Abrollrichtung entgegen befahren werden.

Um zu einem abschließenden Urteil über die Güte der Zugbildungsanlage und der Betriebsweise zu gelangen, muß auch der technische Aufwand, insbesondere die Zahl der gleichzeitig arbeitenden Rangierloks und Mannschaften in Rechnung gestellt werden. Für die untersuchten Bahnhofsformen ist dieser in nachstehender Zahlentafel 8 zusammengestellt:

Zahlentafel 8.

	Bahnhofsformen		I	II	IIIa	IIIb	IV
1	Erforderliche Arbeitszeit für das Bilden von 18 gegb. Zügen in 3 Std. (aus Rang-Plan ermittelt)		343 min	409 min	379 min	315 min	280 min
2			5,7 Std.	6,8 Std.	6,3 Std.	5,2 Std.	4,67 Std.
3	Erforderliche	Rang-Loks	2	3	3	2	—
4	Arbeitskräfte	Rang-Personal	9	13	13	11	28
		Kolonnen	2	3	3	3K+2M[2]	4

[1] Schmitz, W.: Die Betriebsverhältnisse bei der Zugbildung auf Gefällbahnhöfen für Höchstleistung. Dr.-Ing.-Diss. Berlin 1939.

[2] 3 Kolonnen + 2 Mann für Hemmschuhlegen in der geneigten Stationsgruppe.

Als leistungsfähigste Bauform ergibt sich dann diejenige Anlage,

1. bei der wenige Arbeitskräfte (Lok + Personal) unter guter Ausnutzung für die Zugbildungsarbeiten ausreichen;

2. bei der noch weitere Rangierloks eingesetzt werden können, ohne daß die gegenseitigen Behinderungen zahlreicher werden.

Wertet man den Aufwand für die Tagesleistung, wie im Beispiel für die Zugzerlegung gezeigt, kostenmäßig aus, so kann man hieraus auch bestimmen, welche Gleisanlage am wirtschaftlichsten ist.

Y. Die kostenmäßige Auswertung der Zugbildung eines Nahgüterzuges.

1. Ermittlung des Kohlenverbrauchs.

Die Rangierwege und die Zeiten der Wege und der einzelnen Rangierarbeiten sind aus der Rangierliste für die Bildung des Nahgüterzuges von 45 Wagen zu ersehen. (s. S. 284).

Der Kohlenverbrauch wird aus der Zugförderarbeit und für die stillstehende Lok aus der Stillstandszeit wie folgt ermittelt. Die Rangierlok ist eine Gt 55.17.

Zahlentafel 9.

Orts-angabe	Weg	Zeit	A) Beidrücken, Schleppen und Zerlegen der Gruppen a—e	Kohlenverbrauch		
	1 m	t sec.		A_l [km t]	b_1; b_{1l}	B [kg]
1—3	200	51	Leerfahrt: $\dfrac{G_l\,(s+w_l)\,l\cdot b_{1l}}{10^3\cdot 0,96} =$ $\dfrac{85\,(0+9,5)\,200\cdot 10}{10^3\cdot 0,96}$	0,168	10	1,68
3—4	125	125	Beidrücken von 25 Wagen: $\dfrac{(85+25\cdot 18)\cdot 6,75\cdot 125\cdot 5}{2\cdot 10^3\cdot 0,96}$ $w = \dfrac{85\cdot 9,5 + 25\cdot 18\cdot 3}{85 + 25\cdot 18} \cong 4\,^0/_{00};$ $w_m = \dfrac{4+9,5}{2} = 6,75\,\text{kg/t}$	0,235	5	1,17
4—5	1190	308	Vorziehen der 25 Wagen: $\dfrac{535\cdot (5,3+4)\cdot 1190\cdot 5}{10^3\cdot 0,96}$ $s_m = \dfrac{6300}{1190} = 5,3\ ^0/_{00}$ wo $h = 6,3$ m der Höhenunterschied auf $l = 1190$ m	6,170	5	30,31
5—6	385	560	Abdrücken der 25 Wagen $1,06\cdot 5 : 0,96 \cong$	1,110	5	5,50
1 bis 6	1900	1044	Zuglänge 238 m = 225 + 13 Lokwege: $a—b=385—238—55=92$ $c—d = 238—55 = 183$ m	7,683		38,66

Lokgewicht $G_1 = 85$ t, $w_1 = c_{12} = 9{,}5$ kg/t. Güterwagenwiderstand in den Behelfsgleisen $ww = 3$ kg/t, mittleres Gewicht eines Güterwagens 18 t. Güterwagenlänge 9 m. Metergewicht 2 t/m.

Die Ermittlung des Kohlenverbrauchs erfolgt an Hand der genannten Rangierliste. Nach S. 231 ist $b_1 = 5$ [kg/kmt] und $b_{1l} = 10$ [kg/kmt].

Zugkräfte am Triebradumfang = Widerstände.

A_1). **W-Werte der Lok + 25 Wagen**

Lokstellung a = b: $W_1 + ww \cdot Gw = 85 \cdot 9{,}5 + 450 \cdot 3 = 810 + 1350 = 2160 = W_{a \cdot b}$

,,   c   : $W_{a \cdot b} + q \cdot 1 \cdot s_g = 2160 + 2 \cdot 55 \cdot 12{,}7 =$ $3560 = W_c$

,,   d   : $85 \cdot 9{,}5 + 2 \cdot 55 \, (3 + 12{,}7) =$ $2540 = W_d$

,,   e   : $85 \, (9{,}5 + 12{,}7) + 2 \cdot 42 \, (3 + 12{,}7) =$ $3200 = W_e$

,,   f   : $85 \, (9{,}5 + 12{,}7) =$ $1880 = W_f$

,,   g   : $85 \cdot 9{,}5 =$ $810 = W_g$

B_1). **Zugkraftswegfläche** (Wege siehe Abb. 179 o b e r e Maßzahlen)

Fläche a—b: $2160 \cdot 92 : 10^6 =$ 0,2   kmt

,,   b—c: $(2160 + 3560) \cdot 0{,}5 \cdot 55 : 10^6 =$ 0,16   ,,

,,   c—d: $(3560 + 2540) \cdot 0{,}5 \cdot 183 : 10^6 =$ 0,55   ,,

,,   d—e: $(2540 + 3200) \cdot 0{,}5 \cdot 13 : 10^6 =$ 0,04   ,,

,,   e—f: $(3200 + 1880) \cdot 0{,}5 \cdot 42 : 10^6 =$ 0,09   ,,

,,   f—g: $(1880 + 810) \cdot 0{,}5 \cdot 13 : 10^6 =$ 0,02   ,,

Zugkraftsarbeit $\Sigma A = 1{,}06$ kmt

A_2). **W-Werte der Lok und 20 Wagen**

Lokstellung a = b: $9{,}5 \cdot 85 + 3 \cdot 360 = 810 + 1080 =$ $1890 = W_{a \cdot b}$

,,   c   : $W_a + q \cdot 1 \cdot s_g = 1890 + 2 \cdot 55 \cdot 12{,}7 =$ $3290 = W_c$

,,   d   : $85 \cdot 9{,}5 + 2 \cdot 55 \cdot (3 + 12{,}7) = 810 + 1730 =$ $2540 = W_d$

,,   e   : wie bei A_1 $= 3200 = W_e$

,,   f   :   ,, $= 1880 = W_f$

,,   g   :   ,, $= 810 = W_g$

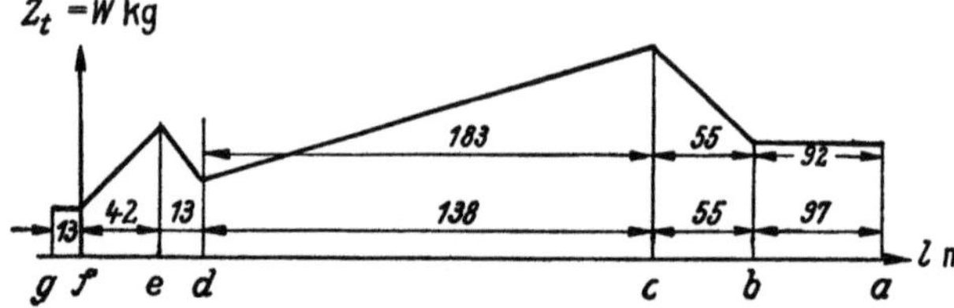

Abb. 179. Zugkraftwegfläche einer Zugzerlegung.

B_2). **Zugkraftswegflächen** (Wege s. Abb. 179 u n t e r e Maßzahlen)

Fläche a—b: $1890 \cdot 97 : 10^6 =$ 0,183 kmt

,,   b—c: $(1890 + 3290) \cdot 0{,}5 \cdot 55 : 10^6 =$ 0,14   ,,

,,   c—d: $(3290 + 2540) \cdot 138 \cdot 0{,}5 : 10^6 =$ 0,4   ,,

,,   d—e: $(2540 + 3200) \cdot 0{,}5 \cdot 13 : 10^6 =$ 0,04   ,,

,,   e—f: $(3200 + 1880) \cdot 0{,}5 \cdot 42 : 10^6 =$ 0,09   ,,

,,   f—g: $(1880 + 810) \cdot 0{,}5 \cdot 13 : 10^6 =$ 0,02   ,,

Zugkraftsarbeit $\Sigma A = 0{,}873$ kmt

Kohlenverbrauch für Lokstillstand: $T_a = T_r - T = 41{,}6 - 33{,}5 = 8{,}1$ Min.

$B_0 = T_a \cdot 0{,}5 \cdot R = 8{,}1 \cdot 0{,}5 \cdot 2{,}3 = 9{,}3$ kg; $R = 2{,}3$ m² Rostfläche

Zusammenstellung der Verbrauchswerte.

a) Zeiten: Lokfahrzeiten 1—6 $T_1 = 1044$ sec

,,   6—12′ $T_2 = \underline{\ 967\ }$,,

,, $\Sigma\ T\ = 2011$ sec $= 33,5$ Min

Gesamtrangierzeit nach S. 287 $T_r = \underline{41,6}$,,

Lokstillstand $T_r - T = \quad T_a = \overline{\ 8,1\ \text{Min}}$

b) Wege: Gesamtlokweg 1—6 $= 1900$ m

6—12′ $= \underline{2570}$ m

L $= 4470 \cong 4,5$ km

Zahlentafel 10.

Orts-angabe	Weg	Zeit	C. Beidrücken, Schleppen und Abdrücken der Schlußgruppe f	Kohlenverbrauch		
	1 m	t sec.		A_l [kmt]	b_1, b_{1l}	B [kg]
6—7′	155	35	Zurückfahren der Lok ins Z-Gleis: $$s_m = \frac{(6,96-6,30)\cdot 1000}{155} = -4,25\ ^0/_{00}$$ $$\frac{G_l\,(-s_m + w_l)\cdot l \cdot b_{1l}}{10^6}$$ $$= \frac{85\,(-4,25+9,5)\,155\cdot 10}{10^6\cdot 0,96} =$$	0,072	10	0,72
7′—9′	845	143	Lokleerfahrt: $s_m = \dfrac{6,3\cdot 1000}{845} = 7,4\ ^0/_{00}$ $$\frac{85\,(-7,4+9,5)\,845\cdot 10}{10^6\cdot 0,96} =$$	0,157	10	1,57
9′—10′	100	156	Zusammendrücken von 20 Wagen: $G_z = 85 + 360 = 445$ t; $$w = \frac{85\cdot 9,5 + 360\cdot 3}{445} = 4,2\,^0/_{00}$$ $$w_m = \frac{9,5 + 4,2}{2} = 6,85\,^0/_{00};$$ $$\frac{445\cdot 6,85\cdot 100\cdot 5}{2\cdot 10^6\cdot 0,96} =$$	0.159	5	0,80
10′—11′	1125	288	Vorziehen von Z-Gleis-: $$s_m = \frac{6,3\cdot 1000}{1125} = 5,6\,^0/_{00}$$ $$\frac{455\cdot (5,6 + 4,2)\cdot 1125\cdot 5}{10^6\cdot 0,96} =$$	5,230	5	26,20
11′—12′	345	345	Abdrücken der 20 Wagen: 0,873 · 5 : 0,96 (Zugkraftarbeit 0,873 [kmt] nach B₂)	0,910	5	4,55
			Zuglänge: 180 + 13 = 193 a—b=345—193—55=97 m c—d=193—55=138 m			
2570	967		Kohlenverbrauch	6,528		33,84

c) **Kohlenverbrauch:** Insgesamt $B_g = 38{,}7 + 33{,}8 + 9{,}3 = 81{,}8$ kg

davon durch Lokarbeit $B = 38{,}7 + 33{,}8 = 72{,}5$ kg

durch Lokstillstand $B_0 = 9{,}3$ kg

d) **Indizierte Zugkraftsarbeit:** $A_1 = 7{,}7 + 6{,}5 = 14{,}2$ km $\cdot$ t nach Zahlentafeln 9 und 10.

2. Kostenermittlung der Zugbildung des Nahgüterzuges von 45 Wagen.

(Selbstkosten).

α) Lokkosten

Kurze Erläuterungen und Hinweise zu den einzelnen Formelwerten s. Seite 232 bei der Kostenermittlung der Zugzerlegung.

Zukof. 1 D)   Personalkosten der Betriebspflege der Dampflok

$$K_{bpf} = k_{bpf} \left(\frac{T_{wbm} \cdot T_r}{60 \cdot 8} + \frac{1{,}1\, B_g}{10\,000} \right) \cdot 1{,}16 \; [\text{DM}]$$

$$= 13{,}85 \left(\frac{2 \cdot 1{,}25 \cdot 41{,}6}{8 \cdot 60} + \frac{1{,}1 \cdot 81{,}8}{10\,000} \right) \cdot 1{,}16 = \ldots \ldots \; \underline{\underline{3{,}620}}\,[\text{DM}]$$

$$T_r = T + T_a = 33{,}5 + 8{,}1 = 41{,}6 \; [\text{min}].$$

$$B_g = 81{,}8 \; [\text{kg}]$$

Zukof. 2 D)   Brennstoffverbrauchskosten.

$$K_b = (B + B_0) \cdot k_b \; [\text{DM}] = (72{,}5 + 9{,}3) \cdot 0{,}05 = 0{,}410 \; [\text{DM}]$$

$B = 72{,}5$ [kg] ist der Kohlenverbrauch durch Lokarbeit und $B_0 = 9{,}3$ [kg] der Kohlenverbrauch bei Stillstand.

Zukof. 3 D }   Der Kohlenverbrauch ist insgesamt in Zukof. 2 kostenmäßig
Zukof. 4 D }   ausgewertet.

Zukof. 5 D)   entfällt.

Zukof. 6 D)   Lokspeisewasserkosten.

$$K_w = 7{,}5 \cdot B \cdot k_w \cdot 1{,}16 \; [\text{DM}] = 7{,}5 \cdot 72{,}5 \cdot 0{,}00015 \cdot 1{,}16 = \underline{\underline{0{,}095}} \; [\text{DM}]$$

Zukof. 7 D)   Sonstige Betriebsstoffkosten.

$$K_{bs} = \frac{h_{bs} \cdot \vartheta \cdot L}{100} \cdot 1{,}16 \; [\text{DM}] = \frac{0{,}78 \cdot 3{,}2 \cdot 4{,}5}{100} \cdot 1{,}16 = \underline{\underline{0{,}130}} \; [\text{DM}]$$

$L = 4{,}5$ [km] ist der Gesamtfahrweg der Lok.

Zukof. 8 D)   Unterhaltungskosten des Dampflokkessels.

$$K_{ku} = \frac{B^2 \cdot f_1}{T_r} \; [\text{DM}] = \frac{72{,}5^2 \cdot 1{,}502}{1000 \cdot 41{,}6} = \; \ldots \ldots \ldots \; \underline{\underline{0{,}190}} \; [\text{DM}]$$

Zukof. 9 D)   Unterhaltungskosten des Dampflokfahrgestells und des Tenders.

$$K_{tu} = \left[f_2 + \frac{f_3}{T} \left(\frac{c_{12} \cdot G_{12} \cdot L}{1000} + 0{,}04 \cdot A_1 \right) \right] \cdot L \; [\text{DM}]$$

$$= \left[0{,}081 + \frac{1{,}868}{41{,}6} \left(\frac{9{,}3 \cdot 85 \cdot 4{,}50}{1000} + 0{,}04 \cdot 14{,}2 \right) \right] \cdot 4{,}5 = \underline{\underline{1{,}198}} \; [\text{DM}]$$

Zukof. 10 D)   Unterhaltungskosten der Dampflok, die von der Zeit abhängig sind.

Zukof. 11 D)   Feste Zuschlagkosten (Werk- und Lagerkosten).

Zukof. 12 D)   Erneuerungskosten der Dampflok.

Zukof. 13 D)   Zinskosten der Dampflok.

Diese wurden nach Seite 232 wie beim Zerlegen zusammengefaßt zu:

$$\frac{(f_4 + f_5 + f_6 + f_7 \cdot 0{,}01 \cdot z_1) \cdot T_r}{D_{stl}} \ [DM]$$

$$= \frac{(44 + 122 + 98 + 18223 \cdot 0{,}01 \cdot 6) \cdot 41{,}6}{6033} = \ \ldots \ldots \ \underline{\underline{1{,}196 \ [DM]}}$$

Zukof. 14 u. 15) Unterhaltung, Erneuerung und Zins der Güterwagen folgt später (s. Seite 300).

Zukof. 16) Lokfahrerkosten.

$$K_p = n_l \cdot E_l \ \frac{T_r}{60 \cdot D_{stl}(1 - \tau_{ilp})} \cdot 1{,}16$$

$$= 2 \cdot 7346 \cdot \frac{41{,}6 \cdot 1{,}16}{60 \cdot 2500 \ (1 - 0{,}15)} = \ \ldots \ldots \ldots \ \underline{\underline{5{,}580 \ [DM]}}$$

Zukof. 17, 18, 19) entfallen

Zukof. 20—24) siehe später.

Summe der Lokkosten . . . . $\underline{\underline{12{,}419 \ [DM]}}$

β) Kosten für Stationäre Arbeiten

(Erläuterungen zu den einzelnen Positionen siehe S. 235 bei der Zugzerlegung.)

1. Hemmschuhverschleiß für 45 Wagen.

$$1{,}43 \cdot 0{,}02 \cdot 1{,}5 \cdot \frac{45}{50} = \ \ldots \ldots \ldots \ldots \ldots \ 0{,}04 \ DM$$

2. Wagenbeschädigung: $1{,}43 \cdot 0{,}43 \cdot 1{,}5 \cdot 1{,}4 \cdot \frac{45}{50} = \ \ldots \ldots \ 1{,}16 \ DM$

Für den Ngz insgesamt: . . . . $\underline{1{,}20 \ DM}$

3. Personalkosten bei 202 Dienststunden im Monat je Std.

2 Weichensteller	$2 \cdot 2{,}48 =$	4,96 DM/h
3 Rangieraufseher	$3 \cdot 2{,}48 =$	7,44 DM/h
10 Rangierarbeiter je 1,99 DM/h	$=$	$\underline{19{,}90 \ DM/h}$
(einschl. Zettelschreiber, Entkuppler		32,30 DM/h

und Hemmschuhleger in der geneigten Stationsgruppe).

Für die Rangierdauer von 41,6 Min. sind die

Personalkosten $= \dfrac{32{,}30 \cdot 41{,}6}{60} = \ \ldots \ldots \ldots \ldots \ \underline{\underline{22{,}40 \ DM}}$

Stationäre Kosten: . . . . $\underline{\underline{23{,}60 \ DM}}$

Gesamtkosten der Zugbildung in den Richtungsgleisen.

Lokkosten für Fahrt und Stillstand . . . . 12,42 DM

Stationäre Kosten . . . . $\underline{23{,}60 \ DM}$

$\underline{\underline{36{,}02 \ DM}}$

Kosten je Wagen $\dfrac{36{,}02}{45} = \underline{\underline{80{,}0 \ Pf}}$

γ) Zugbildungskosten in den Ausfahrgleisen.

45 Min. für technische Unterhaltung und Bremsprobe

1 Wagenmeister	2,48 DM/h
2 Helfer je 1,99	$\underline{3{,}98 \ DM/h}$
	6,46 DM/h

$\dfrac{45}{60} \cdot 6{,}46 = 4{,}84 \ DM$

je Wagen: $\dfrac{484}{45} \cong \underline{\underline{10{,}8 \ Pf}}$

Gesamtbearbeitungskosten je Wagen

1. Zerlegekosten $\qquad$ = 30,0 Pf
2. Zugbildekosten
   a) In den Stationgleisen $\qquad$ = 80,0 Pf
   b) In den Ausfahrgleisen $\qquad$ = 10,8 Pf

$\qquad\qquad\qquad\qquad\qquad\qquad$ 120,8 Pf/Wagen

Die Zugbildezeit ist durch den Betriebsplan festgelegt, so daß sich auch bei geringerer Wagenzahl diese Kosten wenig ändern.

δ) Gesamtkosten.

Die vorstehenden Kosten erhöhen sich noch durch die ortsfesten Kosten sowie durch die Güterwagenkosten während des gesamten Aufenthalts der Wagen des zu bildenden und zu zerlegenden Zuges im Rangierbahnhof.

Die ortsfesten Kosten während der Bearbeitungszeit setzen sich zusammen aus den Kosten für den sonstigen Betriebsdienst, den Sachausgaben für Beleuchtung und Schreibwaren, dem Anteil an den Geschäftsleitungskosten sowie hauptsächlich aus den Kosten für die Unterhaltung, Erneuerung und Verzinsung der Gleisanlagen, der Sicherungs- und Verständigungseinrichtungen, der Ingenieur- und der Hochbauten nebst einem Zuschlag für den Schuldendienst. Die ortsfesten Kosten des Bahnhofs sind für ein Jahr zu veranschlagen und auf die mittlere Bearbeitungszeit eines Wagens umzulegen. Für diese Ermittlung fehlen noch neuere Unterlagen.

Die Güterwagenkosten entstehen durch die Verzinsung, Erneuerung und Unterhaltung.

Nach den Kostenformeln 14 und 15 der Zuko sind diese als Stundenkosten

$$\frac{f_{10} + z_w \cdot f_{11}}{D_{stw}} \cdot a \cdot 60 \cdot [\text{DM/h}]$$

$$\frac{u_f \cdot \eta_w \cdot K_{auw}}{60} = f_{10} = \text{Festwert für Unterhaltung und Erneuerung.}$$

$$\frac{u_f \cdot \eta_w \cdot K_{auz}}{6000} = f_{11} = \text{Festwert für Verzinsung.}$$

a = Anzahl der Wagen des Zuges

D_{stw} = 1100 Wagen-Jahresdienststunden für die Zugförderung (gilt z. Z. für Güterwagen).

Nach Zuko. Teil A 1949 betragen die Güterwagenkosten (Vgl. Bd. II, IV. Abschn.):

DM/h	O-Wagen Lieferung:		G-Wagen Lieferung:		Pwg-Wagen	
	vor 1949	1949	vor 1949	1949	Länder	Einheit
$\dfrac{60 \cdot z_w \cdot f_{11}}{1100}$	0,037	0,064	0,052	0,093	0,288	0,774
$\dfrac{60 \cdot f_{10}}{1100}$	0,185	0,185	0,317	0,317	0,924	1,070
$\dfrac{60\,(z_w \cdot f_{11} + f_{10})}{1100}$	0,222	0,249	0,369	0,410	1,212	1,844

Diese Stundenkosten sind noch mit der Aufenthaltszeit der Güterwagen im Rangierbahnhof zu vervielfältigen, die sich aus der Vorbereitungszeit und der Sammelzeit zusammensetzt. Letztere wird von den Verkehrsverhältnissen jedes Bahnhofs maßgebend beeinflußt und ist nach der Lage des Bahnhofs zum Bahnnetz, nach Art, Anfall und Bearbeitungszeitraum so eigenartig, daß es schwer ist, allgemein zutreffende Angaben zu machen. In der genannten Schrift wurden 3—6 Stunden als Sammelzeit angegeben. Für schwache Bahnhofsbelastung gelten die größeren Werte. Im vorliegenden Beispiel wird als Sammelzeit ein Mittelwert von 4,5 Std. angenommen. Hierzu kommt noch die Vorbereitungszeit von etwa 1,5 Std. in den Einfahrgleisen und die Bearbeitungszeiten der Wagen, die in diesem Beispiel der Einfachheit wegen alle als G-Wagen angenommen sind, im Bahnhof. Diese betragen

1. in den Einfahrgleisen

$$\begin{aligned}
&\text{a) für die Vorbereitung} &= \quad 90 \quad &\text{min. (angenommen)} \\
&\text{b) für die Zugzerlegung} &= \quad 13{,}5 \quad &\text{,,} \\
\hline
& & 103{,}5 \text{ min.} &= 1{,}725 \text{ Std.}
\end{aligned}$$

Bei 62 G-Wagen: $0{,}369 \cdot 62 \cdot 1{,}725 = 39{,}5$ DM

Je Wagen betragen dann die Kosten 0,637 DM

2. in den Richtungsgleisen

$$\begin{aligned}
&\text{a) für die Sammelzeit} &= 270 \text{ min. (angenommen)} \\
&\text{b) für die Zugbildung} &\quad 41{,}6 \text{ ,,}
\end{aligned}$$

3. in den Ausfahrgleisen:

$$\begin{aligned}
& 45{,}0 \text{ ,,} \\
\hline
& 356{,}6 \text{ min.} = 5{,}94 \text{ Std.}
\end{aligned}$$

Bei 45 G-Wagen ist dann

$0{,}369 \cdot 45 \cdot 5{,}94 = 98{,}7$ DM

Je Wagen betragen dann die Kosten   2,19 DM

Im Mittel belaufen sich daher die Wagenkosten auf

$$\frac{0{,}637 \cdot 62 + 0{,}219 \cdot 45}{107} = 1{,}29 \text{ DM/Wagen}$$

Dann sind die **Gesamtkosten**, die für einen Wagen des **Nahgüterzuges** im Rangierbahnhof aufkommen:

$$1{,}21 + 1{,}29 = 2{,}50 \text{ DM/Wagen.}$$

In ähnlicher Weise werden die Kosten der Durchgangsgüterzüge berechnet. Hier entfällt aber das Veranschlagen des Ablaufs in der Stationsgruppe. Mit abnehmender Gruppenzahl der Dgz vermindert sich der Berechnungsumfang. Ergänzt man obige Betriebskosten durch die Zinsen für die bauliche Anlage des Bahnhofs, so erhält man die Selbstkosten. Letztere kommen für den Vergleich der verschiedenen Gefäll- und Flachbahnhöfe in Betracht.

3. Die Zugbildungskosten in Abhängigkeit von der Bahnhofsbelastung.

Diese Kosten treffen nur dann zu, wenn im Bahnhof dieselbe Rangierlok und dieselbe Mannschaft ohne Zwischenpause nur Züge zerlegt bzw. nur Nahgüterzüge bzw. nur Durchgangsgüterzüge bildet. Praktisch treten aber diese Fälle selten ein, da an der Bildung der Dgz und Ngz meist dieselbe Lok und dieselbe

Mannschaft beteiligt ist. Bei schwachem Verkehr entstehen zwischen den Bearbeitungen der einzelnen Züge Pausen, bei starkem Verkehr ist es erforderlich, eine 2. Lok und eine 2. Mannschaft, wie es der Rangierplan vorsieht, einzusetzen, die aber dann meist nicht ausgelastet sind. Ferner ist die Verkehrsbelastung des Bahnhofs ungleichmäßig über den Tag verteilt.

Es wird deshalb für die Ermittlung der Zugbildungskosten folgender Weg vorgeschlagen: Nachdem man die Kosten für einen Nah- und einen Durchgangsgüterzug mittlerer Gruppenzahl sowie für die Lok und die Mannschaft in Ruhezustand berechnet und den Rangierplan nach der genannten Dienstanweisung für alle Betriebsstunden des Tages aufgestellt hat, ermittelt man die Gesamtkosten des Tages unter Berücksichtigung des erforderlichen Lok- und Mannschaftseinsatzes:

1. für alle planmäßigen und alle Bedarfs-Güterzüge (Höchstbelastung),
2. für alle planmäßigen Güterzüge allein (Mindestbelastung),
3. für alle planmäßigen und die Hälfte der Bedarfsgüterzüge (mittlere Belastung).

Die Gesamtkosten aller Betriebsstunden teilt man sodann für jeden dieser Bahnhofsbelastungsfälle auf die Dgz und die Ngz auf, deren Zahl ja für jeden Belastungsfall bekannt sind.

Die Kosten je Zugart und Belastungsfall teilt man weiterhin durch die Zahl der Wagen, die jeweils der Berechnung zugrunde gelegt wurden. Dann erhält man die entsprechenden Kosten je Wagen. Wie die Tafel 4 des Heftes von Capelle, Baumann und Feindler zeigt[1], ändern sich diese Kosten mit der Zugstärke zwischen 30 und 75 Wagen prozentual so wenig, daß der Einfluß der Zugstärke innerhalb der genannten Grenzen vernachlässigt werden kann.

Zweckmäßig legt man der Veranschlagung bei der Zugzerlegung und der Zugbildung den ausgelasteten Zug zugrunde, da man dann zugleich auch eine zuverlässige Unterlage für die Beurteilung der Leistungsfähigkeit der Anlage hat. Hierfür wird auch der Betriebsplan des Rangierbahnhofs aufgestellt, der dann auch bei unausgelasteten beibehalten wird.

Trägt man nun die Zerlege- und Zugbildungskosten je Wagen für Dgz und Ngz getrennt für die drei verschiedenen Belastungsfälle über einer waagerechten Achse auf, und zwar an den Enden für die Höchst- und Mindestbelastung und in der Mitte für die mittlere Belastung und verbindet die Endpunkte zu zwei Kurven, so kann man auf diesen für jede Bahnhofsbelastung die mittleren Kosten je Wagen der Dgz und Ngz ablesen.

II. Abstellbahnhöfe.

A. Zweck der Abstellbahnhöfe.

Auf den Abstellbahnhöfen werden die von einer Fahrt kommenden Reisezüge gereinigt und auf die ordnungsmäßige Beschaffenheit aller Teile überprüft. Für die nächste Fahrt werden sie nach dem Zugbildungsplan neugebildet und mit allem, was für die Ingebrauchnahme der Wagen notwendig ist, versehen. Es sind insbesondere die Wagen mit Wasser zu versorgen, die Beleuchtungseinrichtung

---

[1] siehe Literaturverzeichnis S. 321.

für ihren Gebrauch vorzubereiten und im Winter die Wagenzüge vorzuheizen. Für alle diese Aufgaben sind Gleisanlagen, sowie Leitungen und Entnahmestellen für Wasser, Druckluft, Dampf, Gas und elektrischen Strom erforderlich. Da ferner das Durchprüfen der Wagen und die Ausführungen kleinerer Ausbesserungen und im Winter das Auftauen der Wagen zweckmäßig in gedeckten Räumen vorgenommen werden, so sind auch diese im Abstellbahnhof vorzusehen. Ferner ist mit dem Abstellbahnhof eine Lokomotivbehandlungsanlage zu verbinden, deren Ausgestaltung im zweiten Abschnitt bereits behandelt worden ist.

B. Die Zugbildung der Reisezüge.

Die Zugbildung der Reisezüge erfolgt nach Sicherheits- und nach Verkehrsrücksichten.

a) **Sicherheitsrücksichten.** In einem Reisezug sind möglichst gleichartige Wagen einzustellen, nach Möglichkeit nur Wagen mit Drehgestellen oder nur Lenkachswagen (zwei- und dreiachsige Wagen). Die Wagen eines Zuges sollen auch möglichst die gleiche Festigkeit haben. In Reisezügen, die mehr als 120 km/h erreichen, dürfen nur eiserne Wagen eingestellt werden. Außerdem ist bei allen Schnell- und Eilzügen nach Möglichkeit dafür zu sorgen, daß der erste Wagen hinter der Lokomotive nicht ein besetzter hölzerner Wagen ist. Lenkachswagen werden in der Regel nur in Personenzügen mit einer Geschwindigkeit von nicht mehr als 85 km/h eingestellt. Dreiachsige Wagen haben stets den Vorzug vor zweiachsigen. Ist es unvermeidlich, daß Züge aus Drehgestell- und Lenkachswagen gemeinsam gebildet werden, so müssen bei Zügen mit mehr als 85 km/h, die Drehgestellwagen an der Spitze laufen. Wird durch Kopfbahnhöfe unterwegs die Zusammensetzung des Zuges geändert, so sind die Drehgestellwagen so anzuordnen, daß sie auf der längsten Strecke des Zuges an der Spitze laufen.

b) **Verkehrsrücksichten.** Die Reisenden besitzen einen bestimmten Wohnort, den sie im allgemeinen nur vorübergehend verlassen und zu dem sie wieder zurückkehren. Hierdurch ergibt sich auf den meisten Strecken ein annähernd gleicher Personenverkehr in beiden Richtungen. Daher ist eine gewisse Stetigkeit im Lauf der Reisezüge vorhanden, die sich durch annähernd gleiche Zugzahlen zwischen zwei Punkten und durch dieselben je nach der Entfernung täglich oder nach einigen Tagen wiederkehrenden Zugläufe mit denselben Wagen in jeder Richtung auswirkt. Die Personenwagen sind demnach im allgemeinen nicht wie die Güterwagen freizügig, sondern gewissen ein- für allemal festgelegten Läufen unterworfen. Daher verkehrt auf den meisten Strecken eine paarige Anzahl von Reisezügen. Zug- und Gegenzug bilden ein Zugpaar. Man nennt solche Gruppen von Wagen einen Wagenpark oder einen Wagensatz. Die Fahrpläne von Zug und Gegenzug müssen so zusammen stimmen, daß auch bei Verspätungen die Benutzung des Parks möglich ist. Die Wendezeit muß daher ausreichend bemessen sein. In der Wendezeit sollen nicht nur Verspätungen ausgeglichen werden, sondern es sollen auch die notwendigen Veränderungen der Zugbildung sowie die vorgenannten Arbeiten zur Ingebrauchnahme der Wagen für die neue Zugfahrt vorgenommen werden.

Zwischen den wichtigsten großen Orten verkehren durchgehende schnellfahrende Züge, die im wesentlichen nur an den Knotenpunkten anhalten, um dort durch Umsteigen die Übergangsreisenden auf die Züge der Nebenstrecke oder auf andere den Knotenpunkt berührende Züge übergehen zu lassen. Da zwischen verschiedenen größeren Orten oder z. B. bekannteren Badeorten nicht so viel Verkehr aufkommt, daß sich durchgehende Züge lohnen, so hat man, um den Reisenden das Umsteigen zu ersparen, durchgehende Wagen oder Kurswagen eingerichtet, die mit verschiedenen Zügen befördert werden und auf den Knotenpunkten von einem auf den anderen Zug umgestellt werden. Die Kurswagen haben den Nachteil, daß sie hohe Rangierkosten bedingen und für viele Züge größere Verspätungen hervorrufen.

Bei der Führung oder Neueinrichtung jedes Kurswagens ist daher nachzuprüfen,

α) die Bedeutung des Wagens für die Durchführung des Fahrplans hinsichtlich der Leistungsfähigkeit und Wirtschaftlichkeit (Reisegeschwindigkeit, Aufenthalte, Übertragung von Verspätungen usw.),

β) die Bedeutung des Wagens vom Standpunkt der Betriebssicherheit. Es ist festzustellen, 1. ob die Gleise, auf denen der Wagen wechselt, nebeneinander oder voneinander getrennt liegen, 2. ob Fahrbehinderungen stattfinden, 3. ob die Rangierfahrt aus dem Gesichtskreis des Weichenstellers entschwindet.

γ) Das Verkehrsbedürfnis. Es sind gegenüberzustellen 1. die Vorteile für die wenigen den Wagen benutzenden Reisenden und die Nachteile für die vielen anderen Reisenden, 2. die Zahl der Reisenden, die umsteigen müssen, wenn der Wagen vorhanden ist oder nicht, für Sommer und Winter.

Außer den Kurswagen gibt es nach den Fahrdienstvorschriften noch Stammwagen, Verstärkungswagen und Bereitschaftswagen. Die Stammwagen sind solche Wagen, die auf der ganzen Fahrt beim Zuge bleiben und nicht über seine Strecke hinausgehen. Die Verstärkungswagen werden wegen stärkeren Verkehrs auf Teilstrecken oder regelmäßig an bestimmten Tagen in einen Zug eingestellt. Bereitschaftswagen sind Wagen für die außerplanmäßige Verstärkung der Züge und zur Bildung von Zügen, die nach den Kursbüchern während bestimmter Zeitabschnitte sowie vor Festtagen und zur Ferienzeit verkehren und zur Auswechslung der Untersuchungs- und der Schadwagen dienen.

Die Bemessung des Wagenparks eines Zuges erfolgt nach dem durchschnittlichen Verkehrsbedürfnis. Die Zusammensetzung und der Umlauf der einzelnen Wagenparks sind im Zugbildungsplan festgelegt.

Die Personen- und Gepäckwagen der Bundesbahn sind aus nachstehender Zusammenstellung (Zahlentafel 11) zu ersehen.

c) **Zugbildungsplan.** Während die Güterwagen freizügig sind, sind die Personenwagen Heimatbahnhöfen zugeteilt. Der Heimatbahnhof überwacht die Zugbildung nach einem von der Eisenbahndirektion aufgestellten Zugbildungsplan.

Der Zugbildungsplan besteht nach nachstehendem Muster

1. aus der Wagenreihung der Züge (Zug-Nr.) mit der Reihenfolge der Wagen im Zuge,

2. aus dem Wagenumlaufsplan nach Heimatbahnhöfen geordnet.

Letzterer hat zwei Teile: Teil A enthält die Wagenläufe der eigenen Wagen eines Direktionsbezirks, Teil B enthält die Wagenläufe, an denen mehrere Direktionsbezirke beteiligt sind. Diese Wagenläufe sind im deutschen Wagenbeistellungsplan zusammengefaßt. Die Wagenläufe, an denen ausländische

Bahnen beteiligt sind, sind im europäischen Wagenbeistellungsplan aufgeführt. Die Wagenbeistellungspläne werden ebenso wie die Reisezugfahrpläne auf der deutschen bzw. europäischen Fahrplan- und Wagenbeistellungskonferenz

Zahlentafel 11. Personenwagen und Gepäckwagen der Bundesbahn.

Gattung der Wagen	Gattungszeichen[1]	Drehzapfenabstand	Länge über Puffer	Abteilräume	Zahl der Plätze Klasse			Eigengewicht
		mm	m		1	2	3	t
D-Zug-Wagen	AB 4 ü	14 400	21,72	2+6	12	36	—	47,5
D-Zug-Wagen	C 4 ü	14 400	21,72	10	—	—	80	47,2
Durchgangswagen	B 4 i	14 040	21,70	3	—	62	—	37,3
Durchgangswagen	BC 4 i	13 300	20,96	2+2	—	23	51	36,7
Durchgangswagen	C 4 i	13 300	20,96	3	—	—	84	35,9
Abteilwagen	BC 3	7 500[2]	12,50	2+4	—	12	32	20,4
Abteilwagen	C 3	7 600[2]	11,70	6	—	—	48	19,0
Gepäckwagen				Ladegewicht t				
für D-Zug	Pw 4 ü	12 360	19,68	9,5				39,0
„ Personenzug	Pw 4	12 360	19,68	10				32,1
„ Personenzug	Pw 3	7 500[2]	12,90	6				16,6
„ Güterzug	Pwg	4 700[2]	8,50	4				11,1

[1] A bedeutet 1., B 2., C 3. Klasse. Die Zahl dahinter Gleisachszahl, ohne Zahl gleich zweiachsig, ü = Übergangsbrücken mit Faltenbalg, i = Durchgang und Übergangsbrücke ohne Faltenbalg, WR = Speisewagen, — [2] Achsstand.

beraten. Die Wagengestellung zwischen den einzelnen Ländern wird im Naturalausgleich geregelt. Im einzelnen sind die Wagenreihungs- und Umlaufpläne (siehe folgende Seite) aufgebaut:

1. Die Wagenreihung bringt bei allen ankommenden und abfahrenden Zügen die Angaben über Zahl, Gattung und Reihenfolge der Wagen, die Nummern der Züge, aus denen die einzelnen Wagen kommen, den Wagenlauf der einzelnen Wagen, die Nummern der Züge, in die die einzelnen Wagen übergehen, die Nummern der Umlaufpläne der einzelnen Wagen und schließlich unter „Bemerkungen" Angaben über das Verkehren der Wagen an einzelnen Tagen (z. B. Fr, vS, S, nS,), in einem bestimmten Zeitraum (z. B. 21.6 bis 15.8), oder nach Bedarf, im Sommer täglich, im Winter Nacht S/nS, auf besondere Anordnung u. a. m.

2. Im Wagenumlaufplan, der für die einzelnen Wagen und für die Wagen anderer Eisenbahndirektionen und fremder Verwaltungen getrennt aufgestellt ist, haben die einzelnen oder in einer Gruppe zusammenbleibenden Wagen eine Wagenumlauf-Nummer. Hier sind neben der Zahl und Gattung der Wagen die Zugnummern und diejenigen Abfahrt- und Ankunftsbahnhöfe für die einzelnen Streckenabschnitte angegeben, die die Wagen von der Abfahrt auf dem Heimatbahnhof bis zur Rückkehr durchlaufen. Auch bringt der Wagenumlaufsplan Angaben über die Bahnhöfe, auf denen die Hauptreinigung und Leuchtgasversorgung durchzuführen ist, ferner die Anzahl der Umlaufspaare und die km-Zahl des ganzen Umlaufs.

Zugbildungsplan

Teil I: Wagenreihung der Züge.

1	2	3	4	5	6	7
Zug-Nr. Wagenkl.	Zahl, Gattung, Reihenfolge der Wagen	Kommt aus Zug	Wagenlauf	Geht über in Zug	Nr. des Umlaufpl. Teil II	Bemerkungen
D 117	Kehl-Karlsruhe-Stuttgart-Crailsheim-Nürnberg-NeuenmarktW.-Hof-Dresden -Görlitz-Breslau					
1. 2. 3.	vom 15. V. bis 3. X. 36 und vom 4. IV. bis 21. V. 37.					
	350 t an und ab Hof:					
	1 Pw 4 ü	D 113 a	Nürnberg-Breslau	D 118	390	
	1 ABC 4 ü	D 39 b	Straßb.-Warschau	D 217	555	
	1 ABC 4 ü	D 9 c	Genua-Warschau	D 217	389.556	
	1 WR	D 118 d	Stuttgart-Breslau	D 124	495	
	1 C 4 ü	D 118 e	Stuttgart-Breslau	D 118	393	
	1 BC 4 ü	D 118 f	Nürnberg-Breslau	D 118	391	
	1 C 4 ü	D 118	Nürnberg-Dresden	D 118	50	
	400 t ab Dresden: Zug kommt von Reichenbach und macht in Dresden Hbf Kopf					
	1 Post 4 ü	E 168	Dresden-Breslau	E 168	—	W
	1 BC 4 ü	D 223	München-Breslau	D 118	388	ab 14. V.
	1 BC 4 ü	D 118 f	Nürnberg-Breslau	D 118	391	ab Dresd.
	1 C 4 ü	D 118 e	Stuttgart-Breslau	D 118	393	
	1 WR	D 118 d	Stuttgart-Breslau	D 124	495	
	1 ABC 4 ü	D 9 c	Genua-Warschau	D 217	389.556	
	1 ABC 4 ü	D 39 b	Straßb.-Warschau	D 217	555	
	1 Pw 4 ü	D 113 a	Nürnberg-Breslau	D 118	390	

Teil II: Wagenumlaufplan Bf. Düsseldorf (aus dem Zp der Ebd Wuppertal)

A. für die eigenen Wagen.

1	2	3	4	5	6	7	8	9
Nr. des Wagenumlaufs	Zug-Nr.	Abfahrt- u. Ankunftbahnhof	Ankunft	Hauptrein.(R) Lichtvers.(L)	Abfahrt	Umlauf Tage	Zahl u. Gattung d. Wag.	km des ganzen Umlaufs
121	427	Düsseldorf	—	R.L.	18.51	4	1 Pw 4 ü	2881
	D 9	Hamm	—	—	—			
	D 137	Hannover	—	—	—			
	D 138	Dresden	11.15	—	19.52			
	D 10	Hannover	—	—	—			
	D 189	Köln	8.49	R.L.	22.42			
	D 190	Leipzig	8.46	—	22.36			
	D 290	Soest	—	—	—			
		Düsseldorf	8.54	—	—			
122	D 39	Düsseldorf	—	R.L.	5.48	1	1 Pw 4 ü	1086
	D 40	Berlin Pof	14.35	R.L.	16.20		1 AB 4 ü	
		Düsseldorf	1.29	—	—		3 C 4 ü	
							1 C 4 ü	

Die Bedeutung der Bezeichnungen der Spalte 2 der oberen und der Spalte 8 der unteren Zahlentafel sind aus der Zahlentafel 11 der Personen- und Gepäckwagen zu ersehen.

C. Der Einfluß der verschiedenen Wagenarten auf die Umbildungsarbeit der Reisezüge.

Die Umbildung der Reisezüge beginnt im Abstellbahnhof nicht unmittelbar nach Ankunft des Zuges in der Einfahrgruppe. Die wagentechnische Untersuchung des Zuges erfordert bei den Zügen rd. $^3/_4$ Stunden Stillager. Auch dann wird die Zugumbildung erst vorgenommen, wenn der Zeitplan der Wagenreinigung oder die Weiterverwendung einzelner Wagen oder die Räumung des Einfahrgleises es erfordert. Auch zwischen der Umbildung des Zuges und seiner Abfahrt liegen oft mehrere Stunden.

Die Postwagen, Eilgutwagen und Expreßgutwagen dürfen aber nicht dieses Stillager haben. Sie werden daher entweder je nach der Lage des Abstellbahnhofs am Bahnsteig oder unmittelbar nach der Ankunft im Abstellbahnhof und vor Abfahrt aus diesem abgezogen oder beigestellt. Bei der eigentlichen Umbildung der Reisezüge sind also die Post-, Eilgut- und Expreßgutwagen in der Regel nicht mehr am Zuge. Die Postwagen können unmittelbar hinter der Lok eingestellt werden, damit der Zugführer vom Gepäckwagen aus durch den Zug gehen kann. Die dreiachsigen Postwagen dürfen nur am Schluß laufen. Eilgut- und Expreßgutwagen stehen in der Regel am Zugschluß, andernfalls ist ihre Stellung hinter der Lok zweckmäßig.

Im Gegensatz zu den Post-, Eilgut- und Expreßgutwagen bleiben die Gepäckwagen im festen Umlauf beim Zugpaar, vom Zug auf den Gegenzug übergehend. Das Austauschen eines Gepäckwagens wird daher nur beim Schadhaftwerden oder Ablauf der Untersuchungsfrist vorgenommen. Der Gepäckwagen steht am besten unmittelbar hinter der Lok, weil so am einfachsten die notwendige Verständigung von Lokführer zu Zugführer bei Abfahrtauftrag, Aushändigung der schriftlichen Befehle, Rangieren und Unfällen ermöglicht wird. Der Gepäckwagen kann aber auch am Schluß stehen und ausnahmsweise auch innerhalb des Zuges, wenn z. B. auf einem Trennungs- oder Kreuzungsbahnhof eine Zugtrennung bzw. Zugvereinigung vorgesehen ist, oder wenn der Gepäckwagen beim An- oder Absetzen von Kurswagen hinderlich ist.

Von großer Bedeutung für das Ausmaß der Umbildungsarbeit ist, ob ein Zug Stamm- oder Kurswagen anbringt, die im Zuge bleiben, so daß aus den Wagen des eingegangenen Zuges wieder der Gegenzug gebildet wird, oder ob die eingebrachten Wagen sämtlich oder zum Teil auf andere Züge übergehen, also Einzelumläufe haben; denn die einzeln umlaufenden Wagen müssen nach ihrer Ankunft bei der Zugumbildung ausgesondert werden, was mehr Rangierarbeit verursacht. Dagegen werden bei Einzelumläufen die Wagen besser ausgenutzt, da das Stillager nicht so groß ist.

Auch die Beigabe von Verstärkungs- und Bereitschaftswagen verursacht mehr Rangierarbeit.

Speisewagen sollen möglichst im Zuge belassen werden. Sie verursachen daher nur dann Rangierarbeit, wenn eine anderweitige Stellung im Zuge erforderlich ist. Die Speisewagen werden dann bei der Behandlung des Zuges im Wagenreinigungsschuppen für die neue Fahrt hergerichtet. Bleiben die Speisewagen nicht im Wagenpark, weil sie als Einzelläufer weitergehen oder weil der Gegenzug keinen Speisewagen führt, dann muß man den Speisewagen aussetzen

20*

und ihn später in einen anderen Wagenpark wieder einrangieren. Die Speisewagen sind zur besseren Erreichung durch die Reisenden in die Mitte des Zuges einzustellen.

Für Schlafwagen gelten gleiche Gesichtspunkte wie für Speisewagen. Ihr Verbleiben im Zuge ist anzustreben. Sie laufen am besten vorn oder am Ende des Zuges, damit Störungen durch andere Reisende vermieden werden. Schlafwagen III. Klasse, die nur Dampfheizung haben, sind im Winter in der Nähe der Lok einzustellen. Besondere Rangierbewegungen (Einzelumläufe) verursachen auch die Verstärkungs-Schlafwagen, die an Sonntagen sowie am Tage davor oder danach auszusetzen und einzustellen sind.

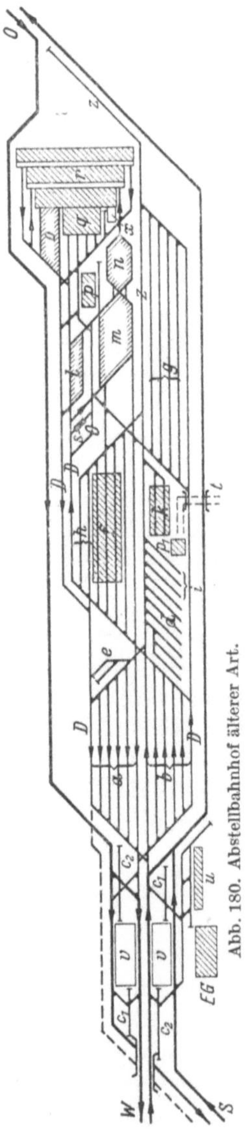

Abb. 180. Abstellbahnhof älterer Art.

D. Bauliche Ausgestaltung der Abstellbahnhöfe.
1. Der bisherige Abstellbahnhof.

Die bisherigen Abstellbahnhöfe sind in der Regel durchwegs waagerecht oder höchstens 2,5 $^o/_{oo}$ geneigt, so daß die Zerlegung der Reisezüge nach dem Abstoßverfahren erfolgt. Die Anordnung der einzelnen Gleisgruppen ist aus der Abb. 180 zu ersehen. Die Hauptgruppen sind im folgenden erläutert:

a) **Aufstellgleise und Wagenschuppengleise.** Die Reisezüge gelangen mit der Zuglok von den Bahnsteiggleisen in die Aufstellgleise a für die Einfahrt. Auf ihnen erfolgt nach Abfahrt der Lok sowie Abzug der Post- und Eilgutwagen in erster Linie für die Personenzüge die äußere und innere Reinigung, sowie die Prüfung der ordnungsmäßigen Beschaffenheit aller Teile und weiterhin die Versorgung mit allem, was für die Ingebrauchnahme der Wagen notwendig ist. Daher befinden sich zur Entnahme von Wasser, Druckluft, Dampf, Gas und elektrischem Strom zwischen den Gleisen Entnahmestellen. Letztere liegen, mit Ausnahme der Bremsprüfungsapparate, in Gruben, damit die Gassen zwischen den Gleisen möglichst für das Reinigungsgeschäft frei sind.

Die Zahl der Einfahr- und Ausfahrgleise, die in einer Gruppe vereinigt sind, entspricht der größten Anzahl der nach dem Bahnhofsfahrplan gleichzeitig anwesenden Züge. Außerdem sind 3 bis 5 Gleise für den Wagenschuppen vorzusehen. Die nutzbare Länge der Ein- und der Ausfahrgleise für D-Züge beträgt 400m (2 Zugloks + Wagenpark + Spielraum). Die Gleise für die anderen Reisezüge haben eine geringere Nutzlänge, jedoch nicht unter 260 m. Der Abstand der Gleise dieser Gruppe ist zu 5 m anzunehmen, da ja zwischen den Gleisen sich die genannten Längsgruben befinden und außerdem zwischen den Zügen möglichst Platz für das Reinigungsgeschäft sein muß.

Im **Wagenreinigungsschuppen** findet insbesondere die Reinigung und Nachprüfung der ordnungsmäßigen Beschaffenheit der D-Züge sowie deren Versorgung für die Zugfahrt statt. Auch werden hier kleinere Ausbesserungen vorgenommen und im Winter die Züge nach ihrer Ankunft aufgetaut und vor ihrer Abfahrt vorgeheizt. Der Aufenthalt im Wagenschuppen beträgt durchschnittlich ungefähr 3 Stunden. Die Gleislängen im Wagenschuppen sind höchstens 300 m. Die Abstände der Gleisachsen voneinander sind 5,5 m und von Gleismitte zur Wand 4 m. Arbeitsgruben werden auf die ganze Länge der Gleise angelegt. Wie bei Lokschuppen ist die Torbreite 4 m und die Torhöhe 4,80 m. An den Längsseiten des Schuppens sind Werkstätten für Tischler, Polsterer, Glaser, Lackierer, Schlosser usw. vorzusehen.

In den Ausfahrgleisen b werden von Rangierloks die Post-, Eilgut- und Expreßgutwagen, gegebenenfalls auch Verstärkungswagen auf den Zug gesetzt. Auch können in diesen Gleisen die Züge vorgeheizt werden.

Eine Trennung der Gruppen a und b nach angekommenen und abfahrbereiten Zügen ist nicht vorgesehen, damit man in der Gleisbenutzung nicht eingeengt ist. Wie aus Abb. 180 zu ersehen ist, legt man an die Abfahrseite noch einige Stumpfgleise für Verstärkungswagen (e) an. Die Gruppen a und b sind mit Durchlaufgleisen an beiden Rändern zu versehen. Der Wagenreinigungsschuppen soll auf der einen Seite von einem Durchlaufgleis und auf der anderen von dem Hauptausziehgleis aus zugänglich sein.

b) Die Ordnungsgleise (d). Zum Ordnen der Wagen nach dem Zugbildungsplan sind 5—6 Gleise von 100—160 m erforderlich, die an das Hauptausziehgleis angeschlossen sind. Nach Abb. 180 enden die Ordnungsgleise stumpf. In diese werden die Wagen abgestoßen und vom selben Ausziehgleis durch die gleiche Lok nach dem Zugbildungsplan des Gegenzuges zusammengesetzt. An das Ausziehgleis sind auch die Gleise für Speise- und Schlafwagen sowie die für Luxuszüge angeschlossen. In deren Nähe ist ein Magazin für die Gesellschaft anzulegen, die diese Wagen bewirtschaftet. Letzteres muß mit schienenfreier Kreuzung für Kraftwagen zugängig sein. Auch ein Salonwagenschuppen ist gegebenenfalls an das Hauptausziehgleis anzuschließen. Letzteres ist etwa 500 m lang und kann in einem stärkeren Gefälle liegen als die Bahnhofsneigung 2,5 $^0/_{00}$.

c) Wagenvorratsgruppe (g), Übergabegleise (h) und Lokanlage. Zum Abstellen der Wagenzüge in verkehrsschwachen Zeiten sind an das Hauptausziehgleis noch die Wagenvorratsgleise angeschlossen. In guter Verbindung mit der Lokbehandlungsanlage einerseits und dem Rangierbahnhof andererseits sind zwei Übergabegleise zum Austausch von Wagen anzulegen. Deren Länge beträgt je 150 m. Mit dem Abstellbahnhof ist auch eine Lokomotivbehandlungsanlage nach dem im zweiten Abschnitt bekanntgegebenen Grundsätzen verbunden.

2. Neuzeitliche Abstellbahnhöfe.

Sind die Zugbildungsaufgaben erheblicher, so sind die Ordnungsgleise an beiden Enden anzuschließen, damit man an dem einen Ende den Reisezug zerlegen und am anderen Ende gleichzeitig einen Gegenzug neu bilden kann. Auch sieht man hier eine Trennung der Einfahrgruppe von der Ausfahrgruppe vor. Die Zerlegung der Reisezüge kann durch das Abstoßverfahren oder durch das Ablaufverfahren erfolgen. Bei beiden Verfahren empfiehlt es sich, nach dem Aufsatz „Ablauf und Abstoß bei der Umbildung von Reisezügen", von Feindler und Bredow (Gleistechnik und Fahrbahnbau 1943, Heft 13/18 und 19/24), für jeden Zugbildungsteil des Abstellbahnhofs folgende 5 Gruppen zu einem Zugbildungssystem nach Abb. 181 zusammenzufassen:

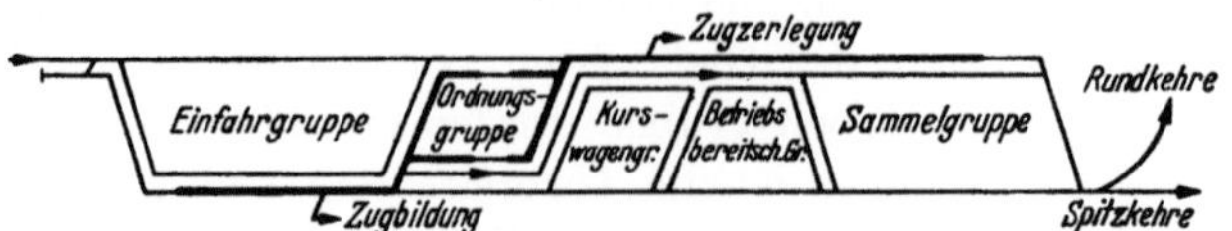

Abb. 181. Grundsätzliche Anordnung eines Abstellbahnhofes neuerer Art.

1. Die Einfahrgruppe.
2. Die Ordnungsgruppe zum Zerlegen der Wagengruppen des Zugpaares.
3. Die Sammelgruppe zum Abstellen des Gegenzugpaares bis zur Überführung nach dem Wagenreinigungsschuppen.
4. Die Kurswagengruppe zum vorübergehenden Abstellen derjenigen Wagen, die auf spätere Gegenzugparks übergehen.
5. Die Betriebsbereitschaftsgruppe zum Abstellen der Verstärkungswagen, auch der nur an bestimmten Tagen verkehrenden und von Ersatzwagen für ausgesetzte Schadwagen und Untersuchungswagen.

Die grundsätzliche Anordnung dieser Gruppen innerhalb eines Zugumbildungssystems kann unter bestmöglichster Flächenausnutzung bei den Abstellbahnhöfen ohne Ablaufanlagen nach Abb. 181 und bei solchen mit Ablaufanlagen nach Abb. 182 erfolgen.

Ferner sind außerhalb der Zugbildungssysteme eine oder mehrere Gruppen für Sonderbereitschaft erforderlich. In diesen müssen sich Bedarfszüge ohne Störung des Regelbetriebes schnell bilden und auflösen lassen. Gute Verbindungen nach den Ein- und Ausfahrgruppen sind notwendig, gegebenenfalls sind einige besondere Ein- und Ausfahrgleise für diese Gruppen anzulegen. Ob darüber hinaus noch weitere Rangieranlagen für Eilgut-, Postwagen usw. nötig sind, hängt von den jeweiligen Erfordernissen ab.

In Abb. 182 ist ein Schema eines Abstellbahnhofs für Ablaufbetrieb mit Spitzkehre und mit danebenliegender Lokomotivbehandlungsanlage vom Ver-

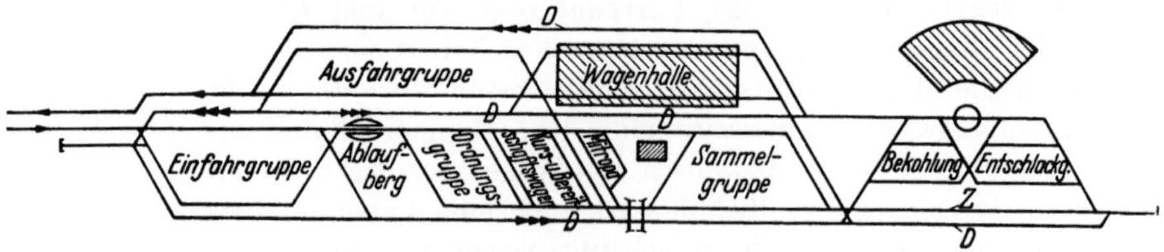

Abb. 182. Abstellbahnhof mit Ablaufbetrieb.

fasser entworfen worden. Die Bemessung der einzelnen Gruppen ist nachstehend erläutert.

Zu 1. Einfahrgruppe. An Hand des Zugaufkommens an Hauptverkehrstagen mit Zuschlag für Bedarfszüge und Verkehrszuwachs ist ein Betriebsplan aufzustellen, mit dessen Hilfe die Behandlungszeit und Liegedauer des Zugparks in der Einfahr-, Sammel-, Wagenreinigungs- und Ausfahrgruppe und hieraus weiterhin die erforderliche Gleiszahl dieser Gruppe ermittelt wird. Bei Bemessung dieser Gruppen ist auf einen möglichen Rückstau bei Verspätungen Rücksicht zu nehmen. Insbesondere ist bei den Gleiszahlen für die Einfahrgruppe noch das Warten auf das Zerlegen derjenigen Zugparks zu berücksichtigen, deren Gegenzugparks einen oder mehrere Kurswagen erst von später einfahrenden Zügen erhalten. Auch ist die nutzbare Länge der Einfahrgleise für D-Züge zu 400 m anzunehmen. Für Reisezüge kann ein Teil dieser Gleise kürzer sein. Durchrutschlänge und Länge für die Abdrücklokomotive sind besonders zu berücksichtigen.

Zu 2. Ordnungsgruppe. Zahl und Länge der Ordnungsgruppengleise werden zweckmäßig durch bildliche Darstellung für die erforderliche Zerlegung und Zugbildung bei jedem Zug ermittelt. Durchschnittlich sind diese Gleise etwa 120 bis 150 m lang.

Dabei muß berücksichtigt werden, ob am Abstellbahnhof Spitzkehre und Rundkehre angeordnet sind, durch deren wahlweise Benutzung auf dem Weg zum Wagenreinigungsschuppen eine Vereinfachung der Zugumbildung möglich ist.

Sowohl beim Zerlegen im Stoßverfahren als auch beim Ablaufverfahren werden von der anderen Seite der Ordnungsgleise die Wagen von einer Dampflokomotive gesammelt. Ein Ablauf aus den Ordnungsgleisen in die Sammelgruppe mit Schwerkraft scheitert daran, daß für die widerstandsreichsten Sammelgleise eine so große Ablaufhöhe gebraucht wird, die dem Ablauf nach widerstandsärmeren Sammelgleisen zu große Geschwindigkeiten gibt. Das Ablaufprofil sowie die Höhe des Ablaufberges ist etwa wie das der Stationsgruppe der Rangierbahnhöfe zu gestalten. Die Steilrampe hat ein Gefälle von etwa $25—30\,^0/_{00}$ und das Gefälle der Ordnungsgleise sowie der Weichenzone am Fuße des Ablaufberges ist $2\,^0/_{00}$. Als Fahrzeugwiderstand ist der des leeren G-Wagens (siehe Seite 181) anzunehmen, falls keine Messungsergebnisse für D-Zug-Wagen und Abteilwagen vorhanden sind.

Zu 3. Sammelgruppe. Die Zahl der erforderlichen Gleise ergibt sich aus dem bei Behandlung der Einfahrgruppe erwähnten Betriebsplan. Als nutzbare Länge zwischen den Merkzeichen würde hier die der Einfahrgleise nach Abzug der Längen für Zuglokomotiven, Spielraum und Durchrutschweg genügen. Aus der Sammelgruppe gelangen die Wagenparks durch Spitz- oder Rundkehre in die Wagenreinigungsgruppe, aus der sie in die Ausfahrgruppe vorgezogen werden. Dort werden sie mit der Zuglok bespannt und an den Bahnsteig gebracht.

Zu 4. Kurswagengruppe. Für die im Abstellbahnhof auf andere Gegenzugparks übergehenden Wagen kann man einen Plan der Liegedauer aufstellen. Aus der Höchstquerschnittssumme der Züge mit einem angemessenen Zuschlag ist Zahl und Länge der Kurswagengleise bestimmbar.

Zu 5. Betriebsbereitschaftsgruppe. Die Zahl der für diese Gruppe erforderlichen Gleise und ihre Längen sind nach den Angaben im Zugbildungsplan über Betriebsbereitschaft und Ersatz für Untersuchung und Ausbesserung zu errechnen unter Berücksichtigung von Zuschlägen für Spielraum und Verkehrszuwachs.

Die Zahlen und Längen der Gleise für die Sonderbereitschaftsgruppen lassen sich aus dem Abschnitt des Zugbildungsplans ermitteln, der Angaben über die für Sonderbereitschaft vorzuhaltenden Wagen enthält. Auch ist ein Zuschlag für Verkehrszuwachs zu machen. Der Umfang aller sonstigen Gleisanlagen ist auf Grund besonderer Erhebungen festzustellen. Hierbei wäre für die Wagenreinigungsgruppe und für die Ausfahrgruppe der bereits erwähnte Betriebsplan heranzuziehen.

E. Die Ermittlung der Leistungsfähigkeit eines Abstellbahnhofs.

Die Ermittlung der Leistungsfähigkeit eines Abstellbahnhofs für Zugzerlegung und Zugbildung geschieht nach dem auf Seite 291 für den Rangierbahnhof entwickelten Verfahren, sowie nach der Zusammenstellung der Haltezeiten und Geschwindigkeiten (Seite 282). Nach diesen Ausführungen können die Abstellbahnhöfe sowohl mit Abstoß- als auch mit Schwerkraftbetrieb untersucht werden.

1. Zeitwerte und fahrdynamische Grundlagen zur Ermittlung der Leistungsfähigkeit eines Abstellbahnhofes.

Für Abstellbahnhöfe sind außer den Stillstandszeiten für Wende- und Zwischenhalte während der Rangierbewegung noch Zeitwerte für Arbeitsvorgänge am stehenden Zuge erforderlich. Erstere wurden von Massute und Nebelung für Rangierbahnhöfe ermittelt (s. Zusammenstellung Seite 282) und Gildemeister hat durch Beobachtung festgestellt, daß diese Werte auch für den Betrieb der Abstellbahnhöfe übernommen werden können. Die Zeitwerte für die Arbeitsvorgänge am stehenden Zuge auf Abstellbahnhöfen wurden von Gildemeister im Organ 1942, Heft 13, Seite 182 auf Grund zahlreicher Beobachtungen und Auswertung nach der Häufigkeitsrechnung bekanntgegeben. Die Durchschnittswerte und die Anzahl der Beobachtungen sind in Zeile 9 bis 14 der nachstehenden Zahlentafel 12 bekanntgegeben. Auch für die einzelnen Rangierfahrten konnten zur leichteren Ermittlung der Rangierzeiten mittlere Geschwindigkeiten nach Zeile 15 bis 17 angegeben werden.

Zahlentafel 12.

Zeitwerte für die Arbeitsvorgänge der Reisezugumbidung nach Gildemeister

Nr.	Untersuchter Vorgang	Durchschnittswert	Beobachtungszahlen
1	$^0/_0$ Anteil an der Geschwindigkeit V_k, für die der gesamte Rangierweg 1 gleich der Summe aus Anfahr- und Bremsweg ist.	90	113
2	weg ist. Vorwärtsfahrt dto. Rückwärtsfahrt	70	116
	Trennen		
3	Faltenbälge trennen: am Bahnsteig. Der Arbeiter klinkt die Tür des Wagens an der Bahnsteigseite auf, steigt ein, trennt und springt auf den Bahnsteig zurück	58 sec	213
4	Faltenbälge trennen: Trennen in der Gleisgruppe. Der Arbeiter klinkt die Tür des Wagens auf, steigt ein, trennt und klettert von dem Wagen herunter	64 sec	167
5	Zuglok vom Wagenzug abkuppeln bei gleichzeitiger Trennung der Druckluftleitung (in der Einfahrgruppe) .	37 sec	121

Zahlentafel 12 (Fortsetzung).

Nr.	Untersuchter Vorgang	Durchschnittswert	Beobachtungszahlen
6	Abnehmen der zwei Schlußscheiben in einem Arbeitsgang	23 sec	125
7	Abnehmen einer Schlußlaterne und an derselben Seite neben das Gleis stellen	19 sec	163
8	Abnehmen der zweiten Schlußlaterne und auf der anderen Seite neben die erste stellen	32 sec	187
9	Schrittgeschwindigkeit des Schlußschaffners	1,8 m/s	130
10	Schrittgeschwindigkeit des Wagenmeisters	1,1 m/s	106
11	Verständigung des Wagenmeisters mit Zugpersonal . . .	15 sec	129
12	Rangierleiter nimmt Beendigung des Abkuppelns wahr und erteilt Auftrag zur Abfahrt.	3 sec	124
13	Zeit vom Aufnehmen der Fahraufträge bis zum Beginn der Fahrt.	6 sec	96
14	Wahrnehmung der Weichenumstellung durch Lokpersonal	12 sec	75
15	Mittlere Geschwindigkeit der Reisezüge während der Ausfahrt aus der Ausfahrgruppe	8,7 km/h	123
16	Fahrt in den Reinigungsschuppen: Wagenzug wird in den Schuppen gedrückt	14,5 km/h	115
17	Fahrt aus dem Reinigungsschuppen: Wagenzug wird aus dem Schuppen gezogen.	14,7 km/h	110

2. Widerstände.

Für die Überführung der Wagen kommt nach Abb. 183, die dem Bild 8 der Verkehrstechnischen Woche 1936, Seite 189 entspricht, wie bei Güterwagen für einen mittleren Laufweg ein mittlerer Grundwiderstand $w = 3,0$ kg/t bei normaler Temperatur und $w = 5,5$ kg/t bei tiefer Temperatur in Frage. Der Einfluß des Windes kann bei den geringen Geschwindigkeiten und bei dem Windschutz durch die besetzten Nachbargleise vernachlässigt werden.

Bei dem Wagenablauf ist für Güterwagen der beladene O-Wagen von G = **30** t ein Gutläufer und der leere G-Wagen von 10 t

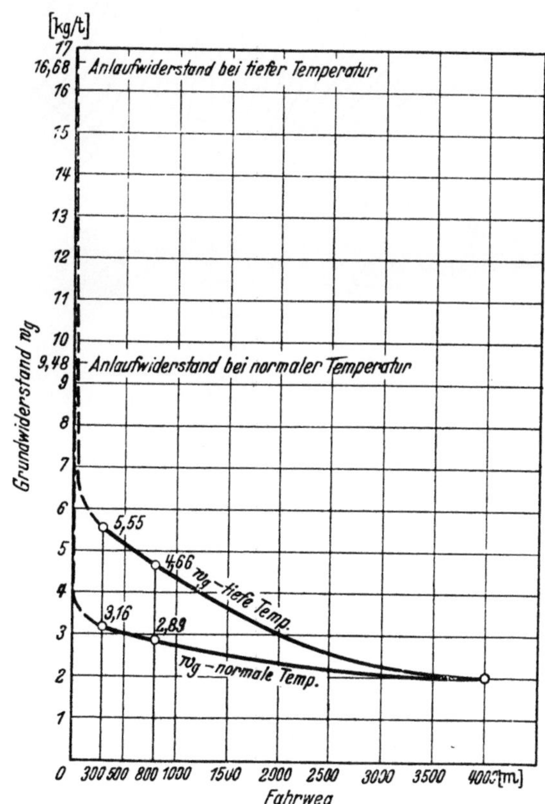

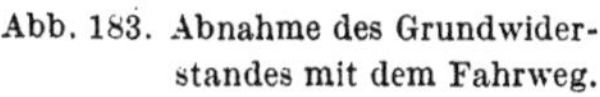
Abb. 183. Abnahme des Grundwiderstandes mit dem Fahrweg.

Eigengewicht ein Schlechtläufer. Bei Reisezügen sind in der Regel möglichst gleichartige Wagen, entweder nur Abteilwagen oder Eilzugwagen oder D-Zug-Wagen, im Zuge vereinigt. Entsprechend den zweiachsigen Güterwagen, diese Wagen auf zwei Achsen bezogen, ist für die Reisezugwagen ein Eigengewicht von 15, 18 und 25 t anzunehmen

Nach Abb. 137 (vgl. Bild 7 der VW 1936, Seite 188) unterscheiden sich die Grundwerte der Gut- und Schlechtläufer bei diesen Gewichten sehr wenig voneinander, so daß man für einen Gutläufer bei normaler Temperatur $w = 2,4$ kg/t und bei tiefer Temperatur 4,3 kg/t und bei einem schwerlaufenden Reisezugwagen bei normaler Temperatur 3,6 kg/t und bei tiefer Temperatur 6,4 kg/t setzen kann.

Die Abstellbahnhöfe liegen abgesehen von der Ablaufanlage im allgemeinen horizontal, es ist daher $s = 0\ ^0/_{00}$ zu setzen. Hingegen ist zu berücksichtigen, daß die Rangierfahrten vielfach in Weichenstraßen und Krümmungen der Gleisgruppen stattfinden. Hierfür wird ein Krümmungswiderstand angenommen, der von einem D-Zugwagen mit dem Achsabstand $a = 3,6$ m eines Drehgestelles in dem Gleisbogen mit dem Halbmesser $r = 190$ m hervorgerufen wird. Es ist dann der Krümmungswiderstand nach Seite 181 $w_r = 600/r = 600/190 = 3,3$ kg/t.

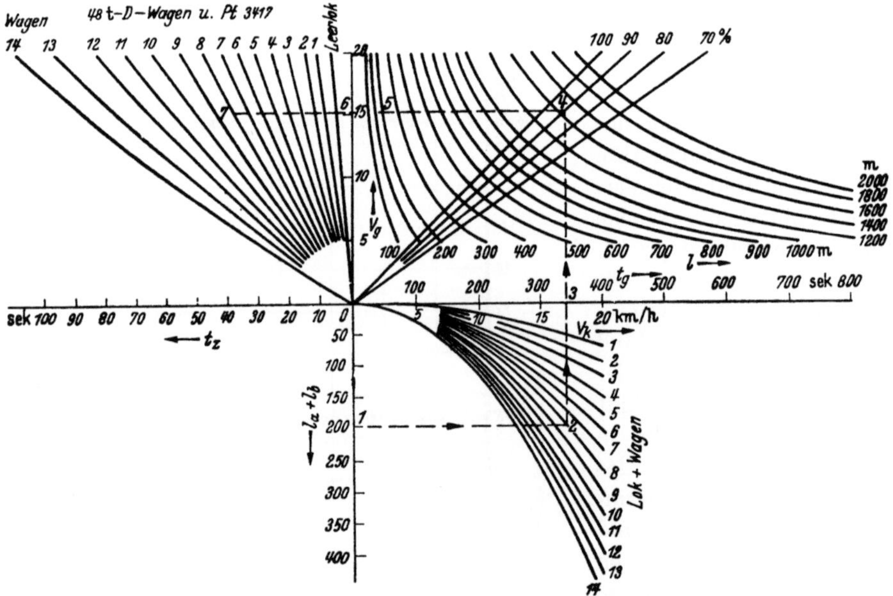

Abb. 184. Rangierdiagramm von Dr.-Ing. W. Gildemeister.

3. Rangierdiagramm.

Das Rangierdiagramm von Gildemeister (Abb.184). Zur einfacheren Handhabung des Rechnungsganges wird die Rangierzeit $t_R = t_g + t_z$ für einen Rangiervorgang einem Rangierdiagramm entnommen. Hierbei ist nach Seite 265 die Zeit t_g für die Fahrt mit Beharrungsgeschwindigkeit und t_z der Zeitzuschlag für Anfahren und Bremsen.

Die Zeitzuschläge für Anfahren und Bremsen sind von Nebelung nach Sekunden zusammengefaßt und in Abhängigkeit vom Rangierweg und der Wagenzahl für ein bestimmtes Wagengewicht nach Abb. 168a—c dargestellt worden. Dieses Diagramm kann erweitert werden, wenn in dem zweiten Quadranten die Hyperbel schargleicher Laufzeiten aufgetragen wird, mittels der parallel zur Abzissenachse die Zeiten t für die Fahrten mit der Beharrungsgeschwindigkeit abgelesen werden können. Nach der Untersuchung von Gildemeister konnten für die Rangierbewegungen auf Abstellbahnhöfen keine linearen Beziehungen (wie von Nebelung bei Rangierbahnhöfen festgestellt) zwischen Anfahrweg l_a, Bremsweg l_b und Rangierweg l gefunden werden. Jedoch kann die tatsächliche Rangiergeschwindigkeit V_g in Beziehung gesetzt werden zu der Geschwindigkeit V_k, bei der der Rangierweg $l = l_a + l_b = $ Anfahr- + Bremsweg ist, und zwar gilt für Fahrten mit der Lokomotive an der Spitze $V_g = 0,9\ V_k$ und für Fahrten mit geschobener Rangierabteilung $V_g = 0,7\ V_k$ (vgl. Zeile 1 und 2 der Zahlentafel 12). Dem entsprechend sind im dritten Quadranten des Rangierdiagramms Abb. 184 Hyperbeln nach der Gleichung $l = l_a + l_b = V_k \cdot t_z : 3,6$ aufgetragen. Es ist also der Rangierweg gleich der Summe aus Anfahr- und Bremsweg und die Fahrzeit lediglich gleich dem Zeitzuschlag t_z, d. h. $t_R = t_z$ ist die kürzeste Rangierzeit über den Weg l. Die zugehörige Geschwindigkeit V_k ist auf der Abzissenachse abzulesen. Durch Anordnung der Geraden im zweiten Quadranten kann aus der Geschwindigkeit V_k die tatsächliche Geschwindigkeit V_g an der Ordinatenachse abgelesen werden. Das Rangierdiagramm ist für die günstigste Rangierlokgattung Pt 34 · 17 auf Abstellbahnhöfen entworfen. Das Gewicht dieser Lokgattung ist $G_e = 68$ t. Zu beachten ist, daß sowohl für Vorwärts- und auch für Rückwärtsfahrt die maximale Beharrungsgeschwindigkeit $V_{max} = 20$ km/h nicht überschritten wird. Für die Konstruktion des Rangierdiagramms sei auf die genannte Quelle verwiesen.

Ablesebeispiel: Eine Rangierabteilung von 8 D-Wagen von je 48 t Eigengewicht soll in Vorwärtsfahrt über 190 m von einer Pt 34 · 17 bewegt werden (Abb. 184).

Im dritten Quadranten des Diagramms wird mittels der Hyperbel für 8 Wagen die Geschwindigkeit $V_k = 17$ km/h (Punkt 3 der Abb. 184) ermittelt. Für die Vorwärtsfahrt sind jedoch nur 90% davon zulässig (Punkt 4), infolgedessen ergeben sich die Rangierzeit bei der Beharrungsgeschwindigkeit $V_g = 15,5$ km/h und einem Laufweg von 190 m im zweiten Quadrant zu $t_g = 45$ sec (Punkt 5 bis 6) und die Zeitzuschläge im ersten Quadrant zu $t_z = 38$ sec (Punkt 6 bis 7). Mithin ist die Rangierzeit $t_R = t_g + t_z = 45 + 38 = 83$ sec.

4. Zugbildezeiten bei Abstoß- und Ablaufbetrieb.

Die Zugbildezeiten können wieder ebenso wie bei den Rangierbahnhöfen aus dem Gleisplan und der Rangierliste berechnet werden, wie aus den Beispielen für Flachbahnhof und Gefällbahnhof S. 284 zu ersehen ist. Dies führt am einfachsten zum Ziele. Für die Studierenden ist jedoch anschaulicher, die berechneten Bewegungsvorgänge für Zugzerlegung und Zugbildung nach Zeit und Weg darzustellen. Eine derartige Darstellung für den Betriebsplan eines Rangierbahnhofs wurde vom Verfasser 1924 in der Sonderausgabe des VDI über Eisenbahnwesen entwickelt. Eine ähnliche Darstellung für die Umbildung der Reisezüge auf Abstellbahnhöfen mit Abstoß- und Schwerkraftbetrieb enthält der beachtenswerte Aufsatz „Ablauf und Abstoß beim Umbilden von Reisezügen" von Dr.-Ing. Feindler und H. Bredow in der Zeitschrift „Gleistechnik und Fahrbahnbau" 1943, Heft 13/18 und 19/24. Diese Darstellungen sind in Abb. 185, 186 wiedergegeben und sollen nachstehend erläutert werden.

Ein Reisezug mittlerer Stärke soll nach demselben Zugbildungsplan auf einem Abstellbahnhof mit Abstoßbetrieb (Abb. 185) und einem solchem mit Schwerkraftsbetrieb (Abb. 186) umgebildet werden. Auf beiden Abbildungen ist auch eine Darstellung der Zugumbildung für den Fall späterer Benutzung einer Spitzkehre bzw. einer Rundkehre gegeben. Aus dieser Darstellung sind die Wagenreihung bei Ankunft und Abfahrt, die Zahlen der erforderlichen Abstöße, bzw. Abläufe, die Zahl der Gleise und der im einzelnen notwendigen Rangiergänge bei der Zugbildung erkennbar. In dem Beispiel ist danach sowohl beim Abstoßen als auch beim Ablaufen die spätere Benutzung der Spitzkehre vorgesehen.

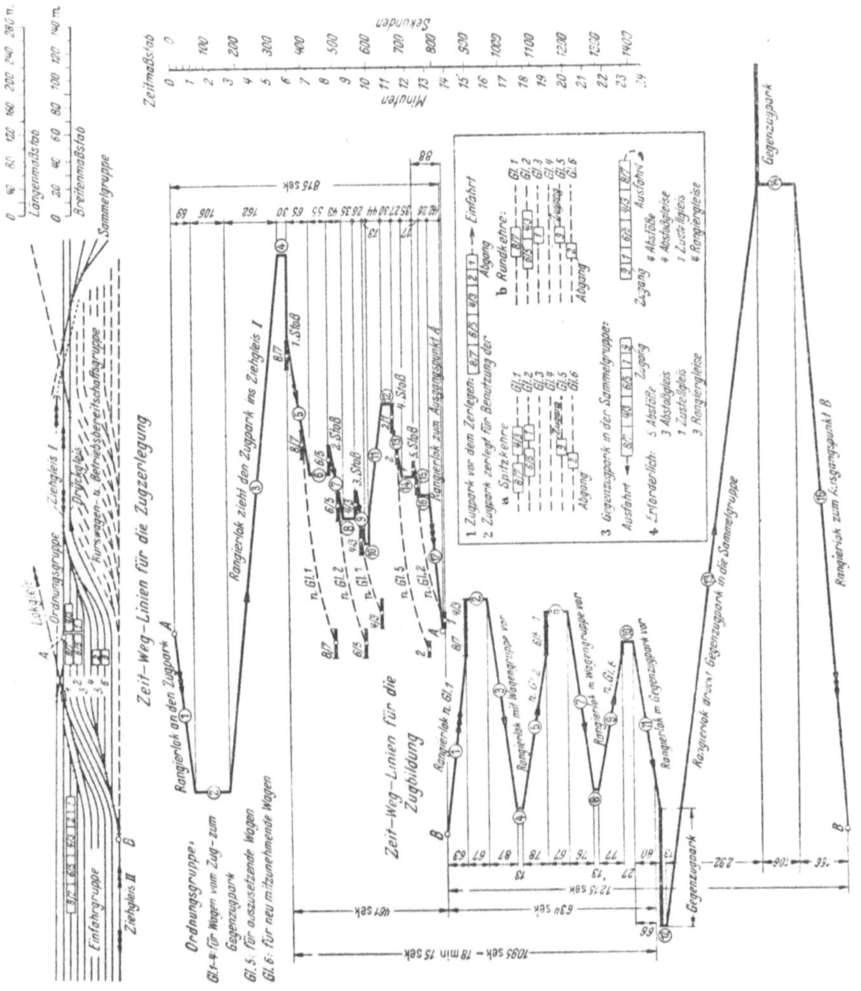

Abb. 185. Umbildung eines Reisezuges durch Abstoßen.

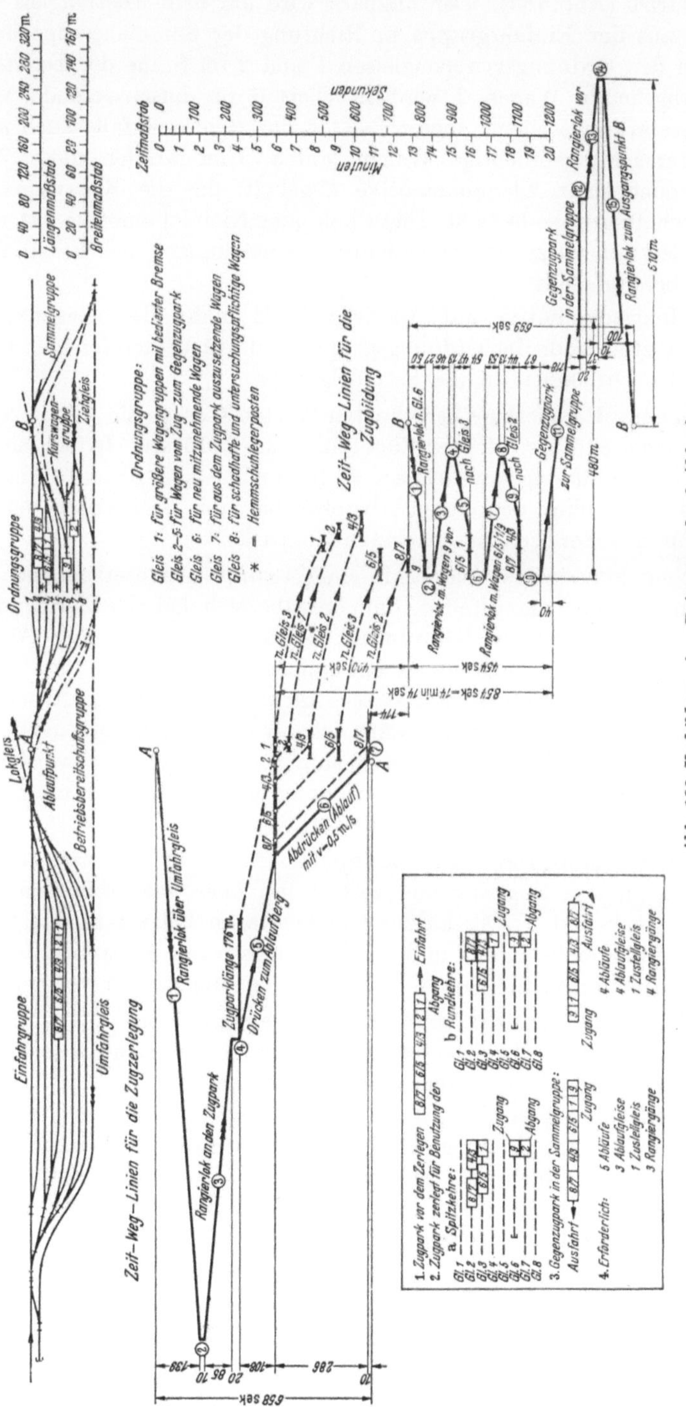

Abb. 186. Umbildung eines Reisezuges durch Ablauf.

a) **Abstoßbetrieb** (Abb. 185). Der Zugpark wird auf dem Ausziehgleis 1 von der Zerlegelok aus der Einfahrgruppe in Richtung der Sammelgruppe herausgezogen und in den Ordnungsgruppengleisen 1 und 2 im Sinne der Darstellung zerlegt. Der abgehende Wagen 2 wird in Gleis 5 für auszusetzende Wagen (Kurs- und Verstärkungswagen) abgestoßen, in das gegebenenfalls auch schadhafte und untersuchungspflichtige Wagen laufen. Hier werden diese Wagen von der Lok oder einer Kleinlokomotive abgeholt, die die Kurswagen und Betriebsbereitschaftsgruppe bedient. Diese Lok oder Kleinlokomotive hat vorher auf Gleis 6 (Gleis für mitzunehmende Kurs-, Verstärkungs- und Ersatzwagen) den Wagen 9 bereitgestellt.

Die Zugbildungslokomotive auf Ausziehgleis II bildet den Gegenzugpark am entgegengesetzten Ende der Ordnungsgruppe und drückt den fertigen Gegenzugpark über das Drückgleis in die Sammelgruppe.

Nach den in einer Rangierliste berechneten Werten beträgt die Arbeitszeit der Zerlegelok am Zuge 815 sec, die der Zugbildungslok 1215 sec. Jedoch sind für die eigentliche Zugumbildung nur 1095 sec = 18 min 15 sec in Ansatz zu bringen, gerechnet vom Augenblick des ersten Abstoßes bis zum Freiwerden der Ordnungsgruppe für das Zerlegen des nächsten Zugparks.

Wäre noch ein Schadwagen am Ende einer Gruppe auszusetzen und somit für ihn ein Ersatzwagen einzustellen, dann ergäbe sich bei der Zerlegung ein weiterer Stoß mit etwa 80 sec Zeitaufwand (5 Stöße erfordern nach Abb 185 rund 400 sec) und bei der Zugbildung ein weiterer Zeitaufwand für das Einstellen des Ersatzwagens von etwa 200 sec. Da diese zusätzliche Arbeit aber nicht für jeden Zugpark aufzuwenden wäre, ist mit einer erhöhten Zugbildungszeit von rund 20 min je Zugpark (statt 18 min 15 sec) gerechnet worden. Bei diesem Zeitaufwand von 20 min je Park können im Abstoßverfahren in jedem Rangiersystem stündlich 3 Zugparks umgebildet werden.

b) **Ablaufbetrieb** (Abb. 186). Die Zerlegelok (Abdrücklok) setzt sich über das Umfahrgleis an den Zugpark und zerlegt ihn über den Ablaufrücken in die Ordnungsgleise 2 und 3. Der auszusetzende Wagen 2 läuft in das Gleis 7 ab, das für abzusetzende Kurs- und Verstärkungswagen bestimmt ist. Das Gleis 8 ist als Ablaufgleis für Schad- und Untersuchungswagen vorgesehen.

Die Zugbildungslok arbeitet am entgegengesetzten Ende der Ordnungsgruppe auf dem geraden Gleis der Sammelgruppe, bildet den Gegenzugpark aus den Wagen auf Gleis 2 und 3 und aus dem auf Gleis 6 (Gleis für die in den Gegenzugpark einzustellenden Wagen) bereitgestellten Wagen 9 und zieht ihn nach Fertigstellung in ein Abstellgleis der Sammelgruppe. Die Bedienung der Gleise 6, 7 und 8 erfolgt ohne Störung der übrigen Umbildungsarbeiten durch die Lok oder Kleinlokomotive der Kurswagen- und Bereitschaftsgruppe über das Ausziehgleis dieser Kurswagengruppe.

Nach den in einer Rangierliste berechneten Zugbildungszeiten wendet die Zerlegelok 658 sec, die Zugbildungslok 699 sec Arbeitszeit auf. Maßgebend als Umbildezeit für einen Zug ist jedoch die Zeit von 854 sec = 14 min 14 sec, gerechnet von dem Zeitpunkt, in dem die Zerlegelok mit dem Drücken des Parks auf dem Ablaufgipfel beginnt bis zu dem Zeitpunkt, in dem die Zugbildungslok den Zugpark in der Sammelgruppe beim Vorziehen verläßt.

Für das Aussetzen eines Schadwagens am Ende einer Gruppe ergäbe sich ein Zeitaufwand von etwa 40 sec (ein Ablauf), für das Einstellen des Ersatzwagens ein solcher von etwa 100 sec, zusammen also von 140 sec. Da aber genau so wie beim Abstoßverfahren diese zusätzliche Arbeit nicht bei jedem Zug zu leisten ist, wird mit einer erhöhten Zugumbildezeit von rund 15 min je Zugpark statt 14 min 14 sec gerechnet. Bei diesem Zeitaufwand von 15 min je Zugpark können im Ablaufverfahren in jedem Zugumbildungssystem stündlich 4 Zugparks, also einer mehr als beim Abstoßverfahren, umgebildet werden.

c) **Einreihungsverfahren.** Neben dem Abstoß- und Ablaufverfahren ist noch ein Verfahren denkbar, bei dem die Wagen von der Zerlegelok beim Zerlegen gleich auf ein Gleis zum Gegenpark zusammengereiht werden. Dieses Einreiheverfahren ist am besten möglich beim Abstoßen der Wagen. Nicht passend stehende Wagen oder Wagengruppen müssen dabei auf einem zweiten Gleis bis zur Einreihung abgestellt werden.

Für dieses Verfahren wäre bei Abb. 185 noch eine Weichenverbindung vom Ziehgleis I etwa nach der Mitte des Gleises 1 anzuordnen, damit hierüber z. B. auf die Wagengruppe 8/7 am Ende des Gleises die Wagengruppe 4/3 gestoßen werden kann, nachdem die Wagengruppe 6/5 auf den Anfang des Gleises 1 gestoßen worden ist. Die Untersuchung hat jedoch ergeben, daß der Zeitaufwand für die Umbildung nach diesem Verfahren erheblich größer als bei den beiden anderen Verfahren ist. Es kommt daher nicht in Frage.

5. Auswertung der Untersuchungsergebnisse für Lokomotiv- und Personalbedarf.

Kommen in einem Abstellbahnhof zur Zeit der stärksten Beanspruchung 15—16 Zugparks zur Umbildung, so sind bei Abstoßbetrieb, bei dem jedes System 3 Zugparks stündlich umbildet, 5 Umbildungssysteme erforderlich. Entsprechend sind beim Schwerkraftbetrieb mit 4 Zugumbildungen stündlich nur 4 Umbildungssysteme notwendig.

Ermittlung der erforderlichen Loks und Personale.

a) Beim Abstoßbetrieb sind für Höchstbeanspruchung erforderlich:

5 Zugzerlegeloks mit je 2 Mann	= 10 Köpfe
dazu 5 Rangierkolonnen mit je (1 + 3) Köpfen	= 20 ,,
5 Zugbildungsloks mit je 2 Mann	= 10 ,,
dazu 5 Rangierkolonnen mit je (1 + 2) Köpfen	= 15 ,,
5 Kleinloks mit je 1 Kleinlokfahrer	= 5 ,,

Gesamtbedarf: 10 Loks, 5 Kleinloks und 20 Köpfe Lokpersonal,
    5 Köpfe Kleinlokpersonal und 35 Köpfe Rangierpersonal.

b) Bei Schwerkraftsbetrieb sind notwendig:

4 Zugzerlegeloks mit je 2 Mann	= 8 Köpfe
dazu 4 Rangierkolonnen mit je (1 + 4) Köpfe	= 20 ,,
4 Zugbildungsloks mit je 2 Mann	= 8 ,,
dazu 4 Rangierkolonnen je (1 + 2) Mann	= 12 ,,
4 Kleinloks mit je 1 Mann	= 4 ,,

Gesamtbedarf: 8 Loks, 4 Kleinloks, 16 Köpfe Lokpersonal, 4 Köpfe
    Kleinlokpersonal, 32 Mann Rangierpersonen.

Aus dieser Gegenüberstellung folgt, daß der Abstellbahnhof mit Ablaufbetrieb schon wegen des geringeren Lok- und Personalbedarfs vorzuziehen ist, ganz abgesehen von den Nachteilen, die eine Anlage mit Abstoßbetrieb durch Mehrbedarf an Fläche, Gleisstoffen usw. für das 5. Zugbildungssystem bringen würde.

6. Kostenermittlung der Zerlegung und der Zugbildung der Reisezüge.

Diese erfolgt in gleicher Weise wie für die Rangierbahnhöfe nach den Beispielen S. 232, 298. Auch die Kosten der Abstoßbewegungen können an Hand der bekanntgegebenen Verfahren und Unterlagen schnell erfaßt werden.

Somit sind in dem vorliegendem I. Band die Grundlagen für den Entwurf von Bahnhofsanlagen bekanntgegeben und Verfahren entwickelt worden, um die Leistungsfähigkeit und die Wirtschaftlichkeit der Rangier- und der Abstellbahnhöfe zuverlässig zu erfassen.

Literaturverzeichnis des I. Bandes.

A. Selbständige Werke

Blum, O.: Personen- und Güterbahnhöfe. Berlin: Springer 1935.

—: Eisenbahnbau, Heidelberg 1946.

Cauer, W.; Personenbahnhöfe. Berlin: Springer 1926.

—: Eisenbahnausrüstung der Häfen. Berlin: Springer 1921.

Capelle, A. Baumann, R. Feindler: Zugbildungskosten, Zugförderkosten und ihre Wechselbeziehungen, Berlin, Sonderdruck der Verkehrstechnischen Woche, 23. Jhg.

Gottschalk, M.: Fördermittel zum Bekohlen und Besanden von Lokomotiven, Berlin 1928, Verkehrswissensch. Lehrmittel-Gesellschaft.

Heinrich: Eisenbahnbetriebslehre, Berlin, 1933, Verkehrswissensch. Lehrmittel-Gesellschaft.

Hilbert, D. u. S. Cohn-Vossen: Anschauliche Geometrie. Berlin: Springer 1932.

Müller, W.: Neuere Methoden für die Betriebsuntersuchung der Bahnanlagen. Berlin: Springer 1935.

—: Fahrdynamik der Verkehrsmittel. Berlin: Springer 1940.

—: Erdbau, Linienführung, Gestaltung und Erdarbeiten der Verkehrswege. Berlin: W. Ernst u. Sohn, 1947.

Niemann, W.: Merkbuch für das Entwerfen und Abstecken von Gleisen und Weichen. Vierte Auflage 1932. Reichsbahndirektion Magdeburg.

Pirath, C.: Die Grundlagen der Verkehrswirtschaft. Berlin: Springer 1934.

Röttcher, H.: Empfangsgebäude der Personenbahnhöfe. Berlin, Verlag der Verkehrswissensch. Lehrmittelgesellschaft 1933.

Radde, R.: Technische Anlagen der Eisenbahnbetriebswerke. Berlin: Schole & Schön, 1947.

Tecklenburg, K.; Betriebskostenrechnung und Selbstkostenermittlung bei der Deutschen Reichsbahn, Verkehrswissensch. Lehrmittelgesellschaft, 1930.

Wegele: Bahnhofsanlagen, Band I (1928), Band II (1931), Sammlung Göschen.

Dienstvorschrift für die Berechnung der Kosten einer Zugfahrt, 1949.

Taschenbuch für Bauingenieure, 1928, 5. Aufl., 1942, 6. Aufl. Berlin: Springer.

Richtlinien für die bauliche Ausbildung von Verschiebebahnhöfen, Deutsche Reichsbahn, Berlin 1934.

Richtlinien für das Entwerfen von Bahnhofs- und Sicherungsanlagen. I. Teil: Entwerfen von Bahnhofsanlagen, Deutsche Reichsbahn, 1939.

Merkbuch für die Fahrzeuge der Deutschen Reichsbahn, 1931.

Eisenbahnbau- und Betriebsordnung 1933.

Dienstvorschrift für die Aufstellung von Rangierplänen der Deutschen Reichsbahn (Dienstvorschrift Nr. 435).

Rangiertechnik 1—10. Sonderheft der Studiengesellschaft für Rangiertechnik. (Sonderhefte der Verkehrstechn. Woche, Verlag O. Elsner, Berlin.

B. Aufsätze aus Zeitschriften.

Bansen: Beitrag zur Statik der mech. Balkengleisbremse (Dr.-Ing.-Diss. Dresden 1931).

Baumann, H.: Der Bahnhof Zürich als Betriebsanlage, Eisenbahntechnik 1948, Heft 11/12.

Derikartz: Großstädtische Bahnhofsanlagen im Spiegel der Entwicklung der Städte und ihrer Verkehrsmittel (Verkehrstechn. Woche 1935, Heft 30).

Feindler: Betriebswissenschaftliche Arbeiten bei der Neugestaltung von Bahnanlagen (Verkehrstechn. Woche 1940, Heft 40/42).

Feindler u. H. Bredow: Ablauf und Abstoß bei der Umbildung von Reisezügen (Gleistechnik 1943, Heft 19/24).

Gildemeister, W.: Zeitwerte für die Arbeitsvorgänge der Reisezugumbildung (Organ 1942, Heft 13).

Holfeld, W.: Die Zulaufanlage der Gefällbahnhöfe (Organ 1936, Heft 20).

—: Die Hauptablaufanlage der Gefällbahnhöfe bei flacher Geländegestaltung. (Organ 1937, Heft 16.)

Leibbrand, K.: Die Leistungsgrenze der Ablaufanlage (Organ 1938, Heft 14).

Massute, E.: Betriebswissenschaftliche Untersuchung über den Verschiebedienst ohne Ablaufanlage. (Organ 1933, Heft 4.)

—: Ablaufdynamische Untersuchungen des veränderlichen Ablaufpunktes. (Organ 1931, Heft 1/2.)

Massute, E: Gefällbahnhöfe. (Organ 1937, Heft 8.)

Baeseler: Ziele und Wege der Verschiebetechnik. (Organ 1926, Heft 12.)

— Zur Mechanik des Hemmschuhes. (Verkehrstechn. Woche 1927.)

— Die Wirbelstromgleisbremse. (Verkehrstechn. Woche 1922, Sonderheft Verschiebebahnhöfe, Seite 42.)

Seltmann: Konstruktive Entwicklung der Wirbelstrombremse. (Verkehrstechn. Woche 1934, Sonderheft für Rangiertechnik.)

Draeger, W.: Verschiebedienst mit elektrischen Lokomotiven (Elektr. Bahnen 1926, Maiheft).

Fröhlich: Mechanisierte Rangierrampe. (Balkengleisbremse.) (Verkehrstechn. Woche 1942, Sonderheft Verschiebebahnhöfe.)

— Beiträge zur dynamischen Untersuchung der Ablaufanlagen (Verkehrstechn. Woche 1924, Seite 359).

— Betriebsuntersuchungen von Bahnhöfen (Ztg. Ver. mitteleurop. Eisenbahnverw. 1933, S. 181.

Gottschalk: Die Rangiertechnik der großen Verschiebebahnhöfe. (Verkehrstechn. Woche 1935, Heft 46/48.)

Schmitz, W.: Die Wirkzone der Beeinflussungsmittel für die selbsttätige Weichenumstellung in Ablaufstellwerken. (Verkehrstechn. Woche 1936, S. 20.)

Müller, W.: Einflußlinien zur Ermittlung der Ablaufpunkte und der Zeitwegelinien der vom Ablaufberg rollenden Wagen (Zbl. Bauverw. 1921, Nr. 57).

— Die graphische Dynamik der vom Ablaufberg rollenden Wagen. (Verkehrstechn. Woche 1922, Heft 36/38.)

— Geschichtliche Entwicklung der Verschiebebahnhöfe. (Verkehrstechn. Woche 1922, Sonderheft Verschiebebahnhöfe.)

— Betriebspläne für Verschiebebahnhöfe. (Eisenbahnwesen 1924, Sonderausgabe des V.D.I.)

— Zeichnerische Darstellung des Betriebes auf Flachbahnhöfen. (Verkehrstechn. Woche, Heft 38, 1924.)

— Betriebswissenschaftliche Ziele im Eisenbahnwesen. (Bauingenieur 1925, Heft 18).

— Die Gegensteigung vor dem Ablaufgipfel. (Verkehrstechn. Woche 1930, Heft 9.)

— Konstruktion und Eigenschaften der Streckenkraftlinie. Verkehrstechn. Woche 1930, Heft 10.)

— Die Gestaltung des Ablaufprofils. (Verkehrstechn. Woche 1930, Heft 43/44.)

— Die Profilgestaltung zum Zerlegen der Güterzüge über den Ablaufberg. (Verkehrstechn. Woche 1931, Heft 6.)

— Neuere Methoden für die Betriebsuntersuchung flachgeneigter Bahnhöfe. (Organ 1933, Heft 11.)

— Neuere Methoden zur betriebstechnischen Untersuchung der Ablaufanlagen eines Verschiebebahnhofs. (Organ 1934, Heft 17.)

— Der Anlaufwiderstand der Güterwagen und die Gestaltung der Anlauframpe eines Verschiebebahnhofs. (Bahningenieur 1936, Heft 35.)

— Ablaufanlage ohne Talbremsen bei Zuführung der Züge durch Lokomotiv- und Schwerkraft. (Organ 1938, Heft 7.)

— Der Zugübergangsbahnhof für Höchstleistung als topologisches Problem. (Organ 1942, Heft 2.)

— Der vereinigte Haupthafen- und Bezirksbahnhof. (Organ 1944, Heft 15/18.)

— Kopfbahnhöfe für totalen Zugübergangsverkehr. (Berlin, Der Verkehr 1947, Heft 4/5).

Nebelung, H.: Die Bewertung der Zugbildungsanlagen eines Verschiebebahnhofs nach den Rangieraufgaben und der Betriebsweise. (Gleistechnik und Fahrbahnbau 1939, Heft 1/4).

Potthoff: Die Betriebsuntersuchung von Abrollanlagen. (Organ 1943, Heft 5.)

— Die Zahl der Fahrstraßenkreuzungen. (Organ 1943, Heft 15/16.)

Reutener: Die Lokomotivbehandlungsanlage der Deutschen Reichsbahn. (Glasers Annalen 1925, Seite 132.)

Schmitz, Walter: Die Betriebsverhältnisse bei der Zugbildung auf Gefällbahnhöfen. (Dr.-Ing.-Diss. Berlin 1939)

Schulz, Joh.: Der Einfluß der Weichenentwicklung auf die Leistungsfähigkeit der Verschiebebahnhöfe. (Verkehrstechn. Woche 1926, Heft 26.)

Siebert, K.: Gleisanordnungen v. Lokomotivbahnhöfen. (Verkehrstechn. Woche 1922, Heft 6/9.)

Sachverzeichnis.

Satz, Druck und Einband: Wilhelm Eilers jr., Bielefeld.

MIX
Papier aus verantwortungsvollen Quellen
Paper from responsible sources
FSC® C105338

If you have any concerns about our products,
you can contact us on
ProductSafety@springernature.com

In case Publisher is established outside the EU,
the EU authorized representative is:
Springer Nature Customer Service Center GmbH
Europaplatz 3, 69115 Heidelberg, Germany

Printed by Libri Plureos GmbH
in Hamburg, Germany